循环荷载作用下岩石动态力学响应特征及损伤破裂机理

苗胜军　王　辉　等◎著

中国建材工业出版社
北　京

图书在版编目（CIP）数据

循环荷载作用下岩石动态力学响应特征及损伤破裂机理/苗胜军等著．--北京：中国建材工业出版社，2024.6. -- ISBN 978-7-5160-4197-0

Ⅰ. TU45

中国国家版本馆 CIP 数据核字第 2024XX6118 号

循环荷载作用下岩石动态力学响应特征及损伤破裂机理

XUNHUAN HEZAI ZUOYONGXIA YANSHI DONGTAI LIXUE XIANGYING TEZHENG JI SUNSHANG POLIE JILI

苗胜军　王　辉　等◎著

出版发行：中国建材工业出版社
地　　址：北京市西城区白纸坊东街 2 号院 6 号楼
邮　　编：100054
经　　销：全国各地新华书店
印　　刷：北京印刷集团有限责任公司
开　　本：787mm×1092mm　1/16
印　　张：24
字　　数：570 千字
版　　次：2024 年 6 月第 1 版
印　　次：2024 年 6 月第 1 次
定　　价：78.00 元

本社网址：www.jccbs.com，微信公众号：zgjcgycbs

PREFACE

前　言

岩体工程在施工及运营阶段经常会受到循环荷载作用，如地下硐室的爆破开挖与支护、水库周期性蓄水和放水、岩盐储气库的注气和采气过程等。循环荷载下岩石变形破坏具有“难发现、难预测、强破坏”的特征，围岩体受到循环荷载作用发生渐进损伤诱使其内部孔隙、裂隙继续发展、贯通，对其力学特性及破坏模式造成重大影响，破坏时的应力水平与其单轴抗压强度有明显区别。

近年来因循环荷载导致工程灾害频发。如法国马尔帕塞拱坝蓄排水时发生滑坡造成423人死亡、300亿法郎损失；国内金叶子酒店因高陡边坡反复开挖发生坍塌。因此，科学、准确地描述循环加卸载过程中及循环荷载作用后岩石动态力学响应特征及损伤破裂机理，对岩体工程灾害防治及长期稳定性评价具有重要意义。

本书以频繁受外部动态荷载扰动的岩体工程为研究背景，以花岗岩（致密结晶岩）和泥质石英粉砂岩（多孔弱胶结岩）两种典型岩石为研究对象，综合考虑循环上限荷载和循环次数影响，针对两类岩石损伤破裂过程，宏观层面上研究了岩石力学特性、能量演化特征和损伤劣化过程，细观层面上则进一步分析了岩石的声发射演化特征和断口细观形貌特征，从室内试验的角度，较为系统地研究了不同循环荷载条件下花岗岩和泥质石英粉砂岩的宏观力学特性和细观破裂演化特征。在上述研究基础上，进行了基于循环荷载参数定量结果的CWFS本构模型优化研究，应用数值模拟软件FLAC 3D分析了北山某地下硐室花岗岩的岩爆倾向性，应用ABAQUS探讨了玉磨铁路软岩隧道开挖过程中的大变形问题并探究不同因素对隧道开挖稳定性的影响。这些章节的内容为岩体工程建设提供了有益的参考和指导。

苗胜军负责本书的统稿，参与本书编著的主要人员及其分工如下：

第1～3章，苗胜军；第4～6章，王辉、尚向凡、杨小聪；第7～9章，尚向凡、王辉、梁明纯；第10章，苗胜军。其中苗胜军负责21万字，王辉负责17万字，尚向凡负责17万字，杨小聪负责1万字，梁明纯负责1万字。

本书的出版得到了国家自然科学基金联合资助基金项目重点项目“高铁隧道岩石微观指征地应力测试方法与应力释放时间效应研究”（U2034206）、国家重点研发计划重点专项“覆岩结构与应力场演化理论及全尺度连续监测技术”（2022YFC3004601）、国家自然科学基金“深部开采复杂应力环境岩体时效损伤理论与灾变临界判识”（52374077）的资助。本书在撰写过程中参阅和借鉴了诸多专家的文献和研究成果，在此对这些文献的作者致以崇高的敬意。同时，感谢北京科技大学博士后杨鹏锦，博士研究生刘泽京、夏道洪、赵子岐、常宁东、马毓廷，硕士研究生尹紫徽、吴忠鑫、余文轩、李从豪、王正，矿冶科技集团有限公司高级工程师王贺、王志修，他们参与了本书的文献调研、数据分析与文字编校等工作，为本书的出版付出了辛勤劳动。

我们衷心希望本书能够为岩体工程领域的专家、学者以及从业人员提供有价值的参考和帮助。尽管我们在编写过程中尽力追求准确性和完整性，但由于岩体工程的复杂性和多样性，以及我们自身知识和经验的局限性，书中难免存在不足之处，敬请读者谅解。我们真诚地欢迎各位读者提出宝贵的意见和建议，以便我们在未来的研究和实践中不断完善和改进。

作者
2024 年 6 月

CONTENTS

目　录

1

绪　论

1.1 选题背景及意义

当前，随着我国共建“一带一路”国家、西部大开发、长江经济带发展的不断深入实施，大型、超大型岩体工程建设不断取得新突破。在这些岩体工程建设阶段，大都需要频繁开挖和多次爆破，围岩承受往复或周期性动态荷载。例如大型水利枢纽工程的频繁爆破作业、特长公路隧道工程的推进式作业、大型核电站工程的多次爆破作业、高陡边坡工程的分梯段开挖作业等。此外，在岩体工程运营阶段，也会经常遇到循环荷载作用，比如煤矿顶板周期性来压、道路桥梁承受往复行车荷载、蓄水大坝周期性蓄排水过程和储气库注采过程等。

循环荷载下岩石的变形破坏具有“难发现、难预测、强破坏”的特征[1]。近几十年来因循环荷载导致工程灾害频发，例如1959年法国Malpasset双曲拱坝在蓄排水过程中，库岸岩质边坡在频发微震作用下力学性质不断劣化并累积塑性变形，最终围岩体发生疲劳破坏造成溃坝滑坡，导致423人死亡、300亿法郎经济损失；中国三峡工程自2003年蓄水以来发生库区大小地震上千次，崩塌滑坡4000多处，微震频度约为蓄水前的10倍，直至目前地震频次仍保持较高水平；2019年吉林省龙家堡煤矿因频繁采掘活动造成原始地应力与采动应力叠加，诱发2.3级矿震，事故导致井下作业人员9人遇难、12人受伤；2020年4月～11月湖南省煤矿因工作面顶板周期性来压发生的顶板事故共死亡51人，占煤矿事故死亡人数的32.6%；2020年广州金叶子酒店有限公司二期项目因高陡边坡反复开挖发生坍塌事故，造成4人死亡，直接经济损失844.79万元；2020年青海西宁南大街在车辆荷载长期往复振动作用下导致路基不均匀变形和承载能力下降，引发路面塌陷造成27人伤亡；隧道衬砌先天缺陷在列车振动荷载反复作用下不断发展、贯通，导致衬砌结构局部甚至整体失效，自2010年以来，有7条新开通运营的铁路、26座隧道出现拱部开裂、脱落、掉块现象，随着列车运行速度和密度的提升，振动响应引发的病害在铁路隧道中愈发突出。

岩石力学行为与其受载路径密切相关，循环荷载作用下岩土体的力学特性与常规荷载有着显著区别，加强循环荷载作用下岩石变形特征与力学特性及本构模型研究，对充分认识岩体工程动力灾害的发生机理、演化过程和发展规律，提高采动灾害预测预报的准确性、评价岩体工程的长期稳定性以及指导矿产资源安全高效开采具有重要意义。

1.2 国内外研究现状

1.2.1 岩石卸载力学行为与破坏机理研究

地下工程岩体开挖是一个复杂的加卸载过程，岩体在加卸载条件下的力学性质有较大差异。为了解岩石试件在加卸载路径下力学特性和破坏形式的差异性，学者们对此进行了大量研究。

李天斌等[2]基于三轴卸载试验，研究了玄武岩破坏过程中的变形特性。指出试件在卸载条件下的破坏是由于内部能量的突然释放造成的，破坏程度比加载条件下更为强烈。吴刚[3]对加、卸载路径下的岩石试件进行变形、强度以及破坏特征的对比研究，发现试件在卸载作用下产生的扩容量更大、强度更低、声发射率更高。Lau[4]指出由于岩石在加载路径下与实际工程存在较大差异，通过卸载试验所得力学参数更为准确。高春玉等[5]通过对锦屏水电站大理岩试件进行三轴加卸载试验，发现卸载路径下大理岩的变形模量和黏聚力明显减小，内摩擦角略有增大。黄润秋等[6]基于粉砂岩试件的加卸载试验，发现卸围压路径下粉砂岩的变形模量小幅减小，泊松比大幅增加，且力学参数的变化量与初始卸载围压成正比。张成良等[7]基于辉绿岩的加卸载试验，发现辉绿岩卸载破坏时应变出现回弹现象，表现出明显的脆性破坏特征。侯志强等[8]通过岩石疲劳卸围压试验，提出大理岩试件的损伤主要受周期性的加卸载作用影响，卸围压最终引起岩石破坏。李冰洋等[9]通过对水力耦合条件下页岩卸载力学性质进行分析，指出相同的饱水系数下，围压卸载引起的轴向应变与环向应变增量一致。Duan 等[10]通过开展径向卸载试验，发现径向应变对卸载过程中的体应变影响较大，较高的卸载速率可能诱发岩石剧烈失效，包括更大的横向膨胀和更多的抛射碎片。Chen 等[11]发现在相同的围压水平下，随着围压卸载速率的增加，砂岩的体应变和裂纹发展速度将增加。Chen 等[12]在弹性变形阶段对砂岩、石灰岩和混凝土试样进行了循环载荷试验，发现在循环荷载的前 100 个循环内弹性变形阶段得到增强。在相同的循环时间下，最佳循环卸载应力水平约为弹性极限应力的 30％。

大量学者认为岩石的卸载路径会影响岩石的力学特性。许东俊等[13]开展了不同应力路径的真三轴试验，指出岩石的体积变化规律以及破坏前兆特征在不同路径下均有较大差异。韩铁林等[14]开展了三种加卸载路径下的室内试验，指出三种卸载路径下砂岩的强度均小于常规三轴压缩条件下砂岩的强度。张宏博等[15]指出不同卸围压路径下岩石均发生脆性破坏，且峰前卸围压产生的破坏更为强烈。李涛[16]对粉砂岩开展了四种路径下的卸围压试验，发现相较于常规三轴压缩试验，四种卸围压路径下粉砂岩的黏聚力减小、内摩擦角增大，其中升轴压卸围压路径下的参数变化最为明显。

随着地下资源由浅入深的开采和深部地下工程的建设，对分级开挖的应力扰动问题、分级开挖深度、幅值、卸载速度等诸多问题还需要开展系统研究，加之岩石自身的各向异性、卸载过程中的参数劣化规律，对岩石力学特性的研究提出了新的挑战，亟需进一步解决。

1.2.2 循环荷载作用下岩石宏观力学特性研究

在探究循环荷载下岩石的变形特征方面，Brown 和 Hudson[17]发现岩石疲劳破坏时的变形量与静态应力-应变全过程曲线后区对应的变形量相当，葛修润等[18]发现花岗岩、红砂岩和大理岩均满足上述结论，并将循环上限应力位于疲劳门槛值前后的轴向累积应变演化曲线分为稳定型和破坏型。Scholz 和 Koczynski[19]得出花岗岩和辉绿岩在初始几次循环和最后几次循环损伤累积速率较快，而在中间大多数循环次数下岩石损伤累积速率较慢。于永江等[20]指出应力幅值在扰动阈值左右的岩石塑性累积应变与循环次数的演化规律分别符合负指数函数和朗之万函数逆函数分布。Wang 等[21]将循环加卸载过程中花岗岩的疲劳行为分为压缩阶段、扩容阶段和应变软化阶段，提出可以将花岗岩体积从压缩到膨胀的临界应力视作疲劳门槛值。李江腾等[22]发现循环荷载下发生破坏的红砂岩滞回环密集度呈典型的"疏—密—疏"变化特征，单个滞回环形状表现为"胖—瘦—胖"的发展规律。Tien 等[23]提出砂岩在循环荷载下存在临界轴向应变，超过该临界值试件会发生破坏。蔡燕燕等[24]得到发生疲劳破坏的大理岩每次循环加载时轴向应变、体应变速率随其应变发展分别呈"U"形和反"L"形演化趋势，而卸载时分别呈倒"S"形和"U"形演化规律。山下秀等[25]通过单轴压缩转移试验发现岩石的疲劳破坏和蠕变破坏在变形规律上具有一定的相似性。

在揭示循环荷载对岩石力学参数影响方面，通常认为循环荷载作用后岩石力学特性发生劣化，Eberhardt 等[26]发现循环荷载作用下花岗岩的峰值强度明显小于单轴抗压强度。Erarslan 和 Williams[27]通过预先切 V 字槽的圆盘劈裂试验，发现循环加卸载下凝灰岩的断裂韧性（KIC）比静载试验显著降低。李旭和张鹏超[28]得到不同围压状态下循环加卸载对黄砂岩峰值强度的"弱化"幅度为 1.7%～7.5%。汪泓等[29]得到循环加卸载后干燥砂岩的峰值强度较单轴压缩时下降 19.47%。杨龙等[30]发现片麻岩的三轴抗压强度经循环荷载作用后明显降低，且降低幅度随循环应力水平的增加而增大。Heap 等[31]通过对干燥和饱和玄武岩进行分级循环加卸载试验，发现两者弹性模量随循环次数的增加均下降了约 30%，泊松比增加了 0.29。杨永杰等[32]提出单轴循环荷载下煤岩的疲劳破坏"门槛值"不超过其单轴抗压强度的 81%。

然而，部分学者发现循环荷载作用后岩石力学性质得到强化，Chen 等[33]发现石灰岩在低于弹性极限的循环荷载作用下，循环 100 次后试件强度和弹性模量分别提高 20.58%和 14.20%。尤明庆和苏承东[34]得到循环荷载作用下大理岩三轴加载峰值强度的强化比例为 5%～10%。藕明江等[35]发现恒下限应力和恒应力幅值循环荷载对大理岩抗压强度的强化增幅分别为 18.5%和 31.4%。苗胜军等[36]发现近疲劳强度循环荷载下泥质石英粉砂岩峰值强度随循环次数呈先小幅下降后持续提升最终趋于稳定的演化趋势，最小和最大峰值强度分别低于和高于单轴抗压强度 7.35%和 16.57%。苗胜军等[37]发现循环加卸载 3000 次后的泥质石英粉砂岩抗压强度随上限荷载先增大后减小，单轴压缩荷载下的起裂应力可近似作为粉砂岩在循环加卸载过程中强度弱化和强化特性出现变化的分界点。何明明等[38]指出单轴压缩条件下的屈服应力是砂岩在循环加卸载过程中循环硬化和软化特性出现变化的分界点。Wang等[39]发现不同循环应力水平下多孔砂岩和致密砂岩的动态杨氏模量均大于静态杨氏模量，泊松比随应力水平的增加而增大。赵军等[40]发现同一围压下花岗岩循环加卸载的峰值强度、起裂应力、裂纹损伤应力和泊松比总体大于常规三轴下的量值，卸载弹性模量小于常规三轴下的弹性模量。周家文等[41]基于向家坝砂岩单轴循环加卸载力学试验结果，发现岩石的单轴抗压强度越低，循环加卸载作用后岩样越可能发生强度强化现象；岩石的单轴抗压强度越高，脆性特征越显著，循环加卸载作用后岩样越可能发生强度弱化现象。徐速超等[42]指出若循环加卸载过程中矽卡岩试件内部没有发生明显局部破坏，则试件的弹性模量随着循环次数的增加逐渐增大，循环荷载作用后矽卡岩强度略有提高；反之，循环加卸载会加速矽卡岩试件的损伤破坏，促进试件宏观结构面间滑移。

综上所述，研究学者从宏观唯象学的角度对循环荷载作用下岩石的变形和力学响应特征进行了广泛研究，但对单调加载和循环荷载作用下岩石变形破坏行为的异同研究较少，对循环荷载作用下岩石应力-应变不同步程度的定量表征尚不多见，对不同循环荷载条件下岩石强度的弱化与强化机制的研究有待深入。

1.2.3 岩石细观损伤演化特征研究

随着一些新的测试技术不断出现并日趋完善，国内外学者开始尝试采用多种细观结构检测技术研究荷载作用下的岩石细观破裂演化特征。

CT扫描技术可实现岩石内部信息多尺度的无损探测，其在表征岩石三维裂纹发展特征、岩石孔隙结构等方面具有明显优势。Kawakata等[43]通过CT扫描对岩石进行三维重构并研究了微裂纹的发展形态。彭瑞东等[44]基于灰度CT图像表征了岩石孔隙结构的分形特征。张艳博等[45]通过计算分析岩石裂纹结构特征参数，定量化描述了岩石变形破坏过程中的裂纹发展规律。王本鑫等[46]采用CT三维重构技术实现了单轴压缩荷载下3D打印试件从外观形态到内部裂隙发展的可视化，获得了非贯通平行四节理试件翼形扁颈漏斗状破裂模式。Wang等[47]通过X射线CT扫描技术获得了单轴压缩条件下不同层理面上页岩的破坏行为和破裂模式，并定义了裂纹密度指数表征页岩的各向异性破坏模式。葛修润等[48]得到了单轴、三轴压缩条件下煤岩微裂纹压密、萌生、分叉、联结、贯通、破坏等各变形阶段的CT扫描图像，通过引入初始损伤影响因子，基于CT数定义了一个新的损伤变量。王巍等[49]利用CT技术实时监测单轴压缩条件下试件内部微裂纹萌生、发展、交叉直至贯通的细观破坏全过程，分析了外部荷载、裂纹发展和分形维数之间的内在关系，指出分形维数可以定量表征岩石的细观破裂程度。Wang等[50]采用CT扫描技术对单轴增幅疲劳荷载下破坏后的花岗岩进行3D可视化重构，发现低预制裂隙角的岩样容易发生裂隙聚集，而高预制裂隙角的岩样容易形成复杂的裂缝网络。

岩石内部裂纹发展行为是有效识别岩石破坏前兆的重要基础，而声发射法在连续、实时监测岩石内部微裂纹成核过程和获取岩石破坏前兆信息方面具备明显优势。在声发射时序参量研究方面，主要有声发射撞击数、振铃计数、能量、RA-AF值、b值等参数。任松等[51]得到声发射振铃计数与应变均能较好地反映循环荷载作用下盐岩的疲劳损伤，且二者的变化规律相对应。赵星光等[52]分析了三轴循环荷载作用下花岗岩全应力-应变曲线与声发射累计撞击数和事件数的时空分布关系，并基于声发射累计撞击数的实时变化，分析了三轴循环荷载下花岗岩在不同裂隙发展阶段的差异性。Wang 等[53]发现砂岩的声发射特性与循环应力幅值、循环加载频率和岩样饱和度等条件密切相关，指出随着循环应力幅值的增加、循环加载加载频率和岩样饱和度的降低，每次循环加卸载产生的声发射信号逐渐增强。在声发射频谱特征研究方面，王宇等[54]结合 AE 实时监测和 CT 扫描技术开展了不同加载频率的增幅疲劳加卸载试验，得到随加载频率的增大，累计声发射振铃计数和累计声发射能量增加，高频-高幅值声发射信号占比降低，岩石越容易形成大尺度裂隙。张艳博等[55]提取了花岗岩破裂过程中的声发射能量、主频和主幅等信息，指出大尺度破裂对应低主频、高幅值和高能量的声发射特征，即低频高幅声发射信号；小尺度破裂对应低幅值和低能量，低、中、高主频共存的声发射特征，即低频低幅、中频低幅和高频低幅 3 种声发射信号。在声发射定位时空演化研究方面，Zhang 等[56]研究了煤岩体失稳过程中声发射震源的成核过程。Lockner[57]通过分析脆性岩石的声发射震源时空演化规律，得到岩石局部损伤至宏观破裂是由试件内部弥散型微裂纹逐渐发展汇聚、破裂成核的动态发展过程。Ren 等[58]采用声发射定位技术和矩张量分析，发现真三轴压缩荷载下页岩的声发射事件与宏观裂纹重合，但在卸载应变爆裂试验中声发射事件分布比较分散。许江等[59]通过循环荷载作用下细粒砂岩的声发射事件时空演化直观地展示了岩石疲劳变形破坏的全过程。

研究人员采用 CT 扫描技术和声发射技术开展循环荷载下岩石细观力学特性与疲劳破坏先兆研究已取得较多成果。然而，采用单一的技术手段存在指标单一、随机性强、不易定量化等问题。因此，可以联合多种细观测试手段，从宏观、细观、微观多种角度建立岩石宏观力学行为与细观破裂演化特征的内在联系，提出岩石失稳的多指标综合预警方法。

1.2.4 循环荷载作用下岩石本构模型研究

岩石的本构模型是岩石力学研究的核心热点内容，较为常见的主要有弹性、弹塑性、损伤、断裂、组合元件本构模型等。目前，以弹塑性理论为理论基础的弹塑性本构模型是岩石材料本构模型中理论发展最完善、应用最广的一类模型。

杜修力等[60]引入广义塑性剪切应变作为硬化参数，建立了均匀岩石材料的非线性统一强度弹塑性本构模型，与多种经典模型的对比验证结果表明，该模型可以较合理地反映岩石材料的非线性强度和变形行为。胡学龙等[61]在统计强度理论基础上，考虑岩石拉伸和压剪两种不同情况下的损伤演化，引入 HJC 模型损伤变量，建立了可反映硬质岩石动态损伤和应变率效应的弹塑性损伤本构模型。李震等[62]重点探究了大理岩加载增量步内弹性参数随塑性参数演化的情况，在加载增量步内分解并构造弹性关系，建立了可适用于大理岩多种加载条件下应变强化阶段和应变软化阶段的弹塑性耦合本构模型。郝宪杰等[63]在煤岩体非线性力学特征研究基础上，将弹性阶段分为非线性弹性阶段和线性弹性阶段，针对非线性弹性阶段构建了增量方程，进而建立了可适用于煤岩体的非线性弹塑性模型。周辉等[64]以锦屏脆性大理石为研究对象，开展了三轴分级循环加卸载试验，探究了岩石峰前应变硬化和峰后应变软化情况，在此基础上，选取可反映应力历史影响的塑性参数，建立了相应的弹塑性耦合本构模型，验证结果表明，该模型可以较为合理地描述脆性大理岩的力学变形特性。Hajiabadi 和 Nick 等[65]在非相关剪切破坏和黏塑性模型基础上，采用与剪切破坏和与应变率相关的两个独立的屈服面来描述变形的膨胀和压缩机理，可以较稳定和合理地描述白垩岩剪切破坏过程中的应变率依赖和应变软化行为。Forero 等[66]提出了一种交叉各向异性弹塑性模型来评价沉积岩的应力-应变关系，该模型将 12 个参数的 Lade-Kim 各向同性模型与应力张量的非均匀标度相结合，包含两个标度参数，利用贝叶斯分析确定各向异性模型参数，石灰岩和页岩的试验验证结果表明，模型预测的应力-应变曲线与实测数据吻合较好。

随着大规模地下工程的建设和深部矿产资源的开采，岩石在复杂加载路径与受荷历史下的疲劳问题逐渐引起人们重视，在描述循环荷载作用下岩石非线性力学行为的疲劳本构模型方面也取得了较大进展。肖建清[67]基于循环荷载作用下花岗岩的轴向变形三阶段演化特征，提出了倒 S 非线性疲劳累积损伤模型。Xiao 等[68]进一步发现花岗岩在恒幅和变幅循环荷载作用下的疲劳变形随对数循环次数呈两阶段演化规律，提出一种线性-指数损伤模型用于描述岩石疲劳损伤演化行为，该模型在反映临界不稳定变形方面优于倒 S 非线性疲劳累积损伤模型。许宏发等[69]通过将疲劳损伤变量引入累积塑性应变方程，推导了高周疲劳和低周疲劳循环荷载下的岩石轴向塑性应变演化方程。王者超等[70]将轴向残余应变作为内变量，同时考虑围压和峰值偏应力对变形模量的影响，构建了能够表征循环荷载作用下岩石变形模量变化的内变量疲劳本构模型。Zhou 等[71]假设岩石强度服从 Weibull 分布，通过引入应力-温度损伤因子描述温度和循环应力对岩石损伤演化和疲劳破坏的影响，提出了一种基于统计损伤理论的本构模型。Liu 和 Dai[72]基于内变量理论，并采用残余应变作为内变量，建立了可以量化表征微缺陷与宏观节理诱导的岩石损伤演化方程。Lin 等[73]对含有表观裂纹的黄砂岩开展了一系列疲劳力学试验，基于宏观裂纹引起的应变能建立了一种新的损伤变量，并推导了相应的统计损伤本构模型。Ren 等[74]建立了单轴压缩荷载作用下能够表征压密损伤和裂纹损伤的本构方程，通过在本构方程中引入疲劳损伤因子，建立了能够描述单轴循环荷载作用下岩石压密损伤和裂纹损伤耦合关系的本构方程。

上述研究从不同角度构建了不同种类岩石的系列弹塑性本构模型，但这些本构模型都是通过加载试验所得，目前对于卸载路径下岩体本构模型的研究较少，且少有模型可同时适用于力学性质差异性较大的不同种类岩石。此外，已有的疲劳本构模型通常将循环应力（应变）简化为恒定应力（应变），而未考虑应力（应变）随加载时间的变化，使本构模型缺乏合理性，岩石本构模型方面的理论研究工作尚需要进一步深入。

1.3 研究内容

本书以频繁受外部动态荷载扰动的岩体工程为研究背景，以花岗岩（致密结晶岩）和泥质石英粉砂岩（多孔弱胶结岩）两种典型岩石为研究对象，综合考虑循环上限荷载和循环次数影响，针对两类岩石损伤破裂过程，宏观层面上研究了岩石力学特性、能量演化特征和损伤劣化过程，细观层面上则进一步分析了岩石的声发射演化特征和断口细观形貌特征，从室内试验的角度，较为系统地研究了不同循环荷载条件下花岗岩和泥质石英粉砂岩的宏观力学特性和细观破裂演化特征，在上述研究基础上，进行了基于循环荷载参数定量结果的CWFS本构模型优化研究，应用数值模拟软件Flac3D分析了北山某地下硐室花岗岩的岩爆倾向性，应用ABAQUS探讨了玉磨铁路软岩隧道开挖过程中的大变形问题并探究不同因素对隧道开挖稳定性的影响。主要研究内容如下。

（1）不同加卸载路径下粉砂岩与花岗岩力学特性研究。通过对粉砂岩和花岗岩试件进行不同围压下的三轴压缩试验和卸围压试验，对比分析粉砂岩和花岗岩在加卸载路径下的应力-应变曲线、变形、强度以及破坏特征；研究循环荷载作用下花岗岩和粉砂岩的宏观破坏模式、变形模量、横纵应变比、特征应力和塑性变形剪胀等物理力学特性，对比两种岩石在循环荷载作用下不同试验阶段的力学响应特征。研究循环荷载作用下花岗岩和粉砂岩的输入能、弹性能、耗散能演化特征，提出耗散能中塑性能和损伤能的分离计算方法，并进一步探究全应力-应变过程塑性能和损伤能的演化特征。研究探讨现有损伤变量的优劣势和适用情况，在力学特性和能量演化特征的分析基础上，提出一种新的损伤变量，使其可以同时适用于花岗岩和粉砂岩，并探究两种岩石变形破裂过程中的损伤演化特征。

（2）岩石变形破坏各阶段特征应力确定方法研究。采用工艺矿物学参数自动分析仪（BPMA）和扫描电镜（SEM）获得泥质石英粉砂岩的矿物成分及其含量、颗粒粒度分布及其接触方式、孔隙结构及其胶结类型等物理属性，根据压汞试验（MIP）和单轴压缩试验测得其孔隙率、单轴抗压强度、弹性模量等参数，将泥质石英粉砂岩归类于多孔弱胶结岩石。基于泥质石英粉砂岩单轴压缩试验结果介绍常用特征应力确定方法的计算原理和优缺点。通过分析阶梯循环加卸载试验的岩石能量演化规律，考虑岩石应力-应变不同步效应对能量分配的影响，将弹性能分离为颗粒弹性能和裂隙弹性能，提出一种基于颗粒弹性能比率、裂隙弹性能比率和耗散能增幅确定岩石特征应力的新方法，并以阶梯循环加卸载过程中的扩容点变化规律和声发射撞击数演化特征作为参照对比，验证该方法的准确性。

（3）不同应力区间循环荷载下泥质石英粉砂岩力学特性研究。在不同应力区间开展循环加卸载转单调加载试验及疲劳破坏试验，研究不同循环上限荷载下泥质石英粉砂岩的宏观变形（残余应变、滞回环、单调加载应变比、疲劳极限应变比）和力学参数（峰值强度、疲劳寿命、弹性模量、横向-轴向应变比）变化特征，分析循环荷载作用下泥质石英粉砂岩声发射时序参数（AE振铃计数和AE能量）、频谱特征（峰值频率和主频幅值）和AE震源时空演化规律，进而判断不同循环上限荷载下泥质石英粉砂岩的破裂类型和破裂机理，建立泥质石英粉砂岩宏观力学参数演化与细观裂纹发展机制的内在联系，揭示循环加卸载过程中泥质石英粉砂岩的强度变化特征和力学参数演化机制，提出泥质石英粉砂岩疲劳破坏前兆信息的确定方法。

（4）等幅循环加卸载历史对泥质石英粉砂岩力学特性影响研究。为了进一步研究循环加卸载行为对泥质石英粉砂岩的弱化与强化效应，在起裂应力与损伤应力区间设定上限荷载45kN，对泥质石英粉砂岩进行循环次数为1～15000次的循环加卸载预处理，之后转为单调加载至试件破坏；在损伤应力与疲劳强度区间设定上限荷载55kN，对泥质石英粉砂岩进行循环次数为1～54000次的循环加卸载预处理，之后转为单调加载至试件破坏。研究不同应力区间循环荷载和循环次数下泥质石英粉砂岩的峰值强度、扩容点应力、弹性参数、滞回环、应变、加载和卸载柔量等随循环次数的宏观力学参数演化规律，分析声发射参数（振铃计数、峰值频率、b值）、声发射震源时空演化规律（震源空间分布、震源时空演化特征）等细观破裂特征，综合宏观力学参数与细观裂纹发展特征揭示低次数与高次数循环荷载对泥质石英粉砂岩的弱化与强化作用机制。

（5）循环荷载下泥质石英粉砂岩弱化与强化机制研究。根据不同循环荷载条件下泥质石英的变形、力学参数和声发射信号变化规律，结合SEM、AE和X射线CT扫描获得破坏后的岩石内部破裂形态和孔隙结构，提出循环荷载对多孔弱胶结岩石的“薄弱结构断裂效应”和“压密嵌固效应”，揭示循环上限荷载、循环次数对泥质石英粉砂岩的弱化与强化机制，得到循环荷载作用下岩石裂纹尺度均匀性增加、破碎程度降低和有效承载面积增大是岩石发生强化的根本原因；而循环荷载作用下岩石内部裂纹局部集中、破裂尺度增大导致岩石发生弱化现象。

（6）考虑岩石应力-应变动态相位差的疲劳本构模型研究。针对传统流变模型难以描述循环荷载下岩石的时效非线性变形特征和应力-应变不同步现象，首先，定量表征不同循环上限荷载和循环次数下泥质石英粉砂岩的应力-应变不同步程度，揭示循环荷载下岩石应力-应变不同步机制。其次，分析流变与疲劳之间的“同源性”，说明采用流变模型描述循环荷载下岩石疲劳变形破坏的合理性。最后，采用不同阶数的Abel黏壶代替经典Burgers模型中的Newton黏壶，并串联一个带应力开关的变系数Abel黏壶构建循环荷载下岩石疲劳本构模型；将循环荷载（应变）分解为静荷载（应变）和交变荷载（应变），并引入动态相位差对本构模型进行修正；分别采用泥质石英粉砂岩和北山花岗岩试验数据对理论模型进行试验验证和参数分析；提出疲劳破坏的临界损伤阈值和破坏失稳判据，建立岩石疲劳寿命预测公式。

（7）在粉砂岩卸围压试验研究基础上，基于岩石强度准则，推导出粉砂岩在卸围压条件下各个阶段的本构模型，并进行验证。在经典CWFS模型的框架基础上，参考岩石力学特性、能量和损伤演化研究成果，优化模型应力水平的定量表征点，确定塑性参数获取黏结强度和摩擦强度定量结果，建立同时适用于花岗岩和粉砂岩全应力-应变过程演化的黏聚力和内摩擦角函数模型。应用Flac 3D数值模拟软件，实现CWFS模型黏聚力、内摩擦角和剪胀角的函数嵌入和模型验证。

（8）整理相关工程地质文献资料获得预选区应力场特征，应用冲击倾向性理论和应力——强度理论进行预选区花岗岩岩爆倾向性分析，在两种理论的分析基础上，应用灰色系统理论进行多指标岩爆倾向性分析和预测，并在最后提出了一种新的基于聚类评估和关联度筛选的预测方法。通过常规三轴试验对不同围压条件下岩石破坏过程中特征应力和能量转化过程进行研究，并提出了新的三向应力状态下的岩爆倾向性指标；针对围岩开挖过程中切向应力增加、径向应力减小这一应力状态变化过程，提出了一个新的针对岩石应力状态变化过程的岩爆倾向性指标。

（9）选取核废料处置预选区某处置硐室作为研究对象，运用Flac3D数值模拟软件，在500m～600m深度下设置硐室深度和最大水平主应力与洞轴线夹角作为主要研究变量，模拟不同情况下的硐室周边应力场分布，并根据应力场分析结果，应用经典 Barton 判据分析不同变量对岩爆倾向性影响，对该硐室的岩爆倾向性进行综合评估。

（10）根据多元线性回归原理探究影响隧址区初始地应力的关键因素，采用有限元数值分析软件 ABAQUS 将选取的岩体自重和构造作用作为基本工况分别计算，然后使用多元线性回归方法计算回归系数、构建回归方程并探究地应力分布特征。利用岩体应变软化理论和围岩应力二次分布理论分析隧道开挖后围岩应力、位移和塑性区的发展变化规律，构建高地应力软岩隧道开挖计算模型，揭示其变化原理和不同因素的影响权重。再通过 ABAQUS 软件建立现场隧道开挖模型，结合地应力反演分析获得的回归方程构建模型应力场，对隧道开挖过程中围岩及支护结构稳定性进行分析。

2

不同加卸载路径下泥质石英粉砂岩力学特性研究

地下工程岩体开挖是一个复杂的加卸载过程。岩体在开挖前处于三向应力状态，开挖导致岩体在某个方向的应力发生卸载，岩体所处应力场发生变化，径向应力逐渐减小为零，表现出开挖卸载的效果；切向应力在洞壁处达到最大值，表现出明显的切向应力集中的现象。其他部位的岩体在应力重分布后处于复杂的加、卸载受力状态，而加卸载路径下岩体的力学特性有着本质区别，目前多采用传统加载理论进行地下工程稳定性分析。关于岩体在卸围压路径下力学特性的研究，由于问题的复杂性，尚不够完善。

大量工程实例证明，加载路径下的岩石力学理论与实际工程遇到的问题差距较大。因此，加强卸围压条件下岩体变形和损伤、破坏机理的研究，对于揭示卸载岩体的力学行为及其破坏机理有着重大意义。本章首先通过分析泥质石英粉砂岩的矿物成分及其含量、颗粒粒度分布及其接触方式、孔隙结构及其胶结类型等物理属性，将泥质石英粉砂岩归类于多孔弱胶结岩石。其次，通过开展单轴压缩试验获得泥质石英粉砂岩的单轴抗压强度、扩容点应力、弹性模量、峰值处应变等参数。最后以泥质石英粉砂岩试件在不同加卸载路径下的变形特征与力学特性对比作为试验目的，通过进行室内常规三轴试验、恒轴压卸围压试验、循环升轴压卸围压试验以及恒围压分级循环卸载试验，根据试验结果对比分析粉砂岩在不同加卸载路径下的力学特性。

2.1 泥质石英粉砂岩物理力学特性

2.1.1 试件制备及试验仪器

2.1.1.1 试件的采集与制备

为了减少岩样的差异性，选用外观无明显裂隙的大块岩石进行取样，加工装置主要有钻孔机、数控磨床、切割机、端面打磨机和平整度测量仪，加工过程包括以下 4 个步骤。

① 钻芯取样：岩块固定后垂直放下钻头，通过控制取芯速度使试件周围更加平滑。如图 2-1（a）所示，采用数控磨床对试件周围进行二次处理，使之直径为 50mm 且满足中心线同轴。

② 端面切割：如图 2-1（b）所示，对试件两端进行切割处理，为方便后期的端面打磨，切割后试件长度范围为 101～104mm。

③ 端面打磨和平整度测试：如图 2-1（c）所示，将试件两端打磨平行并进行平整度测试，以保证试验过程中岩石受力均匀。加工完成的试件应满足国际岩石力学学会（ISRM）规范要求：Φ50mm×100mm 的标准圆柱试件，上下端面不平整度＜0.02mm，直径误差＜0.3mm，轴线偏差＜0.25°。

④ 试件筛选和分组：如图 2-1（d）～图 2-1（f）所示，首先将泥质石英粉砂岩试件放于鼓风干燥机进行脱水处理，设置干燥温度为 60℃，干燥时长为 24h；其次，对试件进行表观初筛，选择质地均匀、无表观微裂隙的试件；最后，根据密度和波速测试结果对泥质石英粉砂岩试件进行离散性筛选和分组。

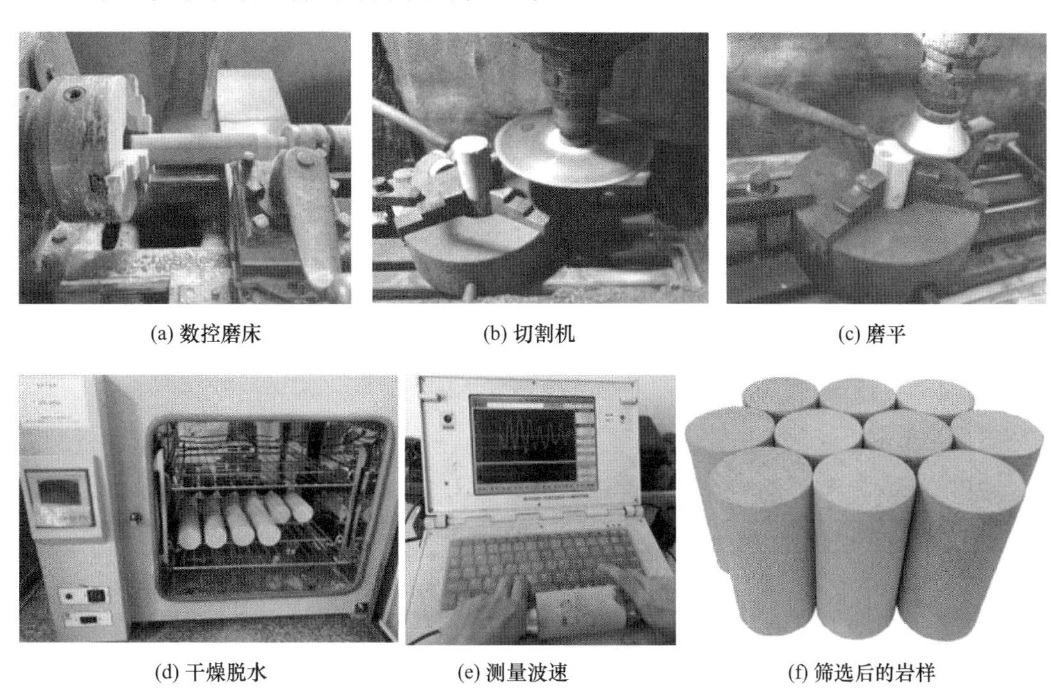

(a) 数控磨床　(b) 切割机　(c) 磨平

(d) 干燥脱水　(e) 测量波速　(f) 筛选后的岩样

图 2-1　泥质石英粉砂岩试件制备

2.1.1.2　试验加载与测试系统

如图 2-2（a）所示，试验采用美国 MTS815 电液伺服岩石力学试验机和美国 PCI Micro-Ⅱ Express 8 声波、声发射一体化装置。MTS815 岩石力学试验机主要由加载系统、控制系统和测量系统组成，轴向最大输出荷载为 2700kN，可施加最大围压为 140MPa，振动频率为 0.01～5Hz，可施加正弦波、三角波、方波和组合波等波形的荷载；该试验机为全数字计算机自动控制系统，由数据反馈控制组件、数据采集系统和计算机等软硬件构成，可同时记录荷载、应力、位移和应变等试验参数。PCI Micro-Ⅱ

Express 8 监测系统可实现连续记录波形信号和采集 20 个声发射特征参数，最大采样速率达 40MHz。

如图 2-2（b）、图 2-2（c）所示，将轴向和环向引伸计安装于试件中部，用于测量岩石的变形，最大量程分别为 5mm 和 8mm。考虑到偶然事件（试验中探头或导线不灵敏的情况），单轴试验过程中使用 6 个声发射传感器，三轴试验过程中使用 4 个声发射传感器，将 Nano30 AE 传感器均匀地安装在距离试件末端 15mm 的两个平面上，实时采集岩石破裂过程中的声发射信号。在声发射探头表面涂抹水性高分子凝胶耦合剂（VC101）以保证与试件表面接触良好，减小声发射信号在接收过程中的能量损失。为了尽可能减少背景噪声的干扰，设置前置放大器增益值为 40dB，触发门槛值为 35dB，采样频率设为 1MHz。

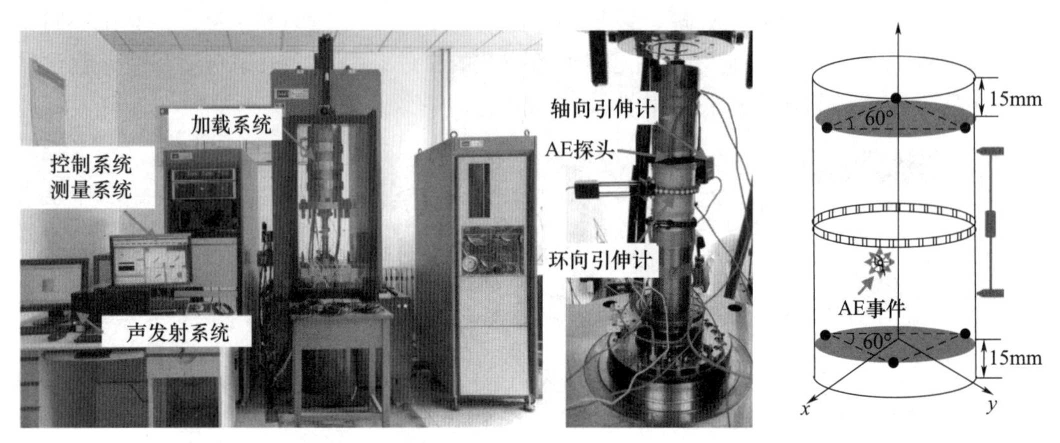

(a) MTS815试验机和声发射装置

(b) 单轴LVDT (线性可变差动变压器) 和AE传感器的布置方式

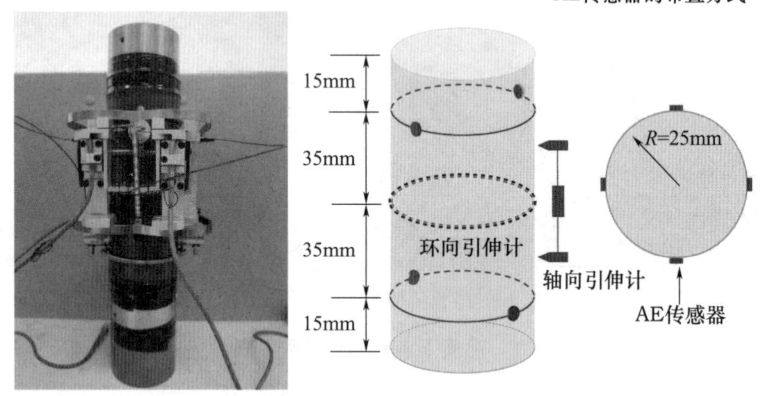

(c) 三轴LVDT和AE传感器的布置方式

图 2-2 试验加载系统和测试系统

2.1.2 泥质石英粉砂岩物理属性

图 2-3 为采用工艺矿物学参数自动分析仪（BPMA）获得的岩石矿物分相图，图 2-4 为不同位置的岩样 EDS 能谱图。经统计，该岩石矿物粒径分布于 1～104μm 范围，其

中粒径小于 38μm 的矿物占比 71.67%（图 2-5），矿物颗粒以粉粒为主，级配良好；主要矿物成分为石英 78.58%、斜长石 6.66%、云母 5.37%、黏土矿物 4.43%、榴石类 1.76%和其他矿物 3.20%（图 2-6）。岩样呈灰黄色，硬度较小，表面矿物颗粒易剥落，破坏时断口较粗糙，断面呈土状。基于该岩石上述基本属性特征，参考标准《岩石分类和命名方案 沉积岩岩石分类和命名方案（GB/T 17412.2—1998）》中的岩石基本名称依据，将其定名为泥质石英粉砂岩。泥质石英粉砂岩以石英、长石为基本骨架，黏土矿物为胶结物，胶结程度差，骨架颗粒周围胶结物含量小于总矿物含量的 30%；根据 MIP 试验测得孔隙率为 19.98%，岩石孔隙较发展且连通性好，各颗粒间接触不紧密，整体性较差；岩石的平均密度为 2.12g/cm³，平均纵波波速为 2165m/s。因此，泥质石英粉砂岩属于多孔弱胶结岩石。

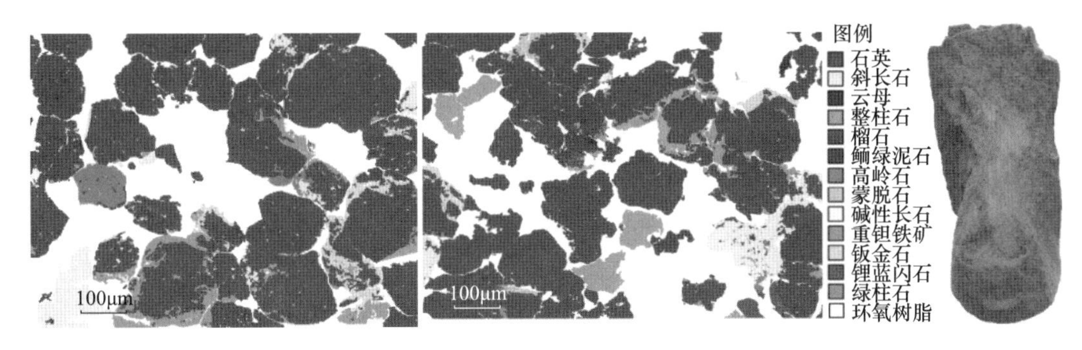

图 2-3　岩样矿物分相图

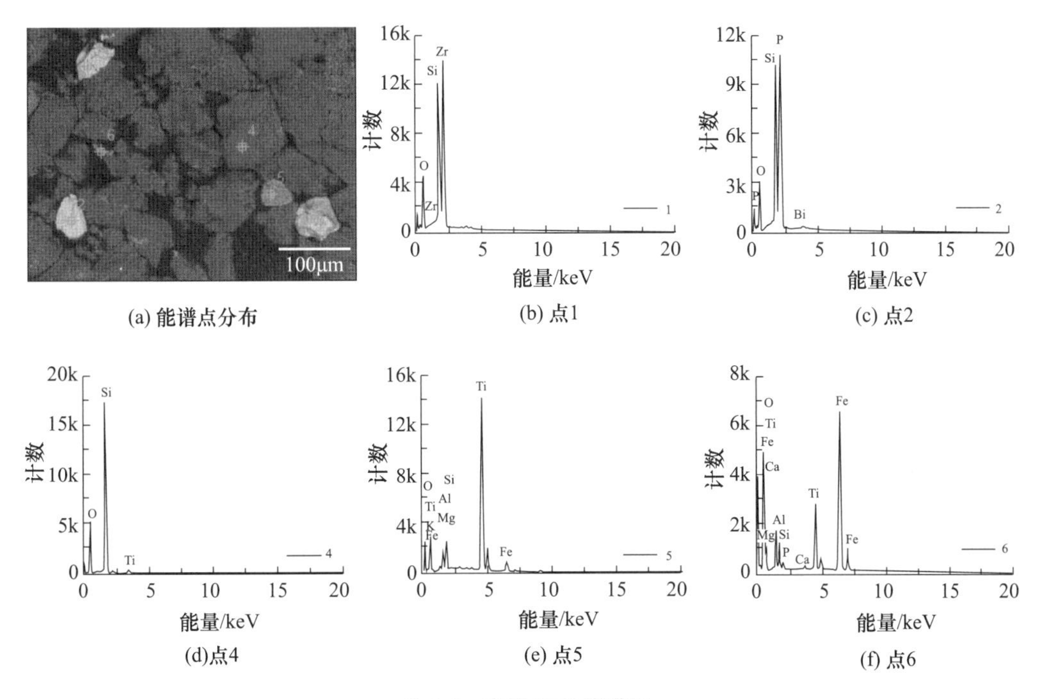

图 2-4　岩样 EDS 能谱图

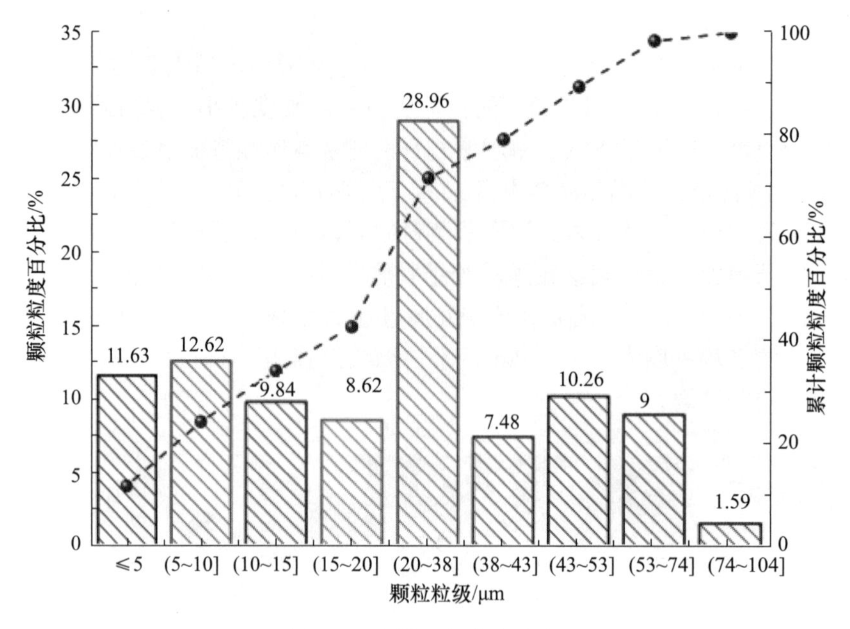

图 2-5　岩样颗粒粒度分布

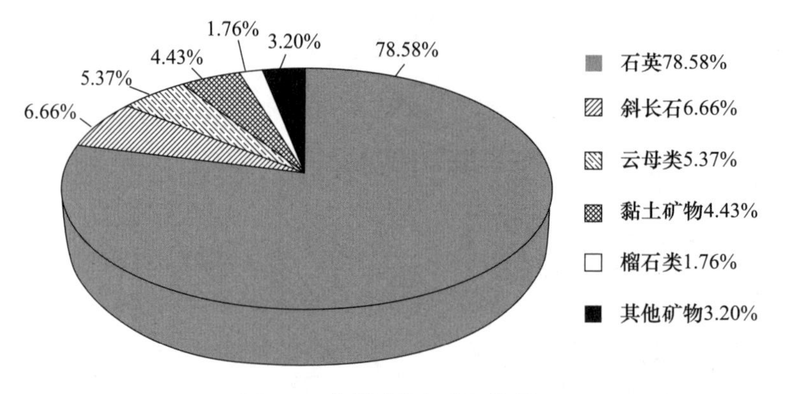

图 2-6　岩样矿物组分及含量

2.1.3　泥质石英粉砂岩单轴压缩力学特性

为了准确获得泥质石英粉砂岩的单轴压缩力学参数，对 5 个泥质石英粉砂岩试件进行单轴压缩试验，结果分别如图 2-7 和图 2-8 所示。泥质石英粉砂岩的单轴抗压强度（UCS）均值为 34.76MPa，弹性模量均值为 5.03GPa，峰值处轴向应变、横向应变和体应变均值分别为 0.77%、−0.72%和−0.66%。

试验结果的离散性很小，采用 5 个泥质石英粉砂岩试件的 UCS 均值可以较为准确地表示每个试件的真实强度，为设定常规三轴试验、不同路径下的卸围压试验、阶梯循环加卸载试验、循环加卸载转单调加载试验及疲劳破坏试验的循环上限应力提供基础数据。

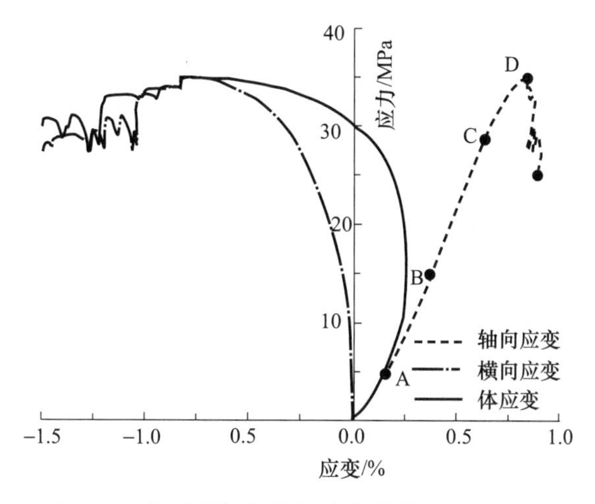

图 2-7 单轴压缩全应力-应变曲线（试件 U1）

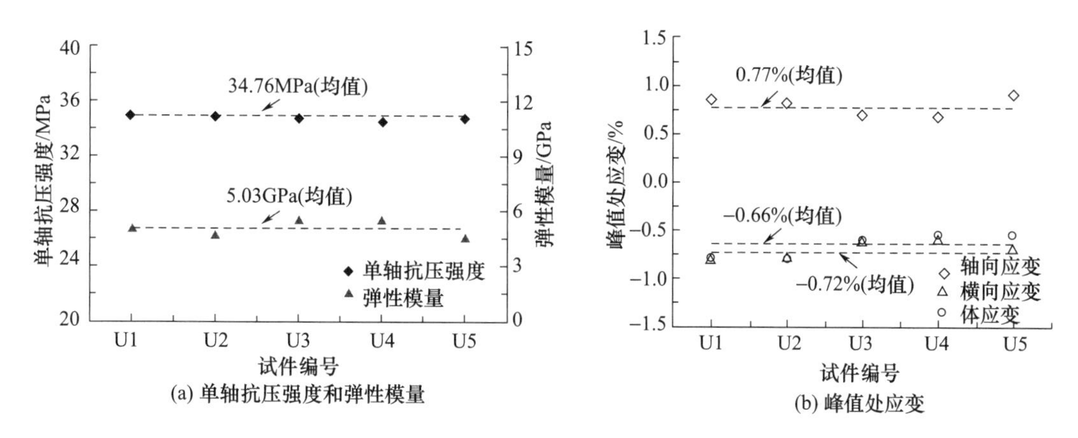

图 2-8 泥质石英粉砂岩单轴压缩试验结果

2.2 泥质石英粉砂岩三轴加载破坏变形特性研究

2.2.1 试验路径

1）方案Ⅰ：常规三轴压缩试验（图 2-9）

① 以 0.05MPa/s 的速率施加围压 σ_3 分别至预定值 4MPa、8MPa、10MPa；

② 保持围压 σ_3 不变，增大轴力 σ_1 直至岩石试件破坏；

③ 峰后阶段采用位移控制，并获得泥质石英粉砂岩试件的全过程应力-应变曲线。

2）方案Ⅱ：粉砂岩循环升轴压卸围压试验（图 2-10）

以试件 X-4 为例（岩石试件编号及基本参数见表 2-1）：

① 以 0.1MPa/s 的加载速率施加围压到预定值 4MPa；

② 保持围压不变，切换为应力控制，加卸载速率设置为 0.5kN/s，轴向加载到 55kN；
③ 保持轴压不变，以 0.1MPa/s 的速率将围压卸载至 0MPa；
④ 保持轴压不变，以 0.1MPa/s 的速率施加围压到 4MPa；
⑤ 保持围压不变，以 0.5kN/s 的加载速率加轴压至 66kN；
⑥ 保持轴压不变，以 0.1MPa/s 的速率将围压卸载至 0MPa；
⑦ 保持轴压不变，以 0.1MPa/s 的速率施加围压到 4MPa；
⑧ 保持围压不变，以 0.5kN/s 的加载速率加轴压至 77kN；
⑨ 待进入体应变反弯点后转换为速率 0.02mm/min 的变形控制，直至试件发生破坏。

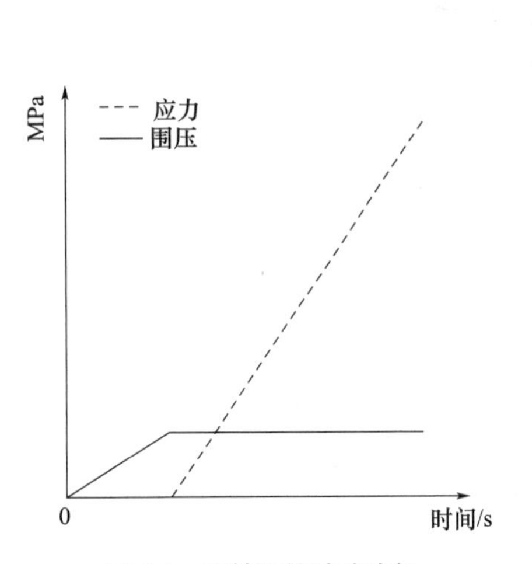

图 2-9 三轴压缩试验路径

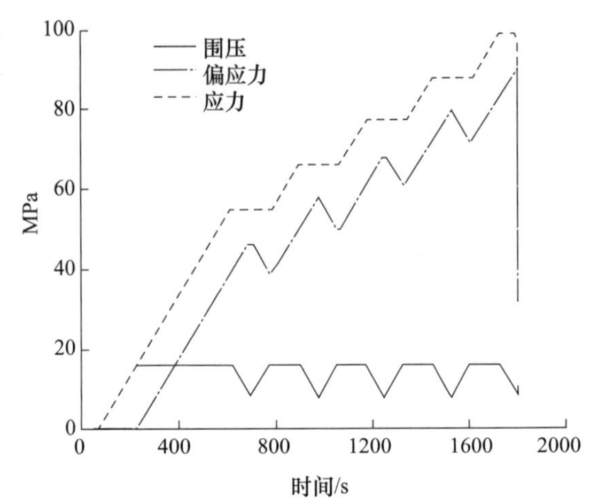

图 2-10 循环升轴压卸围压试验路径

3）方案Ⅲ：恒轴压阶梯循环卸围压试验（图 2-11）

以试件 D-1 为例：

① 以 0.1MPa/s 的速率增加轴压至 16MPa；

② 保持围压不变，切换成应力控制方式，以 0.5kN/s 的速率加偏应力至 163.1kN（轴压 99.1MPa），出现体应变反弯点时转换为变形控制；

③ 保持轴向应力不变，以 0.1MPa/s 的速率将围压卸载至 12MPa（偏应力以 0.1963 kN/s 的速率加至 171kN）；以 0.1MPa/s 的速率将围压加载至 16MPa（偏应力以 0.1963 kN/s 的速率降低至 163.1kN）；重复卸、加围压过程 9 次；

④ 保持轴向应力不变，以 0.1MPa/s 的速率将围压卸载至 8 MPa（偏应力以 0.1963 kN/s 的速率加至 178.8kN）；以 0.1MPa/s 的速率将围压加载至 16MPa（偏应力以 0.1963kN/s 的速率降低至 163.1kN）；重复卸、加围压过程 9 次；

⑤ 保持轴向应力不变，以 0.1MPa/s 的速率将围压卸载至 4MPa（偏应力以 0.1963kN/s 的速率加至 186.7kN）；以 0.1MPa/s 的速率将围压加载至 16MPa（偏应力以 0.1963kN/s 的速率降低至 163.1kN）；重复卸、加围压过程 9 次；

⑥ 保持轴向应力不变，以 0.1MPa/s 的速率将围压卸载至 0MPa（偏应力以 0.1963kN/s 的速率加至 194.5kN）；以 0.1MPa/s 的速率将围压加载至 16MPa（偏应力以 0.1963kN/s 的速率降低至 163.1kN）；重复卸、加围压过程 9 次。

该试验中的岩石试件基本参数见表 2-1。

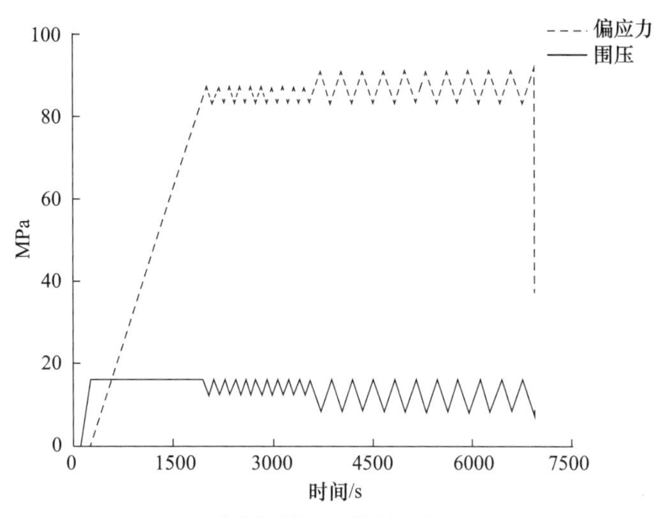

图 2-11　粉砂岩恒轴压阶梯循环卸围压试验路径

三种试验路径的岩石试件编号与基础物理参数见表 2-1。

表 2-1　岩石试件基本参数

试验类型	编号	直径（mm）	高度（mm）	质量（g）	波速（m/s）	密度（kg/m²）
粉砂岩三轴压缩试验	L-1	49.99	100.13	417.59	2251.03	2.13
	L-2	49.98	100.20	416.40	2237.44	2.12
	L-3	50.09	100.13	418.77	2288.76	2.12
	L-4	50.15	100.11	418.79	2218.84	2.12
	L-5	50.14	100.13	420.17	2245.98	2.13
粉砂岩升轴压循环卸围压	X-3	50.00	100.05	427.48	2409.80	2.18
	X-4	50.01	99.97	427.61	2398.88	2.18
	X-8	49.99	100.02	425.08	2440.50	2.17
	X-10	50.02	99.99	425.88	2385.84	2.17
	X-11	49.99	100.03	427.59	2426.03	2.18
	X-15	50.00	100.01	425.57	2383.95	2.17
粉砂岩恒轴压循环卸围压	D-1	49.99	100.13	419.34	2632.41	2.13
	D-2	49.95	100.05	418.52	2621.31	2.14
	D-3	50.00	100.05	421.39	2619.02	2.15

2.2.2　粉砂岩三轴加载应力-应变关系

1）应力-应变曲线

图 2-12 为粉砂岩试件在三轴加载条件下的应力-应变关系曲线，为便于分析，去除了破坏后的部分试验数据。图 2-12 中的 ε_1 是荷载作用下粉砂岩试件的轴向变形，ε_3 是荷载作用下粉砂岩试件的环向变形，ε_v 是荷载作用下粉砂岩试件的体应变，偏应力为轴

向应力 σ_1 与围压 σ_3 的差值。其中，体应变可按式（2-1）进行计算：

$$\varepsilon_v=\frac{\Delta V}{V}=\varepsilon_1+2\varepsilon_3=\varepsilon_1+2\varepsilon_3 \tag{2-1}$$

轴向与环向在受压缩时取正，体应变在受压缩时取负。由图 2-12 可知，在三向应力作用下，可将粉砂岩试件的变形划分为三个阶段：弹性变形、峰前塑性变形以及峰后破坏阶段。

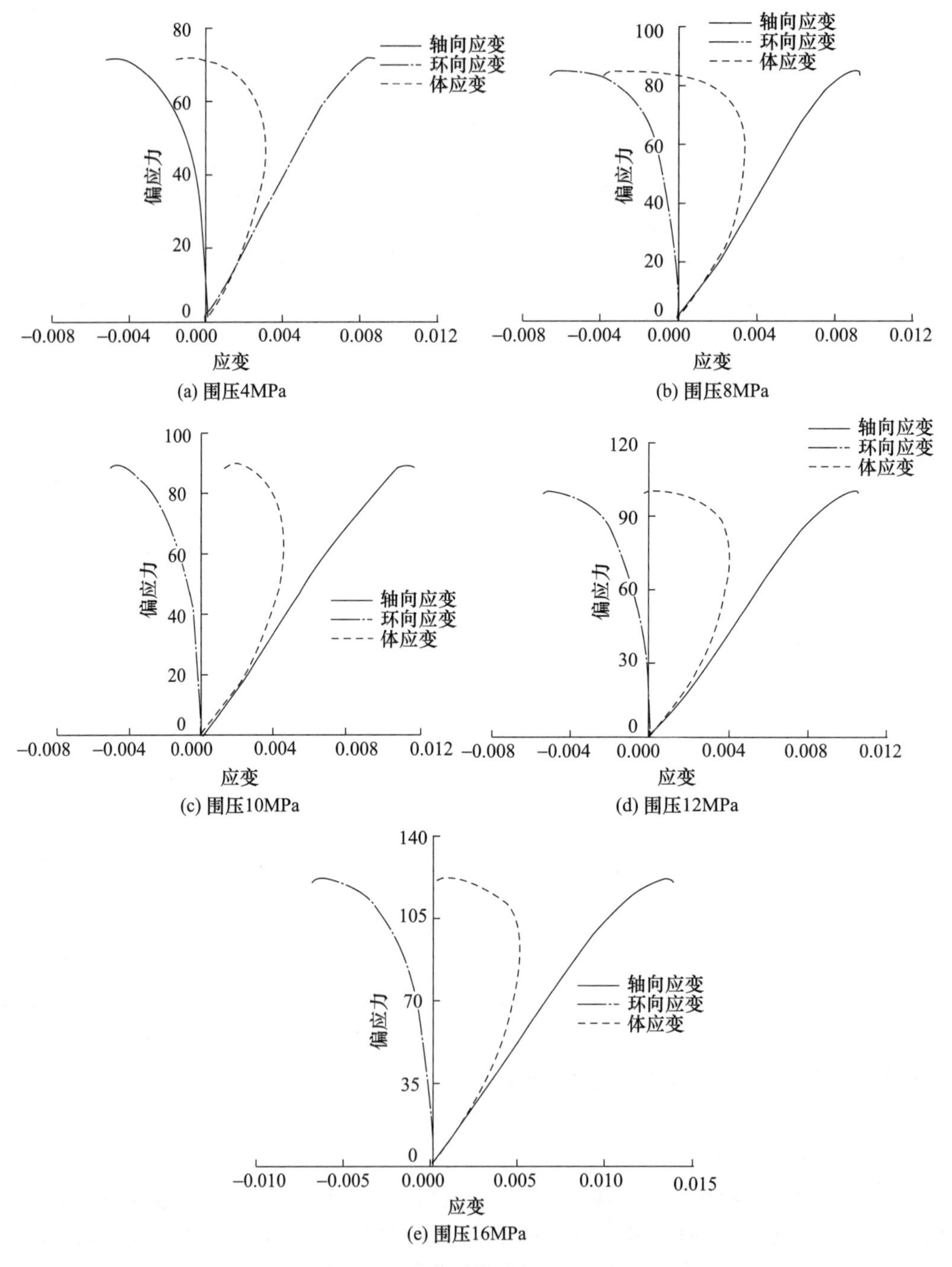

图 2-12　粉砂岩三轴压缩应力-应变曲线

粉砂岩试件在弹性变形段的应力-应变曲线接近于线性，该阶段主要产生的是弹性变形，即在该阶段卸载轴力后，试件可以恢复到初始状态。

粉砂岩试件发生峰前塑性变形的阶段，可分为裂纹稳定发展和非稳定发展两部分。在裂纹稳定发展阶段，应力-应变曲线已经偏离直线进入非线性阶段。由于轴向应力的持续增大，粉砂岩试件内部产生大量的微细观裂纹，并在裂纹端部发生明显的应力集中现象。若继续增加轴力，裂纹会在应力集中处发展；若轴力保持不变，裂纹也会停止活动不再发展。由图 2-12 可知，该过程中体应变速率明显减小。在裂隙非稳定发展阶段，粉砂岩试件应力-轴向应变曲线的斜率开始降低，轴向应变的速率增加逐渐较小。粉砂岩试件内部无规律分布的微细观裂纹逐渐向宏观贯通裂缝转变。此时，试件内部的变形已经发生质变，在贯通裂纹两端发生明显的应力集中现象，若保持轴力不变，粉砂岩试件内的裂缝仍会逐渐发展。此时试件内最薄弱环节发生破坏，承载能力降低，使得粉砂岩试件内部应力重新分布。试件内的次薄弱环节因为应力重新分布开始发生破坏，如此循环下去，试件整体发生破坏，承载力大幅降低。塑性屈服段为非线性变形阶段，在此期间，粉砂岩试件内裂缝面越来越多，彼此之间发生滑动，导致试件横纵方向的变形均迅速增加，且环向变形的增加速度较大。在该阶段，粉砂岩试件的体应变由压缩转为扩容。轴向荷载达到峰值强度后，随着轴力增大，进入峰后破坏阶段。

在峰后破坏阶段，粉砂岩试件内部的微裂缝逐步发展成贯穿型的破坏面，试件的承载能力迅速降低，轴向变形迅速增加，在应力-应变曲线上呈现出曲线斜率为负的趋势。粉砂岩试件发生破坏后，可以承受荷载的结构已被破坏，其残余承载力主要依赖于岩石内部裂缝面之间的摩擦。

2）围压与应变的关系

表 2-2 为粉砂岩试件在三轴加载条件下的峰值应变，本文所提的峰值应变指粉砂岩试件在峰值强度处的应变。由表 2-2 可知，在三轴压缩作用下，各围压下粉砂岩试件的峰值轴向应变均大于其他两种峰值应变，表明粉砂岩试件在三轴压缩条件下以轴向变形为主，轴向峰值应变均为正值，表明试件被压缩。随着围压增加，粉砂岩的峰值轴向应变明显增大，环向峰值应变出现先增大后减小的规律，且峰值轴向应变的增大幅度更加明显。各个围压下峰值体应变与轴向应变规律一致，与围压呈正相关，且均为正值，表明此时粉砂岩试件尚未达到扩容点，仍处于体积压缩状态。围压越大，粉砂岩试件的峰值体应变越大，试件压缩特征越明显。

表 2-2　粉砂岩试件加载试验峰值应变表

围压（MPa）	轴向应变（10^{-3}）	环向应变（10^{-3}）	体应变（10^{-3}）	峰值轴向应变与峰值环向应变数值比
4	9.19	−3.21	2.77	2.86
8	10.74	−3.96	2.82	2.71
10	11.24	−4.65	1.95	2.42
12	12.20	−1.83	8.55	6.67
16	15.96	−2.67	10.62	5.98

根据表 2-2 中的峰值轴向与环向应变的比值可知，围压较低时（4MPa、8MPa、10MPa），峰值轴向应变约为环向应变的 2.5 倍，此时峰值体应变较小，说明低围压下的三轴压缩试验中以轴向变形为主。围压较高时（12MPa、16MPa），峰值轴向应变约是环向应变的 6 倍，峰值体应变也远大于峰值环向应变，表明粉砂岩试件在高围压下以轴向和体积变形为主。

为进一步研究粉砂岩试件围压与各个峰值应变的关系，对表 2-2 的试验数据进行线性回归分析。图 2-13 为围压与峰值应变关系的拟合图，图中的点为三轴压缩试验所得数据，直线为拟合处理后所得。

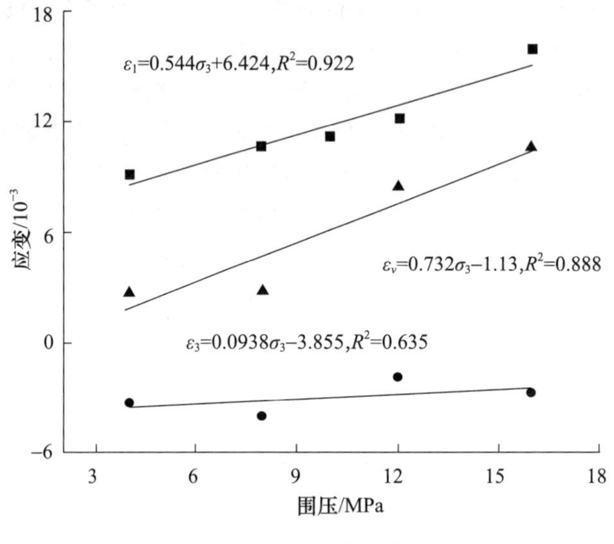

图 2-13　围压-应变关系

由图 2-13 可知，在粉砂岩试件的三轴压缩试验下，其峰值轴向、环向和体应变与围压之间呈现出了较好的线性关系，峰值应变与围压之间均呈正相关。由三条曲线的斜率可知，峰值体应变随围压变化的增大速率最大，与围压的线性拟合程度较好；峰值轴向应变随围压的增大速率次之，与围压的线性拟合程度最好；峰值环向应变随着围压增大的增加速率最小，与围压的拟合程度较差。体应变的计算公式（2-1）也可对峰值体应变的规律进行验证。其中，峰值应变与围压满足式（2-2）：

$$\begin{cases}\varepsilon_1=0.544\sigma_3+6.424, & R^2=0.922\\ \varepsilon_v=0.732\sigma_3-1.13, & R^2=0.888\\ \varepsilon_3=0.0938\sigma_3-3.855, & R^2=0.635\end{cases} \tag{2-2}$$

2.2.3　粉砂岩三轴加载力学参数分析

2.2.3.1　变形模量与泊松比

岩石试件的变形参数在弹性变形阶段均可视为定值，因此岩石试件在弹性阶段的变形模量也可称为弹性模量。随着轴向应力的施加，试件进入塑性变形阶段，该阶段岩石

试件的变形模量 E 和泊松比 μ 随着加载轴力而变化。在单轴压缩条件下，变形模量和泊松比可以根据试验过程中的轴力、轴向应变以及环向应变值进行求解。在三轴压缩作用下，围压对变形模量与泊松比也会产生影响，因此单轴压缩试验中根据应力-应变曲线求解变形参数的方法不再适用于本文。

假定试件在三向应力状态下符合广义胡克定律：

$$\begin{cases}\varepsilon_1=\sigma_1-\mu\ (\sigma_2+\sigma_3)\ /E \\ \varepsilon_2=\sigma_2-\mu\ (\sigma_1+\sigma_3)\ /E \\ \varepsilon_3=\sigma_3-\mu\ (\sigma_1+\sigma_2)\ /E\end{cases} \tag{2-3}$$

常规三轴压缩试验中 $\sigma_2=\sigma_3$，代入式（2-3）可得：

$$\begin{cases}E=\ (\sigma_1+2\mu\sigma_3)\ /\varepsilon_1 \\ \mu=\left(\dfrac{\varepsilon_3}{\varepsilon_1}\sigma_1-\sigma_3\right)\Big/\left[\sigma_3\left(2\dfrac{\varepsilon_3}{\varepsilon_1}-1\right)-\sigma_1\right]\end{cases} \tag{2-4}$$

岩石在三轴压缩试验过程中，可利用式（2-4）计算变形模量和泊松比。

1）变形模量

图 2-14 为粉砂岩在不同围压的三轴压缩作用下，变形模量 E 与轴力 σ_1 之间的关系曲线。在三轴压缩试验的轴力初始施加阶段，粉砂岩的变形模量急速跌落，随着轴力的持续增加，呈现出先增大后趋于稳定的趋势，之后保持在一个定值。随着轴力的持续增加，粉砂岩试件进入临近破坏状态，此时变形模量开始缓慢减小。

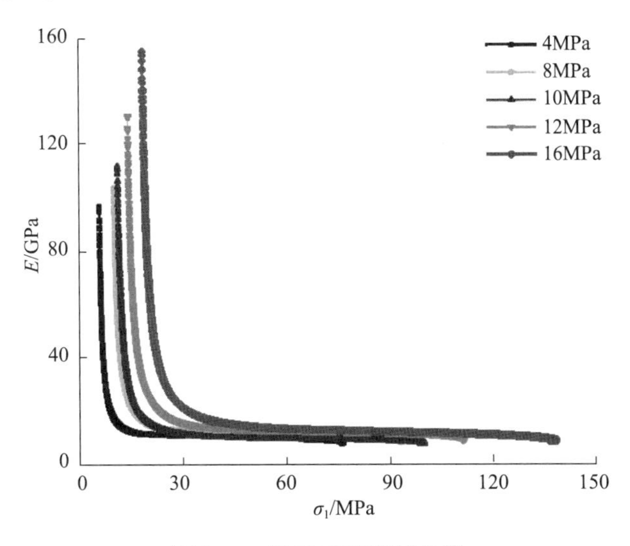

图 2-14　围压-变形模量曲线

2）泊松比

图 2-15 为粉砂岩试件在三轴压缩试验中泊松比随着轴力的变化曲线。可知，在加载初期随着轴力增大，泊松比急速增大，在泊松比接近 0.1 时，随着轴力的增加，泊松比接近于线性增大。临近破坏时，轴力-泊松比曲线出现上凹现象，泊松比的增长速率明显提升，较小的轴力即可引起泊松比的大幅上升。最终破坏时，各围压下粉砂岩试件的泊松比大小均为 0.5～0.6。

低围压下，粉砂岩试件变形参量均连续不间断地变化，发生破坏时，泊松比迅速增大，变形模量连续性地迅速减小。高围压下，泊松比与变形模量均表现出大幅度的跳跃式变化，泊松比增大，变形模量跌落。表现在破坏特征上为：围压较低时（4MPa、8MPa、10MPa），粉砂岩试件发生塑性破坏；围压较高时（12MPa、16MPa），粉砂岩试件发生脆性破坏。

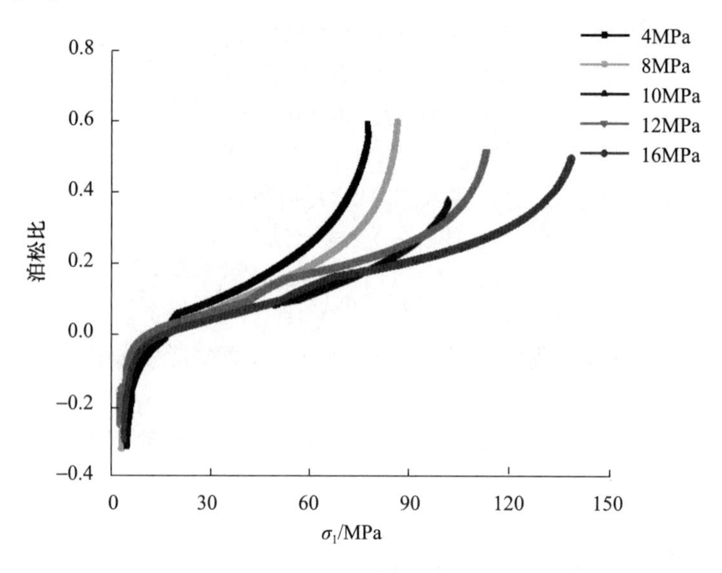

图 2-15　围压-环向轴向应变比曲线

粉砂岩试件内部存在大量的无规律分布的微观裂隙，在轴力加载的初始阶段，粉砂岩试件在三向应力的作用下，内部的微观裂隙被压密。因此，在最初加载过程中，在力学参数上表现为变形模量 E 的快速减小和泊松比 μ 的迅速增大。在裂隙被压密后，随着轴力的持续施加，进入弹性变形阶段，此阶段的变形模量 E 和泊松比 μ 随着轴力增大基本上呈线性变化，以一个稳定的速率增大。轴力加载到一定值后，粉砂岩试件进入峰前塑性变形阶段，该阶段内的变形模量 E 迅速减小，泊松比 μ 与轴力曲线呈现上凹趋势，表明泊松比增大速率提高。对比不同围压下粉砂岩试件变形模量与泊松比的变化情况，可以看出围压越大，变形参数的跳跃性越大，试件的脆性特征越明显。

2.2.3.2　峰值强度

图 2-16 为粉砂岩试件在不同围压下的应力-应变曲线对比图。在初始的裂隙压密阶段，曲线出现了较为明显的上凹现象。围压越大，曲线的斜率越大，即高围压下试件内部的裂隙更快被压密。随着轴力增大，粉砂岩试件进入线弹性阶段，此阶段的曲线都近似直线，与裂隙压密阶段相同，围压越大，曲线的斜率也越大。进入塑性变形破坏阶段后，粉砂岩试件的应力-应变曲线变缓，即曲线的斜率在逐渐减小。峰后阶段，粉砂岩试件的应力-应变曲线发生明显跌落，高围压下的粉砂岩试件应力-应变曲线跌落值更大，说明高围压下破坏时瞬间释放的能量更大，产生的破裂面也较低围压下的大。同时可以看出，在三轴加载条件下，粉砂岩试件的峰值强度和残余强度与围压均呈正相关。围压越大，粉砂岩试件内部的滑移阻力增大，因此试件的峰值强度与残余强度也越大。

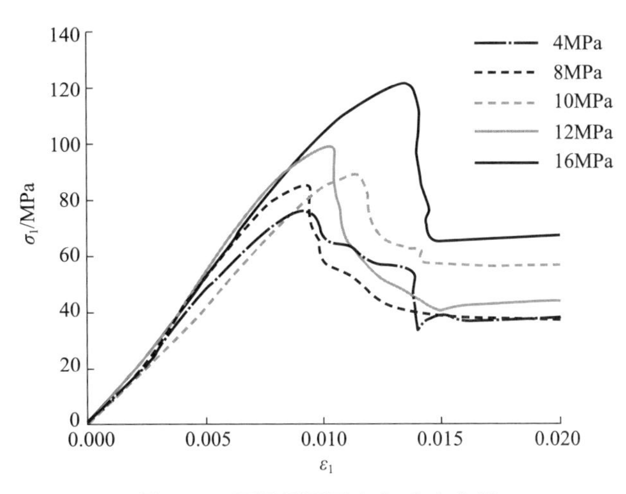

图 2-16　不同围压下应力-应变曲线

将试验所得峰值强度与残余强度数值进行统计，绘制于表 2-3 中。可知粉砂岩试件的两种强度值大体上随着围压逐渐增大，由于试件存在一定的离散型与内部缺陷，个别试样的峰值强度偏小。在不同围压下，粉砂岩试件的峰值强度为残余强度的 2～2.5 倍。

表 2-3　不同围压下粉砂岩三轴加载强度表

围压 (MPa)	峰值强度 (MPa)	残余强度 (MPa)	破坏时主应力差 (MPa)
4	80.3	39.2	76.3
8	93.8	36.1	85.8
10	99.8	48.2	89.8
12	111.7	43.9	99.7
16	138.3	63.7	122.3

为进一步确定粉砂岩试件围压与强度的关系，对表 2-3 所列试验结果进行拟合分析，绘制于图 2-17 中。可知，粉砂岩试件在三轴加载条件下，两种强度与围压均呈现出了较好的线性关系，且峰值强度的增长速率更大，曲线斜率更大，表明围压对峰值强度的影响更大，峰值强度对于围压变化的敏感性更高。

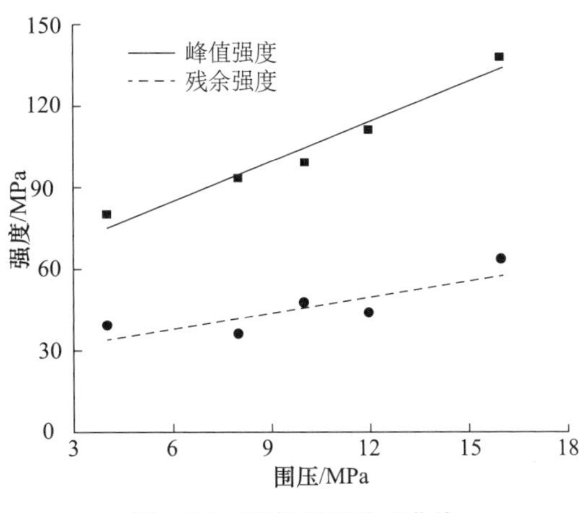

图 2-17　强度-围压关系曲线

2.2.3.3 黏聚力与内摩擦角

黏聚力和内摩擦角也是岩石的重要力学参数，为探究粉砂岩试件经过三轴加载作用后黏聚力与内摩擦角的变化情况，本小节对破坏前后的黏聚力与内摩擦角进行计算求解，并对比分析。

C. A. Coulomb 认为，岩石之间主要发生的是剪切破坏，他于 1773 年提出了“摩擦”准则，如图 2-18 所示，其强度准则为

$$\tau=c+\sigma\tan\varphi \tag{2-5}$$

式中 τ——抗摩擦强度；

c——黏结力；

σ——法向正应力；

φ——内摩擦角。

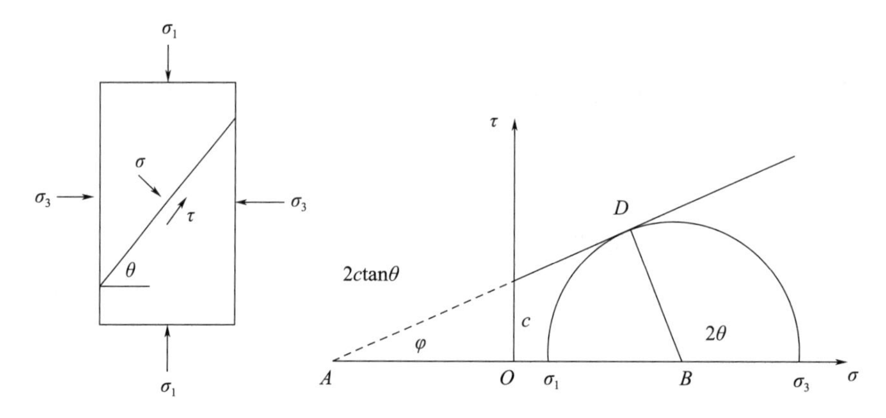

图 2-18 σ-τ 坐标下库仑准则

θ 为岩石在发生破坏时的破裂角，由图 2-19 可知，在极限平衡状态下，破裂角 θ 与内摩擦角 φ 存在以下关系：

$$2\theta=\frac{\pi}{2}+\varphi \tag{2-6}$$

化简式（2-6）可得 $\theta=45°+\varphi/2$，此时岩石试件满足极限平衡状态，根据图 2-19 中的三角关系可知：

$$|BD|=(|AO|+|OB|)\sin\varphi \tag{2-7}$$

$$\frac{(\sigma_1-\sigma_3)}{2}=\left(c\cot\varphi+\frac{(\sigma_1+\sigma_3)}{2}\right)\sin\varphi \tag{2-8}$$

对式（2-8）化简得：

$$\sigma_1=\frac{2c\cos\varphi}{1-\sin\varphi}+\frac{1-\sin\varphi}{1+\sin\varphi}\sigma_3 \tag{2-9}$$

$$\frac{\cos\varphi}{1-\sin\varphi}=\frac{\cos(2\theta-90)}{1-\sin(2\theta-90)}=\frac{\sin2\theta}{1+\cos2\theta}=\frac{2\sin\theta\cos\theta}{2\cos^2\theta}=\tan\theta \tag{2-10}$$

$$\frac{1-\sin\varphi}{1+\sin\varphi}=\frac{1-\sin(2\theta-90)}{1+\sin(2\theta-90)}=\frac{1-\cos2\theta}{1+\cos2\theta}=\frac{2\sin^2\theta}{2\cos^2\theta}=\tan^2\theta \tag{2-11}$$

将式（2-11）和式（2-10）代入式（2-9）中得：

$$\sigma_1 = 2c\tan\theta + \tan^2\theta\sigma_3 \tag{2-12}$$

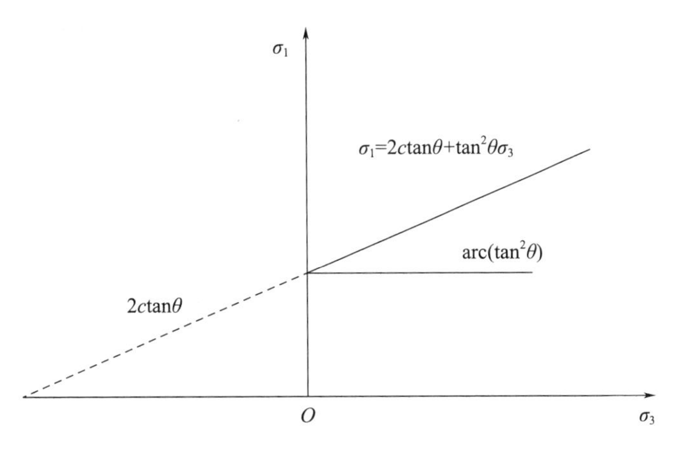

图 2-19　σ_1-σ_3 坐标下库仑准则

式（2-12）给出了的最大、最小主应力与破裂角之间的关系表达式。令式（2-13）中：

$$\begin{aligned} A &= 2c\tan\theta \\ B &= \tan^2\theta \end{aligned} \tag{2-13}$$

将式（2-13）代入式（2-12）得：

$$\sigma_1 = A + B\sigma_3 \tag{2-14}$$

根据常规三轴试验所得的粉砂岩试件在不同围压下的最大主应力 σ_1 值，对其进行线性拟合。方法如下：

点的坐标为（σ_{3i}，σ_{1i}），$i=1\sim5$，其中围压为自变量。通过试验所得的 5 组数据采用最小二乘法进行拟合：

$$\delta = \sum[\sigma_{1i} - (A + B\sigma_{3i})]^2 \tag{2-15}$$

拟合过程中在式（2-15）达到最小时，通过计算得出 A 值、B 值，即：

$$\begin{aligned} A &= \frac{n\sum\sigma_{1i}\sigma_{3i} - \sum\sigma_{3i}\sum\sigma_{1i}}{n\sum\sigma_{3i}^2 - (\sum\sigma_{3i})^2} \\ B &= \frac{(\sum\sigma_{1i} - A\sum\sigma_{3i})}{n} \end{aligned} \tag{2-16}$$

回归过程中的相关性系数为

$$R = \frac{n\sum\sigma_{1i}\sigma_{3i} - \sum\sigma_{3i}\sum\sigma_{1i}}{\{[n\sum\sigma_{3i}^2 - (\sum\sigma_{3i})^2][n\sum\sigma_{1i}^2 - (\sum\sigma_{1i})^2]\}\ 1/2} \tag{2-17}$$

表 2-4 为粉砂岩试件分别在围压为 4MPa、8MPa、10MPa、12MPa 和 16MPa 下的力学参数。运用以上计算方法计算得出粉砂岩试件的 A、B 值，根据计算所得 A、B 值与式（2-13）求得粉砂岩试件的黏聚力和内摩擦角：$A=56.81$，$B=4.80$，$c=13.4$MPa，$\varphi=40.9°$。对上述公式所求结果与试验数据进行拟合，绘制于图 2-20 中，拟合曲线的相关性很高，可以很好地反映轴向应力 σ_1 与围压 σ_3 之间的关系，因此也可以根据拟合曲线的斜率与截距来求得岩样的黏聚力与内摩擦角。

表 2-4　粉砂岩三轴加载破坏强度表

围压（MPa）	峰值强度（MPa）	残余强度（MPa）
4	80.3	39.2
8	93.8	36.1
10	99.8	48.2
12	111.7	43.9
16	138.3	63.7

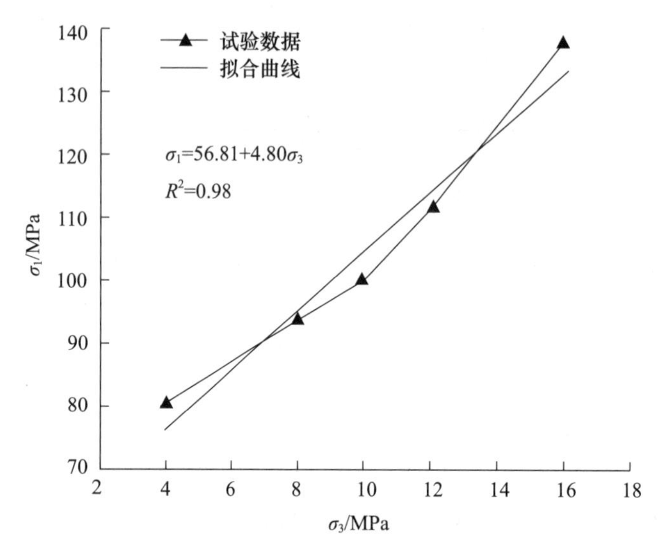

图 2-20　强度-围压拟合图

根据图 2-20 残余强度与围压的线性拟合曲线可以得出破坏后的 $c=9.08\text{MPa}$，$\varphi=19.9°$。由上述数据可知，粉砂岩试件在三轴压缩作用下发生破坏之后，黏聚力略有减小，内摩擦角大幅度减小，减小至原来的 50%左右。

2.2.3.4　加载破坏特征分析

根据表 2-2 所统计的不同围压下粉砂岩试件峰值应变可知，在三轴加载条件下粉砂岩试件以轴向变形为主，轴向压缩达到峰值变形时，粉砂岩试件发生破坏。图 2-21 所示为粉砂岩试件在各围压下发生破坏后的最终形态。各围压下的粉砂岩试件均表现出明显的剪切破坏特征，破裂面均为单一的主破裂。不同的是，在围压较低时，断口呈现曲线形的伸展，断口处有张拉变形的迹象。断裂角随着围压增大逐渐增加，断裂面变得更平整，并在断口处有部分细碎颗粒。

由于岩石试件内部的不均匀性，导致不同围压下粉砂岩试件的变化特征出现明显区别。围压越低，粉砂岩试件内部的不均匀性越明显。因此在三轴压缩作用下，随着轴向应力的施加，粉砂岩试件中强度较低的部分先达到承载极限值从而发生变形破坏，高强度部分此时尚处于弹性变形阶段，未达到该部分的破坏强度。随着的轴力增大，粉砂岩试件内部逐渐开始发生塑性变形，围压较低时，试件内部的塑性变形持续时间较长，发生塑性破坏。高围压下，粉砂岩试件内部的低强度部分很快发生破坏，进而发展到强度较高的部分，破坏后应变随着轴力增大呈现出跌落式下降，体现出脆性破坏特征。不同围压下的粉砂岩试件最终都是因为内部低强度部分的较大变形导致承载能力降低，从而发生破坏。这也能合理地解释粉砂岩试件轴向峰值应变随着围压增大而增大的现象。

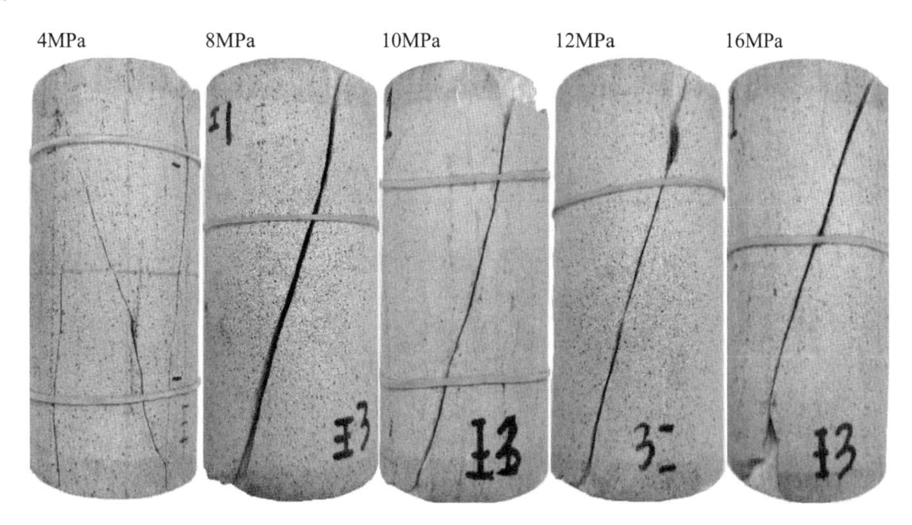

图 2-21　粉砂岩试件加载破坏形态

2.3　泥质石英粉砂岩循环卸围压破坏力学特性分析

2.3.1　粉砂岩卸围压条件下应力-应变关系

2.3.1.1　偏应力与应变关系

图 2-22～图 2-27 为粉砂岩卸围压过程的偏应力-应变曲线（去除破坏后）。可知，循环卸围压条件下，粉砂岩试件的偏应力-应变曲线可以分为五个阶段：弹性阶段、卸载近弹性变形阶段、加载峰前塑性阶段、卸载峰前塑性屈服阶段以及峰后破坏阶段，比三轴加载试验中多了卸载过程中的变化阶段。其中弹性变形处于轴向应力施加阶段，与三轴压缩试验所呈现出的规律完全一致。在卸围压过程中的弹性变形阶段，轴向应变随着围压的卸载逐渐减小，此时的偏应力-应变曲线近似为直线。围压卸载到预设值后，进行围压与轴力的加载，此阶段的偏应力-应变曲线与三轴压缩过程中类似，粉砂岩试件逐渐进入加载过程中的塑性阶段。随后进行围压的再次卸载，进入围压卸载过程的塑性变形阶段，此时，随着偏应力增大，粉砂岩试件内部的裂隙逐渐增多并发展为贯通的裂隙面，轴向和环向变形的速率加大。

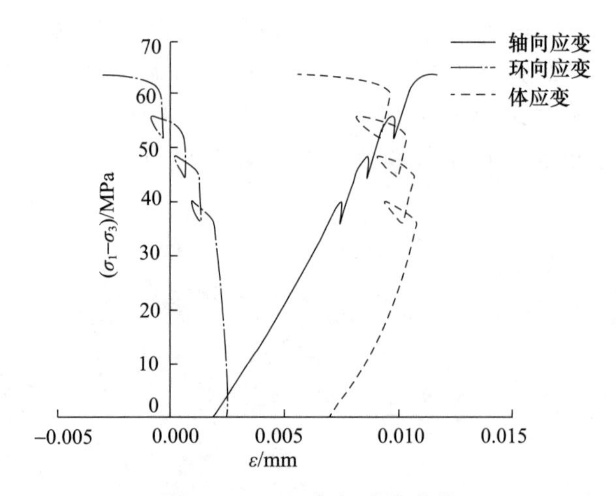

图 2-22　X-3 应力-应变曲线

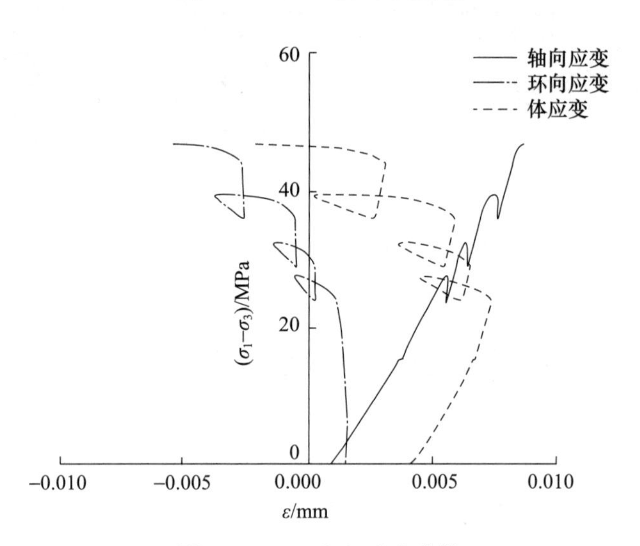

图 2-23　X-4 应力-应变曲线

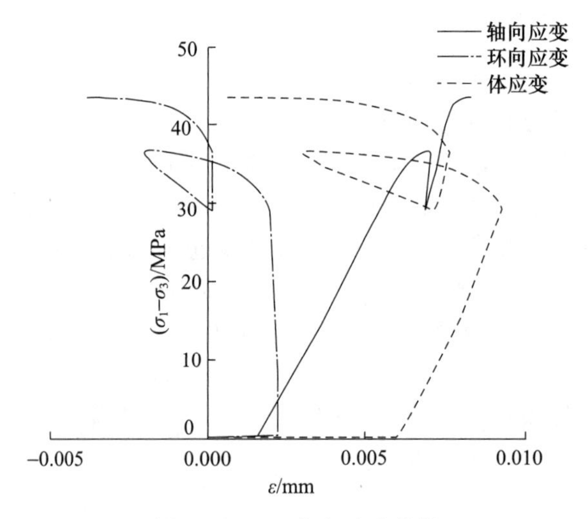

图 2-24　X-8 应力-应变曲线

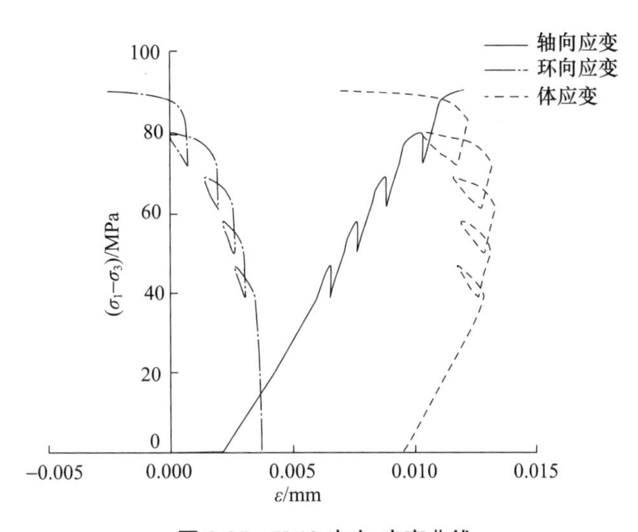

图 2-25　X-10 应力-应变曲线

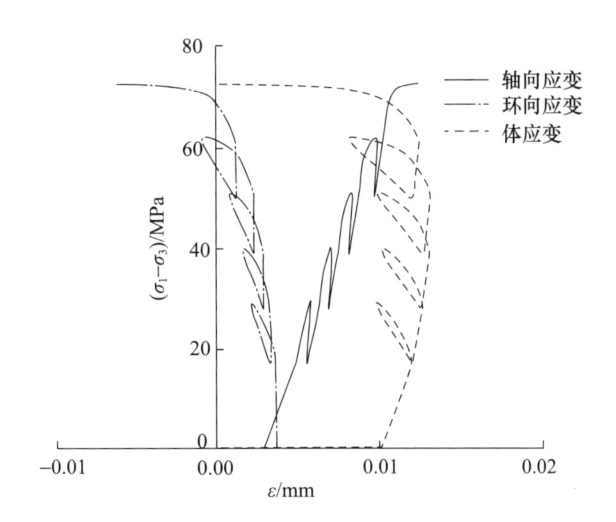

图 2-26　X-11 应力-应变曲线

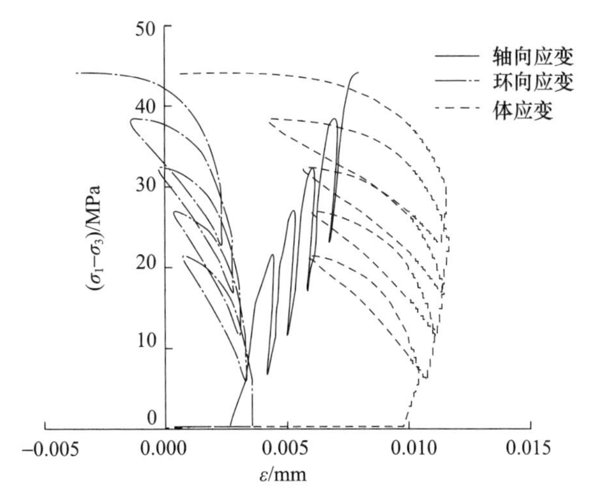

图 2-27　X-15 应力-应变曲线

卸围压过程中，轴向应变持续增大，环向应变与体应变出现明显的回弹现象，且环向与体应变的回弹量与初始卸载围压呈正相关。卸围压过程中，轴向的偏应力-应变关系曲线斜率变大；环向应变随着围压的卸载曲线斜率变小，环向变形速率变慢；体应变与偏应力曲线的斜率由正值变为负值，曲线出现左拐，表明卸围压开始后粉砂岩试件尚未发生体积压缩，仍处于体积扩容阶段，但随着围压的卸载，体积膨胀越来越小。随着卸围压次数的增加，粉砂岩试件的轴向与体应变变化值随之增大，且回弹现象更为明显，轴向应变随着循环卸围压次数的增多未呈现出明显变化趋势，说明在卸围压过程中以环向应变为主。在破坏前的最后一个循环，随着围压的持续减小，粉砂岩试件的承载能力降低，环向与体应变迅速增加，粉砂岩试件由于环向应变的迅速增大发生破坏。

2.3.1.2 围压与应变的关系

表 2-5 所示为不同初始围压、卸载量条件下的粉砂岩试件峰值应变表。可知，随着初始卸载围压的增大，粉砂岩试件（X-4、X-8、X-15）在破坏时的峰值轴向、环向和体应变均没有明显的变化，表明在卸围压破坏时粉砂岩试件的变形特征不会随着围压发生变化，均表现出脆性特征。围压未卸载至 0MPa 时峰值体应变值相对较大，且均为正值，说明在卸围压破坏过程中，粉砂岩试件发生了体积压缩变形，且围压对体积的压缩变形有较大影响。

表 2-5　不同围压下粉砂岩卸围压破坏峰值应变表

试件	初始围压（MPa）	卸载围压（MPa）	轴向应变/（10^{-3}）	环向应变/（10^{-3}）	体应变/（10^{-3}）
X-4	4	0	8.70	−5.09	−1.48
X-3	8	4	11.6	−2.82	5.96
X-8	8	0	8.30	−3.84	0.62
X-10	16	8	12.11	−2.61	6.89
X-11	16	4	12.26	−6.08	0.10
X-15	16	0	7.96	−2.77	2.42

为进一步研究围压对应变的影响，对同初始围压下的三个粉砂岩试件（X-10、X-11、X-15）进行对比分析。图 2-28 所示为同初始围压下的围压-轴向应变对比，图 2-28（a）初始围压为 8MPa，图 2-28（b）初始围压为 16MPa。可知，在围压卸载过程中，轴向应变基本线性增长，发生非常小的回弹变形。每一次卸围压过程中轴向应变的增量随着循环次数增多而逐渐增大，保持围压期间，每次循环的应变增量近乎一致。

在循环卸围压过程中，粉砂岩试件的环向和体应变均形成了不同程度的滞回环。卸围压伊始，环向和体积应力-应变曲线便迎来拐点，变化趋势与之前明显不同，卸围压使岩石的应力状态改变，力学行为随之发生变化，岩石由压缩状态提前进入扩容状态。加载初期，随着轴向应力等级的增加，滞回环（环向应变、体应变）面积逐渐变大，表示岩样的环向应变逐渐产生应变劣化。

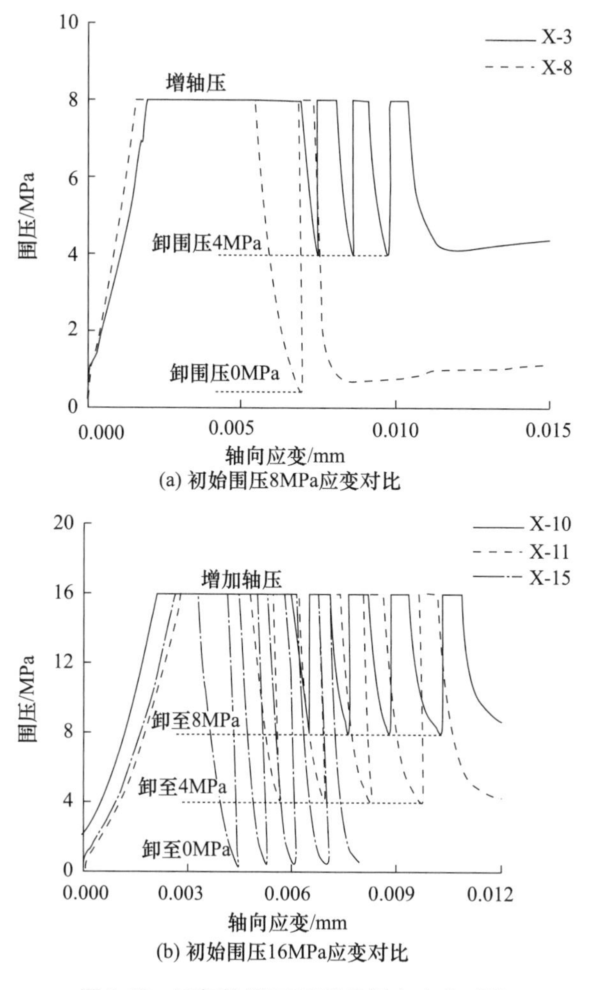

(a) 初始围压8MPa应变对比

(b) 初始围压16MPa应变对比

图 2-28　同初始围压下围压-轴向应变对比

由于粉砂岩试件内部在循环加卸载试验中应变部分可恢复，将其分为弹性应变和塑性应变两部分。一般的循环加卸载如图 2-29 所示，对应应变值计算如下式：

$$\varepsilon=\varepsilon^{e}+\varepsilon^{p} \tag{2-18}$$

式中　ε^{e}——弹性应变；

ε^{p}——塑性应变，即不可逆应变。

在轴力保持不变、卸-加围压的情况下，三向应变均呈单调变形趋势，将加卸围压阶段中第 i 级的卸载-加载两部分应变增量分别表示为：卸围压应变 $\varepsilon^{unloading}$（i）、加围压应变量 $\varepsilon^{loading}$（i）。第 i 级加卸载过程中，轴向、环向和体积塑性应变分别为 ε_{a}^{p}（i）、ε_{r}^{p}（i）和 ε_{v}^{p}（i），对应卸载与加载过程中的应变差值，表示为：

$$\begin{aligned}\varepsilon_{a}^{p}(i)&=\varepsilon^{unloading}(i)+\varepsilon^{loading}(i)\\ \varepsilon_{r}^{p}(i)&=\varepsilon^{unloading}(i)-\varepsilon^{loading}(i)\end{aligned} \tag{2-19}$$

将初始围压为 16MPa 的三个试件（X-10、X-11、X-15）每一次循环加卸围压过程中的轴向滞回环分离并绘于图 2-30 中。

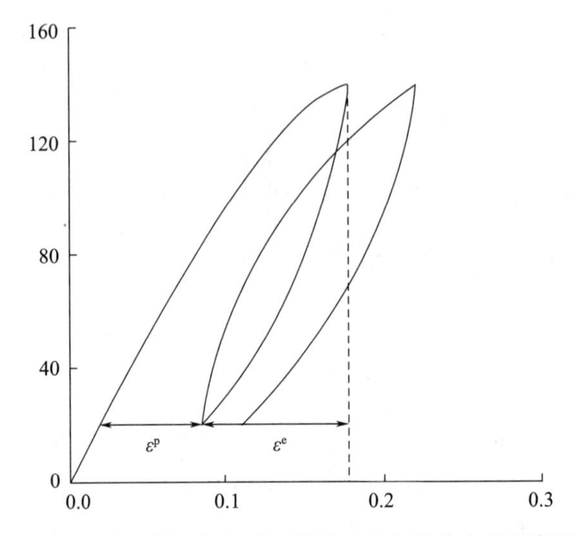

图 2-29　常规循环加卸载下塑性应变和弹性应变示意图

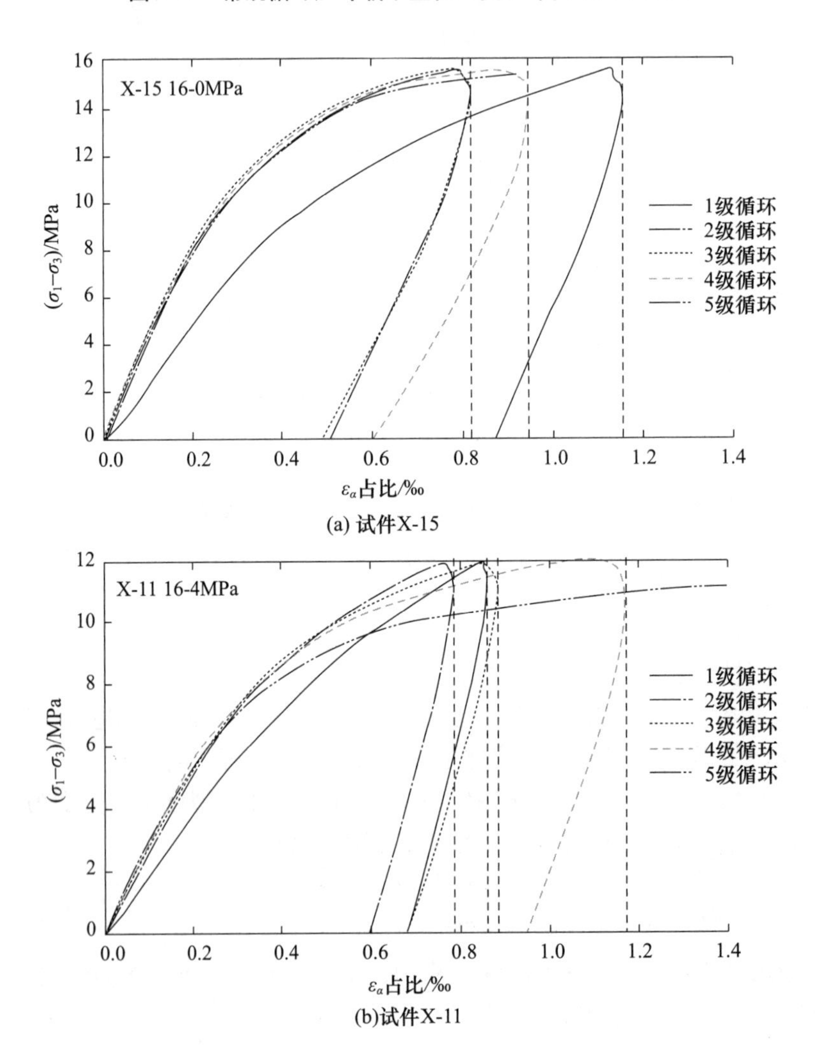

(a) 试件X-15

(b)试件X-11

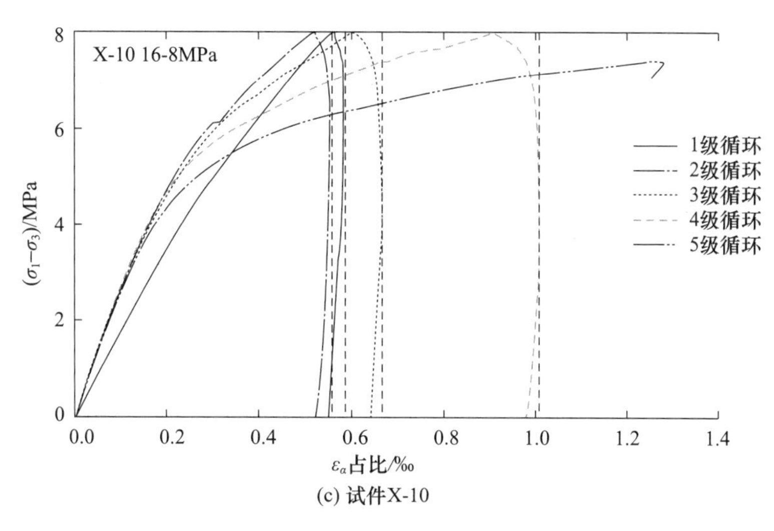

(c) 试件X-10

图 2-30　各循环下限不同应力等级下滞回环

在保持轴力施加围压的过程中，初始阶段粉砂岩试件的轴向应变仍继续增大至一定值，随后开始减小，即在围压卸载后的一段时间内粉砂岩试件的轴向应变相对其应力变化存在一定的滞后现象。分析其原因：在围压由设计下限开始重加载时，偏应力减小，围压增加对强度增强弱于偏应力减小对轴向压缩变形的影响。粉砂岩试件的轴向应变达到最大值时，围压与偏应力对轴向应变的影响程度大致相同，进而达到平衡。将粉砂岩试件不同循环下的轴向、环向弹塑性量绘制于图 2-31 中。可知，卸载量越小，试件的应力滞后性越大，一次卸加围压过程塑性应变的占比越大。

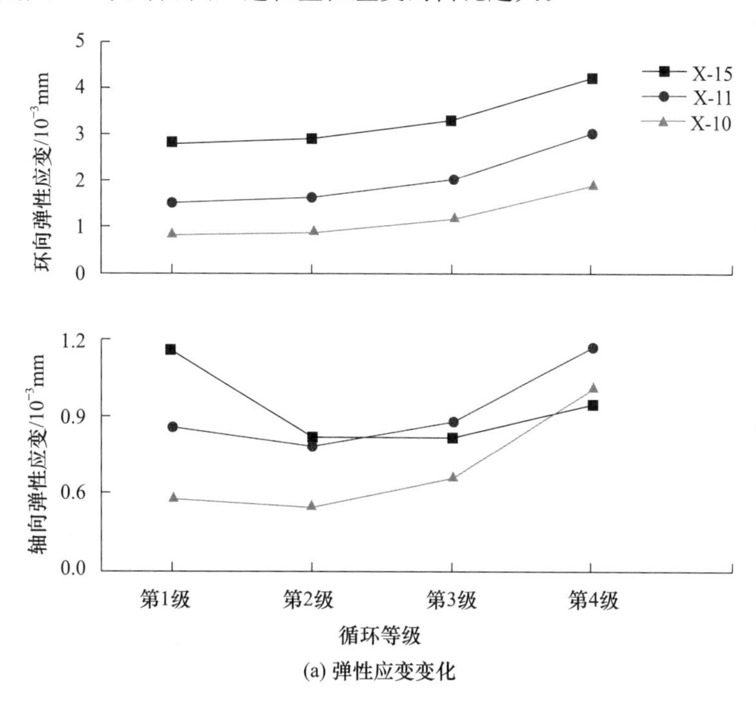

(a) 弹性应变变化

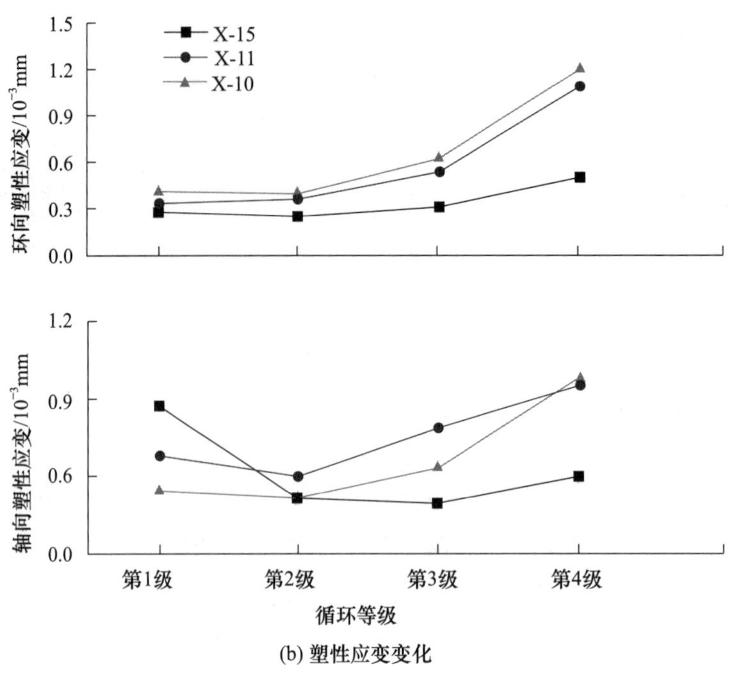

(b) 塑性应变变化

图 2-31　各级弹塑性应变变化情况图

由图 2-31 可知，三个粉砂岩试件的环向塑性应变随着轴力等级的提升，呈单调增大趋势，在临近破坏时塑性应变大幅度增加。环向塑性应变整体而言处于一种先减小后增大的趋势，随着围压卸载量的减小，环向塑性应变对应的轴力水平更大，轴向塑性应变相对更为稳定，说明围压卸载量对粉砂岩试件环向塑性应变的影响更大。随着轴力水平的增大，三个粉砂岩试件的弹性应变均处于一种单调增大的趋势，轴向弹性应变与轴向塑性应变的趋势保持一致。

2.3.2　粉砂岩卸围压力学参数分析

2.3.2.1　变形模量与峰值应力

为探究每次循环前后粉砂岩试件力学参数的变化情况，进行了每个循环前后变形模量的计算，表 2-6 为六个试件在每个循环开始与结束后的变形模量变化情况。

表 2-6　粉砂岩卸围压试验变形模量计算表

试件	循环次数									
	1↗	1↘	2↗	2↘	3↗	3↘	4↗	4↘	5↗	5↘
X-3	6.58	5.95	6.52	6.06	6.48	6.04	6.34	5.41		
X-4	5.74	5.00	5.43	5.12	5.58	5.27	5.54	5.39		
X-8	7.19	5.31	5.75	4.93						
X-10	10.85	9.03	10.08	8.98	9.80	8.85	9.47	8.45	8.86	7.72
X-11	9.24	6.19	7.98	6.49	7.81	6.68	7.69	6.66	7.33	5.81
X-15	32.68	5.03	7.62	5.22	6.83	5.41	6.59	5.54		

由表 2-6 可知，六个粉砂岩试件的变形模量在每次围压的加载过程中增大，卸载过程中发生一定程度的减小，为定量表述每个循环下的变形模量变化量，将每个循环过程中变形模量的减小量进行分析，图 2-32 所示为每次循环的初始变形模量变化情况。可知，初始围压越大，变形模量初始值也越大，经过几次循环后，六个试样的变形模量均有一定程度的减小。相同初始围压下，围压卸载量越大，变形模量越小，即同样的应力下，最终保留围压越大，产生的轴向变形越小，表明围压能在一定程度上减小试样的变形，对试样有加固作用。图 2-33 所示为每个循环结束后的变形模量变化图，可知每个循环结束后变形模量表现出先增大后减小的趋势，表明一定次数的循环可以减小试样的变形，加固试样。

不同初始围压下，三个粉砂岩试件（X-4、X-8、X-15）的卸围压初始值越大，卸围压的初始变形模量 E 也越大，但是随着循环加卸载围压次数的增多，三个粉砂岩试件的变形模量变化趋势一致。随着循环次数的增多，X-4、X-8、X-15 试件的变形模量呈现出减小趋势，曲线的斜率逐渐变小，表明随着循环次数增多，卸围压过程中的变形模量减小量越来越小。

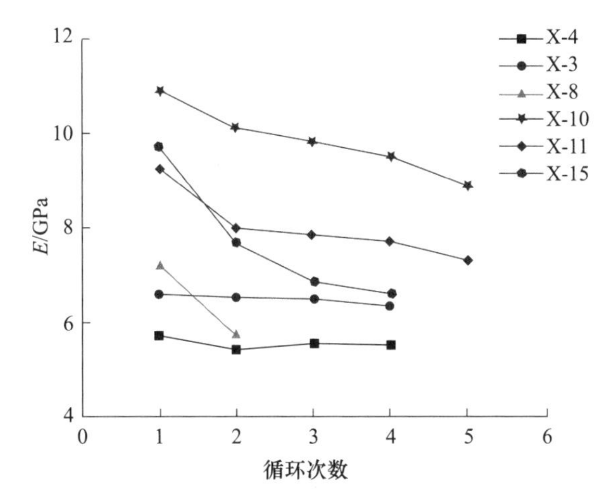

图 2-32　每个循环初始变形模量变化图

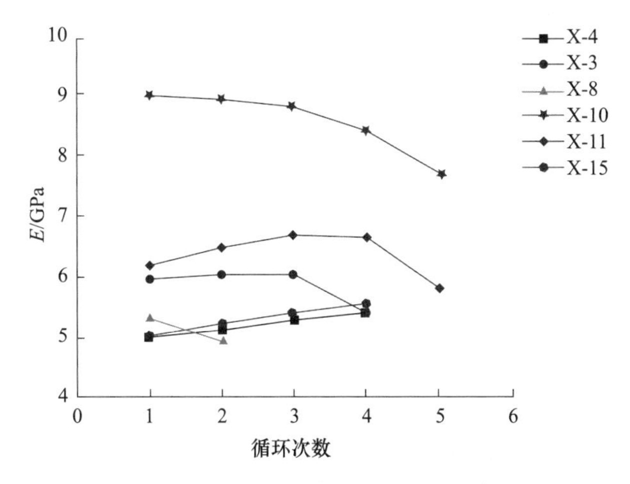

图 2-33　每个循环结束后的变形模量变化图

如图 2-34 所示，为进一步揭示试样在循环过程中的破坏机制，研究了每个循环过程中变形模量的变化情况。随着循环次数的增加，每个循环下变形模量的减小量越来越小，直至开始增大。每个循环后变形模量的变化量越来越小，表明试样内部在被压缩过程中，应力主要用于压密试样内部的孔隙，初期的轴向变形较小。随着循环次数的增加，试样的变形逐渐增大，表现在变形模量上逐渐减小。最后一个循环完成后，试样发生破坏，产生大量裂隙，因此变形模量增大。

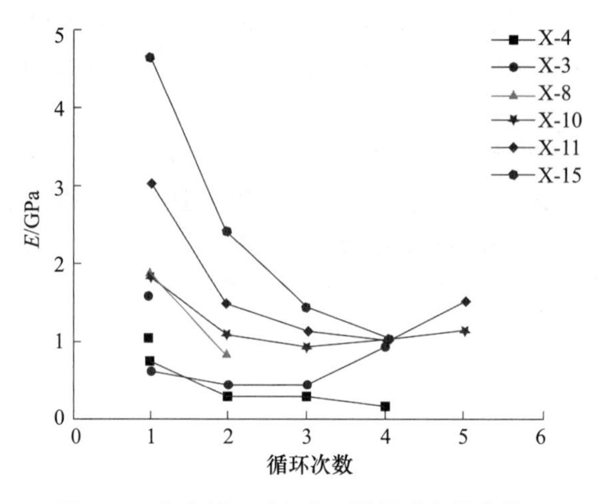

图 2-34　每个循环过程变形模量减小量变化图

表 2-7 所示为六个试样发生破坏时的轴力，由表可知，初始围压相同时，卸载最低围压越大，试样的峰值强度也越大，再次证明了围压对岩样的加固作用。对不同初始卸载围压，均卸载到 0 的三个试样（X-4、X-8、X-15）进行分析，发现三个试样的峰值强度近乎一致，均为 45MPa 左右，表明初始卸载围压对试样峰值强度的影响非常小，远不及卸载最低围压对峰值强度的影响。粉砂岩试样的三轴强度随围压卸载时的围压上下差值幅度的增大而减小。当上限围压一定时，粉砂岩的峰值强度与卸围压应力差有较好的对应关系。因此，可以证明横向扰动对岩石的强度有很大的负面影响。

表 2-7　粉砂岩卸围压破坏峰值强度

试样	卸载初始围压（MPa）	卸载最低围压（MPa）	峰值强度（MPa）
X-4	4	0	46.9
X-3	8	4	68.2
X-8	8	0	44.3
X-10	16	8	99.2
X-11	16	4	77.1
X-15	16	0	45.1

对初始围压均为 16MPa 的三个试样进行峰值强度的回归分析，如图 2-35 所示。可知，循环卸围压过程中粉砂岩试样的峰值强度与围压之间呈现出良好的线性关系。三个试件都是经历 4 次循环卸围压后，在第五次循环在围压卸载将至卸围压下限时发生破

坏，其破坏时围压分别为 8.44MPa、4.22MPa、0.44MPa。根据拟合曲线的斜率和截距，结合式（2-13）可知，黏聚力 c=8.6MPa，内摩擦角 φ=47.8°。

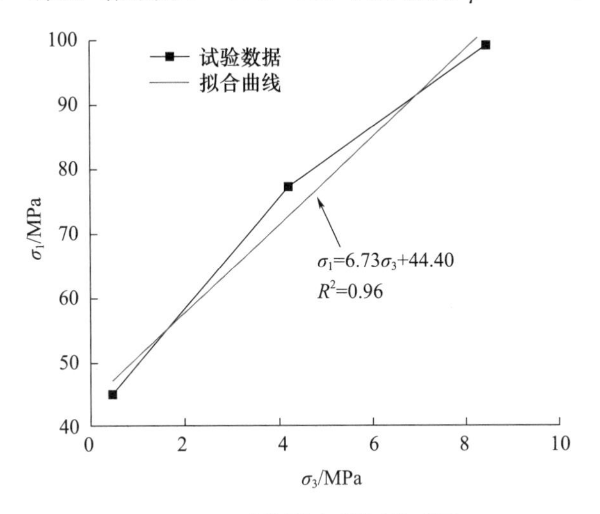

图 2-35 峰值强度-围压关系图

2.3.2.2 破坏应力差

表 2-8 给出了升轴压循环卸围压试验下的相关试验数据，根据破坏时的围压差与应力差绘制出图 2-36 和图 2-37。

表 2-8 卸围压相关数值表

试件编号	卸载初始围压（MPa）	卸载最低围压（MPa）	破坏时轴力（MPa）	破坏时围压（MPa）	破坏时应力差（MPa）	破坏时围压差（MPa）
X-4	4	0	46.922	0.005	46.917	3.995
X-3	8	4	68.019	4.145	63.874	3.855
X-8	8	0	44.157	0.717	43.440	7.283
X-10	16	8	99.122	8.520	90.602	7.48
X-11	16	4	76.950	4.257	72.693	11.743
X-15	16	0	45.016	0.584	44.432	15.416

由表 2-8 中 X-10、X-11、X-15 试件的相关试验数据可知，在相同的卸载初始围压下，卸载量越大，发生卸围压破坏时的偏应力越小，即卸载量越大，试样越容易发生破坏。以围压卸载到 0MPa 为例，随着卸载初始围压从 4MPa 变化到 8MPa、16MPa，卸围压破坏时所需应力差从 46.917MPa 变化到 43.44MPa、44.432MPa。不同围压下破坏需要的应力差较为接近，均为 45MPa 左右。卸载到 4MPa 时，初始围压从 8MPa 变化到 16MPa 时，卸围压破坏应力差从 63.874MPa 增加到 72.693MPa，初始围压越高，破坏时的应力差值越大。围压越低，试样越容易发生破坏，这是因为不同围压对峰值强度的影响有较大差异。低围压下，粉砂岩试件的峰值强度受围压影响更大，因此，高围压下的试样经过卸围压后反而更不容易破坏，低围压下粉砂岩试件卸围压后强度被大幅度削弱，更易发生破坏。

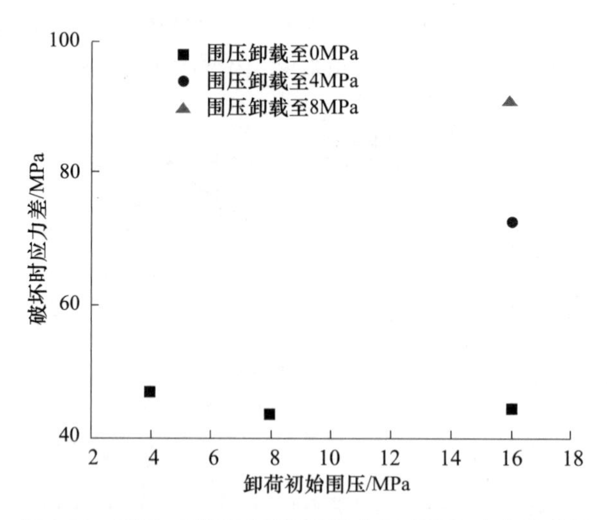

图 2-36 不同初始围压下粉砂岩破坏时围压-应力差曲线

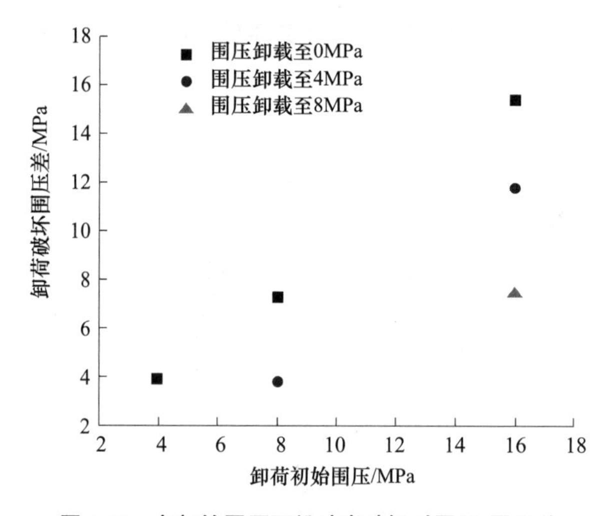

图 2-37 各初始围压下粉砂岩破坏时围压-围压差

由上述分析可知，围压卸载量对粉砂岩试件的破坏程度有一定影响。为进一步探究卸载初始围压与卸载破坏围压差之间的关系，将卸载破坏围压差定义为

$$\Delta\sigma_3=\sigma_{30}-\sigma_{31} \tag{2-20}$$

式中 σ_{30}——初始卸载围压；

σ_{31}——破坏时围压。

可知，卸载破坏围压差越小，试样越容易在卸围压过程中发生破坏。根据粉砂岩试件的循环卸围压试验所得相关数据进行绘图分析，如图 2-37 所示。当围压卸载至 0MPa 时，随着卸载初始围压从 4MPa 到 8MPa、16MPa 变化，卸围压发生破坏时所需围压差从 3.995MPa 到 7.283MPa、15.416MPa 变化，即高围压下粉砂岩试件发生破坏对围压差的需求反而更大，试样更不易破坏。分析岩样破坏时的围压可以发现，岩样破坏时的围压值分别为 0.005MPa、0.717MPa、0.584MPa，即破坏时保留围压有所不同，峰值强度与围压呈正相关。因此破坏时围压越小，粉砂岩试样的峰值强度越大，越不易破坏。

2.3.2.3 卸围压破坏特征分析

图 2-38 为六个不同初始围压及卸载量下经过循环卸围压试验后的破坏形态图。对比试件 X-10、X-11 与 X-15 的破坏特征可以看出，当卸载终值相同时，卸载量较大时（试件 X-15），岩样的破坏以主剪切和共轭剪切破坏为主；卸载量居中时（试件 X-11），以剪切破坏为主；卸载量最小的粉砂岩试件 X-10，出现了明显的劈裂破坏，不同围压下的粉砂岩试件破坏过程均表现出明显的裂纹。就破坏面与水平方向的夹角（破裂角）而言，初始卸载围压越大，破裂角越小，试件 X-10 破裂角大于其他两个试件的破裂角。卸载量相同时，对比试件 X-3 与 X-4 可以看出，X-3 试件破坏时保留了部分围压，显然破坏程度更小，两个试件均以剪切破坏为主。围压均卸载到 0MPa 的三个试件破坏形态有相似之处，也有较明显的区别，试件 X-8 与 X-15 均表现出了明显的剪切与共轭破坏，低围压下的 X-4 试件以剪切破坏为主。

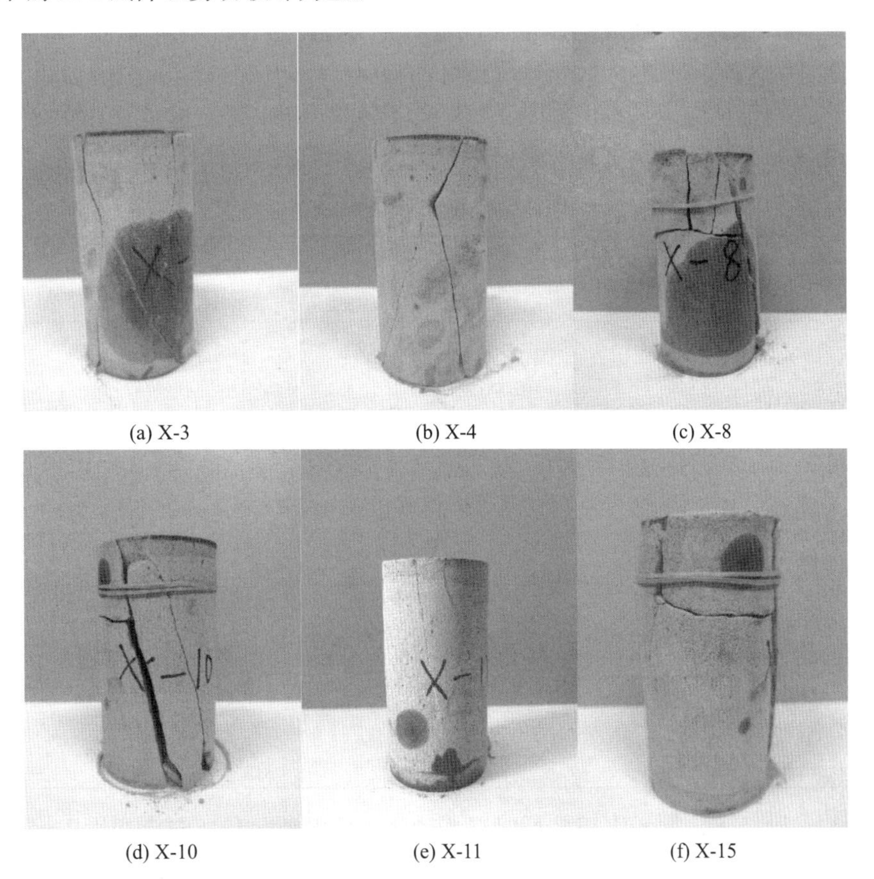

(a) X-3　　(b) X-4　　(c) X-8

(d) X-10　　(e) X-11　　(f) X-15

图 2-38　不同初始围压下粉砂岩破坏图

在卸围压破坏之前，试验机所提供的轴向应力与围压之间的差值（偏应力）已经达到粉砂岩试件峰值强度的 80%，试件内部存在大量的微小裂隙。开始进行围压的卸载后，应力差迅速增大，卸载引起裂隙发展，形成较大裂纹，并在裂纹两端发生明显的应力集中现象。随着卸围压的持续进行，偏应力增大，试件内部的裂纹逐步发展至形成贯通裂纹。试件达到峰值强度后，从试件的破坏形态上可以看出，裂纹已经形成了贯通的破裂带。

2.4 泥质石英粉砂岩三轴加载与循环卸载破坏力学行为对比

岩石试件在加卸载过程中均是由于应力的增大，导致岩石内部出现裂隙，裂隙发展进而发生损伤破坏。为更好地研究粉砂岩试件在加卸载条件下的破坏技术，本节将粉砂岩试件在三轴压缩试验与升轴压循环卸围压试验的结果进行对比分析，研究两种路径下岩石的破坏特征与力学特性。

2.4.1 粉砂岩加卸载破坏变形特性对比分析

表 2-9 为粉砂岩试件在加卸载试验中的破坏前的峰值应变表。可以看出，加载路径下以轴向压缩变形为主，随着围压增大，轴向应变持续增大，环向应变先增大后减小。卸围压试验中，初始围压越大，粉砂岩试件的轴向与环向应变数值越小。加卸载试验下粉砂岩试件的峰值体应变基本上都是正值，处于体积压缩状态；峰值体应变与初始卸载围压呈正相关，表明不论是加载还是卸载，围压对体积的压缩均有显著作用。

表 2-9 粉砂岩试件加卸载破坏峰值应变表

破坏形式	围压（MPa）	轴向应变（10^{-3}）	环向应变（10^{-3}）	体应变（10^{-3}）
加载破坏	4	9.19	−3.21	2.77
	8	10.74	−3.96	2.82
	10	11.24	−4.65	1.95
	12	12.20	−1.83	8.55
	16	15.96	−2.67	10.62
卸载破坏	0	8.70	−5.09	−1.48
	4	11.6	−2.82	5.96
	0	8.30	−3.84	0.62
	8	12.11	−2.61	6.89
	4	12.26	−6.08	0.10
	0	7.96	−2.77	2.42

三轴加载路径下，初始围压较低时，粉砂岩试件以轴向和环向应变为主；围压较高时，体应变大幅增大，试件以轴向和体应变为主。卸围压路径下，随着初始卸载围压的增大，粉砂岩试件始终以轴向应变为主。由此可知，卸围压路径下，粉砂岩试件的破坏主要由轴向应变增大引起。

在三轴压缩试验的轴力初始施加阶段，粉砂岩试件的变形模量急速跌落，泊松比呈现出急速增大的趋势；随着轴力的持续增加，变形模量先增大后趋于稳定，之后保持在一个定值，泊松比接近于线性增大；临近破坏时，变形模量开始缓慢减小，泊松比的增长速率明显提升；粉砂岩试件发生破坏时，变形模量急剧减小，泊松比为 0.5～0.6。

卸围压条件下，粉砂岩试件的变形模量先是呈现出缓慢增大的趋势，后急速下降，在卸围压条件下不论初始卸载围压与卸载量的大小，始终发生脆性破坏。

2.4.2 粉砂岩加卸载破坏强度特性对比分析

表 2-10 所示为粉砂岩试件在加卸载试验下发生破坏时的峰值强度值，其中卸载破坏形式中的围压为粉砂岩试件发生破坏时的围压。将峰值强度与围压的关系绘制于图 2-39 中，根据强度与围压的拟合曲线斜率可知，卸围压破坏时，峰值强度与围压的曲线斜率更大，随着围压的变化幅度更大。表明粉砂岩试件在卸载过程中围压对强度影响更大，强度对围压更为敏感。

表 2-10　粉砂岩试件加卸载破坏试验结果

试件编号	破坏形式	围压（MPa）	峰值强度（MPa）
L-1	加载破坏	4	80.3
L-2		8	93.8
L-3		10	99.8
L-4		12	111.7
L-5		16	138.3
X-10	卸载破坏	8.44	99.2
X-11		4.22	77.1
X-15		0.44	45.1

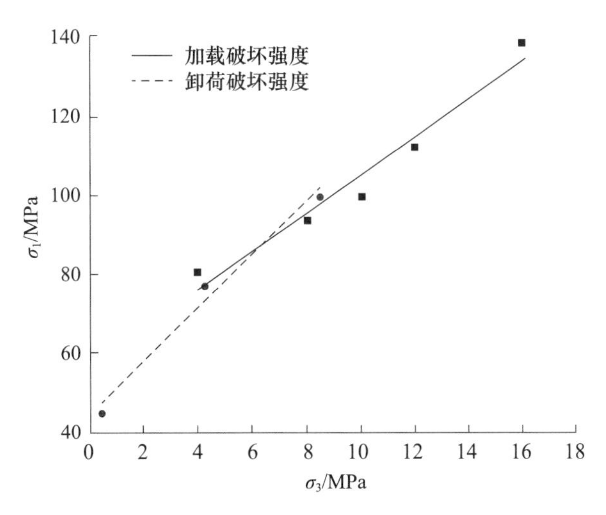

图 2-39　粉砂岩试件加卸载破坏强度与围压关系曲线

表 2-11 所示为粉砂岩在加卸载过程中的黏聚力与内摩擦角值。在三轴压缩试验中，粉砂岩试件破坏后的强度参数均有一定的减小。加卸载破坏时强度参数对比发现，粉砂岩试件发生卸围压破坏时的黏聚力略有减小，而内摩擦角更大，黏聚力减小了 5.6%，内摩擦角增大了 58%，内摩擦角发生变化的幅度更大。究其原因，在于加卸载条件下

试件的破坏路径完全不同。在加载试验中，粉砂岩试件出现了轴向受力的压剪破坏，而在卸围压状态下，则出现了由环向卸载引起的张剪型断裂。粉砂岩试样的黏聚力在压剪破坏显然更高，因此在卸围压作用下粉砂岩试件的黏聚力明显低于加载破坏下的黏聚力。由于张剪型断裂表面的岩样具有较高的粗糙度，因而在卸载作用下，其内部摩擦角较大。

表 2-11　粉砂岩加卸载破坏强度参数

破坏路径		黏聚力（MPa）	内摩擦角（°）
加载破坏	破坏前	13.4	40.9
	破坏后	9.08	19.9
卸载破坏		8.6	47.8

2.4.3　粉砂岩加卸载破坏特征对比分析

根据前文所示两种路径下的应力-应变关系曲线可知，围压由低到高变化时，粉砂岩试件在三轴加载试验下的破坏过程由塑性向脆性转换，围压越高，脆性破坏特征越明显。卸围压过程中，不论初始围压与卸载量的大小，粉砂岩试件均为脆性破坏，且初始围压越大，粉砂岩试件的脆性特征越明显。

为进一步探究轴压对粉砂岩试件破坏的影响，表 2-12 所示为不同围压下粉砂岩试件在两种应力路径下发生破坏时的轴向应力差对比。可知，在三轴压缩条件下，随着围压的增加，粉砂岩试件破坏时轴压的增加量 $\Delta\sigma_1$ 表现出逐渐增大的趋势，增大速率表现为先快后慢。这是因为围压对峰值强度的影响在低围压下较为明显，围压达到一定值时，围压对于试样的峰值强度影响较为有限，因此在变化速率上表现为先慢后快。对比围压卸载至 0MPa 的试件（X-4、X-8、X-15）和加载破坏对应围压下的三个试件（L-1、L-2、L-5），可以发现粉砂岩试件在加载破坏条件下的破坏应力差远大于卸载破坏时的应力差，表明在卸围压条件下试件更容易发生破坏。

表 2-12　粉砂岩试件加卸载破坏应力差对比

试件	围压（MPa）	破坏时轴力（MPa）	破坏时应力差（MPa）
X-4	4→0	46.9	46.9
X-3	8→4	68.0	63.9
X-8	8→0	44.2	43.4
X-10	16→8	99.1	90.6
X-11	16→4	77.0	72.7
X-15	16→0	45.0	44.4
L-1	4	80.3	76.3
L-2	8	93.8	85.8
L-3	10	99.8	89.8
L-4	12	111.7	99.7
L-5	16	138.3	122.3

2.5 循环卸围压路径对泥质石英粉砂岩破坏力学特性的影响

该部分内容对第 2.2.1 节中所提出的方案Ⅱ升轴压卸围压试验与方案Ⅲ恒轴压循环卸围压试验进行对比分析。方案Ⅲ的三个试件初始围压值均为 16MPa，因此选择方案Ⅱ中对应的三个初始围压为 16MPa 的试件进行下述内容的对比分析。其中，D-1 试件与 X-10 进行对比（初始围压 16MPa，卸载至 8MPa），D-2 与 X-11 进行对比（初始围压 16MPa，卸载至 4MPa），D-3 与 X-15 进行对比分析（初始围压 16MPa，卸载至 0MPa）。

2.5.1 应力-应变曲线对比分析

如图 2-40 所示为三个对比组的应力路径对照图。由图可知，恒轴压循环卸围压试验中的三个试件均进行了五次围压的加卸载，恒轴压阶段循环加卸围压试验中，每个阶段下均进行了十次循环，试件 D-1、D-2、D-3 初始卸载围压均为 16MPa，分别在围压卸载至 8MPa、4MPa、0MPa 时发生破坏。

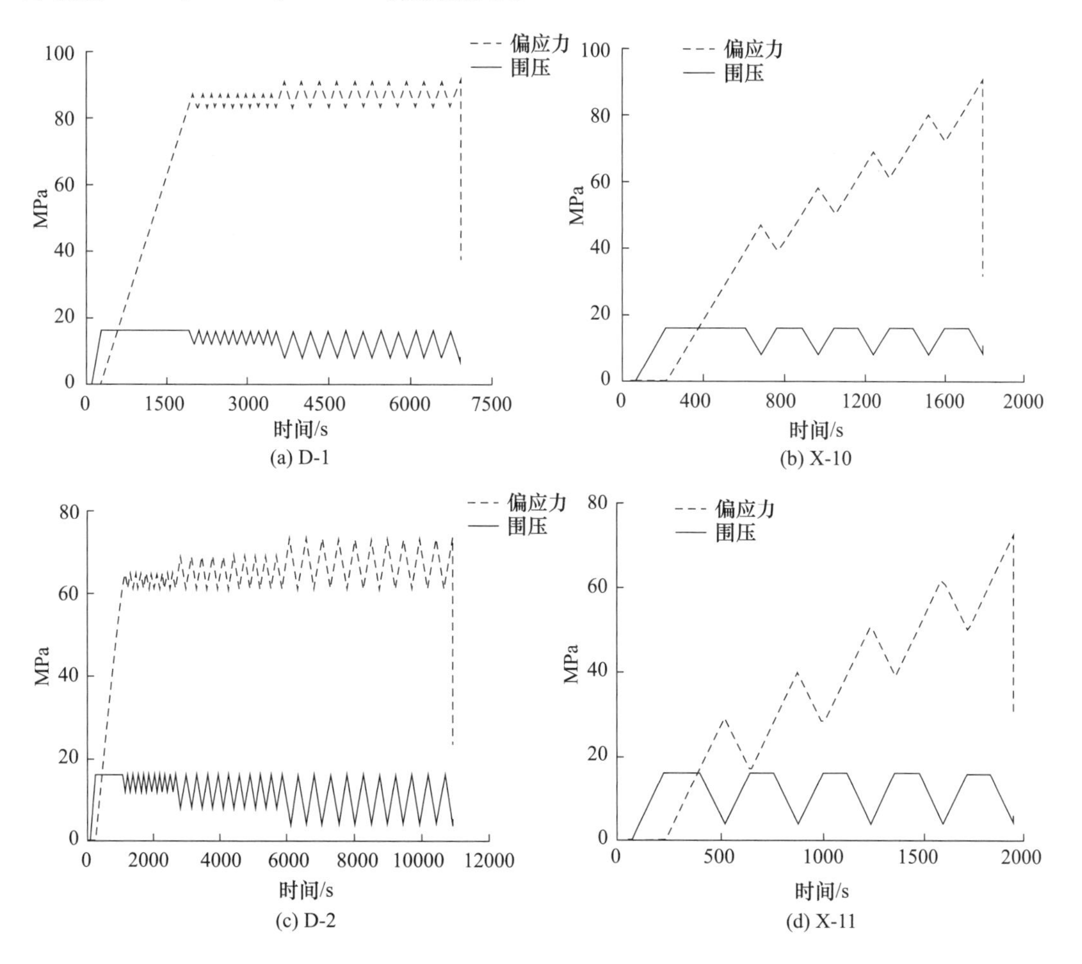

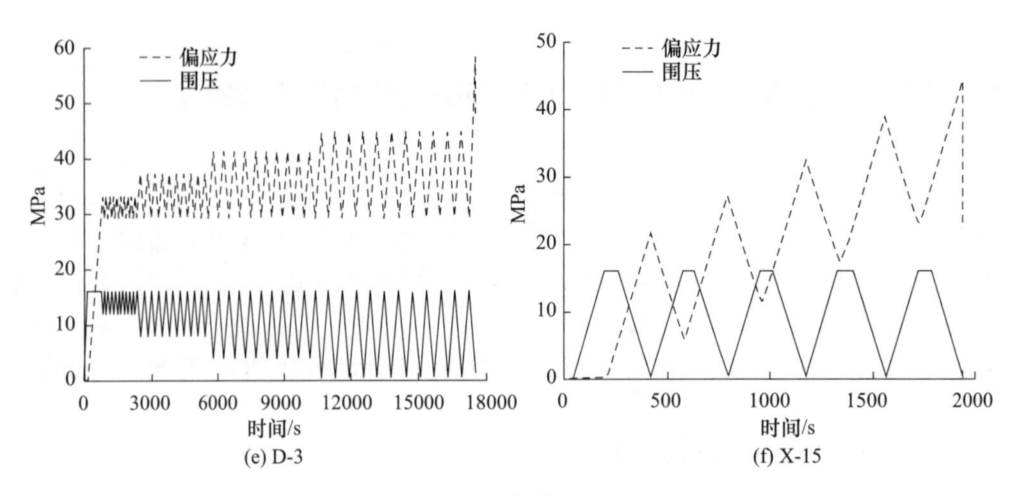

图 2-40　不同卸载路径对比

接下来进行不同应力路径下粉砂岩试件变形特性的对比分析，图 2-41 为不同路径下试件的应力-应变图。可知，D-1 试件在进行的第二次大循环（围压卸载至 8MPa）时，发生破坏，对其循环部分进行观察，并与 X-10 试件进行对比分析。可以看出，随着循环次数的增加，试件 D-1 轴向、环向以及体应变的滞回环均呈减小趋势，且滞回环之间的间距逐渐增大。这是因为加载初期，粉砂岩试件内部的大量孔隙被压密，因此较小的力就能产生较大的变形。随着孔隙被逐渐压密，粉砂岩试件由线弹性变形转为非线性变形。从两个试件的应力-应变曲线可以看出，经过阶梯循环卸围压的试件更晚进入塑性屈服阶段。阶梯循环卸围压试验中进行围压的卸载时间较晚，因此试件处于弹性阶段的时间更长。两种卸围压路径下，环向及体应变均出现了回弹现象，且回弹量逐渐增大，初始卸载围压越大，试件发生应变回弹的值相对越大。

由图 2-41 可以看出，不同卸围压路径下粉砂岩试件的应变有着较为相似的变化特征。总体来看，卸围压过程中不同试件的环向应变与应力曲线的斜率均大于轴向变形与应力曲线的斜率，试件以环向变形为主；体积变形随着卸围压的进行逐渐增大，粉砂岩试件逐渐向体积扩容发展，试件发生破坏前体积变形仍为负值。不同卸围压路径下，粉砂岩试件的变形特性有一定的相似，但也有不同之处，具体如下：

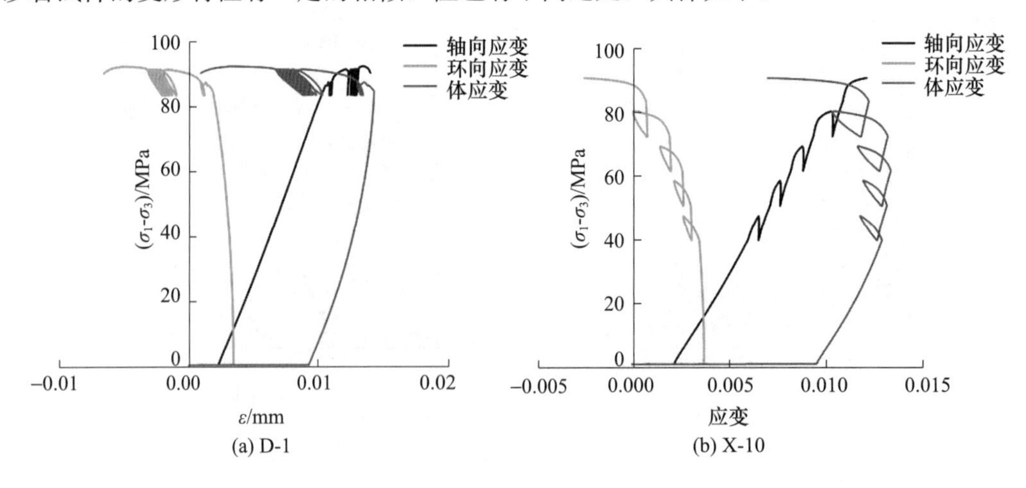

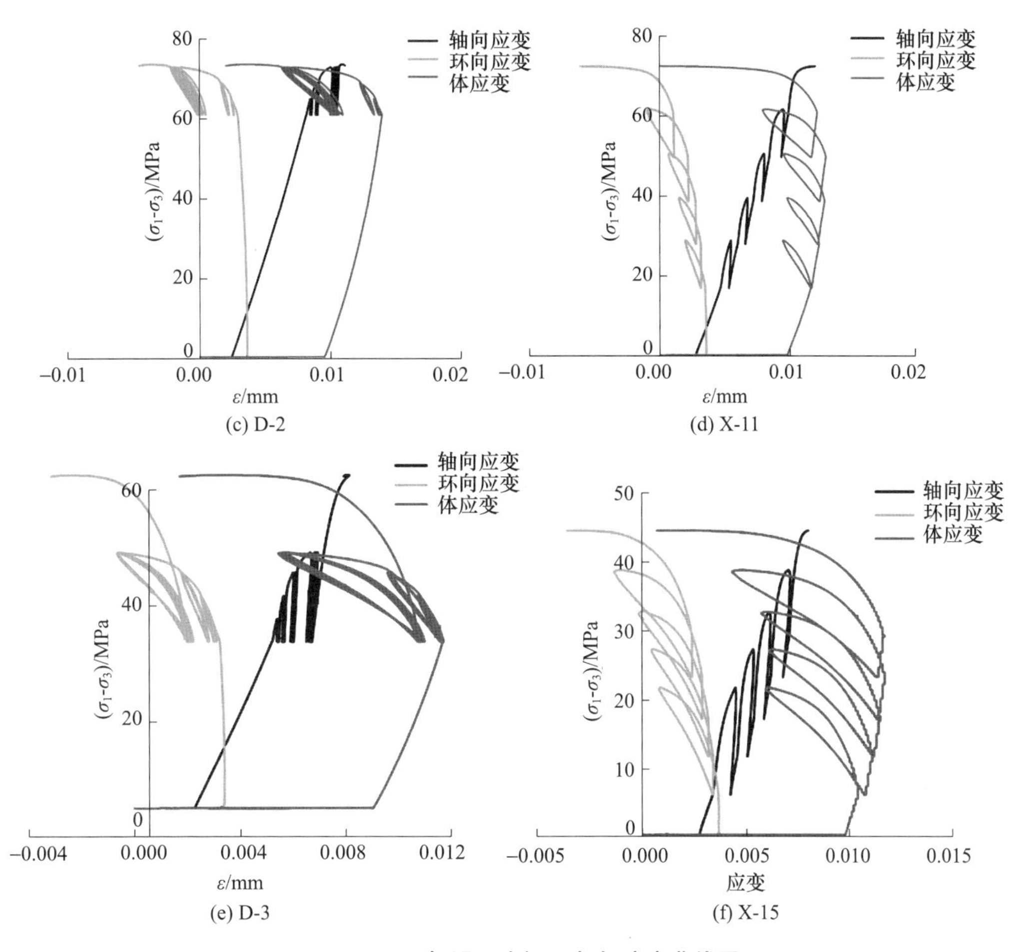

图 2-41 不同卸围压路径下应力-应变曲线图

轴向应变：在循环升轴压卸围压路径下，围压开始卸载后，轴向应力持续增加，轴向应变曲线随着围压的卸载发生小幅度减小，在应力-应变曲线上近似呈直线发展。恒轴压阶梯循环卸围压路径下，轴向应变的变化速率小于升轴压循环卸围压试验下的轴向变形速率，应力-应变曲线在卸围压过程中斜率更大。

环向应变：在升轴压循环卸围压条件下，环向应变受循环的影响较小，曲线更为光滑，粉砂岩在卸载后逐渐由环向压缩转为膨胀，发生环向应变转换时应力低于恒轴压循环卸围压试验下的应力值，试件更容易发生脆性破坏。

图 2-42 为恒轴压阶梯循环卸围压试验中粉砂岩试件的变形模量与循环次数关系图。各轴力水平，随着围压卸载等级的降低单次循环的变形模量总体呈减小趋势。但首次围压卸-加载循环存在着较大的变形模量，轴力水平为 99MPa、77MPa 和 45MPa 的分级循环卸-加围压试验首次循环的变形模量分别为 13.0GPa、18.3GPa 和 25.3GPa。随着试验的进行，变形模量曲线逐渐趋于平缓，在临近破坏的前一个围压卸载等级变形模量几乎成一条直线。分析其原因：由于岩石内部孔隙的存在，导致首次循环中轴向应变远大于其他循环，随着循环次数的增加，轴向变形相对较稳定，因此弹性模量变化不大。

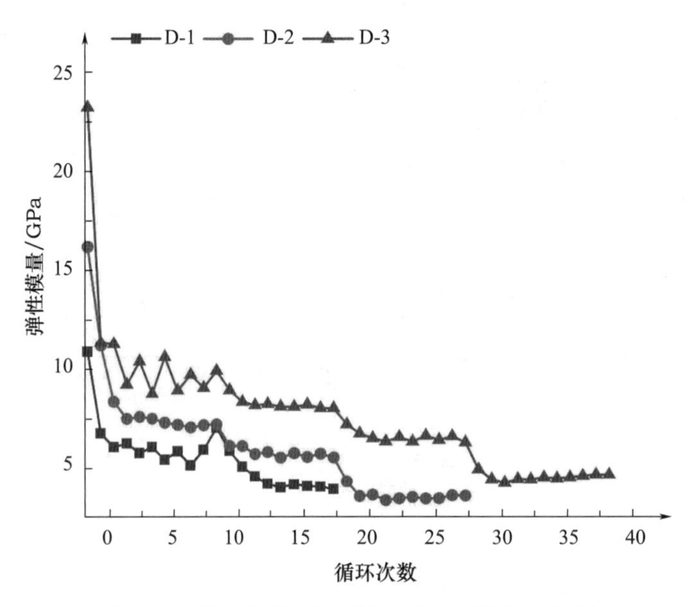

图 2-42　恒轴压循环卸围压试验变形模量变化图

对比升轴压循环卸围压路径下粉砂岩试件的变形模量发现，两种卸围压路径下粉砂岩试件的卸围压初始值越大，卸围压的初始变形模量 E 也越大，随着循环次数增多，不同初始卸载围压下的粉砂岩试件的变形模量变化趋势基本一致，呈现出减小趋势，曲线的斜率逐渐变小，表明随着循环次数变化，卸围压过程中的变形模量减小量越来越小。

2.5.2　卸围压路径对粉砂岩破坏强度的影响

根据循环卸围压试验与阶梯循环卸围压试验的应力-应变图可知六个试件的峰值强度，将其统计绘制于表 2-13 中。可知，同初始围压与同围压卸载量的情况下，保留一定围压的 X-10 与 D-1 的峰值强度一样，X-11 与 D-2 试件的峰值强度也可认为是相同的，而 X-15 与 D-3 两个围压卸载至 0MPa 的试件峰值强度明显不同。由此可知，围压对峰值强度的影响大于应力路径对峰值强度的影响，围压卸载至 0MPa 时，阶梯循环卸围压试件的峰值强度大于循环卸围压试件的峰值强度，表明试样在循环荷载的作用下得到了加强。

表 2-13　不同卸围压应力路径下粉砂岩试验结果

应力路径	试件	初始应力状态（MPa）		破坏时应力状态（MPa）		应力增量（MPa）	
		σ_1	σ_3	σ_1	σ_3	$\Delta\sigma_1$	$\Delta\sigma_3$
循环卸围压	X-10	38.0	16	99.2	8.4	61.2	7.6
	X-11	32.8	16	77.1	4.2	43.3	13.8
	X-15	21.5	16	45.1	0.4	23.6	15.6
阶梯循环卸围压	D-1	100.3	16	99.0	7.0	1.3	9.0
	D-2	76.9	16	76.8	3.2	0.1	12.8
	D-3	45.0	16	59.4	1.5	14.4	14.5

图 2-43 为两种卸载路径下的粉砂岩试件峰值强度与围压拟合图。可知，两种卸围压路径下，粉砂岩试件的峰值强度与围压均成正比。阶梯循环卸围压路径下拟合曲线的斜率更大，表明围压对该卸围压路径下的强度影响更为明显。

在循环卸围压条件下有：

$$\sigma_1 = 6.74\sigma_3 + 44.71,\ R^2 = 0.96$$

在阶梯循环卸围压条件下有：

$$\sigma_1 = 6.97\sigma_3 + 51.21,\ R^2 = 0.96$$

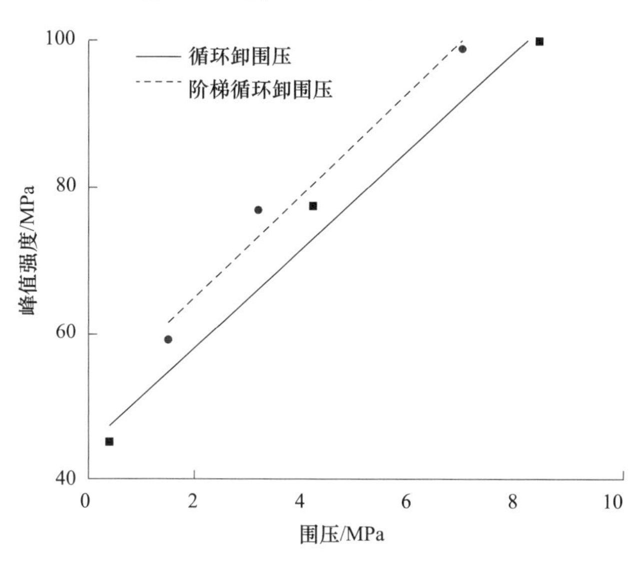

图 2-43 峰值强度-围压拟合图

根据图 2-43 拟合曲线的斜率和截距，可以得出粉砂岩试件在不同卸围压路径下的强度参数见表 2-14。相比于三轴加载破坏，卸围压路径下黏聚力 c 变小，内摩擦角 φ 增大。不同的是，卸围压路径不同，强度参数增减的程度有所差异。与加载破坏时的强度参数相比，循环升轴压卸围压路径下黏聚力减小了 35.8%，内摩擦角增大了 16.9%；恒轴压阶梯循环卸围压路径下黏聚力减小了 27.6%，内摩擦角增大了 18.6%。阶梯循环卸围压路径下试件的黏聚力和内摩擦角均大于循环卸围压路径下的对应值，表明试件经过阶梯循环卸载，强度增大，内部黏结程度更高，黏聚力更大。

表 2-14 不同应力路径下强度参数

破坏路径	斜率	截距（MPa）	R^2	黏聚力 c（MPa）	内摩擦角（°）
循环卸围压	6.74	44.71	0.96	8.6	47.8
阶梯循环卸围压	6.97	51.21	0.96	9.70	48.51
加载破坏	4.80	56.81	0.98	13.4	40.9

2.5.3 卸围压路径对粉砂岩变形特性的影响

物体在外力作用下会发生变形，当外力撤走后，物体逐步恢复变形表现出弹性特征。然而，岩土类材料由于内部包含孔隙和断裂等各类缺陷，受载后去除外力变形不能完全恢复会出现塑性变形。如图 2-44 所示，岩石试件在循环卸-加载围压下的塑性应变是指一次循环结束时的应变与循环开始时的应变之差。

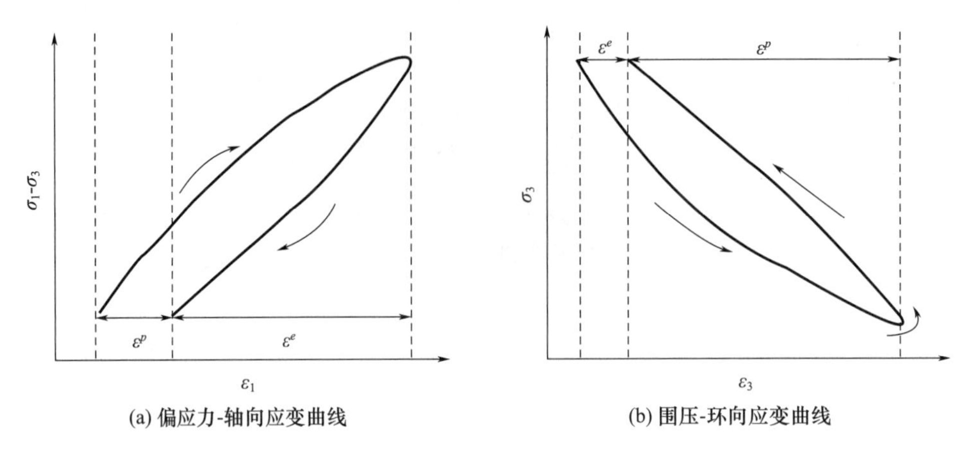

(a) 偏应力-轴向应变曲线　　(b) 围压-环向应变曲线

图 2-44　塑性应变算示意图

单次循环的环向塑性应变可按式（2-21）计算：

$$\Delta\varepsilon_{3(n)}^{\mathrm{trr}}=\varepsilon_{3,h}^{n}-\varepsilon_{3,q}^{n} \tag{2-21}$$

式中　$\Delta\varepsilon_{3(n)}^{\mathrm{trr}}$ 和 n——分别为单次循环内的环向塑性应变的增量和该周期的序号；

$\varepsilon_{3,h}^{n}$——在第 n 个周期的最后一个采样点记录的环向应变；

$\varepsilon_{3,q}^{n}$——在第 n 个周期的第一个采样点记录的环向应变。

因此，通过叠加，累积的环向塑性应变的计算为

$$\varepsilon_{3}^{\mathrm{irr}}=\sum_{n=1}^{N}\Delta\varepsilon_{3(n)}^{\mathrm{irr}} \tag{2-22}$$

式中　$\varepsilon_{3}^{\mathrm{irr}}$——环向塑性应变的累加值；

N——周期总数。

同样地，轴向塑性应变也是按相同方式计算的。

$$\Delta\varepsilon_{1(n)}^{\mathrm{irr}}=\varepsilon_{1,h}^{n}-\varepsilon_{1,q}^{n} \tag{2-23}$$

$$\varepsilon_{1}^{\mathrm{irr}}=\sum_{n=1}^{N}\Delta\varepsilon_{3(n)}^{\mathrm{irr}} \tag{2-24}$$

式中　$\Delta\varepsilon_{1(n)}^{\mathrm{irr}}$ 和 n——分别为单次循环内的轴向塑性应变的增量和该周期的序号；

$\varepsilon_{1,h}^{n}$——在第 n 个周期的最后一个采样点记录的轴向应变；

$\varepsilon_{1,q}^{n}$——在第 n 个周期的第一个采样点记录的轴向应变；

ε_{1}^{irr}——轴向塑性应变的累积值。

对恒轴压阶梯循环卸围压路径下的塑性应变随着循环次数的变化规律进行研究，如图 2-45 所示。在分级循环卸-加载围压过程中，随着循环次数的增加，轴向及环向塑性应变随之增大，且环向塑性应变在数值上总是大于轴向塑性应变。

对每个岩石试件而言，在前期围压卸载等级的循环过程中，塑性应变仅表现出一个很小的增量或几乎为零，说明了岩石试件在此阶段仍处于黏弹性响应阶段。在破坏前的围压卸载等级中，塑性应变明显增加。随着围压卸载等级的降低，塑性应变的增量呈

“稳定”→“凸增”的变化特征。这主要是由于随着围压的降低，偏应力逐渐增大，对岩石试件轴向的压缩作用增强。同时，应力改变而导致的内部细观破坏逐渐发展累积也会使岩石试件逐渐损坏，降低其承载能力。在这两种效应的共同作用下，岩石试件最终产生了上述现象。

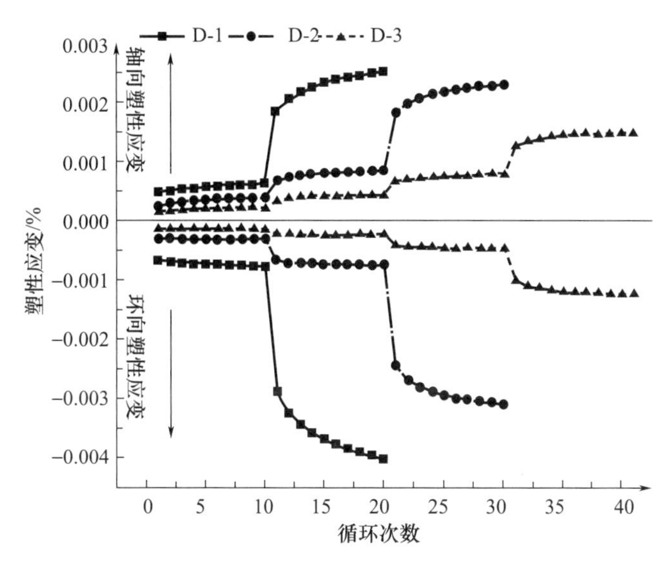

图 2-45 轴向及环向累积塑性应变随循环次数的变化规律

在同一卸围压等级下，首次循环产生的轴向和环向塑性应变远大于之后同等级的循环，且塑性应变的增幅逐渐减小。上述现象表明，岩石试件在第一次循环中总是具有较大的塑性应变能。而随着围压的循环卸加载，塑性应变的变化趋于稳定。这一现象与常规循环加-卸载试验的结果相似，两者均呈现这一现象可能是因为两种加载路径下岩石试件的偏应力变化情况是相同的。

此外，对比发现岩石试件破坏时累积的环向和轴向塑性应变与循环次数间具有很强的关联性。三个岩石试件轴力水平依次下降，破坏时的围压卸载等级依次降低，累积的轴向塑性应变和环向塑性应变也依次减少。由此发现：分级循环卸-加围压路径下，岩石试件达到破坏时所需循环次数越多，累积的轴向和环向塑性应变越小。

对比升轴压循环卸围压试验中塑性应变占比随循环次数的变化情况可知，不同卸围压路径下，粉砂岩试件的环向塑性应变随着轴力增加，呈单调增大趋势，临近破坏时塑性应变大幅度地增加。卸围压幅值对试件环向塑性应变的影响要大于对轴向塑性应变的影响。

应变围压增量比是反映围压对不同方向应变增量影响程度的一个物理量，应变围压增量比越大，该方向应变受到围压的影响越大，还能够反映出外部力学状态对试件内部结构的影响快慢。应变围压增量比可表示为：

$$\Delta\dot{\varepsilon}_i=\frac{\Delta\varepsilon_i}{\Delta\sigma_3} \tag{2-25}$$

式中，当 $i=1$，3 和 v 时，$\Delta\dot{\varepsilon}_i$ 分别为轴向应变、环向应变和体应变增量。

表 2-15 为粉砂岩试件在不同卸围压路径下发生破坏时的$\Delta\dot{\varepsilon}_i$ 计算表。表中变化量值均取绝对值，以便于后续应变与围压增量比值的比较。

表 2-15 两种卸围压路径下粉砂岩试件应变围压增量

应力路径	应力增量（MPa）		应变增量（MPa）			应变围压增量比（MPa）		
	$\Delta\sigma_1$	$\Delta\sigma_3$	$\Delta\varepsilon_1$	$\Delta\varepsilon_3$	$\Delta\varepsilon_v$	$\Delta\dot{\varepsilon}_1$	$\Delta\dot{\varepsilon}_3$	$\Delta\dot{\varepsilon}_v$
循环卸围压	61.2	7.6	6.25	6.08	5.92	0.82	0.80	0.78
	43.3	13.8	7.60	9.64	11.68	0.55	0.70	0.85
	23.6	15.6	4.85	6.34	7.84	0.31	0.41	0.50
阶梯循环卸围压	1.3	9.0	2.70	5.08	7.46	0.30	0.56	0.83
	0.1	12.8	2.52	4.74	6.96	0.20	0.37	0.54
	14.4	14.5	2.89	5.62	8.35	0.20	0.39	0.58

由表 2-15 可知，整体来看，两种卸围压路径下的试件均满足：

$$\Delta\dot{\varepsilon}_1<\Delta\dot{\varepsilon}_3<\Delta\dot{\varepsilon}_v \tag{2-26}$$

对比不同卸围压路径下进行了相同卸载量的试件，可以看出，循环卸围压路径下的$\Delta\dot{\varepsilon}_i$均大于阶梯循环卸围压路径下的$\Delta\dot{\varepsilon}_i$，阶梯循环卸围压路径下保持$\sigma_1$不变，循环卸围压路径下$\sigma_1$增大，可以分别看作恒轴压卸围压试验与升轴压卸围压试验。这说明在升轴压循环卸围压路径下，粉砂岩试件各个方向的变形增量对围压减小更为敏感，相同的围压降低量时，升轴压卸围压路径下引起的试件变形量比恒轴压卸围压路径下的大。这是因为粉砂岩试件在围压降低过程中，岩石试件承受的偏应力不同。轴力增加过程中，粉砂岩试件轴力与围压的差值增长速率较快，轴力不变的过程中，偏应力较为稳定。因此，偏应力越大，粉砂岩试件在卸围压过程中应变增量越大。

综上所述，粉砂岩试件在不同的卸围压路径下，均是由环向变形较大引起试件破坏。在相同的初始围压下，粉砂岩试件在循环升轴压卸围压路径下各个方向的应力围压增量比较大。循环升轴压卸围压路径下，围压的变化对试件应变的影响程度更大。

表 2-16 所示为不同路径下的峰值应变表，由表可知，升轴压循环卸围压路径下峰值应变值均较大。且两种路径下粉砂岩试件发生破坏时的轴向应力相差较小，表明在粉砂岩试件的卸围压过程中，施加轴力对应变产生的影响大于循环次数对应变的影响。

图 2-16 不同卸围压路径下峰值应变

加载类型	试件	峰值轴向应变 (10^{-3})	峰值环向应变 (10^{-3})	峰值体应变 (10^{-3})
循环升轴压卸围压	X-10	12.11	−2.61	6.89
	X-11	12.26	−6.08	0.10
	X-15	7.96	−2.77	2.42
恒轴压阶梯循环卸围压	D-1	10.47	1.93	4.33
	D-2	11.11	−3.91	3.29
	D-3	8.14	−0.37	3.40

2.5.4 耗散能量分析

岩石的加载过程中，输入的机械能会转化为弹性应变能和耗散能，其中弹性应变能储存在岩石中而耗散能在岩石破坏过程中不断释放。

根据能量守恒定律：假设岩石受载变形过程与外界没有热交换，岩石与试验机为一个封闭系统。由热力学第一定律，单位体积岩石试件内外力功所产生的总输入能量可表示为：

$$W=\int\sigma_1 d\varepsilon_1+2\int\sigma_3 d\varepsilon_3 \tag{2-27}$$

式中　σ_1 和 ε_1——分别为轴向应力和应变；

σ_3 和 ε_3——分别为环向应力和应变。

岩石常规三轴循环加卸载试验，加载过程中围压在轴向做正功，环向做负功，卸载过程中围压在轴向做负功，横向做正功。试验不同于常规的循环加卸载试验，试验过程中围压相对较高且不是固定不变，故分析中不可忽略围压的做功。因为能量是一个标量，为了计算方便，假设总耗散能量由两部分组成，即轴向耗散能量和环向耗散能量。但轴向耗散能量和环向耗散能量的物理意义只代表某一个值，只有把这两个值叠加起来才能得到粉砂岩实际的耗散能量。在围压卸载和加压的过程中，轴向耗散能量可以表示为式（2-28）。

$$U_{d1}=W_3-E_{e3}=\int\sigma_1 d\varepsilon_1^{unload}-\int\sigma_1 d\varepsilon_1^{load} \tag{2-28}$$

式中　ε_1^{unload} 和 ε_1^{load} 分别为卸压和加载阶段的轴向应变值。

由于轴向应力在试验中保持不变，有效的轴向应力可以被认为是一个常数。同样地，环向耗散的能量可以表示为式（2-29），单次循环的总耗散能表示为式（2-30）。

$$U_{d3}=W_3-E_{e3}=\int\sigma_3 d\varepsilon_3^{unload}-\int\sigma_3 d\varepsilon^{load} \tag{2-29}$$

$$U_d=U_{d1}+U_{d3} \tag{2-30}$$

计算并绘制每个围压卸载等级每次循环的耗散能量和累积耗散能量，分别如图 2-46 和图 2-47 所示。

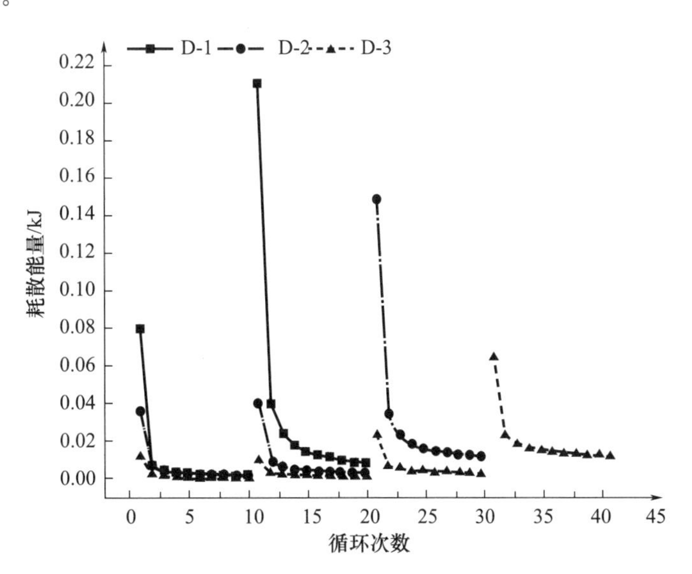

图 2-46　不同轴力水平每次循环的耗散能量

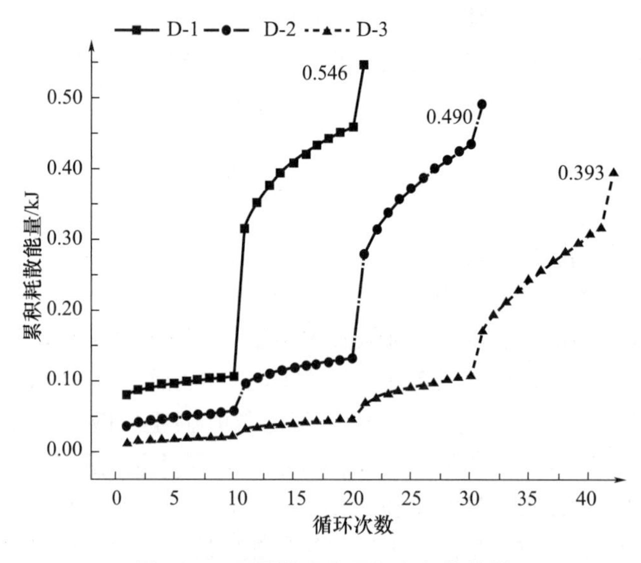

图 2-47 不同轴力水平累积耗散能量

综合分析图 2-46、图 2-47 可知：恒定轴力分级循环卸-加围压试验中，随着循环次数的增加累积耗散能量不断增加，说明岩石试件的破坏程度不断加剧。轴力水平分别为 99MPa、76MPa、45MPa 的岩石试件破坏时累积耗散能量依次为 0.546kJ、0.490kJ、0.393kJ。轴力水平越高，通过分级循环卸-加载围压使得岩石试件破坏所耗散能越大，表明岩石最终破坏所耗散能量的量值与轴力水平一定程度上呈正相关。当岩石试件进入下一个围压卸载等级时，耗散能量会有大幅增加，增加幅度随着围压卸载等级的下降而逐级增大。并且轴力水平越高，进入对应下一个围压卸载等级时所耗散的能量越多。此外，与常规分级加卸载耗散能随循环次数变化相比，分级循环卸-加围压路径下破坏前一级会出现耗散能突增的先兆特征。各试件破坏前的围压卸载等级中首次循环所耗散的能量尤为明显，依次占总耗散能量的 38.1%、30.1%、22.1%，而卸载量一定分级循环卸围压试验中能量耗散在试件破坏时的循环最明显。这是由于应力状态发生改变试件变形的过程中，系统不断调整内在结构以抵抗外力的扰动，能量则不断耗散，裂纹向局域集中的有序方向发展。

在同一围压卸载等级下，随着循环次数的增加，每次循环的耗散能量逐渐减少。在不同围压卸载等级下，随着围压卸载等级的降低，每次循环的耗散能量越大。在不同轴力水平相同围压卸载等级下，轴力水平越高每次循环的耗散能量越大。此特征与塑性应变的变化特征相一致。

2.6 本章小结

（1）泥质石英粉砂岩矿物颗粒以粉粒为主，颗粒间胶结性能弱，强度较低，整体性较差，孔隙发展且连通性好，可以将泥质石英粉砂岩归类于多孔弱胶结岩石。常规三轴加载路径下，粉砂岩试件以轴向压缩变形破坏为主。随着围压增大，粉砂岩试件在破坏前的峰值轴向应变和峰值体应变明显增大，环向峰值应变先增后减，其中轴向变形速率最大。在升轴压循环卸围压试验下，粉砂岩试件出现以轴向变形为主、环向膨胀为辅的变形特征；其变形特征不会随着围压发生变化，均表现出脆性特征。

（2）常规三轴加载路径下，粉砂岩试件的变形模量先快速下降后基本保持不变，破坏时再次急速下降；泊松比呈现出急速增大—缓慢上升—快速增大三个变化阶段。卸围压路径下，粉砂岩试件的变形模量先是略有增加，进入卸载屈服阶段后快速降低。常规三轴加载路径下，粉砂岩试件的峰值强度和残余强度均与围压呈正比。卸围压路径下，试件极限承载力与围压成正比，且随着围压的变化幅度更大。相比于加载破坏，粉砂岩试件发生卸围压破坏时的黏聚力更小，而内摩擦角更大。

（3）常规三轴加载路径下，粉砂岩试件以压剪破坏为主，随着围压增大，试件由塑性破坏转为脆性破坏；卸围压路径下，试件始终发生脆性破坏。循环卸围压条件下，在围压的加卸过程中，主要是卸围压所导致的内部剪切裂隙的发展，并没有过多的张拉裂隙。导致试件发生破坏的主要原因是大幅度的张拉裂隙的迅速发展。

（4）不同卸围压路径下粉砂岩试件均以环向变形为主，轴向应变小幅减小。循环升轴压卸围压路径下，粉砂岩试件逐渐由环向压缩转为膨胀，试件易发生脆性破坏；恒轴压阶梯循环卸围压路径下，轴向应变的变化速率较小，应力-应变曲线在卸围压过程中斜率更大。两种卸围压路径下，粉砂岩试件的峰值强度与围压均呈现出较好的线性关系，随着初卸载始围压的增大，粉砂岩试件的峰值强度也相应地有所增加，围压对恒轴压循环卸围压路径下的强度影响更明显。不同的卸载量与不同的卸围压路径下，围压对环向应变影响更大，循环升轴压卸围压路径下的 $\Delta\dot{\varepsilon}_i$ 均大于恒轴压阶梯循环卸围压路径下的 $\Delta\dot{\varepsilon}_i$。

3 三轴加卸载作用下花岗岩力学特性研究

由于成岩条件、矿物组分和内部结构的不同，不同种类岩石在加卸载条件下的物理力学特性呈现显著的差异性。为研究粉砂岩与花岗岩分别在加卸载路径下的力学特性及其差异性，本章通过常规三轴试验对不同围压条件下花岗岩破坏过程中特征应力和能量转化过程进行研究，分析卸围压试验中围压和卸载速率对岩石强度和变形等破坏特征的影响，对比分析了三轴加卸载路径下粉砂岩与花岗岩力学特性。并通过三轴循环加卸载试验对不同围压条件下弹性模量和泊松比的演化过程、裂隙损伤应力的演化过程、岩石扩容特征进行研究，为岩石能量和损伤演化分析及本构模型研究建立基础并提供依据的同时，也可为岩石工程安全稳定性分析和灾变预测及控制提供参考。

3.1 花岗岩三轴加载破坏变形特性分析

3.1.1 单轴压缩试验

试样取自甘肃北山预选区芨芨槽岩体 BS16 号钻孔，取样深度 552～562m。依据国际岩石力学学会（ISRM）建议方法将采集的岩芯加工成 ϕ50mm×100mm 的圆柱体标准试件。如图 3-1 所示，岩石为全晶质等粒粒状嵌晶结构。根据电镜扫描结果，按照岩石 QAP 分类将其定名为二长花岗岩。经统计，岩石矿物最大粒径小于 3mm，平均密度为 2.69g/cm^3，平均纵波波速为 4742m/s。为保证试验研究的规范性和试验结果的可靠性，室内试验设计主要参照《工程岩体试验方法标准》（GB/T 50266—2013）中相关规定。

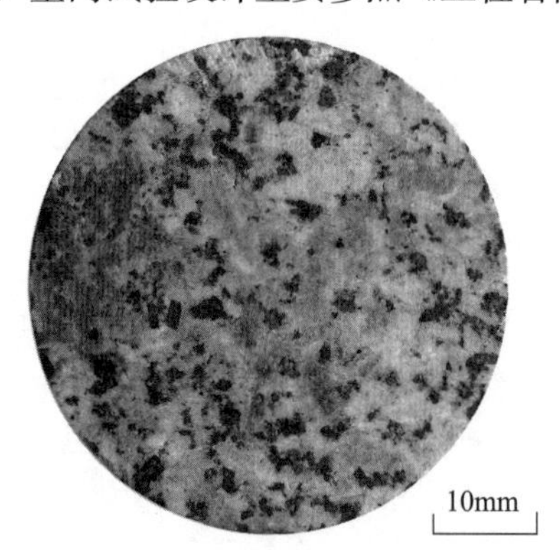

图 3-1　花岗岩试验岩样

单轴压缩试验是确定岩石强度性质的最便捷有效的方法，试验设计 6 个试件，试验过程中先采用轴向荷载控制，以 500N/s 均匀施加轴向力，加载过程中观察体应变曲线，当体应变出现回转时，由轴向荷载控制切换为轴向变形控制，加载速率为 0.01mm/min，直到试件破坏。单轴压缩试验中，试件在达到峰值时，应力跌落明显，试件破坏均表现出较为明显的脆性特征，得到的单轴压缩典型应力-应变曲线如图 3-2 所示。

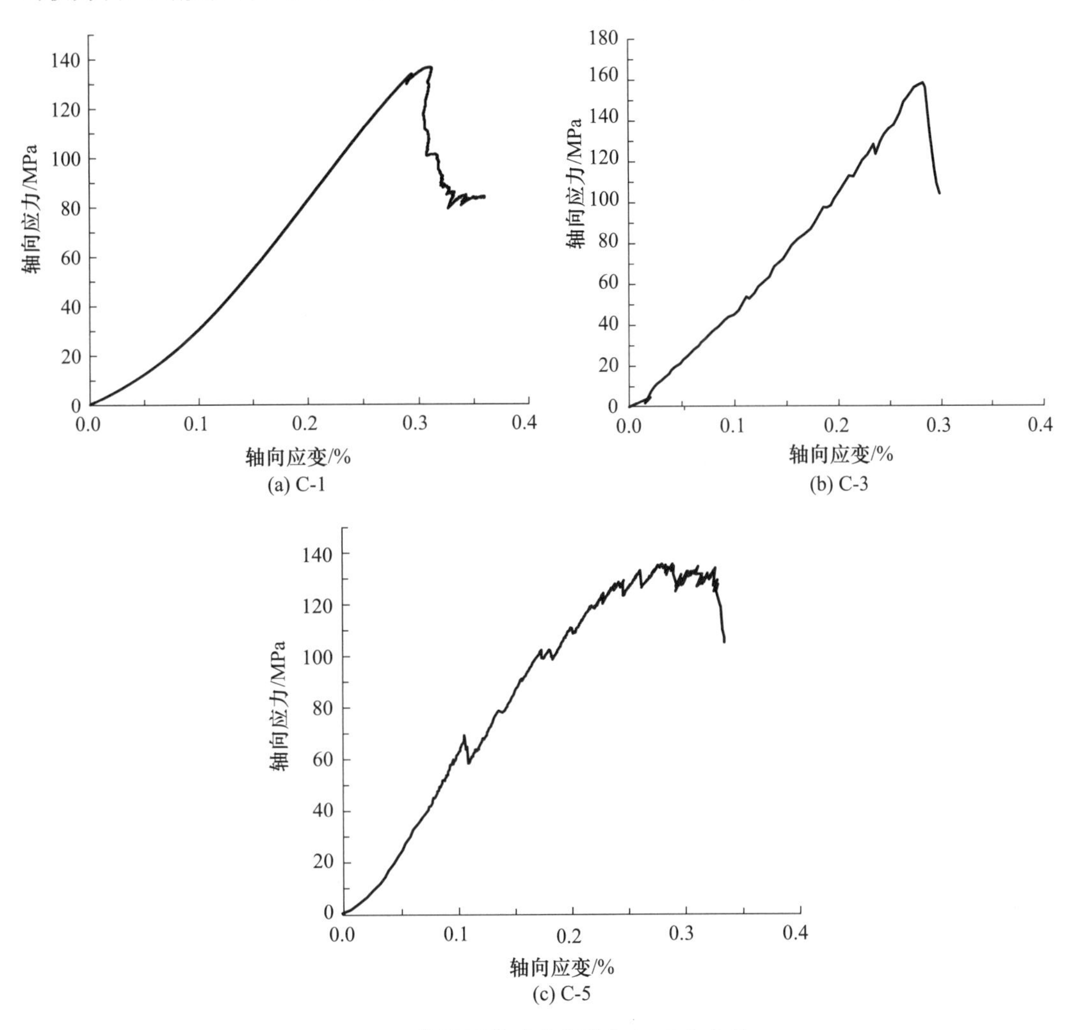

图 3-2 单轴压缩试验典型应力-应变曲线

整理单轴压缩试验结果，得到的花岗岩基本参数值见表 3-1。

表 3-1 单轴压缩试验力学参数值

试件编号	直径（mm）	高度（mm）	荷载（kN）	抗压强度（MPa）	天然密度（g/cm³）
C-1	49.38	99.59	261.53	136.56	2.652
C-2	49.52	99.66	274.39	142.47	2.644
C-3	49.52	99.66	303.41	158.43	2.672

续表

试件编号	直径(mm)	高度(mm)	荷载(kN)	抗压强度(MPa)	天然密度(g/cm^3)
C-4	49.45	99.24	247.60	128.92	2.656
C-5	49.50	99.37	260.59	135.41	2.631
C-6	49.35	100.24	268.50	141.37	2.639

对试验数据进行整理，试验结果显示，花岗岩单轴抗压强度均值为 140.36MPa，单轴抗压强度平均差 6.73MPa，极差 29.51MPa。天然密度均值为 2.649g/cm^3，天然密度平均差 0.011g/cm^3，极差 0.041g/cm^3。可以看出，花岗岩基本参数具有较好的一致性。

间接拉伸试验岩样同样取自北山预选区 500m～600m 深度范围，共 4 个试件，采用载荷控制进行加载，试验时沿圆柱的直径方向施加线性集中荷载，加载速率为 500N/s，直至试件破坏。试件破坏后照片如图 3-3 所示。

图 3-3　间接拉伸试验试件破坏后照片

本节应用的间接拉伸试验也称巴西劈裂试验，由破坏荷载求岩石抗拉强度公式为：

$$\sigma_t = \frac{2P}{\pi dh} \tag{3-1}$$

式中　P——试件破坏荷载（N）；

d——试件直径（m）；

h——试件厚底（m）。

对间接拉伸试验结果进行整理得到的花岗岩抗拉强度见表 3-2。

表 3-2　间接拉伸试验力学参数表

试验编号	直径（mm）	高度（mm）	荷载（kN）	抗拉强度（MPa）
BD-1	49.88	29.60	18.76	8.09
BD-2	49.88	26.62	16.29	7.81
BD-3	49.43	29.32	15.21	6.68
BD-4	49.84	28.71	15.33	6.82

对试验数据进行整理，取试件抗拉强度平均值得到单轴抗拉强度为 7.35MPa。

单轴一次循环加卸载试验主要用于确定冲击倾向性理论中的弹性能量指标。试验设计要求先将岩石试件加载到（0.7～0.8）σ_c，之后再减小到 0.05σ_c，根据单轴一次循环加卸载试验得到的卸载曲线与横坐标围成的面积与加卸载曲线之间的面积之比定义弹性能量指数 W_{et}。实际试验中岩样同样取自深度范围 500m～600m，共 2 个试件，根据单轴压缩试验得到的单轴抗压强度值，首先以 500N/s 稳定速率将花岗岩试件轴向应力加载到 110MPa 左右，然后以 500N/s 稳定速率卸载，得到单轴一次循环加卸载应力-应变曲线如图 3-4 所示。

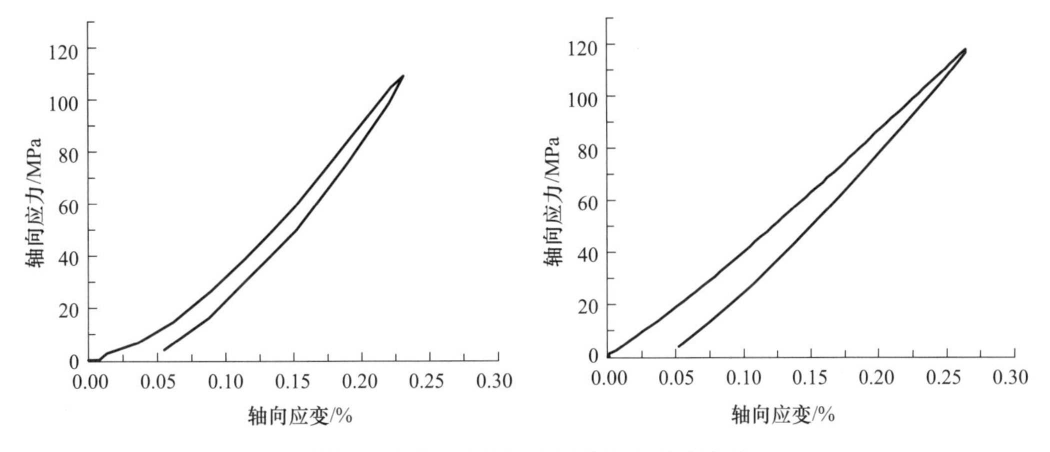

图 3-4　单轴一次循环加卸载应力-应变曲线

3.1.2　三轴加载破坏变形特性

本次三轴试验设计采用轴向荷载和环向变形联合控制加载，在试验中，首先以 0.1MPa/s 匀速加载到预定围压，然后保持围压不变，以 500N/s 速度轴向加载，加载同时观察应力体应变曲线，轴压加载达到体积反弯点后，切换为环向变形控制加载，环向变形速率 0.02mm/min，至试验结束。本次试验将预定围压值作为控制变量分成 5 组，围压分别为 2MPa、5MPa、10MPa、15MPa、30MPa。

常规三轴试验中，试件峰值应力随着围压的升高而升高。为了进一步对峰值应力前试件加载过程进行研究，选取不同特征应力点将峰前应力-应变曲线共计分为 4 个阶段。

1）裂隙压密闭合阶段

在加载初期，随着轴向压力的增加，试件内部原有的裂隙在压力作用下逐渐压密闭合，此阶段对应裂隙压密闭合阶段。

2）线弹性变形阶段

当轴压加载到原有裂隙无法进一步压密后，开始进入线弹性变形阶段，应力-应变曲线中线弹性变形阶段起始点对应的应力为裂隙闭合应力 σ_{cc}。在试件进入线弹性阶段后，应力应变基本符合弹性规律，应变主要为弹性应变，此阶段的应力-应变曲线为典型直线段。

3）裂隙稳定发展阶段

随着轴压的增加，应力-应变曲线开始偏离原有直线轨迹并伴随有新裂隙的发展，起始偏离点对应的应力为启裂应力 σ_{ci}，启裂应力也标志着试件进入裂隙稳定发展阶段。

在裂隙稳定发展阶段，试件主要变化包括原有裂隙的发展，萌生新的裂隙并稳定发展，在此阶段如果外界停止增加轴压，试件依然可保持稳定状态。

4）裂隙不稳定发展阶段

随着轴压的进一步增加，试件应力-应变曲线由裂隙稳定发展阶段进入裂隙不稳定发展阶段，裂隙不稳定发展阶段的起始点对应的应力为损伤应力 σ_{cd}。此阶段试件裂隙大量的产生和发展，在此阶段如果外界停止增加轴压，裂隙的发展仍然不会停止；随着裂隙的不断发展，试件达到承载极限时对应的应力即为峰值应力 σ_f。

由于围压对花岗岩试件的加固性，围压越大，试件达到屈服阶段所需时间越长，围压较低时，花岗岩试件内部强度较低，先达到极限承载力从而发生塑性变形。高围压下花岗岩试件具有高强度，在试件的塑性区产生应力集中现象，试件发生脆性破坏特征。此外，随着围压增大，花岗岩试件各个方向的峰值应变均呈增大趋势，在峰后破坏阶段，加载围压越大，花岗岩试件应力发生跌落的速率越大，即脆性更明显。

在破坏时，花岗岩试件发出清脆的爆裂声，随着围压增大，试件破坏的声音更加清脆。花岗岩试件在三轴压缩试验下主要发生剪切和劈裂破坏，随着围压的变化，其破坏形式也有较大差异。低围压下，试件以劈裂破坏为主；高围压下，试件以剪切破坏为主，主要是因为高围压下试件的黏聚力高，试件不容易发生断裂破坏。

常规三轴试验得到的不同围压条件下花岗岩应力-应变曲线如图 3-5 所示。

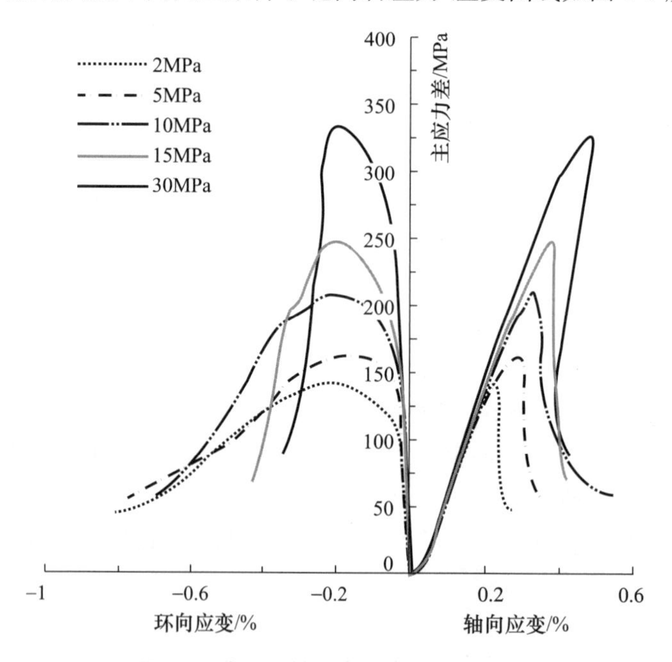

图 3-5　常规三轴花岗岩应力-应变曲线

本节主要从特征应力入手，揭示围压对花岗岩破坏过程的影响。其中闭合应力主要对应线弹性变形阶段的开端，不涉及试件的裂隙发展和破坏过程，故本节不对其进行记录和研究。启裂应力 σ_{ci} 代表了裂隙稳定发展的开端，可直接根据应力-应变曲线中直线段末尾对应的应力值确定，损伤应力 σ_{cd} 代表了试件裂隙进入不稳定发展阶段，试件裂隙体积的发展扩张量开始大于试件压缩变形量，出现扩容现象，可通过 ε_v 反弯点确定，峰值应

力 σ_f 即为应力-应变曲线峰值点。不同围压条件下花岗岩的特征应力见表 3-3。

表 3-3　不同围压条件下花岗岩特征应力

围压（MPa）	σ_{ci}（MPa）	σ_{cd}（MPa）	σ_f（MPa）
2	57.51	114.75	144.47
5	71.18	120.91	169.26
10	91.17	170.39	220.01
15	102.16	193.41	263.13
30	152.39	298.59	359.17

如图 3-6 所示，随着常规三轴试验围压上升，试件的启裂应力、损伤应力和峰值应力均随围压上升呈明显上升趋势，分析认为围压限制了受压试件裂隙的发展。应用数值处理软件进行线性拟合，R^2 值均在 0.99 左右，可以说明围压和特征应力间有较好的线性关系。对比不同特征应力与围压的拟合关系可以得到峰值应力相较于损伤应力和启裂应力趋势线斜率最大，分析认为峰值应力对围压的变化较为敏感。

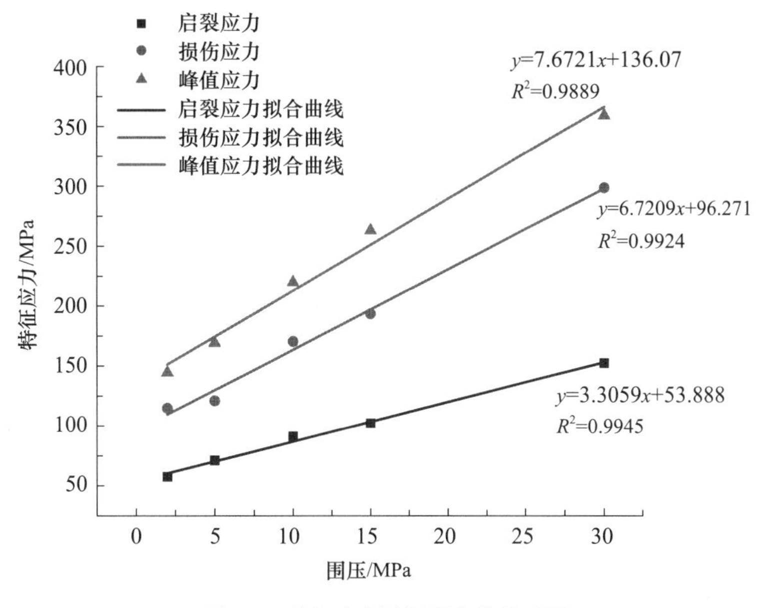

图 3-6　特征应力随围压变化关系图

3.1.3　花岗岩能量转化过程的研究

由于工程岩体所处外部环境复杂，影响变量众多，很多学者转而从能量角度出发对岩石破坏过程中的能量演化特征以及能量与岩石微观破坏的关系进行探索。

三向应力状态下，新裂隙的萌生发展、裂隙面的滑移等损伤破坏过程中不断发生着能量的转化和耗散。岩石三轴试验过程中试件能量主要来自试验机对试件做功，轴向应力正功和环向应力负功合称为系统对岩石做功。试件从试验机吸收的能量可以划分为三部分：第一部分以弹性能的形式储存在岩石内部，参考弹性变形能指数相关理论，可以认为储存的弹性能的大小关系到岩体破坏后冲击能的大小；第二部分转化为塑性变形能的形式；第三部分指表面耗散能，主要通过声发射能、热能等形式释放。

上述几种能量的公式表达如下。

系统对岩石做功（输出功）：

$$
\begin{aligned}
U &= U_1 + U_2 \\
U_1 &= \int_0^{\varepsilon_1} \sigma_1 \mathrm{d}\varepsilon_1 \\
U_2 &= 2\int_0^{\varepsilon_3} \sigma_3 \mathrm{d}\varepsilon_3
\end{aligned} \tag{3-2}
$$

式中　U——系统对岩石所做总功；

U_1——轴向应力所做正功；

U_2——环向应力所做负功。

岩石吸收的能量（输入功）：

$$
\begin{aligned}
U &= U_e + U_d \\
U_e &= \frac{1}{2E}\left[\sigma_1^2 + 2\sigma_3^2 - 2\mu(2\sigma_1\sigma_3 + \sigma_3^2)\right]
\end{aligned} \tag{3-3}
$$

式中　U——岩石吸收的总功；

U_e——岩石储存的弹性能；

U_d——耗散能，主要包括塑性变形能和表面耗散能；

σ_1——轴向应力；

σ_3——环向应力。

根据式（3-2）和式（3-3）对启裂应力、损伤应力、峰值应力时刻的U和U_e进行计算，U_{ci}、U_{cd}、U_f分别对应启裂应力、损伤应力、峰值应力时刻试件吸收的总能量，U_{eci}、U_{ecd}、U_{ef}分别对应启裂应力、损伤应力、峰值应力时刻试件储存的弹性能。不同围压条件下，不同特征应力时刻对应能量值见表3-4。

表3-4　不同特征应力时刻花岗岩能量值

围压（MPa）	2	5	10	15	30
U_{ci}	0.028	0.042	0.069	0.085	0.172
U_{cd}	0.110	0.122	0.242	0.322	0.615
U_f	0.179	0.239	0.393	0.547	0.841
U_{eci}	0.027	0.041	0.066	0.082	0.158
U_{ecd}	0.100	0.115	0.227	0.301	0.596
U_{ef}	0.151	0.208	0.347	0.494	0.790

U_{ci}、U_{cd}、U_f、U_{eci}、U_{ecd}、U_{ef}随围压变化关系如图3-7和图3-8所示，不同围压条件下，常规三轴试验同一特征应力点总能量和弹性能均随着围压上升呈明显上升趋势，即高围压条件下同样达到裂隙稳定发展阶段、裂隙不稳定发展阶段和峰值应力状态需要更多的能量，并储存了更多的弹性能，表现出岩体储能能力随围压上升而上升。应用数据拟合软件可以得到总能量和弹性能与围压间存在明显的线性关系，峰值应力时刻的总能量和弹性能受围压的影响最大，损伤应力次之，启裂应力最小。

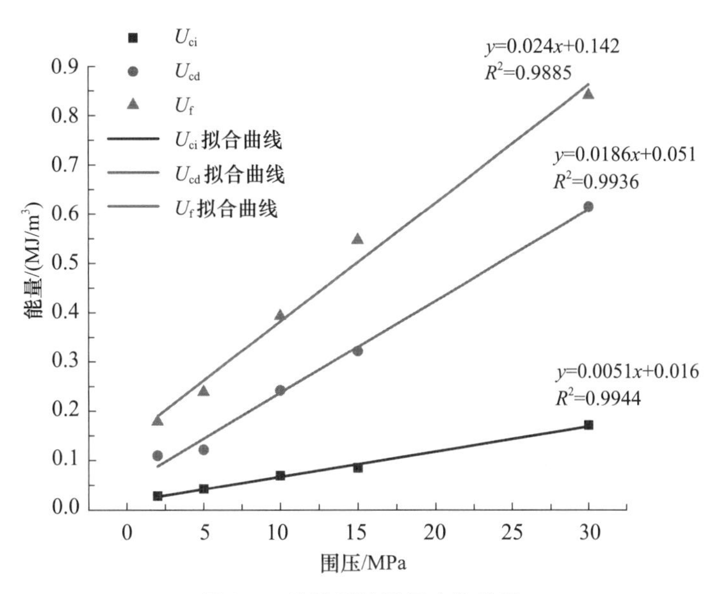

图 3-7　总能量随围压变化关系

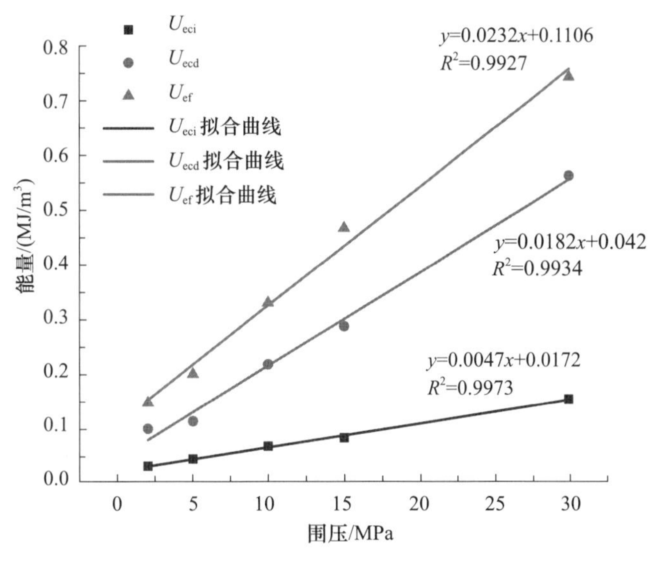

图 3-8　弹性能量随围压变化关系

为了进一步研究试件破坏不同阶段能量的转化过程，对裂隙稳定发展阶段和裂隙不稳定发展阶段能量进行计算，裂隙稳定发展阶段对应总能量 ΔU_{id}、弹性能 ΔU_{eid}，裂隙稳定发展阶段对应总能量 ΔU_{df}、弹性能 ΔU_{edf}，计算结果见表 3-5。

表 3-5　不同阶段能量值

围压（MPa）	2	5	10	15	30
ΔU_{id}	0.082	0.080	0.173	0.237	0.443
ΔU_{df}	0.069	0.117	0.151	0.225	0.226
ΔU_{eid}	0.073	0.074	0.161	0.219	0.438
ΔU_{edf}	0.051	0.093	0.120	0.192	0.194

通过表中数据观察得到，裂隙稳定发展阶段和裂隙不稳定发展阶段内总能量和弹性能不再呈明显的线性关系，但是定性分析依然可以得到，随着围压增大，裂隙稳定发展阶段和裂隙不稳定发展阶段对应的总能量和弹性能呈上升趋势。

3.2 卸围压条件下花岗岩变形破坏特性分析

地下工程开挖过程中围岩应力状态发生切向应力增加径向应力减小的变化，分析卸围压试验中围压和卸载速率对岩石强度和变形等破坏特征的影响对实际工程中选择科学的开挖方法及合理的支护手段有着十分重要的意义。近年来，国内外学者采用卸围压试验模拟围岩应力状态的变化过程，选取不同岩石在卸载条件下的破坏特征作为主要研究内容，开展了不同类型的卸围压试验，分析了围压条件、卸载方式等试验变量对岩石的强度和变形等破坏特征的影响。本节主要通过对加轴压卸围压试验结果的整理和分析，研究加轴压卸围压试验中围压条件和卸载速率对花岗岩强度和变形的影响，可以为不同开挖工况下围岩体稳定性分析提供一定的理论依据。

3.2.1 试验内容

卸围压试验主要可以根据轴压变化情况可分为轴压固定、轴压升高和轴压降低三种类型。在实际工程中，随着开挖的进行，围岩应力状态发生径向应力减小、切向应力增加的变化，故本次试验研究选择轴压增大的卸围压试验。试验围压变量分别设置为5MPa、10MPa、15MPa、20MPa、30MPa。设置0.1MPa/min、0.5MPa/min两个低卸围压速率和1.5MPa/min、2.0MPa/min两个高卸围压速率，围压卸载同时将轴压加载速率设置为围压卸载速率的10倍，分别对应为1MPa/min、5MPa/min、15MPa/min、20MPa/min。卸围压开始前的加载过程与常规三轴试验加载过程相似。首先以3MPa/min匀速加载到预定围压，然后保持围压不变以15MPa/min速度轴向加载，加载同时观察应力-体应变曲线，当体应变出现回转时，开始按设计加载方式进行加轴压卸围压，直至试件破坏（表3-6）。

表3-6 花岗岩卸载及破坏应力状态

编号	卸载速率(MPa/min)	围压(MPa)	破坏围压(MPa)	卸载σ_1(MPa)	峰值σ_1(MPa)	卸载σ_1/峰值σ_1
3-2	0.1	5	1.38	137.96	172.64	0.799
3-3		10	5.11	181.81	230.08	0.786
3-5		15	8.76	209.90	269.52	0.779
3-6		20	12.54	243.01	318.21	0.764
3-7		30	21.04	290.26	395.08	0.735
4-1		5	1.39	140.11	176.71	0.793
4-2		10	5.18	183.30	230.08	0.797
4-3	0.5	15	8.56	212.88	278.75	0.764

续表

编号	卸载速率 (MPa/min)	围压 (MPa)	破坏围压 (MPa)	卸载 σ_1 (MPa)	峰值 σ_1 (MPa)	卸载 σ_1/峰值 σ_1
4-4		20	12.78	239.93	321.72	0.746
4-5		30	21.22	307.98	396.81	0.776
2-3		5	1.54	169.42	204.98	0.827
2-4		10	5.00	190.46	241.72	0.788
2-5	1.5	15	10.43	218.68	268.90	0.813
2-6		20	12.39	255.62	333.21	0.767
2-7		30	19.68	308.19	407.11	0.757
5-4		5	1.05	167.52	208.26	0.804
5-5		10	4.59	195.85	250.54	0.782
5-6	2.0	15	8.73	220.60	283.21	0.779
5-7		20	12.46	240.68	316.50	0.760
5-1		30	19.80	318.92	421.81	0.756

对花岗岩试件经过卸围压后的破坏特征进行分析，发现破坏形式主要有主剪切、共轭剪切、劈裂加剪切三种。根据初始卸载围压及发生破坏时的围压为依据，发现花岗岩试件的初始卸载围压及破坏围压较高时，试件主要以剪切形式发生破坏。随着卸载初始围压的降低，破坏形式逐渐向共轭剪切破坏发展，当围压减小到一定值时，试件发生劈裂破坏。

根据花岗岩试件的变形及破坏特征，将花岗岩试件在卸围压路径下的破坏模式分为剪切和劈裂两大类，图 3-9 为破坏过程演化图。

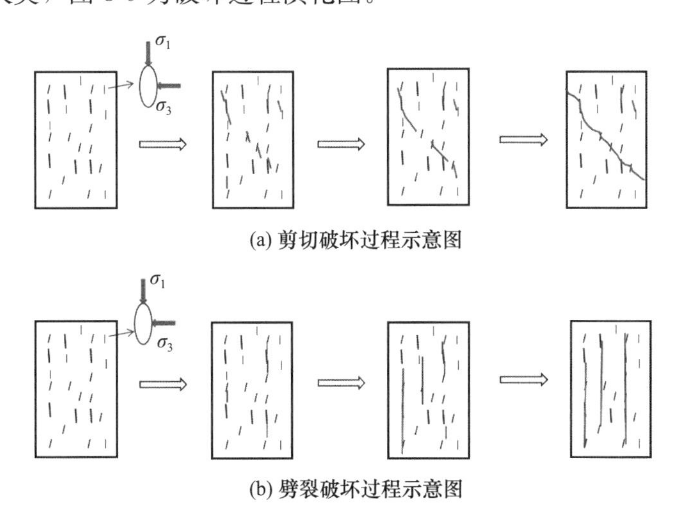

(a) 剪切破坏过程示意图

(b) 劈裂破坏过程示意图

图 3-9　花岗岩试件破坏演化过程示意图

3.2.2　围压和卸载速率对花岗岩强度的影响研究

通过对试验结果的初步整理，围压开始卸载时的轴向应力约为峰值轴向应力的 73%～83%，试验设计是当体应变出现回转时开始围压卸载，可认为卸围压时刻对应应力为损伤应力，即加轴压卸围压的试验条件下损伤应力与峰值应力比值稳定在 0.7～0.8。5MPa 初始围压条件下，破坏时对应的围压为初始围压的 25%～30%；10MPa 初始围压条件下，破坏时对应围压为初始围压的 46%～52%；15MPa 初始围压条件下，围压破坏时对应围压为初始围压的 57%～67%；20MPa 初始围压条件下，破坏时对应围压为初始围压的 62%～64%；30MPa 初始围压条件下，破坏时对应围压为初始围压的 66%～71%。根据以上统计结果可以发现，加轴压卸围压试验破坏围压随着初始围压上升呈上升趋势。本节引入卸载比用以明确表征加轴压卸围压试验中的试件发生破坏时的围压卸载程度，卸载比定义如下：

$$H=\frac{\sigma_3^0-\sigma_3^T}{\sigma_3^0} \tag{3-4}$$

式中 σ_3^T——破坏围压；

σ_3^0——初始围压。

通过卸载比分析可以得到，初始围压越高，对应的卸载比越低，可以代表岩石初始围压越高，破坏对围压卸载越敏感。如果将卸载比中的 σ_3^T 定义为卸载过程中任意时刻的围压值，则卸载比作为用于卸载全程的研究指标，关于卸载比的进一步应用将在 9.4 节中进行叙述。

不同卸载速率条件下花岗岩试件峰值应力随破坏围压的变化趋势如图 3-10 所示。

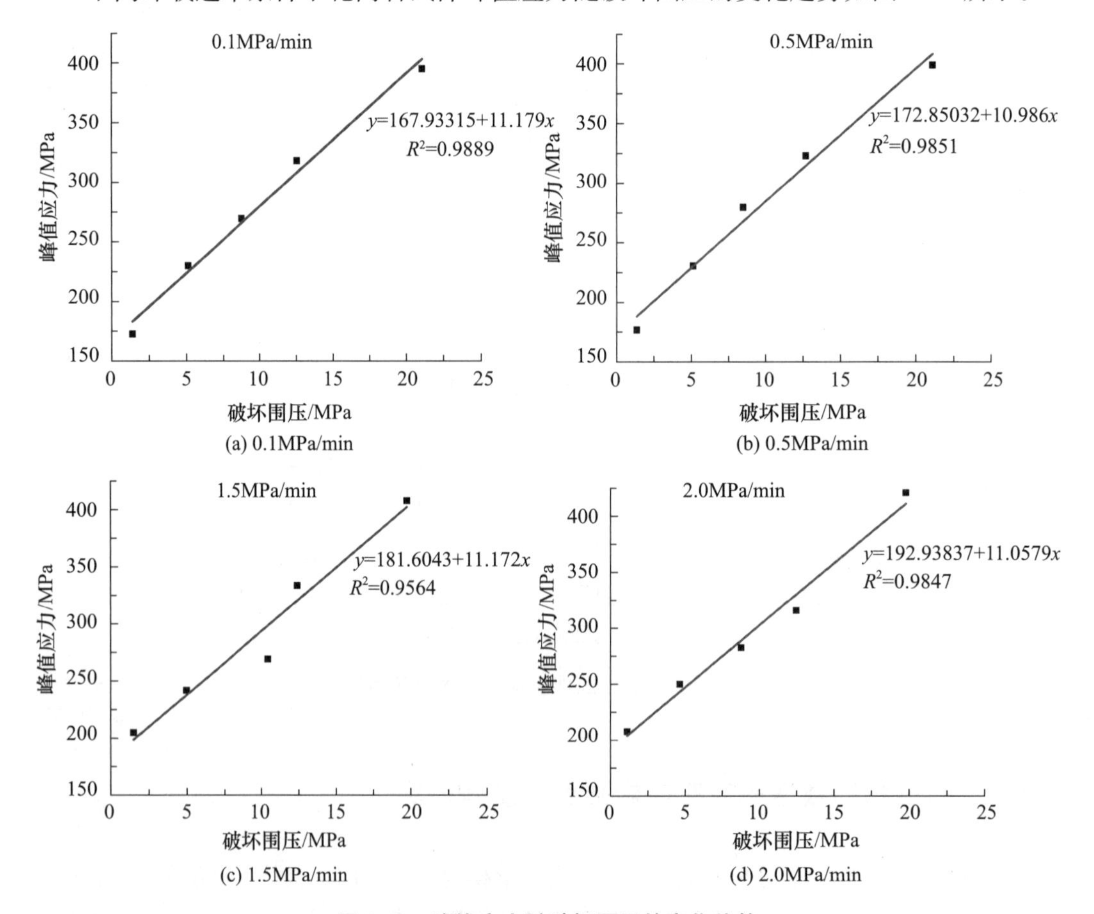

图 3-10 峰值应力随破坏围压的变化趋势

分析可知，不同卸载速率条件下峰值应力随破坏围压近似呈线性相关，峰值应力随破坏围压上升而上升，根据试验初步统计结果，损伤应力与峰值应力比值稳定在 0.7～0.8，进而得到损伤应力与破坏围压同样呈近似线性相关，这一结论与常规三轴试验中围压对预选区花岗岩特征应力的影响研究结论是一致的。

研究不同卸载速率条件下破坏围压同峰值应力关系可以发现，趋势线斜率最大值为 11.179，最小值为 10.986，变化范围小于 2%，较高的卸载速率下趋势线截距相对于较低的卸载速率下趋势线截距有一定程度的上升，但整体变化范围在 15%以内，综合认为卸载速率对破坏围压与峰值应力间的关系影响很小。

岩石的峰值应力在不同试验中随卸载速率的变化趋势如图 3-11 所示。

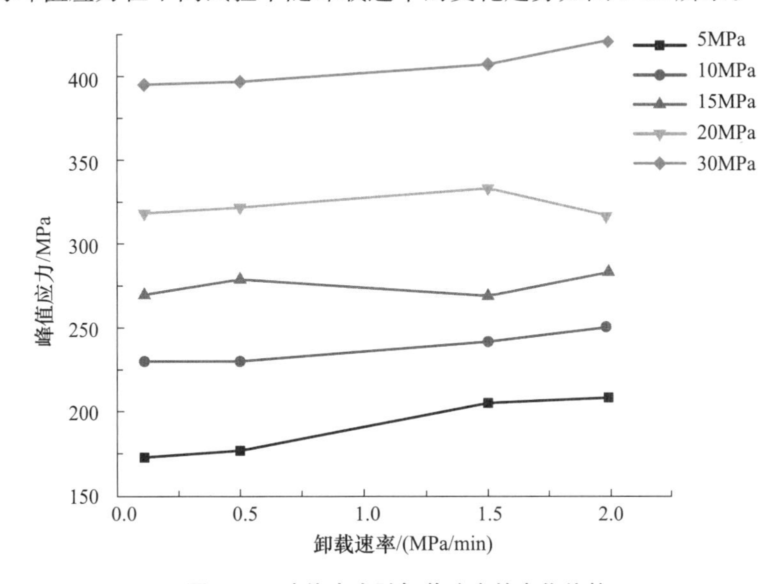

图 3-11　峰值应力随卸载速率的变化趋势

进一步研究可知，相同围压条件下，峰值应力整体上随着卸载速率的上升而上升，但是变化幅度很小。相同卸载速率条件下，峰值应力随着围压的上升有着明显的上升，与卸载速率相比，围压对花岗岩强度的影响更加明显。

3.2.3　围压和卸载速率对花岗岩变形特征的影响研究

图 3-12 所示为不同卸载速率条件下不同围压对应的应力-应变曲线，与 3.1 节中常规三轴试验峰前应力-应变曲线类似，峰前应力曲线中均可以找到启裂应力、损伤应力等特征应力点。

加轴压卸围压试验明显不同于常规三轴试验，不同加载速率和围压条件下，试件在达到峰值应力发生破坏瞬间均表现出很强的脆性破坏特征。分析认为，加轴压卸围压条件下，整个加载过程中轴向应力增加，同时环向应力减弱，导致了偏应力单调增加，这样单调增加的应力条件作用于花岗岩这样的脆性系数较大的岩石，很容易造成峰值破坏瞬间明显的应力跌落。

不同围压条件下卸载速率对花岗岩轴向和环向应变的影响如图 3-13 所示。

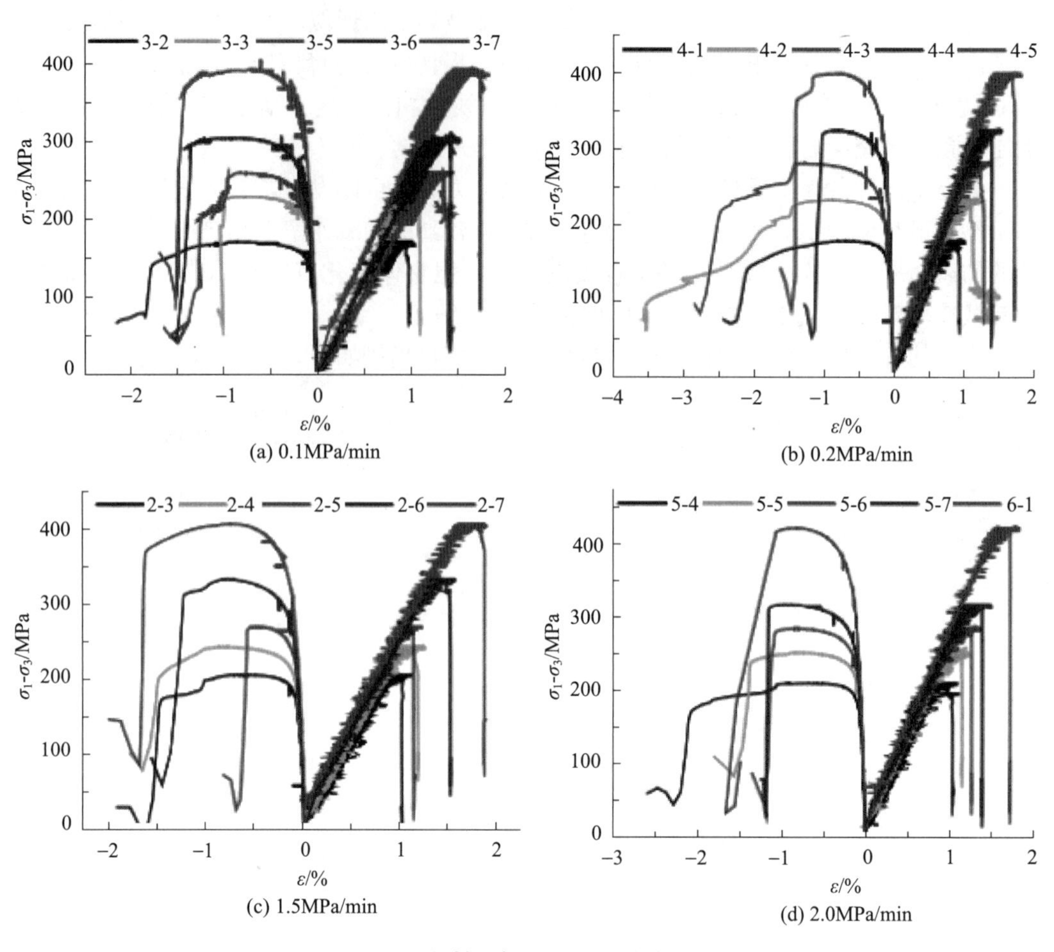

图 3-12　加轴压卸围压应力-应变曲线

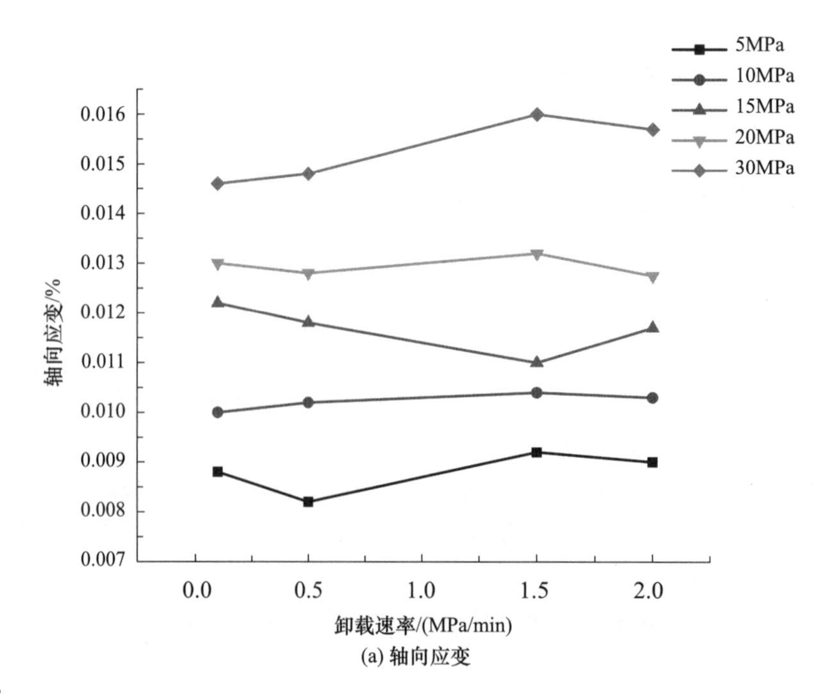

(a) 轴向应变

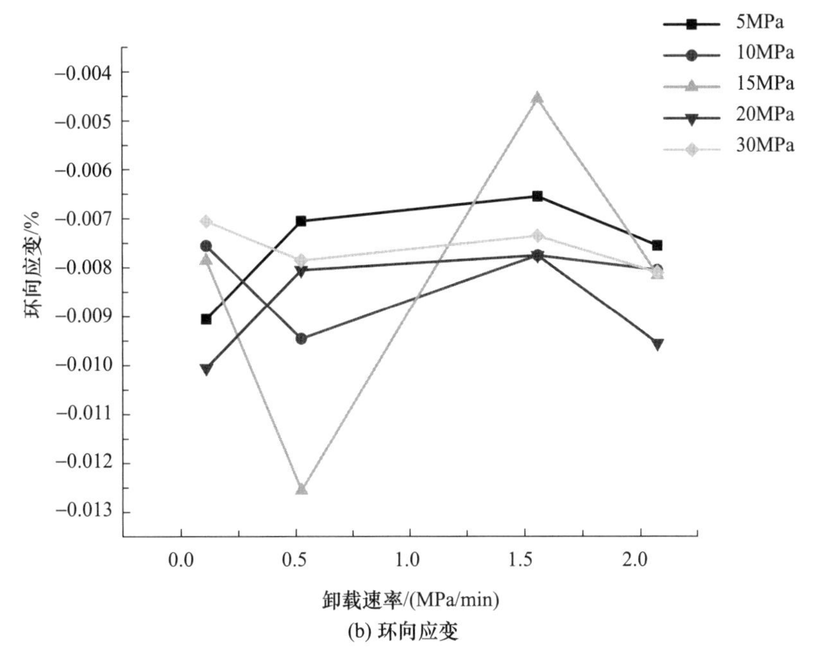

(b) 环向应变

图 3-13 卸载速率对岩石变形的影响

分析图 3-13 中不同围压条件下卸载速率对峰值轴向应变和峰值环向应变的影响，根据两条曲线的变化情况认为卸载速率与轴向应变和环向应变间并没有呈现很好的相关性。

不同卸载速率条件下破坏围压对岩石轴向变形的影响如图 3-14 所示。

不同卸载速率下，随着破坏围压的上升，破坏时轴向应变呈明显上升趋势。应用数值分析软件进行拟合可以得到峰值轴向应变与破坏围压呈近似线性关系，结合前文分析内容可以认为破坏围压对峰值轴向应变的影响要明显大于卸载速率。进一步选用类似的研究方法研究不同卸载条件下破坏围压对岩石环向应变的影响发现破坏围压与岩石环向应变间没有呈现很好的相关性。

综合比较围压和卸载速率对花岗岩变形特征的影响可以发现，相对于卸载速率，围压对花岗岩变形特征的影响更加明显。

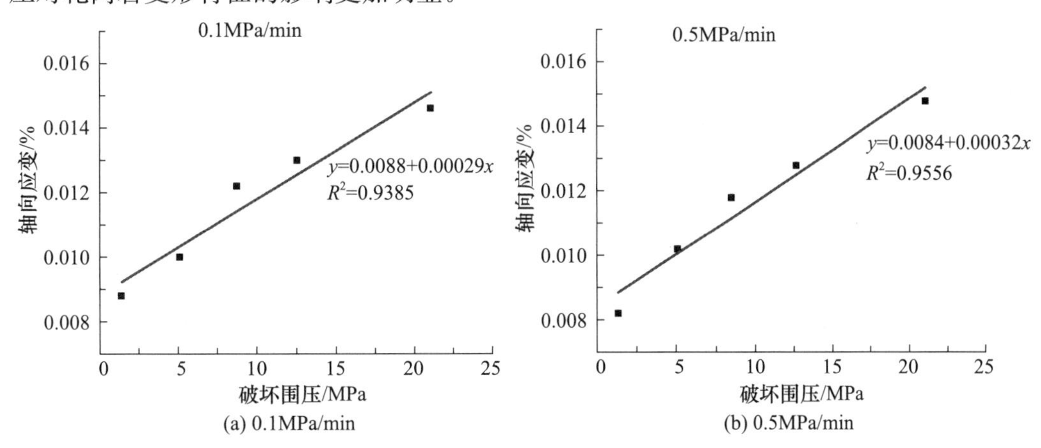

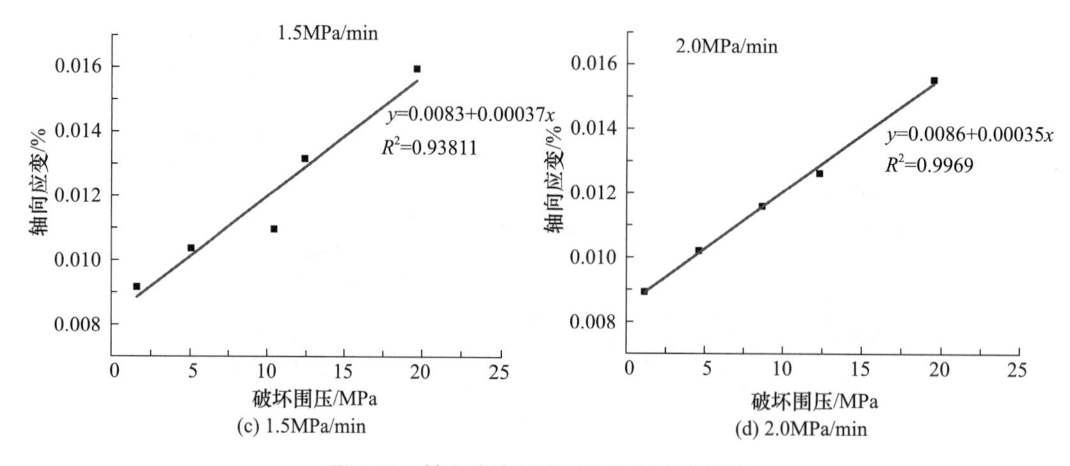

(c) 1.5MPa/min　　(d) 2.0MPa/min

图 3-14　轴向应变随破坏围压的变化趋势

3.2.4　花岗岩加卸载破坏变形特性对比分析

根据花岗岩试件在三轴加载和卸围压过程中的应力-应变曲线可知：

1）轴向应变

在三轴压缩试验中，随着围压的增大，轴向峰值有明显增大，有明显的应变强化特征。在卸围压试验中，卸围压初期，花岗岩试件的轴向应变增长速率开始减小，围压卸载到一定值后，轴向应变迅速增大，卸载初始围压越大，轴向峰值轴向应变越大，但远小于三轴加载试验中的峰值轴向应变。

2）环向应变

在三轴加载过程中，环向应变初期发展较为缓慢，以逐渐减小的速率发展变形，经过花岗岩试件的峰值强度后，环向应变迅速发展，且峰值环向应变与围压成正比。卸围压试验中，花岗岩试件在卸载初期呈现出较为缓慢的增长趋势，试件临近破坏时，随着围压的持续降低，环向应变与围压曲线近似呈直线发展，环向应变迅速增大，试件发生破坏。

3）体应变

三轴压缩试验中，体应变在初始阶段发展较缓，花岗岩试件经过峰值点后体应变开始快速发展，试件始终处于体积压缩状态，体应变远小于轴向应变，试件发生轴向变形破坏。卸围压试验中，花岗岩试件始终呈现出体积扩容状态，随着围压的减小，体积扩容逐渐明显，临近破坏时，体应变迅速发展。

根据花岗岩试件在加卸载路径下发生破坏时的峰值应变值可知，随着围压增大，花岗岩试件的峰值轴向应变随之增大，加载条件下的峰值轴向应变远大于卸围压试验下的应变值。加卸载试验中，环向应变与围压也近似呈正相关，与轴向应变相同，加载破坏下的值更大。两种试验路径下的体应变均较小，加载条件下三个试件的体应变均为负值，试件破坏前仍处于体积压缩状态，卸围压条件下体应变均为正值，表明花岗岩试件在卸围压条件下发生破坏前处于体积扩容状态。加载条件下的应变值均大于卸围压条件下的应变值，表明试件在卸围压条件下更易发生破坏。

加载条件下，变形模量在加载初期发生大幅度跌落，轴力加至一定值时，随着轴力的增加呈现出线性增大趋势，临近破坏时开始缓慢下降，发生破坏后发生大幅度减小。卸围压条件下，变形模量始终呈缓慢减小的趋势，但是三个试件变形模量的减小量不同。加卸载路径下，弹性模量的变化值均与围压大小有关，初始围压越大，卸围压试验中花岗岩的变形模量降低越明显。

加卸载均导致了泊松比的增大，且泊松比的变化曲线规律有部分相同。加载试验中，随着轴力的施加，泊松比呈现出快-慢-快的增长趋势，卸围压试验中，泊松比先慢后快地发生增长，与加载条件下泊松比曲线的后半部分一致，且加卸载条件下花岗岩试件的泊松比最终均保持在一个定值。围压越高，试件的泊松比增大速率相对越小。

在加载破坏时，花岗岩试件发出清脆的爆裂声，随着围压增大，试件破坏的声音更加清脆。主要发生剪切和劈裂破坏，随着围压的变化，其破坏形式也有较大差异。低围压下，试件以劈裂破坏为主，高围压下，试件以剪切破坏为主，主要是因为高围压下试件的黏聚力高，试件不容易发生断裂破坏。

花岗岩试件的初始卸载围压及破坏围压较高时，试件主要以剪切形式发生破坏。随着卸载初始围压的降低，破坏形式逐渐向共轭剪切破坏发展，当围压减小到一定值时，试件发生劈裂破坏。花岗岩试件在卸围压条件下的变形主要表现为沿卸围压方向的扩容，破坏程度较加载条件下更为强烈，声音更大。

3.3 三轴加卸载路径下粉砂岩与花岗岩力学特性对比分析

3.3.1 加载路径下岩石力学特性对比

图 3-15 所示为粉砂岩试件和花岗岩试件分别在不同围压下的三轴加载的应力-应变曲线。粉砂岩与花岗岩试件随着三轴压缩试验围压的增大，峰后破坏曲线由缓慢下降逐步转为突降趋势，表明两种岩性的试件在低围压下均发生塑性破坏，随着围压增大，脆性破坏特征逐渐明显。

根据前文所示三轴压缩作用下两种岩性试件的峰值应变表可知，粉砂岩试件的轴向应变远大于其他两种应变值，试件以轴向压缩变形为主。花岗岩试件在三轴压缩作用下，虽然峰值轴向应变大于峰值环向应变，但远不及粉砂岩试件在压缩过程中的两者之差，花岗岩试件加载破坏时以轴向压缩变形为主，环向压缩变形为辅。随着围压增加，粉砂岩与花岗岩试件的峰值轴向应变增大幅度均最为明显，粉砂岩试件的峰值环向应变先增后减，花岗岩试件峰值环向应变随围压增大而增加。表明当围压达到一定值时，对于环向应变的影响不再是单一的线性关系。两种试件发生破坏前均处于体积压缩状态，且围压达到一定值后，围压越大体积压缩越明显。

粉砂岩与花岗岩试件的力学参数随着围压增大的变化规律基本相同，力学参数数值相差较大。变形模量均呈现出先大幅降低，后缓慢上升，发生破坏时大幅跌落的趋势。

泊松比随着轴力的施加，先急速增大，后以较小速率增加，最终稳定在一个值附近。对比两种岩性的岩石的峰值强度对围压的敏感性，发现粉砂岩试件的围压-峰值强度拟合曲线斜率更小，即围压对于花岗岩试件的强度影响更大。

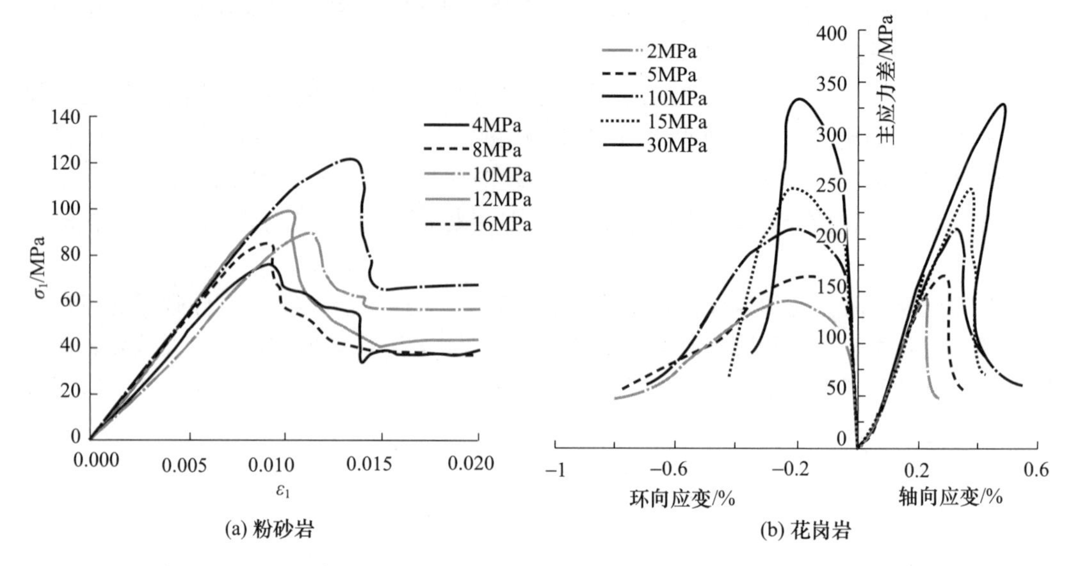

图 3-15　粉砂岩与花岗岩加载试验下应力-应变曲线

3.3.2　卸围压路径下岩石力学特性对比

卸围压路径下，粉砂岩与花岗岩均发生了明显的脆性破坏。随着初始卸载围压的增大，粉砂岩试件在破坏时的三向应变均没有明显变化，其变形特征受围压影响较小。卸围压破坏时粉砂岩试件发生了体积压缩变形，且围压对体积的压缩变形有较大影响。各围压下卸载时，花岗岩试件的环向变形规律基本一致，随着卸围压的继续进行，花岗岩试件的环向变形出现大幅度的增加，围压越低，围压-轴向应变曲线的跌落程度越大。两种岩性试件在卸围压路径下的初始围压越大，发生破坏时所对应的围压值也越大。并非卸载完全时才发生破坏，而是在卸载到一定值时发生破坏。

粉砂岩试件在各初始围压下完全卸载后的峰值强度均在 45MPa 左右，表明卸载初始围压对粉砂岩试件的峰值强度影响非常小。随着卸载初始围压增大，粉砂岩试件发生卸围压破坏所需围压差随之增大，即高围压下粉砂岩试件更不易破坏。分析岩样破坏时的围压可以发现，粉砂岩试件破坏时保留围压越小，粉砂岩试样的峰值强度越大，越不易破坏。

不同于粉砂岩试件，随着卸载初始围压增大，花岗岩试件的卸载破坏应力差与卸载破坏围压差逐渐增大。高围压下卸围压时花岗岩试件更不易破坏，低围压下花岗岩试件卸围压后强度被削弱较明显，更易发生破坏。分析岩样破坏时的围压可以发现，破坏时保留围压越大，粉砂岩试样的峰值强度越大，越不易破坏。

3.4 花岗岩三轴循环加卸载力学特性分析

3.4.1 循环加卸载试验方案与试验结果

试验采用荷载和环向变形相结合的方式控制循环加卸载过程。在保证峰前有 5～10 个循环可用于分析研究的前提下，参考特征应力结果确定各循环起始卸载点，具体方案如下：

① 按 0.5kN/s 的加载速率施加围压到预定值，预定围压分别为 1MPa，2MPa，5MPa，10MPa，30MPa；

② 围压稳定后，采用轴向荷载控制方式，加卸载速率均设置为 0.5kN/s，轴向加载到相应围压三轴压缩试验峰值应力 40%左右进行第一次卸载，卸载到围压值的 1/4 左右；

③ 保持加卸载速率不变，应力梯度分别设置为 15MPa，16MPa，20MPa，20MPa，30MPa，进行等梯度加卸载；

④ 进行到相应围压三轴压缩试验峰值应力约 80%处，保持卸载的荷载控制方式和速率不变，加载切换为环向变形控制，速率设为 0.02mm/min，环向变形每增长 0.2～0.4mm 进行卸载，直至残余强度段。此外，试验过程中为避免试件端面与压头端面脱离，设置卸载的目标偏应力水平分别为 1MPa，2MPa，3MPa，5MPa，10MPa。

不同围压条件下的循环加卸载试验应力-应变曲线如图 3-16 所示。

对比表 3-3 与表 3-7 可知，三轴循环加卸载试验得到的峰值应力与三轴压缩试验得到的花岗岩岩石峰值应力相差 2.4%～16.4%，整体上较为接近。一般认为当循环荷载上限应力超过一定程度后，循环荷载才能对花岗岩的峰值应力造成较为明显的影响。试验在峰前相对较高应力水平下的加卸载循环数目较少，所以峰前循环荷载对岩石峰值应力的影响较小。

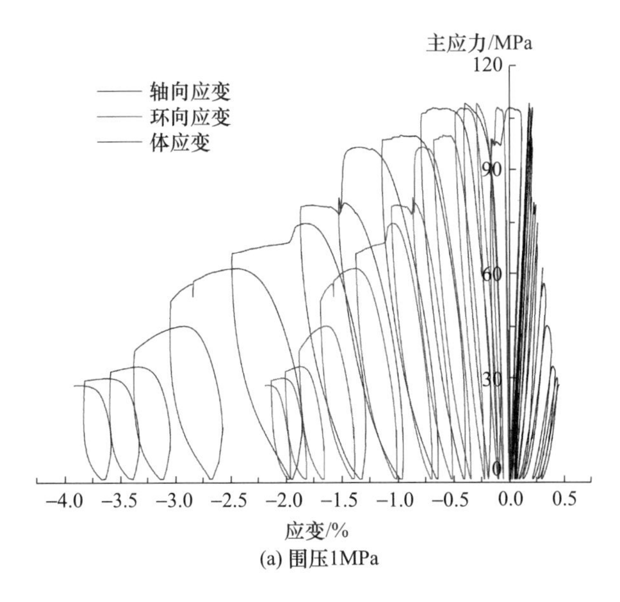

(a) 围压1MPa

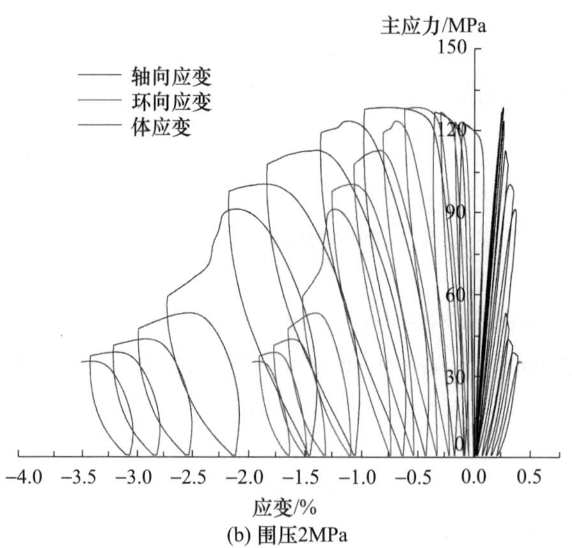

(b) 围压2MPa

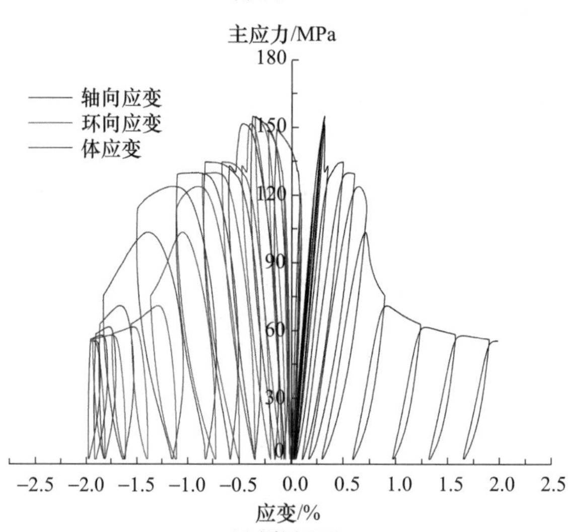

(c) 围压5MPa

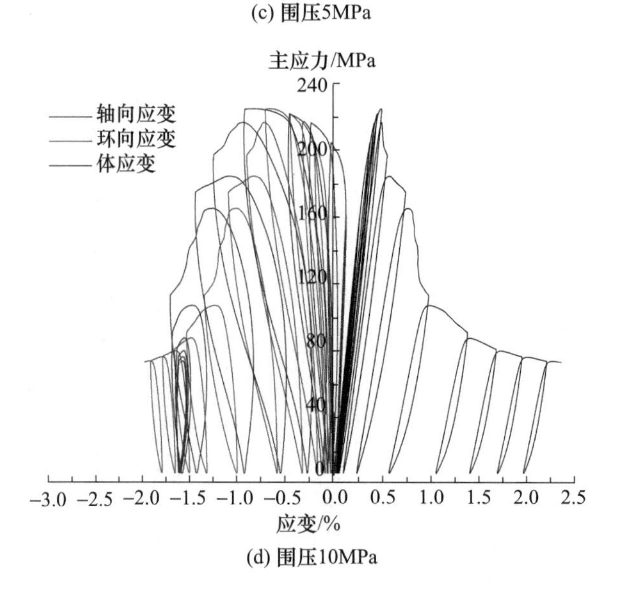

(d) 围压10MPa

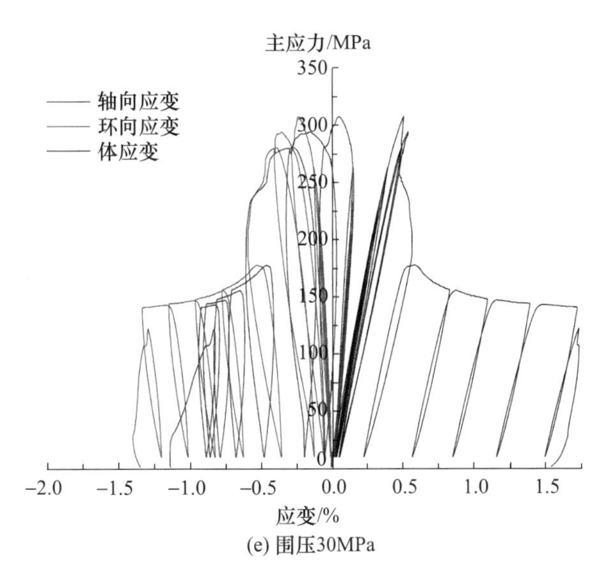

(e) 围压30MPa

图 3-16 循环加卸载试验应力-应变曲线

表 3-7 循环加卸载下花岗岩峰值应力

围压（MPa）	峰值应力 σ_f（MPa）
1	110.39
2	131.47
5	159.88
10	234.79
30	336.95

这也一定程度上说明本次试验设计的循环荷载梯度应力和循环次数较为合理。循环次数过少，则缺乏用于定量分析循环荷载作用下花岗岩的能量耗散与损伤特征的试验数据；循环次数过多，循环加卸载可能加剧岩石内部的疲劳损伤，明显降低岩石的峰值强度，进而影响三轴压缩试验结果对循环加卸载试验的参考价值。

3.4.2 弹性模量和泊松比的演化过程研究

循环加卸载试验中不同围压条件下弹性模量的变化趋势如图 3-17 所示。本次循环加卸载试验中不同围压条件下的载荷控制过程设置四到五个卸载点，峰值应力在第五到第七个循环出现，对应弹性模量随循环次数的变化可以发现，在五至七个循环前，试件弹性模量变化量均在 20％以内，弹性模量变化相对稳定，加载至第七个循环后，弹性模量开始出现非常明显的下降趋势，并随着循环加卸载过程的不断进行逐渐趋近于 0，不同围压下弹性模量的这一变化规律可以在一定程度上反映出试件在循环加卸载过程中，峰后的裂隙发展情况明显大于峰前，随着循环加卸载过程的不断进行，裂隙的快速发展进而导致了弹性模量的快速下降。

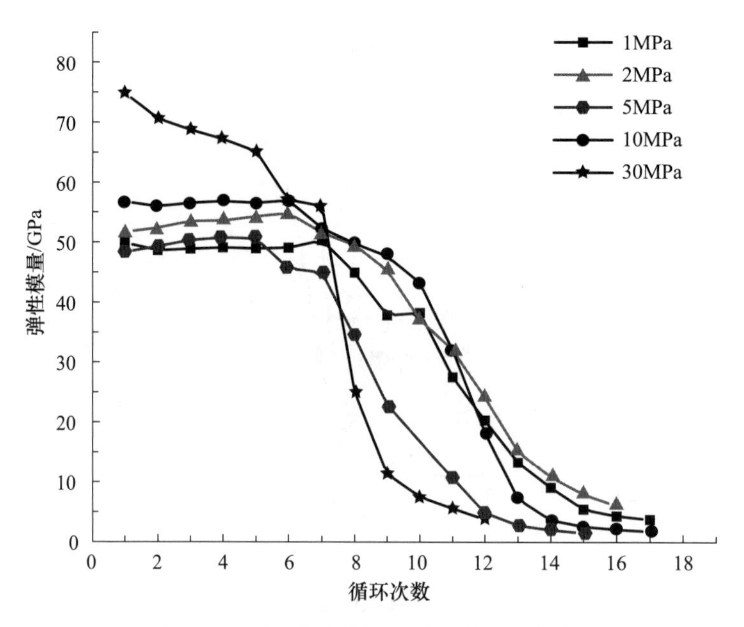

图 3-17　弹性模量随循环次数的变化趋势

循环加卸载试验中不同围压条件下泊松比随循环次数的变化趋势如图 3-18 所示，在第五个循环前，环向应变相较于轴向应变明显较小，试件泊松比变化较小，在第五至第七个循环范围内，试件泊松比开始出现突变式的增长，可以反映出峰后环向应变的增长明显大于轴向应变。在较低的围压条件下的试件相较于高围压条件下环向应变增长尤为迅速，最终泊松比可达到 5 以上，这一现象可以反映出围压对试件的环向应变有着明显的抑制作用。

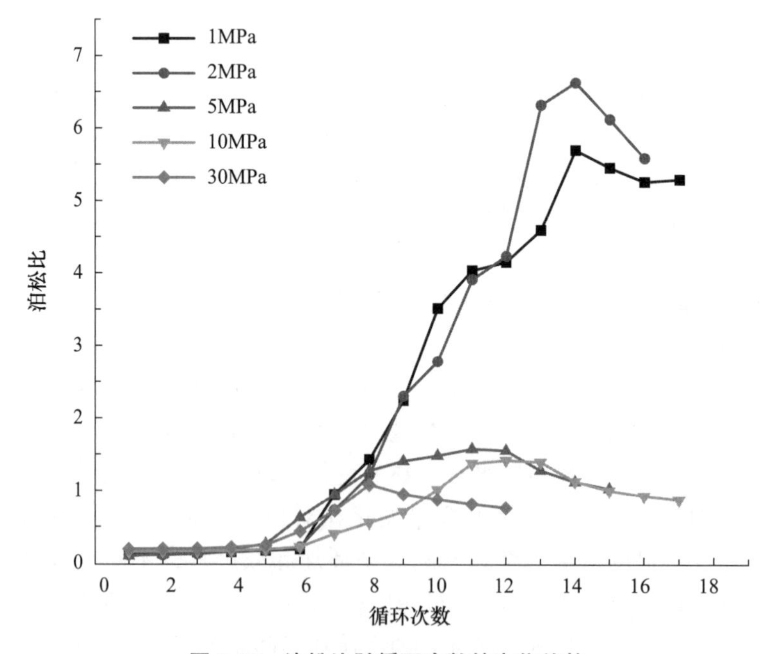

图 3-18　泊松比随循环次数的变化趋势

3.4.3 裂隙损伤应力演化过程研究

裂隙损伤应力 σ_{cd}是岩石在压缩变形研究过程中常选择的研究对象，可以很好地体现岩石在压缩过程中的损伤。试验中通过应力-应变曲线上体应变反弯点确定不同循环中裂隙损伤应力。循环加卸载试验中，损伤应力随着加载过程不断变化，对损伤应力的研究可以在一定程度上反映岩石加卸载过程中的损伤演化情况。

塑性理论应变软化模型中，为了描述岩石强度损失与塑性形变的关系，引入了塑性参数的概念。本节全面考虑了塑性参数所要求具备的基本特点，采用塑性剪切应变这一常用塑性参数，其具体形式为：

$$\gamma_p=\varepsilon_1^p-\varepsilon_3^p \tag{3-5}$$

式中 ε_1^p——塑性轴向应变；

ε_3^p——塑性环向应变。

根据不同围压条件下得到的三轴循环加卸载试验全应力-应变曲线，通过体应变反弯点确定裂隙损伤应力，进一步根据裂隙损伤应力对应的塑性轴向应变和塑性环向应变计算塑性剪切应变。整理得到裂隙损伤应力与塑性剪切应变关系如图 3-19 所示。

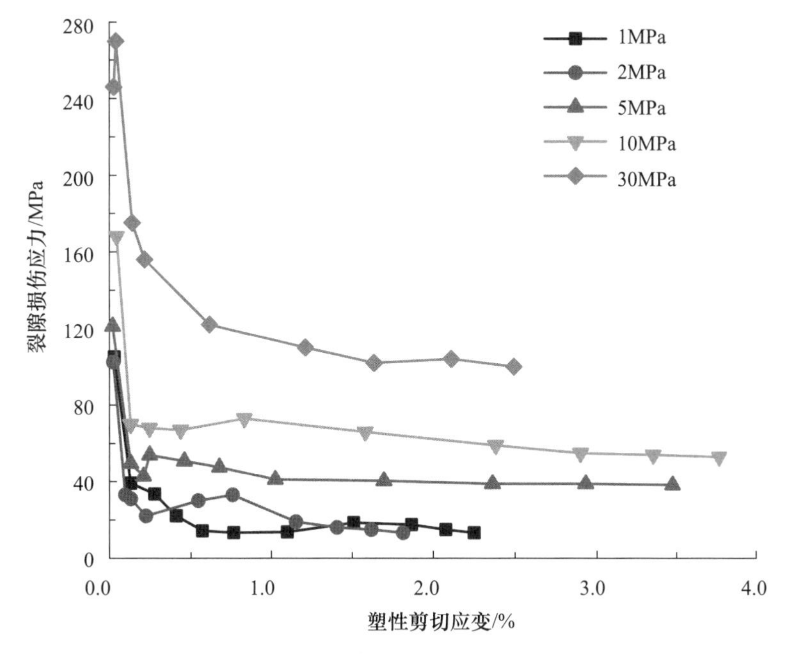

图 3-19 塑性剪切应变和裂隙损伤应力的关系

从整体上分析，不同围压条件下，随着加卸载试验的进行，试件经过约 0.15%的塑性剪切应变后，裂隙损伤应力便完成了较大幅度的衰减，在完成大幅度衰减后随着塑性变形的发展趋于稳定。分析认为，不同围压条件下，试件存在塑性剪切应变极限值，与之对应的裂隙损伤应力可以代表试件裂隙损伤极限值。本次循环加卸载试验中不同围压条件下的试件在达到 0.15%塑性剪切应变后即达到其“损伤极限”。

进一步观察不同围压条件下塑性剪切应变和裂隙损伤应力之间的关系曲线可以发

现，围压处于 1MPa～10MPa 这一较低水平范围内，裂隙损伤应力的衰减速率对围压变化并不敏感，当围压处于 30MPa 这一较高水平时，裂隙损伤应力衰减速率有所下降。分析认为较高的围压环境抑制了裂隙的发展过程，一定程度上提高岩石抵抗塑性变形的能力。根据本次试验的试验结果，可以说明，在一定围压范围区间内，将塑性剪切应变作为判断该类花岗岩损伤程度的指标是可行的。

3.4.4 岩石扩容特性研究

图 3-20 描绘了三轴循环加、卸载条件下的轴向应变与体应变的关系。

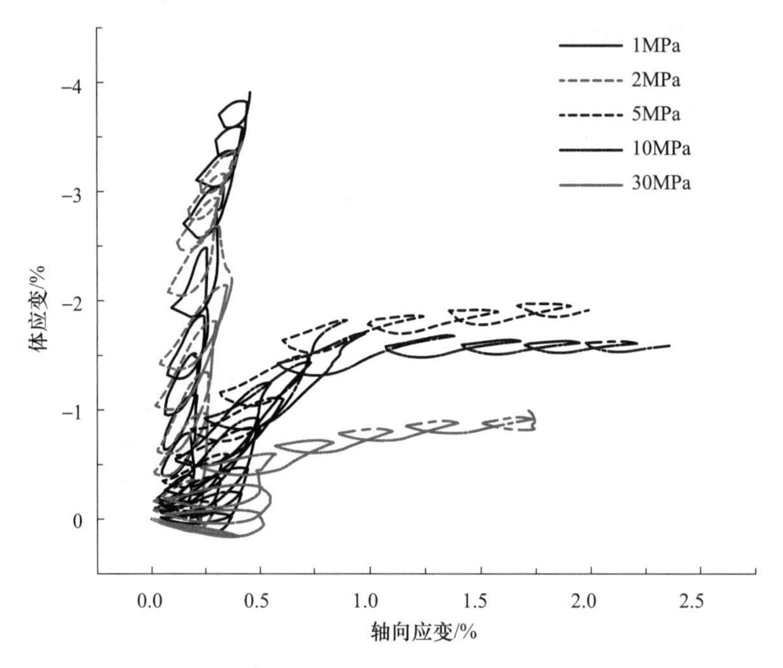

图 3-20 轴向应变与体应变的关系

随着围压的增加，体应变绝对值随轴向应变的变化梯度呈明显下降趋势，相同的轴向应变对应的体应变绝对值呈下降趋势，分析认为围压限制了岩石的扩容行为。

循环加、卸载的试验过程并不会影响应变曲线的总体变化规律，连接循环加、卸载试验不同循环峰值点得到的应力-应变曲线与常规三轴试验类似。每次循环中，加载至预定值卸载后，当再次加载后的轴向应力超过上一次循环轴向应力的最大值，应力-应变曲线仍沿类似常规三轴加载的应力路径进行。参考常规三轴和循环加卸载试验应力-应变关系曲线可以得到，岩石在加载过程中，体积变形主要发生在峰值应力之后。

岩样在峰值应力后的应力加卸载循环过程中产生的塑性变形是岩石扩容特性研究内容中重要的组成部分。

通过在不同围压条件下得到的轴向应变-体应变关系曲线上，连接峰值应力后卸载至偏应力为 0 时轴向应变和体应变值的所有交叉点获得塑性应变轨迹，如图 3-21 所示。进而可以获得塑性轴向应变与塑性体应变的关系如图 3-22 所示。

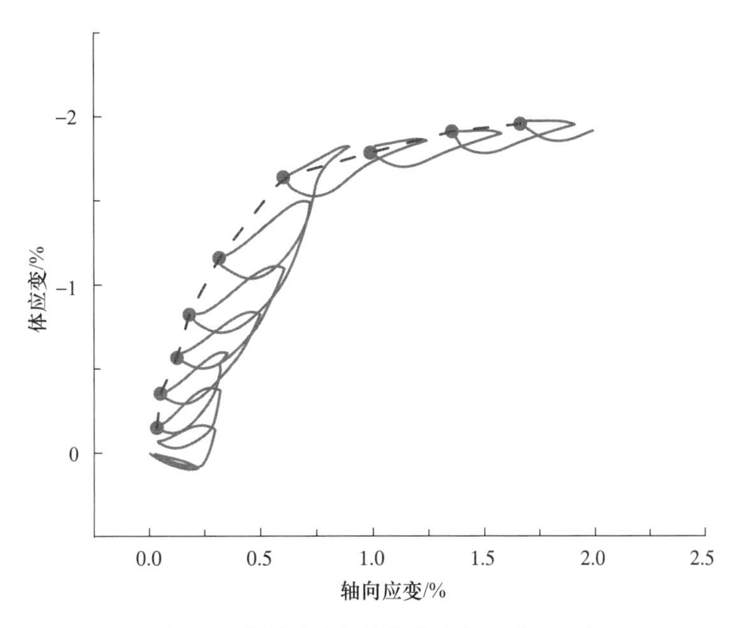

图 3-21　塑性应变轨迹的构建方法（5MPa）

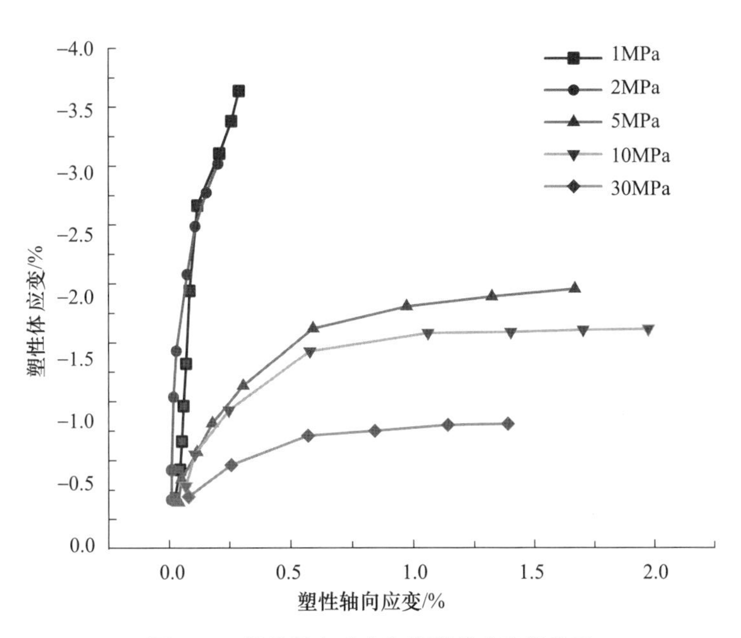

图 3-22　塑性轴向应变与塑性体应变的关系

分析塑性轴向应变与塑性体应变的关系图可以得到，在不同围压条件下，峰后随着塑性轴向应变增加，塑性体应变的绝对值也随之上升。在达到峰值应力后短阶段内，塑性体应变迅速增大，变化率明显大于塑性轴向应变，在较高围压条件下随着加卸载过程的继续进行逐步下降并趋于零，在较低围压条件下试件在经历较小的塑性轴向应变后，塑性体应变即趋于最终破坏的临界值，塑性体积变化率变化趋势并不明显。

如果将相同塑性轴向应变对应的塑性体应变作为评价岩石扩容行为的稳定指标，分析认为，较高围压条件下，岩石在承受较大塑性轴向应变的情况下，仍然可以保持较小的塑性体应变，拥有较为优秀的抵抗塑性体应变的能力。可以认为，较高的围压有利于岩石峰值应力后扩容过程中的体积稳定。

根据塑性轴向应变与塑性体应变可以确定塑性环向应变，公式如下：

$$\varepsilon_3^p = (\varepsilon_v^p - \varepsilon_1^p)/2 \tag{3-6}$$

式中 ε_1^p——塑性轴向应变；

ε_3^p——塑性环向应变；

ε_v^p——塑性体应变。

图 3-23 所示是塑性环向应变与塑性体应变的关系，在较低的围压条件下，塑性体应变与塑性环向应变呈明显的线性关系，且塑性体应变约为 2 倍的塑性环向应变，根据式（3-6），分析认为较低的围压条件下的塑性应变主要为塑性环向应变。随着围压的上升，相同塑性环向应变对应的塑性体应变逐渐变小，较高的围压条件下，岩石在承受较大塑性环向应变的情况下，仍然可以保持相对较小的塑性体应变，即较高的围压有利于岩石峰值应力后扩容过程中的体积稳定，这一结论与塑性轴向应变与塑性体应变关系分析结论是相符的。

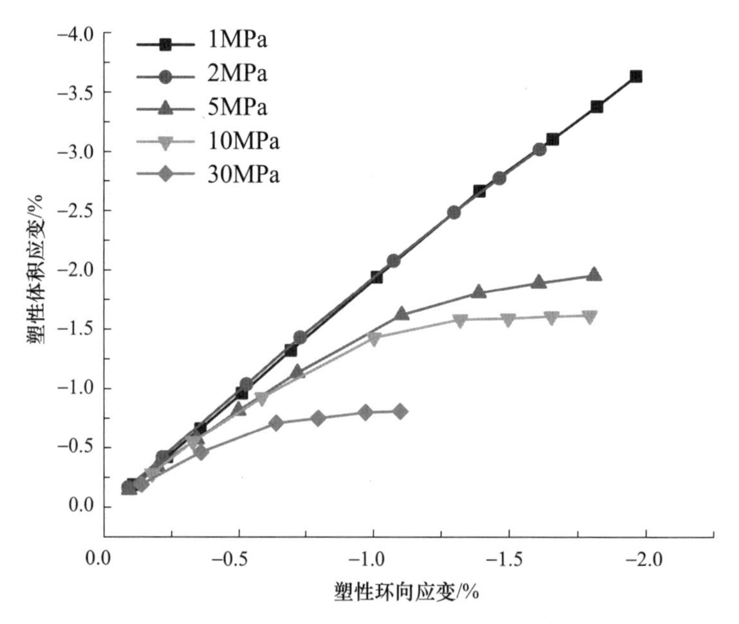

图 3-23 塑性环向应变与塑性体应变的关系

在 Mohr-Coulomb 塑性流动法则下，材料在中间主应力方向不产生塑性变形，影响岩石塑性变形发展规律的唯一参数是剪胀角。剪胀角求解公式如下所示：

$$\sin\psi = \frac{d\varepsilon_v^p}{-2d\varepsilon_1^p + d\varepsilon_v^p} \tag{3-7}$$

式中 $d\varepsilon_1^p$——塑性轴向应变增量；

$d\varepsilon_v^p$——塑性体应变增量。

塑性轴向应变与塑性体应变的关系曲线分析内容可知：循环加卸载试验过程中试件在达到峰值应力后短阶段内，塑性体应变迅速增大，变化率明显大于塑性轴向应变，随着加卸载过程的继续进行逐步下降并趋于零。根据这一分析结果，可以对剪胀角的变化过程进行定性分析如下：剪胀角在达到峰值应力后短阶段内迅速上升至峰值，随后随着加卸载过程的进行逐步下降并趋于零。根据不同围压条件下峰值应力后体应变的变化率可以进一步分析得到，剪胀角峰值随围压的上升呈下降趋势。

3.5 花岗岩三轴循环加卸载能量耗散与损伤特征研究

3.5.1 能量耗散特征

假设岩石受载变形过程与外界没有热交换，理论上，第 i 次循环输入能密度 U_i、弹性应变能密度 U_i^{e} 和耗散能密度 U_i^{d} 可分别由下式得到：

$$U_i = U_{1,i} + 2U_{3,i} = \int \sigma_{1,i} \mathrm{d}\varepsilon_{1,i} + 2\int \sigma_{3,i} \mathrm{d}\varepsilon_{3,i} \tag{3-8}$$

$$U_i^{\mathrm{e}} = U_{1,i}^{\mathrm{e}} + 2U_{3,i}^{\mathrm{e}} = \int \sigma_{1,i} \mathrm{d}\varepsilon_{1,i}^{\mathrm{e}} + 2\int \sigma_{3,i} \mathrm{d}\varepsilon_{3,i}^{\mathrm{e}} \tag{3-9}$$

$$U_i^{\mathrm{d}} = U_i - U_i^{\mathrm{e}} \tag{3-10}$$

式中 $\varepsilon_{1,i}$——第 i 次循环的轴向应变；

$\varepsilon_{3,i}$——第 i 次循环的横向应变；

$\varepsilon_{1,i}^{\mathrm{e}}$——第 i 次循环的轴向弹性应变；

$\varepsilon_{3,i}^{\mathrm{e}}$——第 i 次循环的横向弹性应变。

岩石三轴循环加卸载试验，加载过程中围压在轴向做正功，横向做负功，卸载过程中围压在轴向做负功，横向做正功。由于试验中围压水平较低且固定不变，横向能量变化受到限制，使得围压在横向与轴向做功的绝对值之差较小，故在本节分析中忽略了围压的做功。此外，从初始状态到围压稳定的静水应力状态，试样内也发生了能量变化，这部分能量构成量值更小，所以本节分析亦没有考虑这部分的能量。

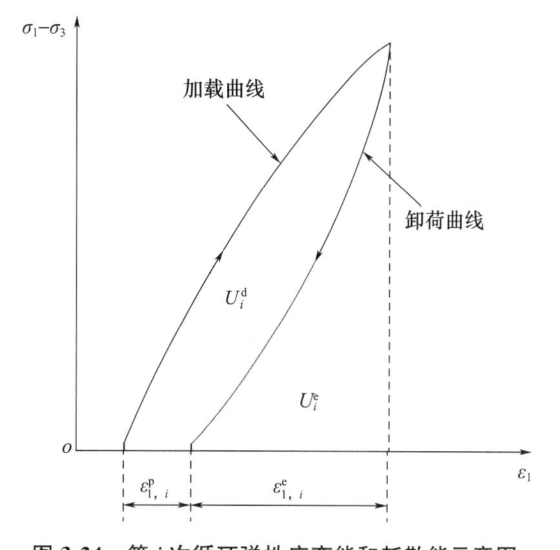

图 3-24　第 i 次循环弹性应变能和耗散能示意图

如图 3-24 所示，根据弹性应变能可逆、耗散能不可逆的前提假设和循环加卸载曲线特性，输入能密度和弹性应变能密度可分别由偏应力-轴向应变曲线的加载段和卸载段积分求得。

则式（3-8）与式（3-9）可转变为：

$$U_i = \int (\sigma_{1,i} - \sigma_{3,i}) \mathrm{d}\varepsilon_{1,i} \tag{3-11}$$

$$U_i^{e} = \int (\sigma_{1,i} - \sigma_{3,i}) \mathrm{d}\varepsilon_{1,i}^{e} \tag{3-12}$$

3.5.2 能比演化特征

耗能比是耗散能与输入能的比值，可一定程度反映岩石内部的损伤发展情况。此处，引入单次循环耗能比 η_i 表示第 i 次循环耗散能密度与输入能密度的比值：

$$\eta_i=\frac{U_i^{\mathrm{d}}}{U_i} \tag{3-13}$$

以循环加卸载试验各循环的卸载起始点对应的偏应力、轴向应变绘制应力包络线；以各循环的单次循环耗能比 η_i 作为纵坐标，卸载起始点对应的轴向应变作为横坐标，绘制耗能比-轴向应变曲线，如图 3-25 所示。

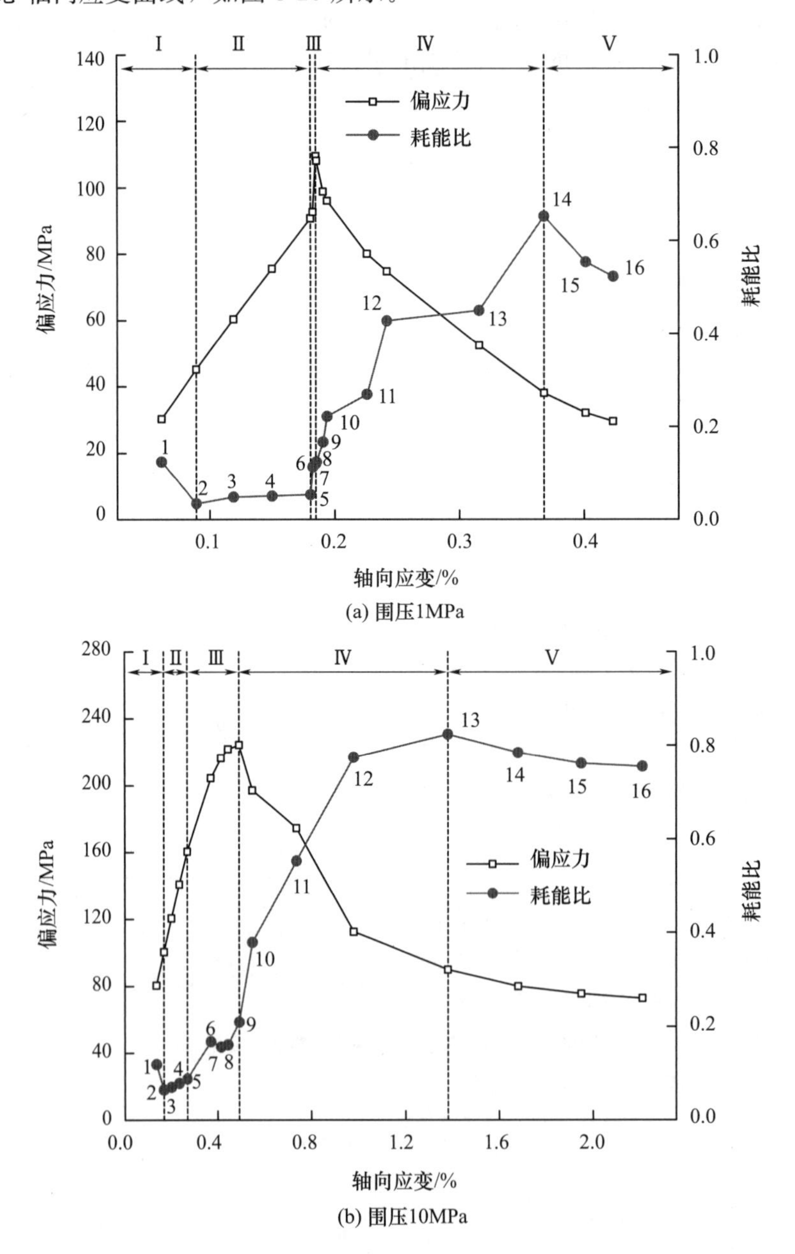

(a) 围压1MPa

(b) 围压10MPa

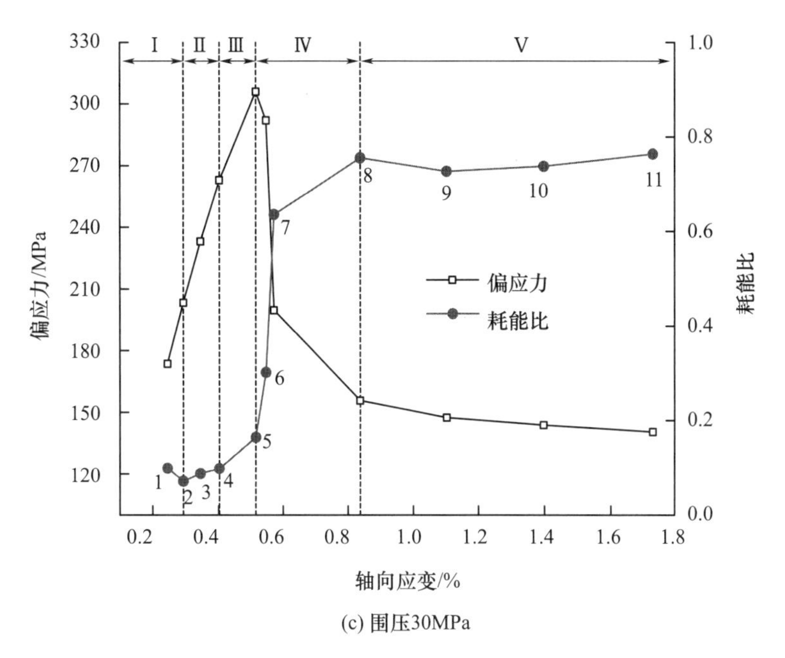

(c) 围压30MPa

图 3-25 循环加卸载下花岗岩耗能比演化曲线

如图 3-25 所示，不同围压下岩石循环加卸载过程的耗能比曲线整体呈现出相似的演化规律。根据耗能比曲线和应力-应变曲线的演化特征与对应关系，可将循环加卸载过程划分为 5 个阶段。

阶段Ⅰ：主要对应岩石启裂应力 σ_{ci} 前的初始压密与弹性段。不同围压下耗能比由 0.099～0.124 下降至 0.034～0.071，均表现为小幅下降，这是因为压密段部分原生裂纹和孔隙闭合需要消耗额外的能量，导致首次循环耗能比相对较高。

阶段Ⅱ：主要对应岩石裂纹稳定发展段。此阶段循环上限应力水平较低，岩石内部裂纹状态相对较为稳定，岩石储存弹性能的能力较好，耗能比基本稳定于较低水平。

阶段Ⅲ：主要对应岩石裂纹不稳定发展段。从阶段Ⅲ开始，各循环体应变曲线出现了拐点（损伤应力 σ_{cd}处）。此阶段岩石内部裂纹处于不稳定状态，随着循环上限应力的增加，岩石内部损伤不断加剧，储存弹性能的能力下降，耗能比呈较为明显的上升趋势。

阶段Ⅳ：主要对应岩石峰值应力 σ_f 后的不稳定破裂段。不同围压下的耗能比均呈现了较为明显的增长，这与岩石峰后较为剧烈的裂隙和破裂面发展相对应。裂隙和破裂面发展消耗大量能量的同时，严重削弱了岩石储存弹性能的能力和承载能力。

阶段Ⅴ：主要对应岩石残余强度段。此阶段裂隙发展趋于极限状态，耗能比趋于稳定。

3.5.3 破碎耗能与摩擦耗能计算方法

根据断裂力学，岩石破坏过程中的能量耗散主要由两部分组成：①岩石内部结构面之间摩擦所消耗的能量，即摩擦耗能；②岩石内部有效承载结构破碎和新结构面形成消耗的能量，即破碎耗能。而目前基于应力-应变曲线的能量计算难以区分耗散能中的破碎耗能和摩擦耗能。以三轴压缩试验摩擦耗能的研究为例，理论计算方法主要有两种：一种是通过屈服点后应力-应变曲线求取，这种方法计算结果中包括了一定的岩石弹性能，求得的摩擦耗能偏大；另一种是通过残余强度段求取，但这种计算方法忽略了岩石在峰后破坏过程中的部分摩擦耗能，求得的摩擦耗能偏小。因此，本节提出了一种摩擦耗能的计算方法，以分离耗散能中的摩擦耗能和破碎耗能，进而得到破碎耗能比与摩擦耗能比的演化规律。

需要特别说明的是：①本节提供的破碎耗能与摩擦耗能的分离方法认为摩擦耗能是一过程耗能，塑性变形过程导致了摩擦耗能的产生，而破碎耗能主要用于内部有效承载结构的破碎，是塑性变形产生的原因而非结果。②本节假设第一次循环岩石内部不产生损伤破碎，耗散能全部为摩擦耗能。

首先，依据能量理论，岩石变形破坏过程中的摩擦耗能密度可以等效为：

$$U^{\mathrm{f}}=\int \sigma_{mn}\,\mathrm{d}\varepsilon_{mn}^{p} \tag{3-14}$$

式中 U^{f}——摩擦耗能密度；

σ_{mn}——应力张量；

$\varepsilon_{\mathrm{mn}}^{\mathrm{p}}$——塑性应变张量。

由于本试验为三轴循环加卸载试验，且耗能计算中忽略了静水压力做功，故可将式（3-14）转化为：

$$U^{\mathrm{f}}=\int(\sigma_1-\sigma_3)\,\mathrm{d}\varepsilon_1^{\mathrm{p}} \tag{3-15}$$

式中 $(\sigma_1-\sigma_3)$——偏应力；

$\varepsilon_1^{\mathrm{p}}$——塑性轴向应变。

如上所述，摩擦耗能可由塑性应变发生时的应力对塑性应变积分求得。但在当前试验技术条件下，无法确定出塑性应变实时对应的应力情况。故本节结合循环荷载下岩石的变形特征，简化得到了第 i 次循环摩擦耗能密度的计算式：

$$U_i^{\mathrm{f}}=\sigma_i^{\mathrm{p}}\varepsilon_{1,i}^{\mathrm{p}} \tag{3-16}$$

式中 U_i^{f}——第 i 次循环的摩擦耗能密度；

$\varepsilon_{1,i}^{\mathrm{p}}$——第 i 次循环的塑性轴向应变；

σ_i^{p}——第 i 次循环的摩擦耗能等效应力。

下面介绍摩擦耗能等效应力 σ_i^{p} 的选取思路。理论上，第 i 次循环的塑性应变主要发生在加载段。如图 3-25（b），图 3-26 所示，循环加卸载过程中花岗岩加载段的应力-应变曲线具有如下特征（相邻阶段分界处循环归属为前一阶段）：在阶段Ⅲ前，可近似为直线段；在阶段Ⅲ，阶段Ⅳ和阶段Ⅴ内，可近似为一直线段和一偏折段。

整体来看，某一循环内的塑性变形主要发生在该循环较高的应力水平下。在阶段Ⅲ前，岩石主要表现为弹性性质，某一循环内的塑性变形主要发生在该循环加载曲线应力超出前一循环起始卸载点应力段；在阶段Ⅲ，阶段Ⅳ和阶段Ⅴ内，某一循环内的塑性变形主要发生在该循环加载曲线的偏折段。但由于偏折段起点选取易受主观因素的影响，所以本方法不选取偏折段起点应力作为摩擦耗能计算参量。在保持计算方法合理性和简洁性的条件下，摩擦耗能等效应力 σ_i^{p} 采用如下方式选取：

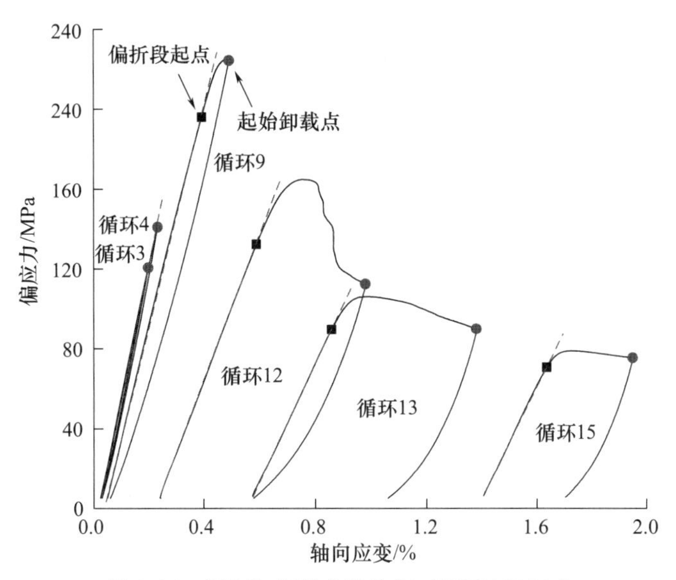

图 3-26 循环加卸载曲线特征（围压 10MPa）

峰前段循环（含峰值应力循环）摩擦耗能等效应力 σ_i^p 选取为该循环起始卸载点应力与前一循环起始卸载点应力的平均值；峰后段摩擦耗能等效应力 σ_i^p 选取为该循环上限应力和起始卸载点应力的平均值。

最后，第 i 次循环破碎耗能密度 U_i^{b} 则可表示为：

$$U_i^{\mathrm{b}}=U_i^{\mathrm{d}}-U_i^{\mathrm{f}} \tag{3-17}$$

由式（3-16）和式（3-17）计算得到各循环的摩擦耗能密度和破碎耗能密度如图 3-27 所示。

残余强度段，摩擦耗能与耗散能呈相近水平。这是由于经过了压密与弹性段、裂纹稳定发展段、裂纹不稳定发展段和峰后不稳定破裂段 4 个阶段循环加卸载的作用，岩石主要剪切破裂面已形成，内部裂隙发展趋于极限状态，耗散能近乎全部被用于摩擦消耗。这一现象也可以在一定程度上证明本节提出的摩擦耗能近似计算方法的合理性。

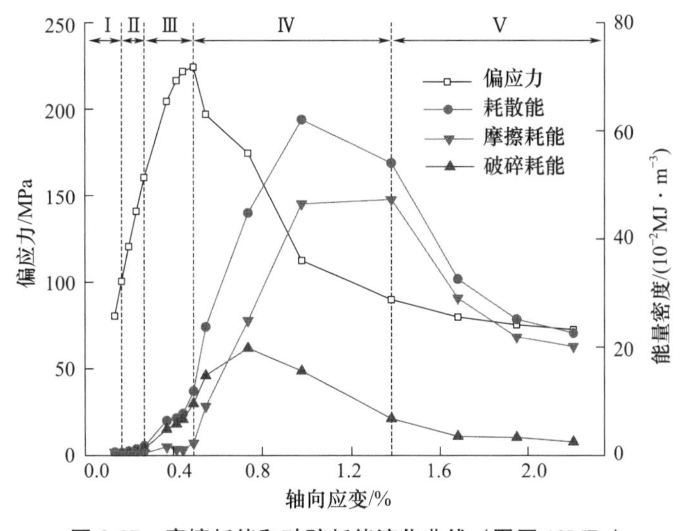

图 3-27 摩擦耗能和破碎耗能演化曲线（围压 10MPa）

3.5.4 破碎耗能比与摩擦耗能比演化特征

定义循环加卸载过程中摩擦耗能比为单次循环摩擦耗能密度与输入能密度的比值，破碎耗能比为单次循环破碎耗能密度与输入能密度的比值，基于摩擦耗能和破碎耗能分析结果，绘制摩擦耗能比和破碎耗能比的演化曲线，如图 3-28 所示。

如图 3-28 所示，不同围压下，摩擦耗能比在压密与弹性段小幅下降，在裂纹稳定发展和裂纹不稳定发展段稳定于较低水平，在峰后不稳定破裂段明显上升，并在残余强度段趋于稳定；破碎耗能比在峰前小幅度增长，在峰后不稳定破裂段初期呈突变式增长后迅速衰落，最终稳定于较低水平。

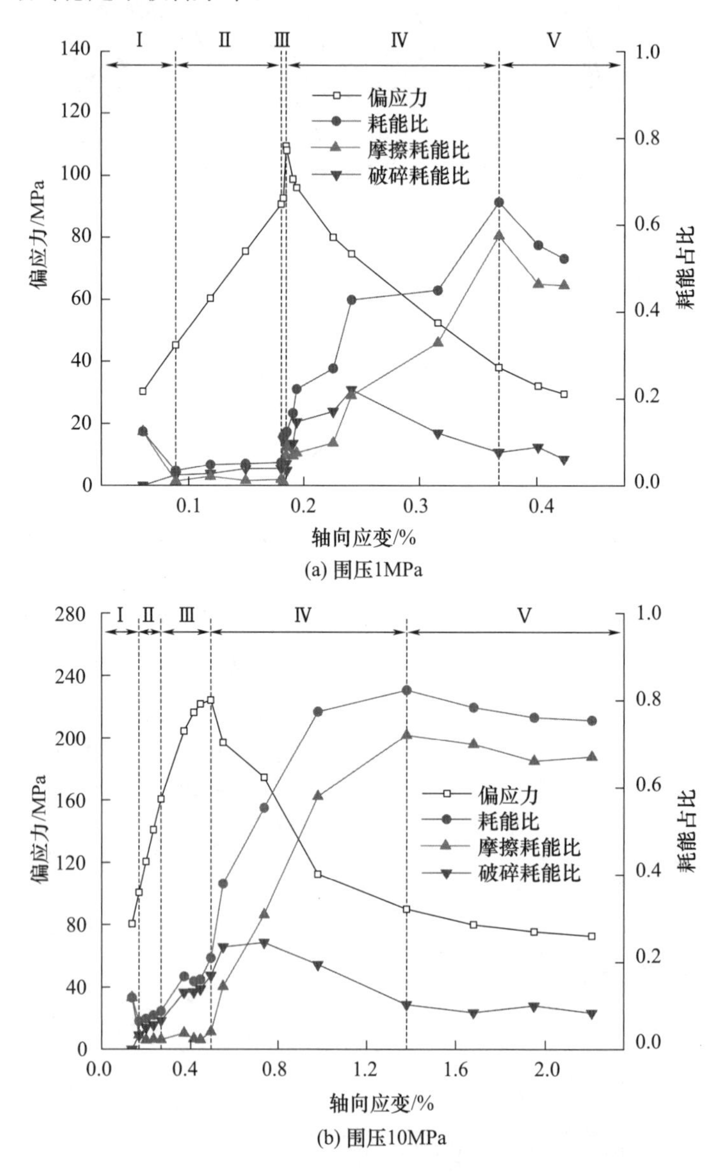

(a) 围压1MPa

(b) 围压10MPa

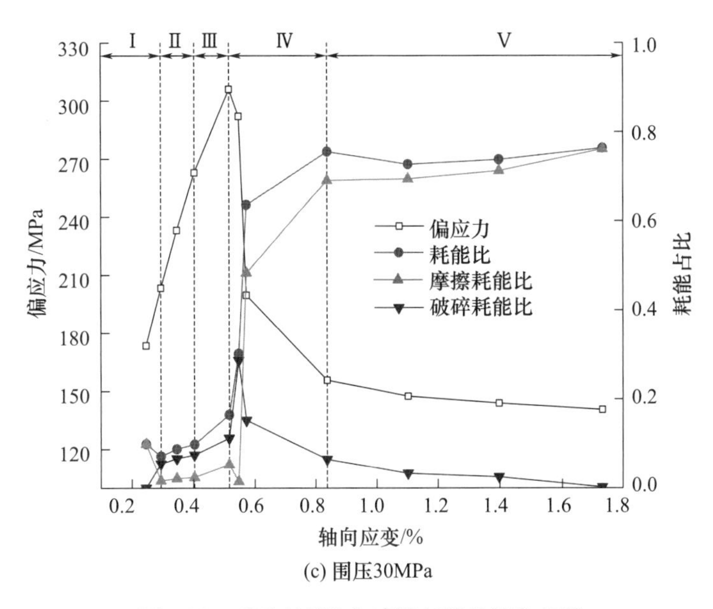

(c) 围压30MPa

图 3-28 破碎耗能比与摩擦耗能比演化规律

上述演化特征充分反映了岩石内部损伤发展情况。循环的上限应力水平较低时，岩石内部未出现宏观破裂面和明显的结构面滑移错动，裂纹状态较为稳定，破碎耗能比与摩擦耗能比均处于较低水平。循环上限至峰值应力附近，岩石内部损伤发展较为明显，有效承载结构的破碎和结构面间的滑移错动消耗了大量能量，故峰值应力附近破碎耗能比与摩擦耗能比均出现了明显的上升。残余强度段，岩石试样内部裂隙发展程度趋于极限状态，耗能几乎全部为摩擦耗能，故摩擦耗能比与耗能比呈相近水平，而破碎耗能比稳定于较低水平。

3.5.5 基于破碎耗能的损伤特征研究

1）基于破碎耗能的损伤变量定义

为定量研究岩石变形破坏过程中的损伤发展情况，国内外学者基于岩石加载应力-应变曲线，从弹性模量、塑性应变、能量密度等角度出发，建立了多种形式的损伤变量。由于岩石试件的原始缺陷及非线性特征，通过弹性模量和塑性应变定义的损伤变量在峰前易出现减小甚至“负损伤”的异常情况。

目前，从能量角度定义的损伤变量大多是基于耗散能的基础建立。然而，耗散能中的摩擦耗能主要消耗在内部结构面之间的摩擦作用，并未消耗于内部有效承载结构的实质损伤，会直接影响损伤发展分析结果的合理性和准确性。岩石峰前摩擦耗能的占比相对较小，对损伤发展分析的影响尚不明显，但峰后摩擦耗能的占比明显增大，对损伤发展分析的影响也随之增大。这也解释了大多数基于耗散能的损伤变量应用于全应力-应变过程峰后段分析结果的失准。

理论上，基于耗散能中的破碎耗能进行损伤变量定义更接近岩石损伤破坏的本质。所以本节在花岗岩破碎耗能研究基础上，定义了一种新的损伤变量形式：

$$D_i=\frac{\sum_{i=1}^{N}U_i^{\mathrm{d}}}{U^{\mathrm{b}}} \tag{3-18}$$

式中 U_i^{b}——第 i 次循环产生的破碎耗能密度；

U^{b}——循环荷载作用下的总破碎耗能密度；

N——当前累计循环次数。

如图 3-29 所示，应用围压 10MPa 条件下的能量数据，展示了含本节方法在内的 5 种基于能量理论的损伤变量计算结果。

方法 1：

$$D_i=\frac{U_i^{\mathrm{d}}}{U_i} \tag{3-19}$$

方法 2：

$$D_i=\frac{\sum_{i=1}^{N}U_i^{\mathrm{d}}}{U^{\mathrm{d}}} \tag{3-20}$$

方法 3：

$$D_i=\frac{\sum_{i=1}^{N}U_i^{\mathrm{d}}}{\sum_{i=1}^{N}U_i} \tag{3-21}$$

方法 4：

$$D_i=\frac{\sum_{i=1}^{N}U_i^{\mathrm{d}}}{U} \tag{3-22}$$

式中 U^{d}——循环荷载作用下岩石的总耗散能；

U——循环荷载作用下总输入能。

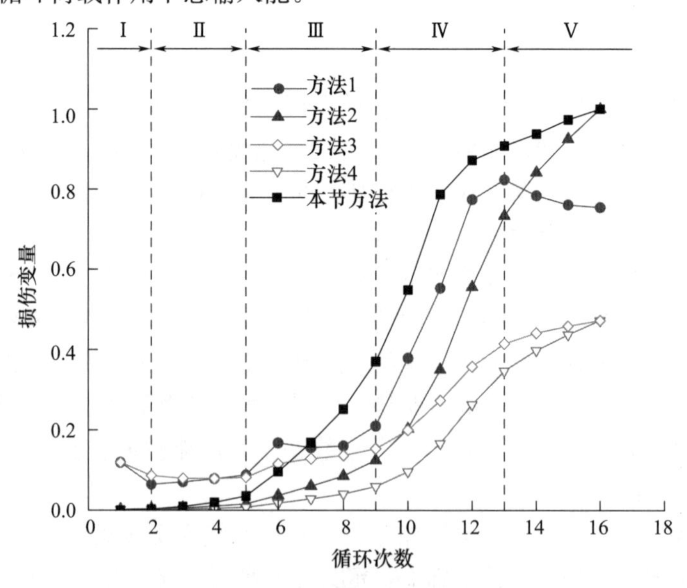

图 3-29 损伤变量（围压 10MPa）

整体来看，循环加卸载试验过程中，新定义的损伤变量在各阶段均未出现减小甚至“负损伤”的异常情况，在残余强度段未出现非合理的过快的损伤发展，不同阶段反映出的损伤发展情况与上文能量耗散特征分析反映出的结果一致，可以较为合理地描述本试验循环加卸载下岩石的损伤演化特征。

2）损伤变量 D 的演化特征

由式（3-18）得到不同围压条件下试件各个循环的损伤变量值。如图 3-30 所示，试件损伤随着循环加卸载的进行不断增大，损伤变量与轴向应变之间表现出明显的非线性关系。损伤变量在初始压密与弹性段发展较为平稳，在裂纹稳定发展段小幅上升，在裂纹不稳定发展段明显上升，在峰后不稳定破裂初期增长较为剧烈，随后增长幅度不断衰减，并逐步趋近于 1。

不同围压条件下，岩石峰值破坏时所处的损伤状态不同，整体来看，较高围压下岩石峰值破坏时对应的损伤变量值相对较大。上述特征说明较高围压下岩石峰值破坏时对应的内部损伤程度更高。

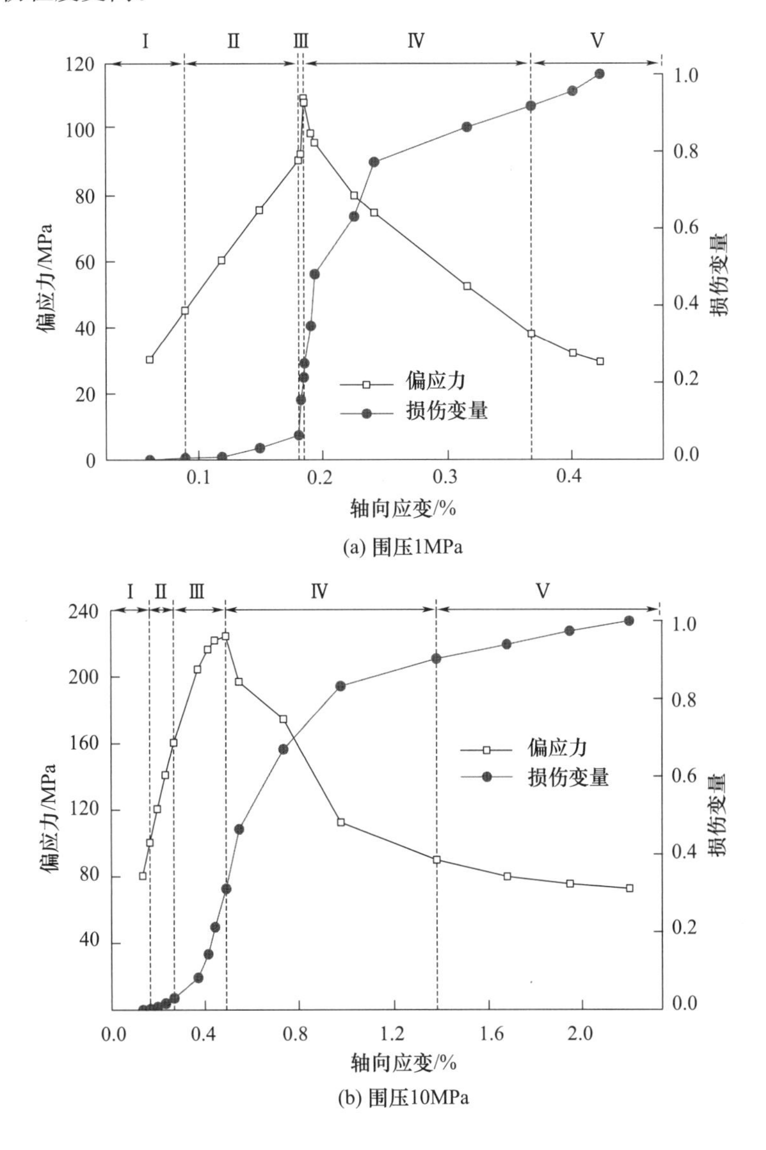

(a) 围压1MPa

(b) 围压10MPa

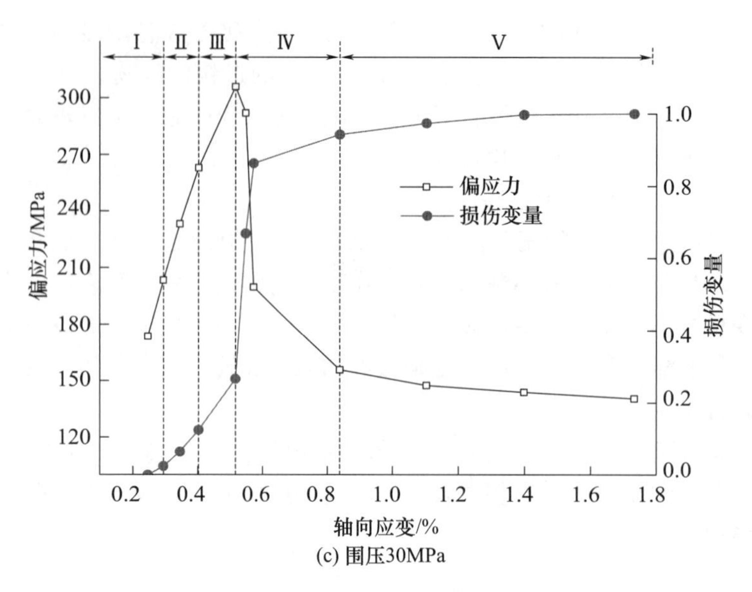

(c) 围压30MPa

图 3-30　损伤变量的演化特征曲线

3.6　本章小结

本章主要对花岗岩三向应力条件下的破坏过程进行了系统性研究，常规三轴试验主要对峰前部分的特征应力、能量转化过程进行研究，探讨了加轴压卸围压试验中围压条件和卸载速率对北山花岗岩强度、变形和能量的影响，探究循环荷载作用下岩石耗散能、摩擦耗能、破碎耗能的演化特征，提出基于破碎耗能的岩石损伤变量。主要研究结论如下：

（1）通过常规三轴试验研究可以得到，岩石试件的启裂应力，损伤应力和峰值应力均与围压呈明显线性关系，不同特征应力与围压的拟合关系可以得到峰值应力受围压影响最大，损伤应力次之，启裂应力最小；通过常规三轴试验能量转化过程分析，可以得到总能量和弹性能与围压间存在明显的线性关系，这一线性关系可以反映花岗岩三向应力状态下的线性储能性质；

（2）三轴循环加卸载试验中，引入塑性剪切应变作为模型塑性参数对损伤应力变化过程进行描述，不同围压条件下试件经过约 0.15％的塑性剪切应变后，裂隙损伤应力均出现明显幅度的衰减，在完成大幅度衰减后，损伤应力呈平稳下降趋势。在一定围压范围区间内，将塑性剪切应变作为判断该类花岗岩损伤程度的指标是可行的；

（3）根据循环加卸载试验轴向应变与体应变关系分析可知，围压对岩石的扩容行为有明显的限制作用。通过峰后塑性应变轨迹进一步得到塑性轴向应变与塑性体应变关系、塑性环向应变与塑性体应变关系，根据塑性环向应变与塑性体应变关系得到在达到峰值应力后短阶段内，塑性体应变变化率明显大于塑性轴向应变。根据塑性轴向应变与塑性体应变、塑性环向应变与塑性体应变两种关系曲线均可以分析得到高的围压有利于岩石峰值应力后扩容过程中的体积稳定。引入峰后剪胀角再进一步对塑性轴向应变与塑性体应变的关系曲线进行分析可以得到，剪胀角在达到峰值应力后段阶段内迅速上升至峰值，随后随着加卸载过程的进行逐步下降并趋于零；剪胀角峰值随围压的上升呈下降趋势。

（4）不同卸载速率条件下峰值应力与破坏围压近似呈线性关系，根据损伤应力与峰值应力比值稳定在 0.7～0.8 这一试验统计结果，得到损伤应力与破坏围压同样呈近似线性关系，这一结论与三向应力状态下常规三轴试验中围压对预选区花岗岩特征应力的影响研究结论是相似的。

（5）加轴压卸围压试验中，试件破坏均破坏表现出很强的脆性破坏特征。卸载速率与峰值轴向应变和环向应变间并没有呈现很好的相关性，破坏围压与峰值轴向应变近似呈线性关系。在加轴压卸围压试验中引入卸载比用以表征围压卸载程度，根据试验统计结果，初始围压越高，试件达到峰值应力破坏对应的卸载比越低。应用卸载比判据分析不同围压条件下岩石在应变状态改变过程中对应力变化的承受能力，可以进一步得到，围压越高，岩石在切向应力增加径向应力减小的这一应力变化的过程中发生岩爆的倾向性越高。

（6）根据耗能比曲线和应力-应变曲线的演化特征，可将循环加卸载过程划分为初始压密与弹性段、裂纹稳定发展段、裂纹不稳定发展段、峰后不稳定破裂段和残余强度段 5 个阶段。不同围压下耗能比曲线整体呈现出相似的演化特征。耗能比在初始压密与弹性段小幅下降，在裂纹稳定发展段稳定于较低水平，在裂纹不稳定发展段小幅上升，在峰后不稳定破裂段明显上升，并在残余强度段逐步趋于稳定。

（7）摩擦耗能比在压密与弹性段小幅下降，在裂纹稳定发展和裂纹不稳定发展段维持较低水平，在峰后不稳定破裂段明显上升，在残余强度段趋于稳定；破碎耗能比在峰前小幅度增长，在峰后不稳定破裂段初期呈突变式增长后迅速衰落，最终稳定于较低水平。基于耗散能中的破碎耗能定义的损伤变量可以较为合理地描述循环加卸载下的损伤演化过程。不同围压下，随着循环加卸载的进行，试件损伤不断积累。损伤变量在初始压密与弹性段较为平稳，在裂纹稳定发展段小幅上升，在裂纹不稳定发展段明显上升，在峰后不稳定破裂初期增长较为剧烈，随后增长幅度不断衰减，逐步趋于稳定。

4

不同应力区间循环荷载对泥质石英粉砂岩力学特性的影响

影响循环荷载作用下岩石力学特性的因素主要有岩石自身性质和外界加载条件两个方面。通过系统地对比分析循环荷载下 20 余种软岩和硬岩的变形特性及破坏机制，发现不同种类的岩石在循环荷载作用下所表现的强化和弱化效应有明显差异，初步得到的共识是循环荷载对硬岩的弱化作用比软岩更为显著。但是，也有学者认为循环荷载对岩石强化和弱化作用取决于外部加载条件，包括上限应力、应力幅值、加载波形、加载频率、加载路径等，其中上限应力、应力幅值和加载频率是岩石疲劳特性的主要影响因素，而应力幅值和加载频率的影响效果则取决于上限应力的高低。

因此，基于第 2 章中单轴压缩试验获得的泥质石英粉砂岩单轴抗压强度、扩容点应力、弹性模量、峰值处应变等参数，通过分析阶梯循环加卸载试验的岩石能量演化规律，考虑岩石应力-应变不同步效应对能量分配的影响，将弹性能分离为颗粒弹性能和裂隙弹性能，本章提出一种基于颗粒弹性能比率、裂隙弹性能比率和耗散能增幅定量确定岩石特征应力的新方法，并采用阶梯循环加卸载过程中的扩容点和声发射撞击数对该方法的准确性进行了对比验证。

根据泥质石英粉砂岩的特征应力计算结果，开展了上限荷载位于不同特征应力区间的循环加卸载转单调加载试验及疲劳破坏试验，研究不同循环上限荷载下泥质石英粉砂岩的变形和力学参数演化规律。通过分析泥质石英粉砂岩声发射时序参数、频谱特征和震源时空演化规律，进而判断不同循环上限荷载下泥质石英粉砂岩的破裂类型和破裂方式，推演其破裂路径和破裂过程，探究其破裂本质和破裂机理。根据循环荷载作用下泥质石英粉砂岩的宏观力学行为和细观破裂演化特征，揭示循环加卸载过程中泥质石英粉砂岩的强度变化特征和力学参数演化机制，有效识别循环荷载作用下泥质石英粉砂岩的疲劳破坏前兆信息，从而为多孔弱胶结岩石类工程建设提供试验积累及数据参考。

4.1 基于阶梯循环荷载下岩石能量的特征应力确定方法

4.1.1 常用的岩石特征应力确定方法

准确确定岩石特征应力是划分岩石变形发展阶段和分析岩石渐进破坏过程的前提条

件。目前，常用特征应力的确定方法主要有裂纹体应变法、轴向应变刚度法、声发射特征点法、能量耗散率-横向应变差综合法，下面基于泥质石英粉砂岩单轴压缩试验结果对上述方法的适用性和准确性进行分析。

（1）裂纹体应变法

Martin 等[76]最早提出利用裂纹体应变-轴向应变水平段的起点和终点确定 Lac du Bonnet 花岗岩的裂纹闭合应力 σ_{cc} 和起裂应力 σ_{ci}，利用体应变拐点确定损伤应力 σ_{cd}。采用式（4-1）计算单轴压缩下的裂纹体应变 ε_{vc}，计算原理如图 4-1 所示：

$$\varepsilon_{vc}=\varepsilon_{v}-\frac{1-2\mu}{E}\sigma_1 \tag{4-1}$$

式中　σ_1——轴向应力（MPa）；

ε_v——体应变（%）；

μ——泊松比。

裂纹体应变法计算简便，被广泛用于确定致密硬岩的特征应力。而泥质石英粉砂岩的裂纹体应变恒为负值（图 4-2）。因此，该方法不适于泥质石英粉砂岩。此外，该方法受弹性模量及泊松比的影响较大，Eberhardt 等指出花岗岩泊松比±5%的计算误差会造成起裂应力±40%的变化。

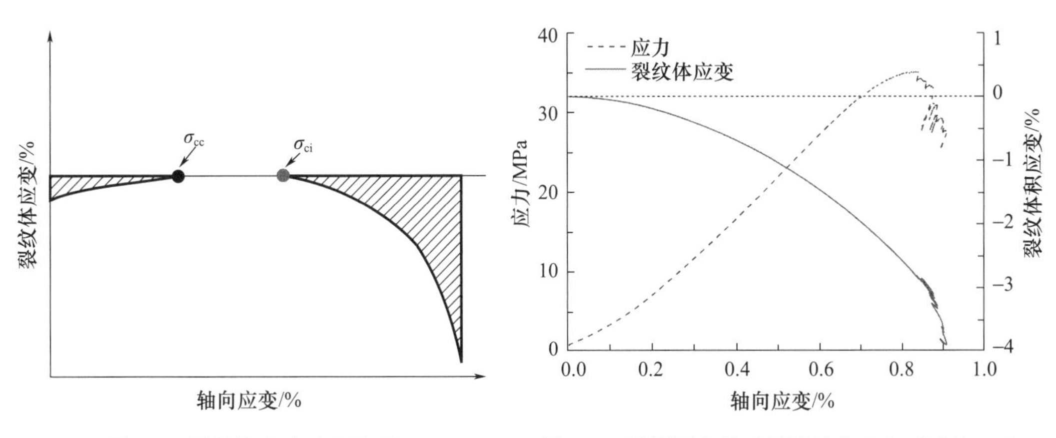

图 4-1　裂纹体应变法示意图

图 4-2　泥质石英粉砂岩裂纹体应变（试件 U1）

（2）轴向应变刚度法

轴向应变刚度为应力与轴向应变的比值，即 $K=\Delta\sigma/\Delta\varepsilon$。计算原理如图 4-3 所示，将轴向刚度曲线水平段的起始点 M 和终止点 N 分别作为岩石闭合应力 σ_{cc} 和起裂应力 σ_{ci}，扩容应力点 C 作为损伤应力 σ_{cd}，应力-应变曲线的极大值点 D 作为峰值应力 σ_f，对应轴向应变刚度为 0。

对泥质石英粉砂岩峰前应力-轴向应变曲线每隔 5 个数据点（共 2300 多个数据点）计算轴向应变刚度，结果如图 4-4 所示。根据轴向应变刚度法的确定依据，可得泥质石英粉砂岩的闭合应力 $\sigma_{cc}=10.59$MPa、起裂应力 $\sigma_{ci}=28.33$MPa、损伤应力 $\sigma_{cd}=33.85$MPa、峰值应力 $\sigma_f=34.98$MPa。轴向应变刚度法物理意义较明确，但计算轴向应变刚度时受取值点间隔影响较大，并且在确定轴向应变刚度曲线的弯折点时主观性强。

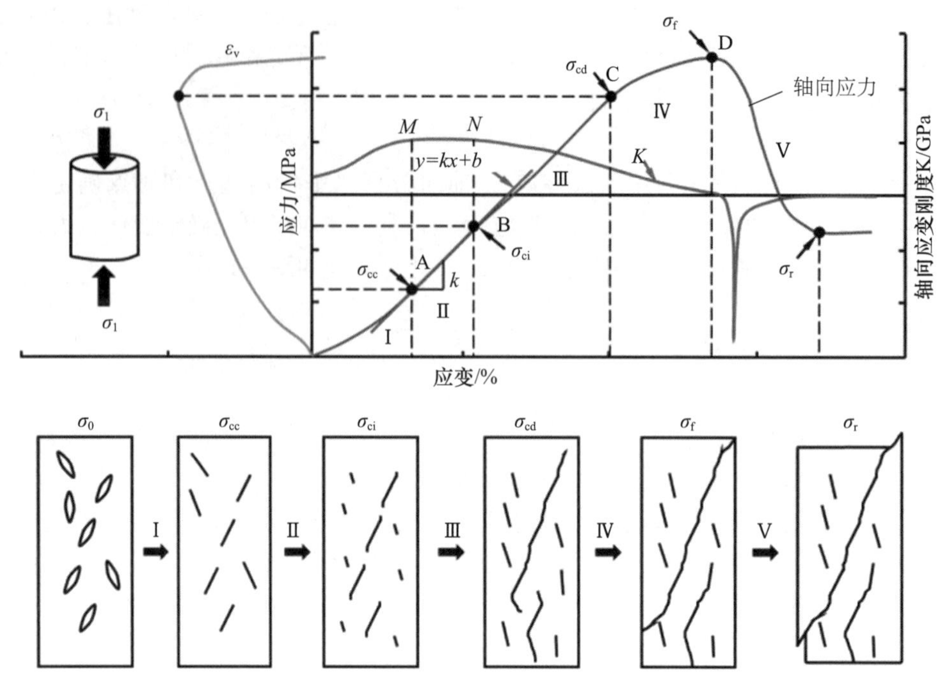

图 4-3　轴向应变刚度法确定特征应力示意图

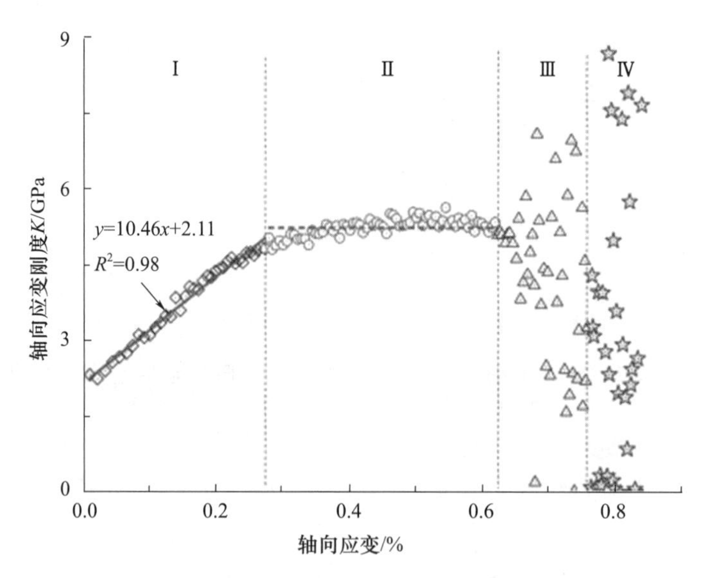

图 4-4　轴向应变刚度曲线（试件 U1）

（3）声发射特征点法

岩石变形破坏过程中伴随着声发射信号释放，声发射信号突增点可以直观地确定岩石裂隙发展过程中的特征应力。根据单轴压缩荷载下泥质石英粉砂岩的声发射振铃计数和绝对能量分布情况（图 4-5），可以确定裂纹闭合应力 σ_{cc}＝8.69MPa、起裂应力 σ_{ci}＝23.01MPa、损伤应力 σ_{cd}＝31.21MPa。但声发射特征点法的理论依据不够严谨，且其准确性受参数设置和背景噪声影响较大。

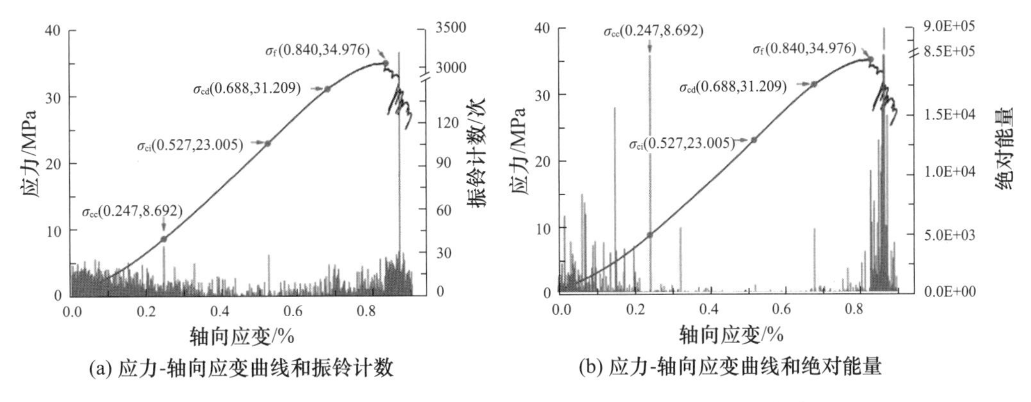

图 4-5　单轴压缩荷载下泥质石英粉砂岩的声发射信号（试件 U1）

（4）能量耗散率-横向应变差综合法

岩石的变形破坏是能量耗散与能量释放的结果，近年来，学者们尝试基于能量演化确定岩石的特征应力。假设岩石是与外界没有热交换的封闭体系，由热力学第一定律可知：

$$U=U_e+U_d \tag{4-2}$$

$$U=\int\sigma d\varepsilon=\sum_{i=1}^{n}\frac{1}{2}(\sigma_i+\sigma_{i-1})(\varepsilon_i-\varepsilon_{i-1}) \tag{4-3}$$

$$U_e=\frac{1}{2}\sigma\varepsilon_e=\frac{\sigma^2}{2E} \tag{4-4}$$

式中　U——总能量（10^{-2}MJ·m^{-3}）；

U_e——弹性能（10^{-2}MJ·m^{-3}）；

U_d——耗散能（10^{-2}MJ·m^{-3}）；

σ_i——第 i 时刻的应力（MPa）；

ε_i——第 i 时刻的应变（%）。

单轴压缩荷载下泥质石英粉砂岩的能量演化规律如图 4-6 所示。定义弹性能率＝U_e/U，耗散能率＝U_d/U，以 σ_i/σ_f 为横坐标，其中 σ_f 为峰值应力，则弹性能率和耗散能率演化曲线如图 4-6（b）所示。刘晓辉等[75]将能量耗散率曲线的极大值点与极小值点分别确定为压密应力 σ_{cc}与损伤应力 σ_{cd}，Nicksiar 和 Martin[76]提出采用峰前最大横向应变差（ΔLSR）确定起裂应力 σ_{ci}（图 4-7）。综上，采用能量耗散率和横向应变差综合法确定泥质石英粉砂岩的裂纹闭合应力 σ_{cc}＝0.94MPa、起裂应力 σ_{ci}＝16.17MPa、损伤应力 σ_{cd}＝28.96MPa。从能量角度确定岩石的特征应力具备充分的理论依据，但已有研究结果主要基于常规压缩试验，能量计算结果的准确性受弹性模量的影响较大。

通过轴向应变刚度法、声发射特征点法、能量耗散率-横向应变差综合法分别获得单轴压缩荷载下泥质石英粉砂岩的特征应力，结果见表 4-1。由于各方法在确定特征应力时均有其自身特点，因此，采用不同方法获得的泥质石英粉砂岩特征应力结果存在一定的差异。此外，已有特征应力确定方法对计算个别特征应力比较成熟，但对确定全部特征应力仍有诸多待完善的地方。因此，有必要提出一种适用于泥质石英粉砂岩全部特征应力的定量计算方法。

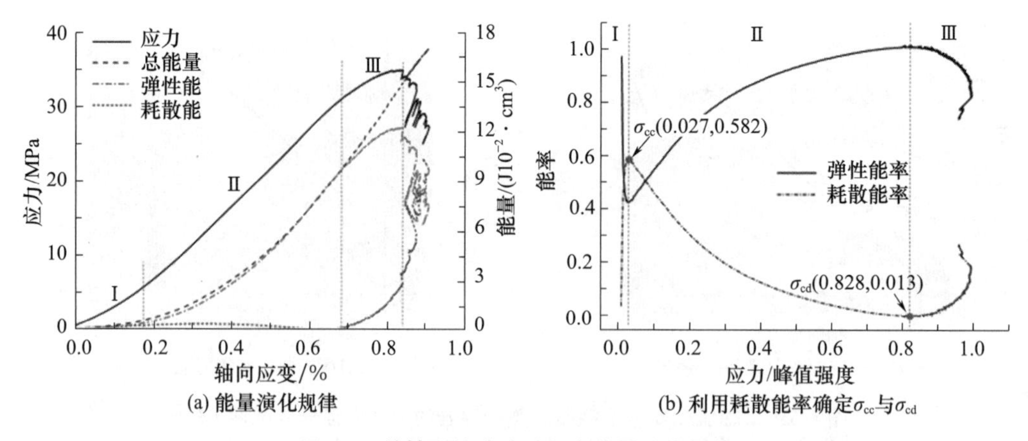

(a) 能量演化规律　(b) 利用耗散能率确定σ_{cc}与σ_{cd}

图 4-6　单轴压缩试验过程中能量演化规律

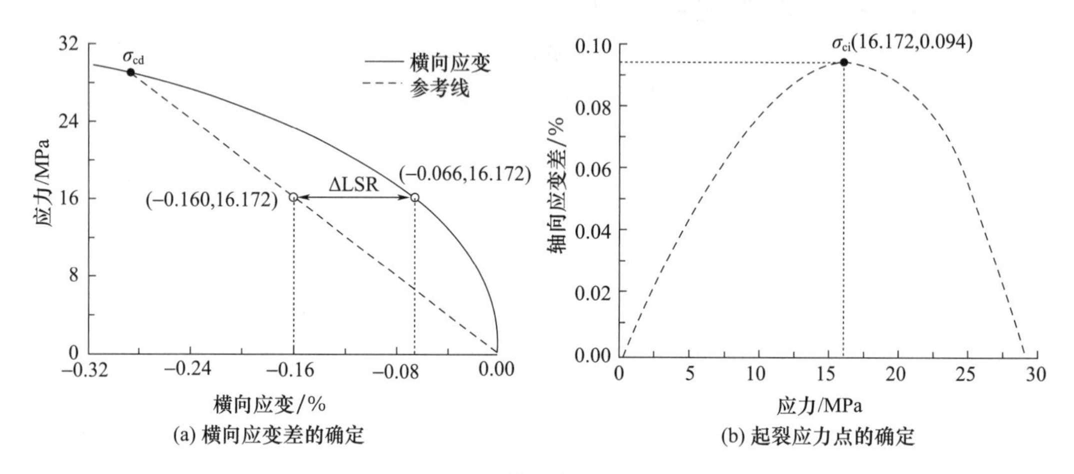

(a) 横向应变差的确定　(b) 起裂应力点的确定

图 4-7　利用横向应变差确定 σ_{ci}

表 4-1　常用方法确定泥质石英粉砂岩特征应力

特征应力确定方法	闭合应力		起裂应力		损伤应力	
	σ_{cc}（MPa）	σ_{cc}/σ_f	σ_{ci}（MPa）	σ_{ci}/σ_f	σ_{cd}（MPa）	σ_{cd}/σ_f
轴向应变刚度法	10.59	30.47%	28.33	81.50%	33.85	97.38%
声发射特征点法	8.69	25.00%	23.01	66.20%	31.21	89.79%
能量耗散率-横向应变差综合法	0.94	2.70%	16.17	46.52%	28.96	83.31%

4.1.2　基于阶梯循环荷载下岩石能量的特征应力确定方法

由式（4-4）可知，采用单轴压缩试验计算岩石弹性能时需先获得其弹性模量，即需要先确定单轴压缩应力-应变曲线的弹性阶段，导致岩石特征应力的确定过程不够科学严谨，且确定弹性阶段时受主观因素影响较大，导致能量计算误差较大。而阶梯循环加卸载试验可以根据滞回环面积准确分离岩石的弹性能和耗散能，代替单轴压缩荷载下采用弹性常数的能量计算结果。因此，本节采用阶梯循环加卸载试验将能量分解为颗粒弹性能、裂隙弹性能和耗散能，基于阶梯循环加卸载过程中泥质石英粉砂岩的能量演化规律，并考虑岩石应力-应变不同步效应对能量分配的影响，提出一种基于颗粒弹性能比率、裂隙弹性能比率和耗散能增幅定量确定岩石特征应力的新方法。

1）阶梯循环加卸载试验方案

阶梯循环加卸载试验的加载路径如图 4-8 所示。第 1 级循环以等速率 0.2kN/s 加载至上限荷载 4kN，再以等速率 0.5kN/s 卸载至 1kN，循环 1 次；之后每级上限荷载增加 4kN，保持下限荷载 1kN 不变，逐级增加上限荷载直至试件破坏，每级上限荷载循环 1 次。

2）考虑应力-应变不同步效应的能量计算方法

图 4-9 为阶梯循环加卸载试验的应力-轴向应变曲线，试件共经历了 17 级循环加卸载。可见，阶梯循环加卸载试验应力-应变曲线的外包络线与单轴压缩应力-应变曲线几乎重合，说明基于本节设计的阶梯循环加卸载试验计算单轴压缩荷载下的特征应力是可靠的，同时也说明可将单轴压缩曲线作为泥质石英粉砂岩阶梯循环加卸载变形破坏的参考量值。

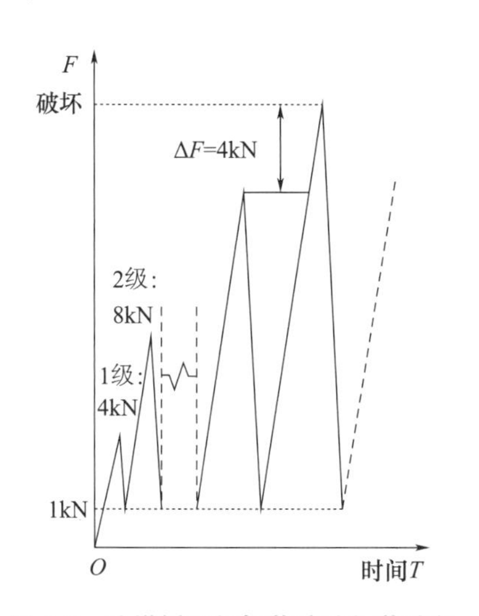

图 4-8 阶梯循环加卸载试验加载路径

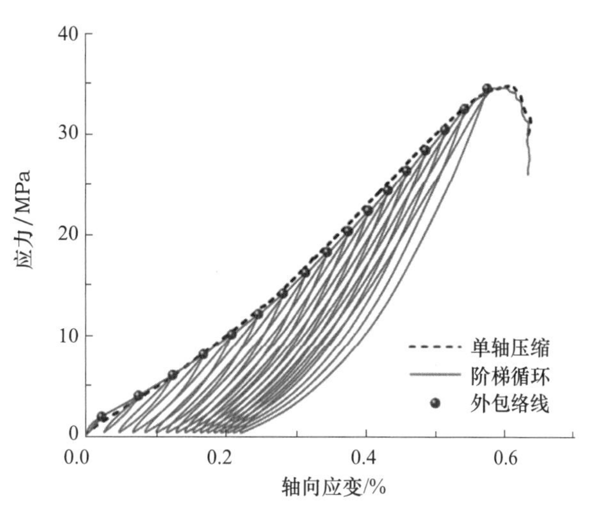

图 4-9 阶梯循环加卸载试验应力-轴向应变曲线

假设岩石受载变形过程中是一个没有与外界进行热交换的封闭体系，根据热力学第一定律，总能量 U、弹性能 U_e 和耗散能 U_d 可分别由式（4-5）、式（4-6）和式（4-7）求得。由于岩石是一种多组分的非均匀材料，其内部存在微孔隙、微裂隙和颗粒接触面等缺陷，使岩石应力-应变关系中普遍存在非线性不同步行为。但鲜有学者考虑岩石应力-应变不同步效应对能量分配的影响，忽略应力-应变不同步效应势必增大能量计算结果的误差。以第 5 级循环应力-应变曲线为例，如图 4-10（a）所示。加载阶段的应力极大值点为 B 点，但应变继续增大至应变极大值点 C，表现为应变滞后于应力，AC 段应力对岩石一直做正功；卸载阶段的应力极小值点为 D 点，但应变仍继续减小至应变极小值点 E，表现为应变滞后于应力，CE 段应力对岩石一直做负功。此外，循环加卸载过程中岩石内部发生损伤导致残余变形，即 AE 段。考虑应力-应变不同步现象后，总能量较以往计算基础上应加入 BB_0C_0C 所围面积，弹性能应加入 EE_0D_0D 所围面积，计算结果如图 4-10（b）所示。

$$U=\int_{\varepsilon_A}^{\varepsilon_C}\sigma d\varepsilon \tag{4-5}$$

$$U_e=\int_{\varepsilon_C}^{\varepsilon_E}\sigma d\varepsilon \tag{4-6}$$

$$U_d=U-U_e \tag{4-7}$$

式中　ε_A——加载应变的极小值（%）；

ε_C——加载应变的极大值（%）；

ε_E——卸载应变的极小值（%）。

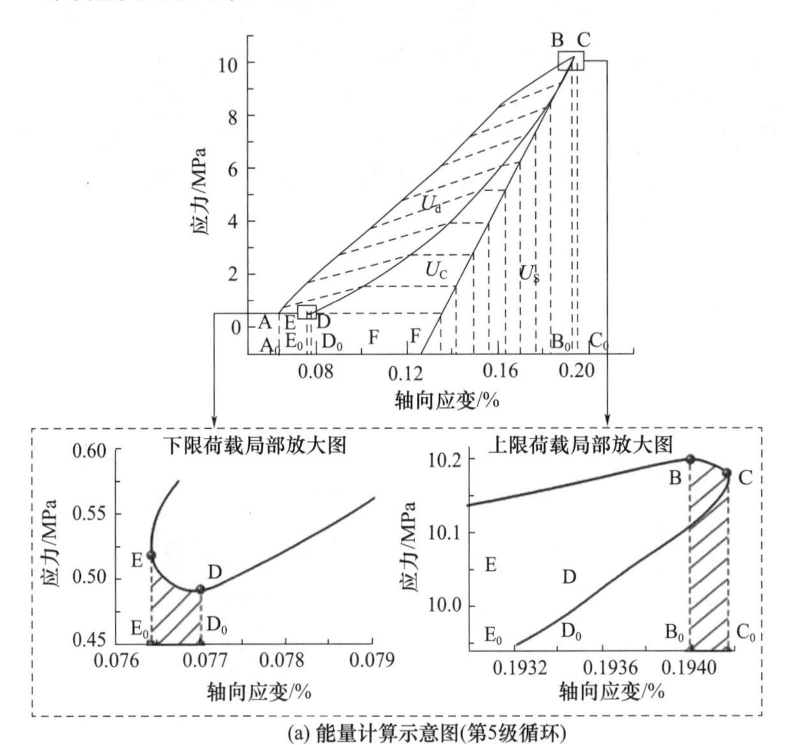

(a) 能量计算示意图(第5级循环)

(b) 应力-应变不同步行为对能量计算结果的影响

图 4-10　能量计算过程及结果

3）基于阶梯循环荷载下岩石能量的特征应力确定依据

岩石是一种非连续、非均质的各向异性材料，在受力过程中，岩石颗粒和内部缺陷的应变响应有明显区别。根据卸载过程中岩石颗粒和裂纹的应变恢复速率不同，可以将弹性能分离为颗粒弹性能和裂纹弹性能两部分。在循环卸载初期，岩石内部裂纹不能立即由压缩状态转变为扩张状态，此时岩石的弹性变形以颗粒回弹变形为主；随着应力减小原先被压实的部分裂纹重新张开，卸载曲线的切线斜率逐渐减小，此时弹性变形以可恢复的裂纹变形为主；因此，卸载初期的切线模量最接近岩石颗粒的真实性质。如图 4-10（a）所示，在卸载初期作应力-轴向应变曲线的切线 CF，$\triangle CFC_0$ 的面积即为一次循环中岩石颗粒储存的颗粒弹性能 U_s，而弹性能 U_e 与颗粒弹性能 U_s 之差即为可恢复裂纹释放的裂纹弹性能 U_c。

阶梯循环加卸载试验中泥质石英粉砂岩的能量计算结果如图 4-11 所示，耗散能增幅（相邻循环的耗散能差值）、颗粒弹性能比率（颗粒弹性能与弹性能比值）和裂隙弹性能比率（裂隙弹性能与弹性能比值）随上限荷载的变化曲线如图 4-12 所示。可以看出，在阶梯循环加卸载初期，泥质石英粉砂岩部分原生孔隙裂隙随着应力增加逐渐压密闭合，且压密程度随上限荷载愈加明显，岩石的致密性不断增强，卸载过程中可恢复的裂纹变形占弹性变形的比例持续增大，使裂纹弹性能的增长速率大于颗粒弹性能的增长速率，表现为裂隙弹性能比率随上限荷载不断增大，而颗粒弹性能比率随上限荷载逐渐减小，颗粒弹性能与裂隙弹性能呈相互抑制状态。因此，可将颗粒弹性能比率和裂隙弹性能比率开始保持不变时的应力作为闭合应力。加载应力超过闭合应力后岩石可近似视为弹性体，弹性能的增长速率保持不变，此时颗粒变形和裂隙变形均可恢复，且不同应力水平下二者的恢复速率也保持恒定，表现为颗粒弹性能比率和裂隙弹性能比率趋于水平。随着应力的增加，耗散能增幅呈线性增大，表明岩石内部不断产生新裂纹并累积塑性变形，导致卸载过程中的弹性变形以颗粒回弹变形为主，颗粒弹性能增长速率逐渐增大，使颗粒弹性能比率呈上升趋势，裂隙弹性能比率与之相反。因此，可将颗粒弹性能比率和裂隙弹性能比率水平段终点对应的应力作为起裂应力。随着应力水平

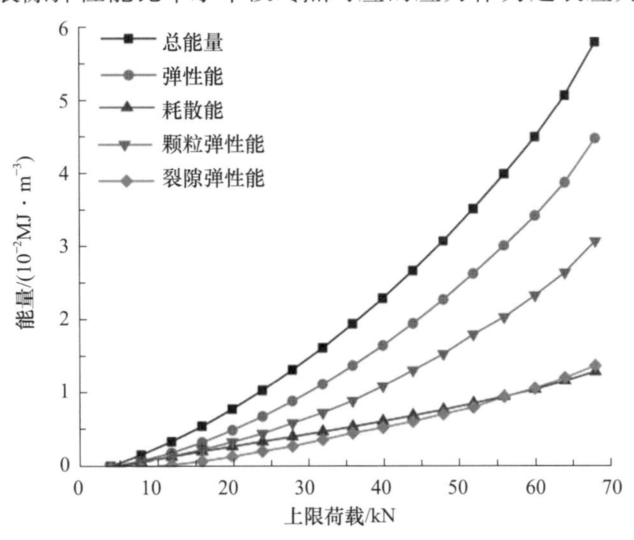

图 4-11　能量随上限荷载变化曲线

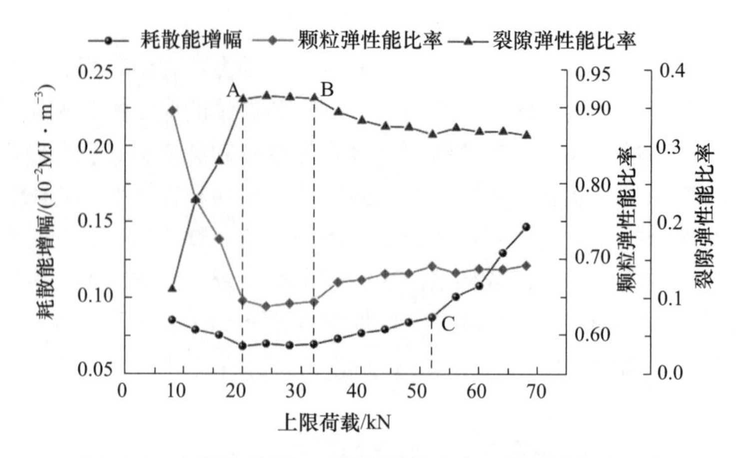

图 4-12　耗散能增幅、颗粒弹性能比率和裂隙弹性能比率

的进一步增加，岩石内部微裂纹不断扩展贯通，岩石颗粒持续损伤破裂，以上两种作用均导致耗散能迅速增大。因此，可将耗散能增幅由线性到非线性增长时对应的应力作为损伤应力。

基于阶梯加卸载能量确定的泥质石英粉砂岩特征应力计算结果见表 4-2，闭合应力、起裂应力、损伤应力分别为峰值应力的 29.41%、47.06%、76.47%，该结果符合单轴压缩荷载下不同种类岩石的特征应力经验公式，也符合起裂应力、损伤应力分别在 30%～50%、70%～80%的峰值强度区间。根据泥质石英粉砂岩的特征应力计算结果，将岩石峰前变形阶段划分为压密阶段、近弹性阶段、裂纹稳定发展阶段和裂纹不稳定发展阶段。

表 4-2　泥质石英粉砂岩特征应力

特征应力	荷载 F（kN）	应力 σ（MPa）	σ/σ_f（%）	σ/UCS（%）
闭合应力 σ_{cc}	20	10.19	29.41	29.24
起裂应力 σ_{ci}	32	16.30	47.06	46.78
损伤应力 σ_{cd}	52	26.48	76.47	76.02
峰值应力 σ_f	68	34.63	100	99.42

4.1.3　特征应力确定方法准确性验证

为了验证本节提出的基于能量的泥质石英粉砂岩特征应力确定方法的准确性，分别以阶梯循环加卸载过程中的扩容点变化规律和声发射撞击数演化特征作为参照对比。

1）阶梯循环荷载下扩容点变化特征

阶梯循环荷载下泥质石英粉砂岩的应力-体应变曲线如图 4-13 所示，其中扩容点为岩石体应变增量由压缩转为膨胀的反弯点。当上限荷载较低时，循环荷载下岩石内部原生孔隙裂隙等缺陷被压密闭合，泥质石英粉砂岩体应变持续增大，直至上限荷载 32kN（16.30MPa）处扩容点首次出现，说明岩石变形逐渐从压缩主导发展为膨胀主导，岩石内部开始产生新裂纹，因此，可将首次出现扩容点时的上限应力作为起裂应力。随着上限荷载的增大，扩容点应变开始减小，而扩容点应力仍继续增大，说明上次循环加卸载产生的微裂纹或松散颗粒在本次循环再次被压实，使扩容点应力保持增大的趋势。当上限荷载超过 52kN（26.48MPa）时，扩容点应力和扩容点体应变均快速减小，说明大量微裂纹持续滑移、发展、搭接，因此，可将最大扩容点应力对应的上限应力作为损伤应力。

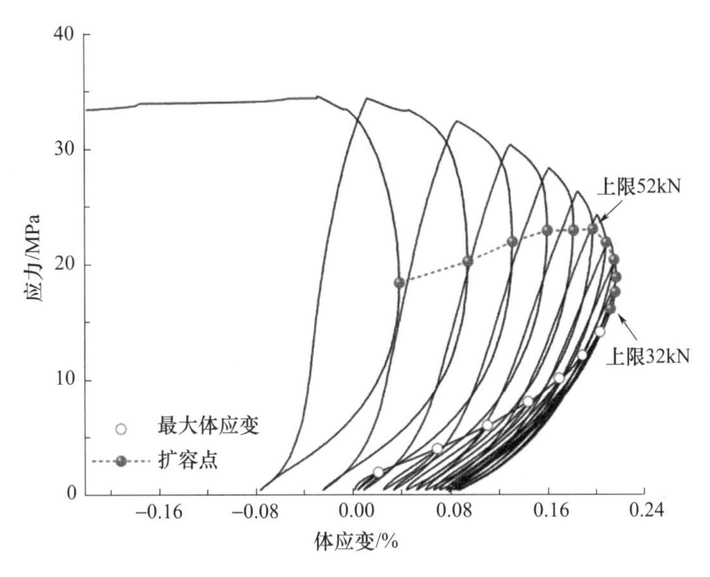

图 4-13　阶梯循环荷载下应力-体应变曲线

2）阶梯循环荷载下声发射撞击数演化规律

图 4-14 为阶梯循环荷载下泥质石英粉砂岩的应力-轴向应变曲线及对应的累计 AE 撞击数。可以看出，累计 AE 撞击数随循环次数的增加呈阶梯状增长，该变化趋势与应力-轴向应变曲线变化特征相似，均表现出明显的“记忆性”，即试件被卸载至下限荷载后重新加载，累计 AE 撞击数近似跟随其先前的加载路径，几乎不受循环加卸载过程的影响。该路径的外轮廓与单轴压缩荷载下的声发射演化特征相似（图 4-15），说明累计 AE 撞击数-轴向应变曲线的整体形态并未受循环加卸载过程的影响，再次证明较少次数阶梯循环荷载下与单轴压缩荷载下泥质石英粉砂岩的特征应力近似相同。

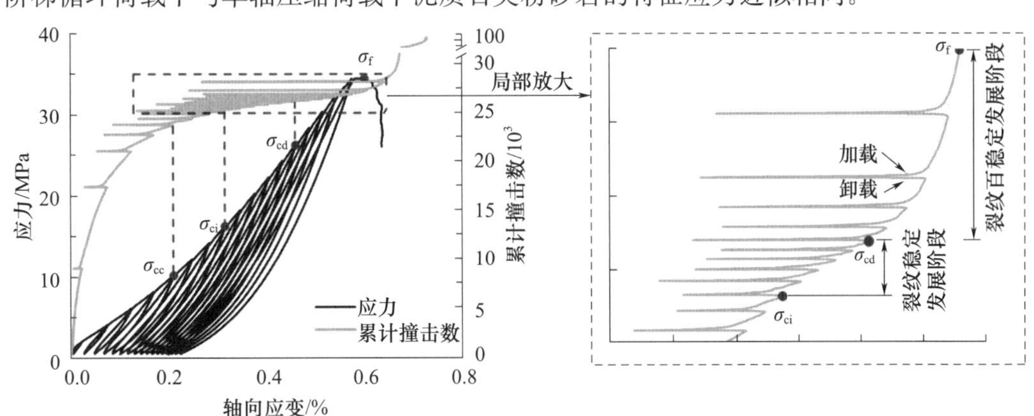

图 4-14　阶梯循环试验全应力-应变关系及对应的累计 AE 撞击数特征曲线

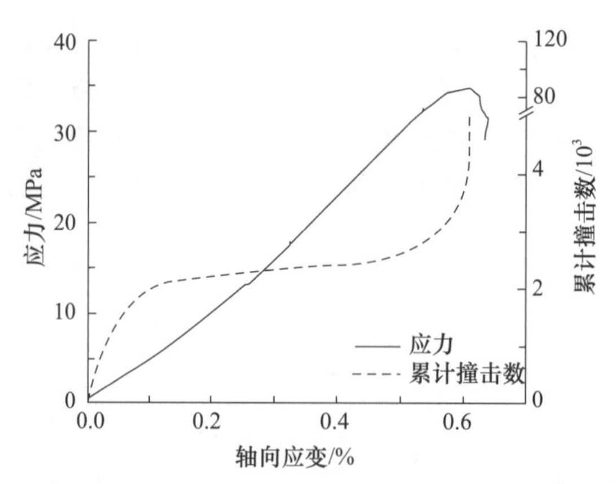

图 4-15 单轴压缩试验全应力-应变关系及对应的累计 AE 撞击数特征曲线

由图 4-14 可以看出，当上限荷载小于起裂应力 σ_{ci}时，累计 AE 撞击数快速增大但增速逐级减小，每次循环卸载阶段累计 AE 撞击数保持水平状态，表明卸载后岩石内部裂隙几乎停止发展，此时很少或者甚至没有新裂隙产生。当上限荷载位于裂纹稳定发展阶段（σ_{ci}～σ_{cd}）时，累计 AE 撞击数增加较为缓慢，每次循环卸载阶段原先被压密裂隙逐渐释放，声发射信号增加非常缓慢，说明该阶段的卸载过程以岩石内部微裂隙调整为主，新生裂纹较少。而当上限荷载位于裂纹非稳定发展阶段（σ_{cd}～σ_{f}）时，每级循环较上一级循环触发更多的声发射信号，累计 AE 撞击数剧烈增加，说明此阶段岩石内部裂隙表现为非稳定发展特征，岩石内部损伤程度呈非线性加剧过程。每次循环卸载阶段初期声发射信号较为显著，说明在该阶段荷载突然减小并不会使岩石内部微裂隙立刻停止发展，并可能与相邻裂隙联结贯通。

综上，泥质石英粉砂岩特征应力计算结果与阶梯循环加卸载过程中的扩容点和累计 AE 撞击数对应性良好（表 4-3），表明基于阶梯加卸载能量确定的泥质石英粉砂岩特征应力是准确的。同时，该方法依据阶梯循环加卸载全过程的试验数据，排除了人为插值、取点的主观性和误差，物理意义明确，并且具有严谨的理论基础。

表 4-3 泥质石英粉砂岩特征应力结果对比验证

特征应力	能量计算结果 kN（MPa）	扩容点结果 VkN（MPa）	声发射结果 kN（MPa）	σ/UCS（%）
闭合应力 σ_{cc}	20（10.19）	—	20（10.19）	29.24
起裂应力 σ_{ci}	32（16.30）	32（16.30）	32（16.30）	46.78
损伤应力 σ_{cd}	52（26.48）	52（26.48）	52（26.48）	76.02

注："—"表示不能由此方法确定。

4.2 不同循环上限荷载下泥质石英粉砂岩变形演化规律

4.2.1 试验方案

为了探究不同应力区间的循环荷载对泥质石英粉砂岩力学特性的影响，根据泥质石英粉砂岩的单轴压缩试验结果（图 2-8）和特征应力与 UCS 的比值（表 4-2），在岩石不同应力区间设定上限荷载 F_{max}，开展循环加卸载转单调加载试验及疲劳破坏试验，具体试验参数见表 4-4 和表 4-5。

表 4-4　循环加卸载转单调加载试验试验参数

应力区间	试件编号	F_{max}（kN）	σ_{max}（MPa）	σ_{max}/UCS（%）	循环次数（次）
$0\sim\sigma_{cc}$	C1	8	4.08	11.74	3000
$\sigma_{cc}\sim\sigma_{ci}$	C2	20	10.20	29.36	3000
	C3	30	15.31	44.03	3000
$\sigma_{ci}\sim\sigma_{cd}$	C4	40	20.41	58.71	3000
	C5	45	22.96	66.05	3000
$\sigma_{cd}\sim\sigma_f$	C6	55	28.06	80.73	3000

表 4-5　疲劳破坏试验试验参数

应力区间	试件编号	F_{max}（kN）	σ_{max}（MPa）	σ_{max}/UCS（%）	破坏周次（次）
$\sigma_{cd}\sim\sigma_f$	F1	58	29.59	85.13	1337
	F2	60.5	30.87	88.80	846
	F3	61	31.12	89.54	1186
	F4	61.5	31.38	90.27	559
	F5	63	32.14	92.47	94
	F6	65	33.16	95.41	26

循环加卸载转单调加载试验的加载路径分为三个阶段（图 4-16）：Ⅰ. 采用常规荷载加载至预设上限荷载 F_{max}（F_{max}小于 30kN 部分采用轴力控制，加载速率为 0.2kN/s；大于 30kN 部分采用环向变形控制，加载速率为 0.03mm/min）；Ⅱ. 施加频率为 0.5Hz 的余弦波循环荷载 N 次；Ⅲ. 采用加载速率为 0.03mm/min 的环向变形控制单调加载至试件破坏。

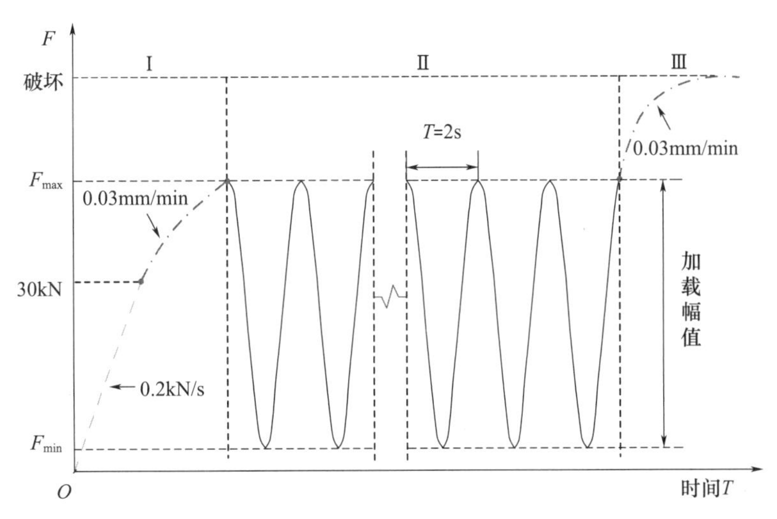

图 4-16　循环加卸载转单调加载试验加载路径

疲劳破坏试验的加载路径分为两个阶段（图 4-17）：Ⅰ. 采用常规荷载加载至预设上限荷载 F_{max}（F_{max}小于 30kN 部分采用轴力控制，加载速率为 0.2kN/s；大于 30kN 部分采用环向变形控制，加载速率为 0.03mm/min）；Ⅱ. 施加频率为 0.5Hz 的余弦波循环荷载至试件疲劳破坏。

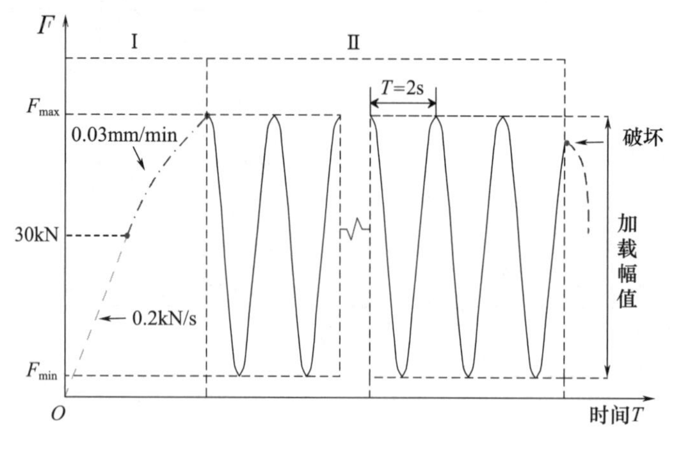

图 4-17 疲劳破坏试验加载路径

考虑到常规加载速率与循环加载速率具有明显差异，瞬时增大加载速率将对试件产生冲击效应，故将应力加载至上限应力后再施加循环荷载。为了使岩石在循环荷载作用下达到相对稳定状态，且合理控制试验时长，将循环加卸载转单调加载试验的频率设为 0.5Hz，N 设为 3000 次。下限荷载为 0kN 时容易造成试验过程中岩样与试验机发生分离，因此，固定下限荷载 F_{min}为 5kN（为了适量增加荷载幅值，当 F_{max}为 8kN 时，F_{min}设置为 3kN）。

4.2.2 轴向和横向残余应变演化规律

循环加卸载转单调加载试验和疲劳破坏试验部分泥质石英粉砂岩试件的应力-应变曲线如图 4-18 所示。

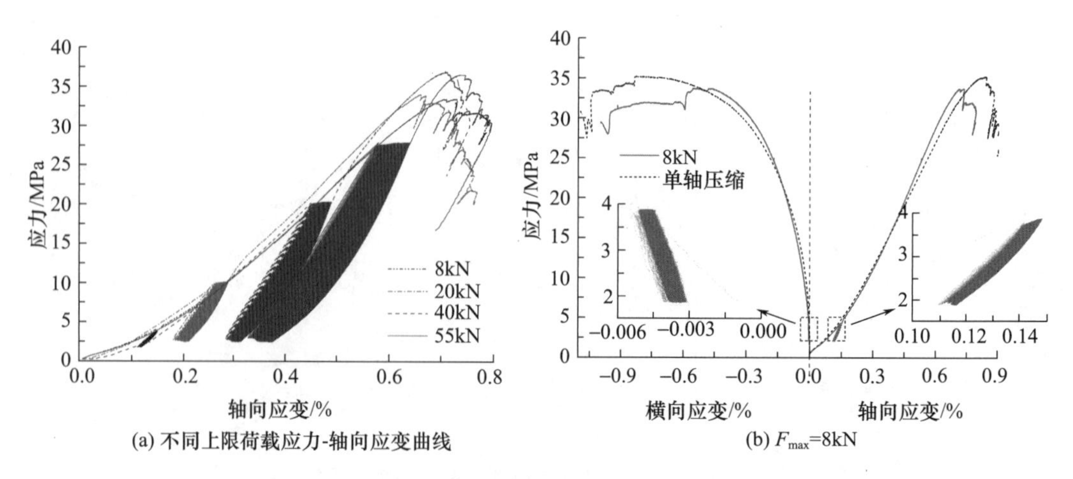

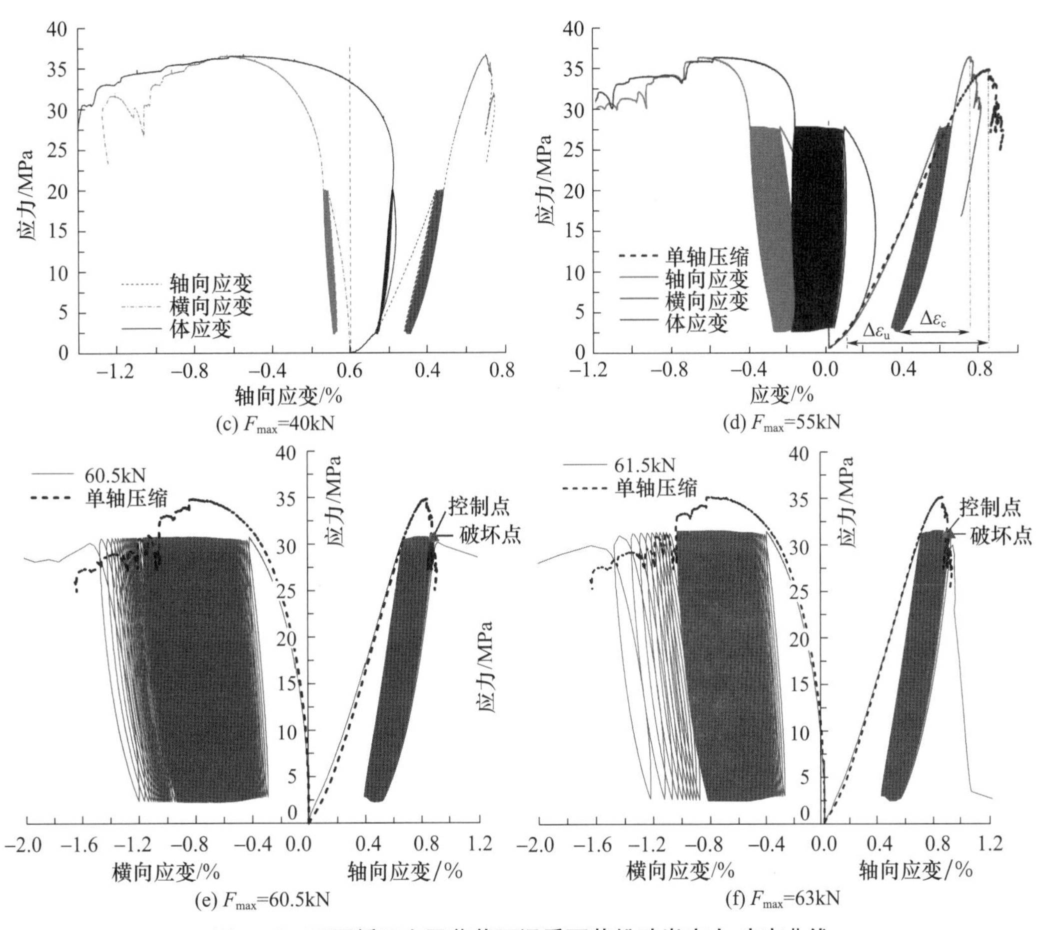

图 4-18 不同循环上限荷载下泥质石英粉砂岩应力-应变曲线

为了便于统计和分析试验数据，将起始常规速率加载阶段和第 1 次循环卸载阶段记为第 1 次循环，对应第 1 个滞回环，下限荷载处应变记为残余应变，则循环荷载作用下泥质石英粉砂岩的轴向和横向残余应变及其残余应变率（单个滞回环的残余应变）演化曲线分别如图 4-19 和图 4-20 所示。

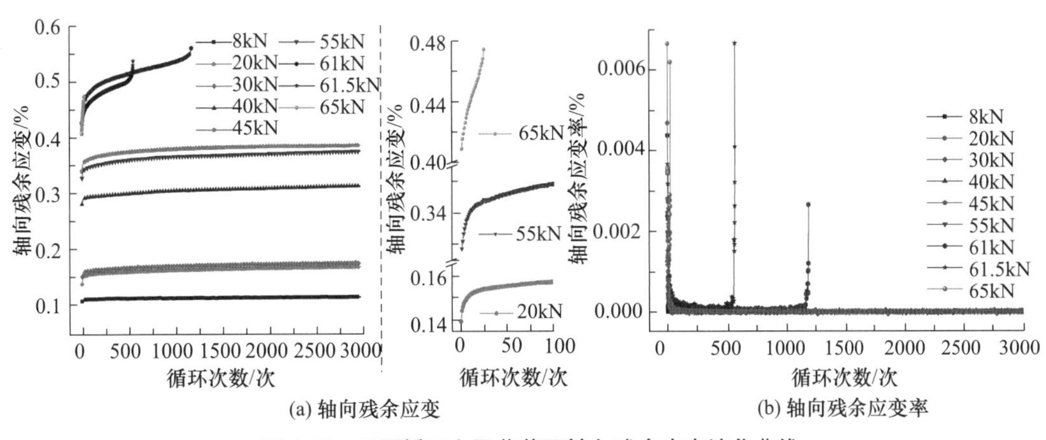

图 4-19 不同循环上限荷载下轴向残余应变演化曲线

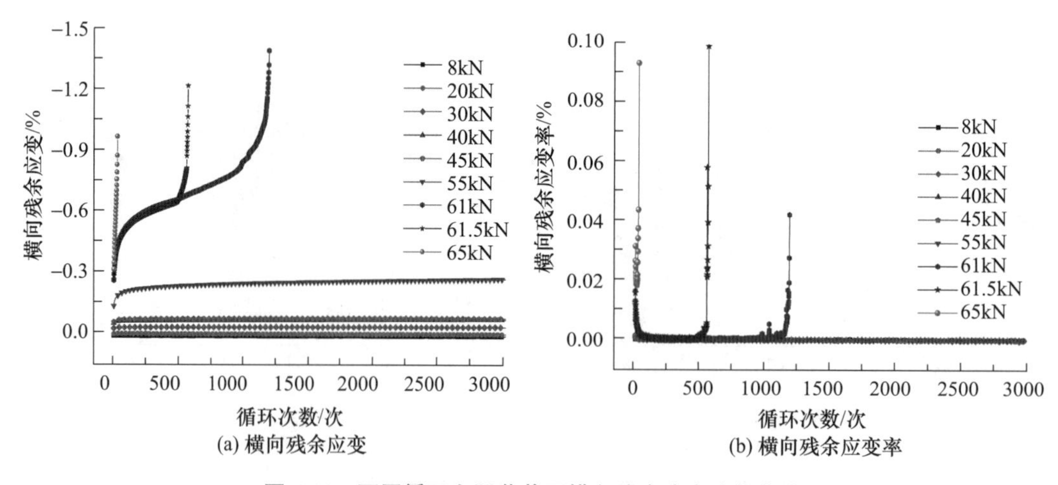

(a) 横向残余应变　(b) 横向残余应变率

图 4-20　不同循环上限荷载下横向残余应变演化曲线

由图 4-19 和图 4-20 可以看出：①循环次数相同时，上限荷载越大，泥质石英粉砂岩的轴向和横向残余应变越大。②当上限荷载为 8kN～55kN 时，轴向和横向残余应变经初始快速增大后缓慢稳定增长，轴向和横向残余应变率经初期迅速下降后在 0 附近小幅度波动，呈 L 形发展规律；同一循环次数下，泥质石英粉砂岩的轴向残余应变大于横向残余应变［图 4-21（a）～图 4-21（b）］。③当上限荷载为 58kN～65kN 时，ⅰ. 轴向和横向残余应变曲线包括初始快速、稳定和加速三个增长阶段；上限荷载越接近 UCS，残余应变曲线越陡，越趋于线性增长；轴向和横向残余应变率先直线下降后维持 0 附近小幅度波动然后直线攀升，呈 U 形发展趋势。ⅱ. 由表 4-6 可知，随着上限荷载的增加，泥质石英粉砂岩的疲劳寿命逐渐减小，循环加卸载初始阶段和加速阶段对应的循环次数占疲劳寿命比例逐渐增大，循环加卸载稳定发展阶段对应的循环次数占疲劳寿命的比例相应减小。ⅲ. 由图 4-21（c）～图 4-21（d）可以看出，泥质石英粉砂岩的横向残余应变与轴向残余应变三个阶段相对应，而横向比轴向变形三阶段规律更明显，且各阶段的横向残余应变增量远大于轴向残余应变增量，这与硬岩（如大理岩）的横向变形呈两阶段发展规律且横向比轴向变形发展缓慢具有明显差异。

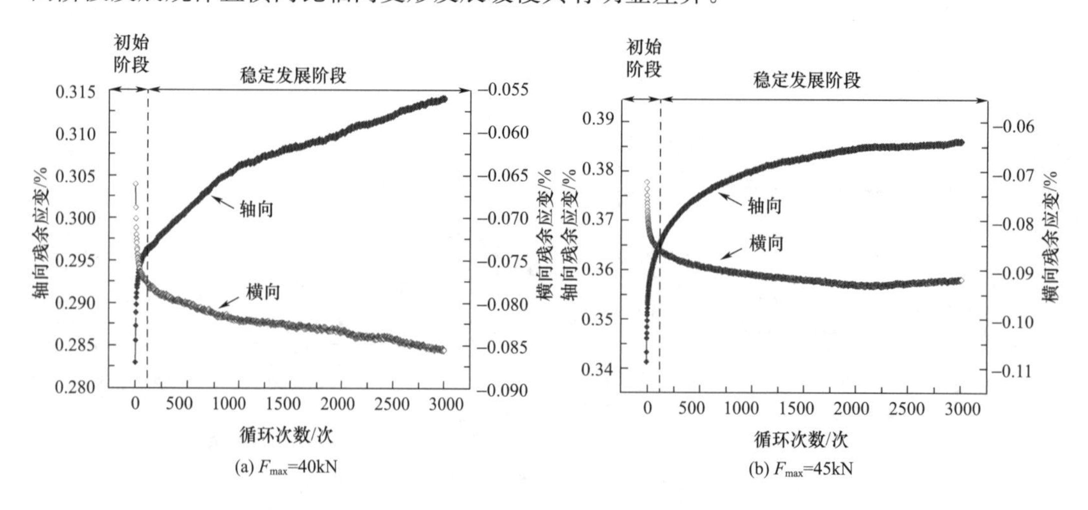

(a) F_{max}=40kN　(b) F_{max}=45kN

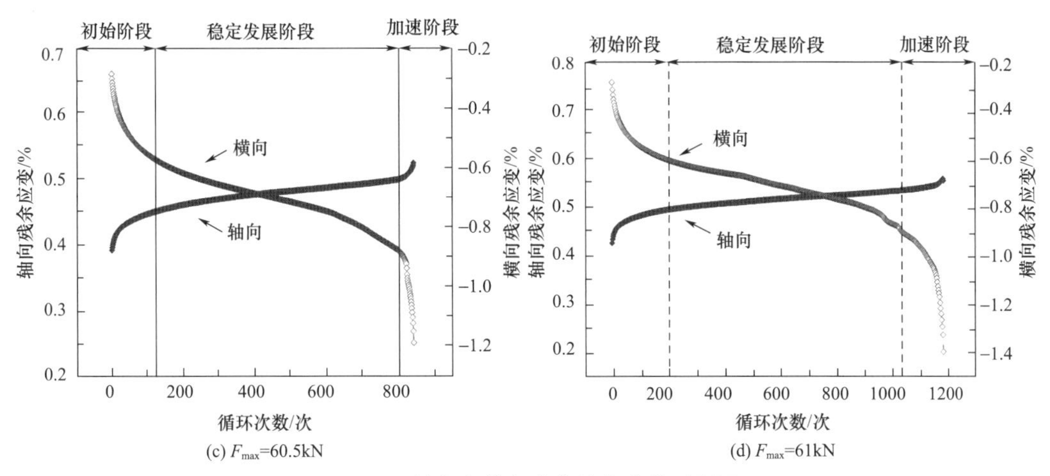

图 4-21 轴向和横向应变演化曲线对照图

表 4-6 各变形阶段对应的循环次数占疲劳寿命比例

岩样编号	上限荷载 F_{max}（kN）	上限荷载 σ_{max}（MPa）	初始阶段（%）	稳定阶段（%）	加速阶段（%）	疲劳寿命（次）
F1	58	29.59	3.37	90.95	5.68	1337
F2	60.5	30.87	14.78	79.79	5.43	846
F3	61	31.12	13.49	81.79	4.72	1186
F4	61.5	31.38	14.31	78.71	6.98	559
F5	63	32.14	21.28	63.83	14.89	94
F6	65	33.16	46.15	23.08	30.77	26

以上变形演化规律是由于在循环加卸载初始阶段，泥质石英粉砂岩内部原生孔隙、微裂隙等软弱界面被压密，变形较大；随着循环次数的增加，相应的变形增量随可压密软弱界面的闭合逐次减小，而岩石局部孔隙和裂纹尖端因应力集中产生次生裂隙，部分生成永久塑性变形，并且上限荷载越大，塑性变形越显著。当上限荷载小于损伤应力时，试件变形以轴向压缩为主；当上限荷载大于损伤应力时，试件内部轴向疲劳张拉裂纹迅速增加，试件变形转为以横向膨胀为主，一方面源于与加载应力呈一定角度的微裂纹发生滑移变形产生侧向应变分量，另一方面源于与加载应力近乎平行的大量微裂纹或倾斜微裂纹持续发展、交叉联结至贯通破坏，造成横向变形陡增。

4.2.3 单调加载应变比和疲劳极限应变比变化特征

本节定义单调加载应变为下限荷载至峰值处的轴向应变增量，单调加载应变比为循环加卸载转单调加载试验循环末次的单调加载应变 $\Delta\varepsilon_c$ 与单轴压缩试验的单调加载应变 $\Delta\varepsilon_u$ 的比值（图 4-22），单调加载应变比越小，表示循环荷载作用后岩石抵抗变形的能力越强，则试件 C1～C6 的单调加载应变比随循环次数的变化曲线如图 4-22 所示。可以看出，不同上限载荷下的单调加载应变比分布在 0.48～0.82，其值均小于 1；当上限荷载为 8kN～30kN 时，单调加载应变比随上限荷载的增加快速减小，当上限荷载大于 30kN 时，单调加载应变比随上限荷载的减小速率非常缓慢。说明低上限循环荷载使泥质石英粉砂岩的单调加载应变显著减小，抵抗变形的能力显著提升，且上限荷载越大，提升效果越明显；此外，可将单轴压缩荷载下的起裂应力（$\sigma_{ci}=32kN$）作为循环加卸载后岩石抗变形能力提升强弱的分界点。

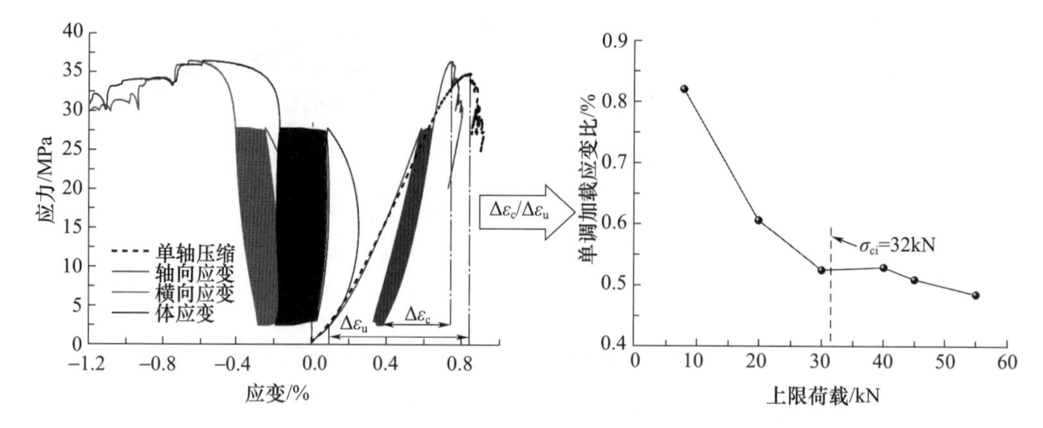

图 4-22　单调加载应变比随上限荷载变化曲线

Brown 和 Hudson[17]、葛修润等[18]提出岩石的疲劳破坏受到静态应力-应变全过程曲线的控制，并将上限荷载水平线与单轴压缩曲线峰后段的交点称为控制点（图 4-23）。基于上述研究结果，本节定义疲劳极限应变比为破坏点应变与控制点应变的比值，则不同上限荷载下泥质石英粉砂岩的疲劳极限应变比分布规律如图 4-23 所示。可以看出，轴向和横向疲劳极限应变比分别稳定在 1.03 和 1.54 附近，轴向和横向疲劳极限应变比的变异系数分别为 0.038 和 0.033，再次证明了发生疲劳破坏的泥质石英粉砂岩试件以横向膨胀为主，这与上文得到的横向残余变形比轴向残余变形三阶段规律更明显相对应。此外，泥质石英粉砂岩的轴向疲劳极限应变与轴向控制点应变相当，说明试件疲劳破坏时的轴向变形量与上限循环载荷在单轴压缩应力-应变全过程曲线后区对应的变形量相当，以往学者只提出利用单轴压缩试验的轴向控制点应变预测岩石的疲劳破坏，本节研究结果表明单轴压缩试验的横向控制点应变也可以作为泥质石英粉砂岩发生疲劳破坏的参考量值，且横向控制点应变比轴向控制点应变的离散程度更低，预测疲劳破坏效果更好。

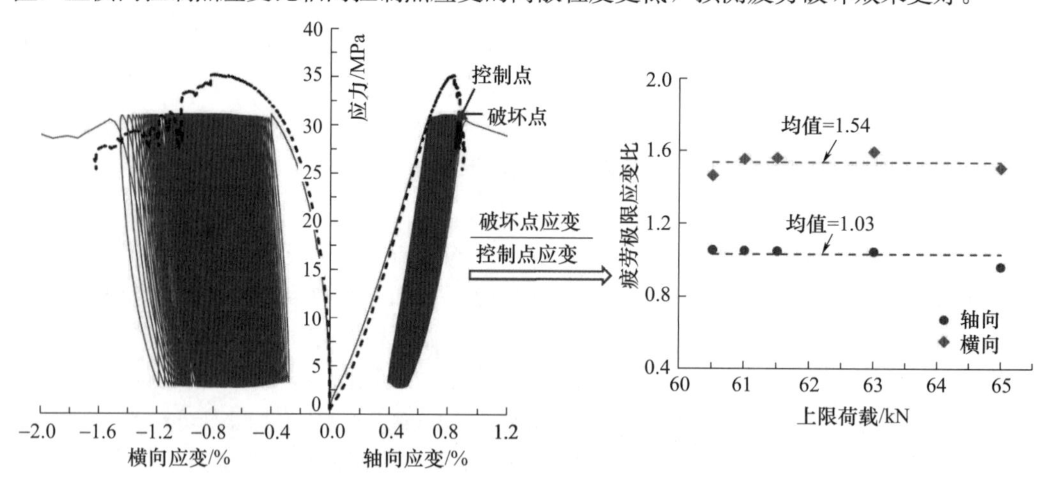

图 4-23　不同上限荷载下的疲劳极限应变比

4.2.4 滞回环发展规律

为了分析不同循环次数下滞回环随上限荷载的演化规律，以第 2 和第 20 次循环为例，结果如图 4-24 所示。可见上限荷载越大，同一循环次数下的滞回环位置越靠右，形态越饱满，卸载曲线非线性特征越强；滞回环近似呈“新月形”，说明加卸载翻转时试件应变滞后应力现象不明显。如图 4-25 所示，当上限荷载为 8kN～55kN 时，不同循环次数下残余应变率整体随上限荷载逐渐增大，而其增长速率随循环次数的增加逐渐衰减并最终趋于水平；当上限荷载为 60.5kN～65kN 时，残余应变率随上限荷载呈非线性增长，整体随循环次数先逐次变小，而在临近破坏时发生陡增。

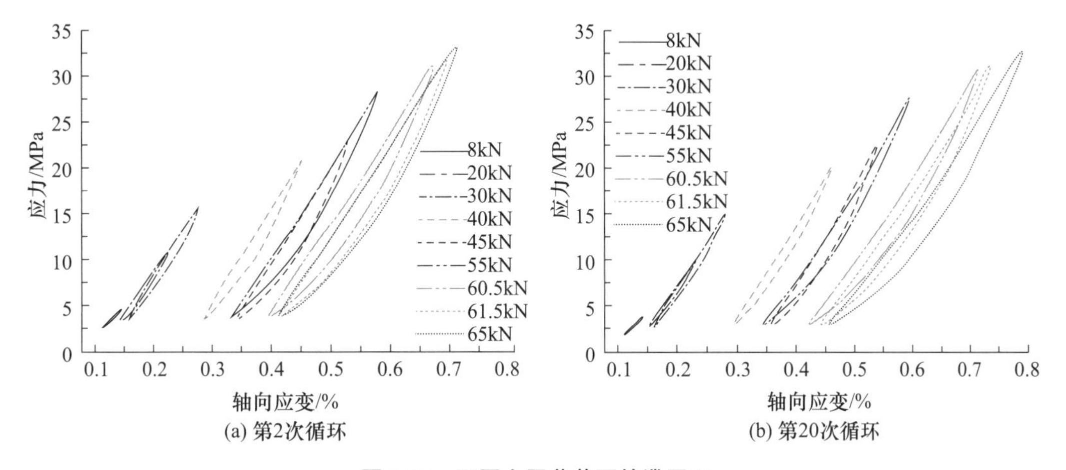

图 4-24 不同上限荷载下的滞回环

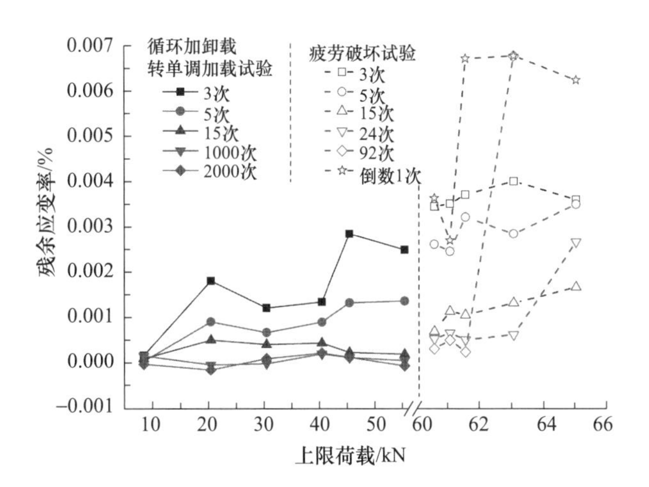

图 4-25 轴向残余应变率随上限荷载变化曲线

同一上限荷载不同循环次数下泥质石英粉砂岩的滞回环如图 4-26 所示。当上限荷载为 8kN～55kN 时，不同循环阶段滞回环间距呈“疏-密”的变化规律，滞回环面积相对第 2 个循环逐次减小。而当试件发生疲劳破坏时，滞回环间距向“疏-密-疏”发展，滞回环面积相对第 2 个循环呈现 U 形发展趋势，与累计残余应变的三个发展阶段相对应；不同疲劳变形阶段的滞回环形态不同，循环加载初始阶段滞回环相对圆润饱满，每次循环产生的塑性应变量和滞回环面积较大；稳定阶段滞回环变得紧密狭窄，每次循环的塑性应变量有限，滞回环面积也相应减小；加速阶段的滞回环再次变得圆润，每次循环产生的塑性应变量和滞回环面积迅速增大。

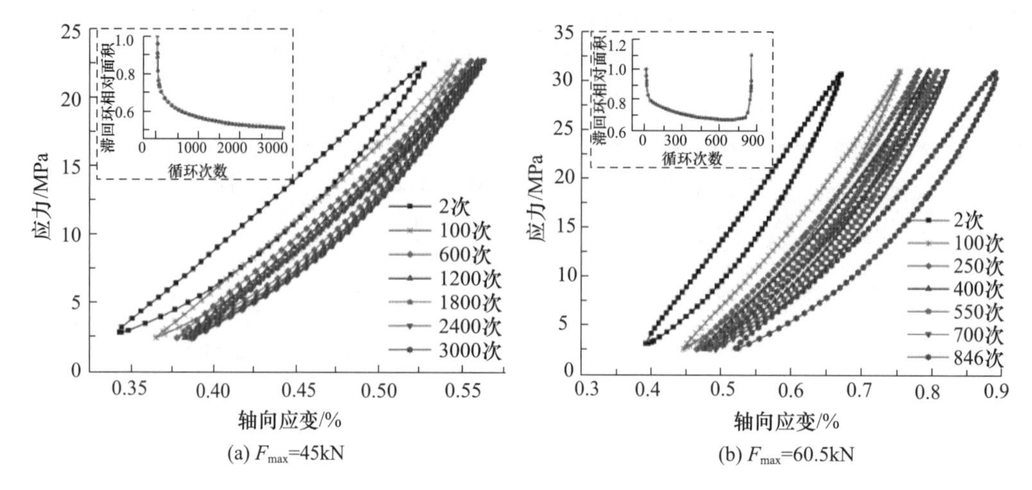

图 4-26　同一上限荷载下不同循环阶段滞回环

4.3　不同循环上限荷载下泥质石英粉砂岩力学参数演化规律

4.3.1　强度和疲劳寿命变化特征

不同上限荷载下泥质石英粉砂岩循环加卸载 3000 次后转单调加载的岩石峰值强度如表 4-7 和图 4-27 所示。不同上限荷载下泥质石英粉砂岩的疲劳寿命如表 4-8 和图 4-28 所示。可以看出：①循环加卸载 3000 次后的岩石峰值强度随上限荷载先增大后减小。②当上限荷载为 8kN～30kN 时，循环加卸载转单调加载岩石峰值强度略小于 UCS；当上限荷载为 40kN～55kN 时，循环加卸载转单调加载岩石峰值强度均大于 UCS，最大增幅较 UCS 高 13.62%。因此，单轴压缩荷载下的起裂应力（σ_{ci}＝32kN）可近似作为泥质石英粉砂岩在循环加卸载过程中强度弱化和强化特性出现变化的分界点。③而当上限荷载为 58kN～65kN 时，试件发生疲劳破坏，对数坐标下的疲劳寿命与上限荷载呈线性负相关关系。④通常将在一定的循环特征下，材料可以承受无限次应力循环而不发生破坏的最大应力定义为“疲劳强度”。由于循环加卸载转单调加载峰值强度在上限荷载 55kN 处转为下降趋势，为了判断上限荷载 55kN 下泥质石英粉砂岩是否会发生高周疲劳破坏，对试件 C22 进行 54000 次循环加卸载，试件 C22 未发生疲劳破坏，循环加卸载转单调加载峰值强度为 39.78MPa，较 UCS 高 14.44%。因此，可以推断单轴循环荷载作用下泥质石英粉砂岩的疲劳强度在 28.0MPa～29.6MPa（上限荷载 55kN～58kN），约为 UCS 的 80%～85%。

表 4-7　不同上限循环加卸载（3000 次）转单调加载岩石峰值强度

岩样编号	C1	C2	C3	C4	C5	C6
上限荷载 F_{max}（kN）	8	20	30	40	45	55
上限荷载 σ_{max}（MPa）	4.08	10.2	15.31	20.41	22.96	28.06
下限荷载 F_{min}（kN）	3	5	5	5	5	5
下限荷载 σ_{min}（MPa）	1.53	2.55	2.55	2.55	2.55	2.55
循环次数（次）	3000	3000	3000	3000	3000	3000
峰值强度（MPa）	33.49	34.09	34.55	37.06	39.50	36.58

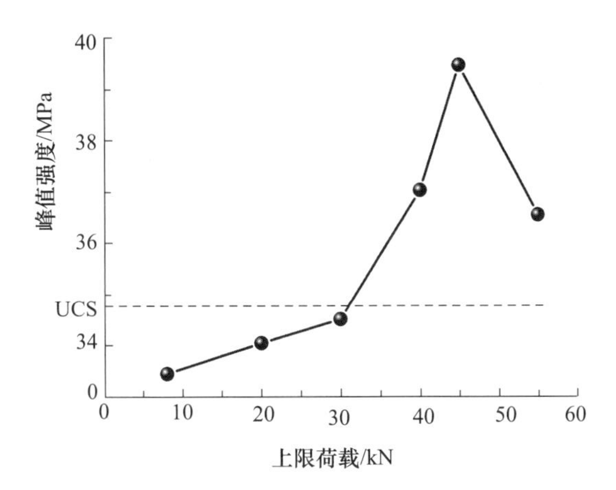

图 4-27　循环加卸载转单调加载岩石峰值强度

表 4-8　不同上限荷载下岩石疲劳寿命

岩样编号	F1	F2	F3	F4	F5	F6
上限荷载 F_{max}（kN）	58	60.5	61	61.5	63	65
上限荷载 σ_{max}（MPa）	29.59	30.87	31.12	31.38	32.14	33.16
下限荷载 F_{min}（kN）	5	5	5	5	5	5
下限荷载 σ_{min}（MPa）	2.55	2.55	2.55	2.55	2.55	2.55
疲劳寿命（次）	1337	846	1186	559	94	26

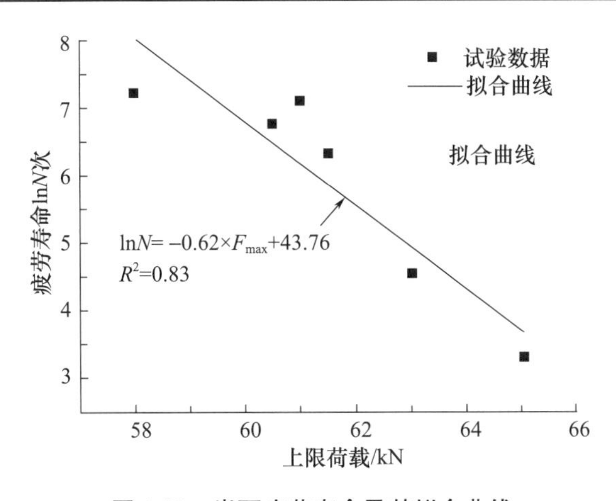

图 4-28　岩石疲劳寿命及其拟合曲线

循环 3000 次后转单调加载时泥质石英粉砂岩的扩容点应力（循环末次扩容点应力）随上限荷载的变化曲线如图 4-29 所示。可以看出，循环末次扩容点应力随上限荷载先增大后减小，该结果整体与循环加卸载转单调加载岩石峰值强度相对应（图 4-29）。当上限荷载小于 30kN 时，循环末次扩容点应力略小于单轴压缩荷载下的扩容点应力，循环荷载作用后泥质石英粉砂岩提前进入体积膨胀状态；当上限荷载为 30kN～45kN 时，循环末次扩容点应力均大于单轴压缩荷载下的扩容点应力，说明该范围的循环荷载对岩石裂纹发展有抑制作用；当上限荷载为 55kN 时，扩容点应力迅速降到 9.75MPa，这是因为上限荷载 55kN 大于损伤应力，岩石处于裂纹不稳定发展阶段，经循环荷载作用后闭合的裂纹更容易重新打开，扩容点应力明显降低。

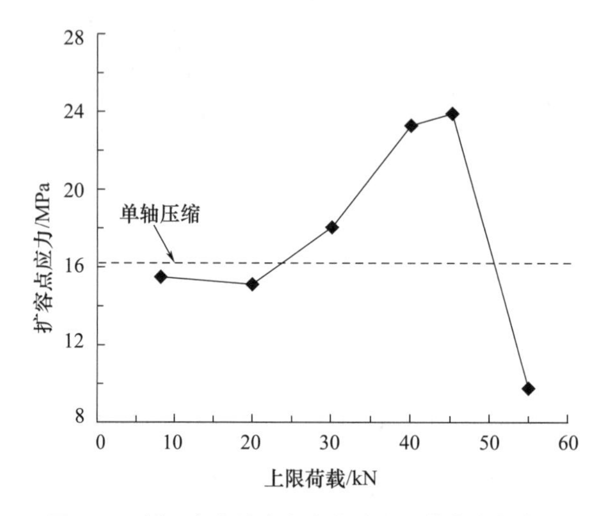

图 4-29　循环末次扩容点应力随上限荷载变化曲线

当上限荷载小于 8kN 时，循环加卸载过程中泥质石英粉砂岩始终处于体积压缩状态，循环加卸载过程中不存在扩容点。如图 4-30 所示，当上限荷载为 60.5kN～65kN 时，循环加卸载过程中岩石裂隙数量不断增加，扩容点随着循环次数的增加逐渐提前，岩石扩容点应力随扩容点应变近似线性降低；之后扩容点应力呈短暂上升趋势，说明上次循环岩石内部产生的裂隙和岩屑在本次循环被压实；临近疲劳破坏时，新生裂隙快速大量产生，岩石更快地进入裂隙快速发展阶段，岩石发生疲劳破坏，扩容点应力再次降低。

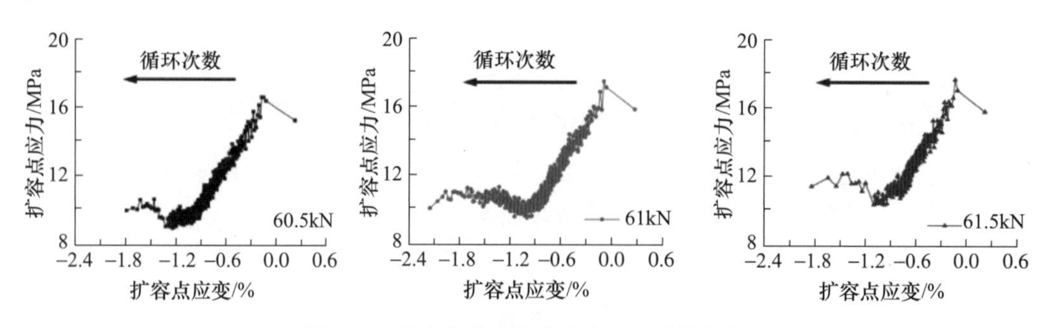

图 4-30　扩容点应力随扩容点应变演化规律

4.3.2 弹性模量和横向-轴向应变比演化规律

弹性模量是反映岩石力学特性的重要指标，弹性模量为加载曲线直线段的斜率，而加载曲线直线段大致与卸载曲线的割线平行，因此，通常采用卸载曲线的割线模量 E_s 作为相应循环的弹性模量（式（4-8）），计算结果分别如图 4-31 和图 4-32 所示。

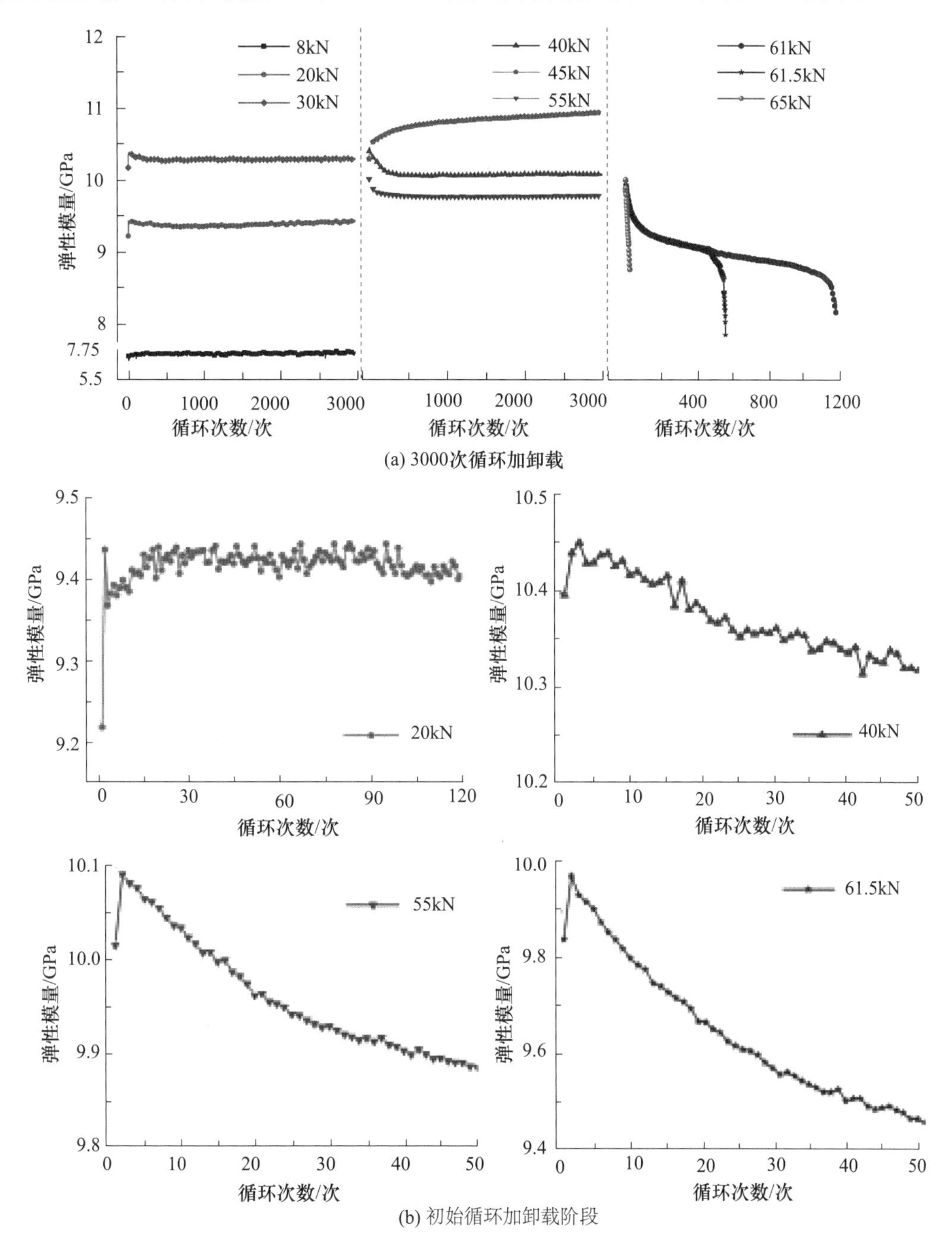

图 4-31　不同循环上限荷载下弹性模量演化曲线

$$E_s(i)=\frac{\sigma_{max}(i)-\sigma_{min}(i)}{\varepsilon_{max}^{ax}(i)-\varepsilon_{min}^{ax}(i)} \tag{4-8}$$

式中 $\sigma_{max}(i)$——第 i 次循环的上限应力；

$\sigma_{min}(i)$——第 i 次循环的下限应力；

$\varepsilon_{max}^{ax}(i)$——上限荷载处轴向应变；

$\varepsilon_{min}^{ax}(i)$——下限荷载处轴向应变。

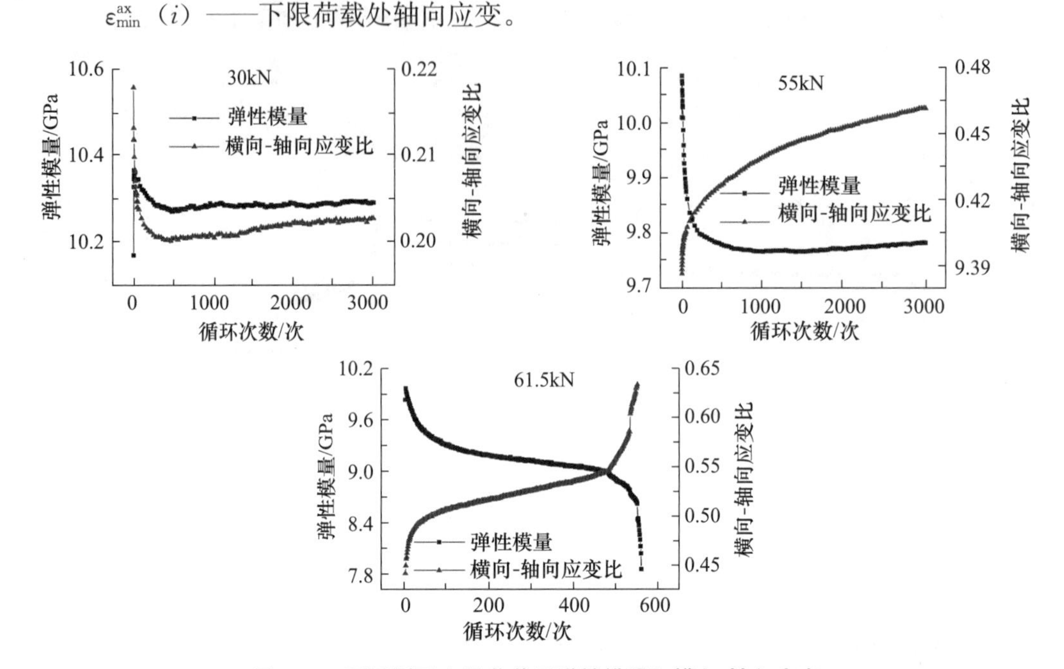

图 4-32 不同循环上限荷载下弹性模量和横向-轴向应变

由图 4-32 和图 4-33 可以看出：(1) 在相同循环次数下，泥质石英粉砂岩的弹性模量整体随上限荷载先增大后减小（图 4-32)。(2) 当上限荷载为 8kN～55kN 时，①循环加卸载过程中泥质石英粉砂岩的弹性模量整体呈初始快速上升、下降、缓慢稳定增长三个阶段。②初始阶段弹性模量达到最大值所对应的循环次数随上限荷载的增加呈指数函数下降（图 4-33)，且第 2 次循环弹性模量较首次均有较大增幅。③稳定增长阶段不同上限荷载下的弹性模量增幅缓慢减小，并逐渐趋于水平。(3) 当试件发生疲劳破坏时，弹性模量在第 2 次循环显著增大后呈单调递减凹曲线转凸曲线衰减，当上限荷载接近 UCS 时，弹性模量趋于线性发展（图 4-33)。

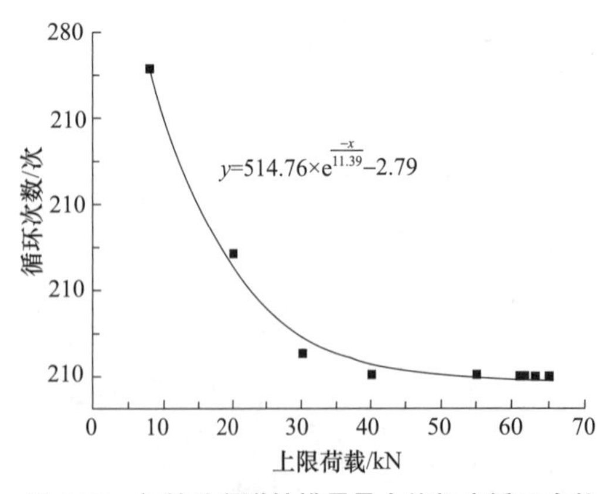

图 4-33 初始阶段弹性模量最大值相应循环次数

引用横向-轴向应变比［式 (4-9)］来反映循环加卸载过程中泥质石英粉砂岩的横向与轴向变形的对应关系：

$$r(i)=-\frac{\varepsilon_{max}^{lat}(i)-\varepsilon_{min}^{lat}(i)}{\varepsilon_{max}^{ax}(i)-\varepsilon_{min}^{ax}(i)} \tag{4-9}$$

式中 ε_{max}^{lat}（i）——第 i 次循环的上限荷载处横向应变；

ε_{min}^{lat}（i）——第 i 次循环的下限荷载处横向应变。

由图 4-34 可知，当上限荷载小于 55kN 时，泥质石英粉砂岩试件的横向-轴向应变比随着循环次数的增加整体表现为先快速下降后微弱稳定上升，其快速下降阶段与弹性模量的前两个阶段（初始快速上升、下降阶段）相对应（图 4-32）；当试件发生疲劳破坏时，其横向-轴向应变比则呈现先快速上升后稳定增长然后急速上升的变化趋势，横向-轴向应变比和弹性模量整体呈“X”形对应；当上限荷载为 55kN 时，横向-轴向应变比先快速上升后缓慢稳定增长，虽然泥质石英粉砂岩试件在有限循环次数下未发生破坏，但横向-轴向应变比演化规律与发生疲劳破坏试件的前两阶段相似，可以推断持续循环荷载作用最终会使其发生疲劳破坏。由图 4-35 可知，当上限荷载由小于疲劳强度增加至大于疲劳强度时，相同循环次数下的横向-轴向应变比随上限荷载整体由线性增长转化为非线性增长。

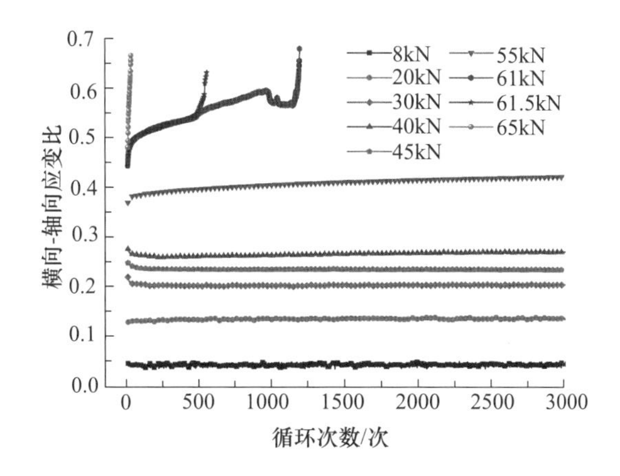

图 4-34 不同循环上限荷载下横向-轴向应变比演化曲线

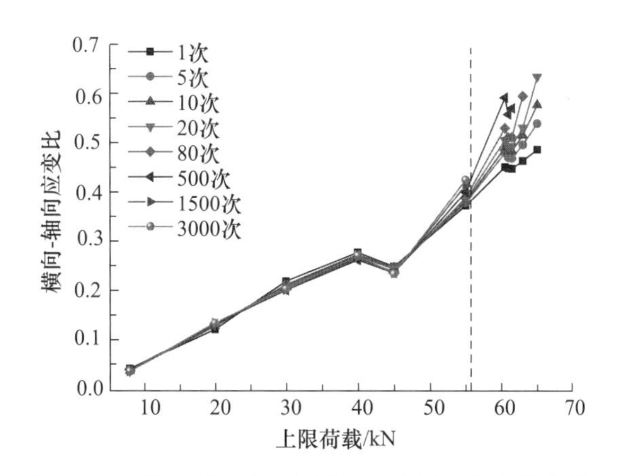

图 4-35 横向-轴向应变比随循环上限荷载变化曲线

以上弹性模量与横向-轴向应变比演化规律是由于以下原因：

（1）当上限荷载小于疲劳强度时：①循环加卸载初期，第 1 次循环等速率加载段泥质石英粉砂岩内部较大比例的原生可压缩孔隙和微裂隙被压密闭合，卸载阶段部分孔隙和微裂隙因应力释放而重新张开，但更多微裂隙因发生塑性变形而不可恢复，因此，第

2 次循环对应的弹性模量均表现出较大的增幅；之后可岩石内部可压密原生裂隙随循环逐次减少，弹性模量增幅渐缓；而上限荷载越大，岩石内部原生孔隙裂隙压密所需的循环次数越少，所以弹性模量达到最大值所需的循环次数随上限荷载呈指数函数下降；该阶段试件一直处于原生裂隙压密与次生裂隙萌生状态，表现为当上限荷载低于 55kN 时轴向变形速率大于横向变形速率，横向-轴向应变比逐次减小，而当上限荷载为 55kN 时横向变形速率大于轴向变形速率，横向-轴向应变比逐次增大，也说明试件经足够多循环加卸载后岩石可能会发生高周疲劳破坏；当岩石内部原生裂隙不再被压密，循环荷载造成的次生裂隙增多，弹性模量开始下降。②随着循环次数的继续增加，岩石轴向变形趋缓，部分破裂颗粒与岩屑对周边裂隙的挤压作用愈加突出，岩石横向变形增大，使弹性模量和横向-轴向应变比逐次缓慢增大。

（2）当上限荷载大于疲劳强度时，在循环初始阶段，试件内部应力集中于微裂隙、软弱界面等区域，造成局部微细观结构损伤破裂，表现为弹性模量在第 2 次循环显著增大后快速下降；随着岩石颗粒之间、颗粒与胶结物之间以及岩石局部微裂纹的压密和重新调整，弹性模量下降速率变缓并趋于稳定；当循环次数临近疲劳寿命时，岩石内部微裂纹迅速联结、贯通呈宏观裂纹展布，弹性模量快速降低。当上限荷载大于疲劳强度时，每次循环加卸载产生的局部张拉破坏使裂隙体积迅速增大，导致横向变形速率远大于轴向变形速率，横向-轴向应变比与弹性模量呈对应增长趋势。

4.4 不同循环上限荷载下泥质石英粉砂岩声发射演化规律

声发射（Acoustic Emission，AE）现象指岩石在荷载作用下发生损伤破裂，局部因能量快速释放而发出瞬态弹性波的现象。通过提取声发射时序参数和频谱信息，有助于研究岩石细观裂纹发展过程与演化机制，并为岩石失稳破坏提供有效的预警信息。下面根据 ISRM 建议方法对图 4-36 中的声发射时序特征参数进行介绍。

（1）撞击/事件：超过触发门槛值并使某个通道获取数据的任何信号称为一个撞击，一段时间内的撞击数可反映声发射活动的强度和频度。

（2）振铃计数：一次声发射撞击中超过门槛值的振荡次数。

（3）最大幅值：声发射波形信号的峰值，单位为电压或分贝（dB），二者换算关系为 $dB=20\log_{10}(V_m/V_r)$，其中 V_m 为要换算的电压值，V_r 为参考电压并规定 1μV 对应 0dB。最大幅值常用于波源的类型鉴别、强度及衰减的测量。

（4）持续时间：声发射信号触发时刻与结束时刻的时间间隔，单位为μs。

（5）上升时间：声发射信号触发时刻与最大幅值时刻的时间间隔。

（6）峰值频率：最大能谱点对应的频率，又称中心频率或信号主频。

（7）平均频率：声发射信号振铃计数与持续时间的比值，表示一个撞击中振铃计数出现的平均频率。

（8）能量：声发射信号检波包络线下的面积，单位为 mV · ms。声发射能量取决于振幅和持续时间，适用于研究破裂源的震级。

根据上述参数的定义，采用 MATLAB 提取或计算这些声发射特征参数，进而量化表征循环加卸载过程中泥质石英粉砂岩的微破裂动态时变响应规律。同时，借助声发射定位技术，可视化并追踪这些微破裂的位置。

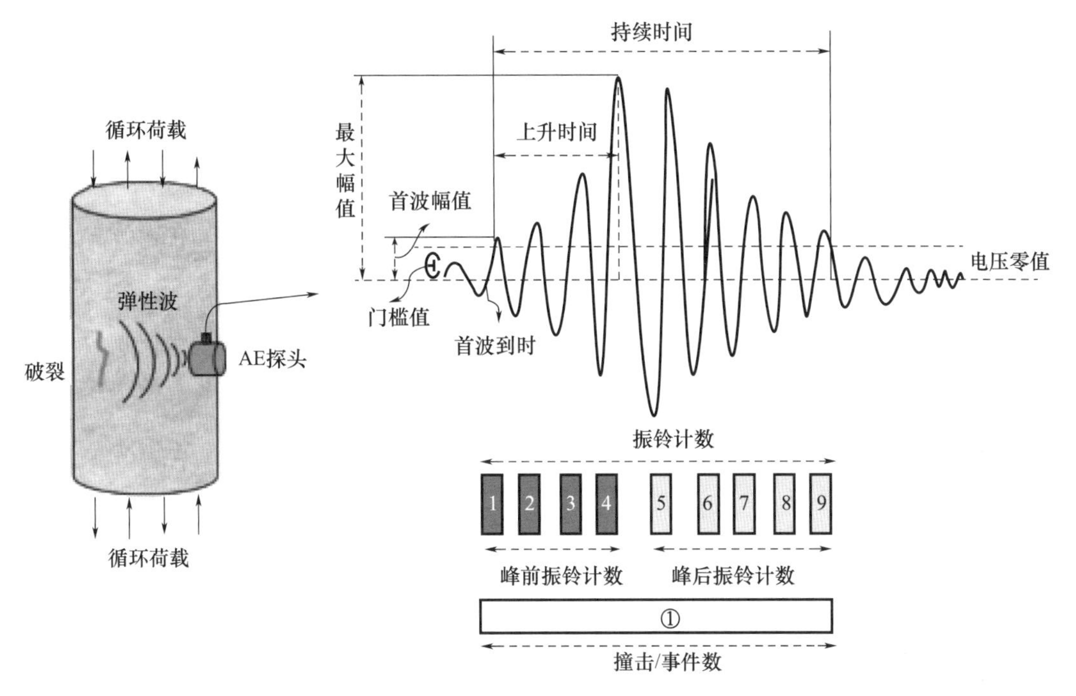

图 4-36　声发射时序特征参数

4.4.1　声发射振铃计数和声发射能量特征

不同上限循环加卸载过程中泥质石英粉砂岩轴向应变和声发射振铃计数演化规律如图 4-37 所示。①当上限荷载小于疲劳强度时，以试件 C3（F_{max}＝30kN）和 C6（F_{max}＝55kN）为例，初始循环加载阶段岩石内部微裂纹被压密闭合并产生大量声发射信号，轴向应变快速增大。随着循环次数的增加，微裂纹在闭合和张开过程中不断调整与重新排布，岩石内部结构趋于均匀，声发射振铃计数缓慢增加，变形速率趋缓。相同时刻的累计振铃计数随上限荷载先减小后增大［图 4-38（a)］，这与泥质石英粉砂岩循环加卸载 3000 次后转单调加载峰值强度随上限荷载先增大后减小的变化规律相对应，上限荷载 45kN 处的循环转单调加载峰值强度最大，而此时声发射振铃计数最小。②当上限荷载大于疲劳强度时，试件发生疲劳破坏，相同时刻的累计振铃计数随上限荷载逐渐增大［图 4-38（b)］，声发射事件数与上限荷载呈现负指数函数关系（图 4-39）。以试件 F2（F_{max}＝60.5kN）和 F6（F_{max}＝65kN）为例，声发射振铃计数可划分为发展期、平静期和破坏期 3 个阶段，与轴向应变的初始阶段、稳定发展阶段和加速阶段 3 阶段演化规律对应性良好，说明应变响应与声发射振铃计数在反映岩石疲劳损伤时具有较好的一致性。此外，循环加卸载过程中声发射振铃计数“突增点”和“相对平静期”交替出现，累计振铃计数随着加载时间呈台阶状增长趋势。说明循环荷载作用下泥质石英粉砂岩表现为“裂纹多级发展、能量逐级释放”的渐进破坏特征，即微裂纹萌生、发展形成局部裂隙，使稳定变形阶段出现多处声发射信号突增点，局部裂隙交叉、联结形成贯通裂隙，使加速阶段声发射信号突增点明显增加，累计声发射振铃计数陡峭上升，残余应变迅速增大，最终试件发生疲劳破坏。

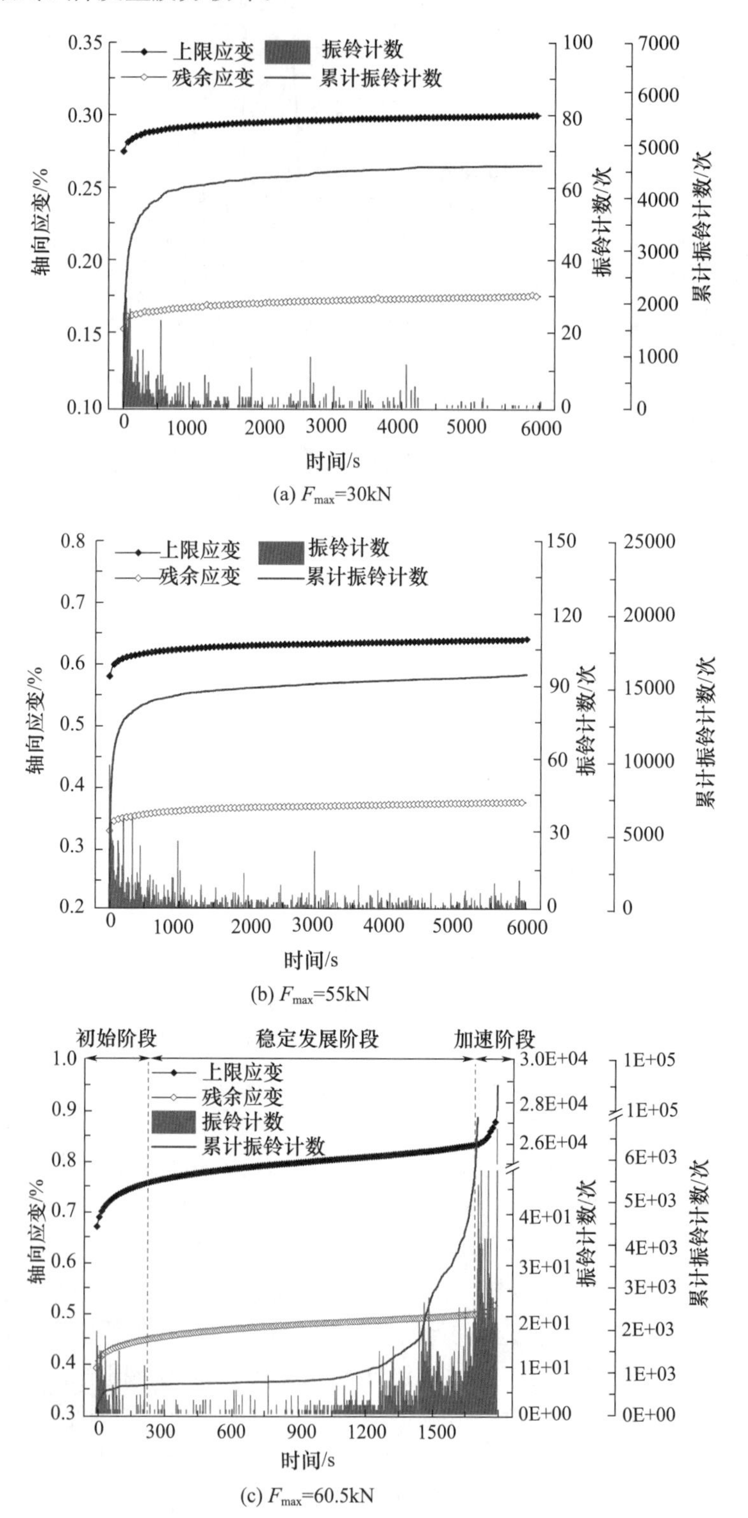

(a) F_{max}=30kN

(b) F_{max}=55kN

(c) F_{max}=60.5kN

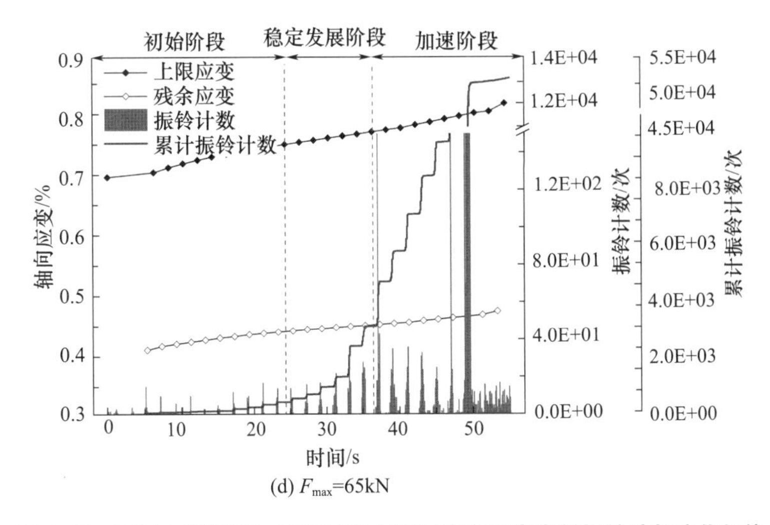

(d) F_{max}=65kN

图 4-37　不同上限循环加卸载过程中轴向应变和声发射振铃计数演化规律

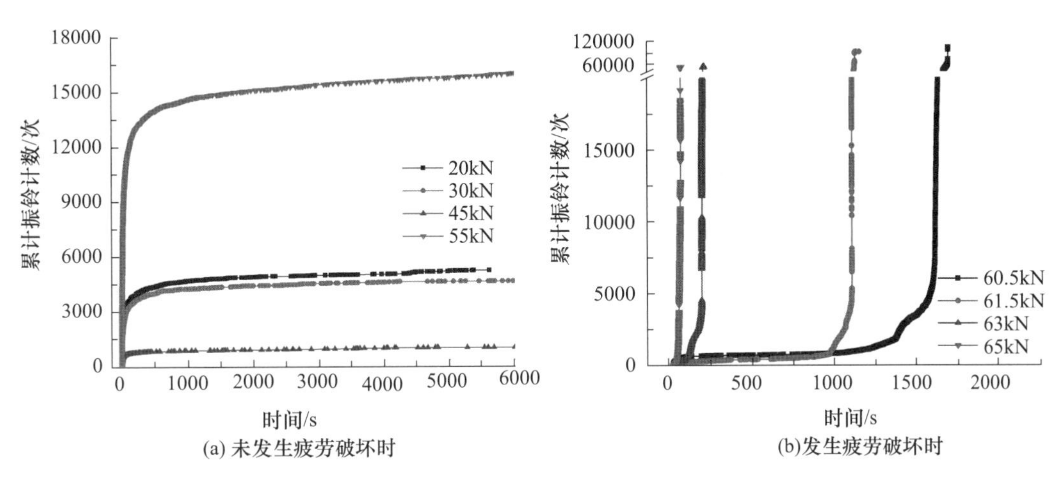

(a) 未发生疲劳破坏时　　(b)发生疲劳破坏时

图 4-38　不同循环上限荷载下累计振铃计数演化曲线

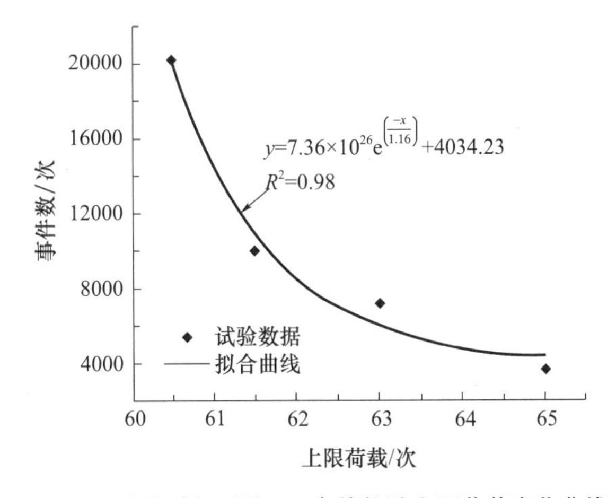

图 4-39　疲劳破坏时的 AE 事件数随上限荷载变化曲线

除了AE振铃计数，AE能量也是表征岩石裂隙特征的有效参数。图4-40为不同上限循环加卸载过程中泥质石英粉砂岩轴向应变和AE能量演化规律，可以看出，AE能量与AE振铃计数变化规律具有极高的同步性，在此不再赘述。

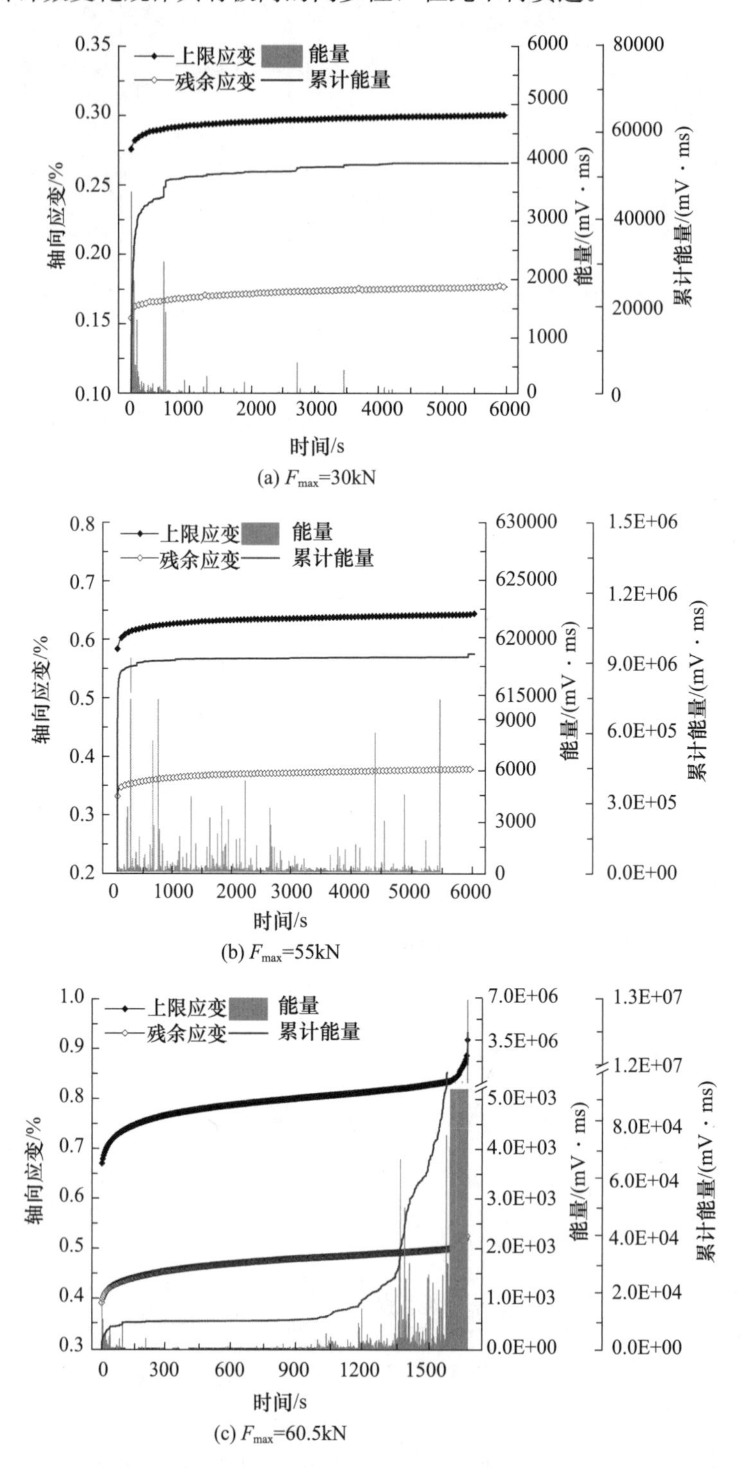

(a) F_{max}=30kN

(b) F_{max}=55kN

(c) F_{max}=60.5kN

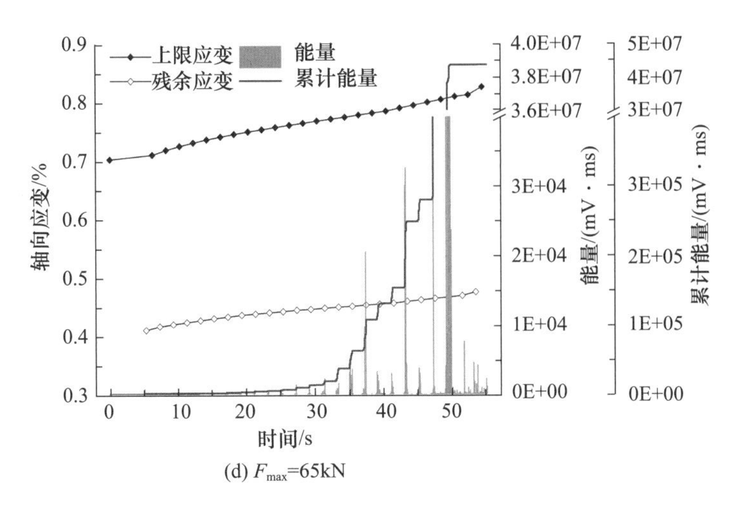

(d) F_{max}=65kN

图 4-40　不同上限循环加卸载过程中轴向应变和声发射能量演化规律

4.4.2　声发射频谱特征

声发射波形信号的峰值频率和主频幅值能够反映岩石的裂纹类型和裂纹规模。图 4-41 为不同循环上限荷载下泥质石英粉砂岩的声发射峰值频率特征。可见，循环荷载作用下泥质石英粉砂岩的声发射峰值频率主要集中在低频带（0kHz～125kHz）、中频带（125kHz～225kHz）和高频带（225kHz～400kHz）3 个频带，循环加卸载过程中泥质石英粉砂岩的声发射峰频点呈分频段密集分布。当上限荷载小于 55kN 时，试件以低频带和高频带声发射信号为主，且声发射峰频点随加载时间逐渐稀疏。当上限荷载为 60.5kN～65kN 时，循环加卸载过程中声发射峰频点的分频段密集现象更为显著，随着时间的增加，声发射峰频点开始向优势频段（低频带和中频带）靠拢。其中，低频信号在循环加卸载初期较少，随后逐渐增多且在循环加卸载末期骤然增加；中频信号贯穿循环加卸载全过程，且临近破坏时数量明显增加；而高频信号仅在破坏前少量出现。

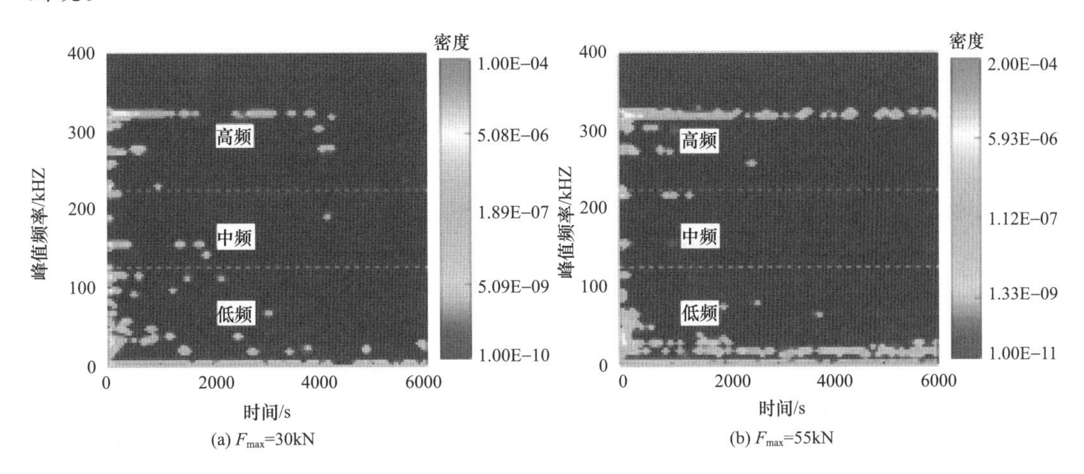

(a) F_{max}=30kN　　(b) F_{max}=55kN

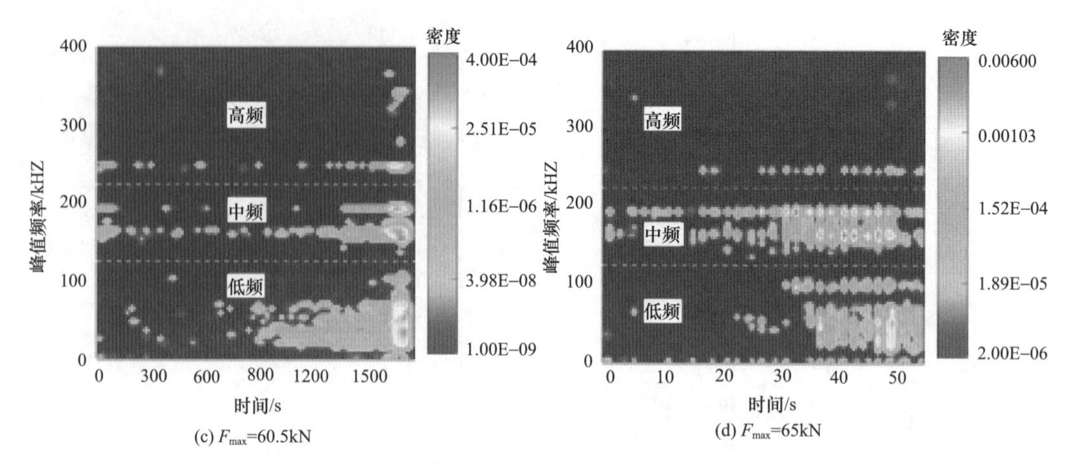

(c) F_{max}=60.5kN (d) F_{max}=65kN

图 4-41 不同上限荷载下泥质石英粉砂岩的声发射峰值频率特征

在频谱图中，通常采用声发射主频幅值描述声发射事件的强度。为了分析循环荷载下声发射频谱特征与裂纹发展的关系，以试件 F2（F_{max}=60.5kN）和试件 F6（F_{max}=65kN）为例，对主频幅值进行归一化处理，结果如图 4-42 所示，归一化后的主频幅值可分为大于 0.5 的高幅值和小于 0.5 的低幅值两部分。

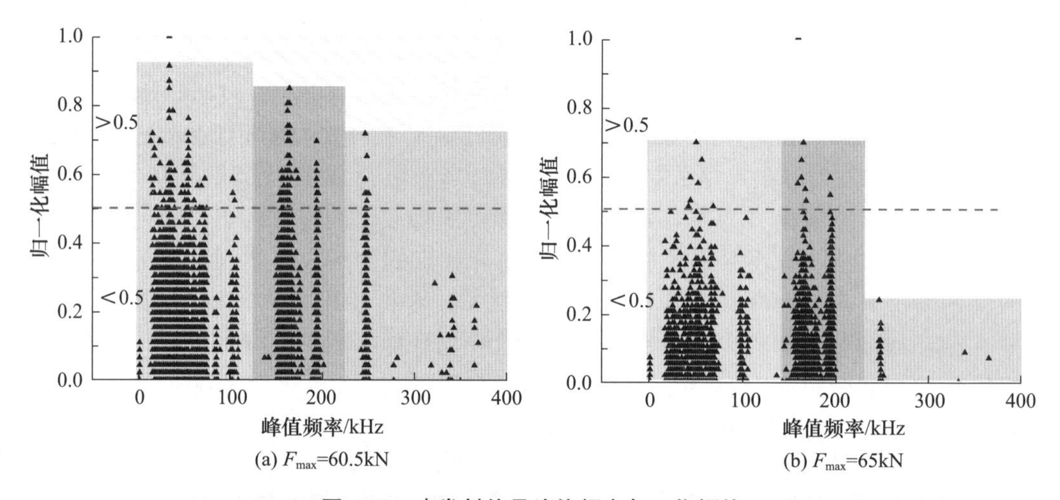

(a) F_{max}=60.5kN (b) F_{max}=65kN

图 4-42 声发射信号峰值频率归一化幅值

根据图 4-41 和图 4-42 中的声发射峰值频率和主频幅值分布特征，将声发射信号分为 6 类：低频低幅、中频低幅、高频低幅、低频高幅、中频高幅和高频高幅。图 4-43 为试件 F2（F_{max}=60.5kN）和 F6（F_{max}=65kN）的峰值频率-主频幅值随加载时间的分布规律。循环加卸载初期信号点稀疏，声发射信号以中频低幅信号为主；之后低频低幅、中频低幅和高频低幅信号同时存在；临近疲劳破坏时低幅值和高幅值声发射信号均明显增加，但高频高幅信号很少，几乎可以忽略。

一般情况下，大尺度裂纹对应低频和高幅信号，小尺度裂纹对应高频和低幅声发射信号。声发射低频低幅和高频低幅信号在循环初始阶段少量产生，在整个疲劳破坏过程中持续出现，这与岩石内部晶粒断裂有关，表明穿晶破裂或沿晶破裂贯穿循环加卸载全过程，由于发生穿晶破裂所需能量大于沿晶破裂，因此，低频低幅信号对应穿晶微裂纹，高频低幅信号对应沿晶微裂纹；中频低幅信号在岩石疲劳破坏过程中持续密集出现，表明循环加卸载过程中岩石颗粒与破裂面持续发生闭合摩擦作用；中频高幅信号自循环稳定发展阶段相继出现，对应中尺度裂纹；低频高幅和高频高幅信号仅在疲劳加速变形阶段出现，且低频高幅与AE振铃计数“突增点”对应较好，而高频高幅信号非常稀疏，表明低频高幅信号对应大尺度宏观破裂，高频高幅信号对应断裂面错动滑移。综上，可以得到声发射信号频谱特征与裂纹类型的对应关系，结果见表4-9。此外，临近疲劳破坏时6类声发射信号同时存在，说明岩石裂纹萌生、发展、贯通成宏观大裂纹并非依次发生而是相伴发生，不同类型、尺度裂纹的产生具有同步性。

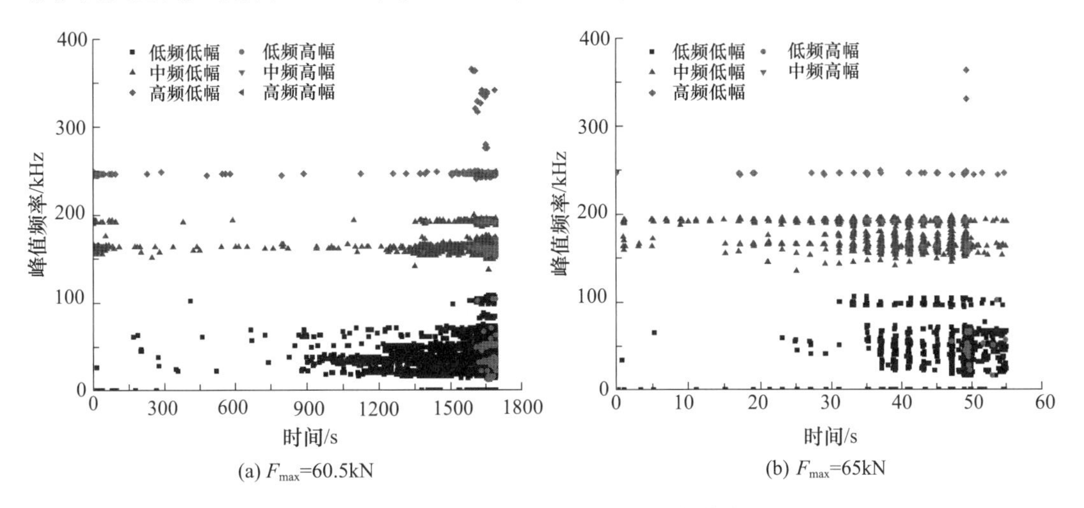

(a) F_{max}=60.5kN　(b) F_{max}=65kN

图4-43　疲劳破坏过程中泥质石英粉砂岩的峰频特征

表4-9　不同裂纹类型对应的声发射信号频谱特征

主频特征	归一化主幅特征	频谱特征	裂纹类型
低频（0kHz～125kHz）	低幅值（<0.5）	低频低幅	穿晶微裂纹
中频（125kHz～225kHz）		中频低幅	破裂间摩擦作用
高频（225kHz～400kHz）		高频低幅	沿晶微裂纹
低频（0kHz～125kHz）	高幅值（>0.5）	低频高幅	大尺度宏观裂隙
中频（125kHz～225kHz）		中频高幅	中尺度裂纹
高频（225kHz～400kHz）		高频高幅	断裂面滑移

4.4.3　岩石疲劳破裂前兆特征

1）声发射RA值与AF值分布特征

采用声发射RA值（单位：ms/V）和平均频率AF值（单位：kHz）可以判断裂纹类型，其中，声发射RA值为声发射信号上升时间与最大幅值的比值。参考日本混凝土协会推荐标准，得到基于声发射RA值与AF值的裂纹类型判定方法（图4-44），张拉裂纹对应声发射低RA值与高AF值，剪切裂纹对应声发射高RA值与低AF值。

图 4-45 为疲劳破坏试验的轴向应变和声发射 RA/AF 演化特征。以上限荷载 60.5kN 为例［图 4-45（a）］，循环初始阶段和稳定发展阶段声发射 RA/AF 很小，说明岩石以小规模的张拉破裂为主；进入循环加速阶段后，声发射 RA/AF 出现突增点，说明临近疲劳破坏时岩石内部发生明显的剪切破裂。泥质石英粉砂岩声发射 RA/AF 突增点随上限荷载的变化曲线如图 4-45（b）所示，可以看出，上限荷载越大，声发射 RA/AF 出现突增点时的循环次数占疲劳寿命的比例越小，声发射 RA/AF 突增点越提前，不同上限荷载下突增点对应的循环次数均为疲劳强度的 90%以上，表明该阶段大量剪切裂纹不断产生、发展并形成主破裂，岩石内部损伤程度剧烈增加。以往学者常用 RA 值与 AF 值分析岩石破裂类型，以上结果表明 RA 值与 AF 值也可以用来判断岩石损伤程度和表征疲劳破坏前兆信息。

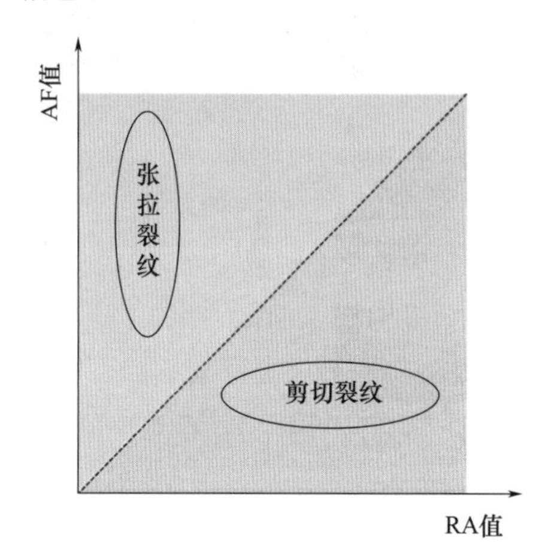

图 4-44 基于 RA 与 AF 的裂纹类型判定示意图

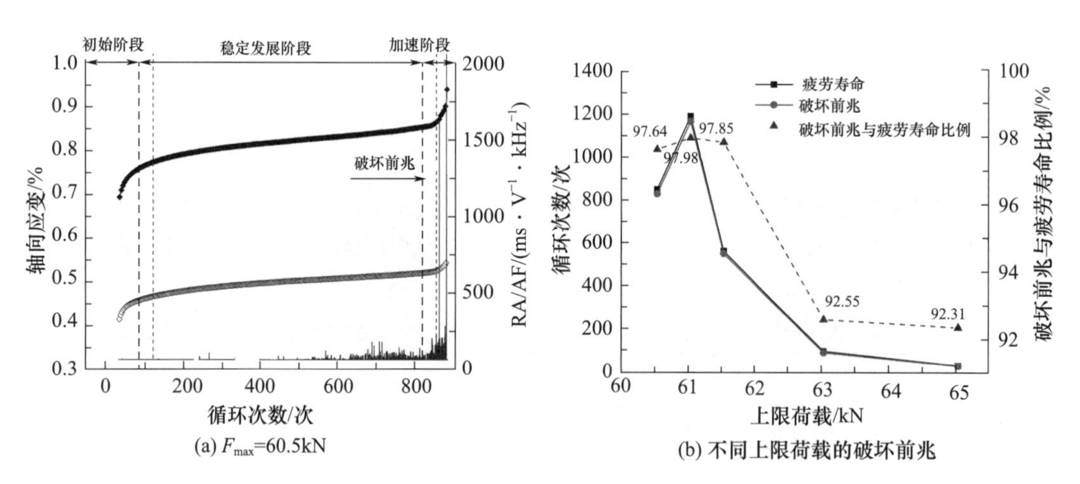

图 4-45 轴向应变与声发射 RA/AF 随循环次数的演化特征

2）声发射多元参数的临界慢化特征

临界慢化现象可以用来评价复杂动力系统是否趋于临界灾变。因此，可利用临界慢化理论分析循环加卸载过程中泥质石英粉砂岩由损伤积累到瞬态破坏的过程，常采用方差和自相关系数的突然增大作为系统临近破坏的前兆信息。

方差是描述样本数据对平均值偏离程度的特征量，可表示为：

$$S^2 = \frac{1}{n}\sum_{i}^{n}(x_i - \overline{x})^2 \tag{4-10}$$

式中 S^2——方差；

x_i——第 i 个数据；

$\overline{x}$——平均值；

n——窗口长度。

自相关系数是描述同一变量不同时刻之间的相关性统计量，可表示为

$$\alpha(j) = \sum_{i=1}^{n-j}\frac{(x_i - \overline{x})^2(x_{i+j} - \overline{x})^2}{\sum_{i=1}^{n}(x_i - \overline{x})^2} \tag{4-11}$$

式中 $\alpha(j)$——某一时间段内声发射参数的自相关系数；

j——滞后步长第 i 次循环的下限荷载。

窗口长度和滞后步长对计算结果影响不大，本文以窗口长度为 100、滞后步长为 10，计算疲劳荷载下泥质石英粉砂岩的声发射多元参数临界慢化特征，结果如图 4-46 所示。

（1）由图 4-46（a）和图 4-46（b）可知，当岩石相态未发生变化前，声发射多元参数的方差基本保持稳定，当岩石由一种相态转变为另一种相态时，声发射多元参数的方差在临界点出现突增现象，且振铃计数和 RA/AF 突增点较能量提前。

（2）由图 4-46（c）和图 4-46（d）可知，声发射振铃计数和能量自相关系数曲线的走势、形状相似，起跳点高度吻合，而 RA/AF 的变化规律与之相反；这是由于振铃计数和能量与裂纹发展尺度呈正相关，而 RA/AF 值与裂纹发展尺度呈负相关。

（3）通过对比声发射多元参数的方差和自相关系数变化规律，发现声发射多元参数的自相关系数波动性较大，表明疲劳破坏过程中方差比自相关系数的前兆信息更加明确，因此，可将声发射多元参数的方差作为泥质石英粉砂岩疲劳破裂前兆信息的主要判据，声发射多元参数的自相关系数作为辅助判据。

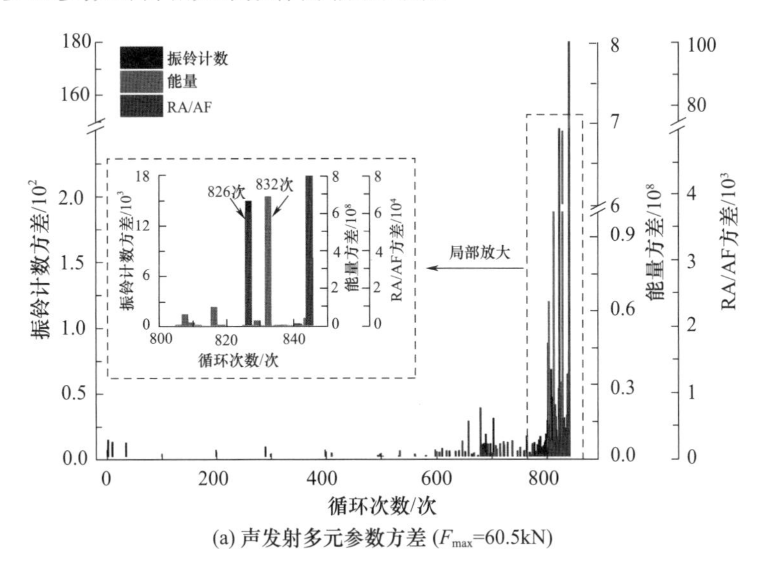

(a) 声发射多元参数方差 (F_{max}=60.5kN)

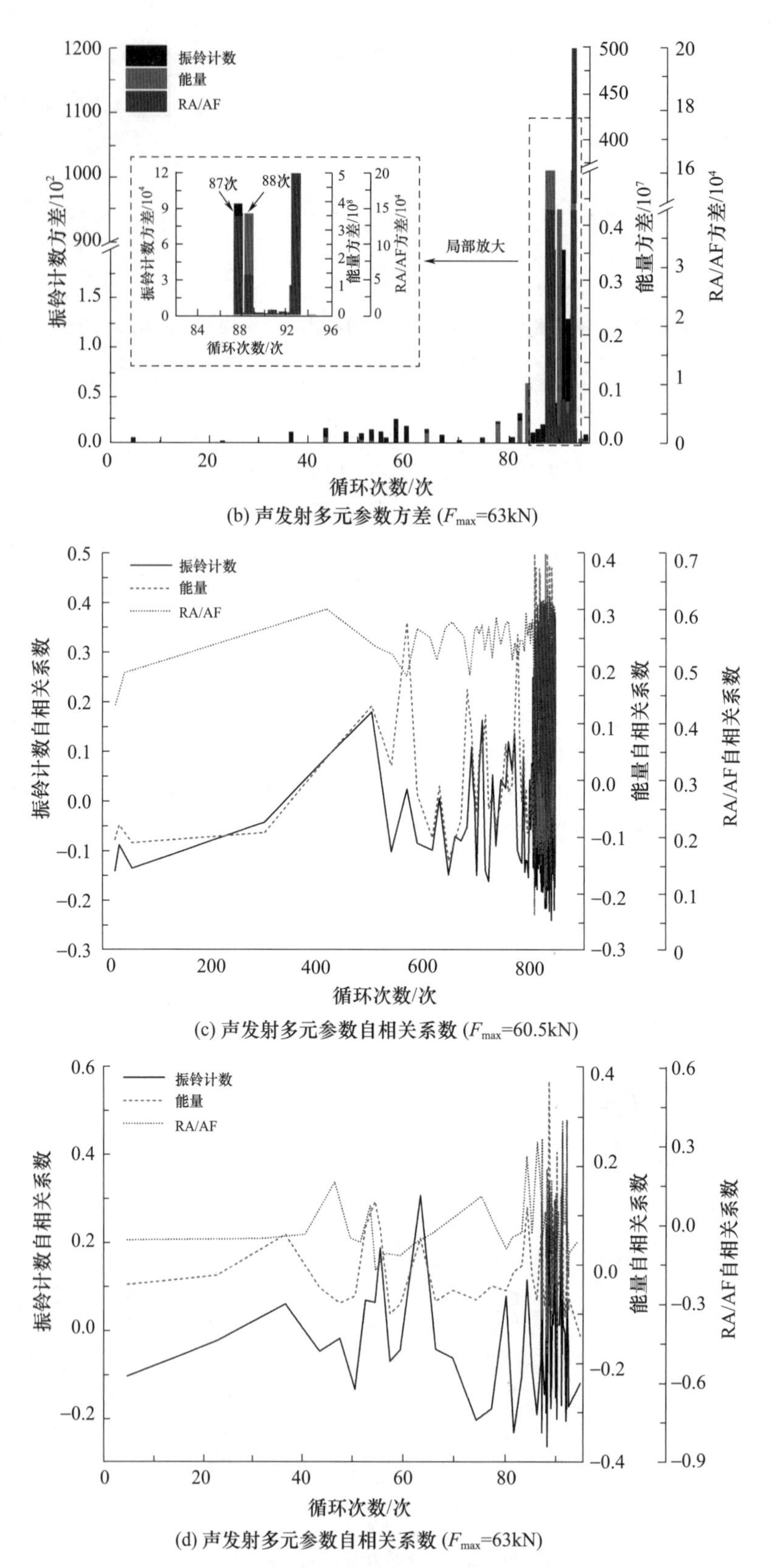

(b) 声发射多元参数方差 (F_{max}=63kN)

(c) 声发射多元参数自相关系数 (F_{max}=60.5kN)

(d) 声发射多元参数自相关系数 (F_{max}=63kN)

图 4-46　疲劳破坏过程中声发射多元参数临界慢化特征

综上，RA/AF 前兆指标集中于对岩石内部损伤程度的整体评估，声发射多元参数的临界慢化特征聚焦于由损伤累积到瞬态破坏的临界现象，上述两个参数均可作为泥质石英粉砂岩的疲劳破裂前兆特征。

4.4.4 声发射定位三维裂隙发展

为了揭示不同上限荷载下泥质石英粉砂岩不同阶段的破裂特征，采用声发射三维定位技术连续、实时地获得岩石内部 AE 震源的时空演化规律。为了保证声发射定位结果的精度，试验开始前对定位系统进行断铅试验，通过调节事件定义值或事件闭锁值，使试验点位置与反馈坐标的距离小于 2mm。

假设声波在岩石介质中从震源到声发射传感器沿直线传播，且传播速度为定值。设震源的时间为 $-t$，各声发射传感器接收到时分别为 t_0，t_1，…，t_N。设第 i 个声发射传感器的位置坐标为 S_i（x_i，y_i，z_i），震源的位置坐标为 E（x，y，z），根据笛卡尔公式可得第 i 个声发射传感器到震源的距离 R_i（图 4-47）为：

$$R_i = vt_i = \sqrt{(x_i - x)^2 + (y_i - y)^2 + (z_i - z)^2} \tag{4-12}$$

式中　v——波速；

t_i——信号传播到第 i 个声发射传感器所需时间。

由于震源传播所需的绝对时间很难确定，因此采用震源传播到第 i 个声发射传感器与第 1 个传感器的时间差作为时间 t_i，则式（4-12）变为式（4-13）。根据 4 个不共面传感器获得的相对时间差，可以实时确定声发射源的三维空间坐标，判断循环荷载作用下的裂隙发展情况。

$$R_i = v(t + \Delta t_i) = \sqrt{(x_i - x)^2 + (y_i - y)^2 + (z_i - z)^2} \tag{4-13}$$

式中　t——信号传播到第 1 个传感器的时间；

Δt_i——信号传播到第 i 个传感器与第 1 个传感器的时间差。

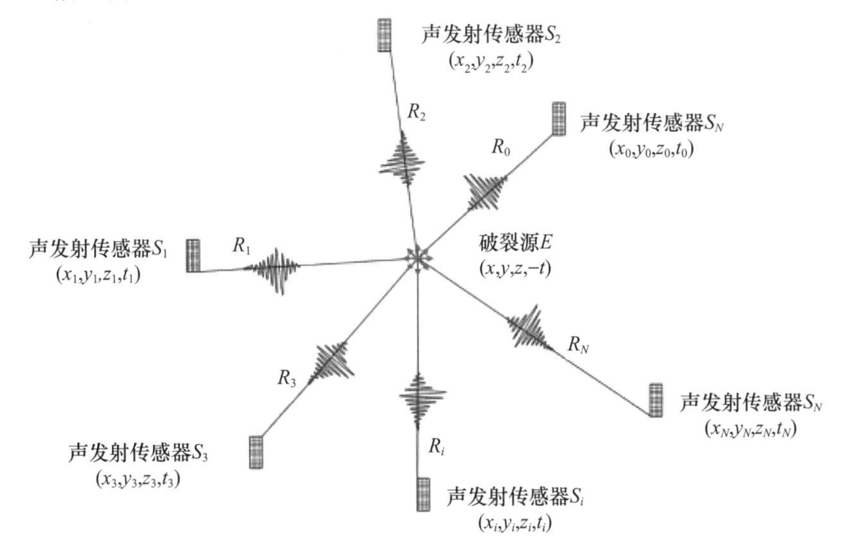

图 4-47　声发射定位原理示意图

不同循环上限荷载下泥质石英粉砂岩的AE震源分布与实际破坏形态如图4-48所示。在AE定位图中，①为常规加载阶段，②为循环加卸载阶段，③为单调加载至破坏阶段；黑色小直径球体表示小幅值AE事件，白色大直径球体表示大幅值AE事件，虚线表示试件破坏后的主裂纹。可以看出，不同循环上限荷载下泥质石英粉砂岩的破坏形态相似，AE事件的三维分布特征与岩样实际破裂形态具有较好的一致性。如图4-48（a）和图4-48（b）所示，当上限荷载小于起裂应力时，常规加载阶段的AE事件零星地分散在岩石内部，循环加卸载阶段几乎没有AE事件产生，转单调加载阶段岩样侧面端部AE事件显著增加并向内部渐进发展，形成多个潜在破裂面。岩样最终破裂形态表现为近似平行的双重破坏面，同时发生竖向破裂，岩样破坏后的结构较完整。如图4-48（c）～图4-48（e）所示，当上限荷载处于起裂应力和疲劳强度之间时，常规加载阶段岩样端部有较多的AE事件紧密连接，部分微裂隙间存在相互贯通的趋势，且上限荷载越大，AE事件数量越多，AE震源幅值越大；循环加卸载阶段的声发射事件零星出现，尚未出现聚集现象；在单调加载至最终破坏阶段，AE事件从岩样左下方和右上方同时向中部发展，局部微裂隙逐渐发展贯通，最终发生宏观剪切破坏，破坏后的岩样仍保持较好的完整性。

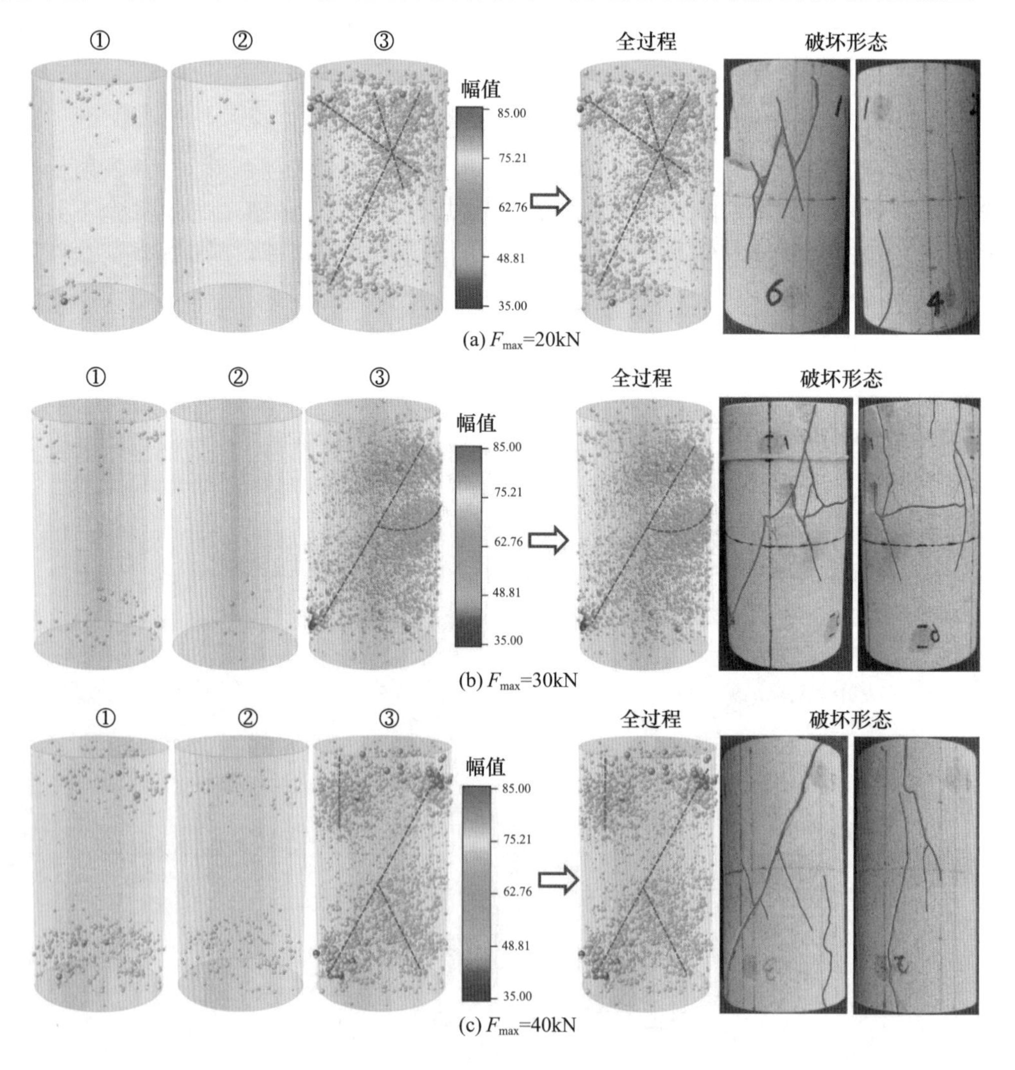

(a) F_{max}=20kN

(b) F_{max}=30kN

(c) F_{max}=40kN

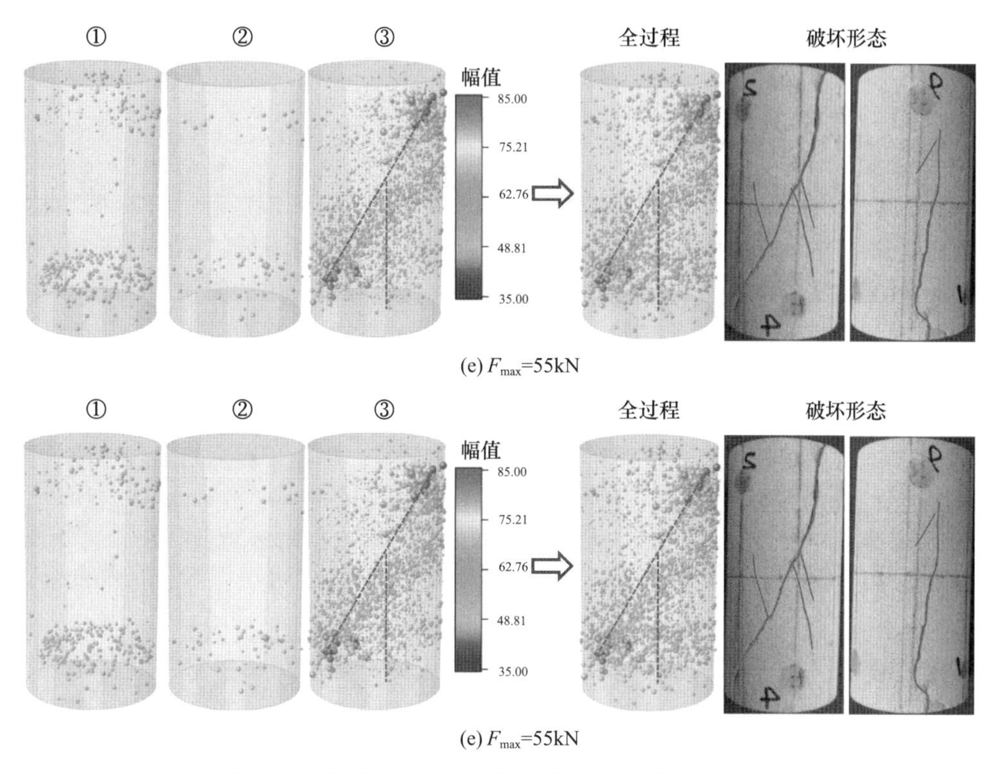

(e) F_{max}=55kN

(e) F_{max}=55kN

图 4-48　不同循环上限荷载下泥质石英粉砂岩 AE 震源分布与实际破坏形态

发生疲劳破坏的泥质石英粉砂岩 AE 震源分布与实际破坏形态如图 4-49 所示。常规加载阶段岩样端部的 AE 事件分布密度明显增加，致使岩样出现局部破裂面；循环加卸载过程中次生裂隙不断萌生发展，导致岩石破裂面范围和规模不断扩大直至贯通，岩样形成以贯通“X 形”剪切裂纹为主、次生剪切裂纹为辅的多重裂纹网络，岩样破碎程度较高，并伴有大量颗粒散落和大块碎片脱落现象。由于“X 形”破裂面尖端区域为应力集中区，反复加卸载使此区域产生较高密度的 AE 事件。

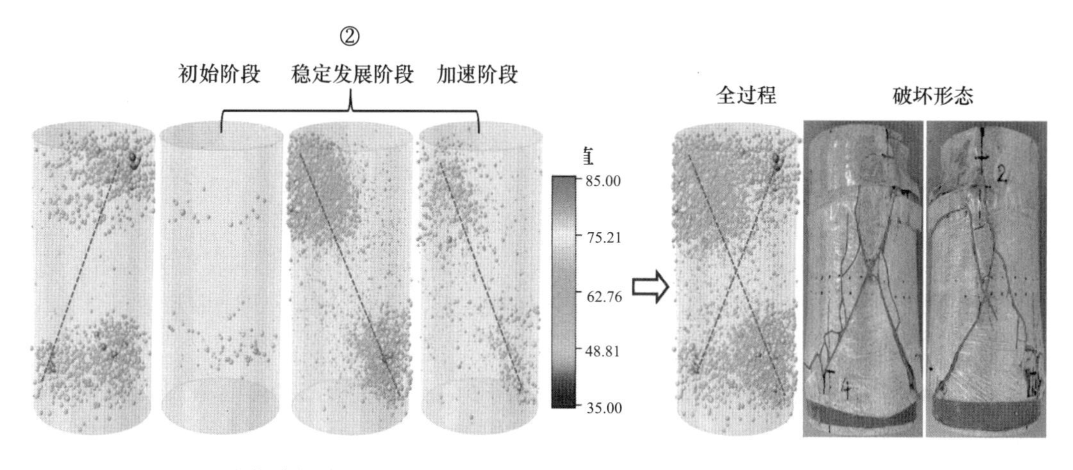

图 4-49　疲劳破坏的泥质石英粉砂岩 AE 震源分布与实际破坏形态（F_{max}＝58kN）

4.5 本章小结

采用 MTS815 岩石力学试验机和 PCI Micro-Ⅱ Express 8 声发射监测系统，首先对泥质石英粉砂岩的物理力学性质进行了测试，并基于单轴压缩试验结果讨论了常用岩石特征应力计算方法的优缺点。然后，根据阶梯循环加卸载过程中的能量演化规律，提出了一种计算岩石特征应力的新方法，并对该方法的科学性和准确性进行了分析验证。而后开展上限荷载位于不同特征应力区间的循环加卸载转单调加载试验及疲劳破坏试验，研究了不同循环上限荷载下泥质石英粉砂岩的宏观变形和力学参数变化规律，分析了泥质石英粉砂岩的细观破裂演化过程和 AE 震源分布特征，提出了泥质石英粉砂岩疲劳破坏前兆信息的确定方法。本章主要研究结果如下：

（1）分别采用裂纹体应变法、轴向应变刚度法、声发射特征点法、能量耗散率-横向应变差综合法获得单轴压缩荷载下泥质石英粉砂岩的特征应力。由于已有的特征应力确定方法仍不可避免地受到试验环境和主观因素的影响，因此，采用不同方法得到的特征应力结果存在一定差异。阶梯循环加卸载试验应力-应变曲线的外包络线与单轴压缩试验应力-应变曲线几乎重合，说明基于阶梯循环加卸载试验计算单轴压缩荷载下的特征应力是可靠的，同时可将单轴压缩曲线作为阶梯循环加卸载岩石变形破坏的参考量值。

（2）考虑岩石应力-应变不同步效应对能量分配的影响，并将阶梯循环加卸载过程中的弹性能分离为颗粒弹性能和裂纹弹性能两部分，提出一种基于颗粒弹性能比率、裂隙弹性能比率和耗散能增幅确定岩石特征应力的新方法，采用该方法确定的闭合应力、起裂应力、损伤应力分别为单轴抗压强度的 29.24％、46.78％、76.02％。该方法依据阶梯循环加卸载全过程的试验数据，排除了主观误差，物理意义明确，理论基础严谨。

（3）将阶梯循环加卸载过程中首次出现扩容点和扩容点应力达到最大值时的上限应力分别作为起裂应力和损伤应力，将阶梯循环加卸载过程中累计 AE 撞击数增速由快变慢再变快转折点处的上限应力分别作为起裂应力和损伤应力。三种方法的计算结果互为一致，表明基于阶梯加卸载能量确定的泥质石英粉砂岩特征应力是准确的。

（4）当上限荷载小于疲劳强度时，循环荷载作用下泥质石英粉砂岩以轴向压缩变形为主，轴向和横向累计残余应变经初始快速增大后趋于缓慢稳定增长，滞回环间距呈“疏-密”的变化规律，残余应变率和滞回环相对面积呈 L 形发展趋势；当上限荷载大于疲劳强度时，试件变形以横向膨胀为主，轴向与横向累计残余应变均表现为初始快速、稳定和加速 3 个增长阶段，滞回环间距向“疏-密-疏”发展，残余应变率和滞回环相对面积呈 U 形发展趋势。

（5）低于疲劳强度的循环荷载使泥质石英粉砂岩抵抗变形的能力显著提升，且上限荷载越大，提升效果越显著，单轴压缩荷载下的起裂应力（σ_{ci} ＝32kN）可视为循环加卸载后岩石抗变形能力提升强弱的分界点。高于疲劳强度的循环荷载使粉砂岩发生疲劳破坏，单轴压缩曲线的轴向和横向控制点应变均可作为泥质石英粉砂岩发生疲劳破坏的参考量值。

（6）泥质石英粉砂岩的循环加卸载转单调加载峰值强度随上限荷载先增大后减小，最大增幅较 UCS 高 13.62%，单轴压缩荷载下的起裂应力可作为泥质石英粉砂岩在循环加卸载过程中强度弱化和强化特性出现变化的分界点；试件发生疲劳破坏时，疲劳强度为 UCS 的 80%～89%，对数坐标下的疲劳寿命与上限荷载呈线性负相关关系。

（7）相同循环次数下，弹性模量整体随上限荷载先增大后减小。当上限荷载小于疲劳强度时，弹性模量随循环次数表现为初始快速上升、下降、缓慢稳定发展 3 个阶段；当上限荷载大于疲劳强度时，弹性模量呈单调递减凹曲线转凸曲线衰减，并随上限荷载的增加向线性转化。不同上限荷载下第 2 次循环弹性模量较首次均表现出较大增幅，且初始阶段弹性模量达到最大值所对应的循环次数随上限荷载呈指数函数下降。

（8）相同循环次数下，当上限荷载位于疲劳强度前后，横向-轴向应变比整体由线性增长转化为非线性增长。上限荷载小于 55kN 时，横向-轴向应变比随循环次数先快速下降后呈现微弱上升趋势；上限荷载为 55kN 时，横向-轴向应变比先快速上升后缓慢增长；而当试件发生疲劳破坏时，横向-轴向应变比呈先快速上升后稳定增长再急速上升的变化趋势。应变响应与声发射时序参数和频谱特征在反映岩石疲劳损伤时具有较好的一致性。循环加卸载过程中声发射振铃计数（能量）“突增点”和“相对平静期”交替出现，声发射峰频点呈分频段密集分布，说明循环荷载作用下泥质石英粉砂岩表现为“裂纹多级发展、能量逐级释放”的渐进破坏特征。

（9）声发射 RA/AF 出现突增点，声发射多元特征参数（振铃计数、能量和 RA/AF）方差和自相关系数的突然变化均可作为泥质石英粉砂岩发生疲劳破坏的前兆信息。分析了不同裂纹类型对应的声发射信号频谱特征，提出低频低幅信号对应穿晶微裂纹，中频低幅信号对应破裂间摩擦作用，高频低幅信号对应沿晶微裂纹，低频高幅信号对应大尺度宏观裂隙，中频高幅信号对应中尺度裂纹，高频高幅信号对应断裂面滑移。当上限荷载小于疲劳强度时，泥质石英粉砂岩最终发生剪切破坏和竖向劈裂，破坏后的试件仍保持较好的完整性；当上限荷载大于疲劳强度时，试件形成以贯通“X 形”剪切裂纹为主、次生剪切裂纹为辅的多重裂纹网络，试件破碎程度较高，并伴有大量颗粒散落和大块碎片脱落现象。

5 等幅循环加卸载历史对泥质石英粉砂岩力学特性的影响

岩石力学行为与其受载路径和加载历史密切相关，循环荷载与静荷载作用下岩石的力学特性有着显著的区别。传统循环加卸载试验无法反映循环荷载作用后岩石力学特性与受载历史的相关性，而在深部资源开采、大跨度超长隧道开挖等工程施工阶段，岩体会受到不同应力水平和循环次数的循环荷载，且应力水平越高，循环次数越多，循环荷载对岩石力学性质的影响越显著，后续的爆破及开挖荷载可视为对循环荷载作用下岩石的再加载破坏过程。因此，需要科学、准确地描述循环加卸载过程中及循环荷载作用后岩石的强度变化特征及宏细观变形演化规律，但目前相关研究较少。

为了进一步研究循环加卸载历史对泥质石英粉砂岩的弱化与强化效应，根据第 4 章泥质石英粉砂岩特征应力（表 4-2）和不同上限循环加卸载转单调加载岩石峰值强度（表 4-7），在起裂应力与损伤应力区间设定上限荷载 45kN，对泥质石英粉砂岩进行循环次数为 1～15000 次的循环加卸载预处理，之后转为单调加载至试件破坏；在损伤应力与疲劳强度区间设定上限荷载 55kN，对泥质石英粉砂岩进行循环次数为 1～54000 次的循环加卸载预处理，之后转为单调加载至试件破坏。研究不同应力区间循环荷载和循环次数下泥质石英粉砂岩的宏观力学特性（峰值强度、扩容点应力、弹性参数、滞回环、应变、柔量等）随循环次数的演化规律，分析声发射参数（振铃计数、峰值频率、b 值）、声发射震源时空演化规律（震源空间分布、震源时空演化特征）等细观破裂特征，综合宏观力学参数与细观裂纹发展特征揭示低次数与高次数循环荷载对泥质石英粉砂岩的弱化-强化作用机制。研究成果可以为与大型岩石工程分步施工和工后服役阶段的长期稳定性分析提供一定的依据。

5.1 循环上限荷载 45kN 下泥质石英粉砂岩力学特性

5.1.1 试验方案

为了探究位于起裂应力 σ_{ci} 与损伤应力 σ_{cd} 区间的循环荷载对泥质石英粉砂岩力学性质的影响及其宏观、细观破裂演化机制，由表 4-2 和表 4-7 可知，上限荷载 $F_{max}=45$kN

位于σ_{ci}与σ_{cd}区间且该处的峰值强度最大。因此，选择上限荷载F_{max}＝45kN 为典型代表，开展不同次数的循环加卸载转单调加载试验，具体试验参数见表 5-1。试验加载路径可分为 3 个阶段（图 5-1）：Ⅰ. 等速率加载：采用轴力控制等速率加载至 30kN，加载速率为 0.2kN/s，然后采用环向变形控制等速率加载至 45kN，加载速率为 0.03mm/min；Ⅱ. 循环加卸载：施加频率为 0.5Hz 的正弦波循环荷载至设定次数；Ⅲ. 采用环向变形控制单调加载至试件破坏，加载速率为 0.03mm/min。

表 5-1　上限 45kN 循环加卸载转单调加载试验参数

岩样编号	C23	C24	C25	C26	C27	C28	C29	C30	C31	C32	C33
上限荷载 F_{max}（kN）	45	45	45	45	45	45	45	45	45	45	45
下限荷载 F_{min}（kN）	5	5	5	5	5	5	5	5	5	5	5
加载频率（Hz）	0.5	0.5	0.5	0.5	0.5	0.5	0.5	0.5	0.5	0.5	0.5
循环次数 N（次）	1	10	200	300	3000	4500	6000	8000	10000	13000	15000

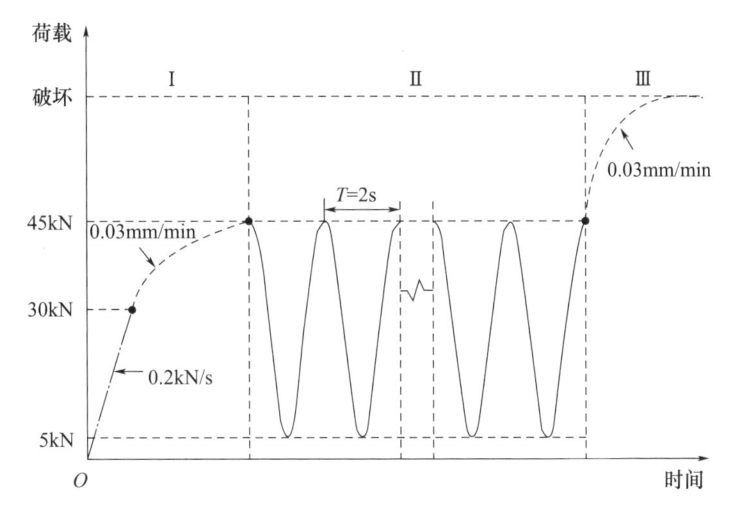

图 5-1　循环加卸载转单调加载试验加载路径（F_{max}＝45kN）

5.1.2　变形演化规律

1）循环加卸载转单调加载应力-应变曲线

上限荷载为 45kN 时，部分泥质石英粉砂岩试件的循环加卸载转单调加载应力-应变曲线如图 5-2 所示。

2）滞回环和残余应变

以循环 15000 次的试件 C33 为例，上限荷载为 45kN 时泥质石英粉砂岩不同循环次数的滞回环如图 5-3 所示。可以看出，对于应力-轴向应变滞回环，随着循环次数的增加，滞回环间距逐渐变窄，滞回环面积相对第 2 次循环先快速减小后趋于缓慢；对于应力-体应变滞回环，随着循环次数的增加，滞回环上端逐渐变得紧密狭窄，滞回环下端加载和卸载曲线出现交叉重叠现象，滞回环先向左后向右移动，上限荷载 45kN 下泥质石英粉砂岩始终处于体积压缩状态，表现为试件体积残余应变始终大于 0 且随循环次数先减小后缓慢稳定增大（图 5-4）。

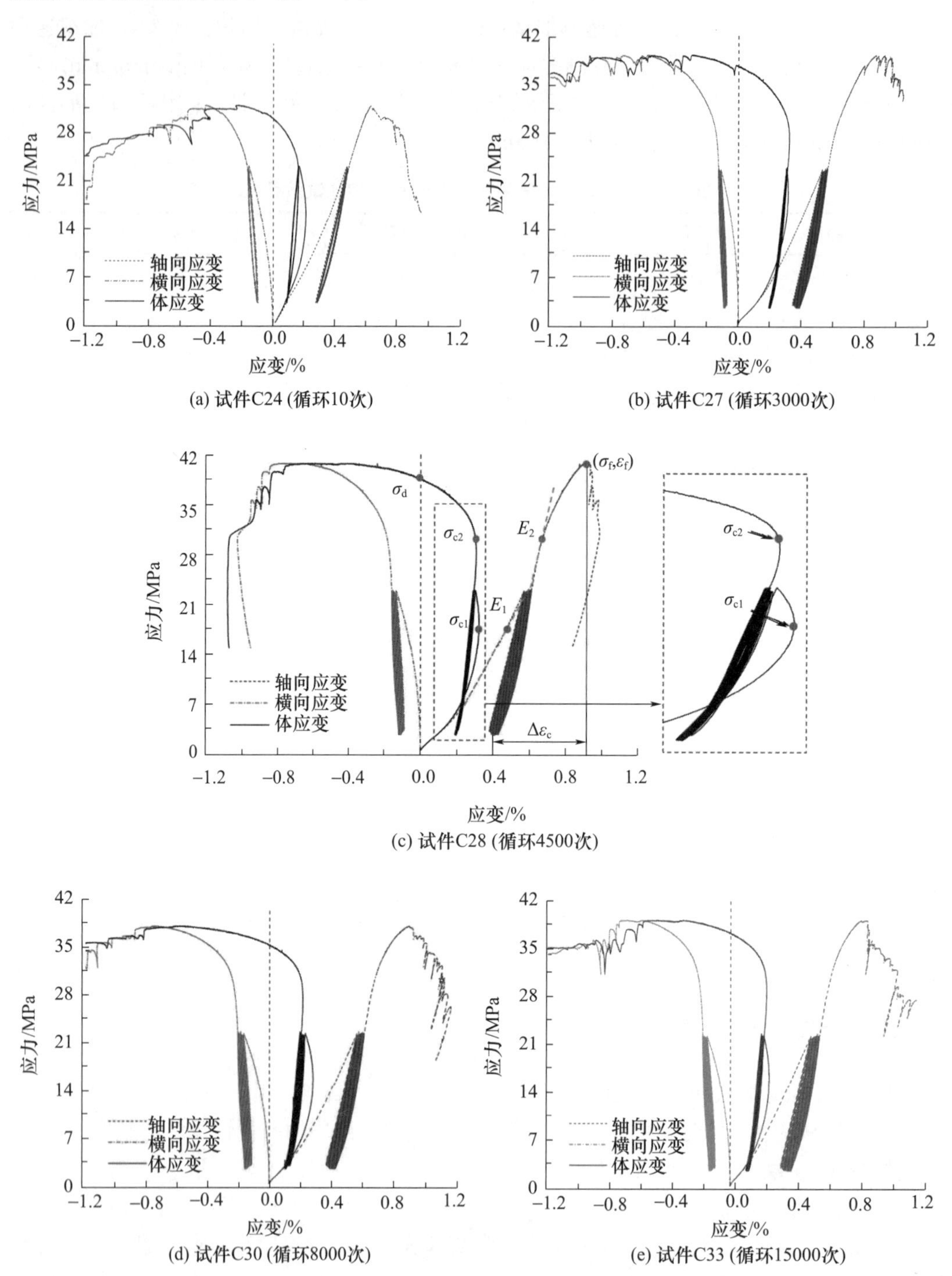

图 5-2　循环加卸载转单调加载应力-应变曲线（F_{max}＝45kN）

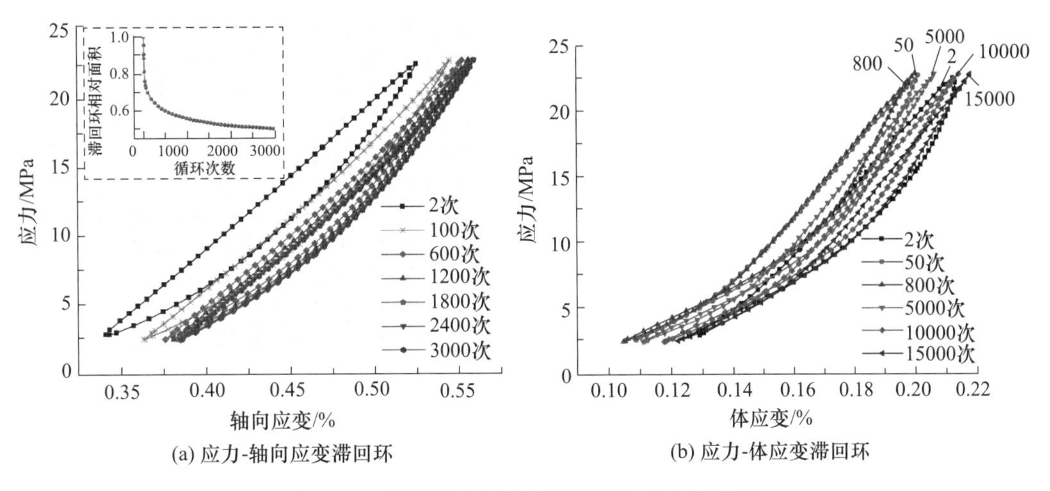

图 5-3　不同循环次数时的滞回环（试件 C33）

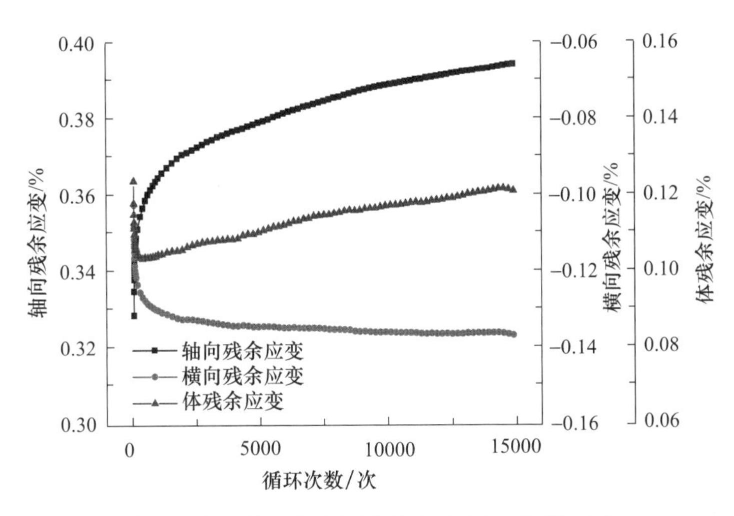

图 5-4　残余应变随循环次数演化曲线（试件 C33）

3）峰值处应变比和单调加载应变比

图 5-5 为试件 C23～C33 循环加卸载转单调加载试验峰值处轴向总应变 ε_f 与单轴压缩试验峰值处轴向应变的比值（本节定义为峰值处应变比）、单调加载应变比 $\Delta\varepsilon_c/\Delta\varepsilon_u$ 随循环次数的变化曲线。可以看出，峰值处应变比的范围为 0.68～1.25，当循环次数较少（1～200 次）时，循环加卸载转单调加载试验峰值处轴向总应变小于单轴压缩试验峰值处轴向应变，当循环次数超过 200 次后，循环加卸载转单调加载峰值处总应变大于与单轴压缩试验峰值处应变，峰值处应变比稳定于 1.16 附近，说明高循环次数作用下泥质石英粉砂岩的延展性增强。此外，单调加载应变比的范围为 0.47～0.74，均小于 1，循环末次下限单调加载至峰值强度的轴向应变显著降低，说明经上限为 45kN 的循环荷载作用后泥质石英粉砂岩抵抗变形的能力显著提升。

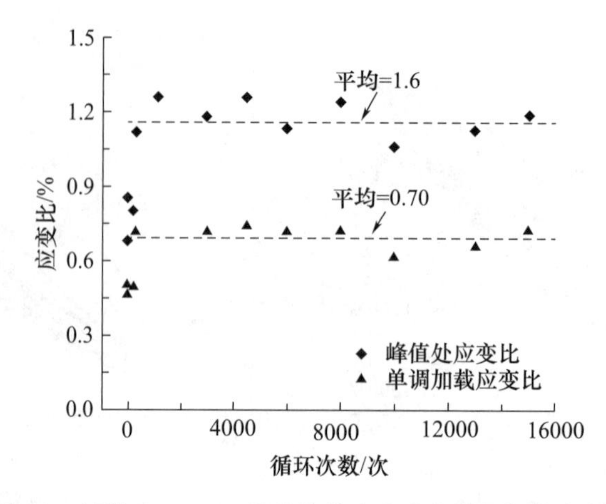

图 5-5 试件 C23～C33 的峰值处应变比和单调加载应变比

5.1.3 循环加卸载后的岩石峰值强度和扩容点应力

以循环次数 N=4500［图 5-2（c）］为例，σ_f 和 ε_f 分别为循环加卸载转单调加载峰值强度和峰值处轴向总应变，$\Delta\varepsilon_c$ 为循环末次自下限荷载至峰值处的轴向单调加载应变；σ_{c1} 和 σ_{c2} 分别为首次单调加载阶段和循环加卸载转单调加载阶段的扩容点应力，σ_d 为循环加卸载转单调加载阶段的绝对扩容点应力，试验结果见表 5-2。

表 5-2 上限 45kN 循环加卸载转单调加载试验结果

岩样编号	C23	C24	C25	C26	C27	C28	C29	C30	C31	C32	C33
循环次数（次）	1	10	200	300	3000	4500	6000	8000	10000	13000	15000
峰值强度 σ_f（MPa）	32.00	31.84	34.41	38.87	39.50	40.58	41.34	38.73	38.30	38.76	39.58
峰值处总应变 ε_f（%）	0.50	0.63	0.59	0.82	0.86	0.92	0.83	0.91	0.78	0.83	0.87
末次单调加载应变 ε_c（%）	0.31	0.34	0.33	0.48	0.48	0.49	0.47	0.48	0.41	0.44	0.48
首次扩容应力 σ_{c1}（MPa）	15.10	16.04	16.41	17.83	19.50	18.24	19.92	15.78	16.61	17.21	16.07
末次扩容应力 σ_{c2}（MPa）	—	—	—	25.28	27.22	27.87	28.27	27.43	28.30	29.58	29.68
绝对扩容应力 σ_d（MPa）	26.47	29.95	33.00	33.94	37.76	38.35	38.22	35.81	36.01	38.49	38.22

注："—"表示低循环次数加卸载后该值不存在。

1）循环加卸载转单调加载峰值强度

上限荷载为 45kN 时，循环末次下限至峰值强度应力-轴向应变曲线和循环加卸载转单调加载峰值强度分别如图 5-6 和图 5-7 所示。可以看出：①循环荷载作用后泥质石英粉砂岩的单调加载峰值强度随循环次数的增加呈现先大幅度上升再平缓升高后转为下降最后趋于稳定的变化特征。②当循环次数较少（1～10 次）时，循环加卸载后岩石的单调加载峰值强度均小于 UCS，其峰值强度较 UCS 分别降低 7.93%和 8.41%；当循环次数为 200 次时，循环加卸载后岩石的单调加载峰值强度与 UCS 近似相等；当循环次数大于 200 次时，循环加卸载后岩石单调加载峰值强度均大于 UCS，在循环次数为 6000 次时峰值强度最大，最大峰值强度达 41.34MPa，增幅较 UCS 高 18.93%；当循环次数大于 8000 次时，循环荷载后岩石单调加载峰值强度整体稳定于 39.01MPa 附近，增幅较 UCS 高 12.23%。

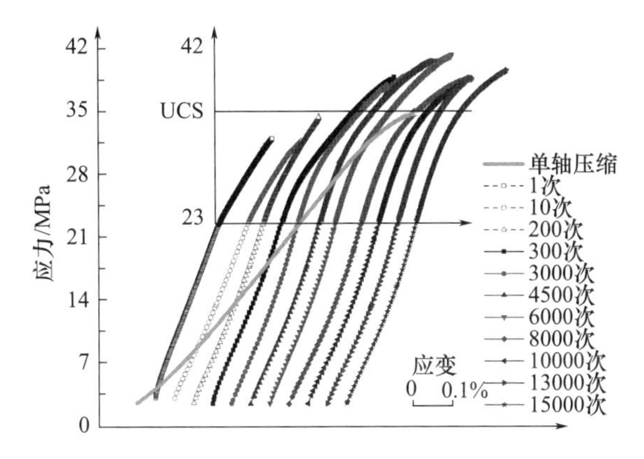

图 5-6 循环末次下限至峰值强度应力-轴向应变曲线

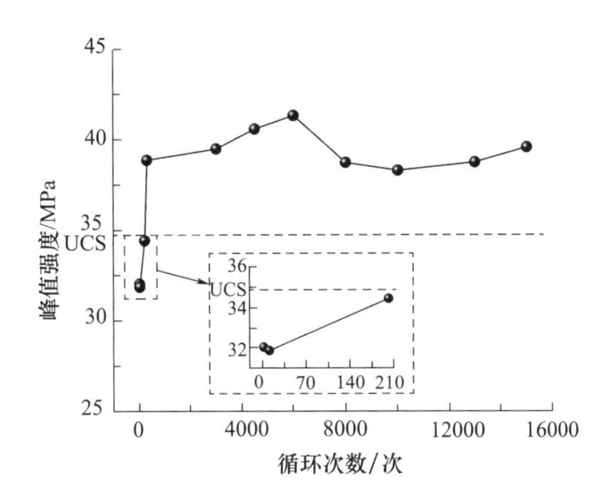

图 5-7 循环加卸载转单调加载峰值强度随循环次数变化曲线（F_{max}＝45kN）

2）循环加卸载后的扩容应力和绝对扩容应力

上限荷载为 45kN 时，泥质石英粉砂岩循环加卸载不同次数后的末次扩容应力 σ_{c2} 和绝对扩容应力 σ_d 如图 5-8 所示。由表 5-2 和图 5-8（a）可知，当循环次数为 1～200 次时，由于循环加卸载过程中岩石始终朝着体积膨胀的方向发展，循环加卸载作用后的末次扩容应力 σ_{c2} 不存在，绝对扩容应力 σ_d 均小于 UCS；当循环次数大于 200 次时，应力-体应变滞回环随着循环次数的增加先向左再向右移动［图 5-3（b）］，循环加卸载作用后转单调加载阶段时末次扩容点再次出现，循环加卸载后的末次扩容力 σ_{c2} 为 25.28MPa～29.68MPa，为单调加载阶段首次扩容应力 σ_{c1} 的 1.47～1.73 倍，循环加卸载作用后的绝对扩容应力 σ_d 几乎都大于 UCS。如图 5-8（b）所示，当循环次数大于 200 次时，σ_{c2}/σ_f 和 σ_d/σ_f 随循环次数的增加近似线性增大，σ_{c2}/σ_f 的范围为 65.03%～76.32%，为单轴压缩试验扩容应力（45.6%）的 1.41～1.66 倍；σ_d/σ_f 的范围为 87.31%～99.32%，较单轴压缩试验（85.5%）增加了1.81%～13.82%。

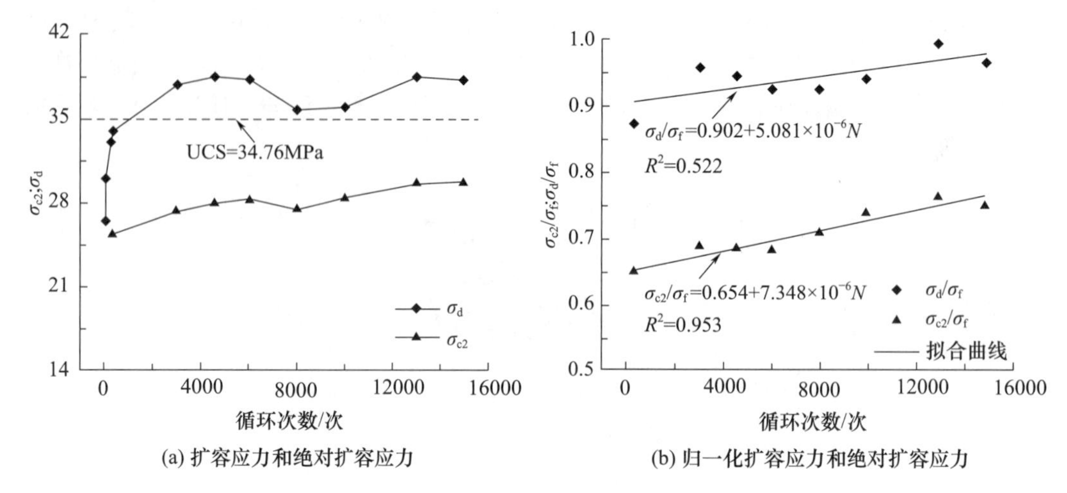

(a) 扩容应力和绝对扩容应力　　(b) 归一化扩容应力和绝对扩容应力

图5-8　循环加卸载转单调加载的扩容应力

通过上限荷载45kN下循环不同次数后的泥质石英粉砂岩峰值强度和扩容点应力变化规律可知，低循环次数（1～200次）作用后岩石的力学特性发生弱化现象，而高循环次数（>200次）作用后岩石发生强化现象，循环加卸载过程中泥质石英粉砂岩越来越致密，循环荷载作用后需要更大的荷载才能使泥质石英粉砂岩发生剪切膨胀，因此，高循环次数作用后的试件再次出现由体积压缩转为扩容的现象。

5.2　循环上限荷载45kN下泥质石英粉砂岩声发射特征

5.2.1　声发射振铃计数及 b 值

1944年B. Gutenberg通过研究地震活动特征，提出了地震震级与频度的G-R关系式。通过进一步整理声发射幅值与频率的关系，可以获得表征岩石微破裂尺度的声发射 b 值计算公式：

$$b_i=\frac{20\times \lg e}{\overline{A_i}-A_{i\min}} \tag{5-1}$$

式中　b_i——第 i 个时间段内的声发射 b 值；

$\overline{A_i}$——第 i 个时间段内的声发射平均幅值；

$A_{i\min}$——第 i 个时间段内的声发射最小幅值；

e——自然对数。

根据 b 值的计算式（5-1）可知，当微裂纹产生大量的弱声发射时，声发射低幅值事件较多，导致 b 值较高；而宏观裂纹发展和贯通时产生大量强声发射信号，导致 b 值较低。因此，b 值代表弱声发射信号与强声发射信号的相对关系，可以利用声发射振铃计数和 b 值分析岩石破坏过程的微破裂数量和发展尺度规律。根据试验结果，选择每

100s 为一个时间区段，对每一时间区段内的声发射振幅进行分段，间隔为 1dB，统计每个振幅区段里的声发射事件次数，并根据式（5-1）计算每个时间区段的声发射 b 值。

单轴压缩试验及不同次数循环转单调加载试验的声发射 b 值如图 5-9 所示。首先，在声发射振铃计数方面，第一次常规加载阶段产生大量声发射信号，循环加卸载过程中岩石仅产生少量的声发射，这个规律符合岩石的 Kaiser 效应。在单轴压缩、循环次数为 200 次和 3000 次条件下，声发射在损伤应力 σ_{cd}（或绝对扩容应力 σ_d）附近开始大量产生，在 σ_{cd}（或 σ_d）与 σ_f 之间爆发，峰后间歇性产生大量声发射信号，累计振铃计数曲线呈台阶状增加，台阶数量少，增幅大。当循环次数超过 3000 次时，泥质石英粉砂岩在 σ_d 与 σ_f 之间依然没有显著的声发射信号产生，而是在峰值强度 σ_f 时开始爆发声发射信号，而且累计振铃计数曲线的台阶数量更多，增幅更小；说明高次数循环加卸载对泥质石英粉砂岩有一个强化作用，表现为高次数循环荷载作用后泥质石英粉砂岩的声发射信号爆发发生推迟，且峰后阶段岩石释放的声发射信号更为密集均匀。

在声发射 b 值方面，单轴压缩条件下，如图 5-9（a）所示，当加载应力低于损伤应力 σ_{cd}时，初始孔隙闭合声发射 b 值随时间波动；当轴向应力超过损伤应力 σ_{cd}时，随着声发射事件的大量产生，岩石内部损伤加剧，小尺度微破裂兼并汇集，在应力集中处产生大量尺度较大的微破裂，b 值持续降低；峰值应力之后，岩石主破裂面形成，内部应力逐渐释放，b 值呈稳定波动特征。当循环次数较低（⩽200 次）时，b 值随加载时间的演化规律整体与单轴压缩试验相似。当循环次数较多（⩾3000 次）时，与单轴压缩试验不同的是，循环加卸载过程中，b 值大幅增加并展现出骤升骤降的波动特征，变化幅值最大可达 2.6；而且在循环转单调加载后，b 值并未在绝对扩容应力与峰值应力之间出现持续下降的现象，反而呈上升趋势，说明循环加卸载过程中岩石内部产生的微破裂较少，岩石内部结构以应力调整为主，高次数循环加卸载改变了单调加载状态下泥质石英粉砂岩微裂纹的发展方式。

综合上限荷载 45kN 下的声发射振铃计数和 b 值变化规律可以得到，循环加卸载过程改变了岩石的力学性质，影响了岩石的微裂纹发展方式，岩石经低次数和高次数循环荷载作用后的内部结构调整过程有明显区别，低次数和高次数循环荷载作用后泥质石英粉砂岩分别发生了弱化和强化现象。

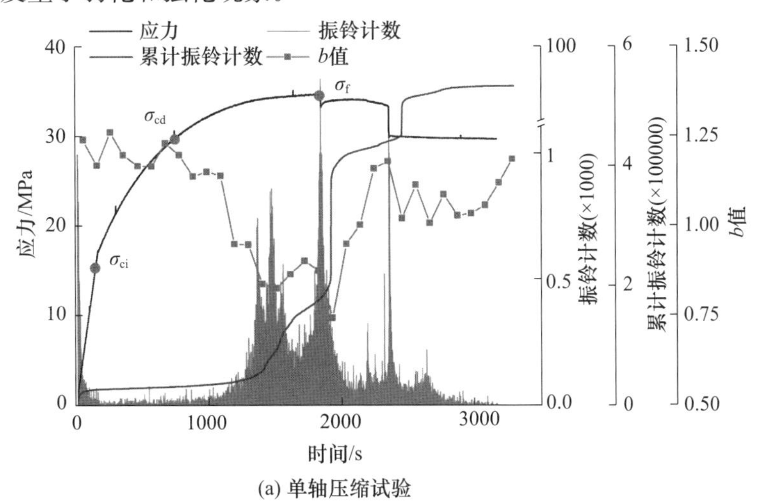

(a) 单轴压缩试验

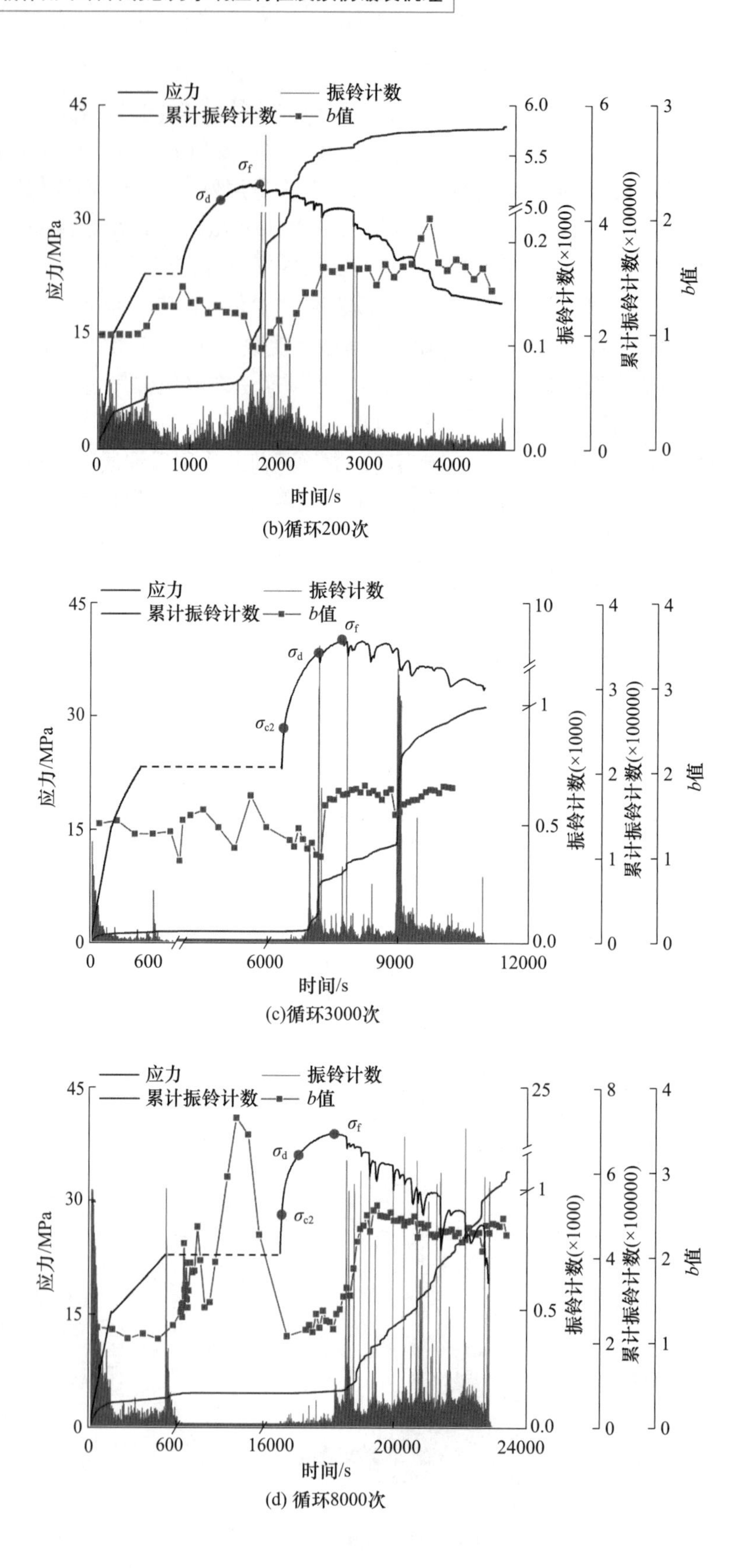

(b)循环200次

(c)循环3000次

(d) 循环8000次

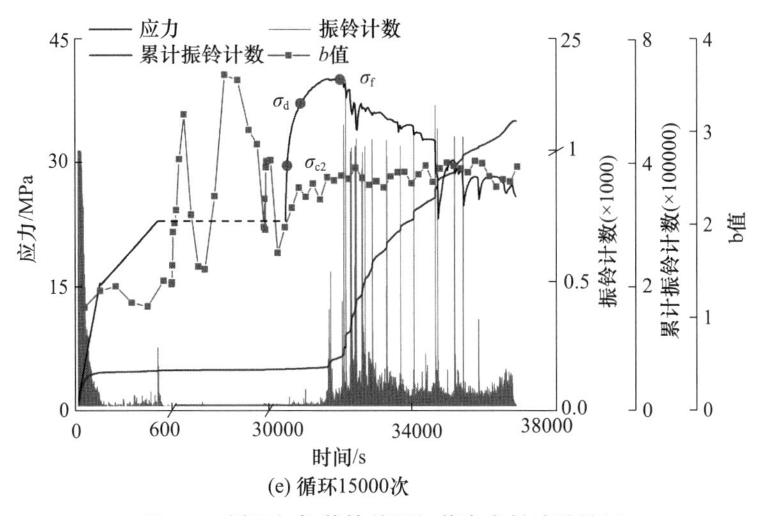

图 5-9 循环加卸载转单调加载声发射试验结果

5.2.2 声发射震源时空演化规律

1）声发射震源的空间分布与岩样的破坏模式

岩石变形破坏过程中监测的声发射震源可以实时追踪岩石内部的微破裂分布，声发射震源幅值可以反映岩石发生破裂时释放能量的大小，因此根据 AE 震源幅值将声发射事件分为 5 组，如图 5-10 所示。

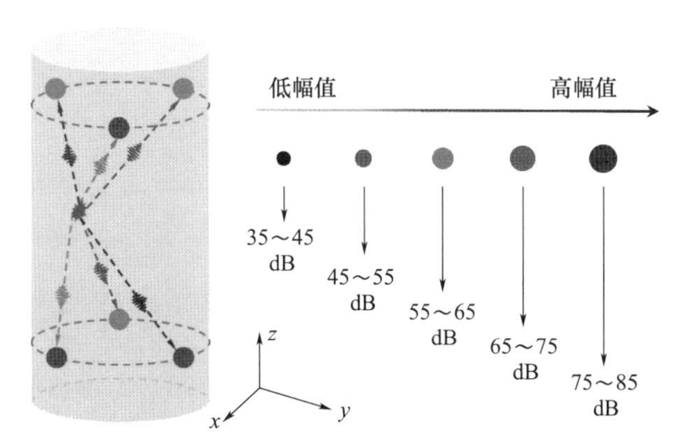

图 5-10 声发射定位原理及分组示意图

表 5-3 为泥质石英粉砂岩宏观破坏与声发射事件三维定位对比结果，图中实线和虚线线条分别表示主裂纹和次生裂纹。从表 5-3 中（a）可以看出，单轴压缩条件下岩石宏观破裂主要以平行于加载方向的张拉裂纹为主，试件表面无贯穿剪切裂纹，次生裂纹较少，破坏后的试件完整性较好。循环加卸载转单调加载下泥质石英粉砂岩的破坏模式发生了较大的转变，主裂纹沿着试件对角线发展形成了贯穿破裂面，整体以张拉-剪切共轭破坏模式为主。当循环次数较少（$N \leqslant 200$ 次）时，破坏后的试件含有一条贯通性的剪切裂缝，岩石的裂纹数量较少。随着循环次数的增加，由于每次循环加卸载都会引起岩石内部应力重分布，并在空间上形成一批随机分布的新生裂隙，试件中部的次生裂

纹数量增多，且方向性趋于一致。因此，可以做如下总结：单轴压缩荷载下泥质石英粉砂岩表现为张拉破坏，低次数循环加卸载转单调加载后泥质石英粉砂岩的破坏模式转变为剪切破坏，且随着循环次数的增加泥质石英粉砂岩的破坏模式过渡为张拉-剪切共轭破坏。

表 5-3　泥质石英粉砂岩声发射事件定位与宏观破坏对比结果

单轴压缩试验	循环加卸载转单调试验（$F_{\max}=45\text{kN}$）					
	$N=200$	$N=4500$	$N=8000$	$N=10000$	$N=13000$	$N=15000$

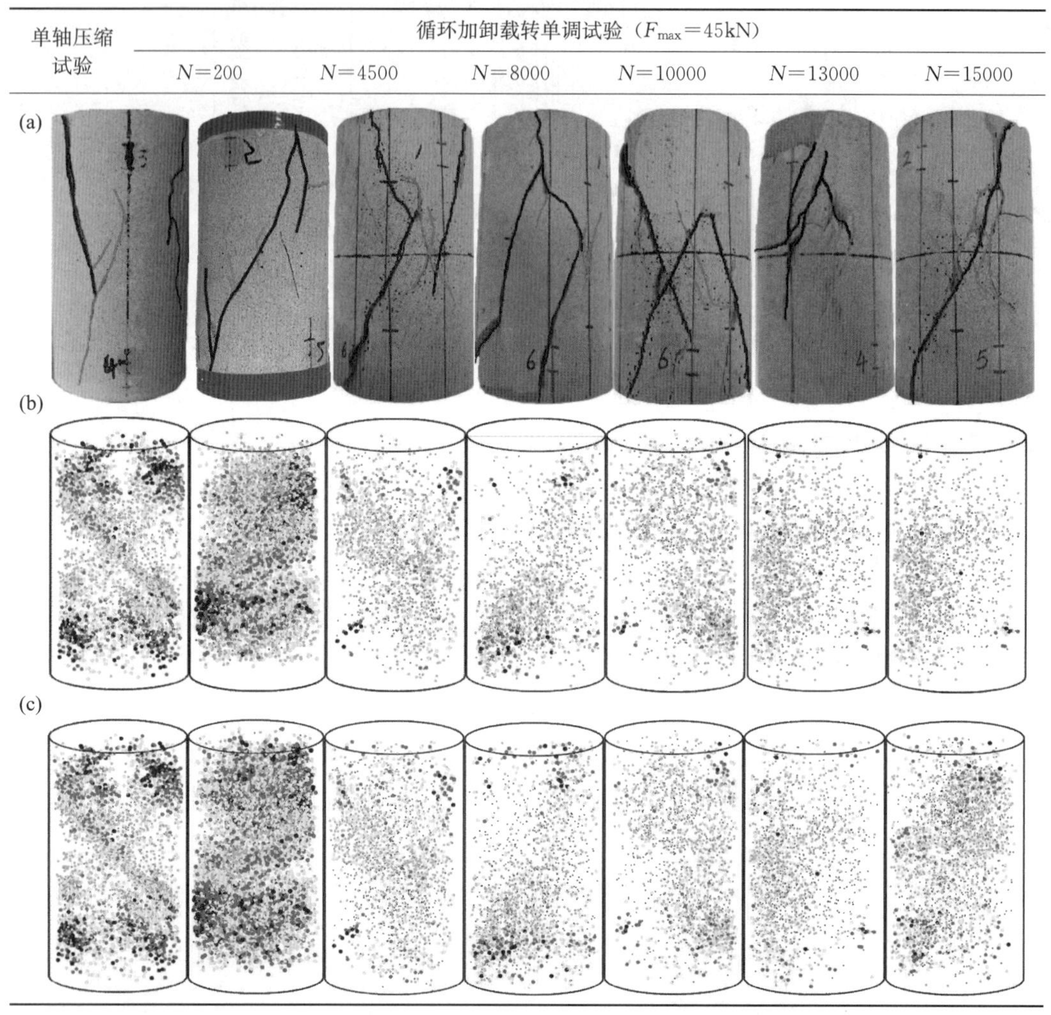

注：(a) 试件的实际破坏图；(b) 循环荷载作用后单调加载至破坏阶段的 AE 震源分布；(c) 试件加载全过程的 AE 震源分布。

对比表 5-3 (b) 和表 5-3 (c) 可知，单轴压缩时，幅值较高的 AE 事件主要集中在试件的顶部和底部。上限荷载为 45kN 时循环加卸载过程中几乎没有 AE 震源产生，AE 震源绝大部分产生于转单调加载阶段；当循环次数较少（$N\leqslant 200$ 次）时，破坏后的试件内部聚集大量 AE 震源，且 AE 震源幅值较大（黑色球和白色球）。随着循环次数的增加，AE 震源均匀地分布在试件内部且 AE 震源聚集密度整体相差不大。AE 震源定位结果总体与试件宏观破坏面的位置一致，进一步保证了声发射定位结果的可靠性。

2）泥质石英粉砂岩声发射事件的时空演化特征

为了清晰地展示泥质石英粉砂岩破裂的声发射时空演化规律，将 AE 事件三维定位坐标投影至 y-z 平面上，然后根据 AE 事件出现的先后顺序对投影由下到上进行排序。

单轴压缩和循环转单调加载试验的 AE 震源时空演化结果如图 5-11 所示，可以看出，单轴压缩时，AE 震源演化具有一定的阶段性：当应力低于损伤应力 σ_{cd}时，试件两端产生的微破裂以中、高幅值 AE 震源为主；当应力在损伤应力 σ_{cd}和峰值应力 σ_f 之间时，微裂纹汇集形成尺度较大的 AE 震源；峰值强度之后，岩石内部以中、小幅值 AE 震源为主的微裂纹贯穿形成宏观破裂面，并且具有向试件中心汇集的发展趋势。可见单轴压缩荷载下泥质石英粉砂岩的 AE 震源演化具有明显的时空分区破坏现象。

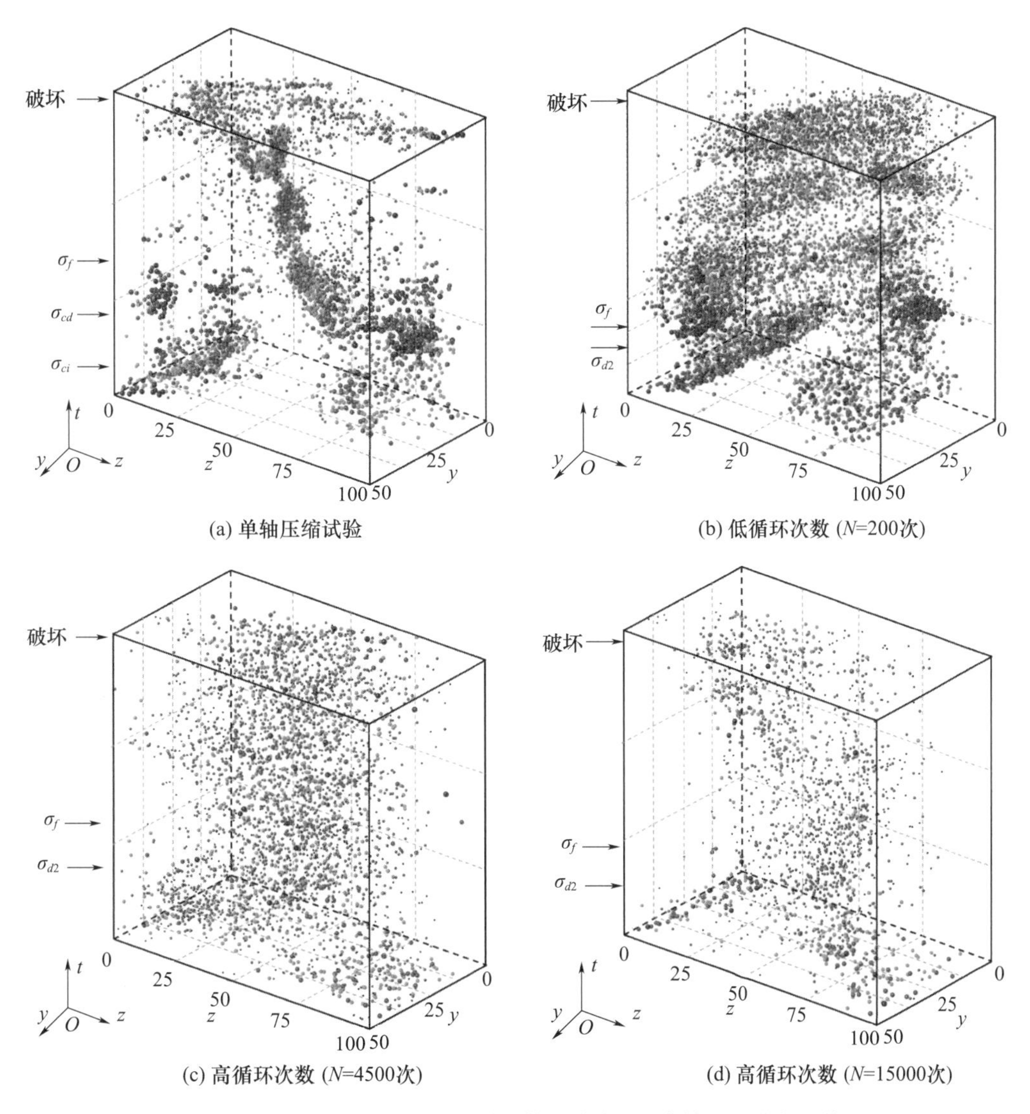

图 5-11　不同循环次数下泥质石英粉砂岩 AE 事件时空演化规律

相比较而言，在低循环次数下（N=200 次），泥质石英粉砂岩在峰值应力前产生大量中、高频 AE 震源，且在绝对扩容应力 σ_{d2} 和峰值强度 σ_f 之间增加尤为明显，峰值强度后泥质石英粉砂岩内部以中、低幅值的微破裂为主。而在高循环次数下（N=4500 次、15000 次），泥质石英粉砂岩的高幅值 AE 震源数量较少，微破裂以中、低幅值 AE 震源为主，而且 AE 震源空间分布更为均匀分散，未出现由试件两端向中心汇集的条带状发展趋势。

对声发射定位结果进行统计可知，AE 事件震源幅值服从典型的正态分布，记为：

$$X \sim Y\ (\mu,\ \lambda^2) \tag{5-2}$$

式中 μ——正态分布的数学期望（均值）；

λ^2——正态分布的标准方差。

则正态分布的概率密度函数为：

$$f\ (x)\ = \frac{1}{\lambda\ \sqrt{2\pi}} e^{-\frac{(x-\mu)^2}{2\lambda^2}} \tag{5-3}$$

在本节中，均值 μ 值越小，表示 AE 事件越集中在低幅值范围；方差 λ^2 值越小，表示 AE 事件分布越集中在 μ 附近。图 5-12 给出了不同循环次数条件下 AE 事件震源幅值的归一化正态分布结果及分布参数。可知，单轴压缩时的 μ 为 58.91dB，当循环次数为 1～200 次时，整个循环加卸载转单调加载试验的 μ 为 58.35～60.80dB，与单轴压缩荷载下相差不大，说明低次数循环荷载下泥质石英粉砂岩的声发射震源幅值仍集中在高幅值范围。当循环次数为 3000～15000 次时，循环加卸载转单调加载试验的 μ 为 48.61～53.42dB，较单轴压缩荷载下减少了 9.32%～17.48%，且随着循环次数的增加，μ 值逐渐减少，而 λ^2 值先增加后趋于稳定，说明在高次数循环荷载对泥质石英粉砂岩的强化作用下，声发射震源幅值更小且分布更均匀。

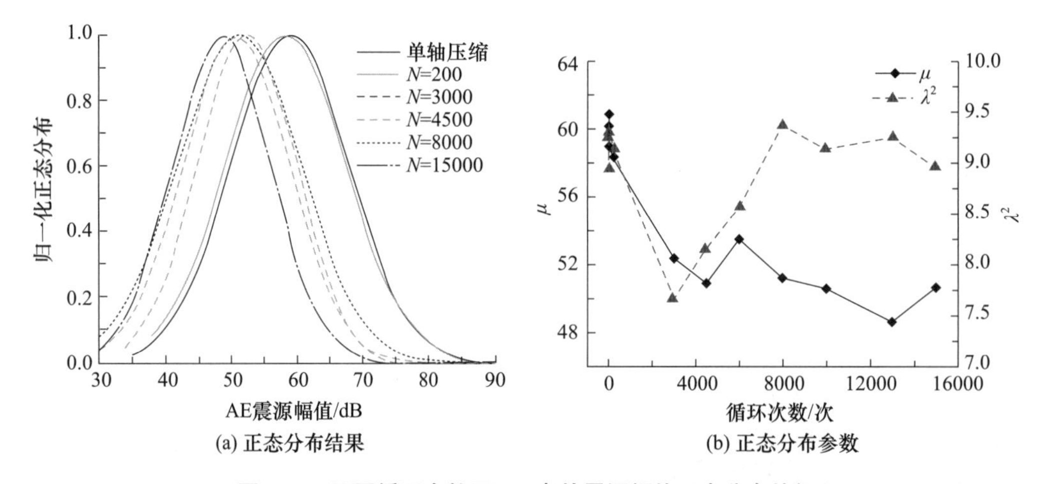

图 5-12 不同循环次数下 AE 事件震源幅值正态分布特征

5.3 近疲劳强度循环荷载下泥质石英粉砂岩力学特性

5.3.1 试验方案

根据“4.1.2 基于阶梯循环荷载下岩石能量的特征应力确定方法”和“4.3.1 强度和疲劳寿命变化特征”可知，上限荷载 F_{max}＝55kN 位于与损伤应力 σ_{cd} 和峰值应力 σ_f 区间，且接近单轴循环荷载下泥质石英粉砂岩的疲劳强度（55kN～58kN）。因此，以上限荷载 55kN、下限荷载 5kN 开展近疲劳强度循环加卸载转单调加载试验，试验初始参数及部分试验结果见表 5-4。试验加载路径可分为 3 个阶段（图 5-13）：Ⅰ. 等速率加载：采用轴力控制等速率加载至 30kN，加载速率为 0.2kN/s，然后采用环向变形控制等速率加载至 55kN，加载速率为 0.03mm/min；Ⅱ. 循环加卸载：施加频率为 0.5Hz 的正弦波循环荷载至设定次数；Ⅲ. 采用环向变形控制单调加载至试件破坏，加载速率为 0.03mm/min。

表 5-4　上限 55kN 循环加卸载转单调加载试件初始参数及试验结果

岩样编号	C12	C13	C14	C15	C16	C6	C17	C18	C19	C20	C21	C22
密度（g·cm^{-3}）	2.06	2.07	2.08	2.06	2.07	2.08	2.08	2.07	2.06	2.16	2.06	2.07
波速（m·s^{-1}）	1953	1968	1955	1944	1948	1969	1999	1952	1928	2155	1853	1930
循环次数（次）	1	7	20	300	1000	3000	4500	6000	8000	10000	15000	54000
峰值强度（MPa）	33.90	32.21	32.66	36.2	36.31	36.58	37.17	37.18	40.52	40.43	39.00	39.78
峰值处总应变（%）	0.64	0.60	0.67	0.72	0.74	0.74	0.65	0.72	0.88	0.72	0.82	0.72
末次单调加载应变（%）	0.35	0.28	0.33	0.40	0.39	0.36	0.35	0.36	0.43	0.38	0.40	0.38
末次扩容点应力（MPa）	21.61	19.30	17.75	17.57	13.52	10.80	10.24	10.06	13.31	10.34	11.61	11.71

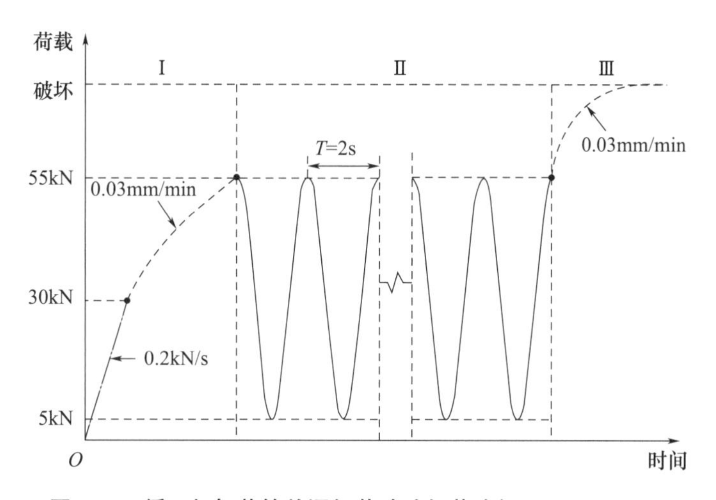

图 5-13　循环加卸载转单调加载试验加载路径（F_{max}＝55kN）

由表 5-4 与图 5-14（a）可知，不同次数的近疲劳强度循环荷载对泥质石英粉砂岩有明显的劣化与强化作用，当循环次数为 1～20 次时，循环加卸载后转单调加载的岩石峰值强度小于 UCS，峰值强度随循环次数增加先减小后小幅增加；当循环次数为 300～54000 次时，循环加卸载后转单调加载的岩石峰值强度大于 UCS，峰值强度随循环次数增加先持续增大，在 8000 次达到最大，而后趋于稳定。

变形模量是衡量岩石抵抗变形能力大小的尺度，岩石胶结程度越强、细观结构越致密，变形模量越大，将图 5-13 中阶段Ⅱ的最后一次加载的变形模量与阶段Ⅰ的加载变形模量相比，得到各试件的变形模量比，将其归一化处理后如图 5-14（b）所示。可知，变形模量比与峰值强度的变化曲线具有较好的一致性，循环次数较低时，变形模量减小，试件力学性能降低，转单调加载后峰值强度降低；循环次数较高时，变形模量增

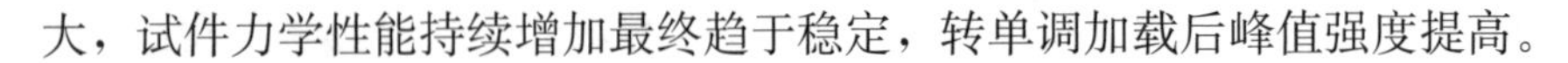

大，试件力学性能持续增加最终趋于稳定，转单调加载后峰值强度提高。

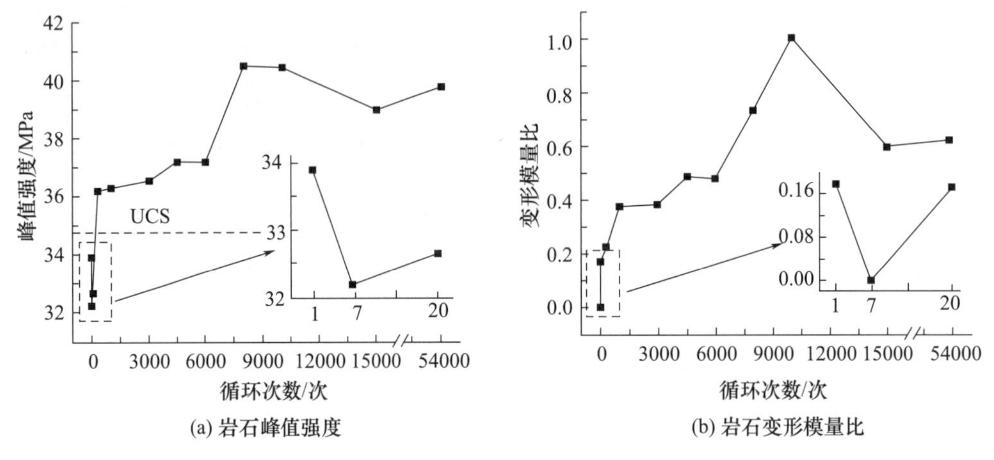

(a) 岩石峰值强度　　(b) 岩石变形模量比

图 5-14　岩石力学性质

图 5-15 为各试件轴向应变率（图 5-13 中相邻上限荷载点间轴向应变的差值）随循环次数的变化曲线，图 5-16 为图 5-14 曲线上各点切线的斜率。可知：①当循环次数较少时（0～50 次），轴向（体积）应变率随循环次数增加呈对数函数迅速变化，曲线上各点切线的斜率较大，但随着循环次数增加，斜率的绝对值不断变小，说明循环次数越大，循环造成的轴向压缩量与体积膨胀量越小；②随着循环次数增多（50～100 次），轴向（体积）应变率与其切线的斜率皆逐渐趋于零；③当循环次数较高时（大于 100 次），轴向（体积）应变率围绕零点上下波动，轴向（体积）应变率与切线的斜率基本为零，试件轴向压缩速率大幅降低，体积几乎不变。

上述规律与泥质石英粉砂岩胶结物含量少、胶结程度差、孔隙率高的特质有关，在近疲劳强度循环荷载作用下，当循环次数较少时可恢复孔隙、微裂纹迅速闭合，试件轴向不断压缩，试件内部的部分软弱界面和岩石颗粒等弱胶结结构断裂破坏并发展，试件环向变形增大、体积膨胀；当循环次数较高时，内部新生裂缝摩擦面由于剪切滑移不断产生碎屑颗粒，而在应力卸载过程中碎屑颗粒脱落把周围空隙填满，岩石内部摩擦力增大，实际接触面积持续增加，抵抗变形的能力不断提升，循环过程中岩石轴向应变与体应变增长速率逐渐减小，并在达到峰值后稳定在相应的变形量。

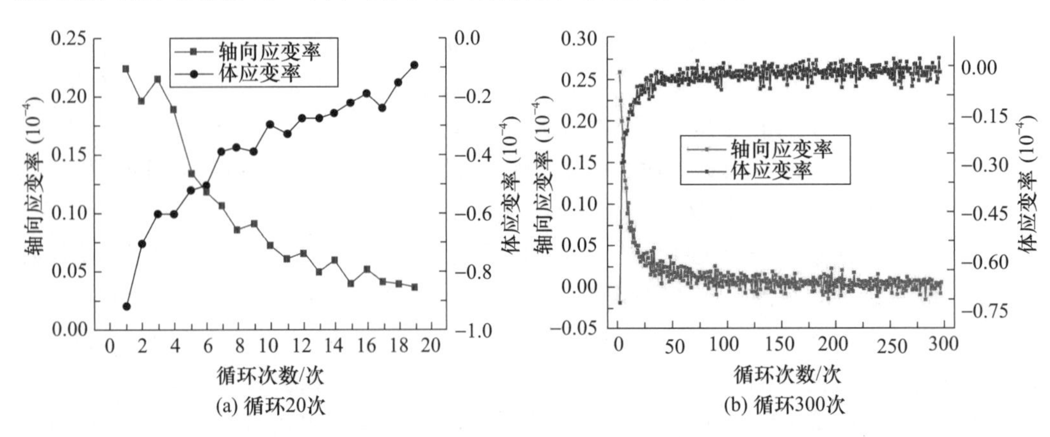

(a) 循环20次　　(b) 循环300次

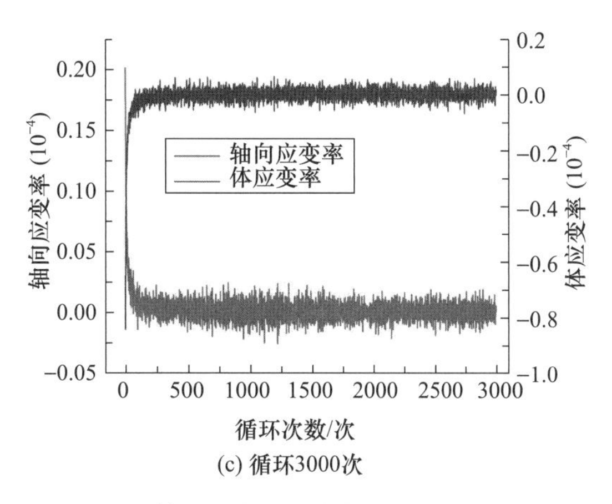

(c) 循环3000次

图 5-15　轴向（体积）应变率与循环次数关系

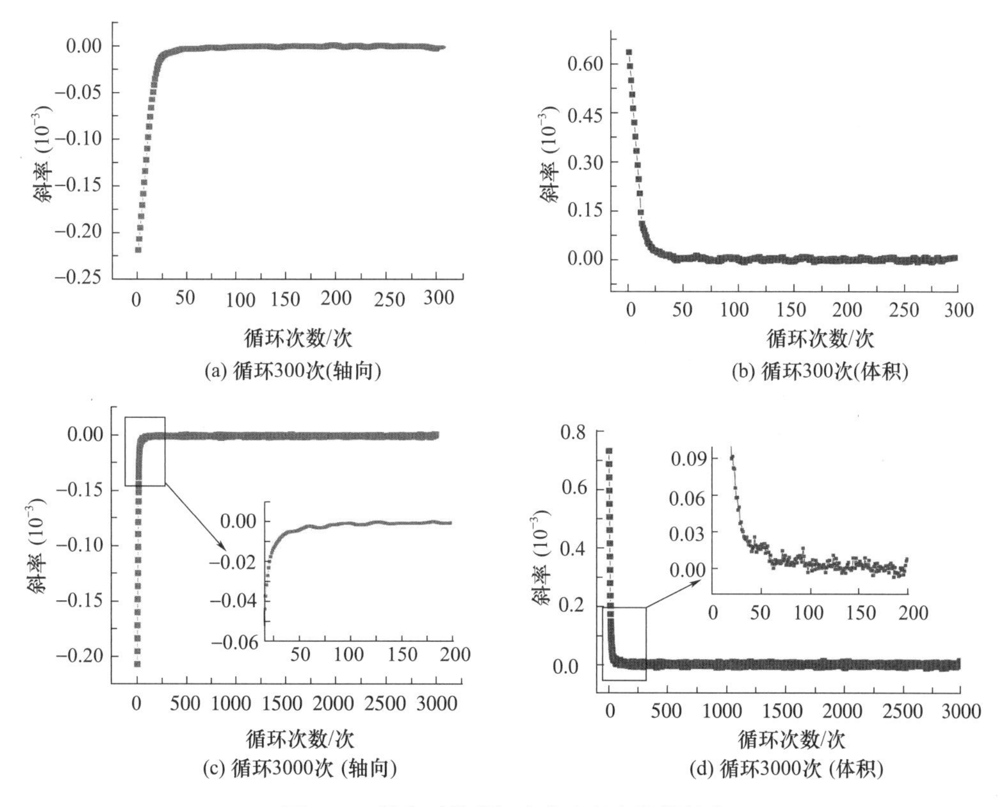

(a) 循环300次(轴向)　(b) 循环300次(体积)

(c) 循环3000次 (轴向)　(d) 循环3000次 (体积)

图 5-16　轴向（体积）应变率各点切线斜率

结合图 5-14 中各试件峰值强度与循环次数的关系，可根据每次循环后轴向应变与体应变的变化规律，判断粉砂岩的强度特征。当一次循环后试件轴向压缩、体积膨胀时，试件力学性能降低、发生劣化，峰值强度小于 UCS；当一次循环后轴向应变与体应变几乎不变时，试件抵抗变形的能力增强，岩石发生强化，峰值强度大于 UCS。因此在近疲劳强度循环荷载作用下，可认为当一次循环后轴向（体积）变形从压缩（膨胀）转为几乎不变时，粉砂岩的强度从劣化转为强化。

5.3.2 变形演化规律

1）循环加卸载转单调加载应力-应变曲线

上限荷载为55kN时，部分泥质石英粉砂岩试件的循环加卸载转单调加载应力-应变曲线如图5-17所示。

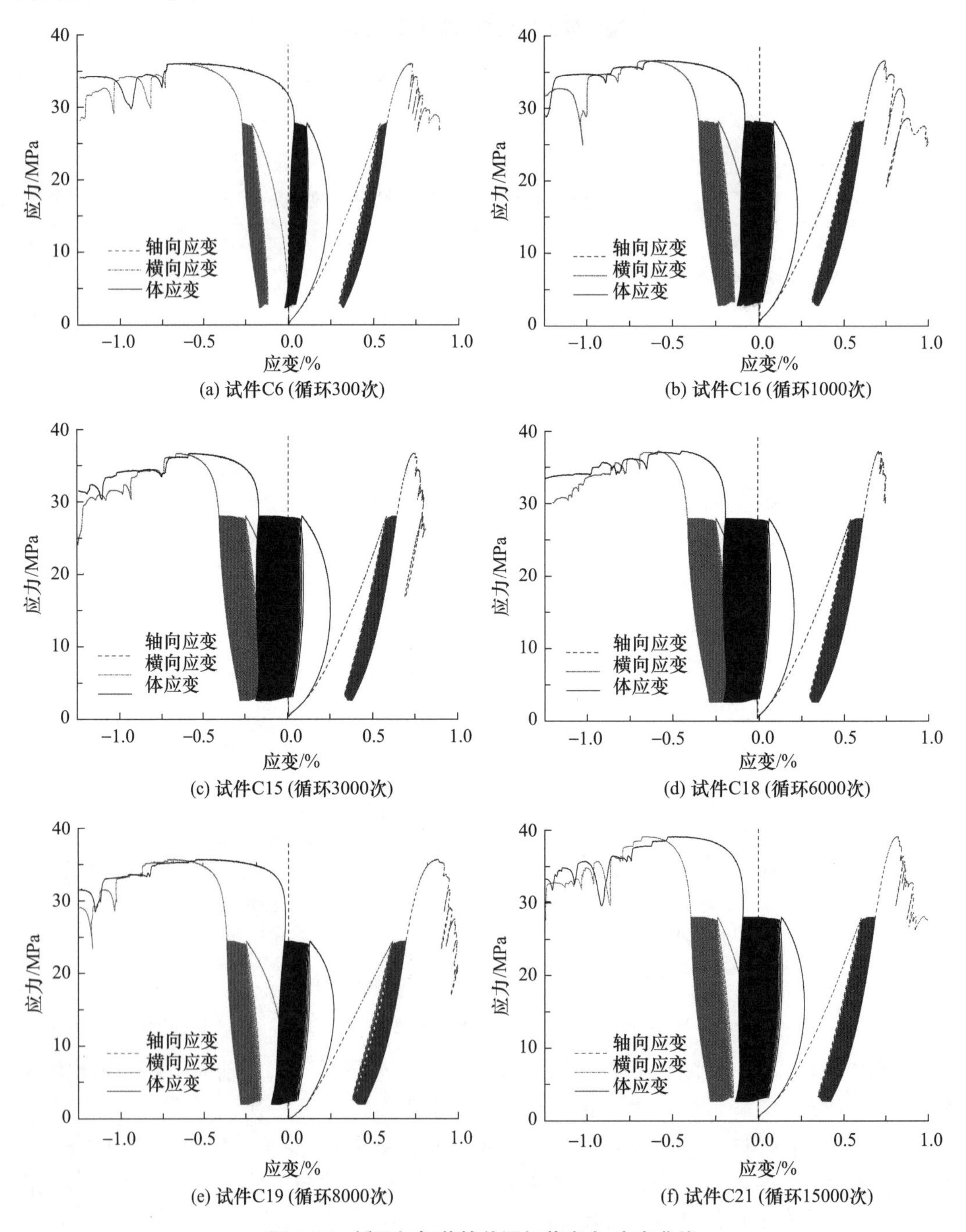

图5-17 循环加卸载转单调加载应力-应变曲线

2）滞回环和残余应变

以循环 15000 次的试件 C21 为例，上限荷载为 55kN 时泥质石英粉砂岩不同循环次数的滞回环如图 5-18 所示。可以看出：①应力-轴向应变滞回环加载和卸载曲线均呈新月形，而且随着循环次数的增加，加载和卸载曲线的曲率均先快速增大后趋于稳定，呈“倒L”形演化规律，而卸载轴向应变曲线的曲率显著大于加载曲线。②每次循环加卸载曲线形成的滞回环在下限荷载处不闭合，其开口程度可用残余应变率定量表示，如图 5-19 所示，残余应变率在循环加卸载初始阶段相对较大，随着循环次数增加迅速衰减，最终在 10^{-6}～10^{-7}量级附近小幅度震荡，呈“L”形发展趋势。③如图 5-20 所示，应力-轴向应变滞回环的应变振幅（单次循环最大应变和最小应变之差的一半）随循环次数先快速增大后缓慢降低，说明近疲劳强度循环加卸载初期泥质石英粉砂岩发生应变软化，随着循环次数的增加，岩石应变软化效应由强变弱并逐渐过渡为应变硬化。④如图 5-17（b）和图 5-18 所示，第 1 次等速率加载阶段泥质石英粉砂岩处于体积压缩状态；随着循环次数的增加，岩石轴向变形趋缓，单次循环的横向变形速率大于轴向变形速率（图 5-18），岩石体积变形逐渐由压缩转为膨胀，并于循环 800 次后完全进入体胀状态［图 5-17（b）］；此外，循环加卸载过程中试件的扩容点应力随扩容点体应变呈线性降低。

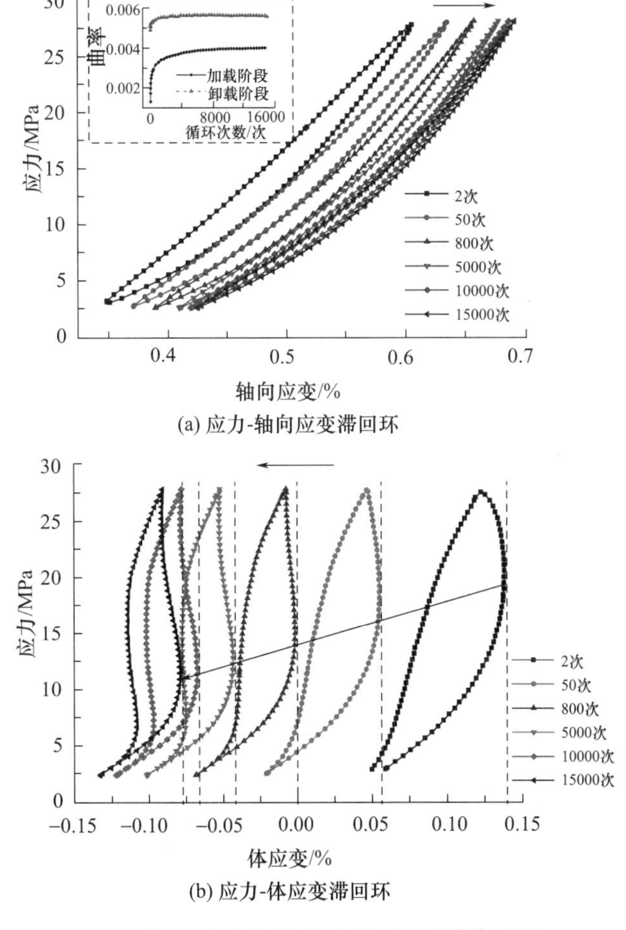

(a) 应力-轴向应变滞回环

(b) 应力-体应变滞回环

图 5-18　不同循环次数的滞回环（试件 C21）

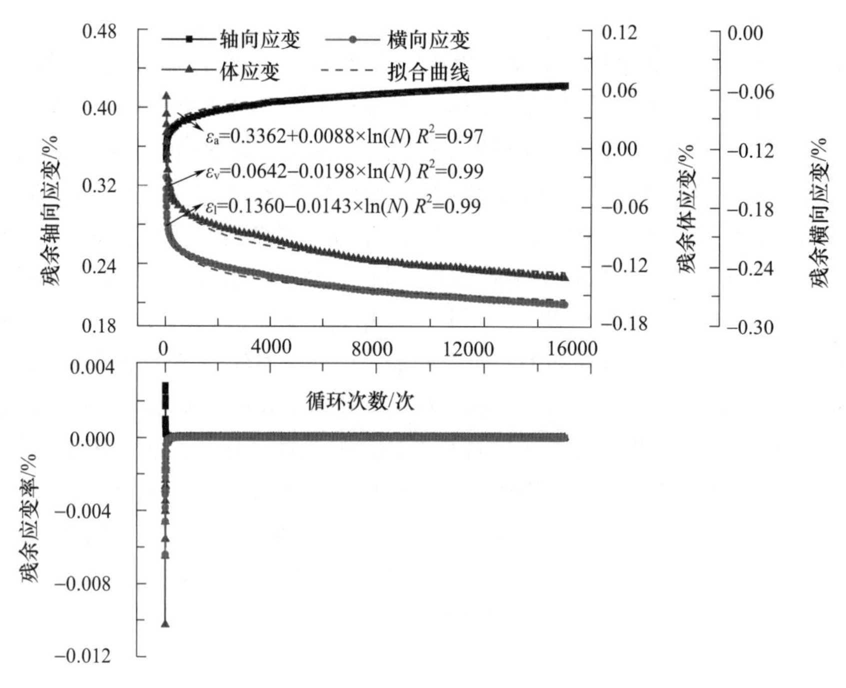

图 5-19 应变随循环次数演化曲线（试件 C21）

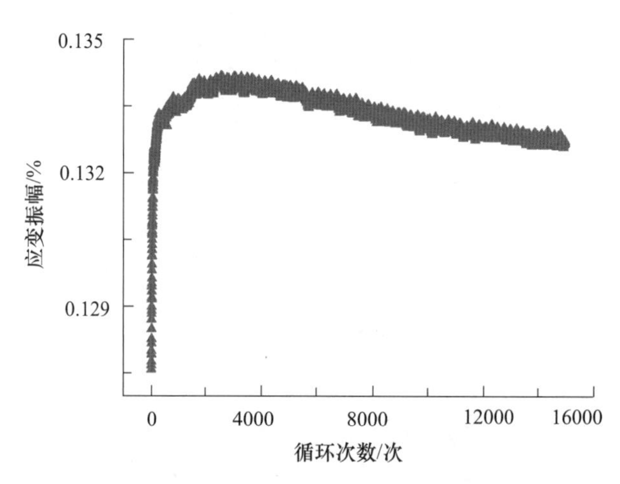

图 5-20 轴向应变振幅随循环次数演化曲线（试件 C21）

3）峰值处应变比和单调加载应变比

图 5-21 为试件 C12～C22 的峰值处应变比和单调加载应变比随循环次数的变化曲线。可以看出：峰值处应变比和单调加载应变比范围分别为 0.89～1.21 和 0.52～0.65，当循环次数较少（1～20 次）时，循环加卸载转单调加载试验峰值处轴向总应变小于单轴压缩试验峰值处轴向应变，峰值处应变比和单调加载应变比均先降低后提升；随着循环次数的增加，峰值处应变比和单调加载应变比分别稳定于 1.02 和 0.58 附近。说明泥质石英粉砂岩在经过一定次数近疲劳强度循环荷载后转单调加载峰值处总应变与单轴压缩试验峰值处应变相当，所以可近似将单轴压缩试验峰值处应变作为岩石近疲劳强度循环荷载转单调加载变形破坏的参考量值，此外，循环末次下限单调加载至峰值强

度的轴向应变显著降低，说明近疲劳强度循环荷载使泥质石英粉砂岩抵抗变形的能力显著提升，这方面将结合循环加卸载过程中柔量变化规律做进一步分析。

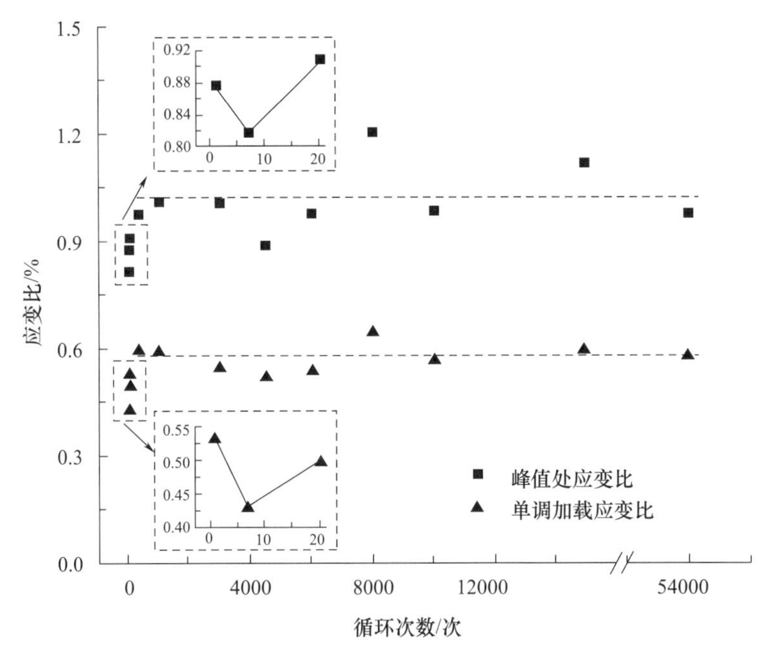

图 5-21　试件 C12～C22 峰值处应变比和单调加载应变比

5.3.3　加载、卸载柔量演化特征

柔量$\Delta\dot{\varepsilon}_i^{\pm}$是表征加载或卸载过程中岩石变形难易程度的物理量，即增加或减小单位应力时的应变增量（单位：MPa^{-1}）。

$$\Delta\dot{\varepsilon}_i^{\pm}=\frac{\Delta\varepsilon_i^{\pm}}{\Delta\sigma} \tag{5-4}$$

式中　　　$\Delta\sigma$——应力增量；

$\Delta\dot{\varepsilon}_i^{\pm}$（$i=a$，$v$）——加载或卸载过程中轴向或体应变增量。

1）轴向应变加载与卸载柔量

图 5-22 为试件 C21 不同循环次数的应力与轴向应变、轴向应变加载和卸载柔量与轴向应变的关系曲线，可以看出：①每次循环加载阶段轴向应变加载柔量$\Delta\dot{\varepsilon}_a^{+}$随轴向应变呈先增大后近似线性衰减的变化趋势，而且随着循环次数的增加，$\Delta\dot{\varepsilon}_a^{+}$衰减速率逐渐增大并趋于一致；临近下限荷载处$\Delta\dot{\varepsilon}_a^{+}$随循环次数呈线性递增趋势，而不同循环次数时上限荷载附近的$\Delta\dot{\varepsilon}_a^{+}$趋于一致。②每次循环卸载阶段轴向应变卸载柔量$\Delta\dot{\varepsilon}_a^{-}$随应变恢复加速增大，而且$\Delta\dot{\varepsilon}_a^{-}$整体随循环次数逐渐提升并趋于一致。

这是因为：①如图 5-23 所示，每次循环加载初期，岩石内部粗糙接触面间实际接触面积远小于表观接触面积，从而产生较高的局部应力使部分可恢复孔隙、微裂纹迅速闭合，该阶段轴向应变加载柔量$\Delta\dot{\varepsilon}_a^{+}$增大；随着加载应力的增大，粗糙接触面上的颗粒发生损伤破裂或摩擦滑动，实际接触面积持续增加，此时颗粒接触黏合滞后对岩石变形发展的影响越来越大，岩石滞后效应逐渐增强，岩石抵抗变形的能力不断提升，变形速率由快变慢，该阶段$\Delta\dot{\varepsilon}_a^+$随应变呈近似线性衰减。②卸载初期，岩石实际接触面积较大，滞后效应突出，同时受加载阶段滞后应变累加，变形恢复速率较为缓慢；随着卸载应力的减小，由于矿物颗粒的回弹以及部分可恢复孔隙、微裂纹的张开，致使矿物颗粒间黏附力和接触面摩擦力迅速减弱，岩石变形加速恢复，此时，$\Delta\dot{\varepsilon}_a^-$随应变恢复加速增大。

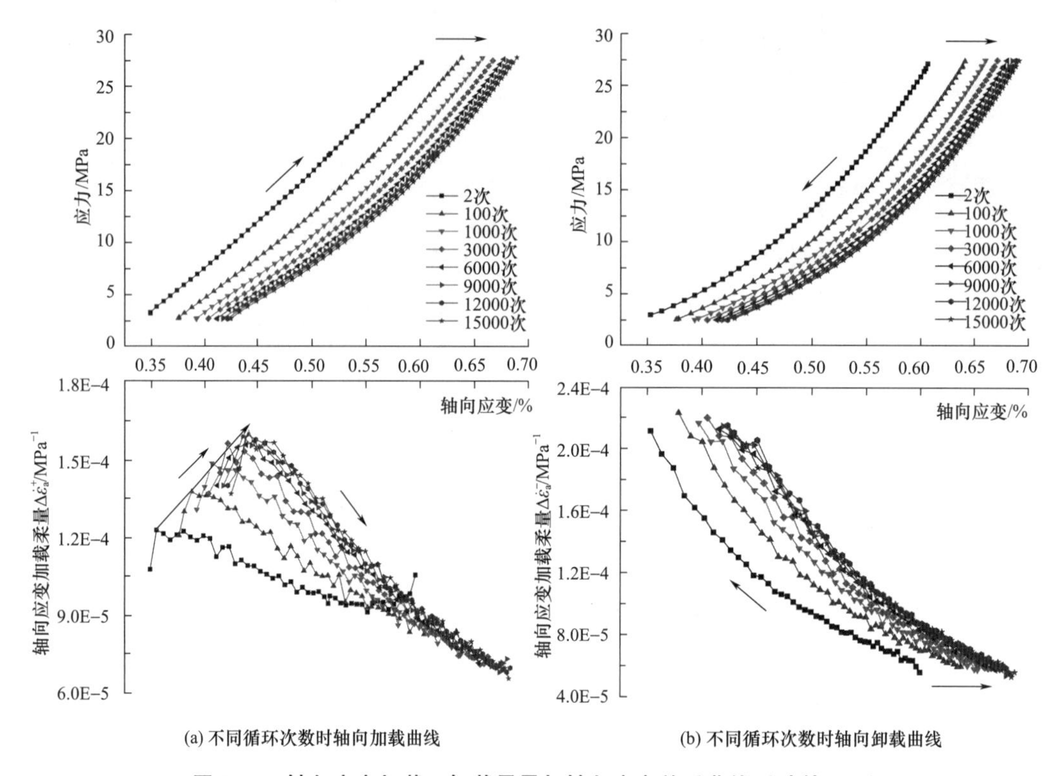

图 5-22　轴向应变加载、卸载柔量与轴向应变关系曲线（试件 C21）

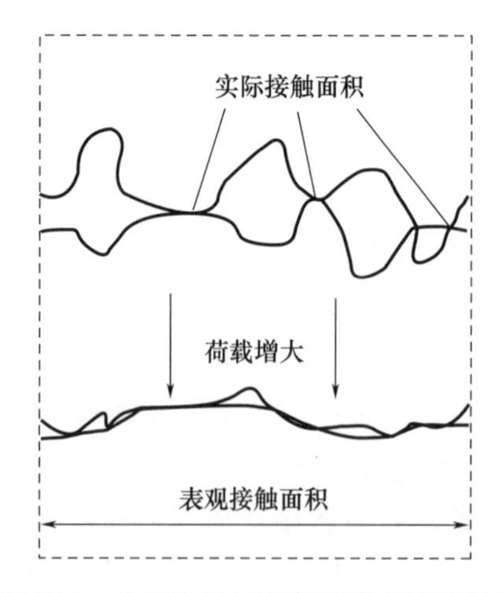

图 5-23　岩石实际与表观接触面积示意图

2）体应变加载与卸载柔量

图 5-24 为试件 C21 不同循环次数的应力与体应变、体应变加卸和卸载柔量与体应变的关系曲线，可以看出：①当循环次数约为 1000 次前后，体应变加载曲线由先体缩至扩容点后体胀的两阶段变形特征过渡为先体缩至扩容点后体胀再轻微体缩的三阶段变形特征；如图 5-25 所示，单次循环加载阶段的体缩量逐次减小，而体胀量先迅速减小后缓慢增大，体缩量大于体胀量。②与轴向应变加载柔量类似，每次循环加载初期体应变加载柔量$\Delta\dot{\varepsilon}_v^+$有所增大；随着加载应力增大，体缩量增加，岩石抵抗变形能力增强，所以$\Delta\dot{\varepsilon}_v^+$快速减小，至扩容点时$\Delta\dot{\varepsilon}_v^+=0$；随着加载应力继续增大，岩石由体缩转为体胀；进入体胀阶段，当循环次数较小时，体胀速率较快，$|\Delta\dot{\varepsilon}_v^+|$逐渐增大，随着循环次数的增加，岩石内部结构趋于均匀，横向与轴向变形趋缓，体胀速率放慢，$\Delta\dot{\varepsilon}_v^+$呈“弯钩”形演化趋势［图 5-24（a）］。③当循环次数约为 1000 次时，体应变卸载曲线由持续体胀向先体胀后轻微体缩再体胀的变化过程发展，单次循环卸载阶段体胀量大于体缩量。④单次循环体应变卸载柔量$\Delta\dot{\varepsilon}_v^-$整体随体应变发展呈先减小后增大的“V”形演化趋势。卸载初期，轴向与横向变形恢复速率比逐渐变小，$\Delta\dot{\varepsilon}_v^-$不断降低；随着卸载应力的减小，与该阶段轴向应变快速恢复机理一致，$\Delta\dot{\varepsilon}_v^-$随体应变恢复加速增大。⑤如图 5-24 所示，体应变加载、卸载曲线下限荷载处的$\Delta\dot{\varepsilon}_v^+$、$\Delta\dot{\varepsilon}_v^-$均与其对应的残余体应变近似呈线性正相关关系，而残余应变是表征岩石损伤变量的一个重要指标，由此可见，下限处体应变加载和卸载柔量可以用于反映循环加卸载过程中岩石的损伤累积进程。

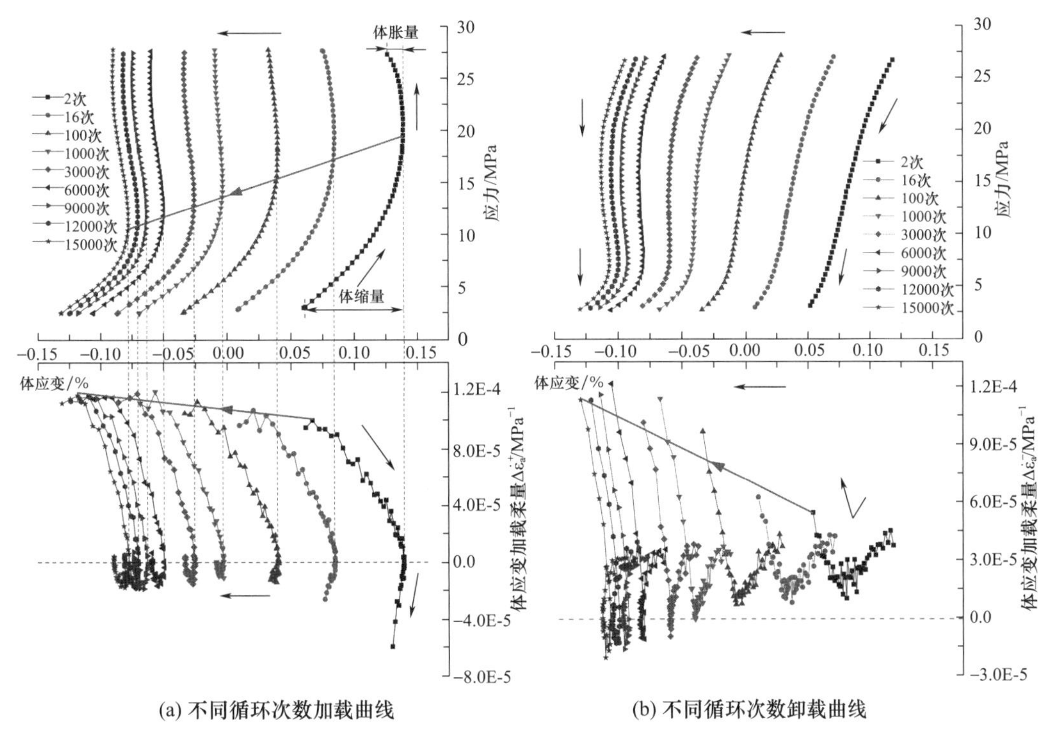

(a) 不同循环次数加载曲线　　(b) 不同循环次数卸载曲线

图 5-24　体应变加载、卸载柔量与体应变关系曲线（试件 C21）

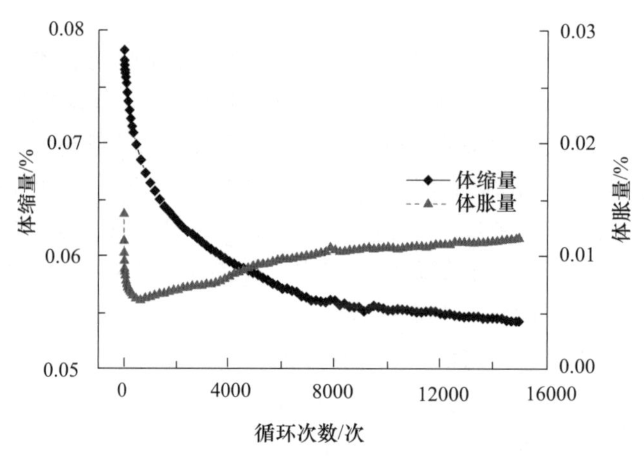

图 5-25　循环加载阶段体缩量与体胀量随循环次数变化曲线（试件 C21）

5.3.4　基于循环扩容点应力的岩石峰值强度预测公式

1）近疲劳强度循环荷载下峰值强度变化特征

上限荷载为 55kN 时，循环加卸载转单调加载试验结果以及自循环末次下限荷载单调加载至峰值强度的应力-轴向应变曲线分别如表 5-4 和图 5-26 所示。可见：①循环荷载作用后泥质石英粉砂岩的单调加载峰值强度随循环次数的增加呈现先小幅降低再持续升高最后趋于稳定的变化特征，与近疲劳强度循环荷载下峰值处应变比和单调加载应变比的变化规律相一致。②当循环次数较少（1～20 次）时，近疲劳强度循环荷载后岩石的单调加载峰值强度小于 UCS，该阶段峰值强度先降低后升高，最小峰值强度较 UCS 降低 7.35%。③当循环次数大于 7 次时，近疲劳强度循环荷载后岩石单调加载峰值强度随循环次数的增加持续增大，并由小于 UCS 逐渐大于 UCS，最大峰值强度达 40.52MPa，增幅较 UCS 高 16.57%。当循环次数大于一定量值后，近疲劳强度循环荷载后岩石单调加载峰值强度整体趋于稳定，增幅较 UCS 高 13.32%。

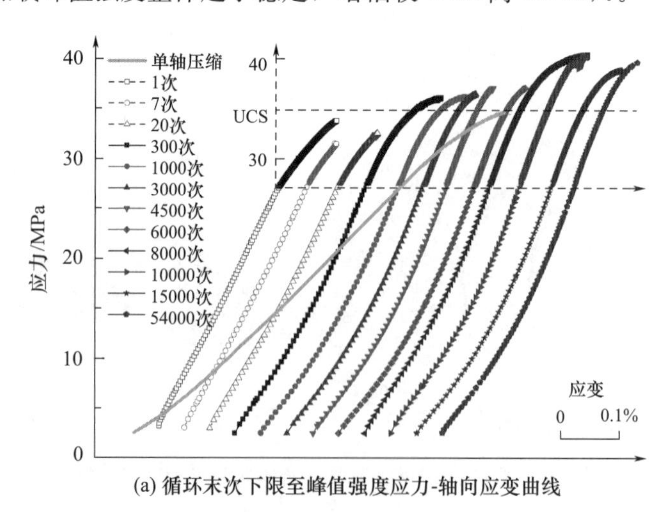

(a) 循环末次下限至峰值强度应力-轴向应变曲线

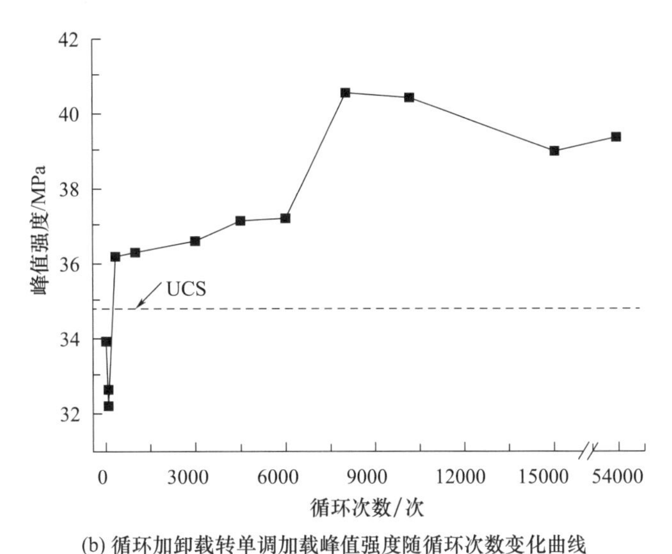

(b) 循环加卸载转单调加载峰值强度随循环次数变化曲线

图 5-26　循环加卸载转单调加载峰值强度随循环次数变化曲线（F_{max}＝55kN）

2）弹性模量和横向-轴向应变比演化规律

以试件 C21 为例，上限荷载为 55kN 时泥质石英粉砂岩的弹性模量和横向-轴向应变比随循环次数的演化曲线如图 5-27 所示，可以看出：弹性模量在第 2 次循环显著增大后增幅渐缓，并于第 4 次循环开始下降，下降速率先快后慢，随着循环次数的继续增加，弹性模量逐次缓慢增大。而横向-轴向应变比随循环次数表现为先快速上升后缓慢稳定增长。对于上限荷载 55kN 下的弹性模量和横向-轴向应变比演化机制，“4.3.2 弹性模量和横向-轴向应变比演化规律”已经进行详细分析，在此不再赘述。

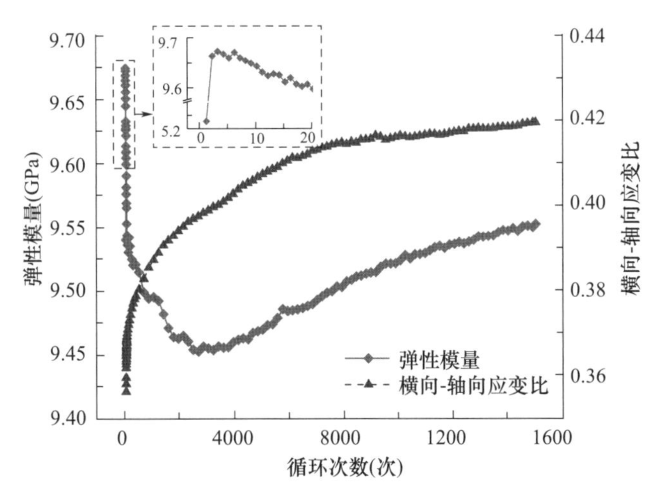

图 5-27　弹性模量和横向-轴向应变比随循环次数演化曲线（试件 C21）

3）基于循环末次扩容点应力的峰值强度预测公式

试件 C21 每次循环扩容点应力-体应变的关系如图 5-28 所示。经统计，每次循环加载阶段的扩容点应力与扩容点体应变呈线性负相关关系（图 5-28）。而赵星光等[52]发现花岗岩的扩容点应力随体应变先迅速衰减后趋于恒定的发展规律，Fu 等[77]发现循环加卸载过程中大理岩的扩容点应力随体应变呈先增大后减小的变化特征。以上说明多孔弱胶结岩石扩容点应力的线性变化特征与致密硬岩（如花岗岩、大理岩）扩容点应力的非线性变化趋势具有明显差异。

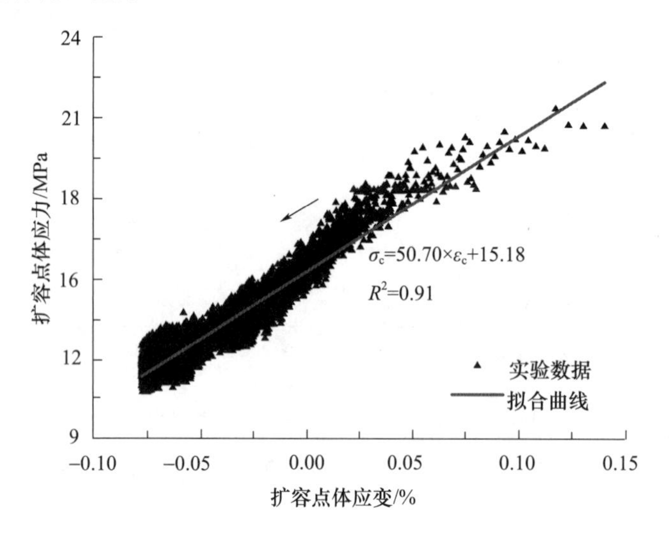

图 5-28　每次循环扩容点应力-体应变关系（试件 C21）

试件 C12～C21 循环末次单调加载阶段扩容点应力 σ_c 与峰值强度 σ_f 的比值以及试件 C21 每次循环加载阶段扩容点应力 σ_c 与扩容点体应变 ε_c 随循环次数的演化曲线如图 5-29 所示，可以看出：近疲劳强度循环荷载作用下试件 C21 的扩容点应力由第 1 次循环的 15.86MPa 提升到第 2 次循环的 20.62MPa，之后随循环次数的增加呈先快速降低后缓慢减小的变化趋势；扩容点体应变随循环次数的增加也表现为先快速减小后缓慢衰减的演化规律。这是因为：第 1 次循环等速率加载阶段试件内部部分原生可压缩孔隙和微裂隙被压密闭合，岩石轴向变形显著，横向变形较小，虽然扩容点处体应变较大，但该次循环弹性模量较小，所以扩容点应力较小；第 2 次循环岩石轴向塑性变形减小，横向变形增大，扩容点处体应变减小，但该循环弹性模量较第 1 次循环迅速提升，所以扩容点应力增大。随着循环次数的增加，加载阶段轴向塑性可压缩量逐渐减小，受高应力荷载对沿轴向裂隙的张拉作用，次生裂隙先增多然后逐渐减少，横向与轴向应变速率比（横向-轴向应变比）先增大后趋于缓慢稳定增长（图 5-27），而该阶段弹性模量虽略有上升或下降，但整体变化幅度很小，所以扩容点应力随着扩容点体应变在保持短暂稳定后迅速降低然后逐渐放缓。由此可见，随循环次数增加，岩石内部累积损伤增加，被压密的裂隙及次生裂隙更易在低应力状态被激活，扩容点应力降低。另外，初始几次循环扩容点应力受弹性模量变化影响较大，随着循环次数增加，弹性模量变化不大时，扩容点应力受横向-轴向应变比主导。

如图 5-29 所示，试件 C12～C21 循环末次扩容点应力与峰值强度的比值服从对数函数分布，该分布函数与试件 C21 不同次数循环加载阶段扩容点应力以及扩容点体应变的变化规律相吻合；因此，根据不同试件循环末次扩容点应力与峰值强度比值的对数函数关系，可以推导出近疲劳强度循环荷载后转单调加载的泥质石英粉砂岩峰值强度预测公式。

$$\sigma_f=\frac{\sigma_c}{0.66-0.42\ln N} \tag{5-5}$$

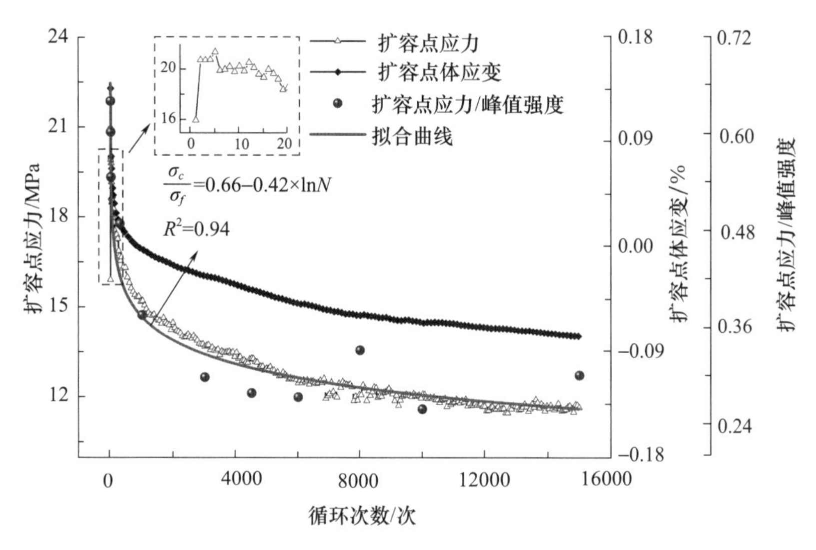

图 5-29　扩容点应力、扩容点体应变与循环次数关系

5.4　近疲劳强度循环荷载下泥质石英粉砂岩声发射特征

5.4.1　声发射时序参数和频谱特征

1）近疲劳强度循环加卸载过程中的 AE 振铃计数和 AE 能量

AE 振铃计数与能量是表征岩石裂隙发展特征的有效参数，图 5-30 和图 5-31 分别为循环加卸载过程中试件 AE 振铃计数和能量与循环次数的关系曲线。可见，AE 振铃（能量）计数与轴向（体积）应变率的变化规律具有极高的相似性，且表现出一定的阶段性，即：①当循环次数较低时，循环加载时岩石试件内部结构损伤，产生了新的裂纹，声发射活动频繁，累计振铃计数、累计能量曲线随循环次数增加呈阶梯式上升，且循环次数越大，增加的幅度越小，与图 5-15 中轴向（体积）应变率的变化规律相同；②随着循环次数增加，新产生的裂纹又被压密，循环产生的振铃计数与能量逐渐减少，累计振铃计数、累计能量曲线增速变缓；③由于加载强度并未达到疲劳强度，岩石内部的裂隙并不会有较大的发展，当循环次数较高时，岩石内部结构分布趋于均匀，孔隙基本完全压密闭合，一次循环产生零星的声发射事件，累计振铃计数、累计能量曲线几乎不变。

2）近疲劳强度循环加卸载后的 AE 振铃计数

近疲劳强度循环加卸载不同次数后转单调加载段的应力、AE 振铃计数与轴向应变关系曲线如图 5-32 所示。可见，当循环次数较少（1～20 次）时，上限荷载 55kN 之前的应力-轴向应变曲线表现出良好的线性特征，声发射信号间断出现，高于上限荷载后的声发射信号持续大量增加。当循环次数较多（300～15000 次）时，各试件的应力-轴向应变曲线特征相似，声发射演化规律包括声发射平静期、发展期和高峰期 3 个阶段。经高次数近疲劳强度循环荷载作用后岩石内部趋于均匀，在较低应力下只有极少数微裂隙重新闭合和极弱微破裂发展，AE 振铃计数几乎为 0，累计 AE 振铃计数基本无增长；当加载应力超过上限荷载后，岩石内部微裂纹开始萌生发展并发生局部微破裂，累计 AE 振铃计数呈快速增长趋势，并伴有密集声发射信号产生；随着加载应力的继续增大，局部微裂纹快速发展、贯通形成大尺度裂隙，高幅值声发射信号密集出现，累计 AE 振铃计数陡增。当循环次数为 8000 次时，试件的峰前声发射信号数量明显降低，而该循环次数下近疲劳强度循环加卸载后试件的峰值强度最大，因此，可根据声发射信号的强弱判断岩石的强度特征。

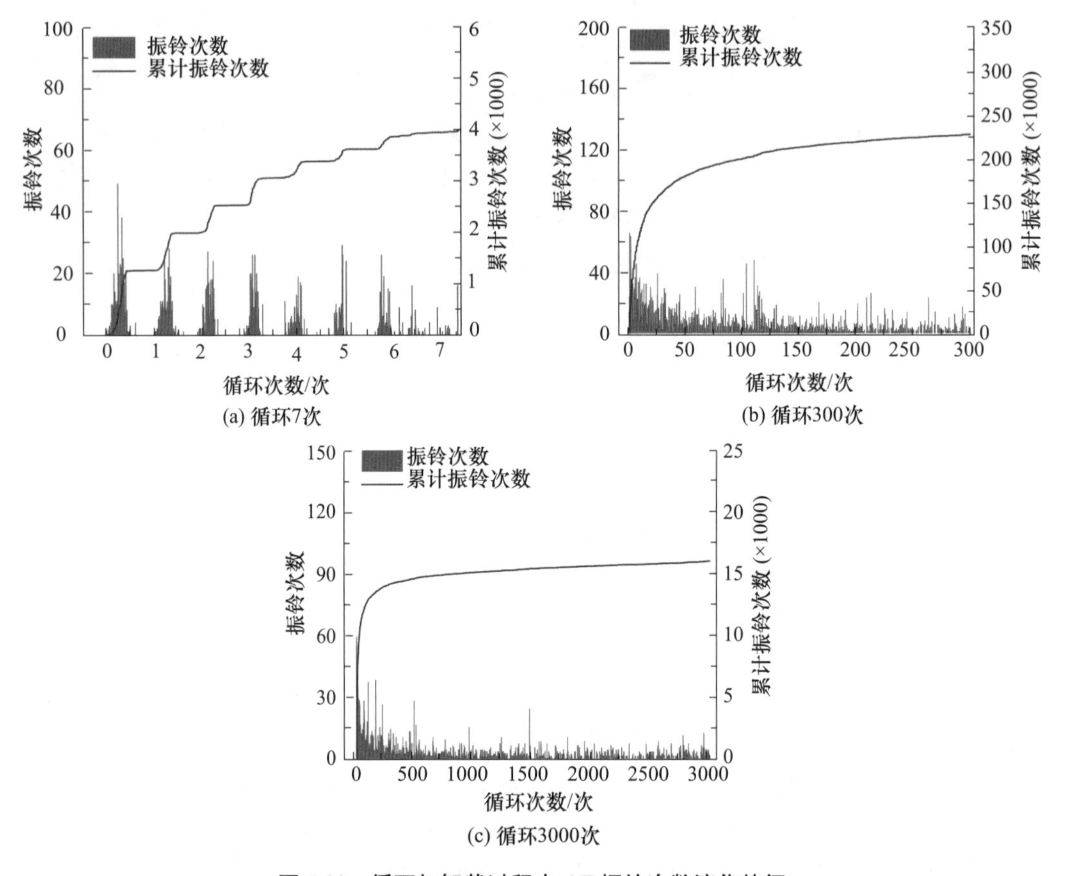

图 5-30　循环加卸载过程中 AE 振铃次数演化特征

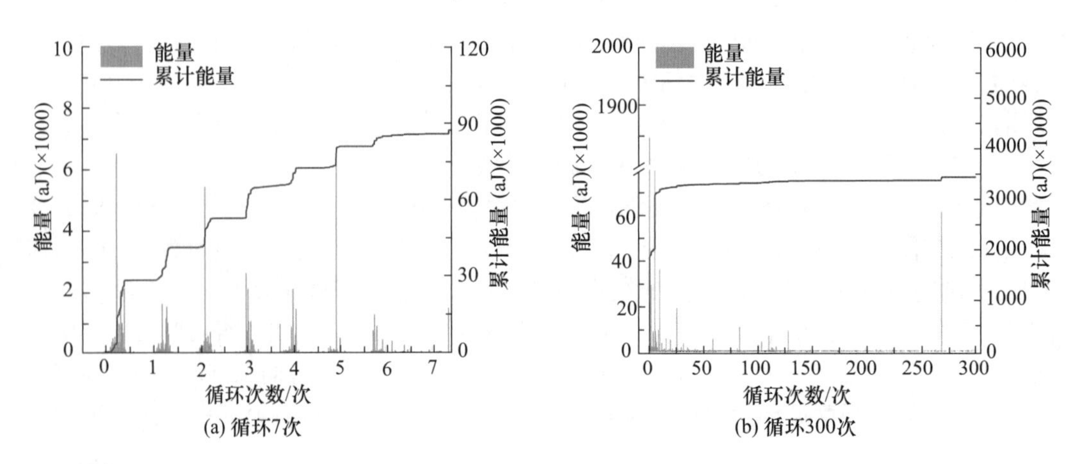

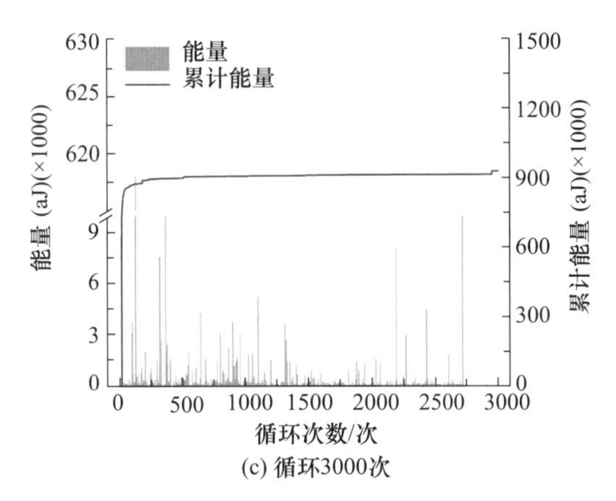

(c) 循环3000次

图 5-31 循环加卸载过程中 AE 能量演化特征

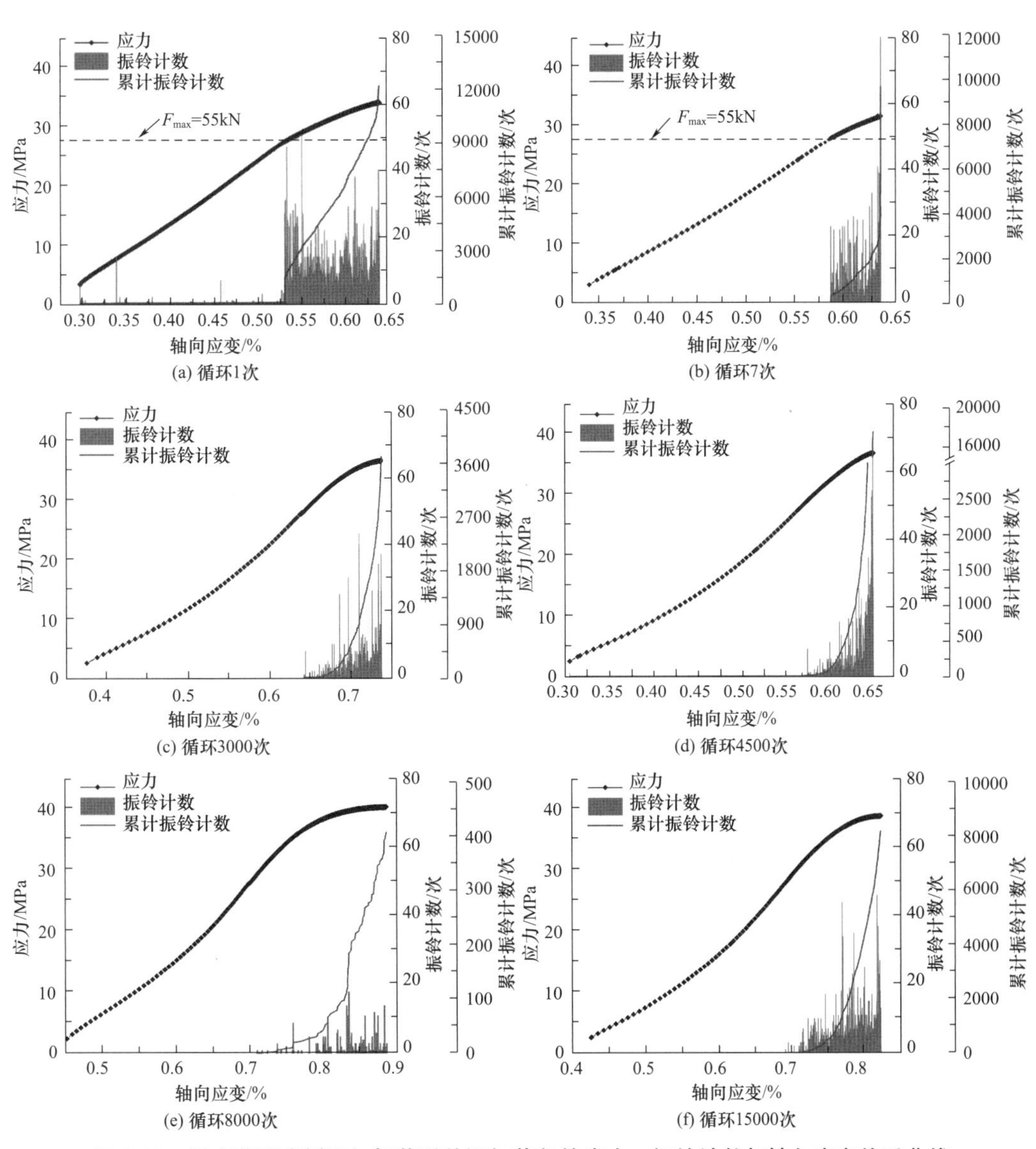

(a) 循环1次
(b) 循环7次
(c) 循环3000次
(d) 循环4500次
(e) 循环8000次
(f) 循环15000次

图 5-32 近疲劳强度循环加卸载后单调加载段的应力、振铃计数与轴向应变关系曲线

3）近疲劳强度循环加卸载后的峰值频率

岩石破裂过程中裂隙开裂的规模、尺度以及模式直接影响 AE 信号的波形特征，因此分析 AE 峰值频率可为岩石破裂演化机制分析及破裂过程阶段性预测提供依据。循环加卸载后的单调加载（图 5-1 中阶段Ⅲ）的 AE 峰值频率分布如图 5-33 所示，根据各个峰值频率范围内声发射事件的多少可以将粉砂岩的声发射峰值频率划分为低频（0kHz～125kHz）、中频（125kHz～225kHz）、高频（225kHz～400kHz）三个频带。其中低频信号对应大尺度裂纹，高频信号对应小尺度裂纹。以图 5-33（a）为例，可知对于单个试件来说，在单调加载前期，低、中、高频区的声发射信号数量稳定，应力增大至接近峰值强度时，中、低频区的声发射信号大幅增加，即大尺度裂纹逐渐发展，并最终贯通导致试件破裂，因此可将低、中频区的声发射信号大幅增加视为岩石受压破裂的先兆。此外，临近破坏时低、中、高频声发射信号同时存在，说明岩石裂纹萌生、发展、贯通成宏观大裂纹并非依次发生而是相伴发生，不同类型、尺度裂纹的产生具有同步性。

对于图 5-33（a）～图 5-33（f），随着循环次数增加，近疲劳强度循环加卸载后泥质石英粉砂岩的低频与中频信号的带宽和密集度逐渐减小，高频带信号更为集中。剪切裂纹释放的声发射信号具有衰减慢、低频特征，拉伸破坏下岩石破裂信号包含更多高频成分。因此可以认为，当循环次数较低（1～20 次）时，循环加卸载后泥质石英粉砂岩的振动频率范围宽，低频与中频信号比例高，说明此时岩石的均匀性和密实性较差，裂

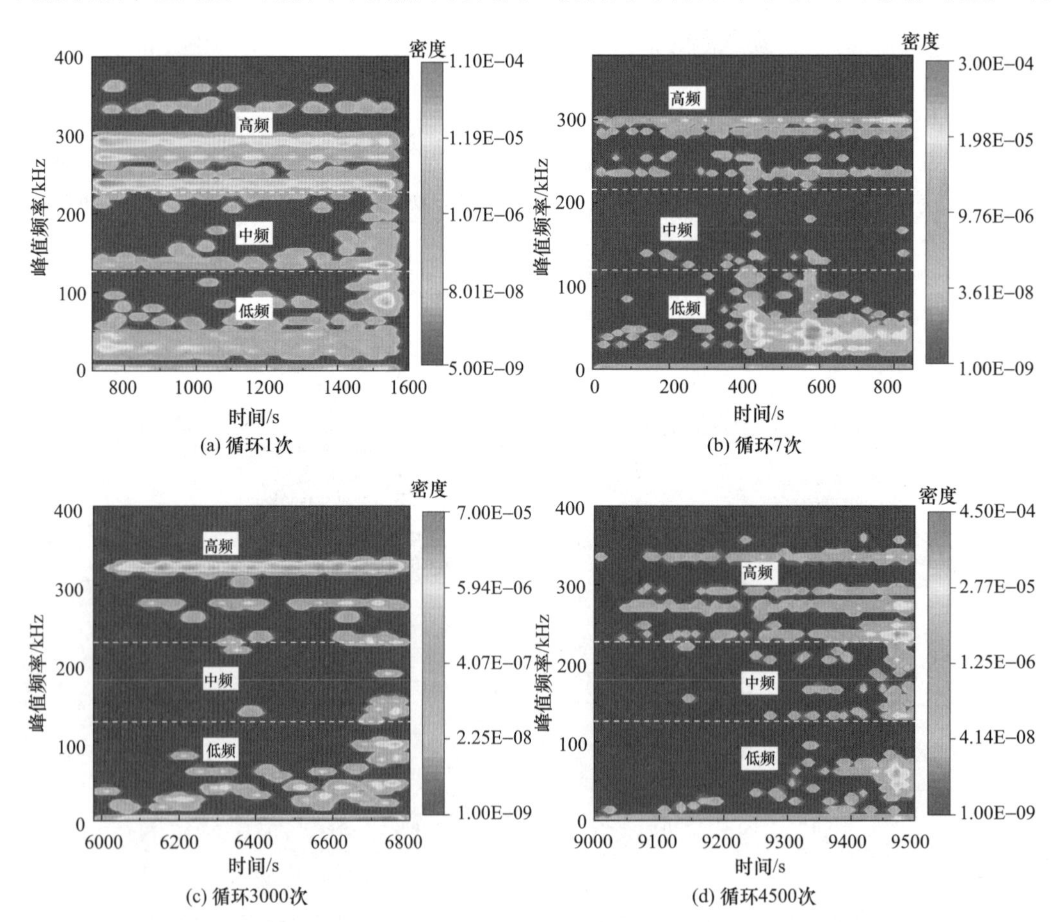

(a) 循环1次

(b) 循环7次

(c) 循环3000次

(d) 循环4500次

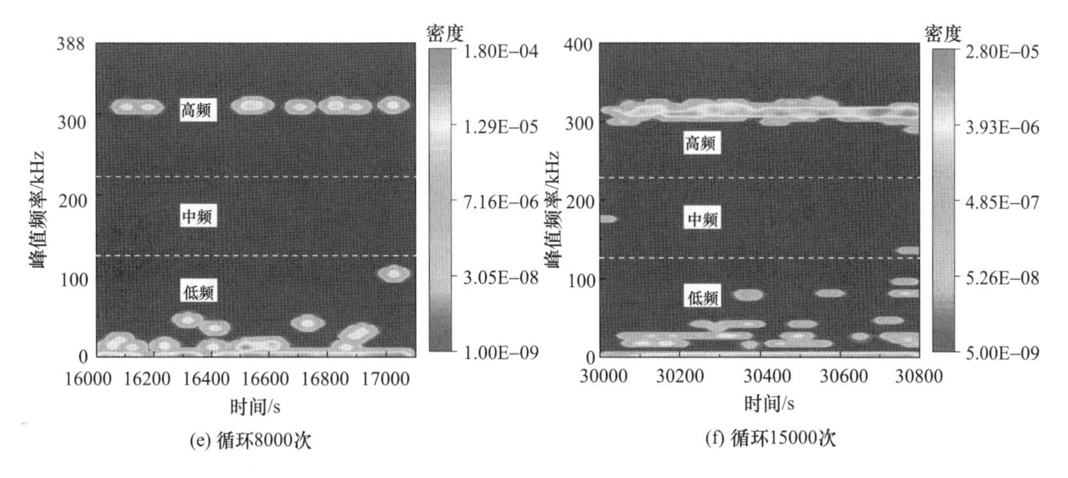

(e) 循环8000次

(f) 循环15000次

图 5-33　近疲劳强度循环加卸载后单调加载段的声发射峰值频率分布特征

隙破裂尺度大，裂纹以剪切裂纹为主；当循环次数较高（300～15000 次）时，低频信号减少，中频带几乎没有 AE 信号产生，信号以高频信号为主，说明此时岩石内部裂隙破裂尺度小，张拉裂纹比例增加，说明高次数的近疲劳强度循环加卸载作用减小了岩石微裂纹的尺度，将裂纹形式由剪切裂纹为主转变为剪切-拉伸的复合裂纹。

5.4.2　声发射震源分布与岩样破坏形态

近疲劳强度循环荷载下不同次数的 AE 震源分布与岩样实际破坏形态如图 5-34 所示，在 AE 定位图中，①为常规加载阶段，②为循环加卸载阶段，③为单调加载至破坏阶段；定位图中蓝色小直径球体表示小幅值 AE 事件，红色大直径球体表示大幅值 AE 事件，红色虚线表示试件破坏后的主裂纹。可以看出，AE 震源分布特征与岩样实际破裂形态具有较好的一致性，通过 AE 震源的实时分布可以获得任意时刻岩石内部的破裂状态。

由于各试件在①阶段均为加载到 55 kN，尚未开始循环，因此各试件在该阶段的声发射震源分布相似，皆集中在试件两端，岩石内部微裂隙随机发展，AE 震源数量较少；在②阶段，岩石 AE 震源少量、零散地出现，试件内部出现声发射“空间空区”现象，说明近疲劳强度循环加卸载过程中岩石内部很少发生损伤破裂；在③阶段，随着加载应力的持续增大，岩石内部不断发生损伤破裂，破裂面之间的颗粒不断发生摩擦滑移，声发射震源密度剧烈增加，并从试件左下方和右上方逐渐中部发展，局部微裂隙逐渐发展贯通，最终发生宏观破坏。

当循环次数较少（1～20 次）时，近疲劳强度循环加卸载使得岩石的均匀性和密实性降低，转单调加载阶段泥质石英粉砂岩呈单斜面剪切破坏；当循环次数较多（300～15000 次）时，不同循环次数下泥质石英粉砂岩的破坏形态基本相似，均表现为多重剪切裂隙网络和张拉裂隙共存的张拉-剪切共轭破坏。这是因为随着循环次数的增加，在轴向压应力作用下岩石受到泊松效应的影响，横向拉应力持续在试样内产生作用，转单调加载后岩石产生一定数量的张拉破坏。

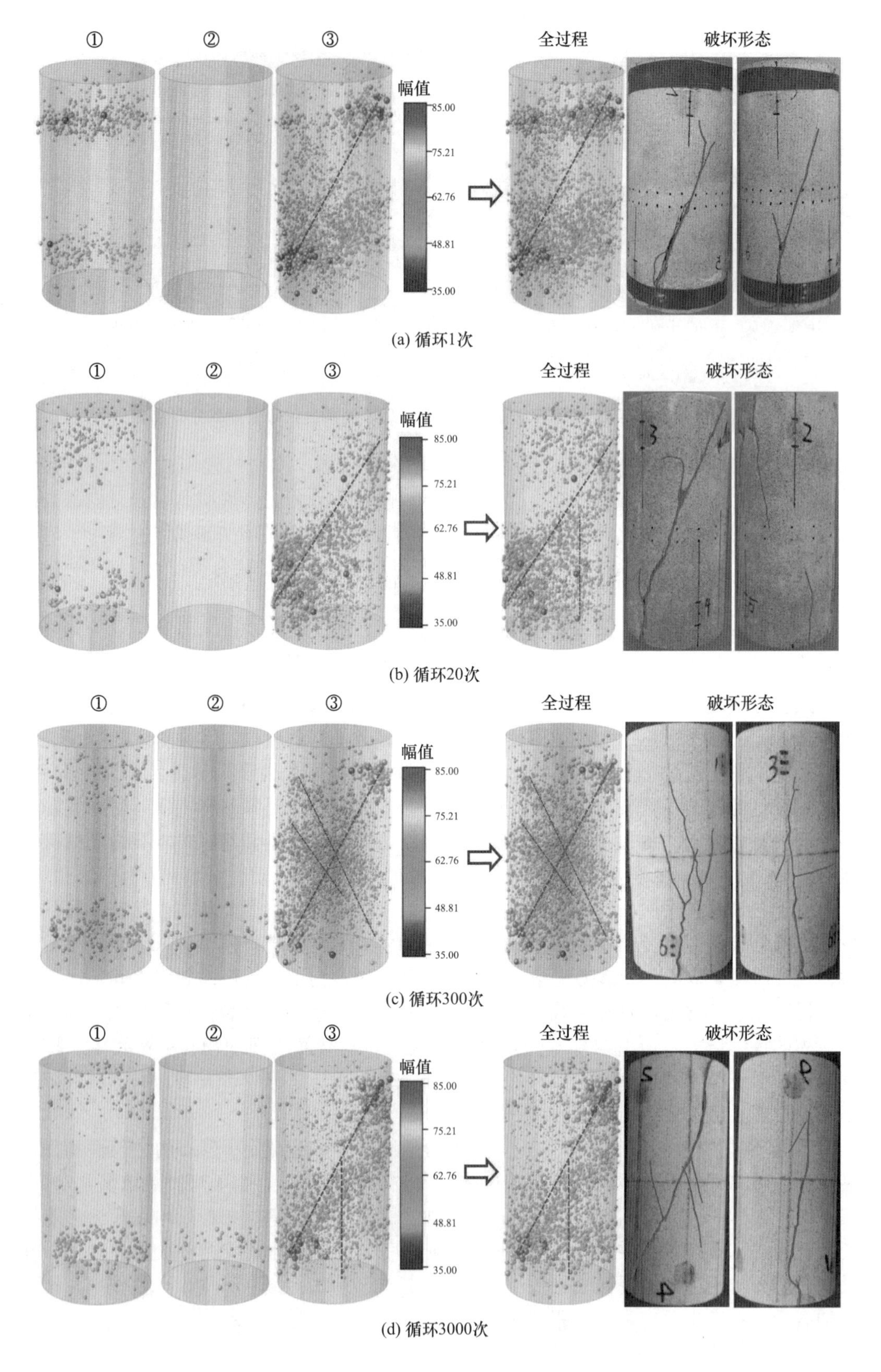

(a) 循环1次

(b) 循环20次

(c) 循环300次

(d) 循环3000次

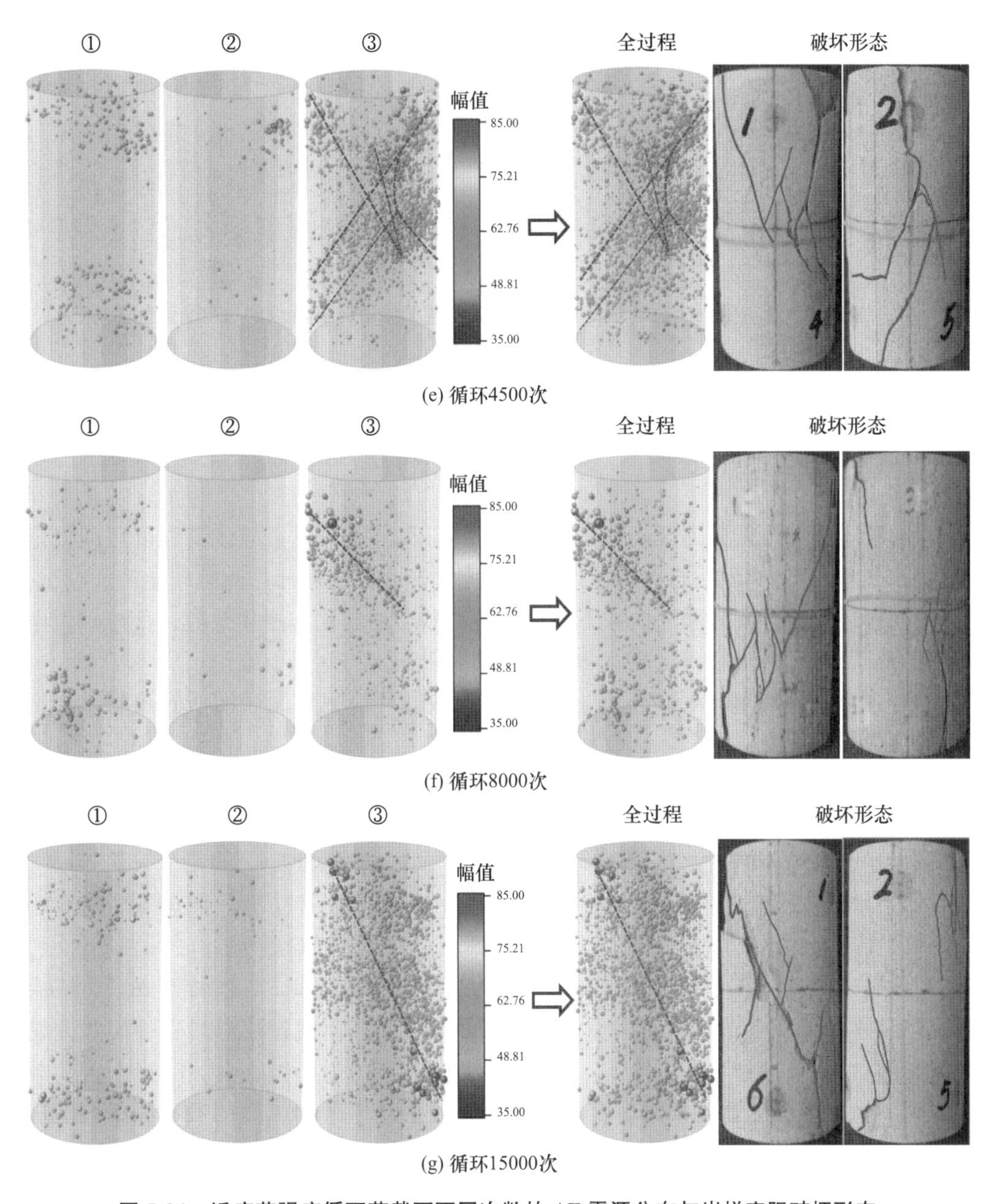

(e) 循环4500次

(f) 循环8000次

(g) 循环15000次

图 5-34　近疲劳强度循环荷载下不同次数的 AE 震源分布与岩样实际破坏形态

图 5-35 为近疲劳强度循环加卸载后转单调加载至峰值强度阶段的 AE 震源分布。可以看出，当循环次数为 1～20 次时，近疲劳强度循环加卸载过程中岩石内部薄弱结构不断发生损伤破坏，使单调加载至峰值强度阶段的 AE 震源数量较多；随着循环次数的增加，反复循环加卸载作用使岩石内部微裂纹和岩屑重新压密闭合，使单调加载至峰值强度阶段的 AE 震源数量逐渐减少；当循环次数为 8000 时，转单调加载至峰值强度阶段的 AE 震源数量最少且几乎为 0，而此时泥质石英粉砂岩的循环加卸载转单调加载峰值强度最大，两者相互对应。

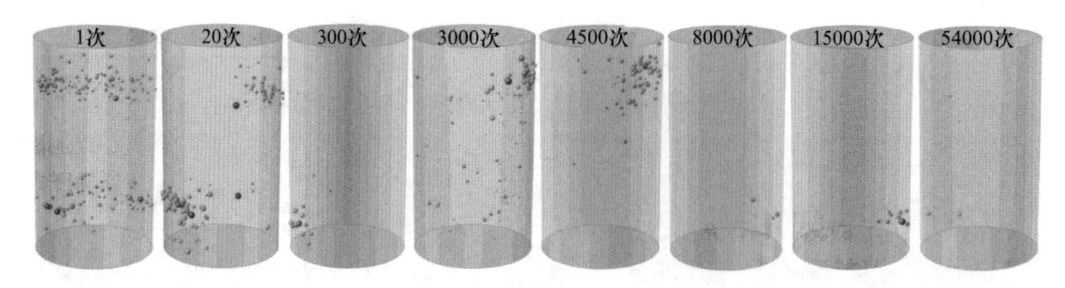

图 5-35　近疲劳强度循环加卸载后转单调加载至峰值强度阶段的 AE 震源分布

5.5　本章小结

在起裂应力与损伤应力区间设定上限荷载 45kN、损伤应力与疲劳强度区间设定上限荷载 55kN，分别对泥质石英粉砂岩进行不同循环次数的循环加卸载转单调加载试验，研究不同循环应力区间和循环次数下泥质石英粉砂岩的弱化与强化效应、变形和力学参数变化特征、声发射时空演化规律和宏细观破裂机制。得到以下结论。

(1) 在上限荷载 45kN 和 55kN 下，不同次数循环荷载作用后泥质石英粉砂岩抵抗变形的能力显著提升，低循环次数和高循环次数作用后泥质石英粉砂岩峰值强度分别发生了弱化和强化现象。循环加卸载改变了泥质石英粉砂岩的破裂模式。在上限荷载 45kN 和 55kN 下，泥质石英粉砂岩由单轴压缩时的张拉破坏转变为低循环次数作用后的剪切破坏，且随着循环次数的增加过渡为张拉-剪切共轭破坏。

(2) 在上限荷载 45kN 和 55kN 下，低循环次数和高循环次数作用后泥质石英粉砂岩分别以大尺度和小尺度破裂为主。具体表现为：①当上限荷载为 45kN 时，低次数循环荷载作用后声发射信号爆发集中于损伤应力与疲劳强度之间，b 值持续降低，峰后能量释放更为快速集中，b 值呈稳定波动特征；高次数循环荷载作用后岩石峰后才开始产生大量声发射信号且分布密集均匀，b 值在绝对扩容应力后持续上升。②当上限荷载为 55kN 时，低次数循环荷载作用后容易触发更高的振动频率和更宽的振动频率范围；高次数循环荷载作用后声发射信号集中分布在高频带，低频信号的带宽和密集度明显减小。

(3) 当上限荷载为 45kN 和 55kN 时，多次循环荷载作用后岩石的峰值处应变比分别稳定于 1.16 和 1.02 附近，说明上限荷载 45kN 比上限荷载 55kN 高循环次数作用下泥质石英粉砂岩的延展性增强效果更明显；此外，可以将单轴压缩试验峰值处应变作为泥质石英粉砂岩近疲劳强度循环荷载转单调加载变形破坏的参考量值。

(4) 当上限荷载为 55kN 时，每次循环加载阶段轴向应变和体应变加载柔量随其应变发展分别呈先增大后线性衰减和“弯钩”形演化规律，而卸载时分别呈加速增大和“V”形演化趋势；而且加、卸载曲线下限荷载处的体应变柔量均与其对应的残余应变呈线性正相关关系，所以可用下限处体应变柔量反映循环加卸载过程中岩石的损伤累积进程。

（5）当上限荷载为 55kN 时，每次循环加载阶段扩容点应力与扩容点体应变呈线性负相关关系；不同试件循环末次扩容点应力与峰值强度比值和同一试件不同次数扩容点应力的变化规律均服从对数函数分布，由此提出经不同次数近疲劳强度循环加卸载转单调加载岩石峰值强度的预测公式。

6

循环荷载对泥质石英粉砂岩的弱化与强化机制

早期研究多集中在评估循环载荷下岩石力学性质的劣化响应。然而，大量试验结果表明，岩石的弹性模量在循环加卸载初期显著增加，这与基于传统损伤力学的弹性模量表现为持续劣化相矛盾。本章研究发现，循环荷载作用后部分泥质石英粉砂岩试件的强度有所提升，岩石力学性质发生强化。但相同循环荷载条件下，不同循环次数对泥质石英粉砂岩的强化与弱化效果也不相同，这一结果证实了循环荷载作用下岩石的变形破坏主要包括两个原因：一是循环加卸载过程中局部岩屑和微缺陷不断被压密闭合，二是岩石内部裂隙不断发展累积。这两者同时存在，形成一种竞争效应，这种竞争效应改变了岩石内部细观结构。泥质石英粉砂岩的宏观力学行为受岩石矿物成分、颗粒粒径、粒间孔隙、胶结程度、颗粒空间形貌和颗粒接触方式等细观结构的影响，当外界应力环境发生变化时，泥质石英粉砂岩颗粒间的应力和应变分布状态也随之改变，从而使泥质石英粉砂岩的力学性质发生改变。

尽管岩石在循环荷载作用下的这种竞争效应已经得到证实，但很少有学者研究两者的相互作用机制。本章采用扫描电镜 SEM 获得泥质石英粉砂岩完整试件和不同荷载条件下破坏后试件的颗粒接触方式和细观结构形貌，采用 X 射线 CT 扫描得到泥质石英粉砂岩的细观孔隙分形维数、裂缝空间构型特征和裂纹尺度分布情况，结合第 4 章和第 5 章不同循环荷载条件下泥质石英的变形、力学参数和声发射信号变化规律，提出循环荷载对多孔弱胶结岩石的“薄弱结构断裂效应”和“压密嵌固效应”，揭示循环上限荷载、循环次数对泥质石英粉砂岩的弱化与强化机制。

6.1 循环荷载下岩石强度强化与弱化机制

6.1.1 泥质石英粉砂岩细观结构特征

为了从细观角度探究不同特征应力区间循环荷载下泥质石英粉砂岩的力学参数演化机制，采用 SUPAR 55 场发射扫描式电子显微镜分别获得泥质石英粉砂岩原始试件、单轴压缩破坏后试件以及循环荷载下破坏后试件（F_{max}＝20kN、45kN、55kN、61kN）的细观结构形貌，不同放大倍率的扫描结果如图 6-1、图 6-2 和图 6-4 所示。

如图 6-1 所示，泥质石英粉砂岩以粗粒矿物（石英、长石、云母等）为基本骨架，高岭石、绿泥石等黏土矿物依附在粗粒矿物周围起胶结充填作用，其中绿泥石多为叶片状和雪花状，高岭石呈较规则的有序薄片状，颗粒接触方式以点接触和点-面接触为主。由于岩石颗粒形状分布不均、颗粒接触特性不一造成岩石局部应力集中，导致部分岩石颗粒发生损伤破碎。泥质石英粉砂岩孔隙较多较大，孔隙类型以呈不规则多边形形态的原生粒间孔为主，同时发展微孔和微裂纹，颗粒间排列接触以凝聚型颗粒簇为主，颗粒变形不协调导致颗粒簇容易发生脱离。岩样中高岭石、绿泥石等黏土颗粒的胶结性能较弱，骨架结构松散，荷载作用下黏土颗粒与骨架颗粒在接触胶结处容易发生错动，从而使局部细观结构发生损伤破裂并产生次生裂隙。因此，荷载作用下泥质石英粉砂岩容易发生颗粒破碎崩落、胶结物质破碎剥离、颗粒簇脱离骨架结构、次生微裂纹萌生发展，使其细观结构发生摩擦错动，引起岩石宏观力学特性的改变。

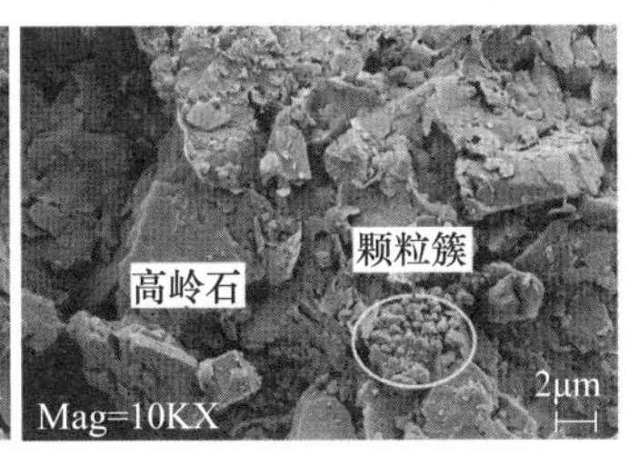

图 6-1　泥质石英粉砂岩原始试件细观形貌

如图 6-2 所示，单轴压缩破坏后泥质石英粉砂岩内部结构致密性有所提升，但岩石内部缺陷分布仍较为离散，其细观形貌以微孔、微坑和孔坑为主。荷载作用下岩石内部黏土颗粒的胶结强度逐渐减弱，使粒间边界成为裂隙发展的优先通道，局部区域出现裂隙并将相互黏结的岩石颗粒分离，部分颗粒发生挤压变形和破裂断口，剥离的岩块和岩屑明显增多，但未形成相对稳定的承载结构。

图 6-2　单轴压缩破坏后泥质石英粉砂岩细观形貌

6.1.2　循环荷载对岩石的薄弱结构断裂效应和压密嵌固效应

通常认为，荷载作用下岩石易发生损伤，力学性能劣化，但本章试验结果表明，单轴压缩荷载下的起裂应力是泥质石英粉砂岩在循环加卸载过程中强度弱化和强化特性出现变化的分界点（图 4-27）；此外，在循环上限荷载 45kN 和 55kN 下，低循环次数和高循环次数对泥质石英粉砂岩分别有弱化和强化作用。综合不同循环荷载条件下泥质石英粉砂岩的力学、声发射以及扫描电镜结果，本章提出循环荷载对多孔弱胶结岩石的“薄弱结构断裂效应”和“压密嵌固效应”，两种效应作用机制示意图如图 6-3 所示。其中，薄弱结构断裂效应是指加载时由于岩石局部区域接触应力远高于加载名义应力，并大于部分薄弱结构（软弱界面和薄弱颗粒等）强度，在循环加卸载过程中这些薄弱结构不断发生破裂，致使岩石有效承载面积变小，强度降低。压密嵌固效应是指断裂破坏的岩石颗粒及其他岩屑在加卸载过程中充填到附近的裂隙之间，在循环荷载反复作用下，岩石局部裂隙不断被黏土颗粒和碎屑充填、胶结、嵌固成更密实的接触状态，从而使岩石内部微细观结构趋于均匀，局部颗粒间的胶结强度和摩擦状态得到改善，岩石有效承载面积、黏聚力和内摩擦力增大，整体力学性质提升。

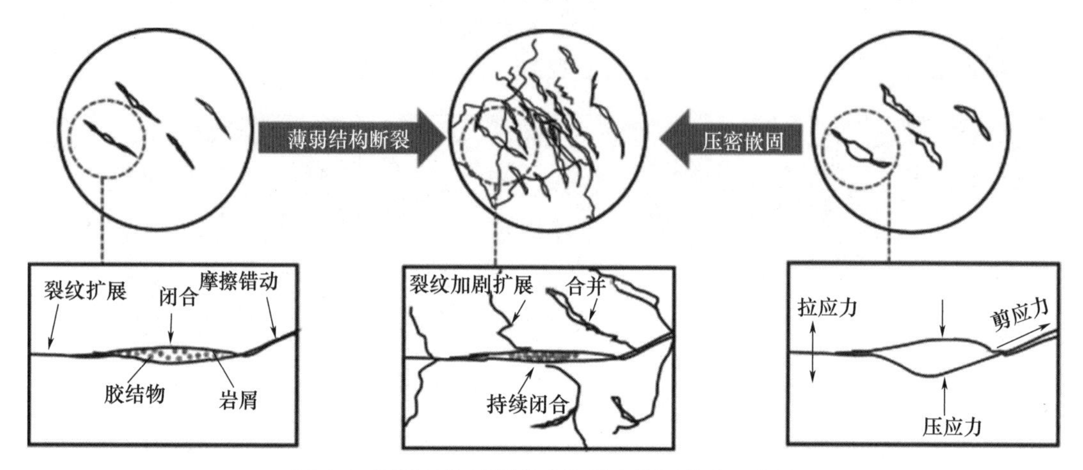

图 6-3　薄弱结构断裂效应和压密嵌固效应示意图

需要说明的是，循环荷载作用下薄弱结构断裂效应和压密嵌固效应同时存在、共同作用，并且均随着上限荷载的增大而不断增强，但在不同循环阶段起主导作用的效应不同，二者形成一种竞相作用。

6.2　循环上限荷载对泥质石英粉砂岩的强度影响机制

由表 4-7 和图 4-27 可知，泥质石英粉砂岩的循环加卸载转单调加载峰值强度随上限荷载先增大后减小。这是因为：①如图 6-4（a）所示，当上限荷载小于起裂应力时，整体上薄弱结构断裂效应起主导作用，循环加卸载过程中部分软弱界面和岩石颗粒发生断裂，且岩屑等充填细料不足，致使岩石有效承载面积变小，所以循环加卸载转单调加载岩石峰值强度小于 UCS。②如图 6-4（b）所示，当上限荷载位于起裂应力和损伤应力之间时，随着上限荷载的增加，整体表现为压密嵌固效应愈加明显并逐渐超过薄弱结构断裂效应，循环荷载作用下黏土颗粒簇和岩屑不断充填胶结裂隙与粗粒矿物间隙，颗粒之间接触方式发展为面接触、凹凸接触，甚至形成缝合状接触，岩石内部结构趋于均匀，形成以粗颗粒为骨架、岩屑充填、黏土颗粒簇胶结的相对稳定的承载结构，岩石有效承载面积增大，密实性增强，循环加卸载转单调加载峰值强度不断增大。③如图 6-4（c）所示，当上限荷载位于损伤应力和疲劳强度之间时，循环荷载的薄弱结构断裂效应致使岩石内部微裂隙进一步发展、贯通，甚至发生局部破裂，同时也影响了压密嵌固效应的发挥，循环加卸载转单调加载峰值强度有所下降。④如图 6-4（d）所示，当上限荷载超过疲劳强度时，循环荷载下岩石内部结构断裂程度与破坏速度均迅速提升，此时压密嵌固效应尚未发挥作用，岩石内部微裂隙已迅速累积至宏观裂隙展布贯通，试件发生疲劳破坏。

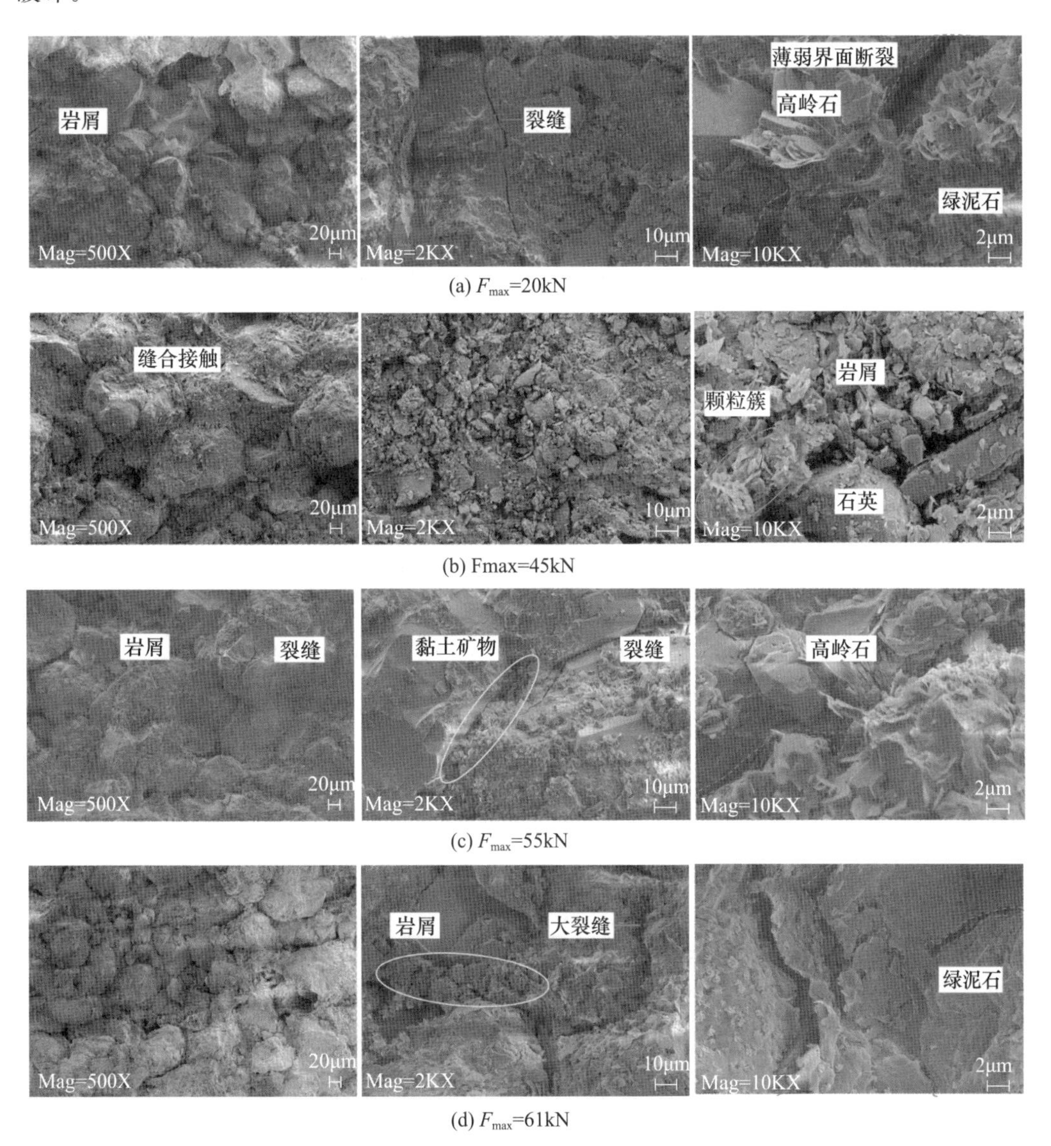

图 6-4　不同循环上限荷载下岩石破坏后细观形貌

6.3　循环次数对泥质石英粉砂岩的强度影响机制

由图 5-7 和图 5-26 可知，当上限荷载（F_{max}＝45kN）处于起裂应力与损伤应力区间和上限荷载（F_{max}=55kN）处于损伤应力与疲劳强度区间时，均显示低次数循环荷载对泥质石英粉砂岩有一定的弱化作用，高次数循环荷载对泥质石英粉砂岩有明显的强化作用，并存在一个循环次数使循环加卸载转单调加载岩石峰值强度最大，随着循环次数的继续增大，循环加卸载对泥质石英粉砂岩的强化效果度趋于稳定。以上循环加卸载转单调加载峰值强度演化规律是由于岩石循环加卸载过程是薄弱结构断裂效应和压密嵌固效应此消彼长的过程。当循环次数较少时，薄弱结构断裂效应起主导作用，循环加卸载后转单调加载岩石峰值强度小于 UCS；随着循环次数的增加，在循环荷载对岩石的薄弱结构断裂作用衰减的同时，对岩石压密嵌固作用逐渐增强，循环加卸载后转单调加载岩石峰值强度大于 UCS；随着循环次数的继续增加，岩石内部部分粗糙接触面间逐渐产生裂隙面黏溶自愈合现象，循环加卸载对泥质石英粉砂岩的强化作用趋于稳定。

岩石细观破裂特征是联系岩石宏观力学特性和细观结构参量的重要手段，下面分别从 AE 震源空间分形维数和 CT 三维孔隙结构进一步揭示上限荷载 45kN 和 55kN 下泥质石英粉砂岩的强化与弱化机制。

6.3.1 上限荷载 45kN 下 AE 震源空间分形维数

相关研究表明，岩石 AE 震源在空间上的分布具有分形特征，柱覆盖法所计算获得的分形维数可以准确地反映岩石 AE 震源空间分布离散情况，分形维数越大，声发射定位越离散，分形维数越小，声发射定位越集中。其原理如图 6-5（a）所示，采用半径为 r、高度为 h 的圆柱进行覆盖时，圆柱所覆盖的声发射事件数记为 $M_{(r)}$，根据分形基本理论，圆柱内所包含的声发射事件数与半径 r 和高度 h 的关系为：

$$M_{(r)} \propto r^2 h \tag{6-1}$$

由于试件高径比 C_1 为常数，则式（6-1）可表示为：

$$M_{(r)} \propto C_1 r^3 \tag{6-2}$$

因此，声发射定位点空间分布的圆柱覆盖法的分形表达式为：

$$\ln M_{(r)} = \ln C + \ln C_1 + D \ln r \tag{6-3}$$

C_1 通常取 4，对于一个给定的半径 r，均可测得一个 $M_{(r)}$，将这些声发射定位点取对数（$\ln r$，$\ln M_{(r)}$）并进行线性拟合，拟合直线的斜率即为分形维数 D。图 6-5（b）以上限荷载 45kN 下循环次数 200 次的试件 C26 为例给出分形维数计算结果。

从图 6-5（c）可以看出，单轴压缩荷载下泥质石英粉砂岩的分形维数 D 为 3.80，当循环次数为 1～3000 次时，经循环加卸载作用后试件的分形维数迅速下降，当循环次数大于 3000 次时，不同循环次数下试件的分形维数均较低。结合表 5-3 可知：单轴压缩荷载下和低循环次数作用后泥质石英粉砂岩的裂纹发展具有一定随机性，岩石内部裂纹发展趋于局部化，裂纹空间分布离散程度整体较大，分形维数较高。然而，随着循环次数的增加，泥质石英粉砂岩内部次生微裂纹逐渐增多，微裂纹有序地分布于试件主裂纹交汇处，微裂纹分布趋于均匀化。高循环次数作用后泥质石英粉砂岩的均匀性和致密性有所提升，转单调加载过程中岩石内部宏观裂纹整体分布趋于集中化，分形维数处于较低水平。

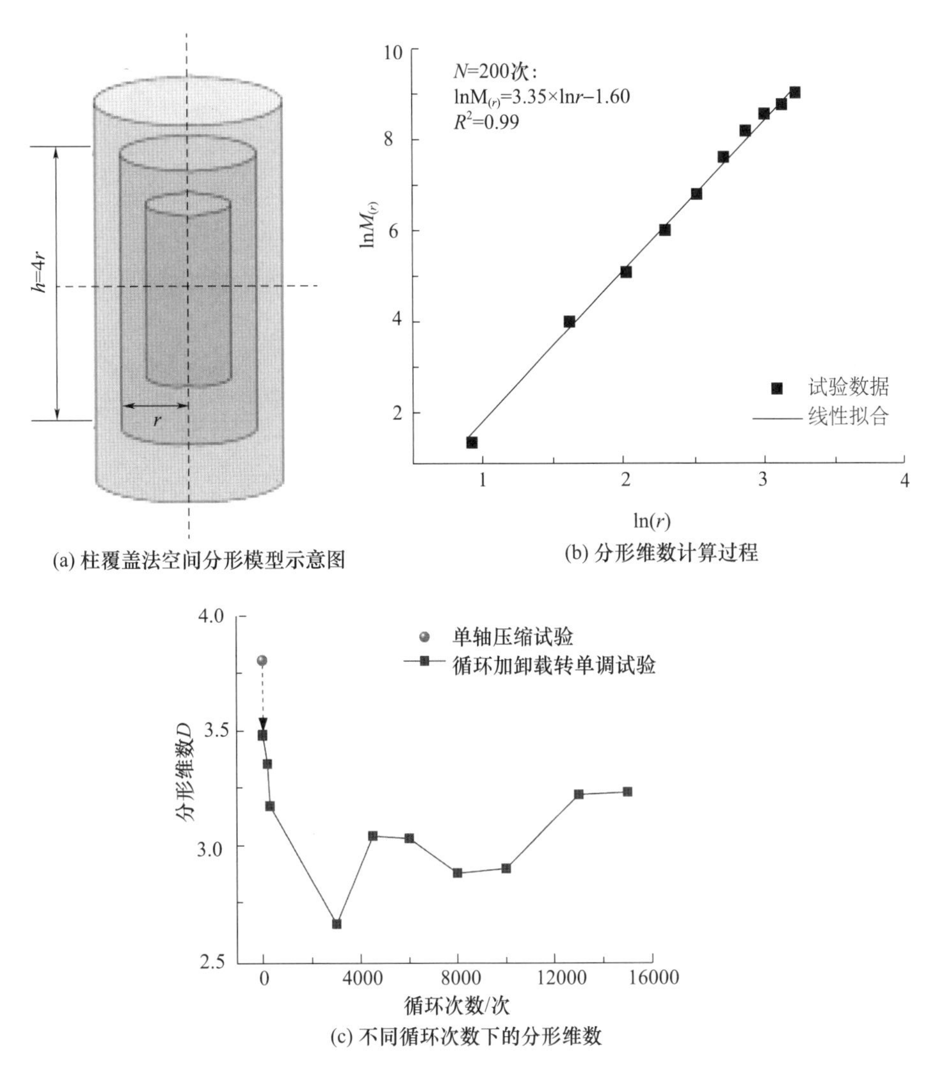

(a) 柱覆盖法空间分形模型示意图

(b) 分形维数计算过程

(c) 不同循环次数下的分形维数

图 6-5　上限荷载 45kN 下 AE 震源空间分形维数计算方法及结果

沿试件半径方向的声发射震源分布特征对于评价岩石承载能力的大小具有重要的意义。因此，根据声发射震源定位结果，将各震源空间坐标向 x-y 平面进行投影，表示不同震源幅值的微破裂沿试件半径方向的分布。以单轴压缩、上限荷载 45kN 下低循环次数（N=200 次）、高循环次数（N=4500 次、15000 次）为例进行分析，结果如图 6-6 所示。可以看出，单轴压缩荷载下的声发射震源分布离试件的轴线较远，声发射中、高幅值震源主要分布于距圆心 10mm～25mm 的试件外壁处，高幅值震源（紫色和蓝色）分布具有较强的聚集性。当循环次数较少（N=200 次）时，试件破坏后的声发射震源遍布整个试件，中、高幅值震源同样主要分布于距圆心 10mm～25mm 处，并有向试件中心发展的趋势，但其震源数量明显多于单轴压缩荷载下的试件。而当循环次数较高时，循环加卸载转单调加载破坏后，中幅值震源大量减少、高幅值震源零星出现，震源分布于距圆心 0mm～10mm 的概率增大，低幅值震源几乎均匀遍布于沿试件半径方向。以上说明低次数循环荷载作用下泥质石英粉砂岩内部破裂尺度和程度更大，而高循环次数下泥质石英粉砂岩内部结构更为致密，试件半径方向可承载轴向荷载的面积增加。这可以作为低次数和高次数循环荷载对泥质石英粉砂岩弱化和强化效应的一个原因。

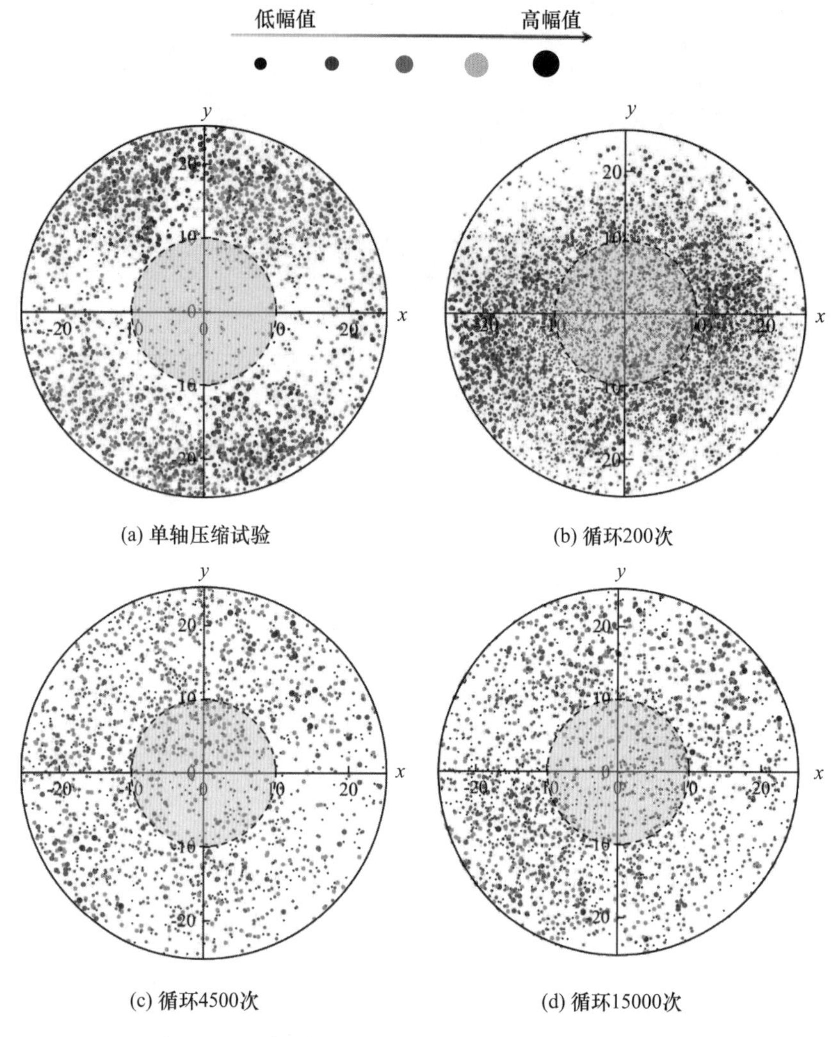

图 6-6　泥质石英粉砂岩声发射震源在 *x-y* 平面的投影

6.3.2　上限荷载 55kN 下 CT 三维孔隙结构

1）CT 成像断裂形态

为了定量描述高次数近疲劳循环荷载对泥质石英粉砂岩的强化作用，采用 NanoVoxel-3502E 高分辨率 X 射线三维扫描成像系统获得泥质石英粉砂岩的 CT 三维孔隙结构，该扫描系统的最高空间分辨能力≤0.5μm，扫描仪具有 180kV 和 90μA 的 X 射线光源，曝光时间为 20s，最大扫描范围为 300mm×300mm，光耦探测器对应像素为 2048×2048。分别对单轴压缩荷载下和高次数近疲劳强度循环荷载下（以循环 6000 次的试件 C18 为例）破坏后的试件进行 X 射线 CT 扫描，每组约 2600 张，每层扫描间隔约为 384.62μm，得到沿试件高度方向不同截面的 CT 扫描图像（图 6-7）。由于岩石各区域的成分和结构具有一定差异，导致岩石各区域的密度不一致，在 CT 扫描图像上表现为岩石各区域的灰度值不同。通常，CT 扫描图像灰度深的位置表示材料密度小，灰度浅的位置表示材料密度大。

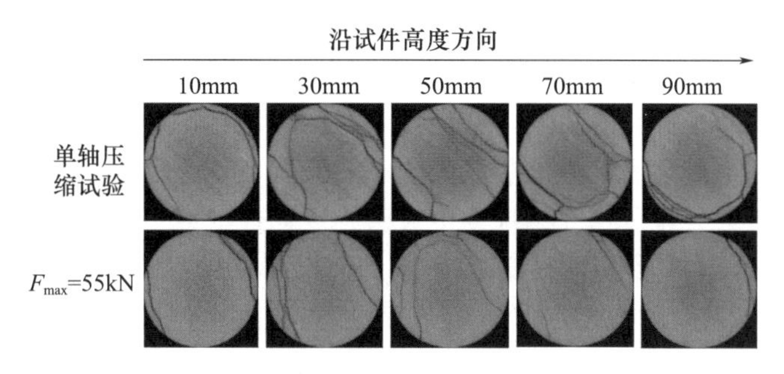

图 6-7　沿试件高度不同截面的 CT 扫描图像

为了清楚地获得岩石内部细观结构破裂特征，需要对 CT 扫描图像进行阈值分割和二值化处理。通过阈值分割将 CT 扫描图像转化为二值化图像，获取 CT 扫描图像的孔裂隙结构，并采用式（6-4）对岩石基质与孔裂隙结构进行二值化处理，处理后的泥质石英粉砂岩二值化图像和灰度值分布情况如图 6-8 所示。可以看出，经阈值分割后的二值化图像为灰度值只有 0 和 1 的黑白图像，其中白色区域表示岩石基质，黑色区域表示孔隙裂隙，岩石基质与孔隙裂隙黑白分明，极大地提高了图像的可视度，清晰地展示了岩石内部裂隙的分布情况。

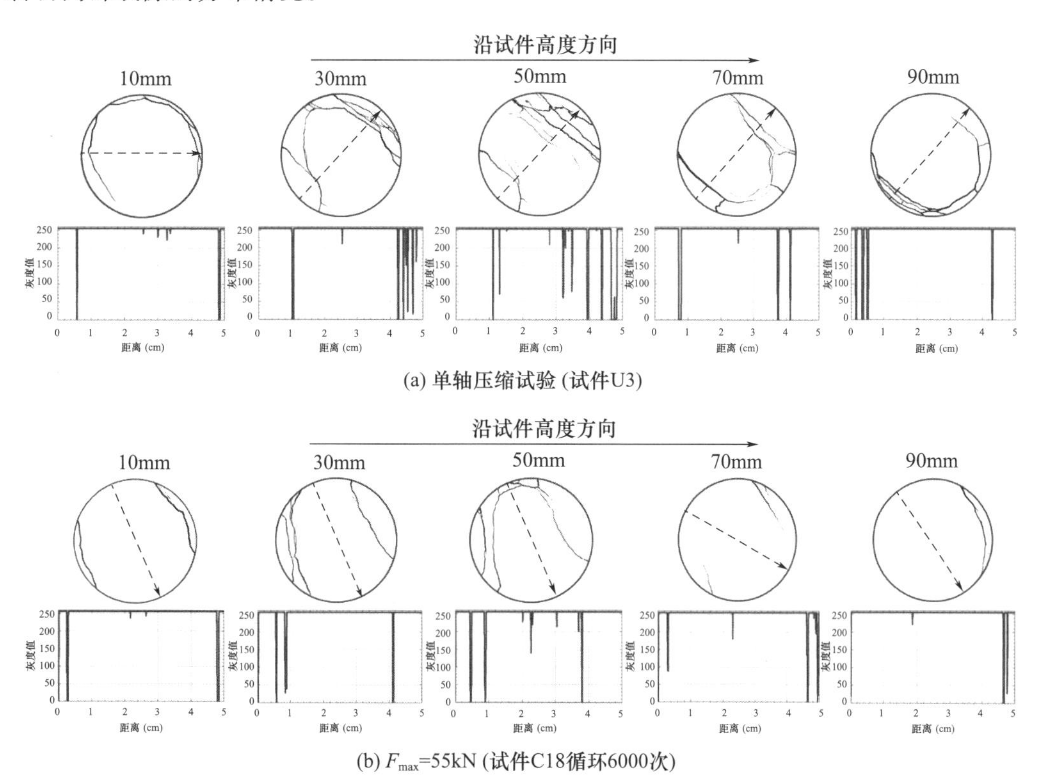

图 6-8　二值化处理图像与灰度值分布情况

$$g(x, y)=\begin{cases}1 & f(x, y) \geqslant T \\ 0 & f(x, y)<T\end{cases} \tag{6-4}$$

式中　$g(x, y)$——二值化后像素点（x，y）的灰度值；

$f(x, y)$——像素点（x，y）的初始灰度值。

由图 6-7 和图 6-8 可以看出，单轴压缩破坏后泥质石英粉砂岩内部裂隙密度和尺寸较大，试件中部多条裂隙相互贯通，两端裂隙呈圆周状，试件破坏程度较高。高次数近疲劳强度循环荷载下破坏后试件的裂纹数量和开裂程度明显低于单轴压缩荷载下的裂纹特征，且裂隙分布较规整。这一结果与近疲劳强度循环荷载下泥质石英粉砂岩力学特性和声发射特征相对应，即经近疲劳强度循环加卸载 6000 次后的试件发生强化现象，循环加卸载转单调加载峰值强度较 UCS 提高 9.96%，且 AE 振铃计数和 AE 能量均小于单轴压缩试验。由图 6-8 可见，沿箭头方向不同位置的灰度值差异显著，裂隙处的灰度值降低至 0，孔隙处的灰度值也有所降低，其余位置的灰度值总体分布比较均匀，说明孔隙裂隙结构影响了灰度值曲线的走势，灰度值的变化规律与泥质石英粉砂岩内部细观缺陷分布具有较好的一致性。

2）岩石细观孔隙分形维数特征

分形维数 D 可以描述岩石内部孔隙裂隙的复杂程度，分形维数越大，表示岩石内部同时存在多种尺寸孔隙裂隙，反之，表示岩石内部孔隙裂隙结构单一，小尺寸孔隙裂隙贯通，大尺寸孔隙裂隙数目占比较高。本节采用计盒维数分析泥质石英粉砂岩的分形结构，选择不同尺寸的盒子去覆盖岩石中的孔隙裂隙，在双对数坐标下对完全覆盖的盒子个数 N 和盒子尺寸 r 进行线性拟合，拟合直线的斜率 D 即为分形维数［式（6-5）］。

$$\lg N=-D \lg r+C \tag{6-5}$$

单轴压缩和高次数近疲劳强度循环荷载下泥质石英粉砂岩孔隙的分形维数如图 6-9 所示。可以看出，高次数近疲劳强度循环荷载下试件的分形维数整体大于单轴压缩荷载下的情况，单轴压缩荷载下的分形维数沿试件高度表现为先快速减小后上下波动再迅速增大的变化趋势，而高次数近疲劳强度循环荷载下的分形维数沿试件高度表现为先基本不变后逐渐升高再缓慢降低的发展规律，两种荷载作用下试件的分形维数变化趋势近似相反；表明两种荷载作用下岩石内部孔隙裂隙分布特征具有明显差别，高次数近疲劳强度循环荷载下岩石的破裂程度和大尺寸裂隙比例较低，裂隙尺度由试件两端向中部逐渐减小，而单轴压缩荷载下试件中部破裂尺度大、两端裂隙尺度小。

3）CT 扫描裂缝空间构型特征

将 CT 扫描图像导入三维数字图像处理软件 Avizo 中，通过滤波、阈值分割、体积渲染等处理获得泥质石英粉砂岩试件的三维图像，利用分割命令将不同体积的孔隙裂隙群进行分割，从而获得试件破坏后的 CT 三维重构图像（图 6-10），其中灰色区域表示岩石基质，其他区域表示不同尺度的孔隙裂隙。可以看出，CT 三维重构图可以直观地展现岩石内部裂隙结构的发展情况，单轴压缩和高次数近疲劳强度循环荷载下试件的裂隙贯通方式有着显著区别。单轴压缩荷载下试件内部几乎被裂隙充满，岩石以张拉破坏为主，同时含有部分剪切裂隙和水平裂隙；高次数近疲劳强度循环荷载下破坏后的试件内部呈多重剪切裂隙网络，并有多条拉伸裂纹贯通整个试件，裂纹尺寸和密度较小，试件破坏后的形态较完整。

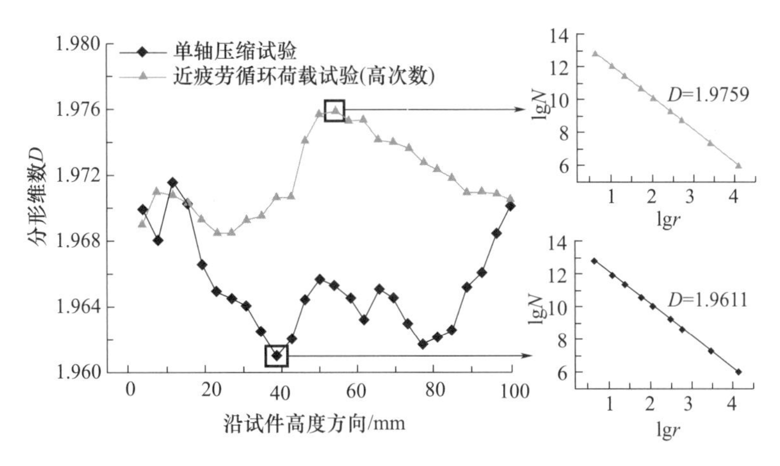

图 6-9 分形维数随截面序号变化曲线（试件 C16）

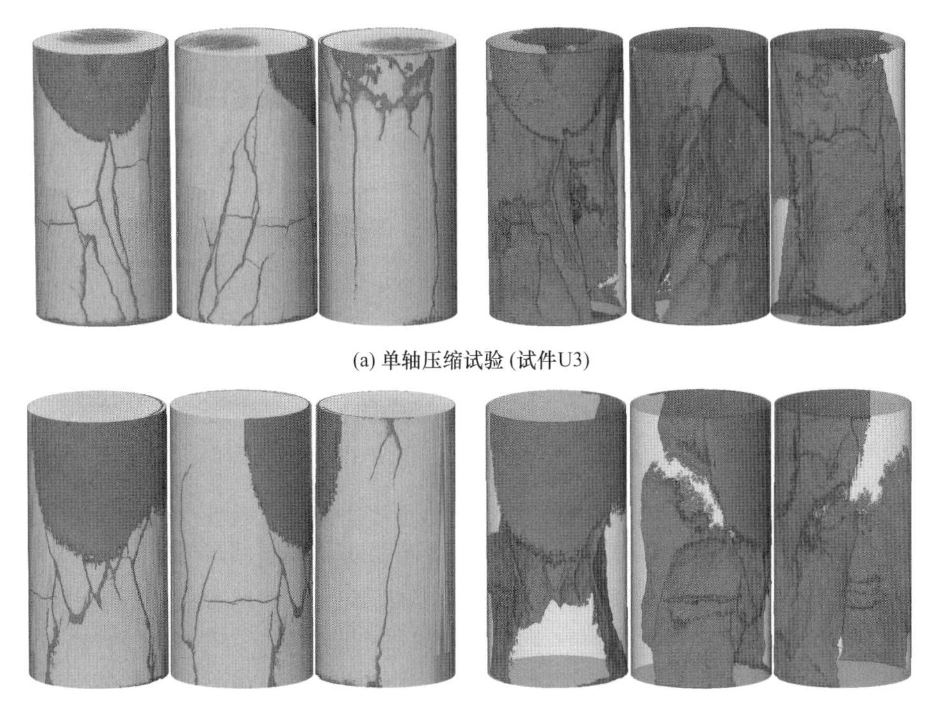

(a) 单轴压缩试验 (试件U3)

(b) 近疲劳强度循环加卸载转单调加载试验 (试件C18循环6000次)

图 6-10 破坏后试件的 CT 图像和三维裂隙形态

4）岩石三维孔隙结构定量计算

CT 三维重构图可以直观地展示岩石内部裂隙结构的分布情况，但为了量化表征岩石裂隙发展程度，对两种荷载作用下泥质石英粉砂岩的裂隙尺度分布特征进行分析计算，结果如图 6-11 所示。单轴压缩荷载下和近疲劳强度循环荷载下泥质石英粉砂岩的裂隙总体积分别为 8267.48mm^3 和 4310.65mm^3，大尺度裂隙（裂隙体积≥10^{3}mm^3）分别为 7770mm^3 和 3728mm^3，分别占裂隙总体积的 93.98%和 86.47%，不同尺度裂隙体积的标准差分别为 11.76 和 5.14，高次数近疲劳强度循环荷载作用下泥质石英粉砂岩的小尺度裂隙（裂隙体积<10mm³）体积均大于单轴压缩荷载下的情况。说明相对于单轴压缩荷载下的试件，经高次数近疲劳强度循环荷载作用后泥质石英粉砂岩的大尺度裂隙更少，小尺度微裂纹更多，裂纹尺度分布更均匀，破碎程度更低，试件破坏后的完整性更好，岩石的有效承载面积更大，这与岩石细观孔隙分形维数所反映的岩石孔隙裂隙结构特征相吻合。因此，高次数近疲劳强度循环加卸载后岩石峰值强度大于 UCS。3D CT 扫描从细观角度进一步印证了高次数近疲劳强度循环荷载对泥质石英粉砂岩有一定的强化作用。

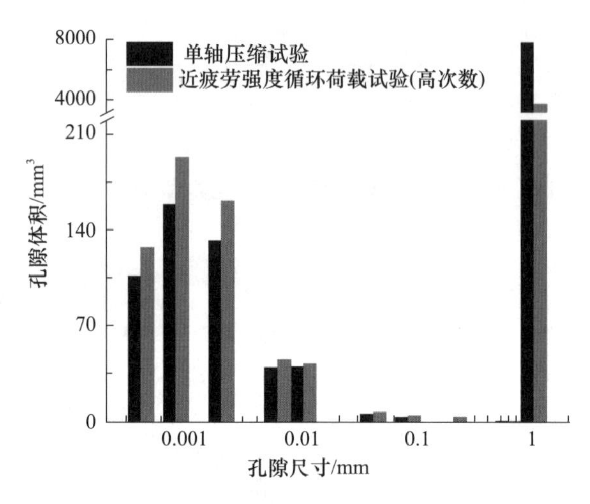

图 6-11　泥质石英粉砂岩的裂隙结构分布特征

6.4　循环荷载对粉砂岩的劣化与强化作用机制

根据不同循环次数下泥质石英粉砂岩的峰值强度、宏细观破裂特征及声发射演化规律，可获得近疲劳强度循环荷载对粉砂岩的劣化与强化作用机制。

在初始等速率加载阶段（图 5-1 阶段Ⅰ）上限荷载 55 kN 超过泥质石英粉砂岩的损伤应力，岩石内部萌生了一定数量的微裂纹，此时微裂纹尚未交汇、贯通，转入循环加卸载阶段。由于泥质石英粉砂岩胶结物含量小，胶结程度差，当循环次数较低时，循环加卸载过程中粉砂岩内部弱胶结结构断裂破坏并发展，变形模量减小，试件力学性能降低，一次循环后试件轴向压缩、体积膨胀，微裂隙进一步发展，岩石的均匀性降低，有效承载面积减小，导致岩石转单调加载后呈单斜面剪切破坏，内部裂纹局部集中、以大尺度破裂为主，岩石发生劣化作用，峰值强度小于 UCS。

又因为泥质石英粉砂岩孔隙率为 19.98%，岩石孔隙较发展且连通性好，各颗粒间接触不紧密，当循环次数较高时，内部新生裂纹摩擦面由于剪切滑移不断产生碎屑颗粒，反复循环加卸载作用使碎屑颗粒重新排布，填充在裂隙中，不断的破碎、填充、压实稳固使得岩石在循环中胶结强度增加、内部摩擦力增大、细观结构更为致密与均匀，有效承载面积增大，试件抵抗变形的能力增强，一次循环后轴向应变与体应变几乎不变，裂隙间的相对滑动难度增大，粉砂岩发生剪切破坏的比例降低，又因为在轴向压应力作用下岩石受到泊松效应的影响，横向拉应力持续在试样内产生作用，转单调加载破坏后试件裂纹尺度分布均匀，裂纹尺寸和密度较小，破碎程度低，呈张拉-剪切的复合裂隙网络，发生强化作用，峰值强度大于UCS。

需要说明的是，弱胶结结构断裂的劣化作用与循环压密的强化作用是同时存在的，当一次循环后试件轴向压密、体积膨胀，劣化作用占主导，峰值强度降低；随着循环次数增加，试件抵抗变形的能力增强，当一次循环后轴向应变与体应变几乎不变时，粉砂岩的强度从劣化转为强化，峰值强度提高。由于在近疲劳强度作用下，岩石存在一定的压密极限，在达到压密极限前，随着循环次数增多，岩石峰值强度增大，达到压密极限后，峰值强度趋于稳定。

通过深入认识泥质石英粉砂岩在近疲劳强度循环加卸载下的力学特性与强度变化机制，可以避免监测和支护工程中的盲目性、不确定性。通过加强对岩体轴向变形与体积变形的监测，可迅速辨别岩体当前处于劣化还是强化的状态，从而给出合理的围岩应力控制值，避免控制值过低时造成经济浪费、施工效率低，控制值过高导致岩体失稳破坏。此外，通过预测泥质石英粉砂岩的破裂尺度与破裂模式，可针对性地选择合适的支护措施，通过循环荷载下的声发射峰值频率变化规律，可为岩体工程灾变预警提供依据。

6.5 本章小结

根据不同循环上限荷载、循环次数下泥质石英粉砂岩的变形、力学参数和声发射信号变化规律，结合扫描电镜SEM和X射线CT扫描获得破坏后的岩石内部破裂形态和孔隙结构，提出了循环荷载对多孔弱胶结岩石的“薄弱结构断裂效应”和“压密嵌固效应”，揭示了循环荷载对泥质石英粉砂岩的弱化与强化机制。得到以下结论：

（1）采用SEM获得了完整试件和不同荷载条件下破坏后泥质石英粉砂岩试件的细观结构形貌，对比分析了泥质石英粉砂岩破坏前后的颗粒接触方式和细观破裂特征。

（2）综合循环荷载下泥质石英粉砂岩的变形、力学参数、声发射信号变化规律和扫描电镜结果，分析了泥质石英粉砂岩宏观力学行为与其细观破裂演化特征的关联性，提出了循环荷载对多孔弱胶结岩石的“薄弱结构断裂效应”和“压密嵌固效应”，合理地解释了循环加卸载过程中泥质石英粉砂岩的强度变化特征。

（3）上限荷载45kN下泥质石英粉砂岩AE震源的空间分形维数变化规律表明，低次数循环荷载作用后的岩石内部裂纹发展趋于局部化，空间分布离散程度和破裂尺度较大；高循环次数循环荷载作用后的岩石内部结构被压密，试件可承受轴向荷载的截面面积增加，破裂空间分布更均匀，破裂尺度更小。

（4）采用CT扫描得到单轴压缩荷载下和上限荷载55kN下破坏后试件的细观孔隙分形维数和裂缝空间构型特征，发现高次数近疲劳强度循环荷载作用后的试件裂隙尺寸和裂隙密度明显低于单轴压缩荷载下的试件裂纹特征，且裂隙分布较规整。

（5）根据CT扫描结果量化表征了岩石内部裂纹尺度的分布情况。单轴压缩荷载下和高次数近疲劳强度循环荷载下泥质石英粉砂岩的大尺度裂隙分别占裂隙总体积的

93.98%和86.47%，不同尺度裂隙体积的标准差分别为11.76和5.14，高次数近疲劳强度循环荷载下泥质石英粉砂岩的小尺度裂隙体积均大于单轴压缩荷载下的情况。

（6）揭示了循环上限荷载、循环次数对泥质石英粉砂岩的弱化-强化机制，指出循环荷载作用下岩石裂纹尺度分布均匀性增加、破碎程度降低和有效承载面积增大是岩石发生强化的根本原因；而循环荷载作用后的岩石微裂纹发展趋于局部化，空间分布离散程度和破裂尺度增大导致岩石发生弱化现象。

7 循环荷载下引入岩石应力-应变动态相位差的疲劳本构模型

疲劳是岩石的重要力学特征，建立循环荷载作用下岩石的疲劳损伤模型，对评价岩石工程的安全稳定性和长期服役性能至关重要。目前，循环荷载作用下岩石的本构模型主要包括以热力学原理为基础的损伤本构模型、基于累积损伤的疲劳本构模型、以力学元件为基础的组合本构模型。鉴于流变模型能较好反映材料变形对时间的敏感性，且岩石疲劳变形曲线与流变变形曲线具有明显的相似性，部分学者将循环次数等效为流变时间，将流变看作“静疲劳”，开始尝试利用流变模型描述岩石的疲劳变形。

循环荷载下由岩石缺陷（裂隙、微结构和颗粒接触面等）引起的应力-应变不同步行为是普遍存在的，不同循环次数下泥质石英粉砂岩的相位差并非定值，同一循环次数下加载和卸载阶段的相位差也不相同。忽略循环荷载下岩石应力-应变不同步现象势必影响理论模型的准确性，但鲜有学者在疲劳本构模型中考虑这一因素的影响。

针对传统疲劳本构模型难以描述循环荷载下岩石的时效非线性变形特征和应力-应变不同步现象，通过分析流变与疲劳的“同源性”，说明了采用流变模型描述循环荷载下岩石疲劳变形破坏的合理性。基于分数阶微积分理论，构建了循环荷载作用下的岩石疲劳本构模型。将循环荷载（应变）分解为静荷载（应变）和交变荷载（应变），在疲劳本构模型中考虑循环荷载下的岩石应力-应变不同步效应，并引入动态相位差对本构模型进行修正。通过积分推导获得模型的解析解，并分别对多孔弱胶结岩石（泥质石英粉砂岩）和致密硬岩（北山花岗岩）进行试验验证和参数分析。根据疲劳破坏试验数据和模型解析解，提出疲劳破坏的临界损伤阈值和破坏失稳判据，并给出加速阶段的起始时间、持续时间及疲劳寿命预测公式，模型对多孔弱胶结岩石和致密硬岩工程长期稳定性评价具有一定的理论指导意义。

7.1 岩石应力-应变不同步效应

7.1.1 循环荷载作用下岩石应力-应变不同步现象

泥质石英粉砂岩是由多种矿物颗粒胶结组成的复杂集合体，相邻石英、长石等粗粒矿物颗粒紧密接触构成固体骨架，颗粒间分布大量孔洞、微裂纹和接触面，同时微裂纹间含有部分气体。因此，泥质石英粉砂岩是一种多组分、多相的非均匀介质材料，具有明显的非线性特征，循环荷载作用下岩石应变相位可能滞后、相等或超前于应力相位。下面根据循环荷载下泥质石英粉砂岩的试验结果，列举了几种表示应力-应变不同步现象的方法。

1）弹性直线相对位置法

常见的滞回环形态如图 7-1 所示，图中的斜虚线为弹性直线，表示材料为弹性体。滞回环偏离弹性直线的程度大小反映了循环荷载作用下岩石应力-应变不同步效应的强弱。椭圆形或尖叶形滞回环表示循环加卸载过程中应变相位始终滞后于应力相位；船形或新月形滞回环表示循环加载阶段应变相位超前于应力相位，卸载阶段应变相位滞后于应力相位；长茄形滞回环表示循环加载阶段同时存在应变相位超前、相等和滞后于应力相位，卸载阶段应变相位滞后应力相位。

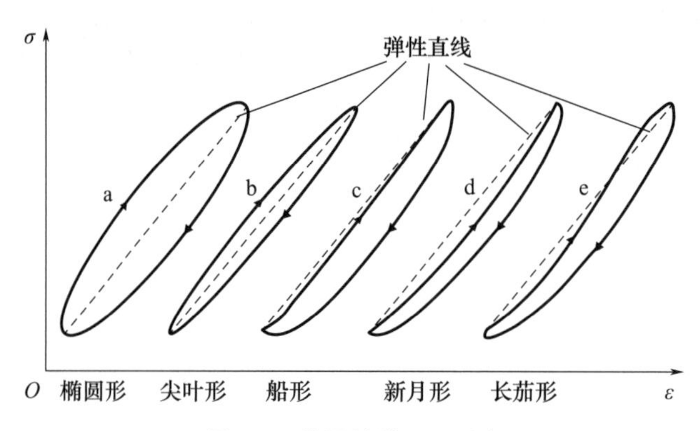

图 7-1　常见的滞回环形态

2）应力应变归一化法

分别以上限荷载 45kN 下初始阶段、稳定阶段的 3 个循环以及上限荷载 60.5kN 下初始阶段、稳定阶段和加速阶段的 3 个循环为例，采用式（7-1）对其应力应变进行归一化处理，结果如图 7-2 和图 7-3 所示。可见，各上限（下限）荷载点的连线始终保持水平，而上限（下限）应变点的连线逐渐上移，并且未发生疲劳破坏试件的上移量小于发生疲劳破坏的试件；当试件未发生疲劳破坏时，上限（下限）应变点的连线呈倾斜-水平的变化趋势，而当试件发生疲劳破坏时，上限（下限）应变点的连线呈倾斜-水平-倾斜的变化趋势。如图 7-2（a）和图 7-3（a）所示，随着循环次数的增加，加载阶段泥质石英粉砂岩的轴向应变相位由相等发展为略微超前于应力相位，卸载阶段泥质石英粉砂岩轴向应变相位始终滞后于应力相位，应力-轴向应变曲线呈新月形（图 7-4）。如图 7-2（b）和图 7-3（b）所示，初始加载阶段横向应变相位滞后于应力相位，随着循环次数的增加，横向应变相位滞后、相等和超前与应力相位同时存在，当试件发生疲劳破坏时，横向应变相位再次滞后于应力相位，而不同循环卸载阶段横向应变相位始终滞后于应力相位，应力-横向应变曲线呈椭圆形或长茄形（图 7-4）。此外，相同循环次数下，应力-横向应变的不同步程度明显大于应力-轴向应变。

$$v_{Ni}=\frac{v_i-v_{\min}}{v_{\max}-v_{\min}} \tag{7-1}$$

式中　v_{Ni}——归一化应力或应变；

v_i——应力或应变样本数据中的任意时刻值；

$v_{\max}$——应力或应变样本数据中的最大值；

$v_{\min}$——应力或应变样本数据中的最小值。

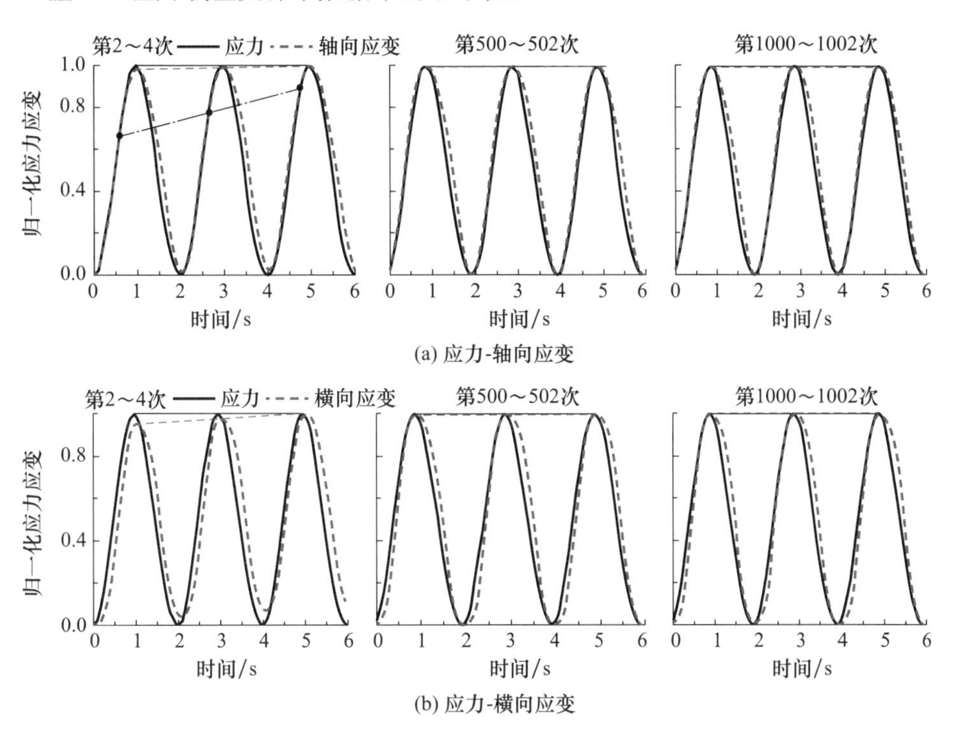

图 7-2　上限荷载 45kN 时应力-时间和应变-时间曲线

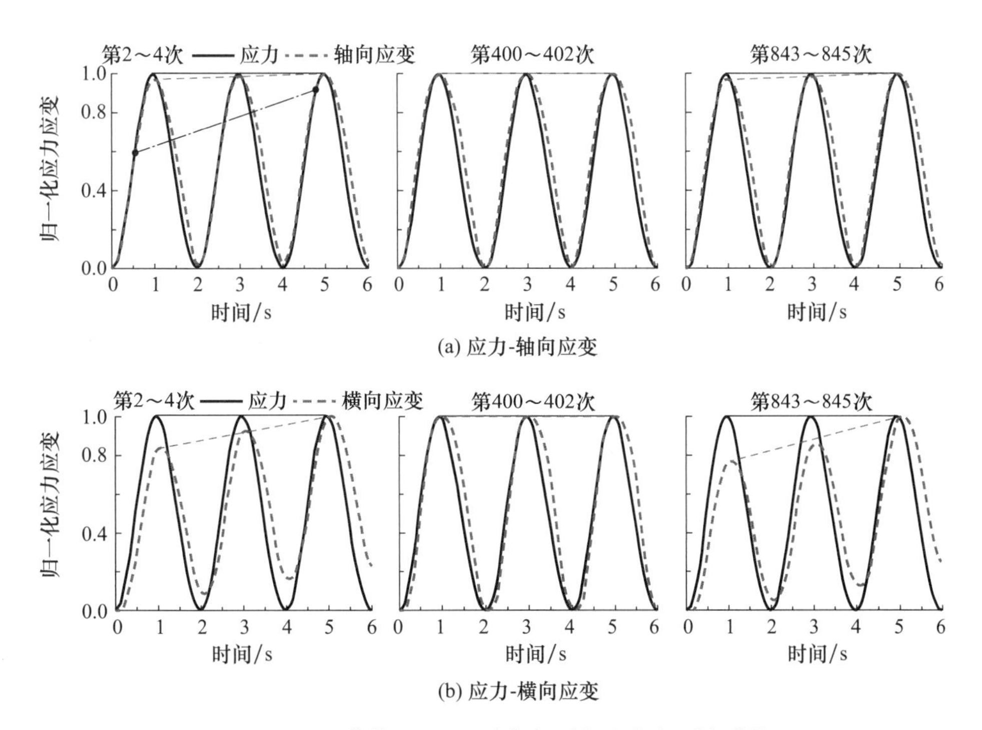

图 7-3　上限荷载 60.5kN 时应力-时间和应变-时间曲线

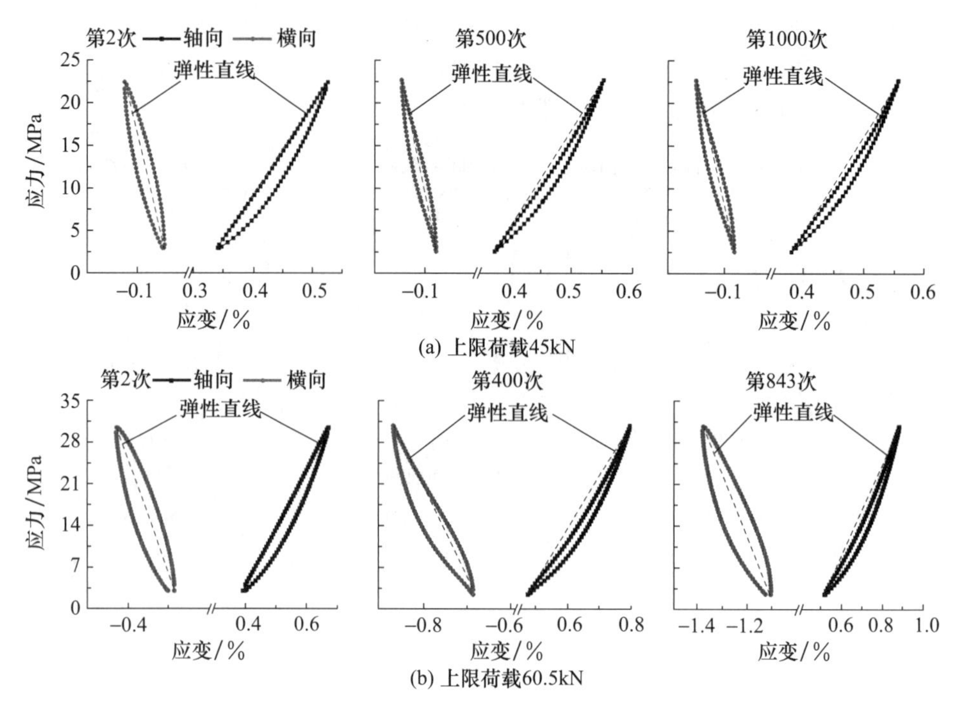

图 7-4　不同循环次数的滞回环

3）数学公式法

设岩石在正弦波循环荷载作用下的应力函数为：

$$\sigma(t)=\sigma_d\sin\left(\omega t+\frac{3\pi}{2}\right)+\sigma_s \tag{7-2}$$

式中　σ_d——正弦应力的交变荷载幅值；

σ_s——正弦应力的静荷载；

ω——频率；

t——时间。

假设岩石为理想黏弹性材料，则轴向应变 $\varepsilon_a(t)$ 和横向应变 $\varepsilon_l(t)$ 也是正弦波函数，且分别落后于应力 $\sigma(t)$ 相位角 δ 和 $\delta+\phi$（$0°<\delta<90°$，$0°<\delta+\phi<90°$），轴向和横向应变可分别写为：

$$\varepsilon_a(t)=\varepsilon_{ad}\sin\left(\omega t+\frac{3\pi}{2}-\delta\right)+\varepsilon_{as} \tag{7-3}$$

$$\varepsilon_l(t)=-\varepsilon_{ld}\sin\left(\omega t+\frac{3\pi}{2}-\delta-\phi\right)-\varepsilon_{ls} \tag{7-4}$$

联立式（7-2）和式（7-3）、式（7-2）和式（7-4），可得应力和轴向应变、应力和横向应变的关系式为：

$$\begin{aligned}&\left(\frac{\sigma_b}{\sigma_d}\right)^2-2\frac{\sigma_b}{\sigma_d}\frac{\varepsilon_b}{\varepsilon_{ad}}\cos\delta+\left(\frac{\varepsilon_b}{\varepsilon_{ad}}\right)^2=\sin^2\delta\\&\left(\frac{\sigma_b}{\sigma_d}\right)^2+2\frac{\sigma_b}{\sigma_d}\frac{\varepsilon_m}{\varepsilon_{cd}}\cos(\delta+\phi)+\left(\frac{\varepsilon_m}{\varepsilon_{cd}}\right)^2=\sin^2(\delta+\phi)\end{aligned} \tag{7-5}$$

式中　$\sigma_b=\sigma-\sigma_s$，$\varepsilon_b=\varepsilon_a-\varepsilon_{as}$，$\varepsilon_m=\varepsilon_l+\varepsilon_{ls}$。

由式（7-5）可以看出，若岩石为理想黏弹性材料，则循环荷载下应力-应变相位差为定值，应力-轴向应变和应力-横向应变均为椭圆方程（图 7-5），且岩石材料越接近理想黏弹性，应力-轴向应变相位差 δ 和应力-横向应变相位差 $\delta+\phi$ 越小，椭圆的长短轴之比越大，椭圆越扁。事实上，不同上限循环荷载下泥质石英粉砂岩的滞回环均不是椭圆形（图 7-6），说明实际应变响应曲线为非标准正弦曲线，应力相位与应变相位不相等。

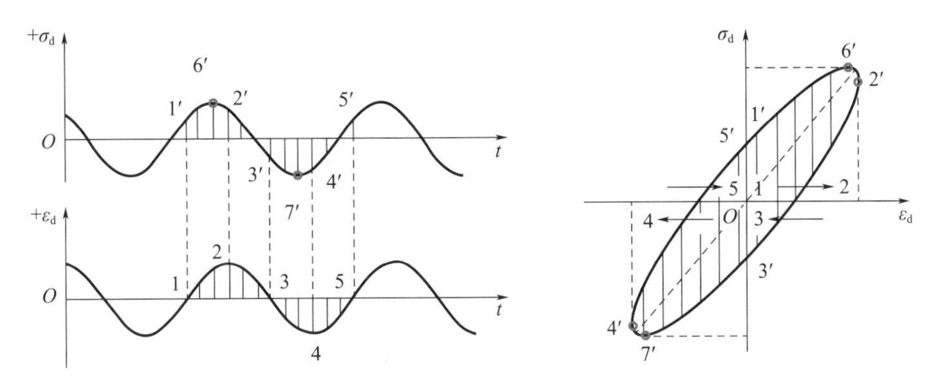

图 7-5　非线性滞后原理图

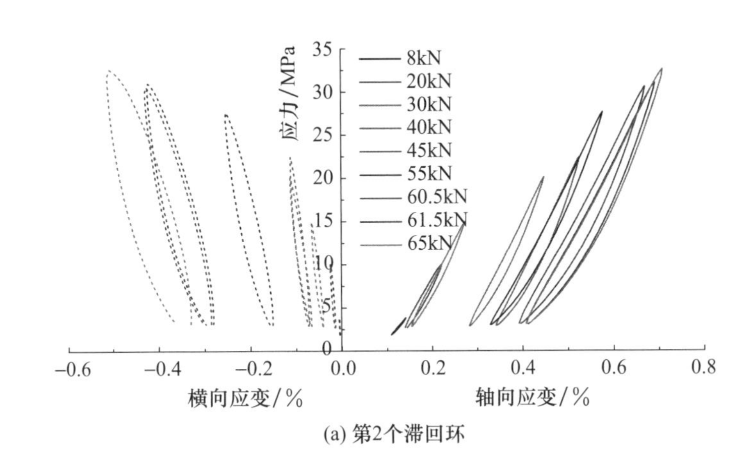

(a) 第2个滞回环

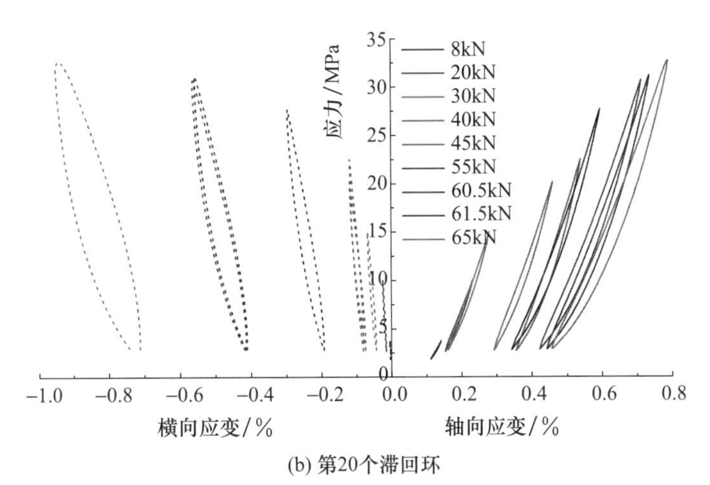

(b) 第20个滞回环

图 7-6　不同上限荷载下泥质石英粉砂岩滞回环

7.1.2 循环荷载下泥质石英粉砂岩应力-应变相位差

为了定量表征循环加载和卸载过程中泥质石英粉砂岩的应力-应变不同步程度，对应力数据和应变数据进行互相关处理。其中，互相关函数可以判断频域内两个信号的相关性，可以在极短的时间延迟内求出信号的相位差，并能有效抑制与参考信号不相关的各种形式噪声。计算原理如下：设应力和应变在一个周期内的采样数据为 $i=1, 2, 3, \cdots, N$（N 为采样数），则应力 σ_i 与应变 ε_i 的互相关函数 P_k 可表示为：

$$P_k = \sum_{i=0}^{N-1} \sigma_i \varepsilon_{i+k}, \quad k \in [0, N]$$

若应力 σ_i 与应变 ε_i 之间不存在相位差，可将岩石视为理想固体，P_k 的极大值出现在 $j=0$ 处；若 σ_i 和 ε_i 之间存在相位差，则 P_k 的极大值将会发生偏移。设在 J 轴上的偏移量为 ΔJ（图 7-7），则应力-应变相位差 φ 为：

$$\varphi = \frac{2\pi}{S} \Delta J \tag{7-6}$$

相位差的主要误差来源于求互相关函数时的截断误差，可以通过增加每周期的采样数来减少其对相位差结果的影响。文中不同上限荷载下每周期的试验采样数约为 120 个，即相位差精度≈1/120×π=0.026，因此需要对试验数据进行拟合，拟合结果如图 7-8 所示。由于相同循环次数下加载阶段和卸载阶段的相位差并不相同，因此，需要分别计算循环加载阶段和循环卸载阶段的相位差。对于循环加载阶段，将泥质石英粉砂岩的应力和应变试验数据均先做正弦拟合然后进行归一化处理，应保证拟合曲线的数据点足够多，从而获得具有足够精度的相位差，再利用式（7-6）计算应力-应变相位差；对于循环卸载阶段，应力-应变相位差同样采用上述方法计算，不同循环上限荷载下相位差计算结果如图 7-9 所示。

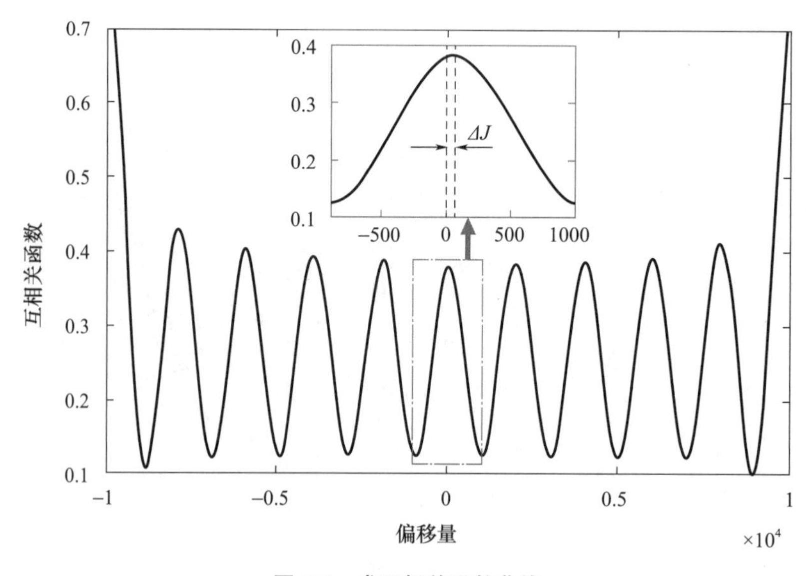

图 7-7 求互相关函数曲线

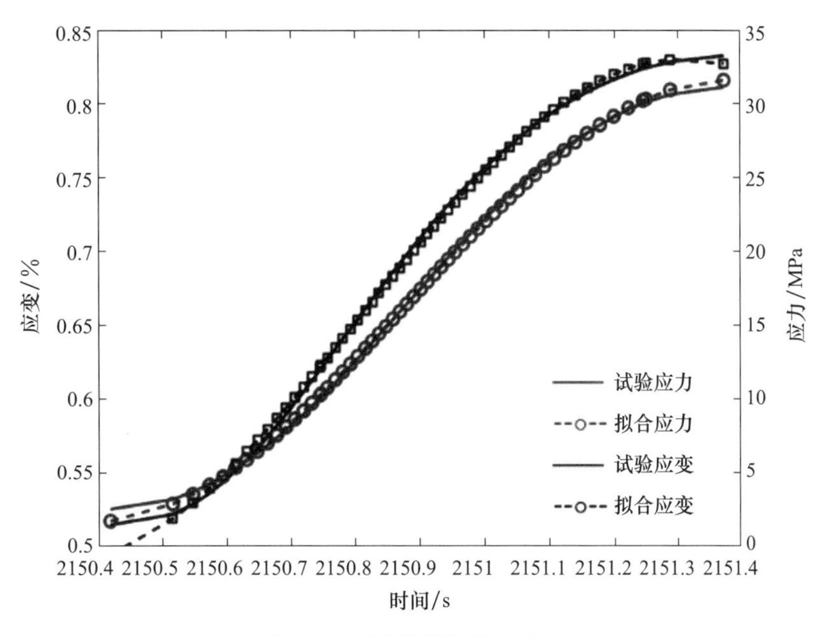

图 7-8 试验数据和拟合曲线

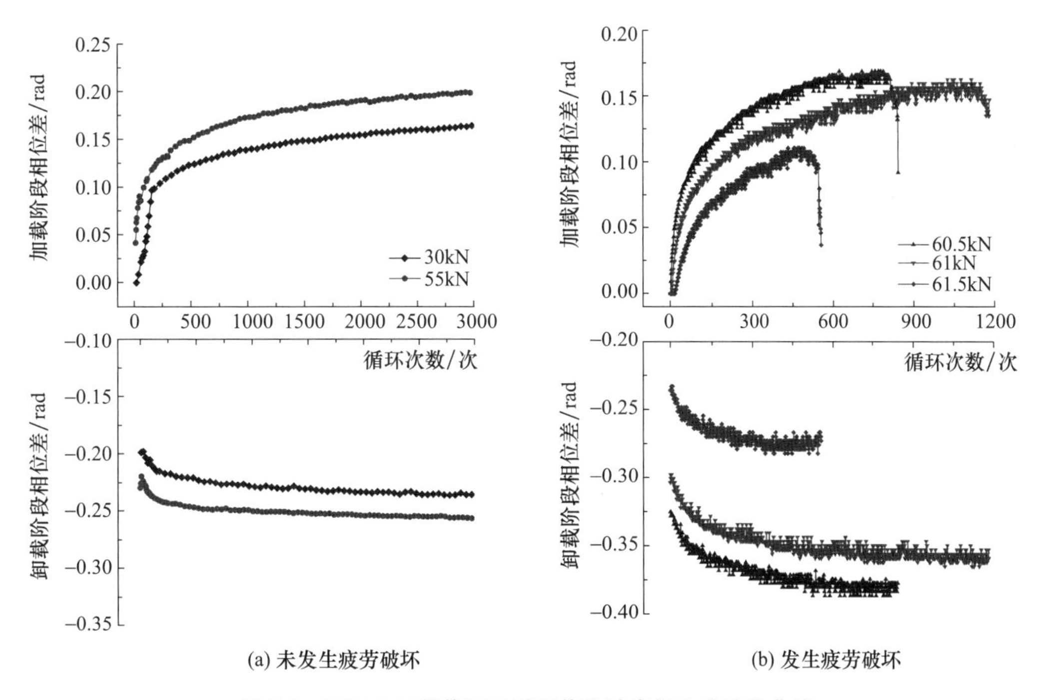

图 7-9 不同上限荷载下泥质石英粉砂岩相位差演化曲线

相位差大小代表了岩石偏离线弹性的程度，反映了岩石在循环荷载作用下应力-应变不同步效应的强弱。相位差为负值、0 和正值分别表示应变相位滞后、相等和超前于应力相位。由图 7-9 可以看出，不同循环次数下泥质石英粉砂岩的相位差并非定值，同一循环次数下加载和卸载阶段的相位差也不相同。不同上限荷载下加载阶段的相位差恒≥0，而卸载阶段的相位差恒<0。当试件未发生疲劳破坏时（以上限荷载 30kN 和

55kN 为例），加载和卸载阶段相位差随循环次数均先快速增大后缓慢稳定增加；当试件发生疲劳破坏时（以上限荷载 60.5kN、61kN 和 61.5kN 为例），加载阶段相位差随循环次数均先快速增大后稳定增加再迅速减小，卸载阶段相位差快速增大后缓慢稳定增加。

应变相位滞后于应力相位主要是由岩石颗粒间摩擦滑移引起的，而循环加卸载过程中泥质石英粉砂岩损伤累积的塑性变形导致应变相位超前于应力相位。初始几次循环岩石的塑性变形累积速率较快，使加载阶段应变超前于应力，且相位差随循环次数快速增大；循环等速阶段塑性变形速率趋于定值，同时颗粒间滑动摩擦阻力由弱变强，加载阶段相位差增速变缓；临近破坏时塑性变形速率增大，颗粒间、颗粒与裂隙间的滑动摩擦效应也显著增强，但由于应变超前于应力的程度较大，故尽管相位差随循环次数加速减小，应变依然超前于应力。在卸载阶段，塑性变形累积和颗粒间滑动摩擦阻力均导致应变相位滞后，故卸载阶段只存在应变滞后于应力的现象，应力-应变相位差恒为负值。同一上限荷载下卸载时的相位差大于再加载时的相位差，表明岩石在卸载过程中比再加载时的非线性特征更明显。

7.1.3 岩石应力-应变不同步响应机制

以上限荷载 61kN 的试件 F3 为例，分别对泥质石英粉砂岩循环初始阶段、稳定发展阶段和加速阶段的应力和应变进行归一化处理，并对归一化应力和应变对时间进行求导可得 $\sigma'(t)$ 和 $\varepsilon'(t)$。由于 $\sigma(t)$ 和 $\varepsilon(t)$ 为平滑曲线，故 $\sigma'(t)$ 和 $\varepsilon'(t)$ 连续可导，$\sigma''(t)$ 和 $\varepsilon''(t)$ 存在。泥质石英粉砂岩在不同循环次数下应力-时间和应变-时间、应力速率-时间和应变速率-时间的关系曲线如图 7-10 所示，下面以第 10 个循环为例分析循环荷载下泥质石英粉砂岩非线性弹性不同步响应机制，加载段 O-Ⅲ包括 O-Ⅰ段、Ⅰ-Ⅱ段和Ⅱ-Ⅲ段，卸载Ⅲ-Ⅴ段包括Ⅲ-Ⅳ段、Ⅳ-ⅳ段和ⅳ-Ⅴ段。

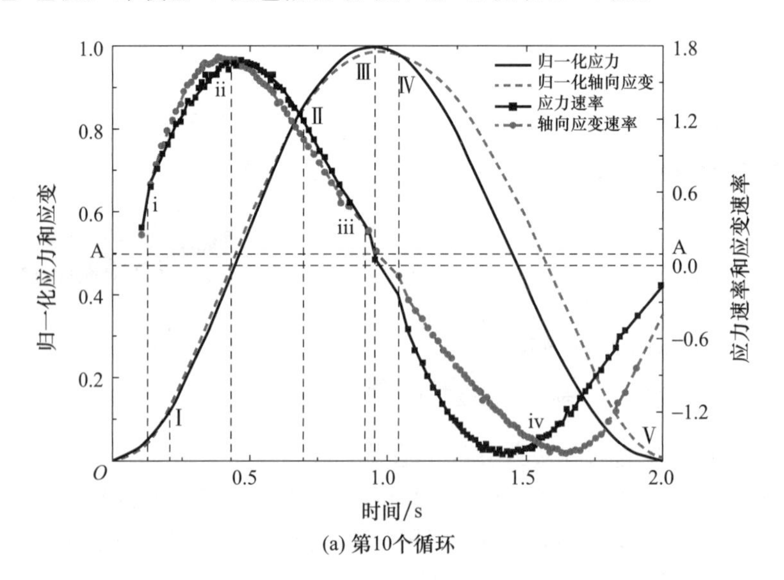

(a) 第10个循环

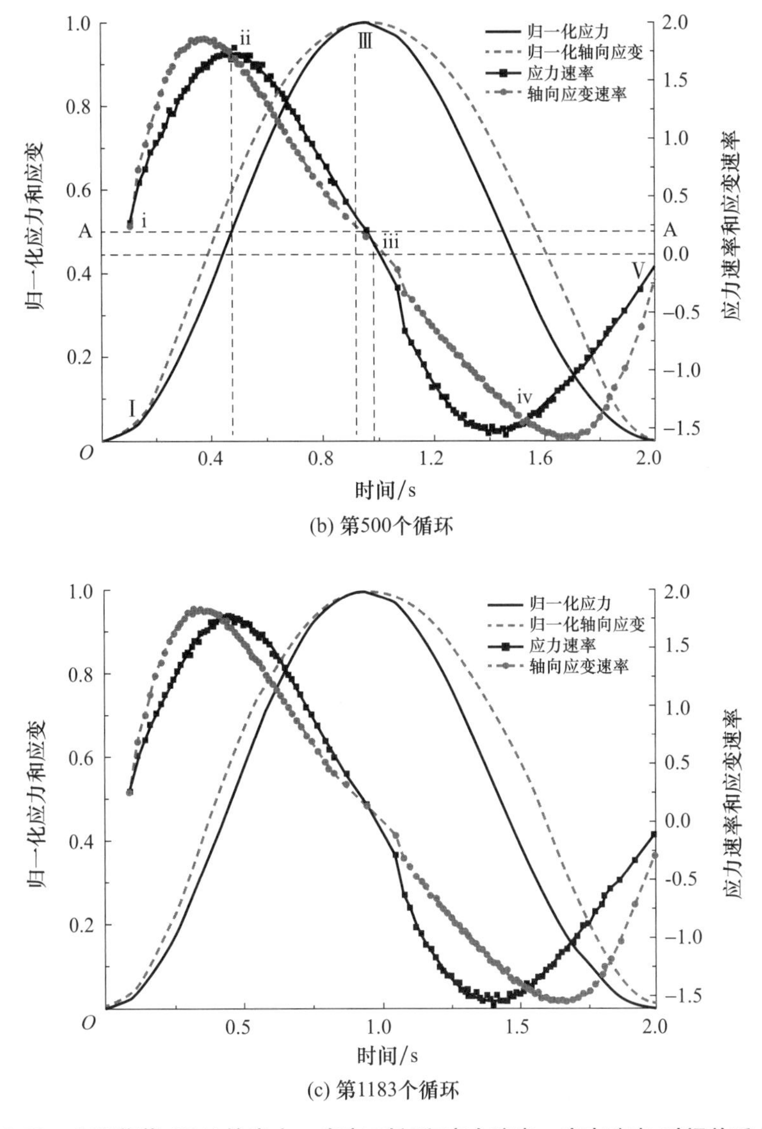

(b) 第500个循环

(c) 第1183个循环

图 7-10 上限荷载 61kN 的应力、应变-时间和应力速率、应变速率-时间关系曲线

① 在 O-ⅰ段时间段内（0ms～126ms），岩石内部裂隙和颗粒摩擦作用强于塑性变形累积作用，使加载初始点的应变速率滞后于应力速率 [$\varepsilon'(t) < \sigma'(t)$]，应变滞后于应力；但 O-ⅰ段应力很小，岩石颗粒间的接触面积和法向应力也很小，应变滞后现象很弱，随后应变响应速度加快，$\varepsilon''(t) > \sigma''(t) > 0$，且 O-ⅰ段时间很短，故ⅰ-ⅱ段 $\varepsilon'(t) > \sigma'(t)$，应变与应力逐渐趋于同步（Ⅰ点），且在加载段 O-Ⅰ中存在 $\sigma'(t) = \varepsilon'(t)$ 时刻点（ⅰ点）；随着循环次数的增加，岩石内部微裂纹更容易在低应力状态被激活，每次循环初始加载时更易累积塑性变形，使 O-Ⅰ段由初始循环应变滞后于应力逐渐发展为与应力同步，最后超前于应力，且Ⅰ点对应的时间与循环次数服从对数函数分布（图 7-11），在较高的循环次数下，当应变同步或超前于应力时，循环加载阶段将不存在ⅰ点和Ⅰ点 [图 7-10（c）]。

② 每次循环加载初期，岩石内部粗糙接触面间为点接触，实际接触面积远小于表

观接触面积，从而产生较高的局部应力使部分微裂纹迅速闭合，因此加载段Ⅰ-Ⅲ段初期应变速率较大。随着加载应力的增大，粗糙接触面上的颗粒发生损伤破裂或摩擦滑动，实际接触面积持续增加，此时颗粒接触黏合滞后对岩石变形发展的影响越来越大，即阻碍岩石变形的能力不断提升，应变滞回效应由弱变强，使加载段Ⅰ-Ⅲ段应变响应速率由大于应力速率转为小于应力速率，故应变由超前于应力转为滞后于应力。其中，加载段Ⅰ-Ⅱ包括Ⅰ-ⅱ段和ⅱ-Ⅱ段。在Ⅰ点应力与应变同步，而后Ⅰ-ⅱ段$\varepsilon'(t)>\sigma'(t)$，故应变不断超前于应力，直到ⅱ点$\sigma'(t)=\varepsilon'(t)$，该时刻应力-应变不同步程度最大；随后在ⅱ-Ⅱ段$\sigma'(t)>\varepsilon'(t)$，应力与应变逐渐趋于同步（Ⅱ点），但由于在ⅱ点应变超前于应力程度较大，故尽管ⅱ-Ⅱ段$\sigma'(t)>\varepsilon'(t)$，应变依然超前于应力。因此，在加载段Ⅰ-Ⅱ应变超前于应力。

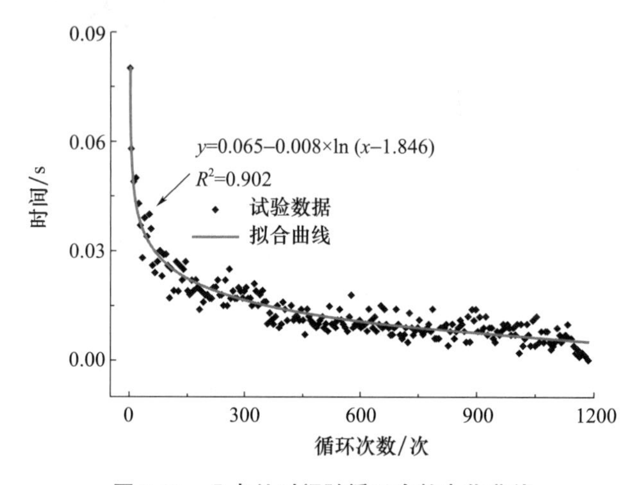

图 7-11　Ⅰ点处时间随循环次数变化曲线

③ 在Ⅱ-Ⅲ段加载应力继续增大至上限应力，岩石处于高应力状态，固体颗粒间实际接触面积和法向应力均较大，产生较高的摩擦阻力使变形响应缓慢，应变滞后效应明显。加载段Ⅱ-Ⅲ包括Ⅱ-ⅲ段和ⅲ-Ⅲ段，对于Ⅱ-ⅲ段依然满足$\sigma'(t)>\varepsilon'(t)$，Ⅱ点应力与应变达到同步，且此阶段有$\sigma'(t)<\varepsilon''(t)<0$，故$\sigma'(t)$迅速减小、$\varepsilon'(t)$缓慢减小，直至ⅲ点$\sigma'(t)=\varepsilon'(t)$，故在Ⅱ-ⅲ段应变滞后于应力；在ⅲ-Ⅲ段，$\sigma'(t)$减小速率略大于$\varepsilon'(t)$，但因ⅲ点的应变滞后于应力程度较大且ⅲ-Ⅲ段时间非常短，故尽管该段$\varepsilon'(t)>\sigma'(t)$，应变仍滞后于应力。因此，在加载段Ⅱ-Ⅲ段表现为应变滞后于应力。由图 7-12 可以看出，应力与应变同步点Ⅱ点所处时刻随循环次数先迅速增大后稳定于上限荷载附近，当循环次数大约超过 100 次时，每次循环加载时塑性变形累积作用（应变超前应力）强于裂隙颗粒间滑动摩擦阻力（应变滞后应力），使该加载阶段应变始终超前于应力，加载段Ⅱ点不存在［图 7-10（b）和图 7-10（c）］。

在卸载初始段Ⅲ-Ⅳ段应变滞后于应力，但此时$\varepsilon'(t)>\sigma'(t)$，故应变与应力逐渐趋近于同步（Ⅳ点）；在Ⅳ-ⅳ段，始终满足$|\sigma'(t)|>|\varepsilon'(t)|$，$|\sigma'(t)|$迅速增大后缓慢减小、$|\varepsilon'(t)|$一直迅速增大，故必然存在$|\sigma'(t)|=|\varepsilon'(t)|$时刻（即ⅳ点），该卸载阶段应变滞后于应力的程度逐渐增大，且在ⅳ点应变滞后于应力程度达到极大值；临近卸载结束ⅳ-Ⅴ段，$|\varepsilon'(t)|>|\sigma'(t)|$，故应力与应变逐渐趋于同步。在卸载初期

Ⅲ-Ⅳ段和Ⅳ-ⅳ段，接触面的法向力较大，岩石实际接触面积较大，滞后效应突出，表现为变形恢复速率较为缓慢。而到了卸载后期（ⅳ-Ⅴ段），随着卸载应力的减小，颗粒间接触面积和法向应力均减小，由于颗粒回弹以及部分可恢复孔隙、微裂纹的张开，致使颗粒间黏附力和接触面摩擦力迅速减弱，滞后效应减弱，变形响应加速恢复。

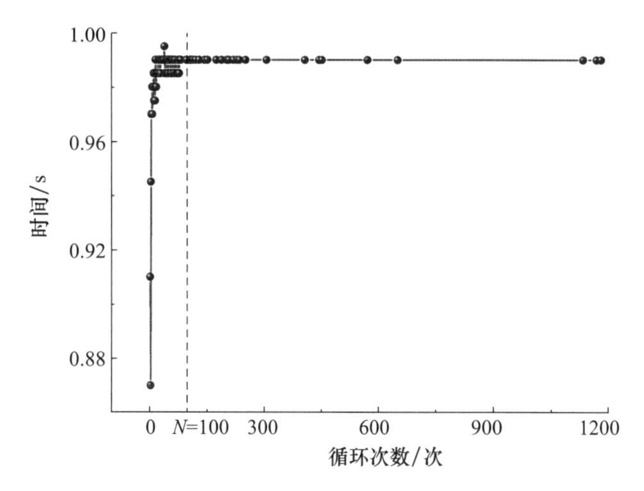

图 7-12　Ⅱ点处时间随循环次数变化曲线

综上，应力与应变不同步关系、应力速率与应变速率不同步关系是颗粒界面间的摩擦阻力和循环加载过程中塑性变形累积相互作用的最终反映。加载阶段受裂隙颗粒间滑动摩擦阻力（应变相位滞后应力相位）和累积塑性变形（应变相位超前应力相位）共同作用，应力-应变不同步关系最终取决于二者的优势作用；在卸载阶段，颗粒间滑动摩擦阻力和累积塑性变形均导致应变相位滞后，故在卸载阶段只存在应变相位滞后于应力相位的现象。

7.2　考虑岩石应力-应变动态相位差的疲劳本构模型

7.2.1　疲劳与流变的“同源”性

为了说明采用流变元件描述岩石的疲劳变形破坏是科学合理的，开展了泥质石英粉砂岩分级加载流变试验，各级荷载水平依次设定为 25kN、35kN、45kN、55kN、65kN，每级荷载水平的加载速率为 0.5kN/s，当岩石变形增量小于 0.001mm/h 时，遂施加下一级荷载。

1）应力-应变曲线特征

泥质石英粉砂岩分级单轴压缩试验、疲劳破坏试验与加载流变试验的应力-应变曲线如图 7-13 所示。可以看出，岩石进入加速流变阶段或发生疲劳破坏时的轴向应变均与单轴压缩峰后应力-应变曲线在上限荷载处的应变相当，说明可采用单轴压缩应力-轴向应变曲线预测恒荷载或循环荷载作用下泥质石英粉砂岩的变形破坏过程。

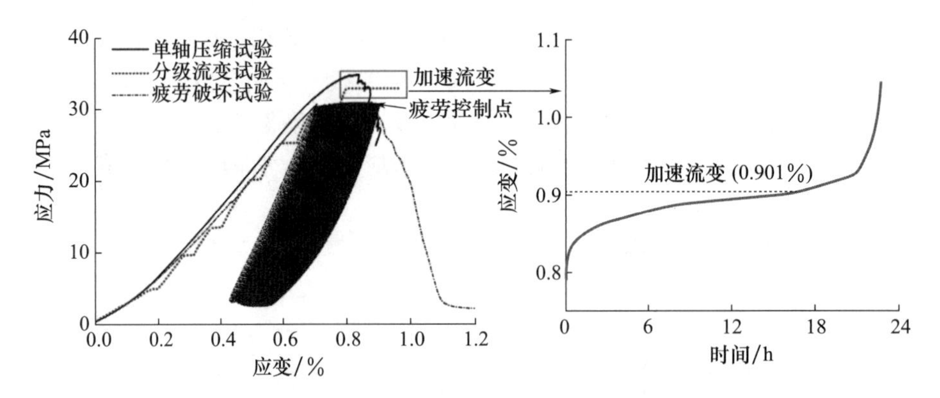

图 7-13 单轴压缩试验、疲劳试验和分级加载流变试验应力-应变曲线对比

2）流变变形与疲劳变形

分级荷载下泥质石英粉砂岩的流变曲线如图 7-14 所示。可以看出，在前 4 级荷载水平下，泥质石英粉砂岩的流变曲线经初始快速增大后趋于水平，瞬时应变占总应变的绝大部分，流变应变很小，属于稳定流变；当荷载水平加载至 65kN 时，试件发生破坏，属于不稳定流变，流变曲线表现为瞬态流变、稳态流变和加速流变三个阶段，且三阶段对应的应变增量分别占总应变的 40.82%、28.41%和 30.7%。不同循环上限荷载下泥质石英粉砂岩的应变演化曲线如图 7-15 所示，可以看出，当循环上限荷载位于疲劳强度前后，泥质石英粉砂岩的轴向应变整体随循环加卸载过程由初始快速后缓慢稳定增长两阶段特征转变为初始快速、稳定和加速增长三阶段特征，且三阶段对应的应变增量分别占总应变的 35.98%、29.71%和 34.31%。

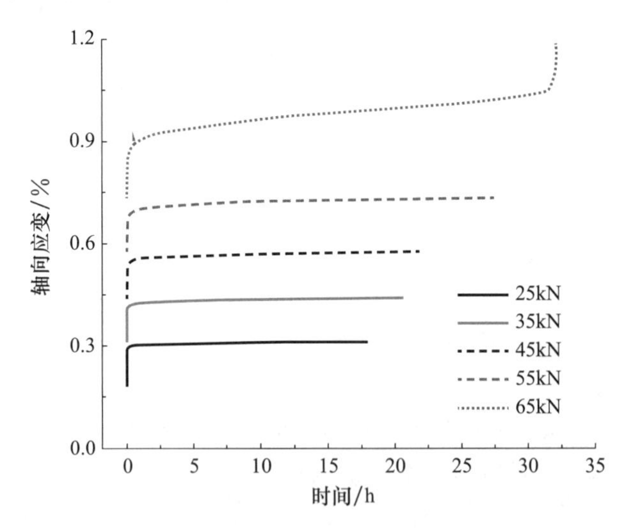

图 7-14 不同荷载水平下泥质石英粉砂岩流变曲线

为了消除流变时间和循环次数、流变应变和疲劳残余应变两类指标之间量纲形式不同的影响，采用式（7-1）分别对流变试验中的时间和应变以及疲劳试验中的循环次数和残余应变进行归一化处理，将归一化后的结果绘制于对数坐标中，结果如图 7-16 所示。可以看出，当上限应力分别超过恒荷载下的长期强度和循环荷载下的疲劳强度时，分级加载流变试验和疲劳试验归一化后的应变和时间（循环次数）的无量纲变量存在相近关系。

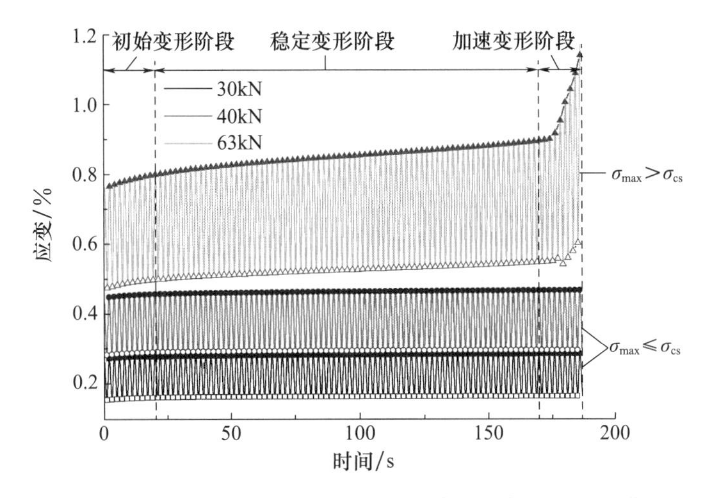

图 7-15　不同循环上限荷载下泥质石英粉砂岩应变-时间曲线

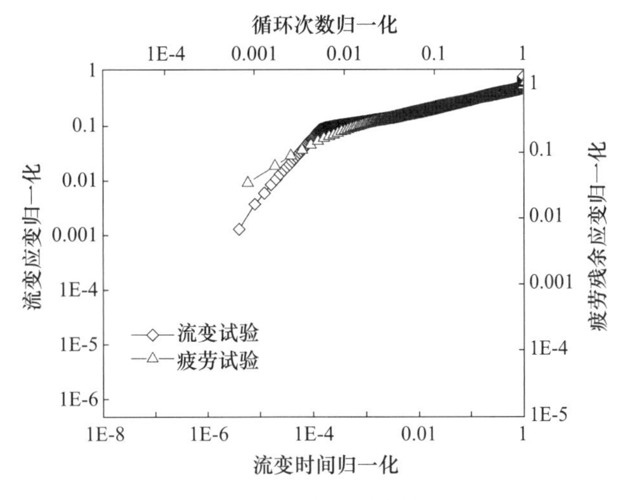

图 7-16　归一化后对数关系图

3）长期强度和疲劳强度

恒荷载下岩石的长期强度可作为流变类型由稳定流变向不稳定流变发展的临界应力。因此，可以初步判定泥质石英粉砂岩的长期强度为 55kN～65kN，为 UCS 的 80%～95%。由前文可知，单轴循环荷载作用下泥质石英粉砂岩的疲劳强度为 28.0MPa～29.6MPa（上限荷载 55kN～58kN），为 UCS 的 80%～85%。疲劳强度 σ_{cs} 可作为岩石在循环荷载作用下变形特征由稳定变形向不稳定变形发展的阈值。

通过分析流变荷载和循环荷载下泥质石英粉砂岩的应力-应变关系、变形特征和应力门槛值，发现疲劳与流变具有非常相似的力学行为：①恒荷载或循环载荷作用下泥质石英粉砂岩的变形破坏均可由单轴压缩应力-轴向应变曲线预测。②泥质石英粉砂岩的流变变形曲线与疲劳变形曲线具有宏观相似性，且流变试验和疲劳试验归一化后的应变和时间（循环次数）的无量纲变量也存在明显相似关系，此外，发生破坏时流变曲线和疲劳曲线三个阶段对应的应变增量占总应变的比例近乎相等。③泥质石英粉砂岩在恒荷载下的长期强度（80%～95%UCS）与循环荷载下的疲劳强度（80%～85%UCS）非常接近。以上三方面均印证了泥质石英粉砂岩疲劳与流变的“同源性”。岩石自身所具有的弹性、黏性以及塑性属性，在恒荷载和循环荷载作用下表现出相似的力学特征。因此，基于流变模型构建循环荷载下岩石的疲劳本构模型是合理的。

7.2.2 基于分数阶导数的流变元件

分数阶微积分是在整数阶微积分基础上发展的，其中 Riemann-Liouville（R-L）分数阶微积分应用最为广泛。R-L 分数阶积分定义为：设 f 在（0，$+\infty$）上逐段连续，且在（0，$+\infty$）的任何有限子区间上可积，$t>0$，$Re(\beta)>0$，则函数 $f(t)$ 的 β 阶 R-L 分数阶积分为：

$$ {}_0D_t^{-\beta}f(t)=\frac{\mathrm{d}^{-\beta}f(t)}{\mathrm{d}t^{-\beta}}=\frac{1}{\Gamma(\beta)}\int_0^t(t-\sigma)^{\beta-1}f(\sigma)\mathrm{d}\sigma $$

式中　$\Gamma(\beta)=\int_0^{\infty}t^{\beta-1}\mathrm{e}^{-t}\mathrm{d}t$—— Gamma 函数。

R-L 分数阶导数可定义为其分数阶积分的逆运算，则函数 $f(t)$ 的 β 阶分数阶导数可定义为：

$$ {}_0D_t^{\beta}f(t)=\frac{\mathrm{d}^{\beta}f(t)}{\mathrm{d}t^{\beta}}=\frac{\mathrm{d}^n}{\mathrm{d}t^n}\left[{}_0D_t^{-(n-\beta)}f(t)\right] \tag{7-7} $$

式中　n——大于 β 的最小整数。

由流变基本元件的本构方程可知，当式（7-7）中的 $\beta=0$ 时，该流变元件为代表理想固体的弹簧元件［图 7-17（a）］；当 $\beta=1$ 时，该流变元件为代表理想流体的黏壶元件［图 7-17（b）］。因此，当 $0<\beta<1$ 时，该元件为代表黏弹性材料的分数阶元件，又称 Abel 黏壶［图 7-17（c）］。Abel 黏壶具备长期的历史依赖性或记忆效应，是建立与时间相关本构模型的有力工具。

$$ \sigma(t)=\xi\frac{\mathrm{d}^{\beta}\varepsilon(t)}{\mathrm{d}t^{\beta}} \tag{7-8} $$

式中　$\sigma(t)$——应力；

$\varepsilon(t)$——应变；

ξ——黏弹性材料的黏滞系数；

t——时间；

β——分数阶阶数，且 $0\leqslant\beta\leqslant1$。

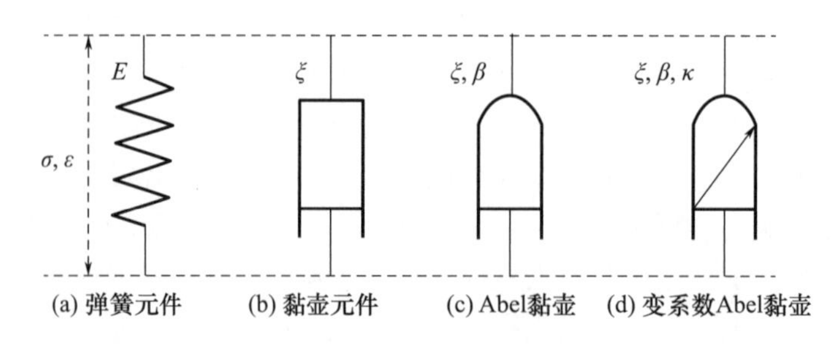

图 7-17　流变基本元件

当式（7-8）中的 $\sigma(t)$ 为常数 σ_0 时，采用 R-L 分数阶算子对式（7-8）进行积分，可得 Abel 黏壶的蠕变方程表达式为：

$$\varepsilon(t)=\frac{\sigma_0}{\xi}\frac{t^\beta}{\Gamma(1+\beta)}\quad(0<\beta<1)$$

式中　$\Gamma(1+\beta)=\int_0^\infty t^\beta e^{-t}dt$。

岩石在超过长期强度的应力作用下常表现出加速流变特征，此时岩石的黏滞系数 ξ 将不断减小。因此，引入损伤变量 D（$0\leqslant D\leqslant 1$）来描述黏滞系数的劣化，即：

$$\xi(t)=\xi(1-D)\tag{7-9}$$

Zhou 等[78]发现岩石的黏滞系数随加载时间呈负指数函数衰减规律，即：

$$D=1-e^{-\kappa t}\tag{7-10}$$

式中　κ 为与岩石性质相关的系数。

因此，岩石黏滞系数 ξ 随时间的表达式为：

$$\xi(t)=\xi e^{-\kappa t}\tag{7-11}$$

变系数 Abel 黏壶（图 7-17（d））是 Abel 黏壶的直接扩展，将式（7-11）代入式（7-8）可得变系数 Abel 黏壶的本构关系为：

$$\sigma(t)=(\xi e^{-\kappa t})\frac{d^\beta\varepsilon(t)}{dt^\beta}\quad(0<\beta<1)\tag{7-12}$$

当式（7-12）中的 $\sigma(t)$ 为常数 σ_0 时，基于 R-L 分数阶微积分算子理论，可得变系数 Abel 黏壶的蠕变方程表达式为：

$$\varepsilon(t)=\frac{\sigma_0}{\xi}t^\beta\sum_{k=0}^{\infty}\frac{(\kappa t)^k}{\Gamma(k+1+\beta)}\quad(0<\beta<1)\tag{7-13}$$

7.2.3 疲劳本构模型的建立与求解

根据循环加卸载过程中泥质石英粉砂岩表现出的弹性、黏弹性、黏塑性等流变性质，可将循环荷载作用下泥质石英粉砂岩的变形过程划分为减速变形、等速变形和加速变形三个阶段。Burgers 模型能够反映材料的瞬时弹性变形、减速变形、等速变形，但不能有效描述岩石的加速损伤特性。因此，本节在加速流变阶段引入一个非线性黏塑性损伤元件描述岩石黏滞系数的劣化和应变的非线性增长。与经典弹的塑性力学理论不同，在本节中岩石的应力-应变状态及其关系并不是恒定的，它将随加载历史发展变化，可通过 Abel 黏壶阶数的变化反映循环加卸载过程中岩石力学性质的演变。

结合泥质石英粉砂岩在不同阶段的变形特性和分数阶阶数在流变模型中的物理意义，采用不同阶数的 Abel 黏壶代替经典 Burgers 模型中的 Newton 黏壶，并串联一个带应力开关的变系数 Abel 黏壶元件，建立循环荷载作用下的岩石疲劳本构模型。如图 7-18 所示，模型由弹性体、黏弹性体和非线性黏塑性体组成，t_0 为首次加载到上限荷载的时刻，t_1 为进入加速变形阶段的时刻，t_2 为发生疲劳破坏的时刻。当上限应力 $\sigma_{max}<$疲劳强度 σ_{cs} 时，变系数 Abel 黏壶元件不起作用，此时为分数阶稳定流变模型；当 $\sigma_{max}\geqslant\sigma_{cs}$时，变系数 Abel 黏壶元件触发，此时为分数阶不稳定流变模型。根据叠加原理，分数阶稳定和不稳定流变模型的总变形分别为：

$$\begin{cases} \varepsilon(t) = \varepsilon_e + \varepsilon_{ve1}(t) + \varepsilon_{ve2}(t) & \sigma_{max} < \sigma_{cs} \\ \varepsilon(t) = \varepsilon_e + \varepsilon_{ve1}(t) + \varepsilon_{ve2}(t) + \varepsilon_{vp}(t) & \sigma_{max} \geq \sigma_{cs} \end{cases} \tag{7-14}$$

式中　$\varepsilon(t)$——总应变；

ε_e——弹性应变；

$\varepsilon_{ve1}(t)$ 和 $\varepsilon_{ve2}(t)$——黏弹性应变；

$\varepsilon_{vp}(t)$——非线性黏塑性应变。

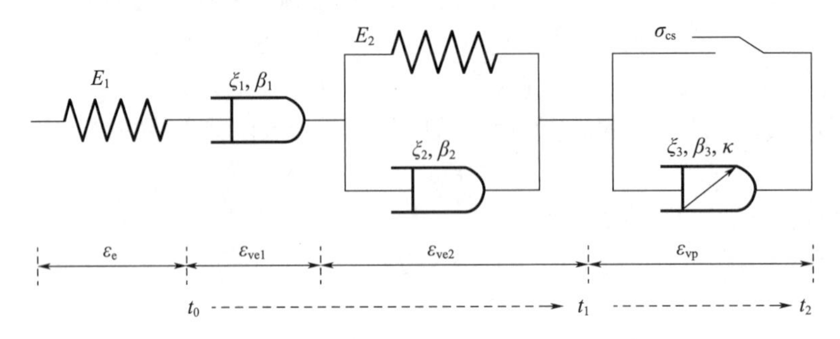

图 7-18　分数阶流变本构模型示意图

如图 7-19 所示，将正弦波循环荷载分解为静荷载 σ_s 和交变荷载 $\sigma_f(t)$，循环荷载下的应变分解为静应变 $\varepsilon_s(t)$ 和交变应变 $\varepsilon_f(t)$，循环次数等效为流变时间，则

$$\begin{cases} \sigma(t) = \sigma_s(t) + \sigma_f(t) = \dfrac{(\sigma_{max} + \sigma_{min})}{2} + \dfrac{(\sigma_{max} - \sigma_{min})}{2}\cos\omega t \\ \varepsilon(t) = \varepsilon_s(t) + \varepsilon_f(t) \end{cases} \tag{7-15}$$

式中　σ_{max}——循环上限应力；

σ_{min}——循环下限应力。

t 为循环加卸载时间，$t=NT$，N 为循环次数，T 为循环周期（2s）；

$\omega=2\pi f$，$f=1/T$，f 为频率。

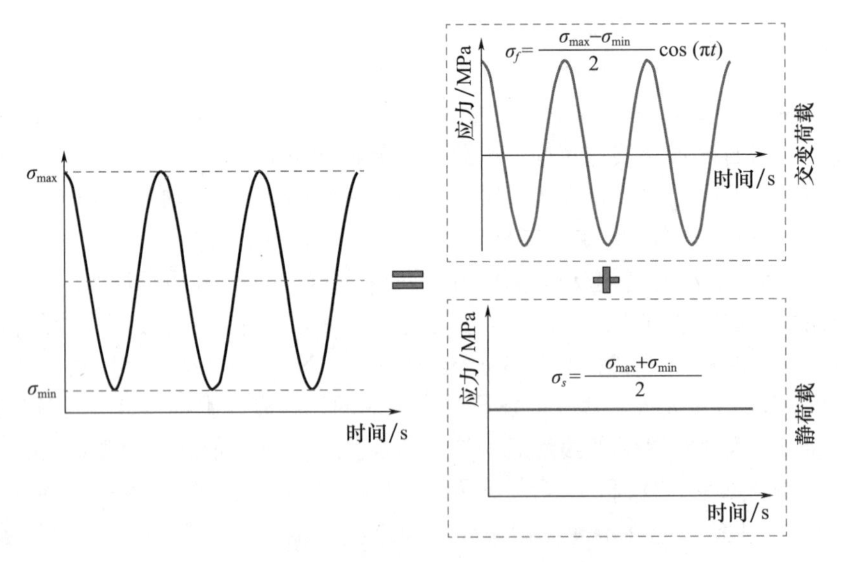

图 7-19　循环荷载下的应力分解示意图

下面对岩石疲劳本构模型进行求解。

1）静荷载下岩石非线性本构模型

首先求解岩石在静荷载$\sigma_s=\frac{(\sigma_{max}+\sigma_{min})}{2}$下的本构方程，具体如下。

① 岩石在静荷载下 t_0 时刻的弹性本构方程为：

$$\varepsilon_e=\frac{\sigma_s}{E_1} \tag{7-16}$$

式中　E_1——Maxwell 模型中弹簧的弹性模量。

② 岩石在静荷载下 $t_0 \sim t_1$ 时段的黏弹性本构方程为：

$$\varepsilon_{ve}(t)=\varepsilon_{ve1}(t)+\varepsilon_{ve2}(t) \tag{7-17}$$

根据 Abel 黏壶的蠕变方程式（7-10）可得：

$$\varepsilon_{ve1}(t)=\frac{\sigma_s}{\xi_1}\frac{(t_1-t_0)^{\beta_1}}{\Gamma[(1+\beta_1)]}$$

式中　ξ_1——Maxwell 模型中 Abel 黏壶的黏滞系数；

β_1——Maxwell 模型中 Abel 黏壶的阶数。

按照组合模型原理可得：

$$\sigma_s=E_2\varepsilon_{ve2}+\xi_2\frac{d^{\beta_2}(\varepsilon_{ve2})}{dt^{\beta_2}} \tag{7-18}$$

式中　E_2——Kelvin 模型中弹簧的弹性模量；

ξ_2——Kelvin 模型中 Abel 黏壶的黏滞系数；

β_2——Kelvin 模型中 Abel 黏壶的阶数。

整理式（7-18）得：

$$\frac{d^{\beta_2}(\varepsilon_{ve2})}{dt^{\beta_2}}+\frac{E_2}{\xi_2}\varepsilon_{ve2}=\frac{\sigma_s}{\xi_2} \tag{7-19}$$

设 $a=E_2/\xi_2$，$b=\sigma_s/\xi_2$，则原微分方程变为：

$$\frac{d^{\beta_2}(\varepsilon_{ve2})}{dt^{\beta_2}}+a\varepsilon_{ve2}=b \tag{7-20}$$

根据分数阶微积分理论可知，Caputo 分数阶导数的定义方式与 R-L 分数阶导数基本相同，只是微分和积分的顺序相反。R-L 分数阶导数是先积分后微分，求解过程比较复杂，而 Caputo 分数阶导数则是先微分后积分，且 R-L 分数阶导数与 Caputo 分数阶导数${}^{C}d\beta_2/dt^{\beta_2}$存在下列关系：

$$\frac{d^{\beta_2}[f(t)]}{dt^{\beta_2}}=\frac{{}^{C}d^{\beta_2}[f(t)]}{dt^{\beta_2}}+\sum_{k=0}^{n-1}\frac{t^{k-\beta_2}f^{(k)}(0)}{\Gamma(k-\beta_2+1)}\quad(0<\beta_2<n) \tag{7-21}$$

通过式（7-21）可将 R-L 分数阶导数转化为 Caputo 分数阶导数，由初始条件 $\varepsilon_{ve2}(t_0)=0$，得：

$$\frac{d^{\beta_2}[\varepsilon_{ve2}]}{dt^{\beta_2}}=\frac{{}^{C}d^{\beta_2}[\varepsilon_{ve2}]}{dt^{\beta_2}} \tag{7-22}$$

把式（7-22）带入式（7-20）得：

$$\frac{{}^{C}d^{\beta_2}[\varepsilon_{ve2}]}{dt^{\beta_2}}+a\varepsilon_{ve2}=b \tag{7-23}$$

对式（7-23）进行 Laplace 变换得：

$$s^{\beta_2}E(s)+aE(s)=\frac{b}{s} \tag{7-24}$$

解得：

$$E(s)=\frac{b}{s(s^{\beta_2}+a)} \tag{7-25}$$

对式（7-25）进行 Laplace 逆变换得：

$$\varepsilon_{ve2}(t)=b\int_0^t(t-s)^{\beta_2-1}E_{\beta_2,\beta_2}[-a(t-s)^{\beta_2}]\mathrm{d}s \tag{7-26}$$

式中　$E_{\beta_2,\beta_2}(z)=\sum_{k=0}^{\infty}\frac{z^k}{\Gamma(k\beta_2+\beta_2)}$。

计算式（7-26）得：

$$\varepsilon_{ve2}(t)=b\sum_{k=0}^{\infty}\frac{(-a)^k t^{\beta_2(1+k)}}{\beta_2(1+k)\Gamma[(1+k)\beta_2]} \tag{7-27}$$

将 a，b 代入式（7-27）可得：

$$\varepsilon_{ve2}(t)=\frac{\sigma_s}{\xi_2}\sum_{k=0}^{\infty}\frac{\left(-\frac{E_2}{\xi_2}\right)^k(t_1-t_0)^{\beta_2(1+k)}}{\beta_2(1+k)\Gamma[(1+k)\beta_2]} \tag{7-28}$$

式（7-28）即为式（7-19）描述的分数阶微分方程的解。

$$\varepsilon_{ve}^2(t)=\frac{\sigma_1}{\eta_2}\sum_{k=0}^{\infty}\frac{\left(-\frac{E_2}{\xi_2}\right)^k(t_1-t_0)^{\beta_2(1+k)}}{\beta_2(1+k)\Gamma[(1+k)\beta_2]} \tag{7-29}$$

式中　$\Gamma[(1+k)\beta_2]=\int_0^{\infty}(t_1-t_0)^{(1+k)\beta_2-1}\mathrm{e}^{-t}\mathrm{d}t$。

③ 当 $\sigma_{max}<\sigma_{cs}$ 时，$\varepsilon_{vp}(t)=0$；当 $\sigma_{max}\geqslant\sigma_{cs}$ 时，$\varepsilon_{vp}(t)$ 可用变系数 Abel 黏壶（式（7-13））表示；则岩石在静荷载下 $t_1\sim t_2$ 时段的非线性黏塑性本构方程为：

$$\varepsilon_{vp}(t)=\begin{cases}0 & (\sigma_{max}<\sigma_{cs})\\ \frac{\sigma_s-\sigma_{ss}}{\xi_3}(t_2-t_1)^{\beta_3}E_{1,1+\beta_3}(\kappa t_2) & (\sigma_{max}\geqslant\sigma_{cs})\end{cases}$$

式中　σ_{ss}——静荷载 σ_s 下的长期强度；

ξ_3——变系数 Abel 黏壶的黏滞系数；

β_3——变系数 Abel 黏壶的阶数。

综上，静荷载下岩石非线性本构模型表达式为

$$\begin{cases}\text{当 }\sigma_{max}<\sigma_{cs}\text{ 时，}\\ \varepsilon_s=\frac{\sigma_s}{E_1}+\frac{\sigma_s}{\xi_1}\frac{(t_1-t_0)^{\beta_1}}{\Gamma[(1+\beta_1)]}+\frac{\sigma_s}{\xi_2}\sum_{k=0}^{\infty}\frac{\left(-\frac{E_2}{\xi_2}\right)^k(t_1-t_0)^{\beta_2(1+k)}}{\beta_2(1+k)\Gamma[(1+k)\beta_2]}\\ \text{当 }\sigma_{max}\geqslant\sigma_{cs}\text{ 时，}\\ \varepsilon_s=\frac{\sigma_s}{E_1}+\frac{\sigma_s}{\xi_1}\frac{(t_1-t_0)^{\beta_1}}{\Gamma[(1+\beta_1)]}+\frac{\sigma_s}{\xi_2}\sum_{k=0}^{\infty}\frac{\left(-\frac{E_2}{\xi_2}\right)^k(t_1-t_0)^{\beta_2(1+k)}}{\beta_2(1+k)\Gamma[(1+k)\beta_2]}+\\ \qquad\frac{\sigma_s-\sigma_{ss}}{\xi_3}(t_2-t_1)^{\beta_3}E_{1,1+\beta_3}(\kappa t_2)\end{cases} \tag{7-30}$$

2）交变荷载下岩石非线性疲劳本构模型

岩石在交变荷载 σ_f（t）作用下的应力为：

$$\sigma_f(t)=\sigma_1\cos\omega t=\sigma_1 e^{i\omega t} \tag{7-31}$$

式中 $\sigma_1=\dfrac{(\sigma_{max}-\sigma_{min})}{2}$；

i——虚数单位。

则在交变荷载 σ_f（t）下的应变响应为：

$$\varepsilon_f(t)=\varepsilon_1\cos(\omega t+\varphi)=\varepsilon_1 e^{i(\omega t+\varphi)}=\varepsilon^* e^{i\omega t} \tag{7-32}$$

式中 ε_1——σ_f 下的应变幅值，可由式（7-33）求得；

ε^*——σ_f 下的复应变幅值；

φ——相位差，由“7.1.2 循环荷载下泥质石英粉砂岩应力-应变相位差”求得。

$$\varepsilon_1=\sigma_1\sqrt{J_1^2+J_2^2} \tag{7-33}$$

式中 J_1——储能柔量；

J_2——耗能柔量，J_1 和 J_2 可由本构方程参数确定。

下面分别对岩石在交变荷载下的弹性体、黏弹性体和非线性黏塑性体本构方程进行求解。

① 岩石在交变荷载下 t_0 时的弹性本构方程为：

$$\sigma_1 e^{i\omega t}=E_1\varepsilon_e^* e^{i\omega t} \tag{7-34}$$

整理得：

$$\frac{\varepsilon_e^*}{\sigma_1}=\frac{1}{E_1}=J_{e1}-iJ_{e2} \tag{7-35}$$

因此，$J_{e1}=\dfrac{1}{E_1}$，$J_{e2}=0$。

② 岩石在交变荷载下 $t_0\sim t_1$ 时段的黏弹性本构方程。

由式（7-8）得 Abel 黏壶在交变荷载下本构方程为：

$$\sigma_1 e^{i\omega t}=\xi_1\varepsilon_{ve1}^*(i\omega)^{\beta_1} e^{i\omega t}$$

由欧拉公式 $i^{\beta_1}=e^{\frac{i\pi\beta_1}{2}}=\cos\left(\dfrac{\beta_1\pi}{2}\right)+\sin\left(\dfrac{\beta_1\pi}{2}\right)i$，代入式（7-35）整理得：

$$\frac{\varepsilon_{ve1}^*}{\sigma_1}=\frac{\cos\left(\dfrac{\beta_1\pi}{2}\right)}{\xi_1\omega^{\beta_1}}-\frac{\sin\left(\dfrac{\beta_1\pi}{2}\right)}{\xi_1\omega^{\beta_1}}i=J_{ve1}^1-iJ_{ve1}^2$$

因此，$J_{ve1}^1=\dfrac{\cos\left(\dfrac{\beta_1\pi}{2}\right)}{\xi_1\omega^{\beta_1}}$，$J_{ve1}^2=\dfrac{\sin\left(\dfrac{\beta_1\pi}{2}\right)}{\xi_1\omega^{\beta_1}}$。

交变荷载下式（7-18）的本构方程为：

$$\sigma_1 e^{i\omega t}=E_2\varepsilon_{ve2}^* e^{i\omega t}+\xi_2\varepsilon_{ve2}^*(i\omega)^{\beta_2} e^{i\omega t}$$

整理得：

$$\begin{aligned}\frac{\varepsilon_{ve2}^*}{\sigma_1}&=\frac{1}{E_2+\xi_2\left[\cos\left(\dfrac{\beta_2\pi}{2}\right)+\sin\left(\dfrac{\beta_2\pi}{2}\right)i\right]\omega^{\beta_2}}\\&=\frac{1}{\left[E_2+\xi_2\omega^{\beta_2}\cos\left(\dfrac{\beta_2\pi}{2}\right)\right]+\xi_2\omega^{\beta_2}\sin\left(\dfrac{\beta_2\pi}{2}\right)i}\end{aligned} \tag{7-36}$$

$$=\frac{E_2+\xi_2\omega^{\beta_2}\cos\left(\frac{\beta_2\pi}{2}\right)}{E_2^2+\xi_2^2\omega^{2\beta_2}+2E_2\xi_2\omega^{\beta_2}\cos\left(\frac{\beta_2\pi}{2}\right)}-\frac{\xi_2\omega^{\beta_2}\sin\left(\frac{\beta_2\pi}{2}\right)}{E_2^2+\xi_2^2\omega^{2\beta_2}+2E_2\xi_2\omega^{\beta_2}\cos\left(\frac{\beta_2\pi}{2}\right)}\mathrm{i}$$

因此，

$$J_{\mathrm{ve2}}^1=\frac{E_2+\xi_2\omega^{\beta_2}\cos\left(\frac{\beta_2\pi}{2}\right)}{E_2^2+\xi_2^2\omega^{2\beta_2}+2E_2\xi_2\omega^{\beta_2}\cos\left(\frac{\beta_2\pi}{2}\right)},\ J_{\mathrm{ve2}}^2=\frac{\xi_2\omega^{\beta_2}\sin\left(\frac{\beta_2\pi}{2}\right)}{E_2^2+\xi_2^2\omega^{2\beta_2}+2E_2\xi_2\omega^{\beta_2}\cos\left(\frac{\beta_2\pi}{2}\right)}。$$

③ 由式（7-12）得岩石在交变荷载下 $t_1\sim t_2$ 时段的非线性黏塑性本构方程为：

$$\sigma_1\mathrm{e}^{\mathrm{i}\omega t}=\xi_3\varepsilon_{\mathrm{vp}}^*\mathrm{e}^{\mathrm{i}\omega t}(i\omega)^{\beta_3}\mathrm{e}^{-\kappa t} \tag{7-37}$$

整理得：

$$\frac{\varepsilon_{\mathrm{vp}}^*}{\sigma_1}=\frac{\cos\left(\frac{\beta_3\pi}{2}\right)}{\xi_3\omega^{\beta_3}\mathrm{e}^{-\kappa t}}-\mathrm{i}\frac{\sin\left(\frac{\beta_3\pi}{2}\right)}{\xi_3\omega^{\beta_3}\mathrm{e}^{-\kappa t}}=J_{\mathrm{vp1}}-\mathrm{i}J_{\mathrm{vp2}} \tag{7-38}$$

因此，$J_{\mathrm{vp1}}=\frac{\cos\left(\frac{\beta_3\pi}{2}\right)}{\xi_3\omega^{\beta_3}\mathrm{e}^{-\kappa t}}$，$J_{\mathrm{vp2}}=\frac{\sin\left(\frac{\beta_3\pi}{2}\right)}{\xi_3\omega^{\beta_3}\mathrm{e}^{-\kappa t}}$。

3）引入岩石应力-应变动态相位差的疲劳本构模型

如图 7-20 所示，理想固体受到正弦应力作用时，应变同相地做正弦变化，相位差 $\varphi=0$，滞后时间＝0；对于理想流体，$\varphi=\pi/2$，滞后时间＝$\pi/2\omega$；对于理想黏弹性体，$\varphi\in(0,\pi/2\omega)$，滞后时间＝$\varphi/\omega$；以上 3 种材料在不同时刻的相位差恒为定值。而泥质石英粉砂岩是一种多组分、多相、非均匀的多孔介质材料，岩石内部存在孔隙裂隙等缺陷，导致岩石应力-应变关系普遍存在偏离胡克定律的非线性不同步行为。但以往鲜有学者考虑岩石应力-应变不同步效应对疲劳本构模型准确性的影响，以至于理论模型与试验结果有所出入。结合“7.1.2 循环荷载下泥质石英粉砂岩应力-应变相位差”的计算结果，将循环加载阶段和卸载阶段相位差随循环次数的动态变化引入疲劳本构模型，并对疲劳本构模型进行修正。

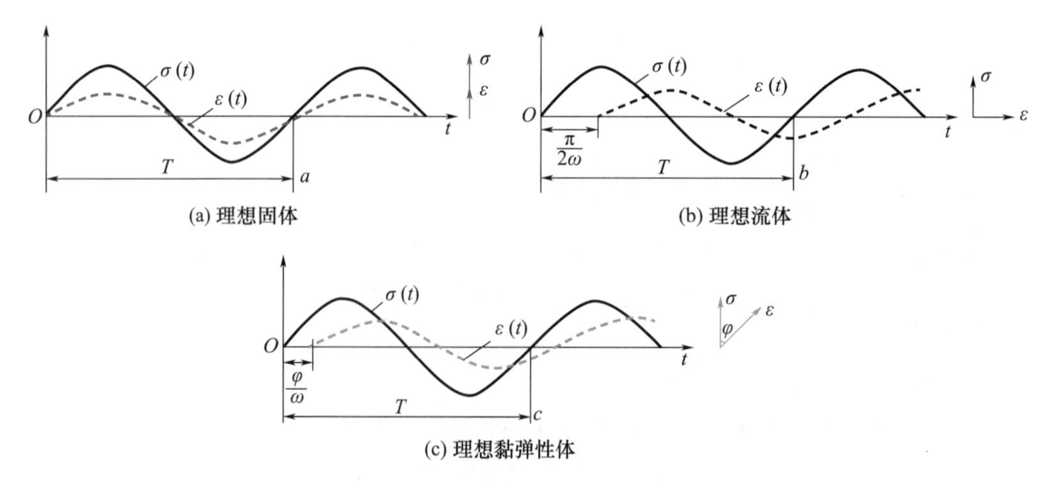

图 7-20 循环荷载作用下的应变响应

综上，根据叠加原理，循环荷载下引入岩石应力-应变动态相位差的疲劳本构模型为：

$$\begin{cases} \text{当 } \sigma_{\max} < \sigma_{cs} \text{ 时，} \\ \varepsilon(t) = \dfrac{\sigma_s}{E_1} + \dfrac{\sigma_s}{\xi_1} \dfrac{(t_1 - t_0)^{\beta_1}}{\Gamma[(1+\beta_1)]} + \dfrac{\sigma_s}{\xi_2} \sum_{k=0}^{\infty} \dfrac{\left(-\dfrac{E_2}{\xi_2}\right)^k (t_1 - t_0)^{\beta_2(1+k)}}{\beta_2(1+k)\Gamma[(1+k)\beta_2]} + \\ \qquad \sigma_1 \sqrt{J_{a1}^2 + J_{a2}^2} \cos(\omega t + \varphi) \\ \text{当 } \sigma_{\max} \geqslant \sigma_{cs} \text{ 时，} \\ \varepsilon(t) = \dfrac{\sigma_s}{E_1} + \dfrac{\sigma_s}{\xi_1} \dfrac{(t_1 - t_0)^{\beta_1}}{\Gamma[(1+\beta_1)]} + \dfrac{\sigma_s}{\xi_2} \sum_{k=0}^{\infty} \dfrac{\left(-\dfrac{E_2}{\xi_2}\right)^k (t_1 - t_0)^{\beta_2(1+k)}}{\beta_2(1+k)\Gamma[(1+k)\beta_2]} + \\ \qquad \dfrac{\sigma_s - \sigma_{ss}}{\xi_3} (t_2 - t_1)^{\beta_3} E_{1,1+\beta}(\kappa t_2) + \sigma_1 \sqrt{J_{b1}^2 + J_{b2}^2} \cos(\omega t + \varphi) \end{cases} \tag{7-39}$$

式中 $\begin{cases} J_{a1} = J_{e1} + J_{ve1}^1 + J_{ve2}^1 \\ J_{a2} = J_{e2} + J_{ve1}^2 + J_{ve2}^2 \end{cases}$，$\begin{cases} J_{b1} = J_{e1} + J_{ve1}^1 + J_{ve2}^1 + J_{vp1} \\ J_{b2} = J_{e2} + J_{ve1}^2 + J_{ve2}^2 + J_{vp2} \end{cases}$。

7.3 疲劳本构模型适用性验证与参数分析

7.3.1 疲劳本构模型对泥质石英粉砂岩的适用性验证

图 7-21 为不同上限荷载下泥质石英粉砂岩的轴向应变-时间曲线。可以看出，当上限荷载为 55kN 时，循环荷载阶段的应变先减速后稳定增加，泥质石英粉砂岩发生稳定流变变形；当上限荷载为 61kN 和 61.5kN 时，循环荷载阶段的应变先减速后稳定再加速增大，泥质石英粉砂岩发生非稳定流变变形。

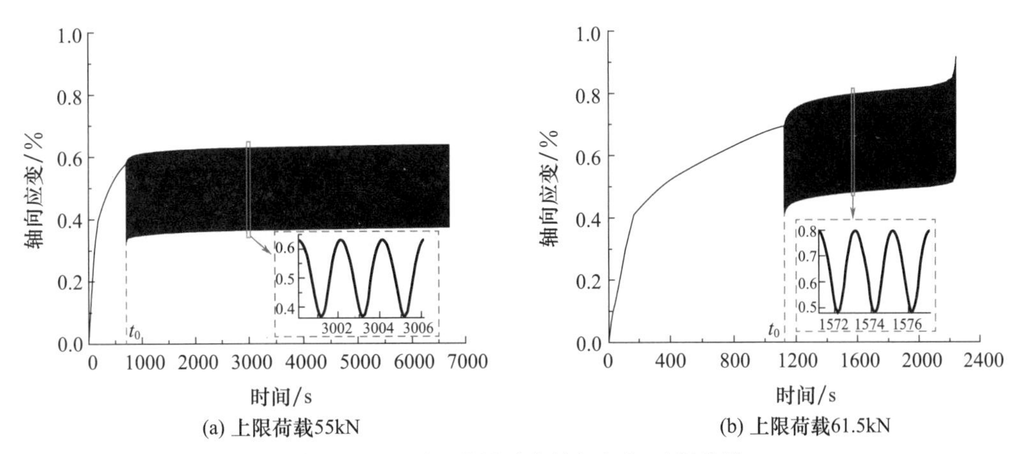

图 7-21 泥质石英粉砂岩轴向应变-时间曲线

由上文可知，单轴循环荷载作用下泥质石英粉砂岩的疲劳强度为 28.06MPa～30.87MPa，在流变模型中疲劳强度 σ_{cs} 取二者的均值 29.46MPa；静荷载 σ_s 下泥质石英粉砂岩的长期强度为15.31MPa～16.71MPa，同样地，取二者均值可得静荷载下的长期强度σ_{ss}=16.01MPa。弹性模量E_1可由首次加载至上限荷载处的应力-应变试验数据求得。采用MATLAB中的lsqcurvefit函数对疲劳本构模型的其他8个参数进行拟合，为了加快收敛速度，对Mittag-Leffler函数的计算结果进行截断处理，参数拟合结果见表7-1。可以看出，上限荷载越大，Abel黏壶的阶数越大，说明岩石的非线性特征越显著。当上限荷载为30kN和55kN时，循环荷载下泥质石英粉砂岩只有减速和等速变形阶段，Abel黏壶的阶数接近0，泥质石英粉砂岩表现为黏弹性，其力学性质与理想固体相似；当上限荷载为60.5kN～61.5kN时，泥质石英粉砂岩的变形过程包括减速变形、等速变形和加速变形三个增长阶段，不同Abel黏壶的阶数不同，说明循环加卸载过程中泥质石英粉砂岩的力学性质是逐渐变化的，其中，变系数Abel黏壶的阶数β_3趋近于1，说明临近疲劳破坏时泥质石英粉砂岩表现为黏塑性，其力学性质接近理想流体。

表7-1　基于泥质石英粉砂岩不同上限疲劳试验的参数拟合结果

状态	F_{max} (kN)	σ_s (MPa)	E_1 (MPa)	η_1 (MPa·$s^{\beta 1}$)	β_1	E_2 (MPa)	η_2 (MPa·$s^{\beta 2}$)	β_2	η_3 (MPa·$s^{\beta 3}$)	β_3	κ	R^2
稳定	30	8.93	4181.64	858.86	0.03	874.46	882.17	0.02	—	—	—	0.975
	55	15.31	3379.26	526.66	0.09	498.65	471.07	0.05	—	—	—	0.983
非稳定	60.5	16.71	3142.05	356.15	0.12	364.23	353.14	0.07	40420.15	0.92	0.01	0.982
	61	16.84	2964.10	392.46	0.10	413.46	407.88	0.08	43320.21	0.91	0.004	0.976
	61.5	16.96	3082.13	329.57	0.16	299.70	249.01	0.06	38646.52	0.95	0.013	0.978

分别以未发生疲劳破坏的试件C6（F_{max}=55kN）与发生疲劳破坏的试件F3（F_{max}=61.5kN）为例，泥质石英粉砂岩的试验数据与理论模型对比结果如图7-22和图7-23所示。由图7-22（a）和图7-23（a）可以看出，静荷载下泥质石英粉砂岩的非线性本构模型可以很好地描述将循环荷载等效为恒荷载时的泥质石英粉砂岩变形演化规律；循环荷载下引入岩石应力-应变动态相位差的疲劳本构模型不仅可以反映上限荷载低于疲劳强度时泥质石英粉砂岩的减速和等速流变阶段［图7-22（b）］，还可以有效地描述上限荷载高于疲劳强度时的加速流变阶段［图7-23（b）］；说明该理论模型可以准确地给出任意时刻岩石的应变，弥补了其他模型仅能描述循环荷载上限应变或者残余应变的不足。此外，由图7-22（c）和图7-23（c）可以看出，若不引入动态相位差对本构模型进行修正，则改进前拟合曲线与应变曲线偏离较大。通过引入相位差随循环次数的动态计算结果，改进后拟合曲线与应变曲线吻合非常好，表现为循环加载阶段应变超前于应力，循环卸载阶段应变滞后于应力，能准确描述泥质石英粉砂岩在不同变形阶段的应力-应变不同步现象。

为了量化表征引入动态相位差后疲劳本构模型的优化效果，引入拟合优度指标R_{NL}和角余弦系数FR评价试验应变曲线与拟合曲线的拟合优度。评价拟合效果优劣的标准为拟合数据$\hat{y}_i$与试验数据y_i越接近，则y_i与$\hat{y}_i$之间的距离越小，y_i与$\hat{y}_i$之间的夹角θ越小，即R_{NL}越接近1，FR越小，拟合效果越好。采用式（7-40）和式（7-41）分别计算图7-22（c）和图7-23（c）的R_{NL}和FR，计算结果见表7-2，可以看出，改进后拟合曲线的R_{NL}明显大于改进前拟合曲线，而FR明显小于改进前拟合曲线，说明在疲劳本构模型中考虑循环荷载下的岩石应力-应变不同步效应，并引入岩石应力-应变动态相位差对本构模型进行修正，能显著提升理论模型的准确性。

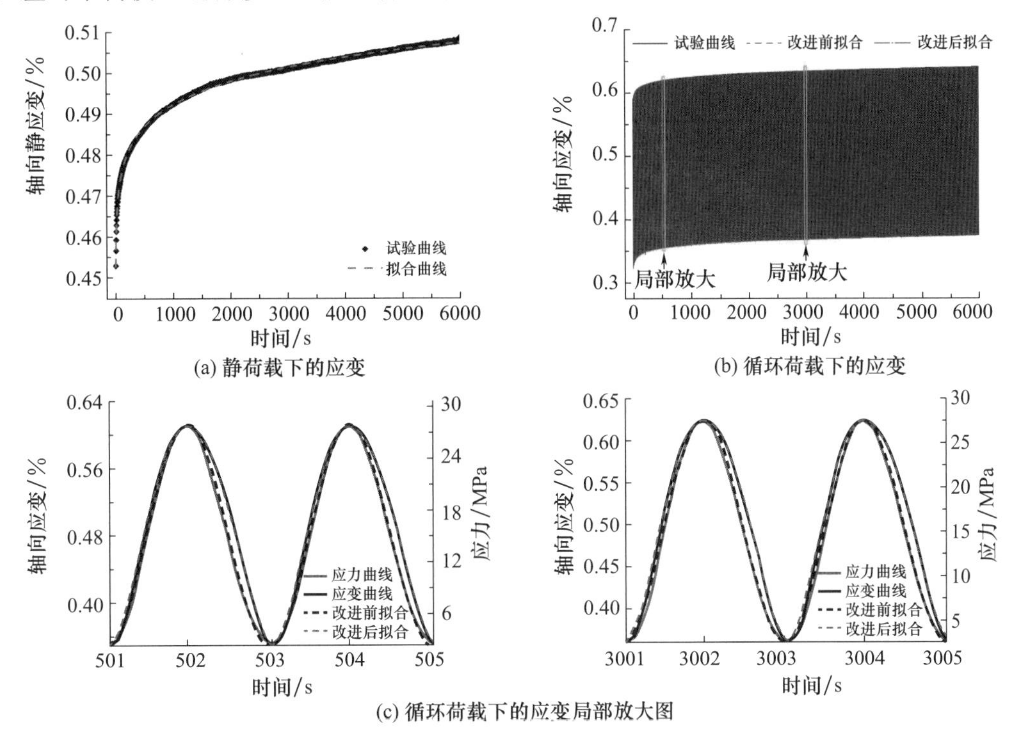

图 7-22 未发生疲劳破坏的试验曲线及流变模型拟合曲线（F_{max}＝55kN）

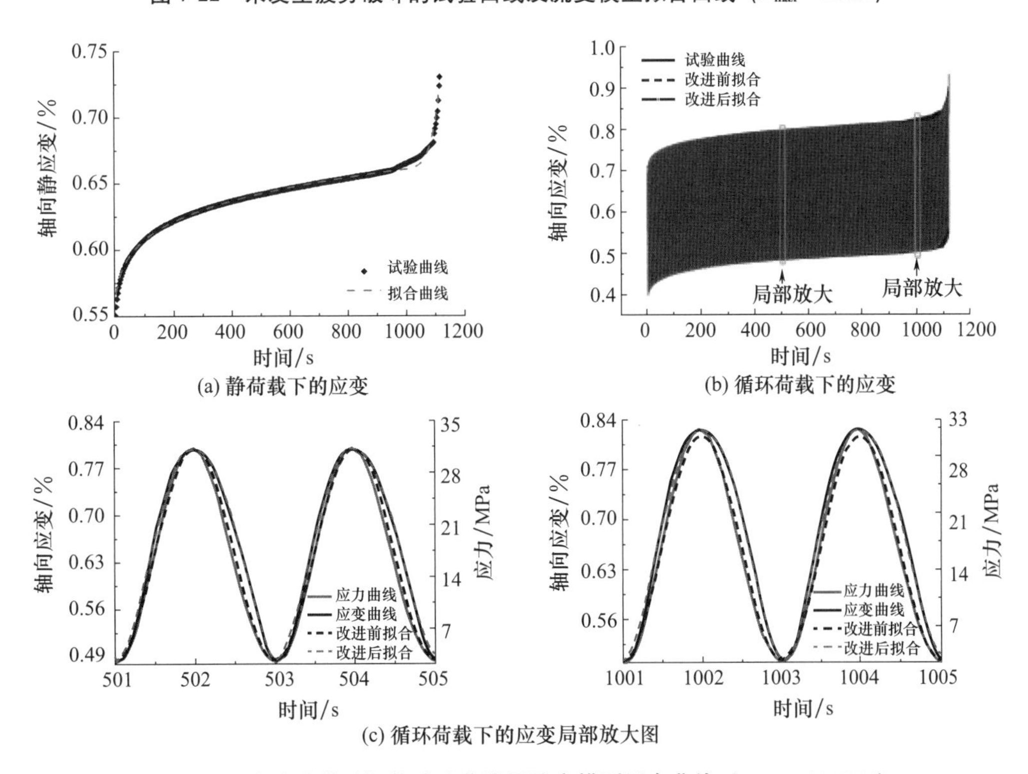

图 7-23 发生疲劳破坏的试验曲线及流变模型拟合曲线（F_{max}＝61.5kN）

$$R_{NL}=1-\sqrt{\frac{\sum(y_i-\hat{y}_i)^2}{\sum y_i{}^2}} \tag{7-40}$$

$$FR=\cos\theta=\frac{\sum y_i\hat{y}_i}{\sqrt{\sum y_i^2}\sqrt{\sum \hat{y}_i^2}} \tag{7-41}$$

表 7-2　曲线拟合优度指标 R_{NL} 和 FR

F_{max}（kN）	回归曲线 y_i	改进前 R_{NL}	改进后 R_{NL}	改进前 FR	改进后 FR
55kN	207s～201s	0.959	0.993	0.999	0.965
	999s～1003s	0.957	0.992	0.999	0.961
61.5kN	501s～505s	0.961	0.994	0.999	0.965
	1001s～1005s	0.952	0.993	0.999	0.960

7.3.2　疲劳本构模型对北山花岗岩的适用性验证

如图 7-24 所示，选取埋深 60.988～65.769m 的甘肃北山花岗岩作为致密硬岩的典型代表，以进一步验证考虑岩石应力-应变动态相位差的疲劳本构模型的适用性。北山花岗岩的平均纵波波速为 4749.13m/s，平均密度为 2.69g/cm^3；花岗岩的平均单轴抗压强度为 205.62MPa（图 7-25），弹性模量为 64.10GPa，以单轴抗压强度为标准按照表 7-3 所示的试验方案开展循环加卸载转单调加载试验和疲劳破坏试验。

(a) 钻孔取芯

(b) 标准圆柱试件

图 7-24　北山花岗岩试件

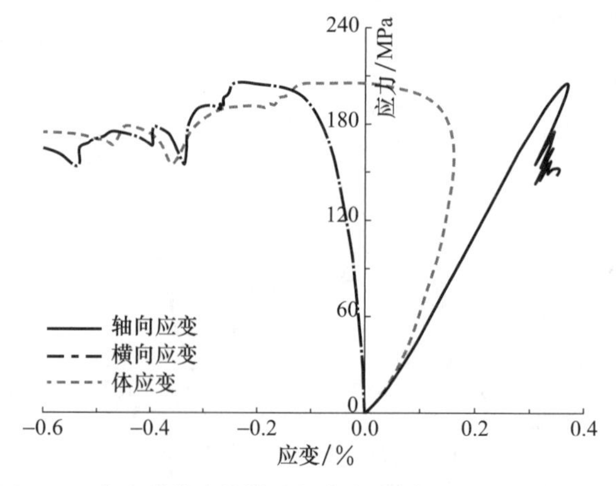

图 7-25　北山花岗岩单轴压缩全应力-应变曲线（试件 Q1）

表 7-3　北山花岗岩试验方案

试件编号	F_{max}（kN）	σ_{max}（MPa）	σ_{max}/UCS（%）	循环次数（次）	备注
Q2	265	135.20	65.64	3000	未破坏
Q3	345	176.02	85.45	3000	未破坏
Q4	355	181.12	87.93	4722	疲劳破坏
Q5	358	182.65	88.67	1787	疲劳破坏
Q6	360	183.67	89.17	399	疲劳破坏
Q7	363	185.20	89.90	462	疲劳破坏

分别以未发生疲劳破坏试件 Q2（F_{max}=265kN）与发生疲劳破坏试件 Q6（F_{max}=360kN）的轴向应变-时间曲线为例，由图 7-26 可以看出，当 F_{max}=265kN 时，花岗岩经 3000 次循环后变形未发生明显增长，故认为循环荷载作用下试件发生稳定流变变形。当 F_{max}=360kN 时，花岗岩发生疲劳破坏，循环荷载作用下试件发生非稳定流变变形。相比于循环加卸载过程中泥质石英粉砂岩的变形演化规律（图 7-21），北山花岗岩的循环初始变形阶段不明显，临近疲劳破坏时变形量骤增，并在数个循环内迅速发生破坏，表现出明显的致密硬岩破坏特征。

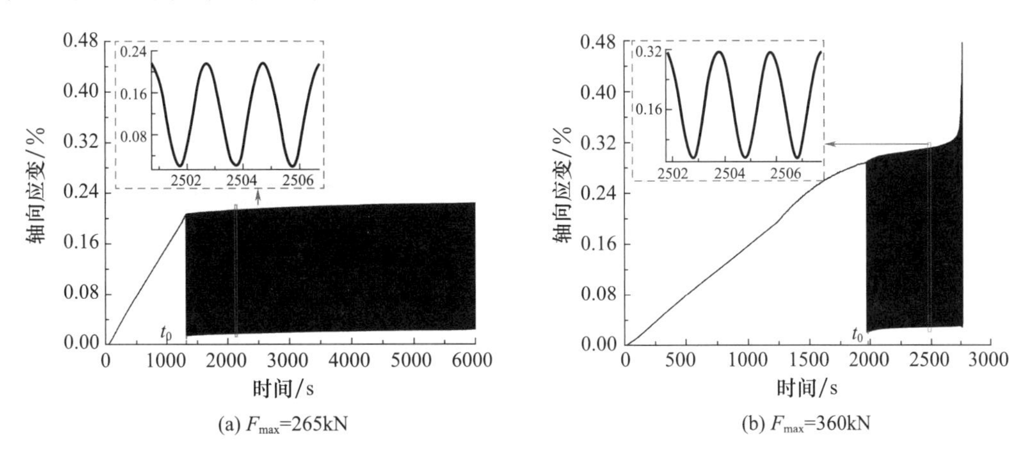

图 7-26　循环荷载下北山花岗岩轴向应变-时间曲线

运用新构建的疲劳本构模型对不同循环上限荷载下花岗岩的试验数据进行参数拟合和适用性验证，结果见表 7-4。可以看出，花岗岩的疲劳本构模型参数 E_1、E_2、η_1、η_2、η_3 均远大于泥质石英粉砂岩，表明花岗岩具有刚度较大和黏性较强的特点，与实际情况相符。随着上限荷载的增大，循环加卸载过程中岩石内部损伤累积速率加快，岩石颗粒破裂所需的能量降低，岩石更容易发生非线性流变破坏，故黏滞系数 η_1、η_2、η_3 整体随上限荷载呈不同程度的减小趋势，而分数阶阶数 β_1、β_2、β_3 整体呈增加趋势，该结果也与实际试验现象相符。

花岗岩试件 Q2 与试件 Q6 的试验数据与理论模型对比结果如图 7-27、图 7-28 所示。由于试件 Q2 的上限荷载低于疲劳强度，模型中变系数 Abel 黏壶元件不起作用，此时为分数阶稳定流变模型，静荷载和循环荷载下曲线拟合效果拟良好；试件 Q6 的上限荷载高于疲劳强度，变系数 Abel 黏壶元件触发，此时为分数阶不稳定流变模型，拟合曲线可以较好地描述循环荷载下花岗岩的加速流变特征。由图 7-27（c）和图 7-28（c）可见，通过引入动态相位差对疲劳本构模型进行改进，改进后的拟合曲线与应变曲线高度重合，表现为循环加载阶段应变超前于应力，循环卸载阶段应变滞后于应力。综上，新构建的疲劳本构模型同样能全面地反映循环荷载下致密硬岩（花岗岩）的疲劳变形特性和应力-应变不同步现象。

表 7-4　基于北山花岗岩不同上限疲劳试验的参数拟合结果

状态	F_{max} (kN)	σ_s (MPa)	E_1 (GPa)	η_1 (GPa・s^{β_1})	β_1	E_2 (GPa)	η_2 (MPa・s^{β_2})	β_2	η_3 (MPa・s^{β_3})	β_3	κ	R^2
稳定	265	68.88	62.30	5122.59	0.19	786.27	860.76	0.007	—	—	—	0.986
	345	89.29	60.22	4336.47	0.22	543.12	631.12	0.043	—	—	—	0.974
非稳定	355	91.84	59.70	3976.14	0.27	374.09	450.36	0.067	73651.12	0.86	0.014	0.983
	358	92.60	60.03	3846.53	0.29	303.58	338.47	0.084	71124.74	0.88	0.019	0.977
	360	93.11	59.65	3590.65	0.32	230.27	230.27	0.098	69884.33	0.95	0.032	0.991
	363	93.88	59.35	3608.79	0.31	253.41	202.45	0.097	70056.71	0.93	0.028	0.978

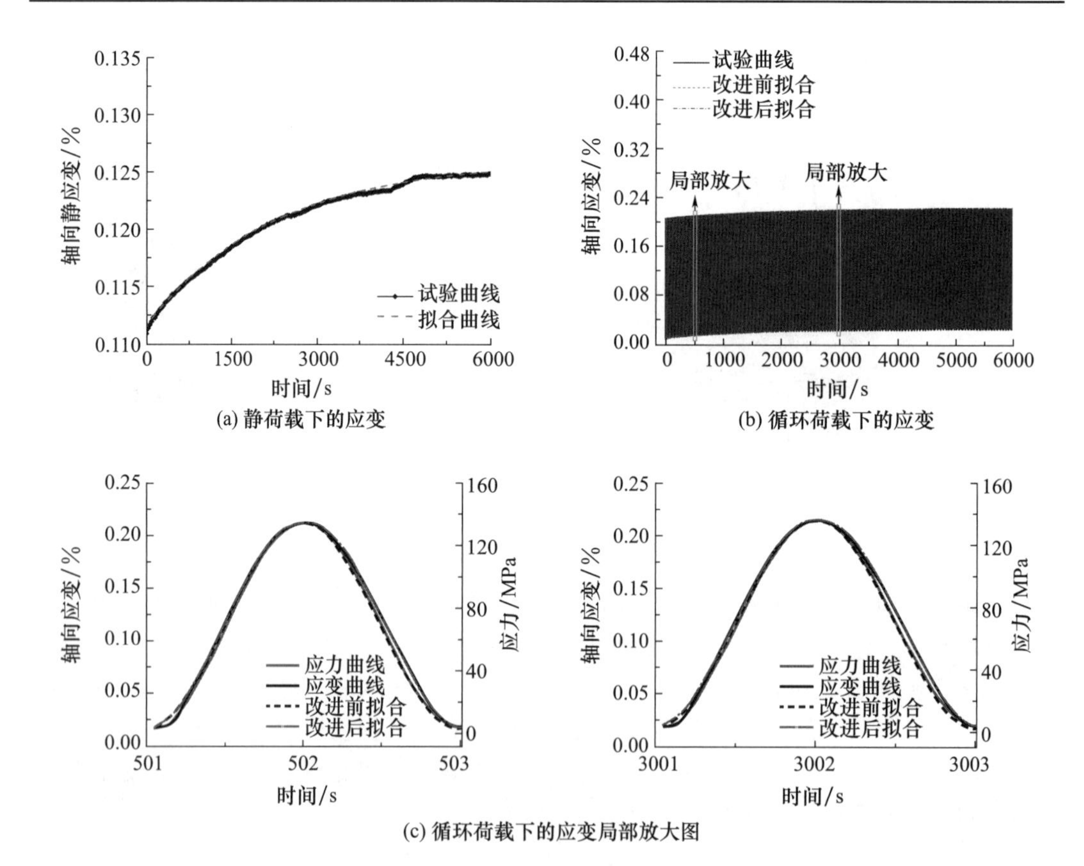

图 7-27　未发生疲劳破坏的试验曲线及流变模型拟合曲线（F_{max}＝265kN）

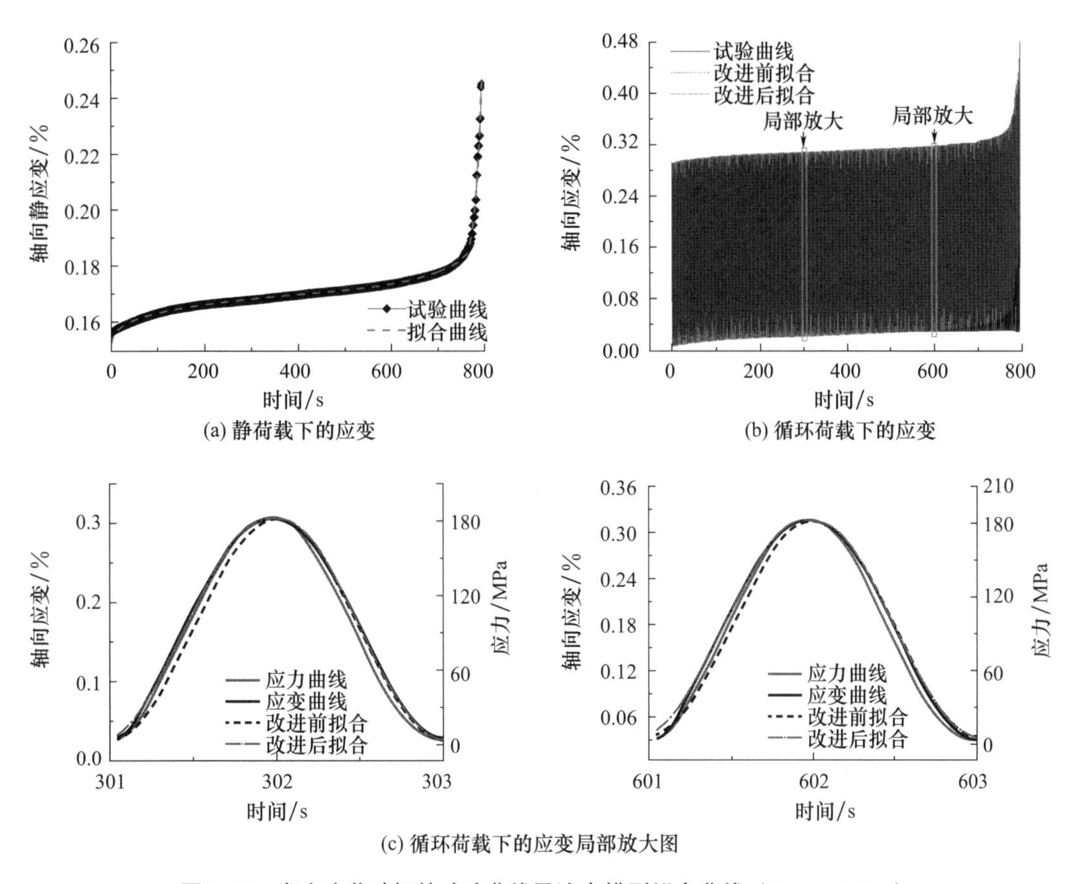

图 7-28 发生疲劳破坏的试验曲线及流变模型拟合曲线（F_{max}=360kN）

7.4 基于理论模型的疲劳寿命预测

7.4.1 加速阶段临界损伤阈值及破坏失稳判据

1）临界损伤阈值判据

岩石流变变形过程中存在一个临界损伤阈值，超过该临界值便会发生加速流变，目前判断进入加速流变临界条件的方法主要有裂纹临界密度指标法、加速流变临界应变法、全过程应力-应变曲线法、非弹性体应变法等。根据泥质石英粉砂岩进入加速流变阶段时的上限应变与循环上限荷载呈良好的线性关系（图 7-29），本节选择触发疲劳本构模型中变系数 Abel 黏壶时的应变 ε_{ve2} 作为泥质石英粉砂岩进入加速阶段的临界损伤阈值判据。

根据临界损伤阈值 ε_{ve2} 试验值及拟合结果，可得循环荷载下泥质石英粉砂岩加速阶段起始点的临界损伤阈值判据：

$$\varepsilon_{ve2}=1.277-0.007\times F_{max} \tag{7-42}$$

通过临界损伤阈值判据获取不同上限荷载下损伤阈值 ε_{ve2} 的理论值，代入疲劳本构方程［式（7-39）］可计算加速阶段起始时间 t_1 的预测值。

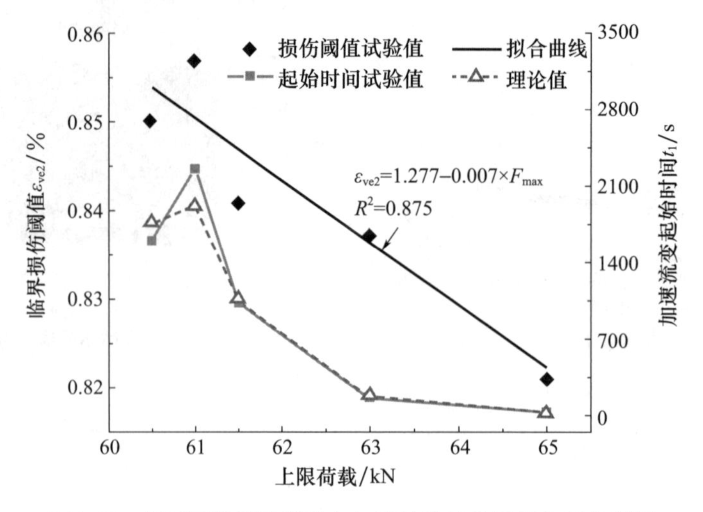

图 7-29　泥质石英粉砂岩进入加速阶段的临界损伤阈值判据

2）破坏失稳判据

进入加速流变阶段，流变模型中的变系数 Abel 黏壶触发，轴向应变表现出显著的不可逆特征，损伤不断累积导致流变曲线快速增长。根据前文流变模型引入的损伤变量［式（7-10）］，当损伤变量 D 达到 1 时岩石发生加速流变失稳破坏，则可得加速流变破坏失稳判据为：

$$t_a=\frac{\ln(1-D)}{-\kappa} \tag{7-43}$$

式中　t_a——加速流变持续时间。

如图 7-30 所示，对泥质石英粉砂岩试验结果进行拟合并获取不同循环上限荷载下损伤指数理论值，可通过加速流变破坏失稳判据式（7-43）计算获得加速流变持续时间的理论值。

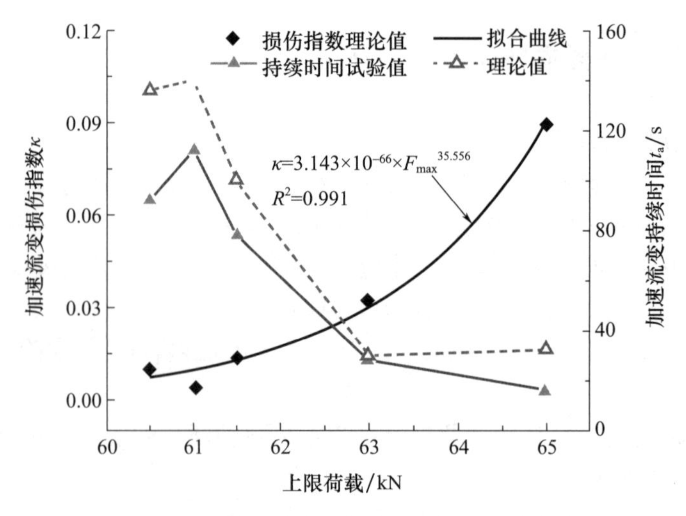

图 7-30　泥质石英粉砂岩损伤指数和加速流变持续时间

7.4.2 岩石疲劳寿命预测结果

根据临界损伤阈值判据（式（7-42））和加速流变破坏失稳判据（式（7-43））可分别计算出岩石进入加速流变阶段所需时间和加速流变阶段持续时间。由于每个循环周期为 2s，因此，通过式（7-44）可以预测循环荷载下岩石的疲劳寿命，泥质石英粉砂岩计算结果如表 7-5 和图 7-31 所示。

$$t=t_1\big|_{\varepsilon=\varepsilon_{ve2}}+t_a\big|_{D=1} \tag{7-44}$$

表 7-5　泥质石英粉砂岩疲劳寿命试验与预测结果对比

试件编号	上限荷载（kN）	疲劳寿命试验值（次）	疲劳寿命预测值（次）	变异系数
F2	60.5	846	950	0.082
F3	61	1186	1033	0.098
F4	61.5	559	580	0.026
F5	63	94	104	0.071
F6	65	26	36	0.228

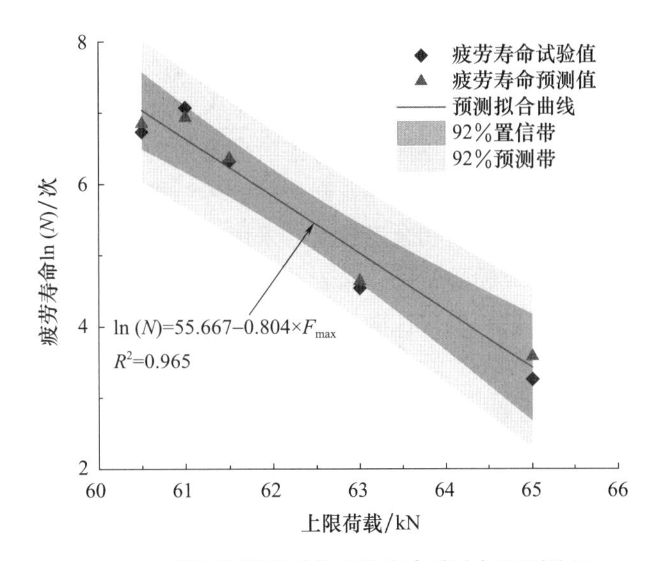

图 7-31　泥质石英粉砂岩疲劳寿命试验与预测结果

采用相同方法预测不同循环上限荷载下岩石北山花岗岩的疲劳寿命，计算过程不再赘述，计算结果如表 7-6 和图 7-32 所示。

表 7-6　北山花岗岩疲劳寿命试验与预测结果对比

试件编号	上限荷载（kN）	疲劳寿命试验值（次）	疲劳寿命预测值（次）	变异系数
Q4	355	4722	4296	0.067
Q5	358	1787	1943	0.059
Q6	360	399	566	0.245
Q7	363	462	426	0.057

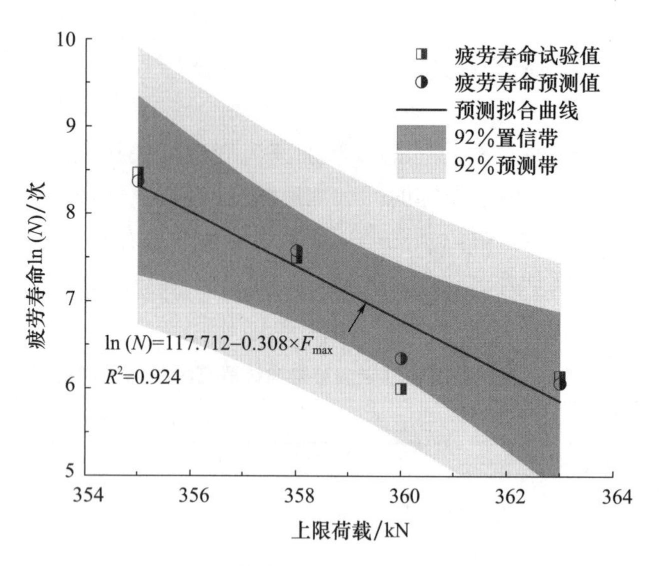

图 7-32　北山花岗岩疲劳寿命试验与预测结果

由计算结果可知，泥质石英粉砂岩和北山花岗岩疲劳寿命预测值的对数与上限荷载均呈线性负相关关系，与试验值的拟合关系相符。不同循环上限荷载下泥质石英粉砂岩和花岗岩疲劳寿命预测值与试验值的变异系数范围分别为 0.026～0.228 和 0.057～0.245，当置信度为 92%时，预测拟合曲线的置信带基本可以覆盖不同上限荷载下泥质石英粉砂岩和花岗岩的试验结果，预测带（考虑疲劳寿命的个别值的估计区间）可以完全覆盖不同上限荷载下泥质石英粉砂岩和花岗岩的试验结果，说明泥质石英粉砂岩和花岗岩疲劳寿命理论预测值与试验值吻合度较高，采用本节建立的疲劳本构模型可以定量研究循环荷载作用下泥质石英粉砂岩和花岗岩的疲劳力学特性，对评价多孔弱胶结岩石和致密硬岩工程的长期稳定性和服役性能具有一定理论指导意义。

7.5　本章小结

通过分析流变与疲劳之间“同源性”解释了用流变模型描述循环荷载下岩石疲劳变形破坏的合理性。基于分数阶理论，构建了循环荷载作用下岩石的疲劳本构模型，在疲劳本构模型中考虑循环荷载下的岩石应力-应变不同步效应，并引入应力-应变动态相位差对本构模型进行修正。此外，提出了疲劳破坏的加速阶段临界损伤阈值判据和破坏失稳判据，从而得到疲劳寿命的理论预测值。最后，采用泥质石英粉砂岩（多孔弱胶结岩石）和北山花岗岩（致密硬岩）试验数据对理论模型进行了参数分析和适用性验证。主要研究结果如下：

（1）不同循环上限荷载下泥质石英粉砂岩加载阶段的相位差始终≥0，而卸载阶段的相位差恒<0。当试件未发生疲劳破坏时，加载和卸载阶段相位差随循环次数均先快速增大后缓慢稳定增加；当试件发生疲劳破坏时，加载和卸载阶段相位差随循环次数均先快速增大后稳定增加再迅速减小。

（2）循环荷载下岩石应力-应变不同步关系是颗粒界面间摩擦阻力和塑性变形累积相互作用的最终反映。加载阶段受裂隙颗粒间滑动摩擦阻力（应变相位滞后应力相位）和累积塑性变形（应变相位超前应力相位）共同作用，最终的应力-应变不同步关系取决于二者的优势作用；而卸载阶段两者作用均导致岩石应变相位滞后于应力相位。

（3）恒荷载或循环载荷作用下泥质石英粉砂岩的变形破坏均可由单轴压缩应力-轴向应变曲线预测；流变变形曲线和疲劳变形曲线具有宏观相似性，且两者三个阶段的应变增量比也近乎相等；长期强度（80％～95％UCS）与疲劳强度（80％～89％UCS）非常接近。以上 3 点印证了流变与疲劳的“同源性”，说明基于流变模型建立岩石的疲劳本构模型是合理的。

（4）采用不同阶数的 Abel 黏壶代替经典 Burgers 模型中的 Newton 黏壶，并串联一个能表征岩石非线性劣化力学行为的变系数 Abel 黏壶元件，将循环荷载（应变）分解为静荷载（应变）和交变荷载（应变），构建基于分数阶导数的循环荷载下岩石疲劳本构模型，并给出模型的解析解。

（5）考虑循环荷载下岩石的应力-应变不同步效应，并引入应力-应变动态相位差对疲劳本构模型进行修正，改进后的本构模型能够较好地反映循环荷载下岩石的应力-应变不同步现象。

（6）构建的新模型在反映循环荷载下岩石流变全过程尤其是加速流变阶段具有明显优势。循环上限荷载越大，Abel 黏壶的阶数越大，岩石的非线性特征越显著，越容易发生非稳定流变。

（7）提出了疲劳破坏的临界损伤阈值判据和破坏失稳判据，根据岩石加速流变起始时间和加速流变持续时间计算疲劳寿命理论值，发现疲劳寿命理论预测值与试验值吻合度较高，建立的疲劳本构模型对评价多孔弱胶结岩石和致密硬岩工程长期稳定性具有一定的理论指导意义。

8

岩石卸载本构模型与CWFS模型参数优化研究

8.1 基于卸围压试验的岩体卸围压本构模型研究

大量学者通过对岩石试件加载作用下的变形特点与破坏机制的研究，提出了岩石的本构模型和强度准则。作为岩石力学领域的重难点，本构模型的研究尚有不足。在加载过程中已有大量学者进行了本构模型的研究，但在卸载破坏方面研究内容较少，且现有的损伤模型不能很好地体现出岩石在卸围压路径下的破坏机制。本章基于弹塑性理论，根据粉砂岩试件在卸围压路径下各阶段的变形特征，推导出粉砂岩试件在卸围压路径下的本构模型。

8.1.1 岩石卸载破坏强度准则

8.1.1.1 强度准则介绍

目前，关于加载条件下的强度准则已经比较完善，卸载条件下的强度准则均是在加载条件下的进一步修正所得。常用的几种强度准则有 Mohr-Coulomb（莫尔-库仑）、Hoek-Brown（霍克-布朗）、Drucker-Prager（德鲁克-普拉格）以及 Mogi-Coulomb（莫吉-库仑）强度准则等，关于 Mohr-Coulomb 强度准则在 2.2.3 节中的黏聚力与内摩擦角计算原理中已经进行过介绍，本章对其他三个强度准则进行详细阐述。

1）Hoek-Brown 强度准则

E. Hoek 和 E. T. Brown 基于 Griffith 强度理论，结合大量的试验分析，建立了 Hoek-Brown 强度准则，该准则主要用于描述最大、最小主应力与极限承载力之间的关系，其表达式为：

$$\sigma_1=\sigma_3+\sqrt{m\sigma_c\sigma_3+s\sigma_c^2} \tag{8-1}$$

式中　σ_c——岩石的单轴抗压强度；

m、s——岩石力学参量。

Hoek-Brown 强度准则在轴力-围压坐标系中，用于描述岩体破坏特征的强度包络线如图 8-1 所示。1983 年，J. Bray 基于 Hoek-Brown 强度准则，将其中的主应力改变成抗剪强度，其强度包络线如图 8-2（b）所示。

Hoek-Brown 可变换为：

$$\sigma_1=\sigma_3+A\sqrt{B\sigma_3+1} \tag{8-2}$$

式中：

$$\begin{cases}A=\sqrt{s}\sigma_c\\B=\dfrac{m}{s\sigma_c}\end{cases} \tag{8-3}$$

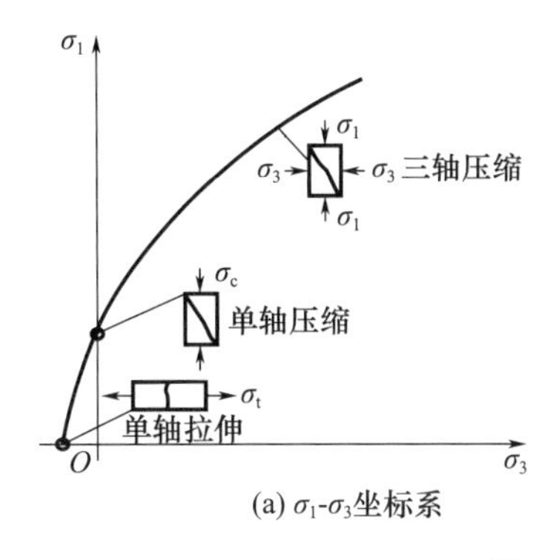

(a) σ_1-σ_3坐标系

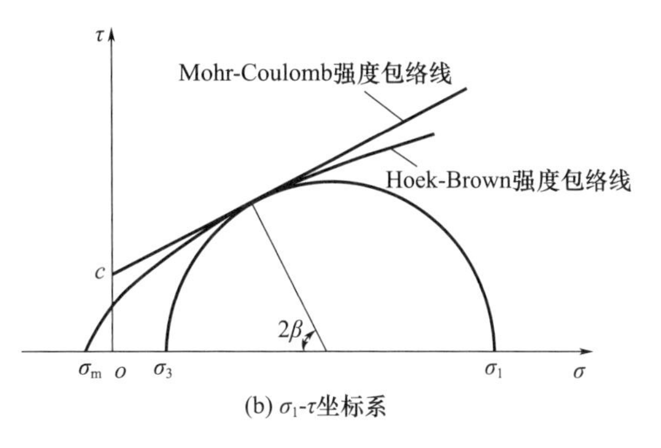

(b) σ_1-τ坐标系

图 8-1 Hoek-Brown 强度包络线

1992年，E. Hoek提出广义Hoek-Brown准则，广义Hoek-Brown准则修正参数α来对该准则进行相关完善，主要用于质量较差的岩体。其表达式为：

$$\sigma_1=\sigma_3+\sigma_c\left(m_b\frac{\sigma_3}{\sigma_c}+s\right)^{\alpha} \tag{8-4}$$

2）Drucker-Prager强度准则

Drucker-Prager准则考虑了第二主应力的影响，其表示形式为：

$$\sqrt{J_2}=\alpha I_1+k \tag{8-5}$$

其中，I_1、J_2计算方法如下：

$$\begin{cases}I_1=\sigma_1+\sigma_2+\sigma_3\\J_2=\dfrac{1}{6}[(\sigma_1-\sigma_2)^2+(\sigma_2-\sigma_3)^2+(\sigma_3-\sigma_1)^2]\end{cases} \tag{8-6}$$

常规三轴条件下$\sigma_2=\sigma_3$，式（8-6）可简化为：

$$\begin{cases}I_1=\sigma_1+2\sigma_2\\J_2=\dfrac{1}{3}(\sigma_1-\sigma_2)^2\end{cases} \tag{8-7}$$

对于平面应变问题，可以用Mohr-Coulomb准则中的参数表示a和J_2，如式（8-8）所示：

$$\begin{cases}\alpha=\dfrac{2\sin\varphi}{\sqrt{3}\ (3-\sin\varphi)}\\J_2=\dfrac{6c\cos\varphi}{\sqrt{3}\ (3-\sin\varphi)}\end{cases} \tag{8-8}$$

3）Mogi-Coulomb强度准则

K. Mogi在Mohr-Coulomb准则的基础上，加入了第二主应力的影响，修正得到Mogi-Coulomb强度准则：

$$\tau_{oct}=f\ (\sigma_{m,2}) \tag{8-9}$$

式中 τ_{oct}——八面体剪应力；

$\sigma_{m,2}$——有效中间应力。

其按下式计算：

$$\begin{cases}\tau_{oct}=\dfrac{1}{3}\sqrt{(\sigma_1-\sigma_2)^2+(\sigma_2-\sigma_3)^2+(\sigma_3-\sigma_1)^2}\\ \sigma_{m,2}=\dfrac{\sigma_1+\sigma_3}{2}\end{cases} \tag{8-10}$$

经过大量的数据分析，基于 $\sigma_2=\sigma_3$，K. Mogi 得出的主应力形式表示的强度准则为：

$$\frac{\sqrt{2}}{3}(\sigma_1-\sigma_3)=a+\frac{b}{2}(\sigma_1+\sigma_3) \tag{8-11}$$

参数 a、b 与 Mohr-Coulomb 准则中的参数之间的换算关系如下：

$$\begin{cases}a=\dfrac{2\sqrt{2}}{3}c\cos\varphi\\ b=\dfrac{2\sqrt{2}}{3}c\sin\varphi\end{cases} \tag{8-12}$$

8.1.1.2 基于卸围压试验结果的强度准则评价

强度准则的评判方法主要分为两种，一是采用工程现场施工经验法，集合规范选取适合的强度准则；二是经过数学计算，对试验数据进行各个方法的回归分析，选定偏差最小的方法作为最优强度准则。本文采用第二种方法进行强度准则的选取。

对表 8-1 的试验结果进行上述四种强度准则的回归分析，根据拟合结果选取最符合粉砂岩试件在卸围压条件下的强度准则。图 8-2 所示为根据四种强度准则对粉砂岩试件的强度拟合曲线。由图可知，Hoek-Brown 强度准则拟合程度最好。

表 8-1 粉砂岩升轴压循环卸围压试验结果

试样	卸载初始围压（MPa）	卸载最低围压（MPa）	峰值强度（MPa）
X-10	16	8	99.2
X-11	16	4	77.1
X-15	16	0	45.1

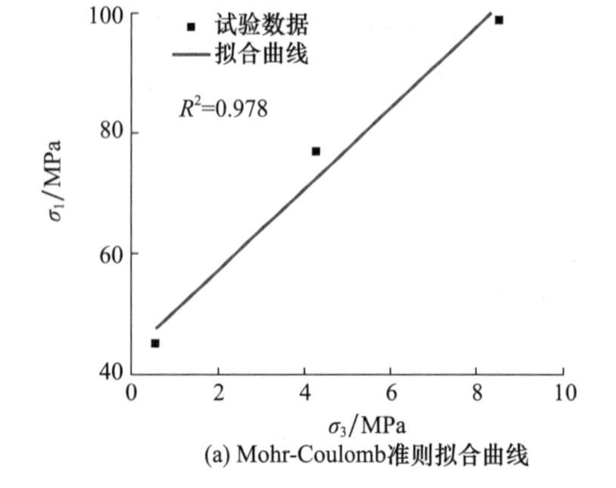

(a) Mohr-Coulomb准则拟合曲线

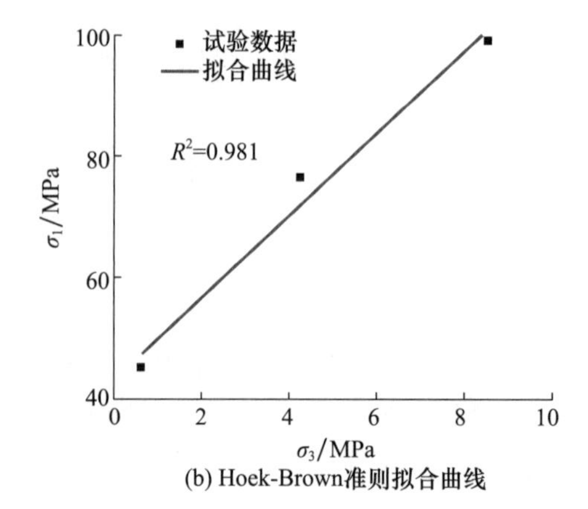

(b) Hoek-Brown准则拟合曲线

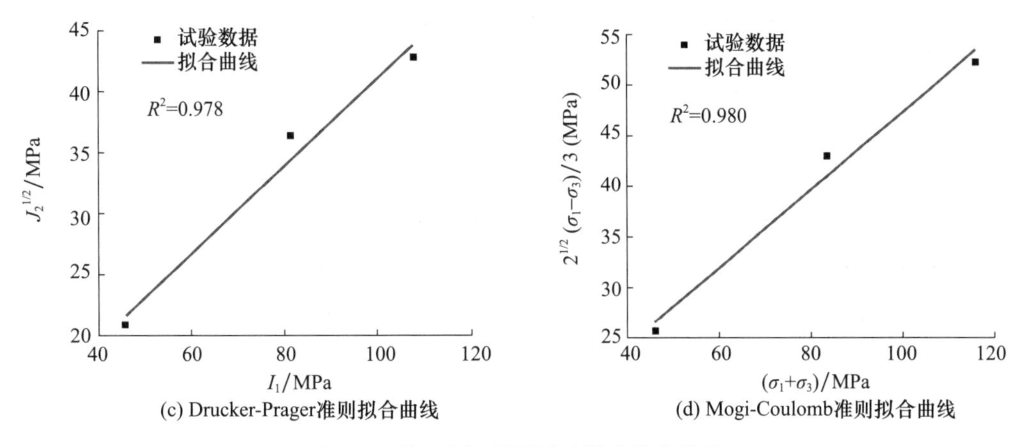

(c) Drucker-Prager准则拟合曲线

(d) Mogi-Coulomb准则拟合曲线

图 8-2　粉砂岩卸围压试验强度拟合曲线

8.1.2　岩石卸载本构模型

本节基于粉砂岩试件在循环升轴压卸围压条件下的试验结果，以卸载量为主要参变量，推导循环卸围压条件下的岩体本构模型。

根据粉砂岩循环升轴压卸围压路径下的应力-应变曲线，绘制如图 8-3 所示的应力-应变曲线模型。图中 A 为卸围压起始点，B 为围压再加载点，C 为发生卸围压破坏时的点，D 为卸围压破坏后的残余强度点。对图 8-3 进行优化后得到图 8-4 所示粉砂岩卸围压路径下的本构模型示意图。由图 8-4 可知，将粉砂岩试件在卸围压过程中的变形可分为五个阶段。加载弹性段 OA、卸围压弹性段 AB、卸围压屈服段 BC、脆性跌落段 CD 以及破坏后的理想塑性段 DE。其中将 OA 和 AB 段视为线性变化阶段，应力-应变曲线为直线，满足广义胡克定律。

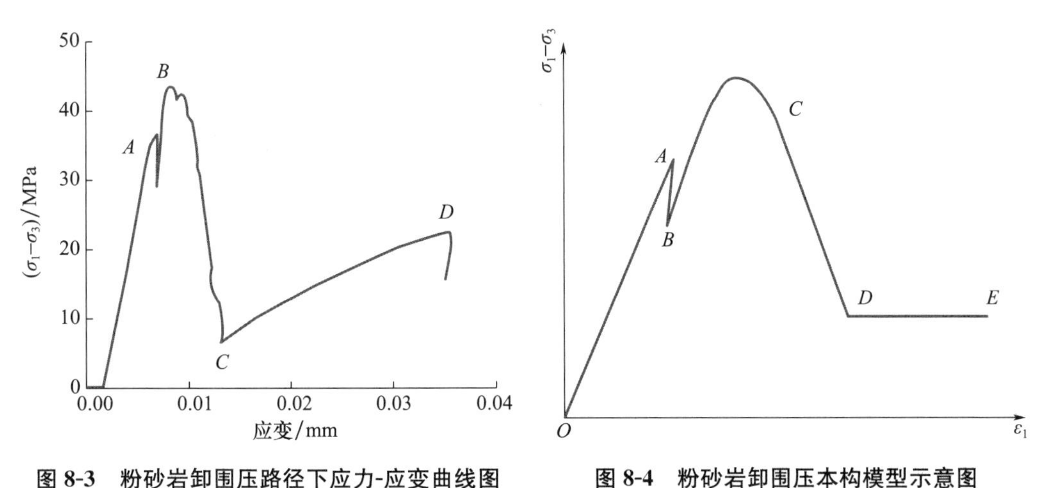

图 8-3　粉砂岩卸围压路径下应力-应变曲线图

图 8-4　粉砂岩卸围压本构模型示意图

结合前文中关于粉砂岩卸围压破坏强度准则的分析，我们可以对上述卸载本构模型作如下假设：

① 岩石在 OA、AB 段应力-应变为线弹性关系；

② 岩石从围压开始卸载到卸载峰值强度处满足 Griffith 强度准则；

③ 岩石在卸载屈服点附近满足 Hoek-Brown 强度准则；

④ 岩石 BC 段内，以卸载量作为屈服函数的自变量，满足在 Griffith 强度准则和 Hoek-Brown 强度准则之间线性变化；

⑤ 脆性破坏后，岩石试件的残余强度符合修正后的 Hoek-Brown 强度准则。

⑥ 在卸围压过程中，试件的 E 和 μ 泊松比随着围压的卸载量变化是连续的。

⑦ 除卸载屈服段外，试件的应力-应变关系均呈线性变化特征。

下面进行卸围压过程中各阶段的本构模型推导。

1）加载弹性段 OA

通过张量形式表示 OA 段本构模型为：

$$\{d\sigma\}=[C_e]\{\varepsilon\} \tag{8-13}$$

式中 $[C_e]$ ——柔度矩阵，其形式为：

$$[C_e]=\frac{1}{E_e}\begin{bmatrix} 1 & -\mu_e & -\mu_e & 0 & 0 & 0 \\ -\mu_e & 1 & -\mu_e & 0 & 0 & 0 \\ -\mu_e & -\mu_e & 1 & 0 & 0 & 0 \\ 0 & 0 & 0 & 2(1+\mu_e) & 0 & 0 \\ 0 & 0 & 0 & 0 & 2(1+\mu_e) & 0 \\ 0 & 0 & 0 & 0 & 0 & 2(1+\mu_e) \end{bmatrix} \tag{8-14}$$

式中 E_e——弹性条件下粉砂岩试件的变形模量；

μ_e——弹性条件下粉砂岩试件的泊松比。

式（8-13）可变换为：

$$\{\sigma\}=[D_e]\{\varepsilon\} \tag{8-15}$$

式中 $[D_e]$ ——弹性刚度矩阵，其形式为：

$$[D_e]=[C_e]-1 \tag{8-16}$$

2）卸围压弹性段 AB

卸围压弹性段 AB 与加载弹性段 OA 本构模型相似，可通过张量形式表示 AB 段本构模型为：

$$\{\sigma\}=[D_e]\{\varepsilon\} \tag{8-17}$$

其中，强度参数为卸围压阶段粉砂岩试件的变形模量和泊松比。

3）卸围压屈服段 BC

以应力张量和偏张量不变量表示的三维空间修正 Griffith 强度准则的屈服函数如下所示：

$$f_G=J_2-4\sigma_t I_1=0 \tag{8-18}$$

式中 σ_t——岩石试件的抗拉强度；

I_1——应力张量第一不变量；

J_2——应力张量第二不变量。

其中，岩石试件的抗拉强度可通过试验得到，I_1 和 J_2 按下式求得：

$$\begin{cases} I_1=\sigma_1+\sigma_2+\sigma_3 \\ J_2=\dfrac{1}{6}\left[(\sigma_1-\sigma_2)^2+(\sigma_2-\sigma_3)^2+(\sigma_3-\sigma_1)^2\right] \end{cases} \tag{8-19}$$

以上述参数表示 Hoek-Brown 强度准则的屈服函数形式为：

$$f_{\mathrm{H}}=\frac{4J_2\cos^2\theta_\sigma}{\sigma_{\mathrm{c}}}-\frac{1}{3}mI_1+m\left(\cos\theta_\sigma+\frac{1}{\sqrt{3}}\sin\theta_\sigma\right)\sqrt{J_2}-S\sigma_{\mathrm{c}}=0 \tag{8-20}$$

式中　σ_c——岩石的单轴抗压强度；

m——表征岩石强度的参数；

S——表征岩石结构特征的参数；

θ_σ——Lode 角。

在岩石三轴卸围压试验下，应力 Lode 参数 $\mu_\sigma=-1$，由：

$$\mu_\sigma=\sqrt{3}\tan\theta_\sigma \tag{8-21}$$

可得 $\theta_\sigma=\dfrac{\pi}{6}$，代入式（8-20）可得：

$$f_H=\frac{3J_2}{\sigma_{\mathrm{c}}}-\frac{1}{3}mI_1+\frac{m}{\sqrt{3}}\sqrt{J_2}-S\sigma_{\mathrm{c}}=0 \tag{8-22}$$

根据广义胡克定律，应力和应变不变量之间存在以下关系：

$$\begin{cases} I_1=\dfrac{E}{1-2\mu}I'_1=3KI'_1 \\ J_2=\left(\dfrac{E}{1+\mu}\right)^2J'_2=4G^2J'_2 \end{cases} \tag{8-23}$$

式中　K——体积模量；

G——剪切模量。

将式（8-23）代入式（8-18）和式（8-22）可得用应变空间来表示的修正后 Griffith 和 Hoek-Brown 强度准则：

$$\begin{cases} f_G=4G^2J'_2-12K\sigma_{\mathrm{t}}I'_1=0 \\ f_H=\dfrac{12G^2J'_2}{\sigma_{\mathrm{c}}}-mkI'_1+\dfrac{2mG}{\sqrt{3}}\sqrt{J'_2}-s\sigma_c=0 \end{cases} \tag{8-24}$$

将围压卸载量定义为：

$$U=\frac{\sigma_{30}-\sigma_3}{\sigma_{30}}\times100\% \tag{8-25}$$

式中　σ_{30}——初始围压值。

因此，岩石的屈服函数为：

$$F=\frac{U-U_{\mathrm{P}}}{U_{\mathrm{F}}-U_{\mathrm{P}}}f_H+\frac{U_{\mathrm{F}}-U}{U_{\mathrm{F}}-U_{\mathrm{P}}}f_{\mathrm{G}}=0 \tag{8-26}$$

式中　U_{P}——粉砂岩试件开始出现塑性变形时的卸载量；

U_{F}——粉砂岩试件达到峰值强度时的卸载量。

根据张量形式所表示的岩体本构模型为：

$$\{\mathrm{d}\varepsilon\}=\{\mathrm{d}\varepsilon^{\mathrm{e}}\}+\{\mathrm{d}\varepsilon^{\mathrm{p}}\}=[C_{\mathrm{e}}]\{\mathrm{d}\sigma\}+\{\mathrm{d}\varepsilon^{\mathrm{p}}\} \tag{8-27}$$

经过变形，式（8-27）可变换为：

$$[D_e]\{d\varepsilon\}=\{d\sigma\}+[D_e]\{d\varepsilon^p\}=\{d\sigma\}+\{d\sigma^p\} \tag{8-28}$$

根据塑性流动法则可知：

$$\{d\sigma^p\}=d\lambda\frac{\partial F}{\partial\varepsilon} \tag{8-29}$$

式中　$d\lambda$——塑性流动因子。

$d\lambda$ 可通过式（8-30）进行计算求解：

$$d\lambda=\frac{\left\{\dfrac{\partial F}{\partial\varepsilon}\right\}^T}{\left\{\dfrac{\partial F}{\partial\varepsilon}\right\}^T[C_e]\left\{\dfrac{\partial F}{\partial\varepsilon}\right\}+A}\{d\varepsilon\} \tag{8-30}$$

式中　A——硬化函数。

硬化函数用式（8-31）进行求解：

$$A=\left\{\frac{\partial F}{\partial\varepsilon}\right\}^T[C_e]\left\{\frac{\partial F}{\partial\varepsilon}\right\} \tag{8-31}$$

将相关参数代入式（8-29）可得：

$$\{d\sigma\}=\left\{[D_e]-\frac{\left\{\dfrac{\partial F}{\partial\varepsilon}\right\}^T\left\{\dfrac{\partial F}{\partial\varepsilon}\right\}}{\left\{\dfrac{\partial F}{\partial\varepsilon}\right\}^T[C_e]\left\{\dfrac{\partial F}{\partial\varepsilon}\right\}+A}\right\}\{d\varepsilon\} \tag{8-32}$$

式（8-31）所示即为粉砂岩试件发生卸围压屈服段的本构方程。

4）脆性跌落段 CD

岩石在 CD 段表现出明显的应变软化特征，采用连续线性应变软化模型处理。

粉砂岩试件在 CD 段呈现出明显的应变软化效应，因此该阶段对岩石试件采用应变软化模型进行本构模型的处理。试件在峰值强度和残余强度处分别符合 Hoek-Brown 和其修正后的强度准则，即：

$$\begin{cases}f_F=\sigma_1-\sigma_3-\sqrt{m\sigma_c\sigma_3+s\sigma_c^2}\\ f_C=\sigma_1-\sigma_3-\sigma_c\left(m\dfrac{\sigma_3}{\sigma_c}\right)^\alpha\end{cases} \tag{8-33}$$

根据前文所提假设，粉砂岩试件的屈服函数随着 ε_v 在 f_F 和 f_C 之间线性变化，则在该阶段有：

$$F=\frac{\varepsilon_V-\varepsilon_V^F}{\varepsilon_V^C-\varepsilon_V^F}f_C+\frac{\varepsilon_V^C-\varepsilon_V}{\varepsilon_V^C-\varepsilon_V^F}f_F=0 \tag{8-34}$$

式中　ε_V^F——峰值强度处的体应变；

ε_V^C——残余强度处的体应变。

基于塑性理论，脆性跌落段的本构方程为：

$$\{d\sigma\}=\{[D_e]-[D_p]\}\{d\varepsilon\} \tag{8-35}$$

$$[D_p]=\frac{[D_e]\left\{\dfrac{\partial F}{\partial\sigma}\right\}\left\{\dfrac{\partial F}{\partial\sigma}\right\}^T[D_e]}{\left\{\dfrac{\partial F}{\partial\sigma}\right\}^T[D_e]\left\{\dfrac{\partial F}{\partial\sigma}\right\}+A} \tag{8-36}$$

在应变软化阶段，硬化模量 A 为负值，根据 Owen D. R. J. 和 Hinton E.[9] 所提出的式（8-37）进行计算：

$$A=\frac{E_{\mathrm{R}}}{1-\frac{E_{\mathrm{R}}}{E}} \tag{8-37}$$

式中 E_{R}——软化系数，通过屈服函数求得。

5）理想塑性段 DE

本节认为理想塑性段变形特征很理想，粉砂岩试件在该阶段沿着破裂面发生滑移，此时的硬化模量 $A=0$，由式（8-36）、式（8-37）可知粉砂岩试件残余段的本构模型为：

$$\{\mathrm{d}\sigma\}=\{[D_{\mathrm{e}}]-[D_{\mathrm{p}}]\}\{\mathrm{d}\varepsilon\} \tag{8-38}$$

$$[D_{\mathrm{p}}]=\frac{[D_{\mathrm{e}}]\left\{\frac{\partial F}{\partial \sigma}\right\}\left\{\frac{\partial F}{\partial \sigma}\right\}^{\mathrm{T}}[D_{\mathrm{e}}]}{\left\{\frac{\partial F}{\partial \sigma}\right\}^{\mathrm{T}}[D_{\mathrm{e}}]\left\{\frac{\partial F}{\partial \sigma}\right\}} \tag{8-39}$$

上述过程给出了粉砂岩试件在卸围压过程中各个变形阶段的本构模型，将其与试验所得应力-应变曲线进行对比分析，如图 8-5 所示。

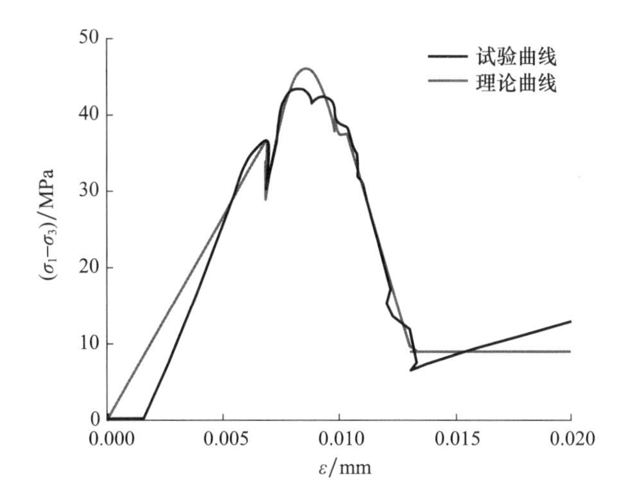

图 8-5 试验曲线与理论曲线对比图

由图 8-5 可见，理论与试验应力-应变曲线较为吻合，但理论曲线的峰值强度和残余强度均比试验所得高一些，本节所推导模型能较好地描述粉砂岩试件在循环卸围压路径下的强度和变形特性。

8.2 花岗岩和粉砂岩三轴分级循环荷载损伤控制试验

8.2.1 试验方案

花岗岩和粉砂岩的三轴分级循环加卸载试验采用荷载和变形控制相结合的方式进行。在保证峰前有 10 个左右循环用于分析研究的前提下，参考常规三轴压缩试验特征应力的试验结果，确定各循环的起始卸载点。

具体试验方案如下：

（1）按 0.5MPa/s 的加载速率施加围压到预定值，预定围压分别为 4MPa、8MPa、12MPa、16MPa、20MPa；

（2）采用轴向荷载控制加载和卸载，加载速率设置为 0.5kN/s，卸载速率设置为 1kN/s，应力梯度设置为相应围压三轴压缩试验峰值应力的 10%，进行分级加卸载循环；

（3）花岗岩进行到相应围压三轴压缩试验峰值应力约 70%处（粉砂岩进行到相应围压三轴压缩试验峰值应力约 80%处），保持卸载的荷载控制模式和速率不变，加载模式切换为环向变形控制，速率设为 0.01mm/min，环向变形每增长 0.2mm～0.4mm 进行卸载循环，直至残余应力段。

表 8-2 展示了三轴分级循环加卸载试验加载和卸载的详细控制方案。需要说明的是，试验过程中为防止试件端面与试验机压头端面脱离，将卸载的目标偏应力水平设置为 0.2MPa。

表 8-2　三轴分级循环加卸载试验控制方案

岩石	围压（MPa）	加载控制模式切换处应力/预估峰值应力	力控制加载速率（$kN \cdot s^{-1}$）	环向变形控制加载速率（$mm \cdot min^{-1}$）	卸载速率（$kN \cdot s^{-1}$）
花岗岩	4	70%	0.5	0.01	1.0
	8	70%	0.5	0.01	1.0
	12	70%	0.5	0.01	1.0
	16	70%	0.5	0.01	1.0
	20	70%	0.5	0.01	1.0
粉砂岩	4	80%	0.5	0.01	1.0
	8	80%	0.5	0.01	1.0
	12	80%	0.5	0.01	1.0
	16	80%	0.5	0.01	1.0
	20	80%	0.5	0.01	1.0

8.2.2　花岗岩与粉砂岩全应力-应变曲线

根据引伸计数据文件记录的轴向位移和环向位移，分别计算轴向应变和横向应变，根据主机自动采集的轴向荷载计算轴向应力值。得到花岗岩和粉砂岩全应力-应变曲线，分别如图 8-6 和图 8-7 所示。较为一致的特征是，随着试样的加载，微裂纹的发展、发展和合并会消耗能量，并发生非线性塑性变形。在循环荷载作用下，岩石的应力-应变曲线呈现明显的滞后现象，卸载曲线低于加载曲线。随着围压的增大，岩石的峰值应力和残余应力逐渐增大。

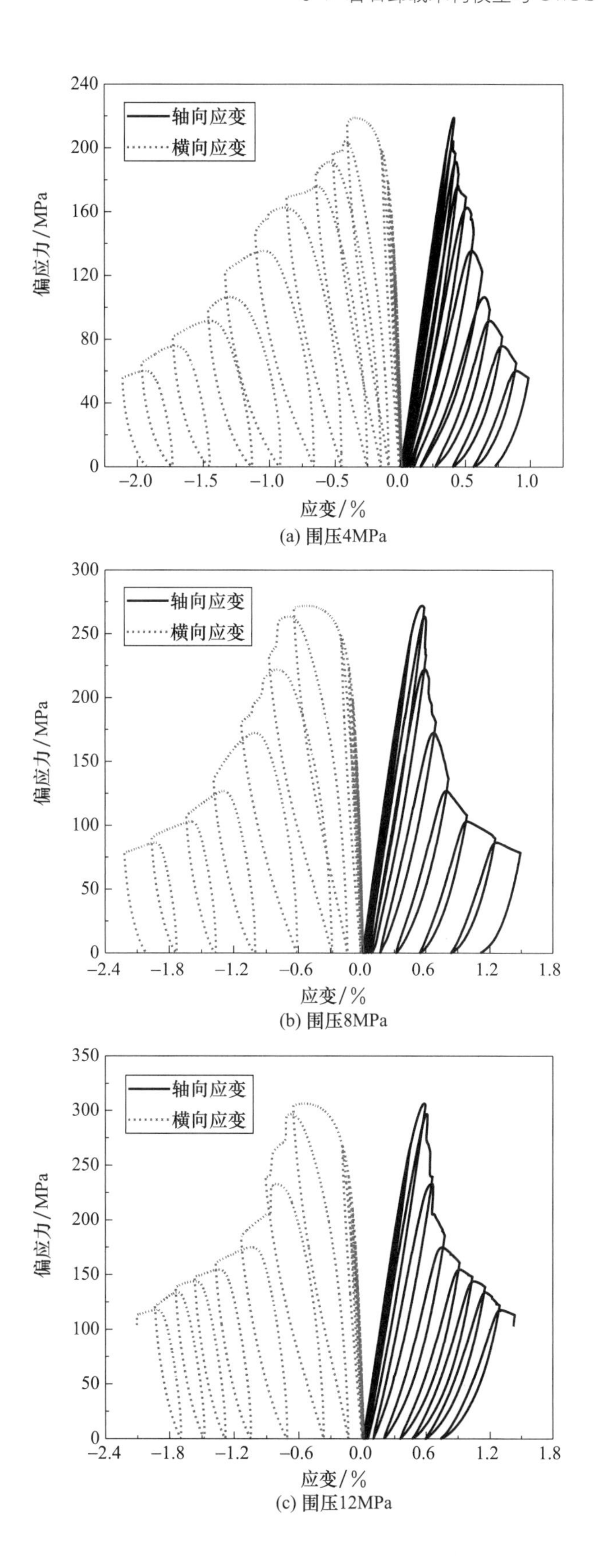

(a) 围压4MPa

(b) 围压8MPa

(c) 围压12MPa

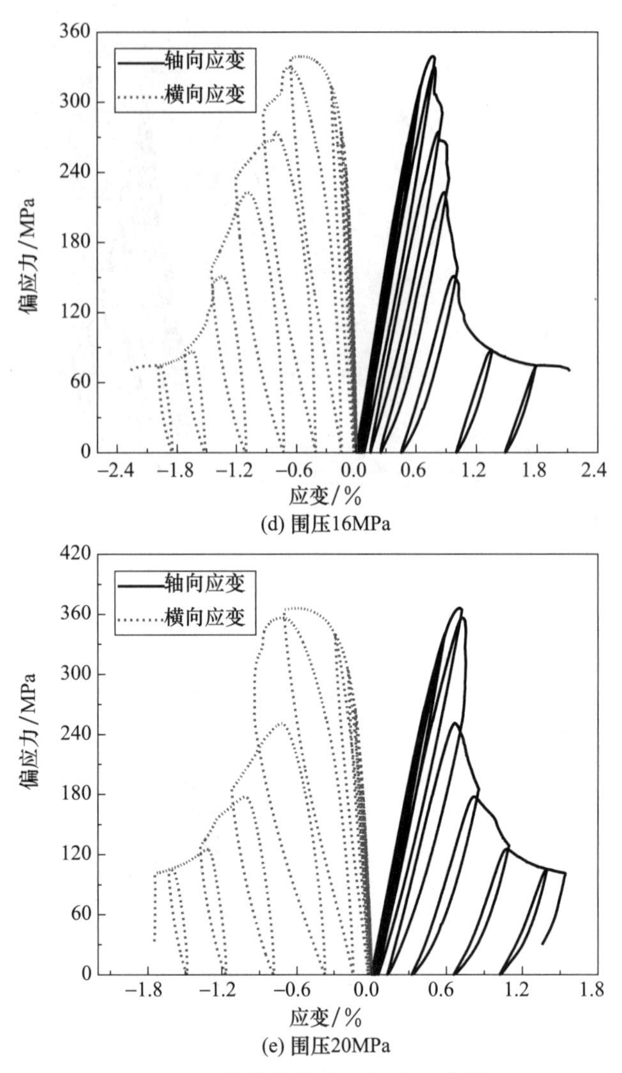

(d) 围压16MPa

(e) 围压20MPa

图 8-6　花岗岩基础应力-应变曲线

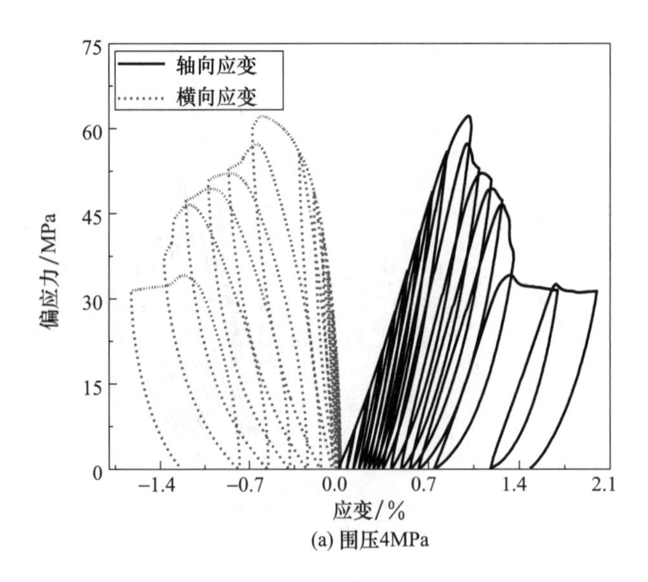

(a) 围压4MPa

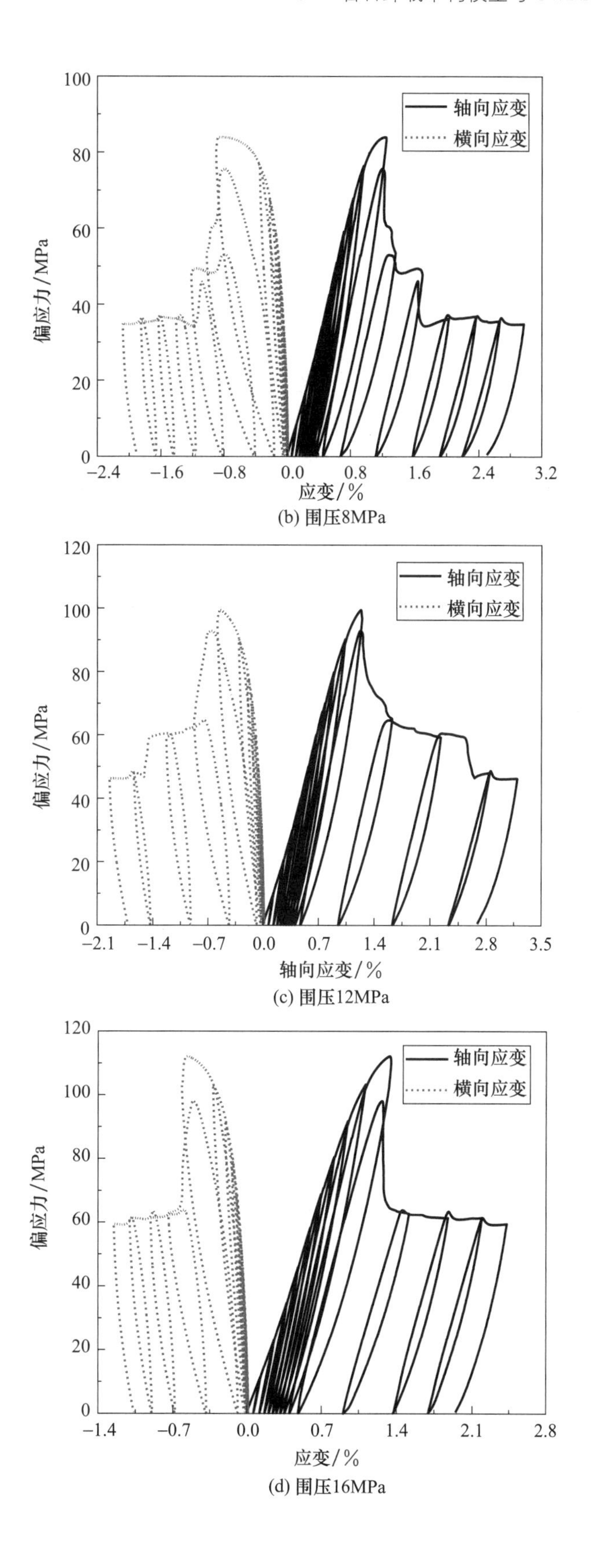

(b) 围压8MPa

(c) 围压12MPa

(d) 围压16MPa

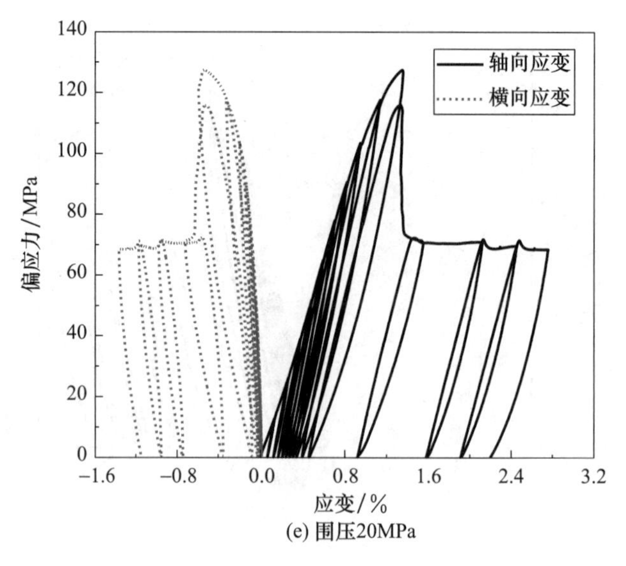

(e) 围压20MPa

图 8-7 粉砂岩基础应力-应变曲线

如表 8-3 所示，三轴分级循环加卸载试验得到的峰值应力与常规三轴压缩试验得到的峰值应力整体上较为接近。一般认为，当循环荷载上限应力超过一定程度后，循环荷载才能对花岗岩的峰值应力造成较为明显的影响。本节设计的试验方案，在峰值应力前相对较高应力水平下的加卸载循环数目较少，所以峰值应力前循环荷载对岩石峰值应力的影响较小。

表 8-3 岩石峰值应力统计结果

岩石种类	围压（MPa）	三轴压缩试验峰值应力（MPa）	三轴循环加卸载峰值应力（MPa）
花岗岩	4	226.34	222.88
	8	276.33	279.87
	12	318.62	318.41
	16	361.80	355.35
	20	393.17	386.48
粉砂岩	4	75.76	66.21
	8	93.84	91.97
	12	111.52	111.43
	16	136.78	128.19
	20	149.72	147.46

这也一定程度上说明本次试验设计的循环荷载梯度应力和循环次数较为合理。循环次数过少，则缺乏用于定量分析循环荷载作用下花岗岩的能量耗散与损伤特征的试验数据；循环次数过多，循环加卸载可能加剧岩石内部的疲劳损伤，明显降低岩石的峰值强度，进而影响三轴压缩试验结果对循环加卸载试验的参考价值。

8.2.3 声发射演化特征

岩石声发射（AE）是指在外部荷载作用下岩石材料内部原始裂缝发展及新生裂纹萌生发展时以弹性波形式释放辐射能的现象。岩石的声发射源于岩石内部的形变和损伤，探究岩石受载变形破坏过程中声发射参数中蕴含的各类信息，有助于揭示岩石内部缺陷发展特征和劣化机制。

8.2.3.1 声发射振铃计数演化过程

声发射振铃计数可反映受载岩石变形过程中裂纹发展情况。如图8-8所示，以试验时间作为横坐标，辅助偏应力演化情况为参考，分别展示了花岗岩和粉砂岩振铃计数和累计振铃计数演化情况。

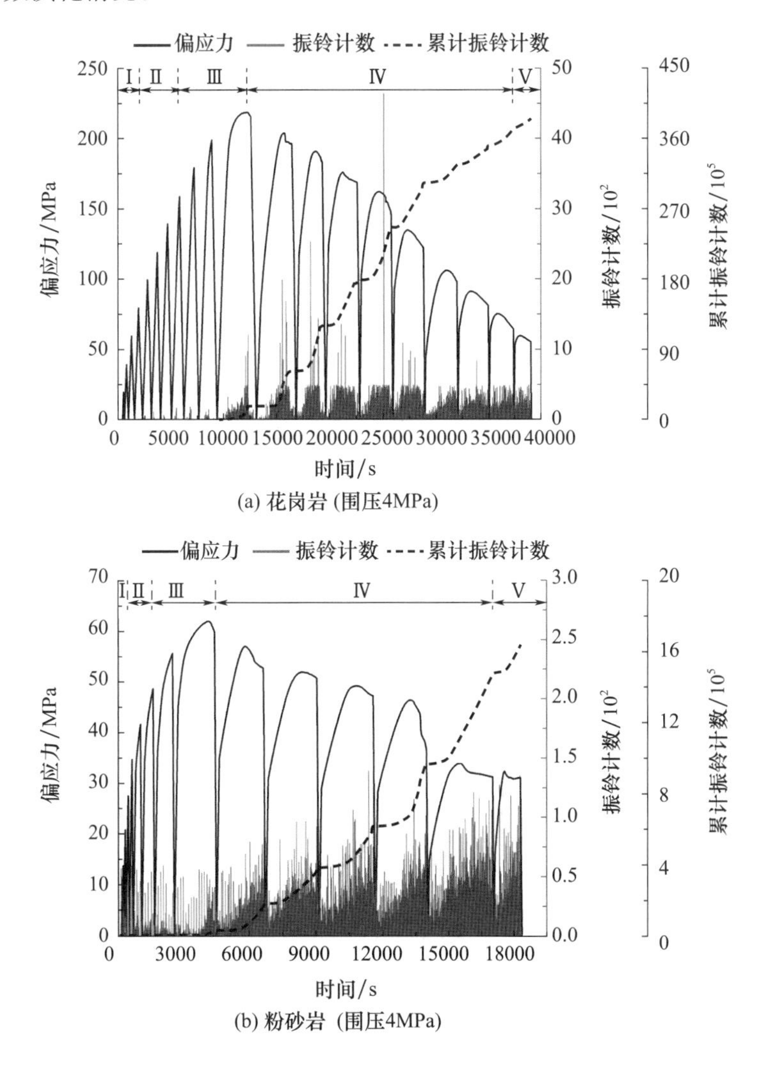

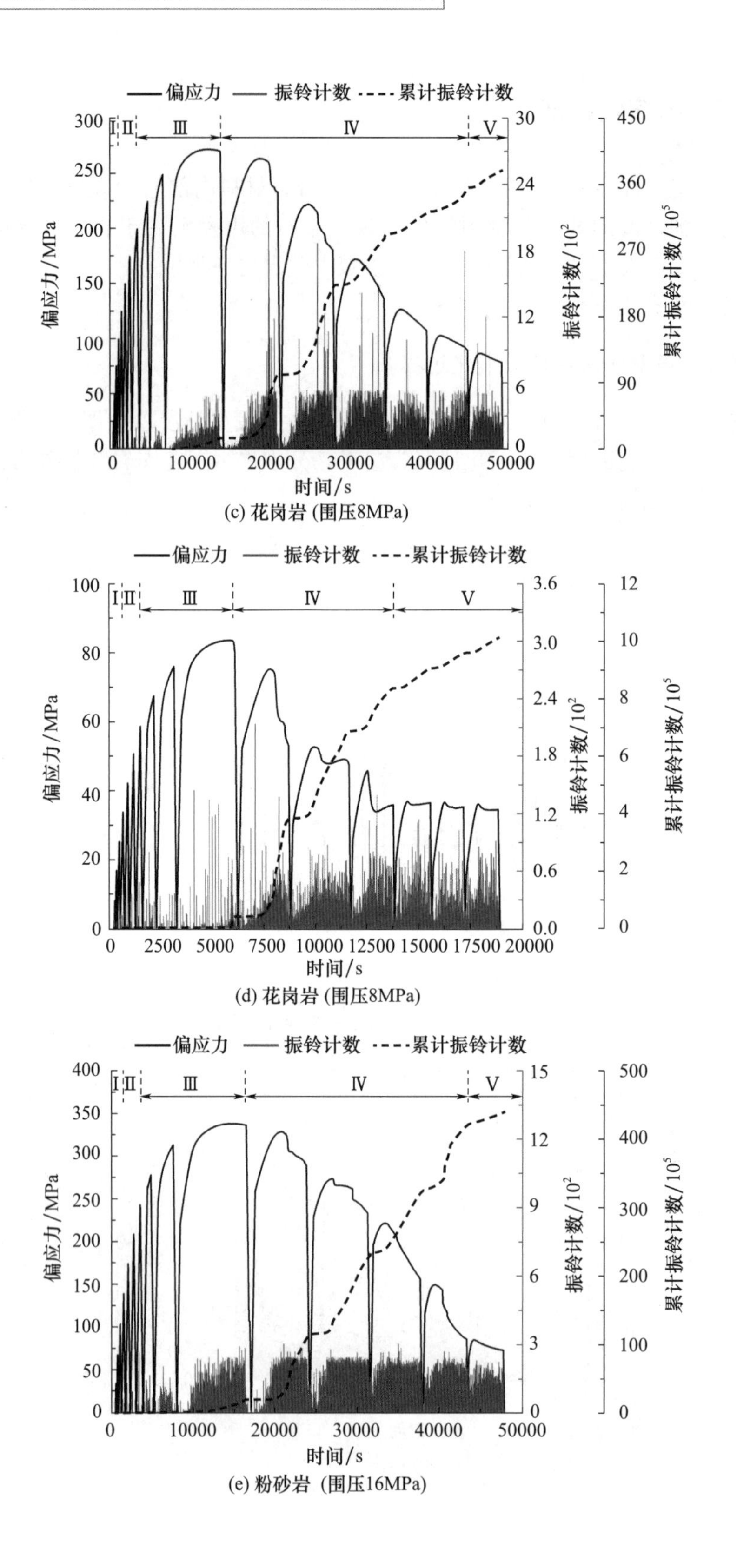

(c) 花岗岩 (围压8MPa)

(d) 花岗岩 (围压8MPa)

(e) 粉砂岩 (围压16MPa)

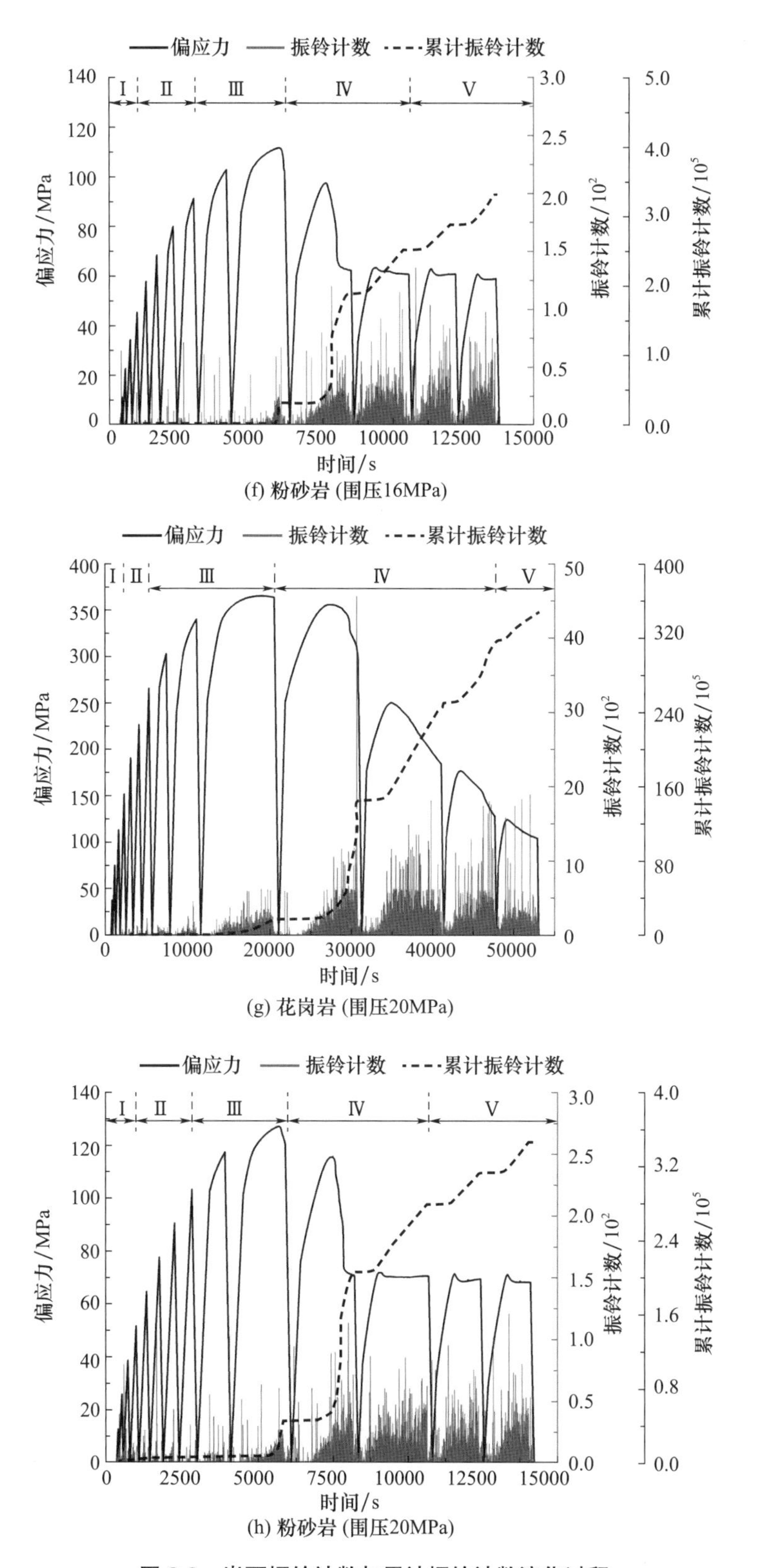

(f) 粉砂岩 (围压16MPa)

(g) 花岗岩 (围压20MPa)

(h) 粉砂岩 (围压20MPa)

图 8-8　岩石振铃计数与累计振铃计数演化过程

对应 3.5 节中依据应力-应变和耗能比演化情况划分的岩石初始压密与弹性段、岩石裂纹稳定发展段、岩石裂纹不稳定发展段、岩石峰后不稳定破裂段和岩石残余强度段 5 个阶段，岩石振铃计数和累计振铃计数呈现显著的阶段性特征。

1）岩石初始压密与弹性段

声发射现象较不活跃，声发射事件少量出现，声发射事件振铃计数较小，累计振铃计数上升极为缓慢。振铃计数虽然不能直接定量反映损伤和裂纹发展程度，但是可以定性反映岩石内部裂纹发展情况。上述现象说明，岩石在初始压密与弹性段内没有发生明显的裂纹发展和损伤劣化，这一结论与前文耗能演化和损伤变量演化分析结果是较为一致的。

2）岩石裂纹稳定发展段

声发射进入相对“平静期”，在该阶段岩石内部裂纹状态相对较为稳定，不会发生明显的塑性变形和承载结构损伤，声发射活动较少。

值得说明的是，虽然花岗岩与粉砂岩的声发射振铃计数和累计振铃计数有着数量级上的差异，但是同种岩石各阶段之间的声发射对比情况依然可以表明，粉砂岩在初始压密与弹性段和裂纹稳定发展段有着更为明显的声发射现象，这间接证明粉砂岩在初始压密与弹性段和裂纹稳定发展段的孔隙和裂纹活动更为明显，上述声发射分析内容也进一步对应了耗能分析中粉砂岩在初始压密与弹性段和裂纹稳定发展段耗能比和塑性耗能比均显著大于花岗岩的分析结果。

3）岩石裂纹不稳定发展段

声发射活动逐渐进入“活跃期”，声发射累计振铃计数逐步上升，在峰前应力所在循环上升较为明显，尤其临近峰值应力，声发射活动异常活跃。在该阶段的各个循环内，振铃计数多集中在较高应力水平下，而在应力水平低于前一循环上限应力时较为稀疏，呈现明显的簇状分布。

4）岩石峰后不稳定破裂段

声发射活动非常活跃，相对较高振铃计数事件出现的频次明显上升，声发射累计振铃计数显著上升。该阶段内，声发射振铃计数同样呈现簇状分布。较高振铃计数事件出现频次的明显上升可以反映出该阶段岩石内部裂纹、裂隙和破裂面发展较为显著。观察累计振铃计数曲线上升特征可以发现，在岩石峰后应力跌落较为明显的区间内，同时伴随着累计振铃计数较为明显的跃升。应力跌落往往伴随着较为显著的损伤劣化，上述特征反映了累计振铃计数与岩石损伤劣化间紧密的联系。

5）岩石残余强度段

声发射活动有所减弱，声发射振铃计数亦呈簇状分布，相比较峰后不稳定破裂段，高振铃计数事件出现频次减少，累计振铃计数曲线上升幅度明显下降。在残余强度段，岩石内部裂隙发展趋于极限状态，主破裂面形成，声发射现象主要来源于内部已有结构面和裂隙间的摩擦和小能级破碎，裂隙和损伤发展的活跃程度明显低于峰后不稳定破裂段，故高振铃计数事件出现频次减少，累计振铃计数上升幅度明显下降。

岩石裂纹不稳定发展段、峰后不稳定破裂段和残余强度段各个循环声发射的簇状分布情况说明，岩石破裂过程中的声发射信号主要产生于各个循环较高的应力水平下，即岩石的裂纹萌生发展主要集中在上述应力区间。同时，上述应力区间与 3.5 节提出的塑性能和损伤能分离方法确定的塑性应变等效应力区间基本一致，这一结果在进一步辅助证明了塑性能和损伤能分离方法合理性的同时，也一定程度反映了岩石宏观耗散能与声发射辐射能间的特征联系。

进一步地，作为声发射研究的重要热点课题，Kaiser点被研究者们普遍认为预示着岩石内部较为明显的裂隙发展和塑性变形过程的开始。如图8-9所示，采用双切线法确定声发射现象起始活跃点。可以发现，Kaiser效应存在应力记忆的有效和失效区间，在一定范围内，不会出现原本预期的Kaiser效应，对应前文中的阶段划分，以花岗岩为例，在各个阶段选取循环展示声发射现象起始活跃点确定情况，如图8-9所示。在初始压密与弹性段（阶段Ⅰ）不会出现声发射现象的明显活跃，即阶段Ⅰ属于Kaiser效应的失效区间，在该阶段，主要为岩石内部原生缺陷和空隙压密和弹性变形，设有显著的声发射现象，Kaiser效应也不再显著，在阶段Ⅱ至阶段Ⅲ，Kaiser效应相对显著。综上所述，Kaiser效应的失效区间主要为峰值应力的0～40%，即起始加载至启裂应力前，Kaiser效应失效。塑性轴向耗散能等效应力的确定结果及辅助数据见表8-4。

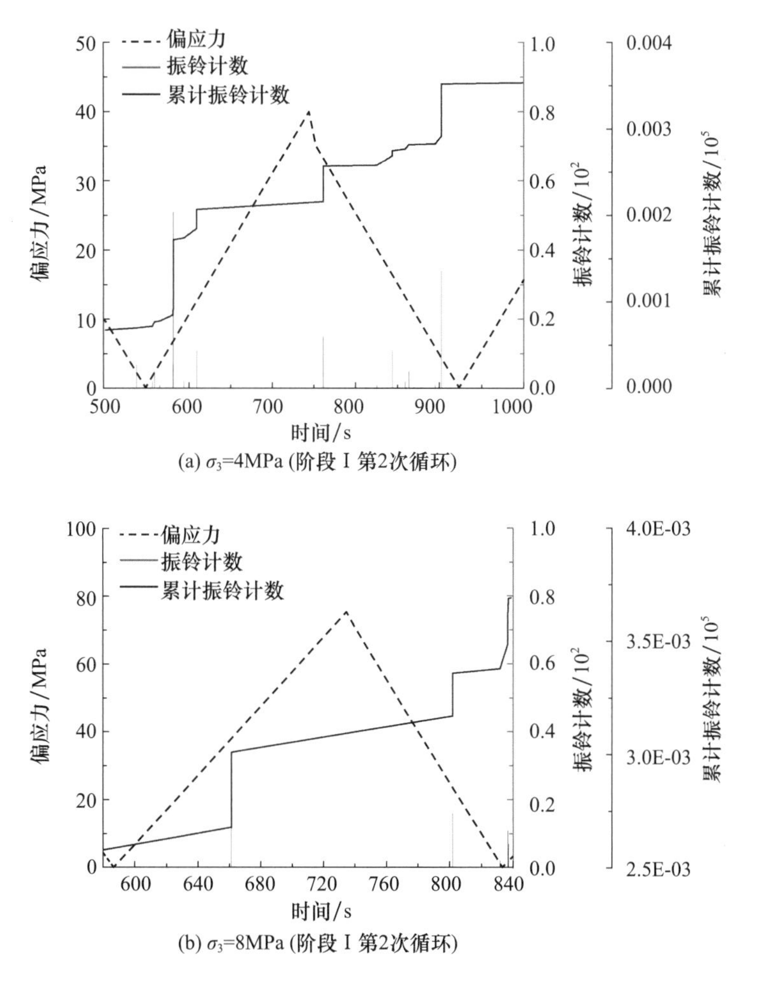

(a) σ_3=4MPa (阶段Ⅰ第2次循环)

(b) σ_3=8MPa (阶段Ⅰ第2次循环)

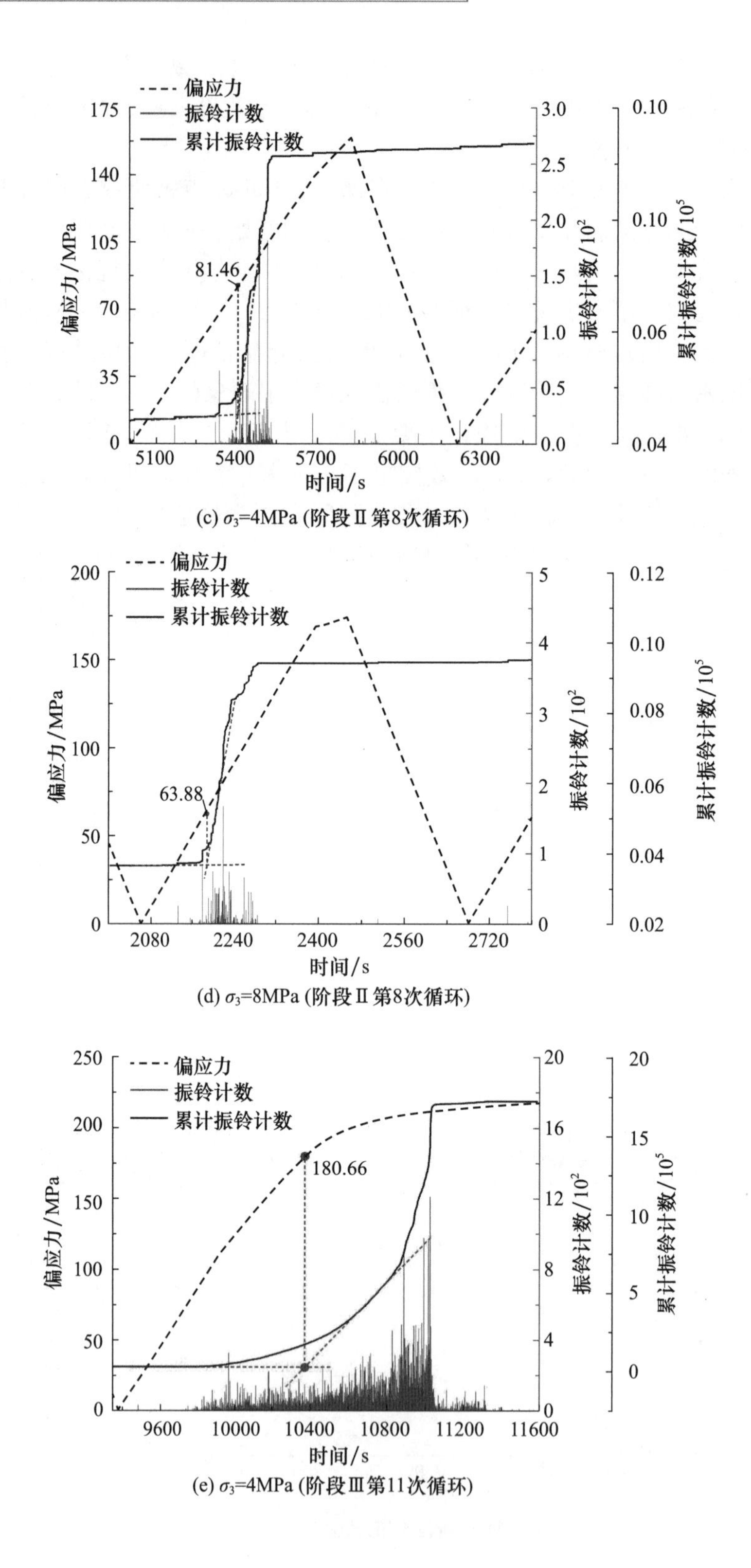

(c) σ_3=4MPa (阶段Ⅱ第8次循环)

(d) σ_3=8MPa (阶段Ⅱ第8次循环)

(e) σ_3=4MPa (阶段Ⅲ第11次循环)

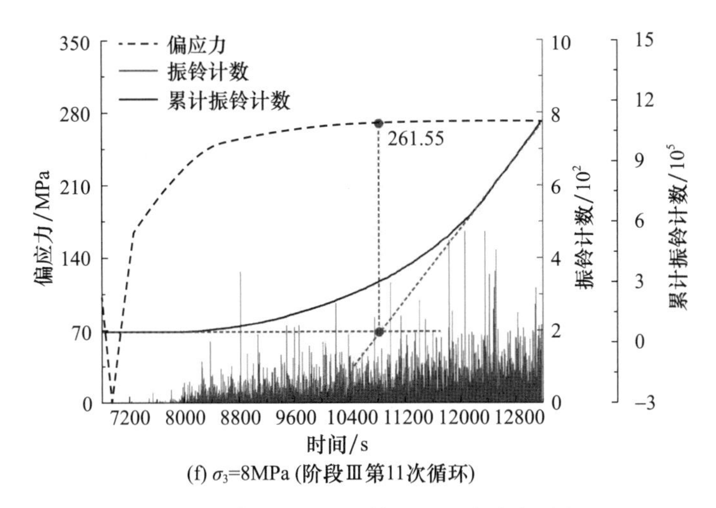

(f) σ_3=8MPa (阶段Ⅲ第11次循环)

图 8-9　基于双切线法的 Kaiser 点确定过程

表 8-4　塑性轴向耗散能等效应力的确定结果及辅助数据

围压 (MPa)	循环	阶段	前一循环上限应力点应力 (MPa)	上限应力点应力 (MPa)	起始卸载点应力 (MPa)	Kaiser 效应点应力 (MPa)
4	1	Ⅰ	4.00	24.07	24.07	—
	2	Ⅰ	24.07	43.96	43.96	—
	3	Ⅰ	43.96	64.07	64.07	—
	4	Ⅰ	64.07	83.97	83.97	—
	5	Ⅱ	83.97	104.04	104.04	42.99
	6	Ⅱ	104.04	123.40	123.40	46.13
	7	Ⅱ	123.40	143.81	143.79	66.13
	8	Ⅱ	143.81	163.31	163.31	85.46
	9	Ⅲ	163.31	183.65	183.65	136.47
	10	Ⅲ	183.65	203.29	203.29	155.35
	11	Ⅲ	203.29	222.88	222.41	184.66
8	1	Ⅰ	8.00	33.64	33.64	—
	2	Ⅰ	33.64	58.13	58.06	—
	3	Ⅰ	58.06	83.28	83.28	—
	4	Ⅰ	83.28	107.86	107.86	—
	5	Ⅱ	107.86	132.85	132.85	50.22
	6	Ⅱ	132.85	157.91	157.91	59.65
	7	Ⅱ	157.91	182.51	182.51	71.88
	8	Ⅲ	182.51	207.53	207.53	135.81
	9	Ⅲ	207.53	232.56	232.56	186.21
	10	Ⅲ	232.56	257.09	257.09	215.13

续表

围压(MPa)	循环	阶段	前一循环上限应力点应力(MPa)	上限应力点应力(MPa)	起始卸载点应力(MPa)	Kaiser效应点应力(MPa)
12	1	Ⅰ	12.00	42.11	42.11	—
	2	Ⅰ	42.11	72.17	72.17	—
	3	Ⅰ	72.17	102.02	102.02	—
	4	Ⅰ	102.02	131.82	131.82	—
	5	Ⅱ	131.82	162.48	162.48	85.61
	6	Ⅱ	162.48	192.03	192.03	110.58
	7	Ⅱ	192.03	221.40	221.40	120.50
	8	Ⅲ	221.40	251.43	251.43	177.21
	9	Ⅲ	251.43	281.32	281.32	212.11
	10	Ⅲ	281.32	318.41	316.45	231.52
16	1	Ⅰ	16.00	51.79	51.79	—
	2	Ⅰ	51.79	85.20	85.20	—
	3	Ⅰ	85.20	121.17	121.17	—
	4	Ⅰ	121.17	156.34	156.34	—
	5	Ⅱ	156.34	191.30	191.30	87.16
	6	Ⅱ	191.30	226.07	226.07	121.62
	7	Ⅱ	226.07	260.23	260.23	151.25
	8	Ⅲ	260.23	295.19	295.19	217.25
	9	Ⅲ	295.19	330.22	330.22	288.79
	10	Ⅲ	330.22	355.35	353.40	346.25
20	1	Ⅰ	20.00	58.31	58.31	—
	2	Ⅰ	58.31	95.86	95.86	—
	3	Ⅰ	95.86	134.21	134.21	—
	4	Ⅰ	134.21	172.50	172.50	—
	5	Ⅱ	172.50	211.22	211.22	129.52
	6	Ⅱ	211.22	247.32	247.32	144.67
	7	Ⅱ	247.32	286.48	286.48	168.21
	8	Ⅲ	286.48	323.61	323.61	246.71
	9	Ⅲ	323.61	360.72	360.72	322.25
	10	Ⅲ	360.72	386.48	384.53	371.25

8.2.3.2 声发射能量计数演化特征

声发射能量计数主要反映受载岩石变形过程中声发射事件的相对强度。如图 8-10 所示，以试验时间作为横坐标，以偏应力演化情况为参考，分别展示了花岗岩和粉砂岩能量计数和累计能量计数演化情况。

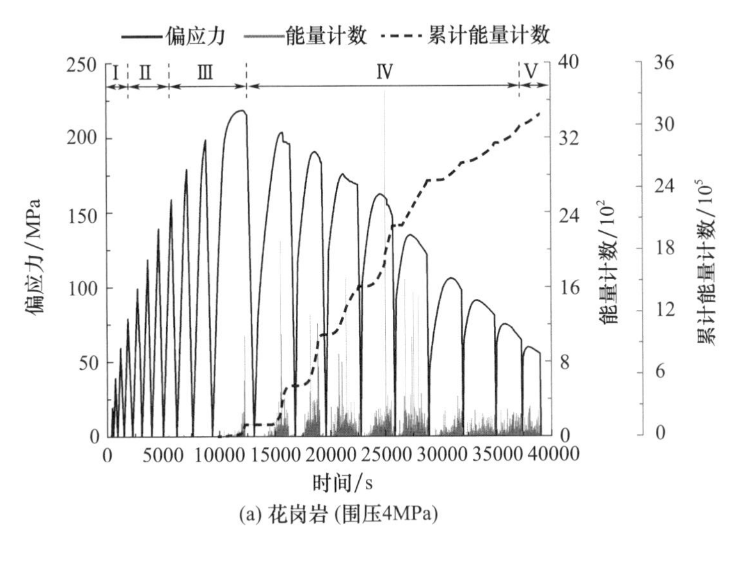

(a) 花岗岩 (围压4MPa)

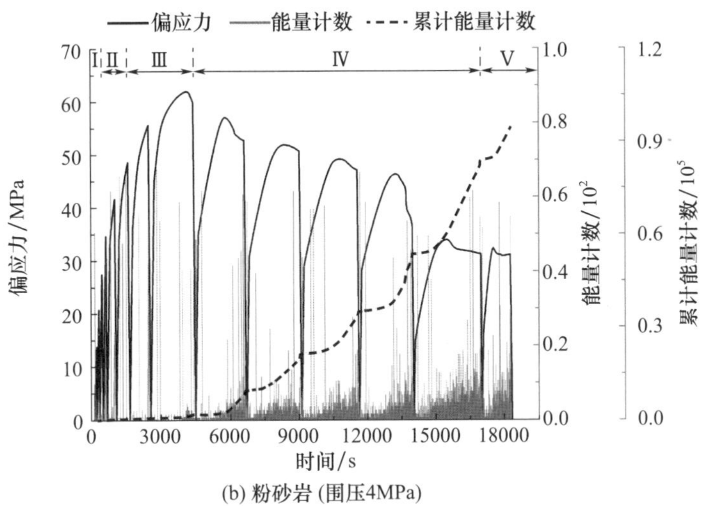

(b) 粉砂岩 (围压4MPa)

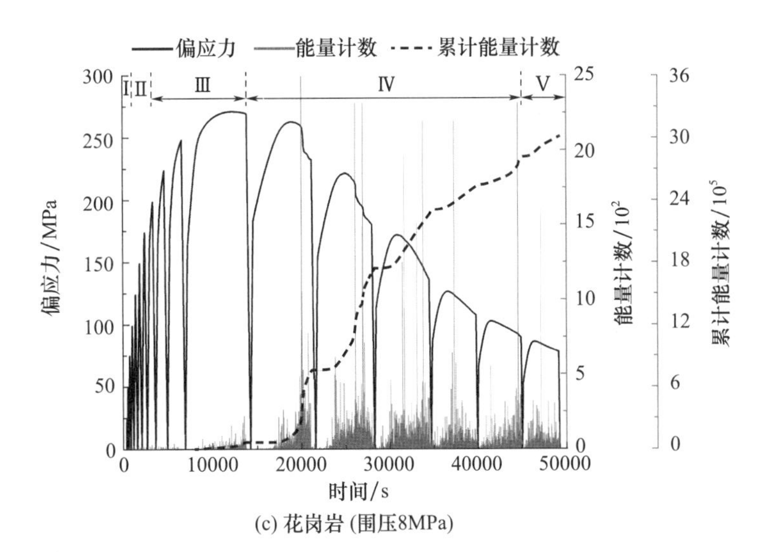

(c) 花岗岩 (围压8MPa)

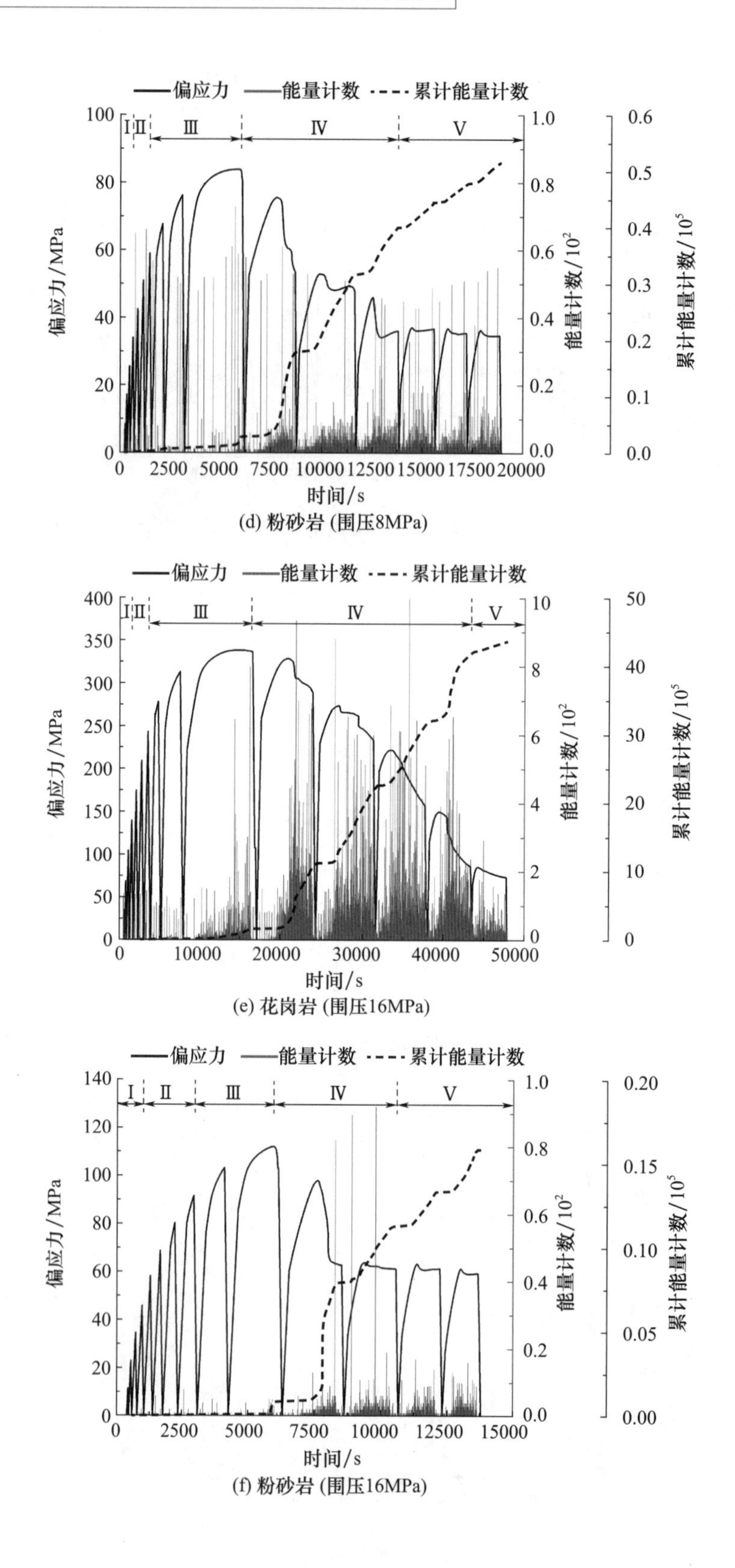

(d) 粉砂岩 (围压8MPa)

(e) 花岗岩 (围压16MPa)

(f) 粉砂岩 (围压16MPa)

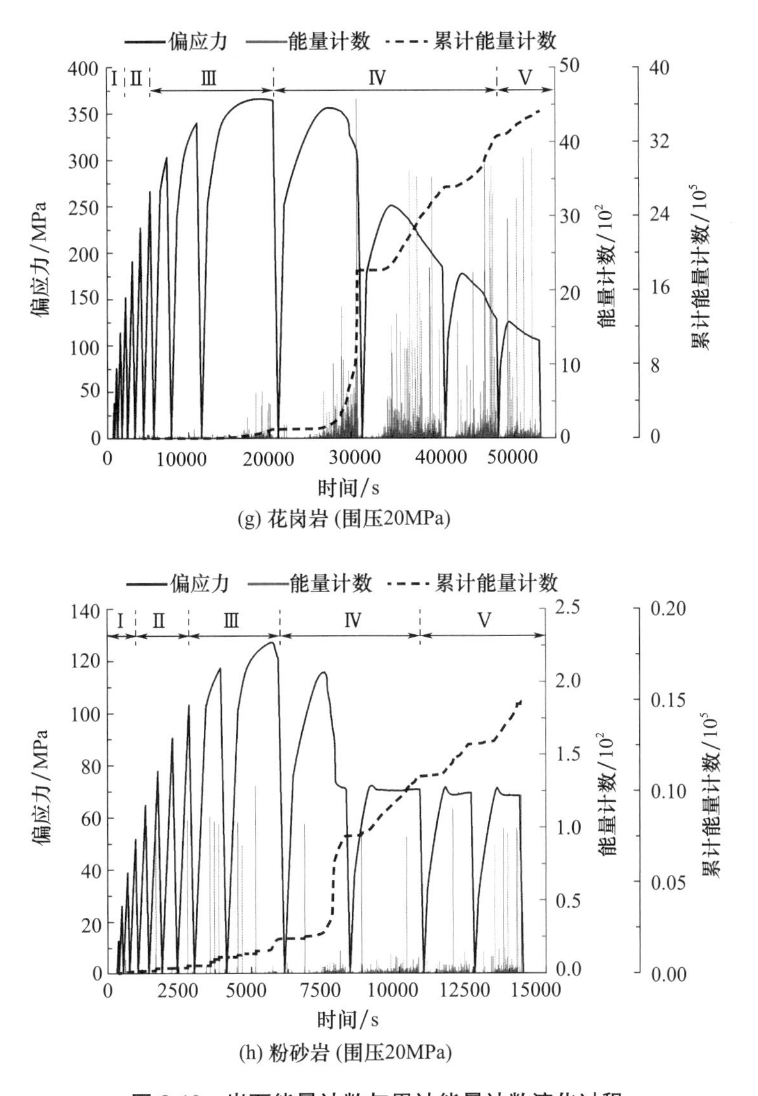

图 8-10　岩石能量计数与累计能量计数演化过程

对应岩石初始压密与弹性段、岩石裂纹稳定发展段、岩石裂纹不稳定发展段、岩石峰后不稳定破裂段和岩石残余强度段 5 个阶段，岩石能量计数和累计能量计数同样呈现出显著的阶段性演化特征，整体特征与声发射振铃计数演化特征较为相似。

1）岩石初始压密与弹性段

声发射现象较不活跃，声发射能量计数呈现零星分布，累计能量计数呈现出极小幅度的上升。声发射能属辐射能，是伴随着岩石内部裂纹萌生发展产生的。在初始压密与弹性段，岩石内部耗能主要损耗于原生孔隙压密和极少的裂纹发展，该阶段触发的声发射能量计数亦是极少的。上述分析结果与耗能演化和损伤变量演化分析结果同样是较为一致的。

2）岩石裂纹稳定发展段

声发射活动处于相对“平静期”。岩石在该阶段内部裂纹状态相对较为稳定，不会发生显著的损伤劣化，因此，该阶段内声发射能量计数较少，累计声发射能量计数的增长幅度亦非常小。虽然花岗岩与粉砂岩的声发射能量计数和累计能量计数有着数量级上的差异，但是同种岩石各阶段的能量计数和累计能量计数对比情况可以表明，相较于花岗岩，粉砂岩在初始压密与弹性段和裂纹稳定发展段出现了更为活跃的声发射现象，这再次证明了粉砂岩在初始压密与弹性段和裂纹稳定发展段的孔隙和裂纹活动更为明显，分析结果与声发射振铃计数和累计振铃计数分析结果基本一致。

3）岩石裂纹不稳定发展段

声发射活动开始进入“活跃期”，声发射累计能量计数逐步上升，在峰值应力所在循环上升较为明显，尤其临近峰值应力，呈明显跃升态。该阶段内，能量计数多集中在较高应力水平下，呈现簇状分布。

4）岩石峰后不稳定破裂段

声发射活动非常活跃，能量计数簇状分布更为显著，累计能量计数明显上升。累计能量计数曲线表明，岩石峰后应力跌落较为明显的区间内，同时伴随着累计能量计数较为明显的跃升。应力跌落往往伴随着较为显著的损伤劣化，上述特征反映出累计能量计数与岩石损伤劣化间紧密的联系。

5）岩石残余强度段

声发射活动有所减弱，累计能量计数曲线上升幅度明显下降。这是由于在残余强度段，岩石内部裂隙发展趋于极限状态，主破裂面形成，声发射事件主要来源于内部已有结构面和裂隙间的摩擦和小能级破碎，裂隙和损伤发展的活跃程度明显低于峰后不稳定破裂段。岩石裂纹不稳定发展段、峰后不稳定破裂段和残余强度段的声发射能量计数簇状分布情况说明，岩石破裂过程中裂纹萌生发展主要集在各个循环较高的应力水平下。上述应力区间与3.5节提出的塑性能和损伤能分离方法确定的塑性应变对应的等效应力区间基本一致，这一结果再次辅助证明了塑性能和损伤能分离方法的合理性。

8.2.3.3 声发射峰频分布特征

声发射信号的波形特征与受载岩石变形破坏过程中的破裂有着密切的联系，可反映裂纹尺度和破裂能级大小等信息。声发射波形信号由多种不同频率信号组成，因此，探究波形特征与岩石内部裂纹发展情况间的关系需要借助快速傅里叶变换等辅助分析方法。经由快速傅里叶信号处理，可将离散时域信号变换为离散频域信号，在得到的振幅-频谱图中，信号振幅最大处的频率即为峰值频率（峰频）。

图8-11展示了花岗岩和粉砂岩声发射事件的峰频分布情况，图中红色区域代表数据最高密度集中区域，随着密度图颜色逐步过渡到蓝色，数据集中程度逐渐变得稀疏。两类岩石的声发射事件峰频主要分布区间为0kHz～500kHz，辅助线划分区间后可发现，岩石声发射的峰频主要集中在低（0kHz～125kHz）、中低（125kHz～225kHz）、中（225kHz～275kHz）、中高（275kHz～425kHz）、高（425kHz～500kHz）五个频带，其中，中低频带和中高频带的声发射信号最为集中。此外，由前文声发射振铃计数和能量计数分析内容可知，在各循环内，声发射事件多集中在较高应力水平下，而在应力水平低于前一循环上限应力时较为稀疏，体现在峰频分布图中，即表现为明显的时域间断分布。

对比花岗岩和粉砂岩声发射信号频域分布情况，可以发现，粉砂岩峰频的整体分布较花岗岩更为离散，声发射事件密度有更多星点状分布，粉砂岩在高频带的声发射事件分布比例明显大于花岗岩。

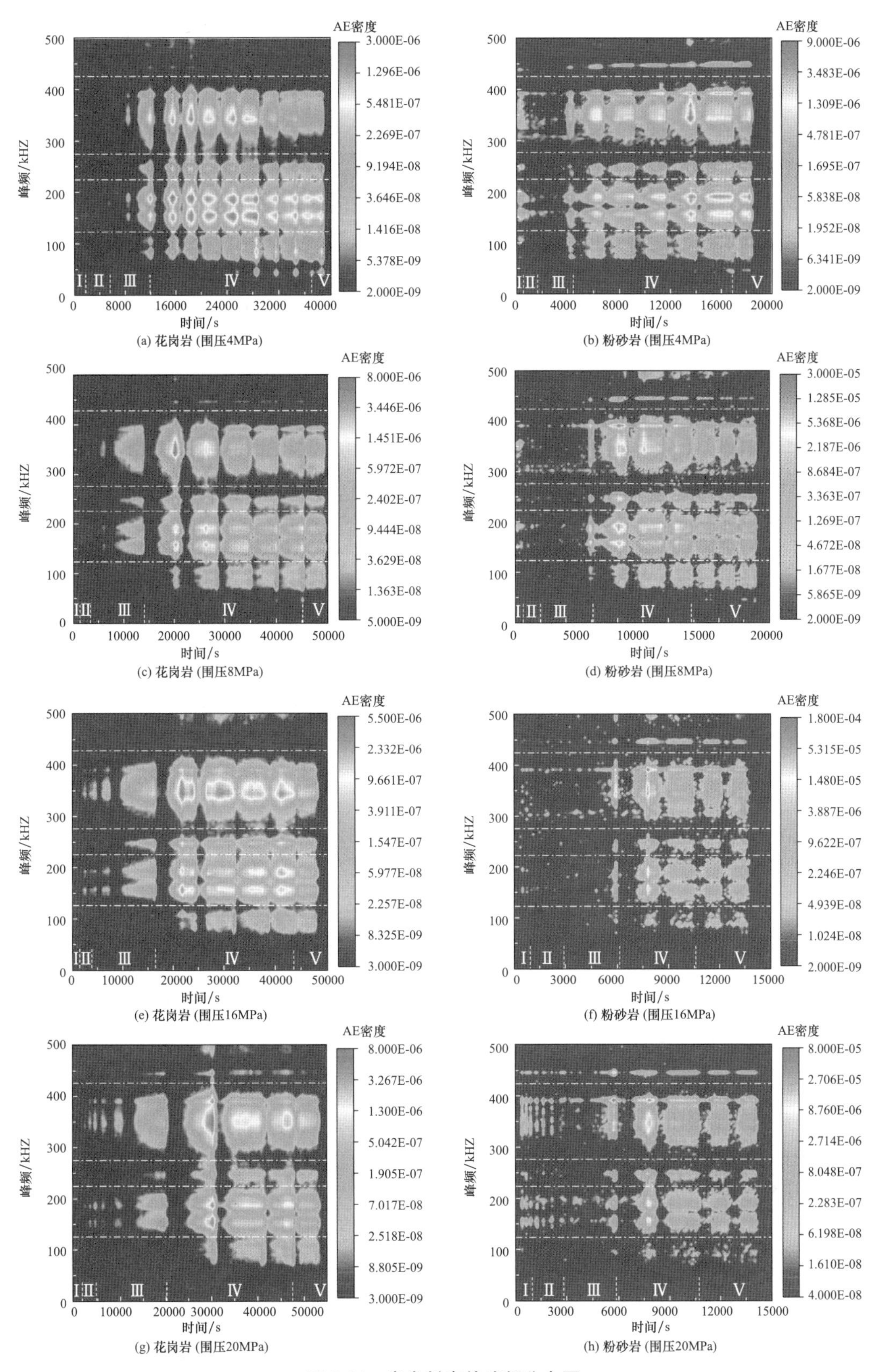

图 8-11　声发射事件峰频分布图

在图 8-11 中，划分与声发射振铃计数和声发射能量计数研究部分相同的时域区间，结果显示，在岩石全应力-应变过程的不同阶段，声发射事件峰频分布呈现出显著的差异性。

在岩石初始压密与弹性段和裂纹稳定发展段（阶段Ⅰ和阶段Ⅱ），声发射现象较不活跃，峰频分布较稀少。花岗岩的峰频分布极为稀疏，较少的汇集均出现在中低频带和中高频带，砂岩较花岗岩有着更为活跃的孔隙和裂隙活动，声发射现象相对较活跃，峰频分布较花岗岩略显密集，但分布同样集中在中低频带和中高频带。

在裂纹不稳定发展段（阶段Ⅲ），声发射活动开始进入“活跃期”，花岗岩和粉砂岩峰频在中低频带和中高频带出现了非常显著的汇集现象，这与该阶段较为明显的裂纹活动和损伤发展相对应；在临近峰值应力时，花岗岩的中频事件开始出现星团状汇集，粉砂岩的高频和中频事件均呈现明显汇集，综合上述特征，可以认为中频事件（225kHz～275kHz）的明显汇集预示着峰值破坏的临近。

在峰后不稳定破裂段（阶段Ⅳ），声发射活动非常活跃，花岗岩和粉砂岩的峰频在中低频带、中频带和中高频带汇集明显。与裂纹不稳定发展段（阶段Ⅲ）不同的是，粉砂岩声发射事件同时在高频带和低频带的分布密度明显增大，花岗岩声发射事件则在低频带的分布密度明显增大。峰频与声发射事件源的破裂尺度和能级相关，主频越低对应的破裂尺度越大，能级越高。岩石会在峰后不稳定破裂段出现明显的裂隙和结构面发展，同时，花岗岩和粉砂岩均在该阶段开始出现低频带事件的显著汇集，这表明，低频事件与岩石大尺度宏观裂隙发展具有紧密的联系。此外，宏观裂隙发展会产生大量的新生微裂纹并伴随结构断面错动摩擦，进而诱发大量小能级的声发射事件，这可能是粉砂岩在该阶段出现高频带事件明显汇集的原因。

在残余强度段（阶段Ⅴ），声发射活动略有所减弱，花岗岩和粉砂岩的峰频分布特征无明显变化。

8.2.3.4 声发射 b 值演化特征

岩石力学声发射领域中 b 值的研究主要引自地震学，Gutenberg 和 Richter 在 1941 年提出了地震学中经典的 G-R 关系，指明了地震事件数与震级间的对数关系，表达式为：

$$\log_{10} N = a - bM \tag{8-40}$$

式中 M——地震震级；

N——相应震级的事件数。

b 值概念由此引出。

b 值的动态变化具有特定的物理意义，b 值增大，意味着小事件所占比例增加，小尺度微破裂增加更多；b 值减小，意味着大事件的比例增加，大尺度微破裂增加更多。b 值的稳定说明微破裂状态较为稳定，b 值的小幅度波动代表了材料内部裂纹相对稳定的渐进式发展过程，b 值较大幅度的波动说明破裂状态变化剧烈，代表了材料内部裂纹突发式失稳发展。

针对岩石材料的声发射事件，G-R 关系式中的震级 M 可由声发射事件的振幅 A_{dB} 代替。

$$M=A_{\mathrm{dB}}/20 \tag{8-41}$$

岩石的声发射事件 b 值计算主要采用最小二乘法和极大似然法两种常用数学方法。

最小二乘法 b 值计算式为：

$$b=\frac{\sum M_i \sum \lg N_i-\Delta M \sum M_i \sum \lg N_i}{\Delta M \sum M_i^2-\left(\sum M_i\right)^2} \tag{8-42}$$

式中　M_i ——震级档；

ΔM —— M_i 值分档间距；

N_i ——第 i 档声发射事件数。

极大似然法 b 值计算式为：

$$b=\frac{20\lg \mathrm{e}}{A_{\mathrm{dB,mean}}-A_{\mathrm{dB=in}}} \tag{8-43}$$

式中　$A_{\mathrm{dB,mean}}$——平均振幅；

$A_{\mathrm{dB=in}}$——最小振幅。

相比较，最小二乘法对计算区间事件样本数量要求较高，研究表明最小二乘法样本量需大于 1000 才可达到准确估计概率 50%以上的效果。此外，随着震级档 k_i 由小到大变化，$\lg N_i$ 包含的事件数逐渐减少，这将导致越大的震级事件在最小二乘法中所占的权重越大，b 值易受少数几个大震级事件变化的影响，而在极大似然法中，所有震级都具有相等的权重。

由于花岗岩和粉砂岩全应力-应变过程中声发射事件数并不均匀，峰前段声发射事件数较少，因此本节采用极大似然法计算。考虑到计数区间声发射事件过少会使 b 值计算误差过大，计算区间声发射事件过多会导致 b 值在峰前出现长时域空值，结合花岗岩和粉砂岩事件数分布情况，花岗岩取 300 个声发射事件作为一个计算区间段，粉砂岩取 100 个声发射事件作为一个计算区间段。使用自行编写的 MATLAB 脚本程序完成滑动计算。

图 8-12 绘制了花岗岩和粉砂岩 b 值的动态演化过程。在初始压密与弹性段和裂纹稳定发展段，声发射处于“不活跃期”，微裂纹发展较少，而 b 值动态分析的主要目的是探究岩石内部裂纹状态的变化情况，因此，图 8-12 主要探究岩石裂纹不稳定发展段、峰后不稳定破裂段和岩石残余强度段 3 个阶段的 b 值演化特征。

在裂纹不稳定发展段的前中期，花岗岩和粉砂岩 b 值呈小幅震荡。相比较，花岗岩在该阶段初期的波动较粉砂岩更为明显，说明在该阶段前中期，花岗岩较粉砂岩有着更多的裂纹活动；在峰值应力所在循环的峰前区间，尤其在超出前一循环上限应力区间，b 值波动幅度和频率明显增加，这表明岩石在该区间裂纹状态变化较为剧烈，内部出现了较多的突发式裂纹发展；相比较，花岗岩峰前出现了更为显著的 b 值波动下降的情况，这表明花岗岩峰前出现了较为显著的大尺度破裂占比上升的情况，而粉砂岩则相对不显著。

在峰后不稳定破裂段和残余强度段，花岗岩和粉砂岩 b 值均表现为在循环较高应力区间波动密集剧烈，在较低应力下波动相对稀疏的特征。不同在于，花岗岩 b 值在各循环上限应力前波动下降，在上限应力后逐渐波动上升；粉砂岩 b 值则在各循环上限应力前波动上升，在上限应力后逐渐波动下降。上述特征反映出两种岩石峰后不同的裂纹发展形式，花岗岩在各循环上限应力前，大事件的比例增加，大尺度破裂占比增多，而在上限应力后，则表现为小尺度破裂占比增多，粉砂岩在各循环上限应力前，小事件的比例增加，小尺度微破裂占比增多，而在上限应力后，则表现为大尺度破裂占比增多。

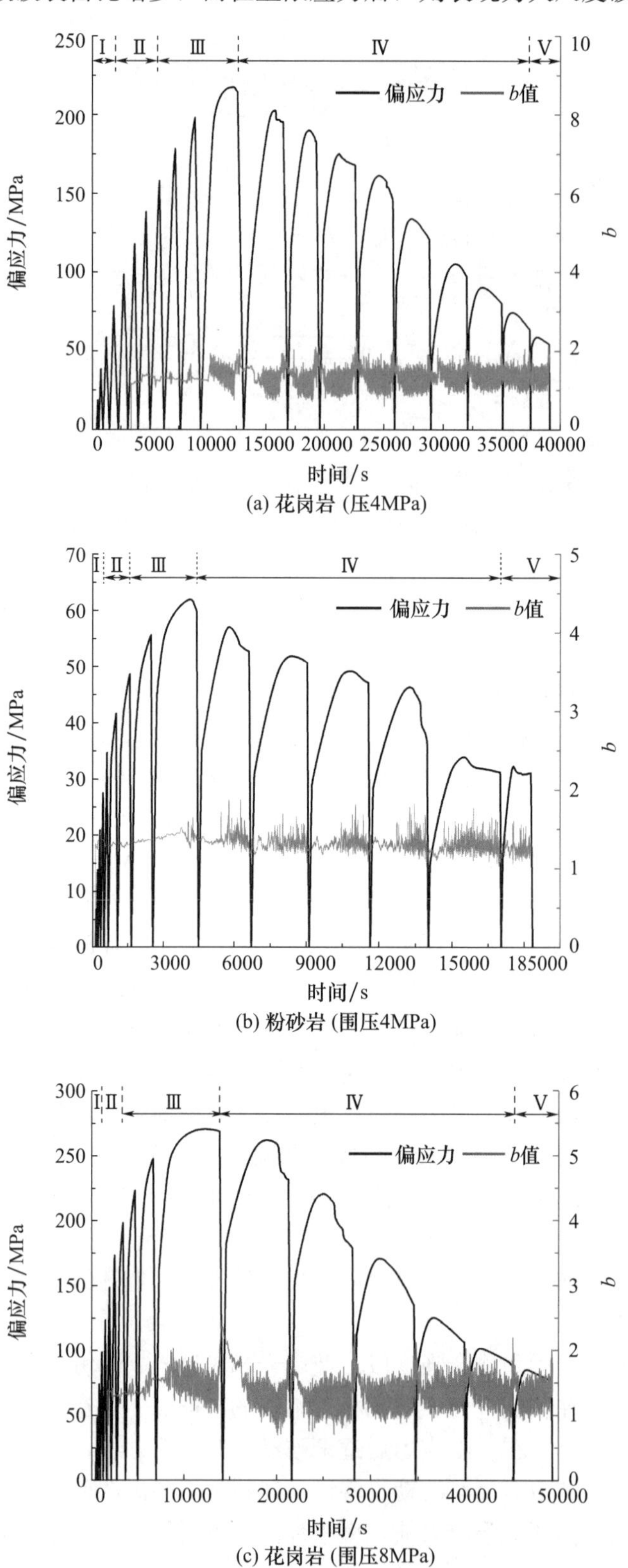

(a) 花岗岩 (压4MPa)

(b) 粉砂岩 (围压4MPa)

(c) 花岗岩 (围压8MPa)

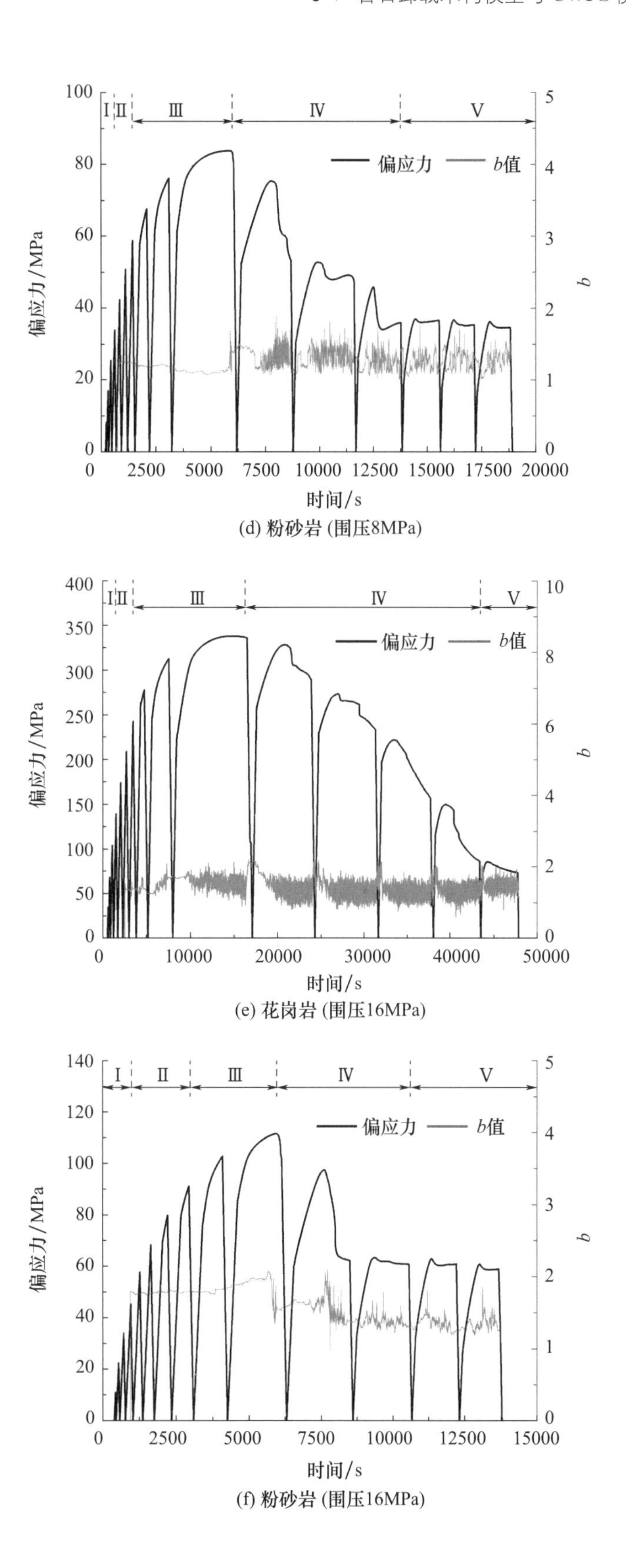

(d) 粉砂岩 (围压8MPa)

(e) 花岗岩 (围压16MPa)

(f) 粉砂岩 (围压16MPa)

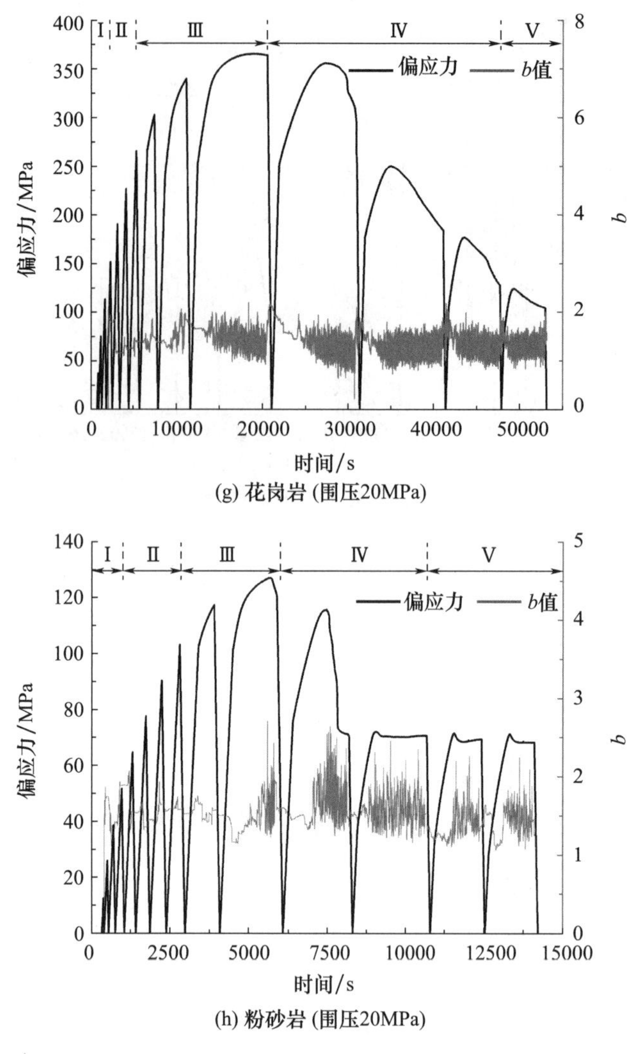

(g) 花岗岩 (围压20MPa)

(h) 粉砂岩 (围压20MPa)

图 8-12　岩石声发射 b 值演化过程

8.2.4　基于离散元的应力记忆效应细观响应机制

8.2.4.1　黏结模型的选择

PFC（Particle Flow Code，颗粒流分析程序）提供了两种标准的黏结模型，来模拟岩石颗粒之间的胶结物质。一种为接触黏结模型，见图 8-13；另一种为平行黏结模型，如图 8-14 所示。接触黏结模型用一对具有一定法向与切向刚度的弹簧，将相邻两颗粒黏结在一起。由于接触黏结模型的黏结面积趋于无穷小。因此，接触黏结模型只能传递力，而不能传递力矩。当法向应力等于或大于接触黏结模型法向黏结强度时，接触黏结被破坏。此时，法向力与切向黏结力设置为零。当法向力表现为压缩时，并且切向力不大于摩擦力时，即使切向应力大于切向强度时，接触黏结模型发生破坏，也不会改变接触力。相对于接触黏结模型，平行黏结模型通过一簇平行的弹簧将相邻颗粒黏结在一起。因此，它不仅可传递力，而且可以传递力矩。当法向应力、切向应力等于或大于相应的黏结强度时，平行黏结被破坏。接触黏结模型与平行黏结模型可用来模拟岩石在压缩条件下的力学行为。平行黏结提供了黏结在两个接触块之间的有限尺寸的类水泥材料的力学行为，平行键构件与线性构件平行作用，并在构件之间建立弹性相互作用。平行键的存在并不排除滑移的可能性。平行键可以在接触块之间传递力和力矩。平行键可以想象为一组具有恒定法向刚度和剪切刚度的弹性弹簧，均匀分布在接触平面上的断面上（二维为矩形，三维为圆盘），并以接触点为中心。这些弹簧与线性分量的弹簧平行作用。在平行键形成后，在接触处发生的相对运动，导致黏结材料内产生一个力和力矩。这个力和力矩作用在两个接触块上，与黏结材料在黏结周围的最大法向应力和剪切应力有关。如果这些最大应力中的任何一个超过了其相应的黏结强度，平行黏结断裂，黏结材料连同它所伴随的力、力矩和刚度从模型中移除。平行黏结模型可以很好阐释岩石力学在模拟中的变化。因此，本节选择平行黏结模型来模拟花岗岩及粉砂岩在三轴循环压缩条件下的力学行为特征。

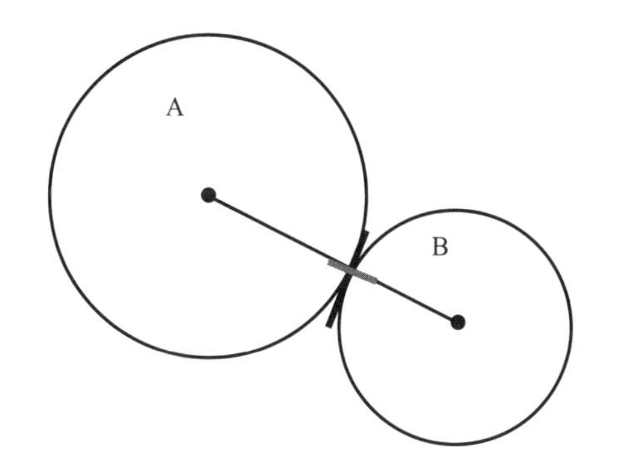

图 8-13　接触黏结模型

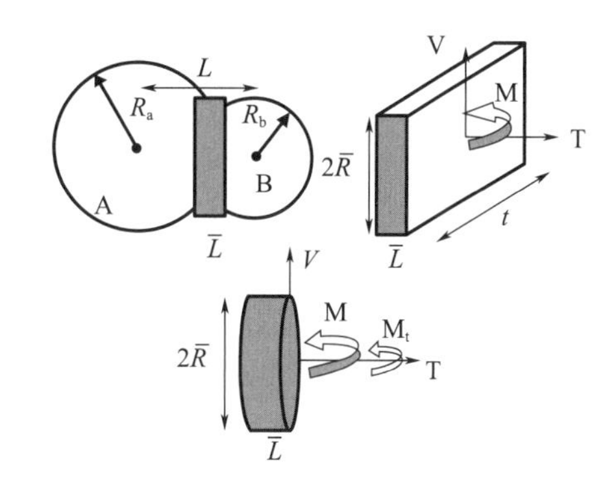

图 8-14　平行黏结模型

8.2.4.2　细观参数选取

室内试验结果表明：在加载方式采用位移控制时，直径为 50mm、高度为 100mm 的标准圆柱体花岗岩及粉砂岩试件，对不同围压条件下的花岗岩以及粉砂岩进行模拟试验，其围压属性分别为 4MPa、8MPa、12MPa、16MPa 以及 20MPa。与其他数值计算软件不同的是，PFC 程序通过设置细观力学参数来模拟岩石的某些力学行为特征，而这些细观力学参数通常是事先无法获取的，并且它们与岩石的宏观力学参数存在一定的差距。因此，在用 PFC 对岩石进行模拟时，必须对其相关力学参数进行调试。当调试所得到岩石宏观力学参数与室内试验或原位试验基本一致时，才可以进行相关的分析与研究。

采用平行黏结模型来模拟粉砂岩力学行为特征时，共需设置 8 个力学参数。其中，3 个参数与颗粒有关，分别为颗粒的弹性模量 E_c、颗粒法向与切向刚度比 k_n/k_s、颗粒之间的摩擦系数 μ；其余 5 个参数与平行黏结模型有关，它们分别为：平行黏结模型法向与切向刚度之比$\bar{k}_n/\bar{k}_s$，平行黏结模型弹性模量 E，平行黏结模量法向、切向强度，以及它们的标准差 σ 与 τ，平行黏结模型黏结半径系数 λ。

如下分别给出颗粒与平行黏结模型刚度计算式：

$$k_{\mathrm{n}}=\frac{AE_{\mathrm{c}}}{L},\ k_{\mathrm{s}}=\frac{12IE_{\mathrm{c}}}{L}$$
$$\bar{k}_{\mathrm{n}}=\frac{\bar{E}_{\mathrm{c}}}{L},\ \bar{k}_{\mathrm{s}}=\frac{12I\bar{E}_{\mathrm{c}}}{AL^{3}} \tag{8-44}$$

以上两式表明：颗粒与平行黏结模型的法向与切向刚度分别与它们弹性模量成正比，与相邻两个颗粒半径之和（立方）成反比，并且与泊松比无关。然而，对于颗粒集合体而言，平行黏结模型的法向与切向刚度之比$\bar{k}_{\mathrm{n}}/\bar{k}_{\mathrm{s}}$对宏观泊松比有重要影响。在本次调试过程中，发现在固定其他参数不变的情况下，试件的宏观泊松比v随$\bar{k}_{\mathrm{n}}/\bar{k}_{\mathrm{s}}$的增大而增大。

$$\bar{\sigma}=\frac{T}{A}+\frac{|M|\bar{R}}{I}$$
$$\bar{\tau}=\frac{|V|}{A}+\frac{|M_{t}|\bar{R}}{J} \tag{8-45}$$
$$\bar{R}=\bar{\lambda}\min\ (R_{\mathrm{a}},\ R_{\mathrm{b}})$$

上式表明：平行黏结模型抵抗外界最大法向应力与切向应力与黏结半径成正比。因此，最大法向应力与切向应力将随着颗粒半径与半径系数的增大而增大。

PFC 程序微观力学参数调试的一般步骤，可大体表述为：

（1）将黏结强度设置为较大值，不断尝试调整平行黏结模型弹性模量E与颗粒弹性模量E，从而得到与室内或原位试验相吻合的细观弹性模量；而后，变换平行黏结模型的法向与切向刚度之比，从而得到所需的宏观泊松比；

（2）调整相应的黏结强度，得到与实际近似的峰值强度；

（3）调整黏结强度标准差，以匹配试验的起裂强度；

（4）调整颗粒摩擦系数，得到与试验相似的峰值后强度。

起裂强度σ_{ci}定义为试件开始进入扩容时所对应的应力，根据单轴与蠕变试验结果的分析，本节认为起裂强度约为 50MPa。

8.2.4.3 模拟结果分析

根据室内试验结果，本次数值模拟以圆柱体为对象，直径与高度分别为 50mm 与 100mm。颗粒最小半径为 0.607mm，颗粒最大与最小半径比为 2，颗粒摩擦系数为 0.5。两端加载墙体与颗粒刚度比为 1，墙体摩擦系数设为 0。试验采用位移控制，加载速率为 0.1。本次模拟共生成颗粒 35010 个，试验模型如图 8-15 所示。

图 8-15 试件模型

模拟结果显示：当采用以上参数时，在三轴循环压缩条件下，模拟所得到的试件抗压强度为 82.29MPa，峰值应变为 1.178%，较试验曲线峰值应力 83.95MPa 和峰值应变 1.23%误差分别为 1.97%和 4.22%，模拟结果均未超过 5%误差，模拟所得宏观弹性模量为 7.83GPa，起裂应力为 46.76MPa。

模拟所得到宏观力学参数基本与室内试验一致，如图 8-16 与图 8-17 所示。对比室内试验与模拟的应力-应变曲线可以发现：模拟所得到的每个循环应力-应变曲线与横轴的夹角均比试验曲线小，并且模拟得到的峰值应力所对应的应变值小于室内峰值应力所对应的应变值。其原因在于，粉砂岩作为一种天然多孔弱胶结材料，其内部存在大量的微孔洞与微裂纹，在加载应力较小时，这些微缺陷被压密，试件变形较大，在真实试验中各颗粒之间胶结物强度不一，在加载过程中，胶结能力弱的物质率先破坏，形成塑性应变，在循环加卸载的不断累积下，表现出每个循环应力卸载完成时对应的应变均大于模拟曲线对应的应变。

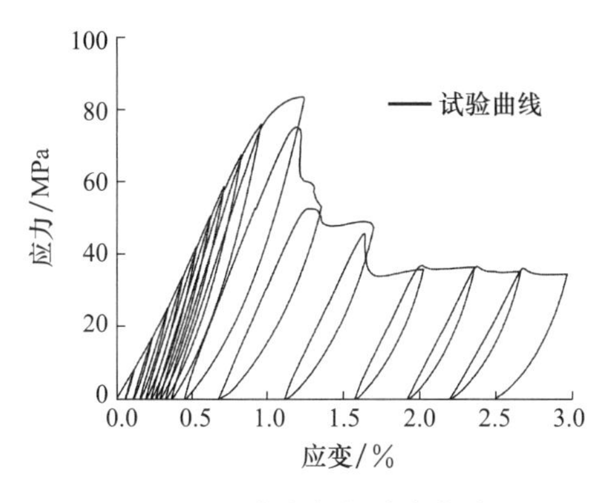

图 8-16　试验应力-应变曲线

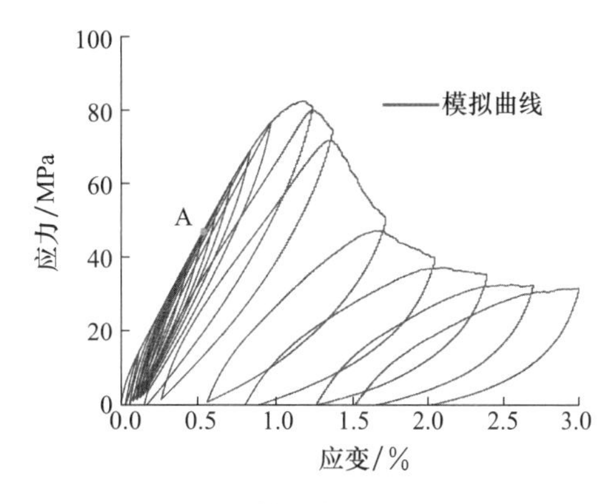

图 8-17　模型应力-应变曲线

岩石的宏观破坏是其内部微裂纹不断演化的结果。通常认为岩石在压缩变形过程中，随着加载应力的增大，其内部先前存在的大量的微裂纹、微孔洞首先被压密，表现为岩石的应变曲线向下凹。而后，岩石进入弹性变形阶段，外界对岩石所做的功，以弹性能的形式存储在岩石的内部。此过程中，岩石微裂纹处于孕育状态下。随着外界能量不断输入岩石试件，当试件所存储的弹性能等于或大于试件颗粒断裂所需的表面能时，微裂纹处于起裂发展阶段；之后，不同大小、形态的微裂纹相互交织、汇集，并最终形成宏观断裂面；最后，导致岩石试件的整体破坏。室内研究表明，在三轴循环加卸载条件下，岩石试件的破坏形式可能以 X 状剪切破坏或单斜面剪切破坏，或拉伸破坏为主。这一方面与岩石试件本身有关，另一方面与加载方式有关。

图 8-18 给出试件在循环加卸载过程中部分循环（分别为循环 5 次、9 次、10 次、11 次、12 次、13 次）微裂纹分布的模拟结果。从中可以看出：当加载应力约为试件峰值应力的 0.6 倍时（所对应的应力略大于起裂应力），试件只出现了零星的几个裂纹；当加载应力约为峰值应力的 0.9 倍时，试件裂纹数随着加载应力的增大而持续增多，微裂纹分布在试件整个径向，裂纹发展速率快速增加，且随着应力的增长出现开始出现宏观断裂面雏形；当试件处于峰值后阶段时，试件出现了宏观断裂面，呈 X 状分布在岩石中下部分。

图 8-19 所示为三轴循环加卸载数值模拟试验轴向应力分别加载到起裂应力、峰前 90%以及峰后第一、第三循环和最后破坏时细观裂纹的分布情况。从图 8-19 可见：当轴向应力加载到起裂应力时，裂纹开始萌发，张拉裂纹与剪切裂纹数量均比较少，且最先出现的是剪切裂纹，裂纹发展前期张拉裂纹数量小于剪切裂纹数量，两者数量均较少

且分布零散；当轴向应力加载到峰前 90%，岩石损伤加速，裂纹扩张加速，张拉裂纹与剪切裂纹初步形成宏观贯通裂纹；在峰后的两个循环中，张拉裂纹与剪切裂纹数量激增，形成明显裂纹；在破坏时，张拉裂纹与剪切裂纹迅速增多，张拉裂纹与剪切裂纹主要由两端向中间发展，最后贯通形成 1 条主剪切带以及 2 条次剪切带。

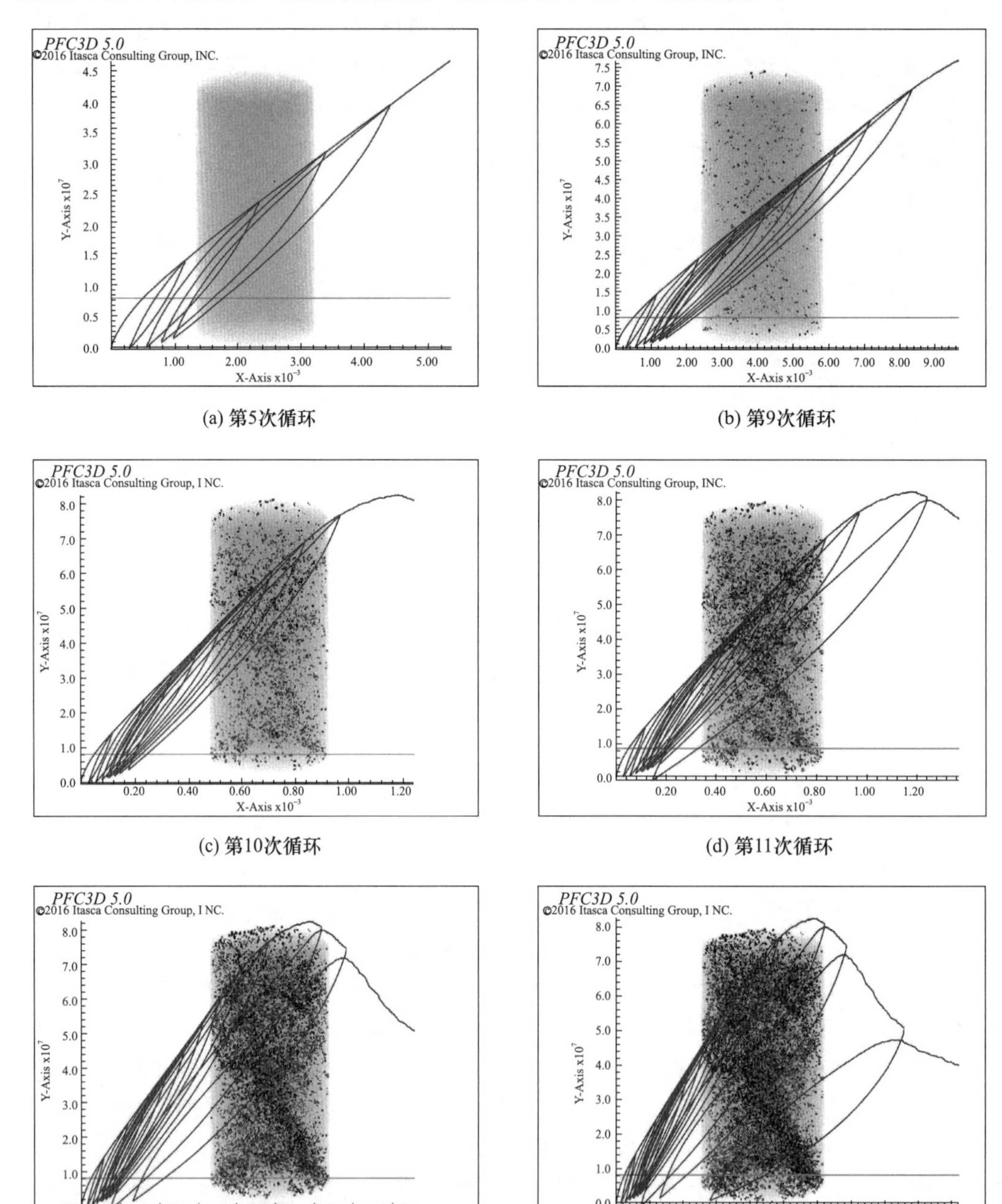

(a) 第5次循环　(b) 第9次循环

(c) 第10次循环　(d) 第11次循环

(e) 第12次循环　(f) 第13次循环

图 8-18　加载阶段各循环裂纹演化情况

(a) 总裂纹

(b) 剪切裂纹

(c) 张拉裂纹

图 8-19　岩石加载过程中各种裂纹演化情况

图 8-20（a）、图 8-20（b）给出了试件在破坏过程中微裂纹数曲线，从图中可知：试件在整个破坏过程中，拉张裂纹数与剪切裂纹数基本持平，其中拉张微裂纹数约为 1.1 万个，剪切微裂纹数约为 1 万个，剪切裂纹多数位于宏观断裂面上。并且，试件的起始裂纹为剪切裂纹，对应于应力-应变曲线的 A 点，其应力数值等于起裂应力。由图 8-20（c）可知剪切裂纹在整个模拟加载过程中占主导地位且数量始终占比较大。随着试验的进行，拉裂纹占比从开始的 0 逐步上升，在峰后阶段超过剪切裂纹，因此在岩石加载后期拉裂纹快速增加，直到拉裂纹占据主导地位，而剪切裂纹在岩石加载初期比较活跃，在加载中后期发展速度远小于拉裂纹发展速度。最后张拉裂纹与剪切裂纹基本持平，说明岩石最后的破坏是由张拉裂纹与剪切裂纹共同作用产生的。

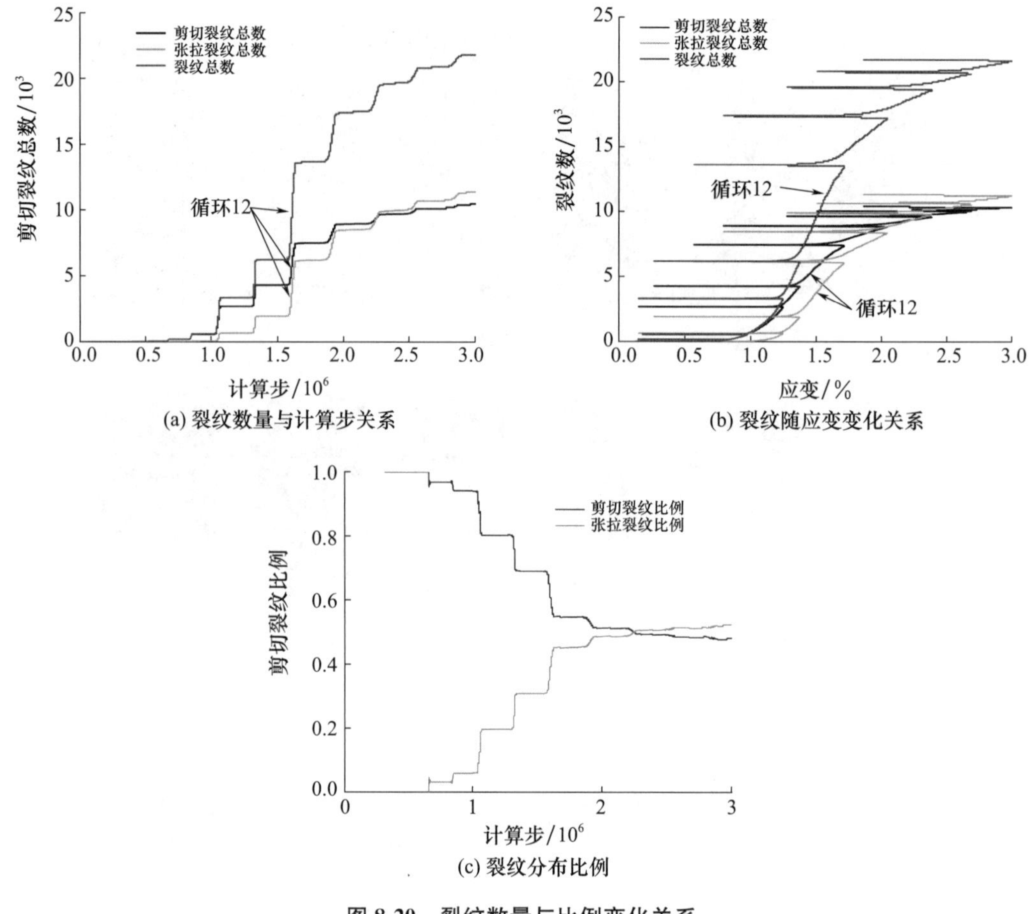

(a) 裂纹数量与计算步关系

(b) 裂纹随应变变化关系

(c) 裂纹分布比例

图 8-20　裂纹数量与比例变化关系

8.2.4.4　应力记忆效应分析

岩石内部声发射是由岩石材料中局部快速卸载导致弹性能释放的结果，其实质是岩石内部损伤的表现。岩石在外荷载作用下，会在其内部产生与受力大小和方向相对应的损伤破坏，当同一岩石受到的外界荷载值小于先前所受的最大荷载时，其内部的损伤不会进一步发展，也不会伴随有声发射的出现，而当其所受荷载大于先前所受最大荷载时，才会有损伤裂纹的发展和新的裂纹的产生，并伴随有声发射的出现，这便是著名的岩石 Kaiser 效应。

岩石在循环荷载作用下的破坏是一个从裂隙发展、压缩到结构调整和失稳的动态演化过程，必然伴随着裂纹的产生。利用数值模拟反映岩石内部的裂纹发展情况，推演岩石整个破坏过程的机理，通过分析岩石的裂纹发展特征，有助于进一步认识循环加卸载路径下岩石的损伤特性和破坏特征，选取粉砂岩 8MPa 循环加卸载条件下峰前第 8 循环岩样裂纹发展数量对应变变化曲线，以此裂纹发展情况探究岩石记忆效应，如图 8-21 所示。

图 8-21（a）表示第 8 循环结束时裂纹发展情况，裂纹总数为 189 个，由于第 8 循环位于起裂应力之后损伤应力之前，因此裂纹数量并不是很多，此时也更能更好地表现

出岩石的记忆效应。在第 9 循环加载至第 8 循环最高应力点时均分为四个阶段，其裂纹发展与数量如图 8-21（b）～图 8-21（d）所示，其中裂纹发展数量与图 8-21（a）中裂纹数量一致，在图 8-21（e）中开始出现新的裂纹，因此在第 9 循环加载但未加载至前一循环最高应力点时，裂纹数量基本无明显变化，在此阶段不产生新的裂纹，在接近最高应力点时出现新的裂纹，表现出 Felicity 效应；而在图 8-21（f）～图 8-21（i）中裂纹迅速增多，此时应力均大于第 8 循环最高应力，因此裂纹在先期最高应力之后迅速产生，因而可以将裂纹快速增加的起始点作为先期应力，上述分析表现出了岩石在启裂应力后较显著的应力记忆效应。

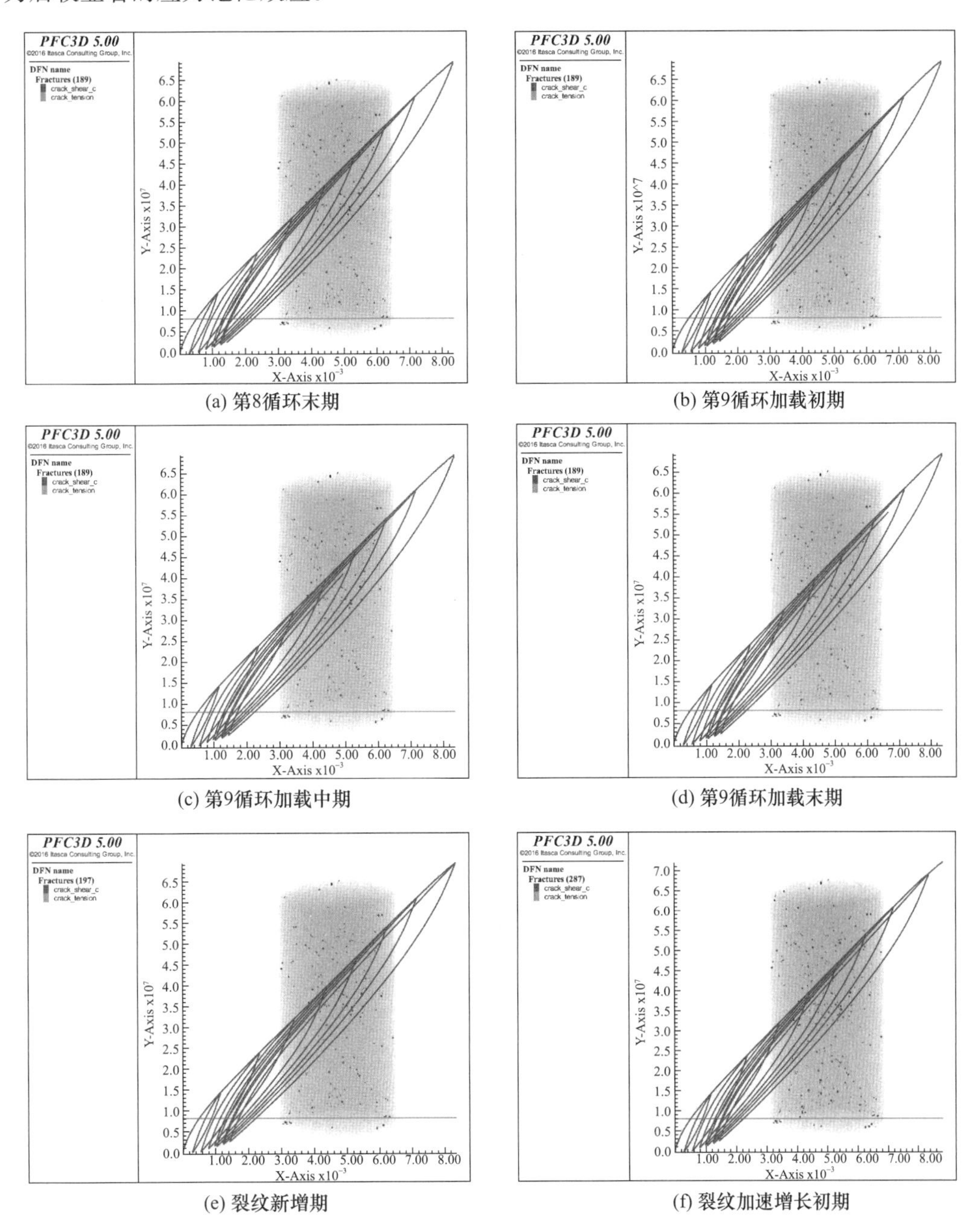

(a) 第8循环末期

(b) 第9循环加载初期

(c) 第9循环加载中期

(d) 第9循环加载末期

(e) 裂纹新增期

(f) 裂纹加速增长初期

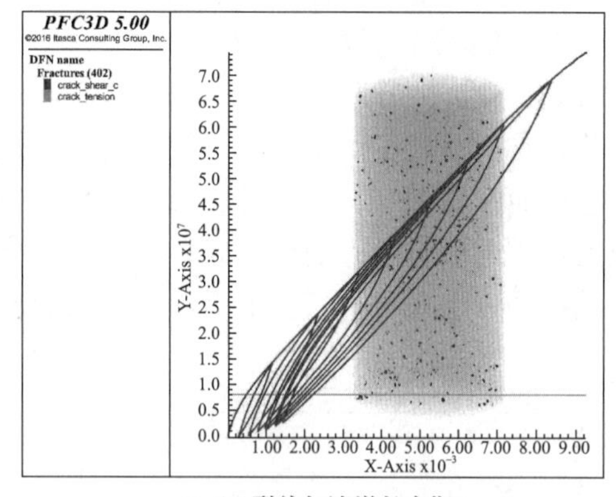

(g) 裂纹加速增长中期

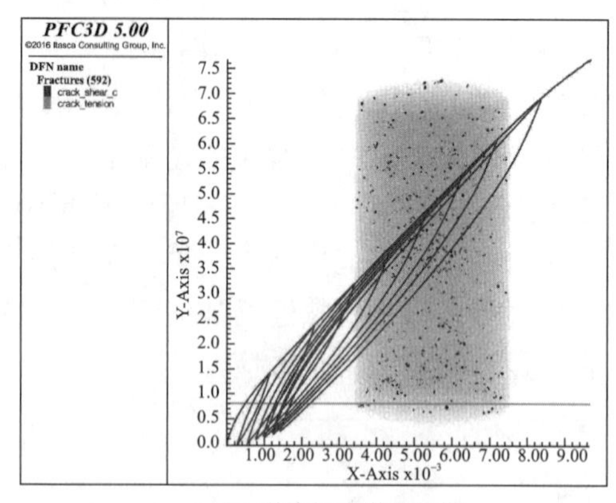

(h) 裂纹加速增长后期

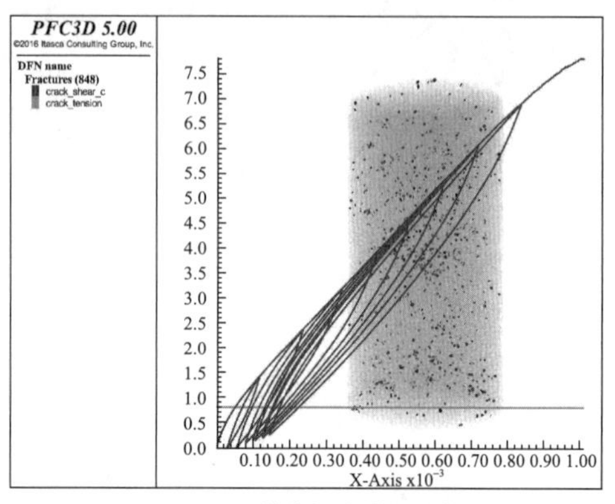

(i) 裂纹加速增长末期

图 8-21　第 9 循环加载阶段裂纹发展图

8.2.5　岩石断口细观形貌特征

材料发生断裂后会形成大量的新生结构面，新生结构面的细观形貌特征观察和分析需借助高倍率显微镜。本节将采用断口形貌学细观分析方法，分析岩石断裂面显微形貌特征，加深对岩石断口细观形貌认识和理解，以辅助揭示岩石损伤破坏的细观机制。

8.2.5.1　SEM-EDS 原理简介及主要测试流程

SEM 采用聚焦高能电子束逐点轰击材料表面，高能电子束与被测试材料表面撞击后生成电子信号，而后被仪器接收并转换成图像。EDS 即能量色散 X 射线谱仪，被测试材料原子被轰击后会发生原子电离，在原子内层留下电子空位，外层高能级电子跃迁至内层成为低能级电子过程中，会有部分能量以光子能的形式释放，不同种元素原子在这一能量释放过程中会产生不同特征的 X 射线，基于特征 X 射线的元素分析方法即为能量色散法。SEM-EDS 组合分析可获得被测试材料细观形貌和区域结构元素成分，已经在材料、化学、生物等多领域得到了广泛的应用。

本节细观结构分析选用的设备型号为 ZEISS Gemini 300，主要测试步骤如下：将岩样加工成 10mm×10mm×3mm 的薄片，烘干箱烘干，吹气法清洁薄片表面后，将薄片黏贴到导电胶上；使用 Oxford Quorum SC7620 溅射镀膜仪测试面喷金 40s，喷金为 10mA，以消除电荷聚集；抽真空后进行样品形貌、能谱测试，形貌拍摄时加速电压为 3kV，能谱拍摄时加速电压为 15kV。

8.2.5.2 岩石断口细观形貌及能谱分析

如图 8-22 所示，花岗岩细观断口的结构完整性相对较好，晶间嵌合紧密，结构较为致密，但界面裂纹发展处起伏相对较大；粉砂岩细观断口界面整体起伏相对较小，主要以颗粒晶体构成骨架，可见较多胶结物和颗粒物，明显可见较多的孔隙，结构较为疏松。

(a) 花岗岩

(b) 粉砂岩

图 8-22 岩石断口整体形貌

本节选用的花岗岩和粉砂岩在宏观上仍属脆性材料，但大量研究分析结果表明，宏观呈脆性性质的材料变形破坏过程中细观结构也会同时表现出脆性和延性特征。因此，本节探究分析的细观断口形貌同时包括脆性断口和延性断口。脆性断口断裂形式主要是穿晶断裂和沿晶断裂，按断口形貌可分为解理断口和沿晶断口；延性断口主要特征是细观裂纹发展时产生的相对明显的局部滑移和位错痕迹。

8.2.5.3 脆性断口

1）穿晶断裂

穿晶断裂是指材料内部微裂纹穿过晶粒内部发展的低能高效断裂现象。典型穿晶断口表面较为光滑平整，在相对较低倍率（百倍级）扫描图像中，会呈现光滑“镜面”特征，称为镜面区。在镜面区周围易观察到特征显著的过渡区域，过渡区域粗糙度会显著大于镜面区，反射率明显下降，一般称为雾状区。雾状区的一般形成机制是，细观穿晶裂纹发展到一定程度后，局部区域失去承载能力发生突然张性断裂，形成较为粗糙的破坏区域。

如图 8-23 所示，花岗岩断口表面较易捕捉到镜面区与雾状区，穿晶断裂特征明显。不同于花岗岩，粉砂岩同倍率下粉砂岩断口形貌结构较为松散，较难捕捉到明显镜面区与雾状区。

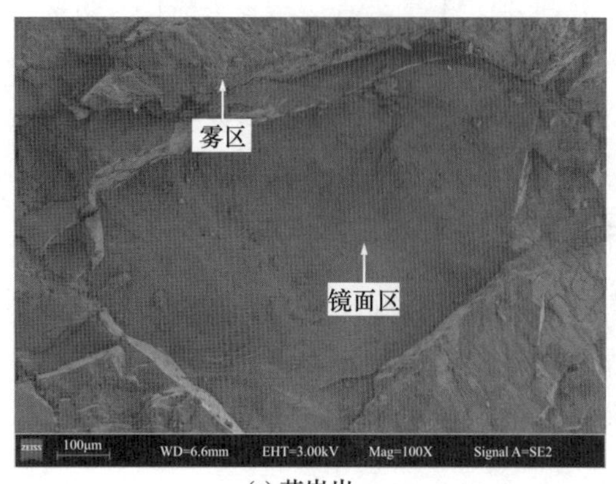

(a) 花岗岩

(b) 粉砂岩

图 8-23 岩石百倍率形貌

如图 8-24 所示，于花岗岩镜面区与雾状区交界处做 EDS 线扫，能谱分析结果表明，镜面区主要矿物为石英（SiO_2），雾状区主要矿物为钾长石（$K_2O \cdot Al_2O_3 \cdot 6SiO_2$），两类矿物均属于典型脆性矿物。

由于岩石不同区域的晶体组成和晶格缺陷及微观结构的不同，岩石的穿晶断口会呈现多种特征，如解理台阶、层状撕裂、二次裂纹等。

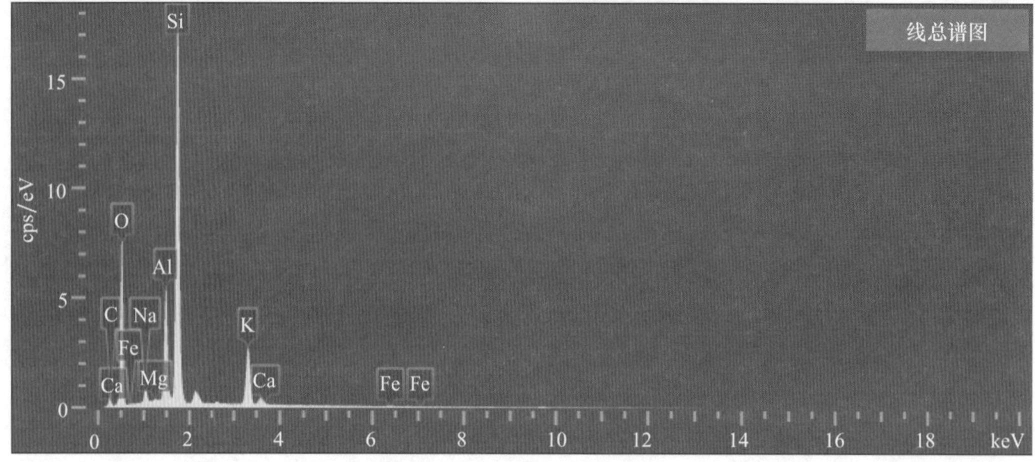

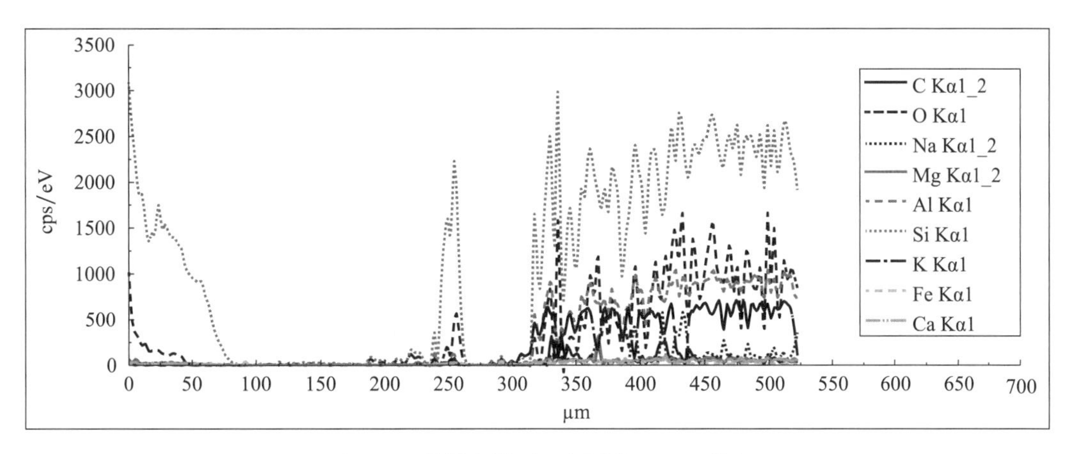

图 8-24　花岗岩镜面区和雾状区 EDS 线扫

（1）解理台阶。

两组原本不在同一平面上的裂纹在与原本发展方向相垂直的断裂或撕裂作用下会形成解理台阶。图 8-23（a）中镜面区与雾状区交界处即可认为是解理台阶，如图 8-25 所示为花岗岩典型解理台阶，在其附近区域，亦可观察到部分裂纹汇集形成的河流状花样。结果表明花岗岩断口解理台阶相对较多，粉砂岩完整解理台阶则相对较难发现。

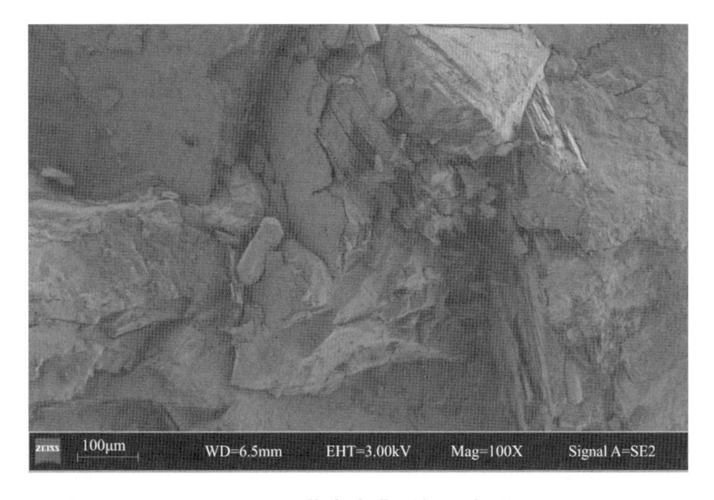

图 8-25　花岗岩典型解理台阶

（2）层状撕裂。

层状撕裂属穿晶断口中的典型代表。岩石细观存在强度不均匀的层状结构，裂纹在岩石内部脆性层状结构间发展过程中，由于层状结构的强度不均且层间薄弱，极易改变原发展方向，形成层状撕裂断口。如图 8-26 所示为花岗岩典型层状撕裂断口形貌，层间多微裂纹发展，层状撕裂断口附近多为片状岩屑。粉砂岩较难发现明显层状撕裂断口。

如图 8-27 所示，于花岗岩典型层状撕裂断口处做 EDS 点扫，能谱分析结果表明，层状撕裂断口处主要元素为 O、Si、Mg、Al、K 等，分析主要矿物为黑云母和辉石。

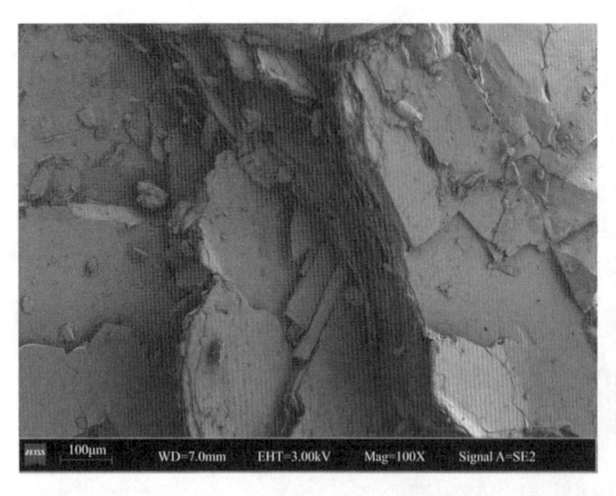

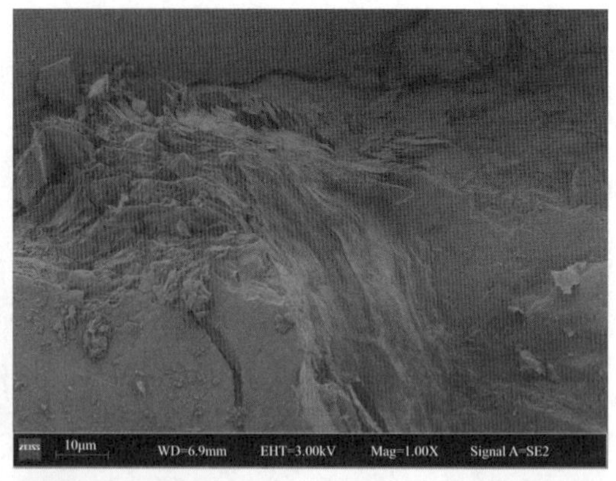

图 8-26　花岗岩层状撕裂断口形貌

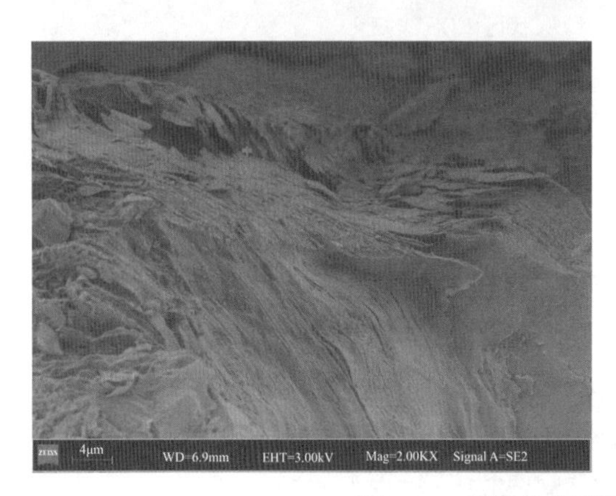

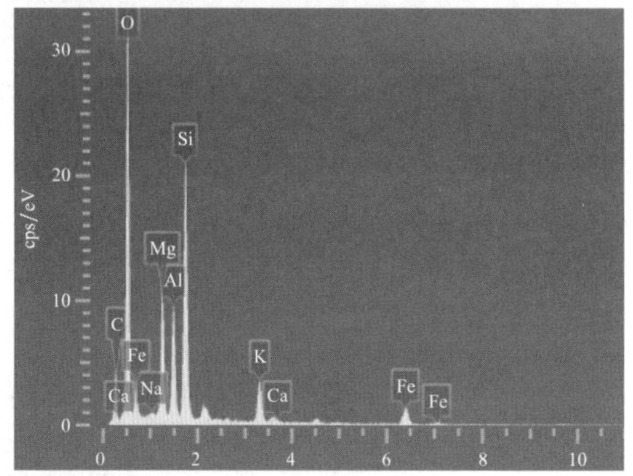

图 8-27　花岗岩典型层状撕裂断口 EDS 点扫

（3）二次裂纹。

二次裂纹指岩石光滑解理面上伴随裂纹发展产生的次生微裂纹，多垂直于解理面方向发展，电镜捕捉放大倍率一般高于一般脆性断口。如图 8-28 所示，花岗岩的光滑镜面区域较多，可捕捉到的二次裂纹也较多，且二次裂纹延伸明显，裂纹附近细小颗粒物极少；粉砂岩可捕捉到的二次裂纹较少，延伸区域小，且二次裂纹区域附近多细小胶体和粉屑颗粒物。

(a) 花岗岩

(b) 粉砂岩

图 8-28　花岗岩和粉砂岩典型二次裂纹形貌

2）沿晶断裂

沿晶断裂又称为晶间断裂，指岩石内部微裂纹沿晶体晶界发展的断裂现象。根据断裂力学，当晶体界面可提供较其他断裂（如穿晶）耗能路径更低的耗能路径时，裂纹沿着晶界发展。花岗岩属结晶岩，脆性断口中存在大量的穿晶断裂，亦存在较多的沿晶断裂。如图 8-29 所示为花岗岩典型沿晶断口，断口附近界面较为光滑，晶间分离特征明显，夹杂颗粒物极少。EDS 能谱分析结构表明，该处沿晶断裂主要元素为 O、Si、Mg、Al、K、Ca 等，分析主要矿物可能为黑云母。

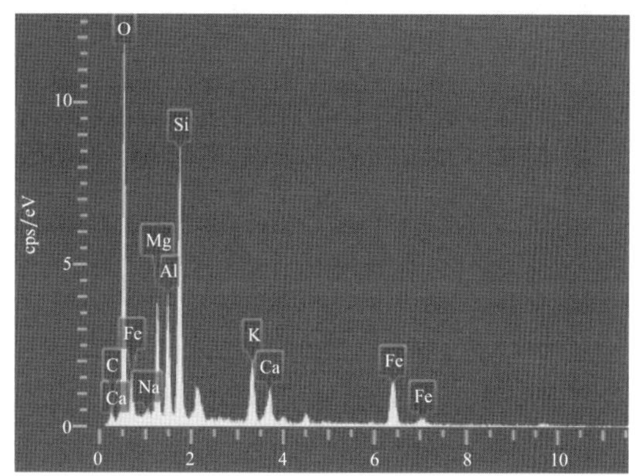

图 8-29　花岗岩典型沿晶断口 EDS 点扫

如图 8-23（b）形貌所示，与花岗岩不同，粉砂岩的脆性断口多以沿晶断裂形式为主。图 8-30 所示为粉砂岩典型沿晶断口。粉砂岩沿晶断口形貌亦与花岗岩有显著差别，粉砂岩沿晶断口光滑界面较少，难以观察到连续晶间分离区域，附近孔隙和细小颗粒状物较多，胶结物分离痕迹明显。

图 8-30　粉砂岩典型沿晶断口形貌

如图 8-31 所示，粉砂岩典型沿晶断口处 EDS 能谱点扫分析结构表明，该处主要元素为 O、Si 等，分析主要矿物可能为石英。

脆性断口分析结果显示，花岗岩脆性断口中穿晶断裂与沿晶断裂形式同时大量存在，粉砂岩则主要为沿晶断裂形式。

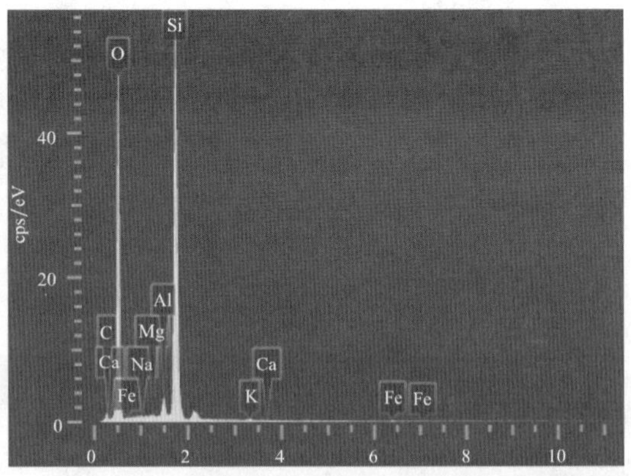

图 8-31　粉砂岩典型沿晶断口 EDS 点扫

8.2.5.4　延性断口

延性断口表面可观察到较为显著的塑性变形痕迹，断口处裂纹发展伴随有裂纹尖端的位错形核或尖端附近位错源的激活。主要细观特征包括韧窝、条纹花样等。

1）韧窝

韧窝是岩石延性断口的代表性形貌之一，呈现为细小窝坑。在外部作用下，岩石内部微小缺陷逐渐发展聚集，从而形成了韧窝断口。图 8-32 所示为粉砂岩典型韧窝断口，断口附近多见细小夹杂颗粒物，还可见一定代表性的片状矿物颗粒。花岗岩细观结构则较少观察到韧窝。

图 8-32　粉砂岩典型韧窝断口

2）条纹花样

条纹花样为细小线状平行条纹。图 8-33 点扫描能谱结果表明，该条纹花样处矿物主要为石英。花岗岩细观结构较少观察到代表延性的条纹花样。

此外，在花岗岩和粉砂岩的电镜分析中还发现，断口形貌的特征与观测尺度联系紧密。原本在百倍率和千倍率级放大下呈脆性特征的断口，经过进一步放大后（万倍率级），亦会出现延性特征。如图 8-34 和图 8-35 所示，花岗岩某断口形貌在千倍率级别下原本呈脆性层状撕裂特征，在 2 万倍级别下呈现出了代表延性的平行滑移线花样；粉砂岩某断口形貌在千倍率级别下原本呈沿晶断裂特征，在 2 万倍级别下则呈现出了代表延性的层状剪切扭转带花样。因此，断口类型的判断和确定中，需要以较为一致观测尺度的特征描述作为参考。

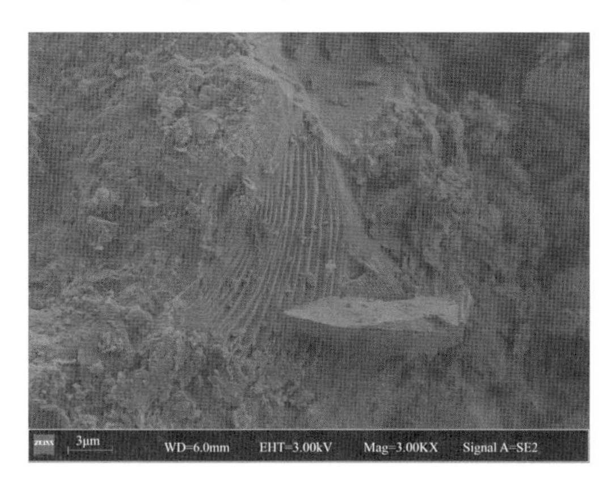

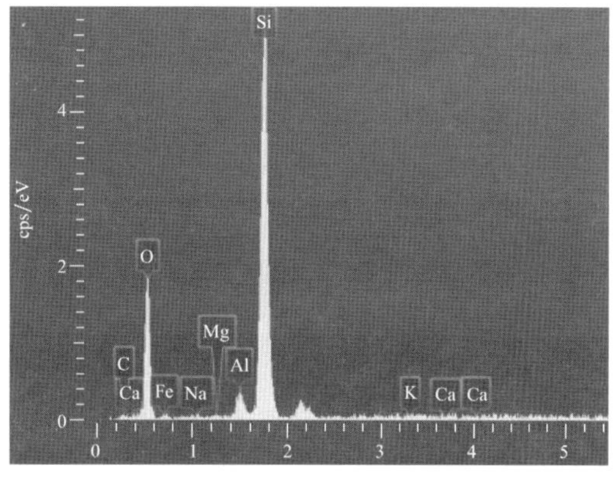

图 8-33　粉砂岩典型条纹花样 EDS 点扫

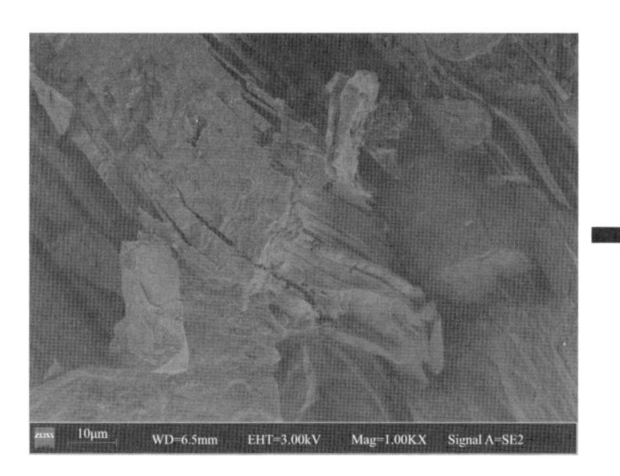

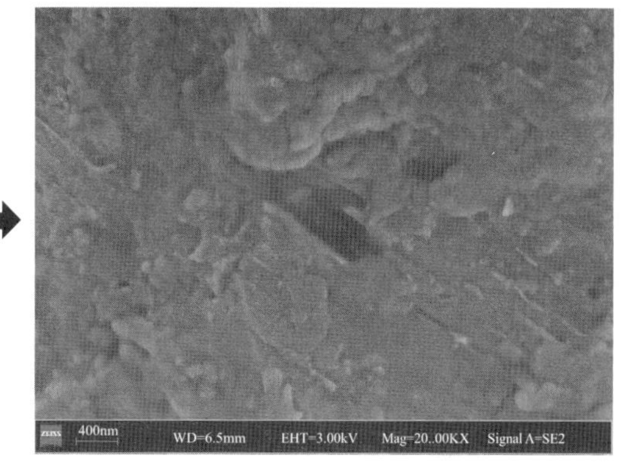

图 8-34　花岗岩某断口不同倍率形貌

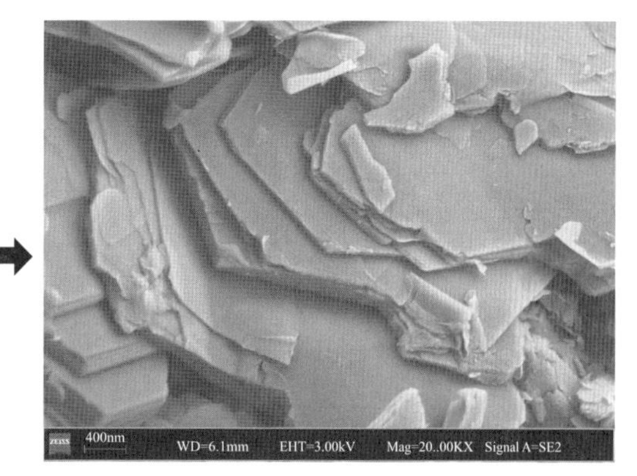

图 8-35　粉砂岩某断口不同倍率形貌

整体分析来看，花岗岩断口以脆性断口为主，延性断口则较少，脆性断口中穿晶断裂与沿晶断裂形式同时存在。这是因为花岗岩为全晶质嵌晶结构，晶体强度和晶间强度均较高，晶体破坏时塑性变形极少，故细观破坏以脆性特征为主。粉砂岩则同时存在较多的脆性断口和延性断口，其中脆性断口以沿晶破坏为主。这是粉砂岩的多孔弱胶结结构决定的，粉砂岩内部晶体为结构骨架，内部细小孔隙较多，晶体附近存在大量胶结物，细观表现为晶体强度高于晶间强度和晶间胶结强度，故存在较多的延性断口且脆性断口主要为沿晶破坏。

8.3 基于循环荷载参数定量的 CWFS 模型优化研究

8.3.1 CWFS 弹塑性本构模型

Mohr-Coulomb 本构模型在岩土研究和工程领域中的应用极为广泛，它采用极简洁且明确的物理参数描述了受载岩土材料的强度特征，明确了岩土材料承载由黏聚力强度和摩擦强度两部分组成。Mohr-Coulomb 本构模型默认采用了黏聚力强度和摩擦强度同时作用的假设。但是，近年来一些试验和研究结果表明，黏聚力强度和摩擦强度组分同时发挥作用计算得到的应力-应变轨迹与实际试验测试得到的结果有一定的差距。例如，Martin 等[80]对 Lac du Bonnet 花岗岩开展的损伤控制试验结果就表明，岩石在破坏过程中，其黏结强度和摩擦强度组分不会同时充分发挥效应。伴随着岩石内部损伤破裂的发展过程，岩石内部黏聚力逐渐丧失时，其摩擦承载才会开始被调用。基于上述结论和指导思想，一些学者改进了传统的 Mohr-Coulomb 强度准则，提出了黏聚力弱化（Cohesion Weakening）摩擦强度强化（Friction Strengthening）的 CWFS 模型。目前，CWFS 模型多用于硬脆性岩石。

图 8-36 为岩石黏结强度弱化摩擦强度强化过程示意图，随着应力水平的提高，受载岩石内部微裂纹逐渐发展汇集，到达损伤应力 σ_{cd} 点后，岩石内部裂纹状态逐渐趋于不稳定，摩擦强度开始得到调动，同时，伴随着裂纹的不稳定发展，岩石黏聚承载能力开始损伤，峰值应力后的破裂阶段伴随着黏聚力的大幅损失和摩擦强度的明显上升，至残余应力阶段，岩石黏聚强度和摩擦强度趋于稳定。损伤应力点后的岩石强度由黏结强度和摩擦强度共同组成。

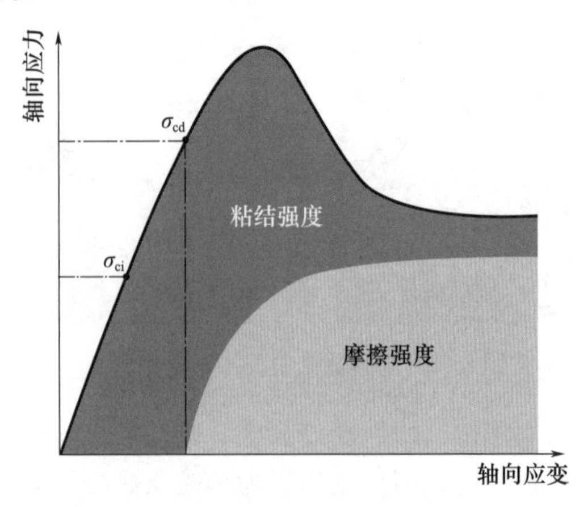

图 8-36 岩石黏结强度弱化摩擦强度强化过程

CWFS模型的屈服及强度组分分布是由应变控制的。图8-37绘制了传统CWFS模型黏聚力强度和摩擦力强度随塑性参数的演化过程。图8-37中c_i为初始黏聚力强度，c_r为残余应力阶段的黏聚力强度，ε_c^p和ε_f^p分别为黏聚力强度和摩擦强度极值处对应的极限塑性应变。

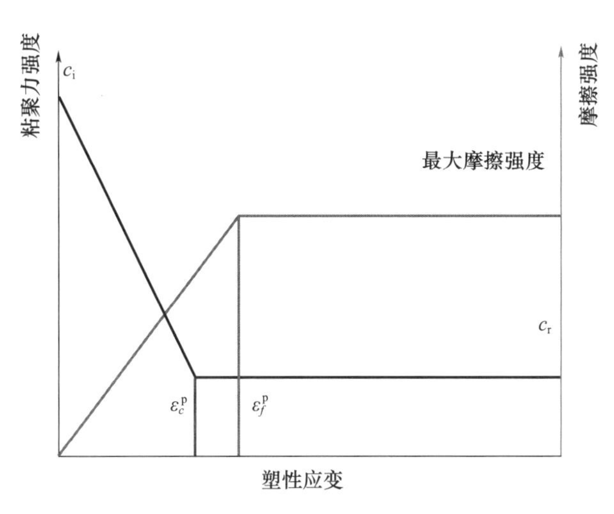

图8-37 CWFS模型黏结强度和摩擦强度演化过程

CWFS模型的屈服准则满足摩尔库仑屈服准则，具体表达式为：

$$f(\sigma)=f(c,\varepsilon_c^p)+f(\sigma_n\tan\varphi,\varepsilon_\varphi^p) \tag{8-46}$$

式中 $f(\sigma)$——屈服面剪切强度；

$f(c,\varepsilon_c^p)$——黏聚力强度；

$f(\sigma_n\tan\varphi,\varepsilon_\varphi^p)$——内摩擦角强度；

c——黏聚力；

φ——内摩擦角；

σ_n——屈服面上的正应力；

ε_c^p——控制黏聚力强度的塑性参数；

ε_φ^p——控制内摩擦角强度的塑性参数。

8.3.2 CWFS模型参数优化研究

CWFS模型利用强度参数和塑性参数的函数来表达各强度组分，在岩石全应力-应变过程中，黏聚力和内摩擦角是在不断变化的，采用图8-38中展示的简化模型计算无疑会造成一定程度的误差。尤其在峰后阶段，伴随岩石应力跌落和破裂发展，岩石结构面间的咬合摩擦承载能力会受到一定程度的削弱，图8-38中岩石摩擦强度得到充分调动后持续稳定在峰值与实际不甚相符。采用合理的塑性参数并准确获得相应黏聚力和内摩擦角是保证CWFS模型准确稳定的核心问题。

Martin等[80]开展的损伤定量试验为黏聚力和内摩擦角参数的定量确定提供了思路上的指导，如图8-38所示，基于循环加卸载试验可定量获取相应应力水平下的力学变形参数。此处需要额外说明的是，循环加卸载所表征的强度力学特征需与常规三轴相近，其定量参数才具有较高的应用价值。循环加卸载试验的循环次数不宜过多或者过少，循环次数过少，则缺乏用于定量分析的试验数据；循环次数过多，循环加卸载则可能加剧岩石内部的疲劳损伤，明显影响岩石的强度和变形特征。

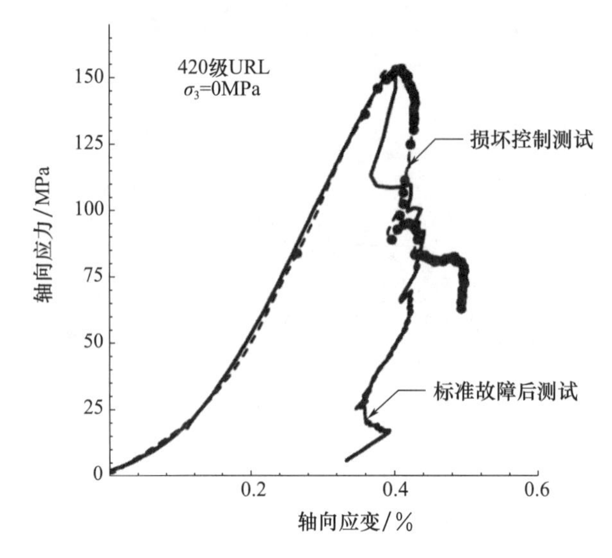

图 8-38　损伤控制试验包络线效果图

延续上述思路，目前 CWFS 模型研究中开展的相关损伤定量试验，多以上限应力点作为应力水平的定量表征点，然而岩石在损伤应力出现后的各个循环（尤其峰值应力后）的上限应力点至起始卸载点段，依然会出现较为明显的能量耗散和塑性变形，因此，将循环下限应力处定量得到的塑性变形参数用于上限应力点应力水平的定量表征时，不可避免地会造成较大的系统误差。综上，本节选择起始卸载点作为应力水平的定量表征点，以获取更为准确的参数定量结果。

选定应力水平的定量表征点后，还需要确定适合的塑性参数。一些研究认为，塑性轴向应变在反映第一主应力方向上塑性变形的同时，可较好对应岩石力学参数的弱化过程。然而，岩石力学特性和能量演化分析结果均表明，岩石在峰值应力后会发生明显的应力跌落和能量耗散，而同时对应的塑性轴向应变却极小，采用塑性轴向应变作为塑性参数构建黏聚力和内摩擦角模型时，黏聚力和内摩擦角的突降伴随的塑性参数变化极小，模型稳定性较差，因此，塑性轴向应变不适于选择为本节岩石黏聚力和内摩擦角模型的塑性参数。在全面考虑岩石整体力学劣化过程特征的基础上，结合前文中损伤应力演化和剪胀角模型塑性参数的选择理由，并尽可能使本节构建的黏聚力和内摩擦角模型与前文中剪胀角模型塑性参数保持一致，本节选择塑性剪切应变作为黏聚力和内摩擦角的塑性参数。

下面介绍黏聚力和内摩擦角的定量确定过程。

经典 Mohr-Coulomb 准则的常见表达形式变形表示为：

$$\sigma_1 = 2c\tan(\varphi/2 + \pi/4) + \sigma_3 \tan^2(\varphi/2 + \pi/4) \tag{8-47}$$

其中，第一主应力和第三主应力间的线性关系斜率仅由 φ 控制，c 和 φ 共同控制着截距。

图 8-39 展示了花岗岩和粉砂岩不同围压下的损伤应力的最大和最小值。花岗岩最大和最小损伤应力与围压对应斜率分别为 6.045 和 6.024，平均斜率对应的内摩擦角为

45.7°；粉砂岩最大和最小损伤应力与围压对应斜率分别为4.075和3.902，平均斜率对应的内摩擦角为36.8°。

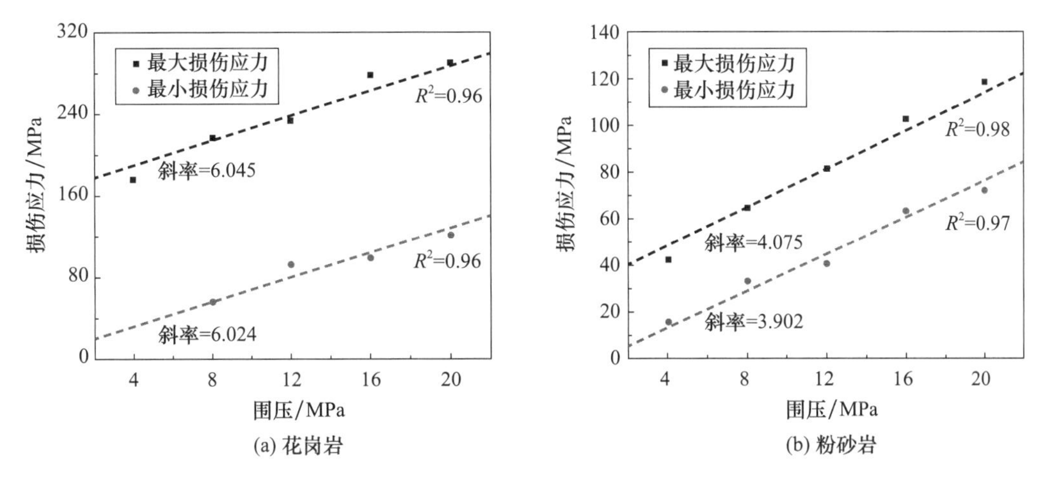

图8-39　岩石最大最小损伤应力随围压变化情况

获得了损伤应力对应的内摩擦角值，即可根据式（8-47）确定黏聚力演化情况，而后根据黏聚力数据结合各循环起始卸载点应力值，可进一步得到内摩擦角与塑性剪切应变之间的关系。

在CWFS模型实际应用中，岩石由最大损伤应力处所在循环开始进入屈服，屈服前表现为弹性，即进入屈服前不会考虑塑性变形。因此，需要对计算得到的 c 和 φ 沿横坐标（塑性剪切应变）进行平移（示例如图8-40所示）。

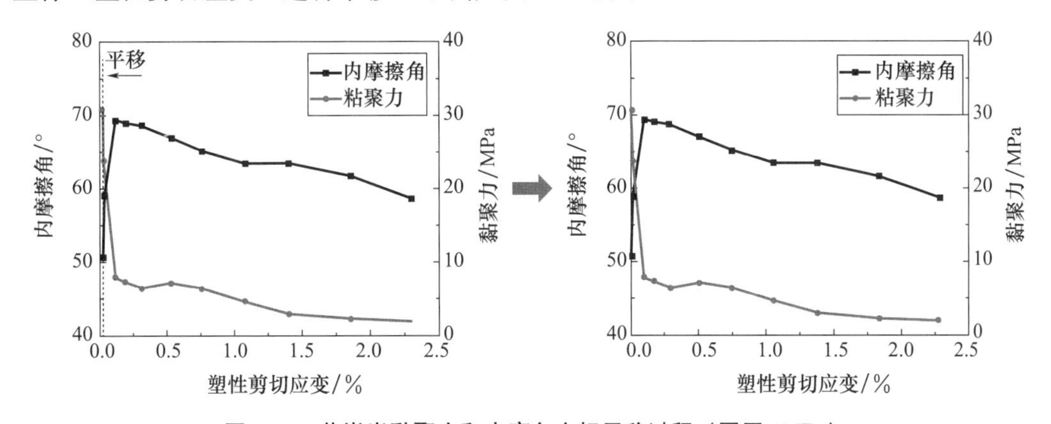

图8-40　花岗岩黏聚力和内摩擦角坐标平移过程（围压4MPa）

图8-41展示了花岗岩和粉砂岩不同围压下黏聚力演化过程。不同围压下，岩石内聚力均快速下降而后趋于稳定，不同围压下的数据点大致分布在同一条曲线上，这表明黏聚力相对独立于围压条件。相比较粉砂岩，花岗岩有着较大的初始和残余黏聚力。

图8-42展示了花岗岩和粉砂岩不同围压下内摩擦角演化过程。不同围压下，岩石内摩擦角均表现为先由初始值快速增大，到达峰值后缓慢减小，最终趋于稳定；不同围压下，同种岩石的内摩擦角上升至峰值时对应的塑性剪切应变大致相等，下降至残余值时对应的塑性剪切应变大致亦相等，且峰值对应的塑性剪切应变远小于残余值对应的塑

性剪切应变；同种岩石的内摩擦角峰值和内摩擦角残余值与围压呈负相关，随围压上升而下降。相比较粉砂岩，花岗岩的初始内摩擦角和峰值内摩擦角均较大，花岗岩内摩擦角在到达峰值前的上升也更快。

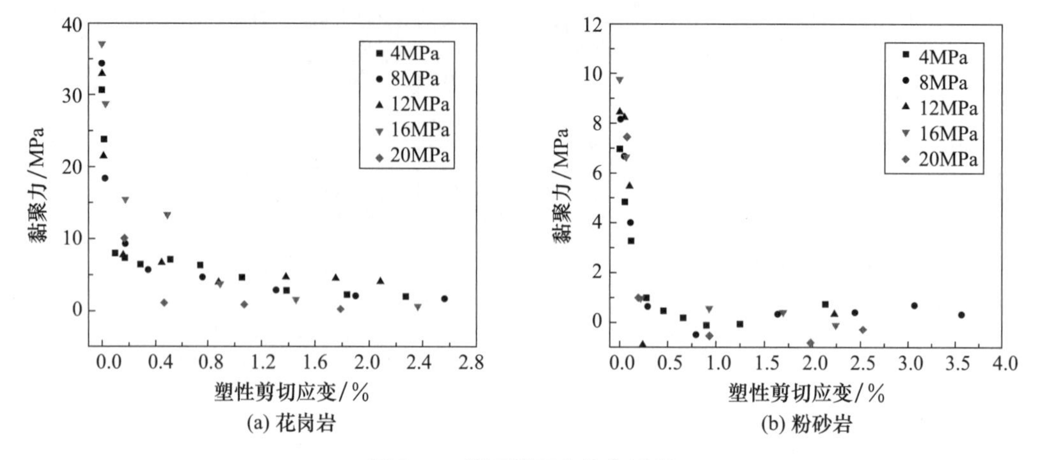

图 8-41　岩石黏聚力演化过程

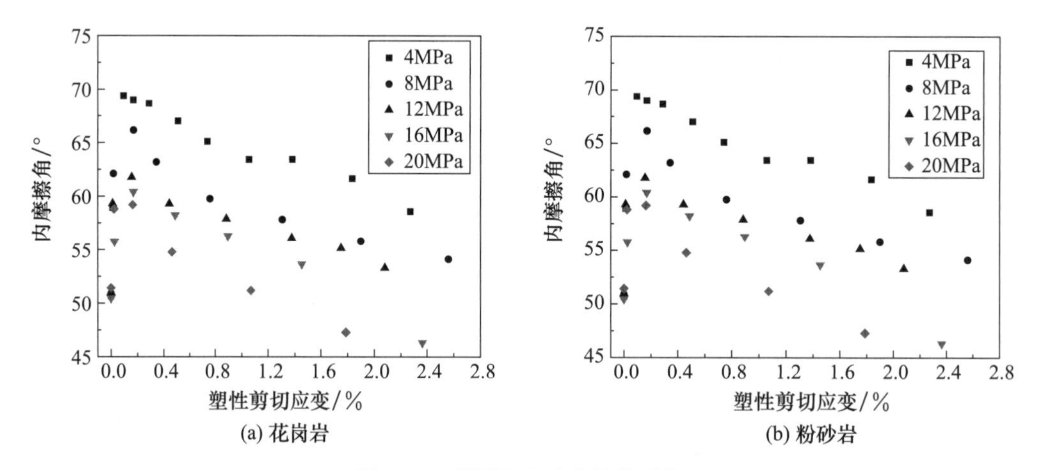

图 8-42　岩石内摩擦角演化过程

结合上述黏聚力和内摩擦角演化特征，分别确定函数模型。

黏聚力模型建立为：

$$c = c_r + (c_s - c_r) \times [2 - 2/(1 + \exp(-k_c \times \gamma^p / \gamma^p_{c,r})] \tag{8-48}$$

式中　c_s ——黏聚力的初始值；

c_r ——黏聚力的残余值；

k_c ——黏聚力衰减系数；

$\gamma^p_{c,r}$ ——黏聚力残余值对应的塑性剪切应变。

内摩擦角模型建立为：

$$\begin{aligned} \varphi = \varphi_s + (\varphi_{max} - \varphi_s) \times [2/(1 + \exp(-k_{\varphi,1} \times \gamma^p / \gamma^p_{\varphi,max}) - 1] - \\ (\varphi_{max} - \varphi_r) \times [1/(1 + \exp(-k_{\varphi,2} \times (2\gamma^p - \gamma^p_{\varphi,r}) / \gamma^p_{\varphi,r})] \end{aligned} \tag{8-49}$$

式中　φ_s ——内摩擦角的初始值；

φ_{max} ——内摩擦角的峰值（最大值）；

φ_r ——内摩擦角的残余值；

$k_{\varphi,1}$ ——内摩擦角峰前上升系数；

$k_{\varphi,2}$ ——内摩擦角峰后衰减系数；

$\gamma^p_{\varphi,max}$ ——内摩擦角峰值（最大值）对应的塑性剪切应变；

$\gamma^p_{\varphi,r}$ ——残余值对应的塑性。

如图 8-43 所示，式（8-48）建立的黏聚力函数模型可以较好地反映花岗岩和粉砂岩的黏聚力演化过程。花岗岩的 c_s 和 c_r 分别为 31.50 和 3.68，k_c 取 5.21，$\gamma^p_{c,r}$取 0.004；粉砂岩的 c_s 和 c_r 分别为 8.95 和 0.10，k_c 取 4.52，$\gamma^p_{c,r}$取 0.004。

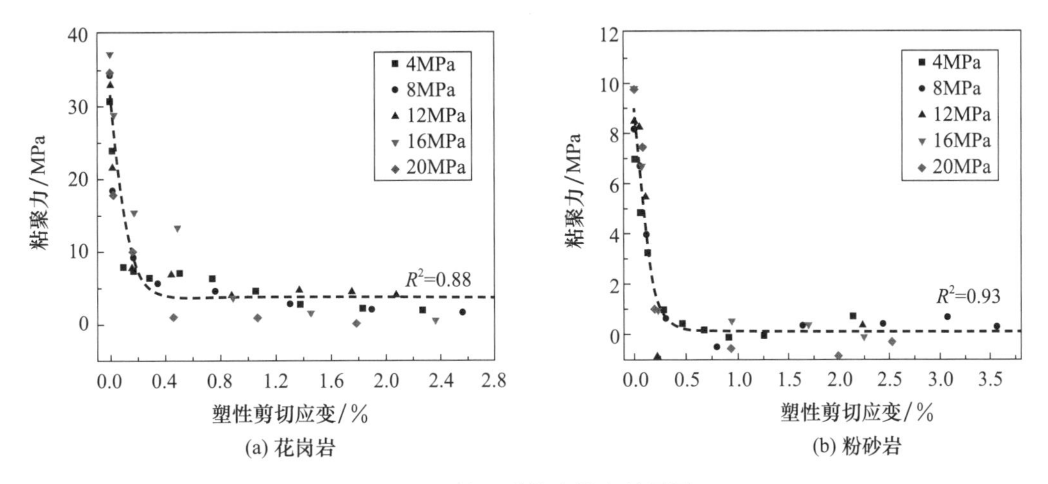

(a) 花岗岩　　(b) 粉砂岩

图 8-43　岩石黏聚力拟合效果图

如图 8-44 所示，式（8-49）建立的黏聚力函数模型可以较好地反映花岗岩和粉砂岩的黏聚力演化过程。花岗岩的 $k_{\varphi,1}$ 和 $k_{\varphi,2}$ 分别为 25 和 2，$\gamma^p_{\varphi,max}$ 和 $\gamma^p_{\varphi,r}$ 分别为 0.002 和 0.02；粉砂岩的 $k_{\varphi,1}$ 和 $k_{\varphi,2}$ 分别为 7 和 2，$\gamma^p_{\varphi,max}$ 和 $\gamma^p_{\varphi,r}$ 分别为 0.0025 和 0.02。花岗岩和粉砂岩内摩擦角的特征值 φ_s、φ_{max} 和 φ_r 随围压变化情况见表 8-5，同种岩石的 φ_{max} 和 φ_r 均随围压的上升而下降，下降幅度随围压的升高呈逐渐变小的趋势。

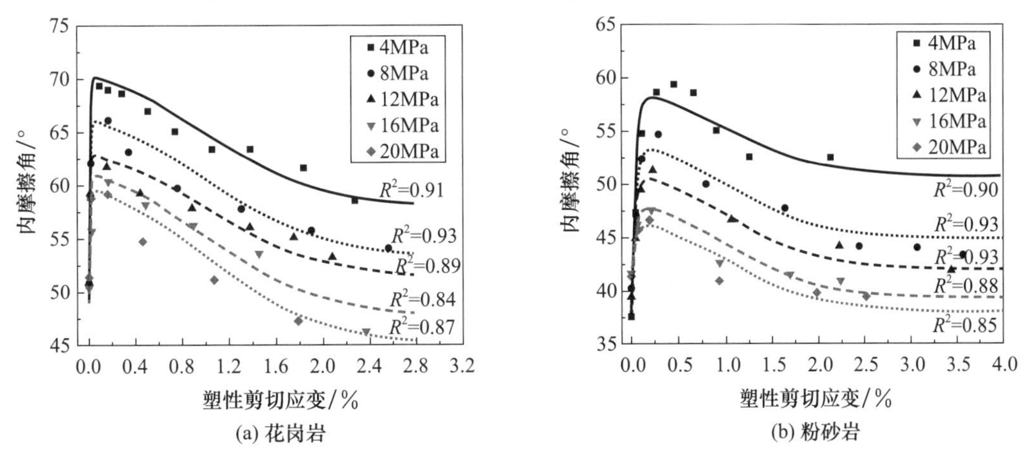

(a) 花岗岩　　(b) 粉砂岩

图 8-44　岩石内摩擦角拟合效果图

表 8-5　岩石内摩擦角特征值

岩石类型	围压	φ_s	φ_{max}	φ_r
花岗岩	4MPa	51.00	72.11	57.89
	8MPa	51.00	68.01	53.21
	12MPa	51.00	64.59	51.25
	16MPa	51.00	63.02	47.51
	20MPa	51.00	61.80	45.18
粉砂岩	4MPa	42.00	59.84	50.73
	8MPa	42.00	55.09	44.89
	12MPa	42.00	52.32	42.01
	16MPa	42.00	49.51	39.36
	20MPa	42.00	47.50	38.27

在上述分析基础上，如图 8-45 所示，进一步采用指数拟合的方式确定 φ_{max} 和 φ_r 与围压的关系。

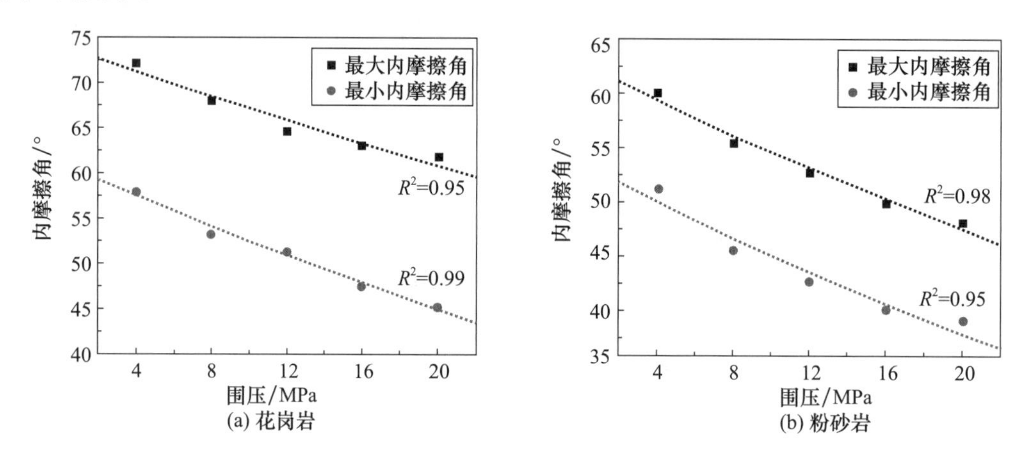

图 8-45　内摩擦角峰值和残余值随围压变化规律

参数 φ_{max} 和 φ_r 拟合式为：

$$\varphi_{max}=m_1\exp\left(-m_2\sigma_3\right) \tag{8-50}$$

$$\varphi_r=n_1\exp\left(-n_2\sigma_3\right) \tag{8-51}$$

式中　m_1、m_2、n_1、n_2 均为拟合参数。

表 8-6 给出了极限摩擦角的参数拟合结果，相应地，花岗岩和粉砂岩的内摩擦角演化过程可以被描述为：

$$\varphi=\varphi_s+\left[m_1\exp\left(-m_2\sigma_3\right)-\varphi_s\right]\times\left[2/\left(1+\exp\left(-k_{\varphi,1}\times\gamma^p/\gamma^p_{\varphi,max}\right)-1\right]-\left[m_1\exp\left(-m_2\sigma_3\right)-n_1\exp\left(-n_2\sigma_3\right)\right]\times\left[1/\left(1+\exp\left(-k_{\varphi,2}\times\left(2\gamma^p-\gamma^p_{\varphi,r}\right)/\gamma^p_{\varphi,r}\right)\right]\tag{8-52}$$

表 8-6　岩石极限摩擦角拟合参数表

岩石类型	内摩擦角最大值			内摩擦角最小值		
	m_1	m_2	R^2	n_1	n_2	R^2
花岗岩	74.04	0.010	0.95	61.07	0.015	0.99
粉砂岩	62.65	0.014	0.98	53.19	0.018	0.95

至此，强度参数函数模型构建内容完成。花岗岩和粉砂岩的黏聚力和内摩擦角的最终函数模型如图8-46所示。

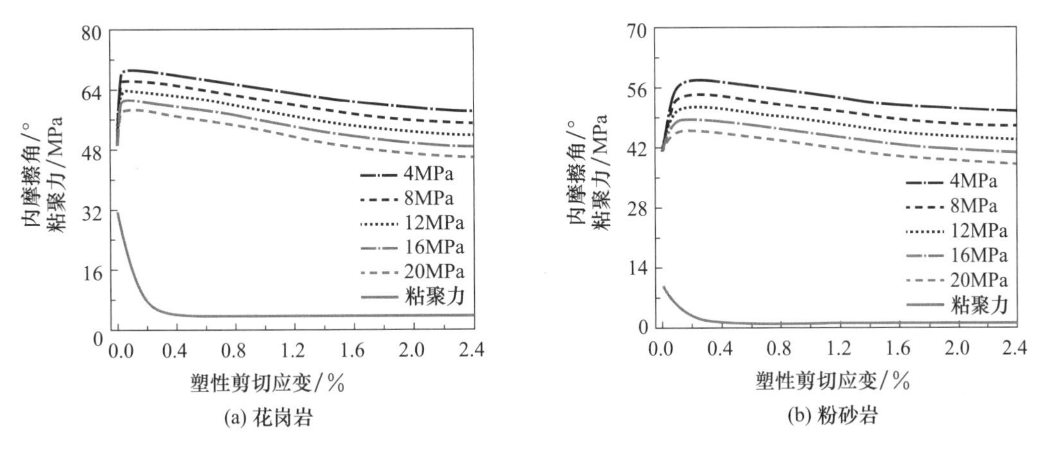

图8-46 岩石黏聚力和内摩擦角演化过程

8.3.3 基于Flac3D的模型验证

8.3.3.1 模型建立及边界条件

Flac3D（3D Fast Lagrangian Analysis Code）是一款基于显式有限差分方法的三维数值软件，适用于岩土体等复杂材料的非线性力学行为分析。

Flac3D在本构模型计算中使用显式增量公式。根据给定的时间和时间步长，计算出完全弹性的试验应力，然后将结果与所考虑的任何非线性标准进行比较。Flac3D的显式计算方案允许其不生成应力/应变矩阵可直接使用本构关系计算，可以在与路径无关定律几乎相同的计算机时间内遵循应力/应变定律中的任意路径依赖行为，几乎可以处理任何一种岩土本构模型。目前，Flac3D在岩体（石）力学与工程领域已成为一款颇具影响力的数值分析软件，得到了较为广泛的开发和利用。

优化后的CWFS模型模拟计算流程如图8-47所示。主要流程概述如下：

（1）模型建立及初始化。建立试件模型，模型大小与试样尺寸保持一致，初始选用M-C本构模型，赋予各类初始参数值，设定边界条件。

（2）黏聚力、内摩擦角和剪胀角模型的函数编写和嵌入。计算中遍历判断单元当前是否屈服及屈服类型，若为拉伸屈服则将岩石抗拉强度设为0MPa，若为剪切屈服，则依据当前单元塑性剪切应变计算黏聚力和内摩擦角，并将新的黏聚力和内摩擦角重新赋予单元。

（3）施加围压。进行初始围压平衡计算。

（4）施加轴向加载速度，开始加载。待围压计算平衡后，在圆柱体试件顶面施加轴向加载速度，计算中循环遍历单元调用黏聚力、内摩擦角和剪胀角模型的函数，直至岩石达到残余应力阶段，计算终止。

基本模型形状尺寸均与试验试件保持一致。圆柱体试件模型直径为50mm，高为

100mm。1/4 圆柱的网格划分密度为 10、20 和 10（分别对应径向、轴向和环向），模型共设置 8000 个单元、8421 个结点，如图 8-48 所示。

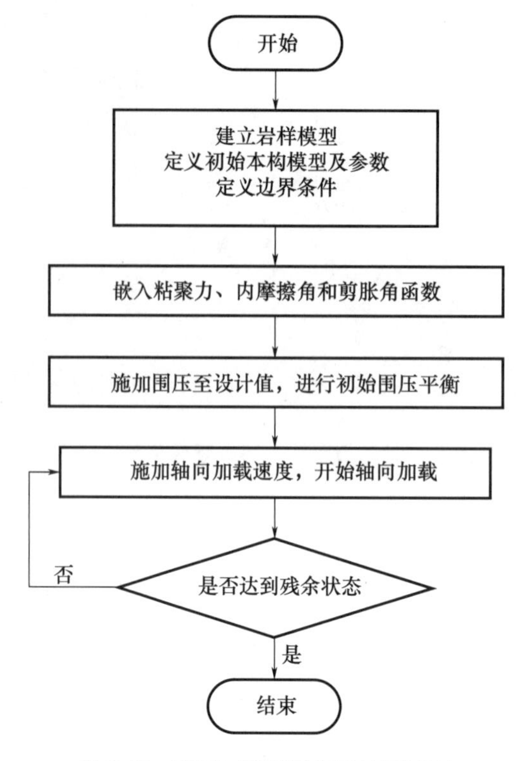

图 8-47　岩石三轴试验模拟计算流程

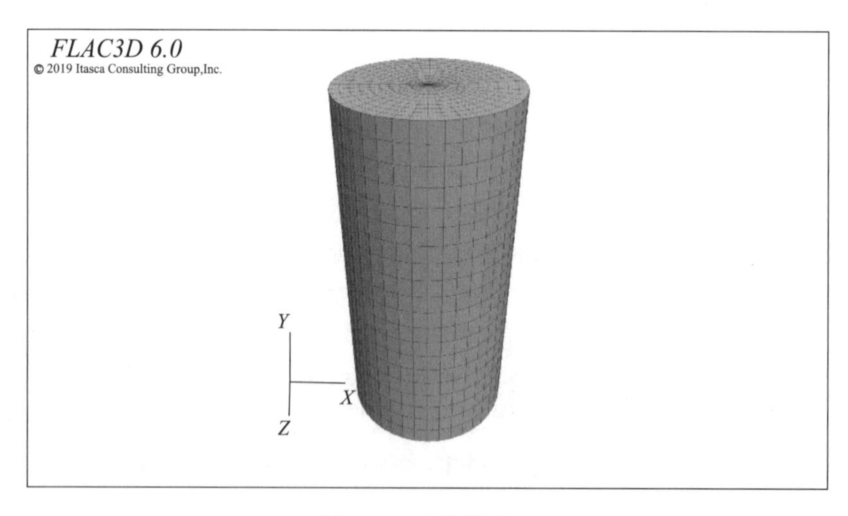

图 8-48　试件模型图

定义初始的本构模型为摩尔库仑模型（M-C 模型），初始模型参数包括体积模型 K（MPa）、剪切模量 G（MPa）、黏聚力 c（MPa）、内摩擦角 φ（°）等，具体参数赋值参考室内试验结果和 8.3.2 节研究计算结果，其中 K 和 G 的初始参数根据最大损伤应力所在循环确定。需要说明的是，室内试验得到的弹性模量和泊松比并不能直接用于摩尔库仑模型的参数赋值，需要进一步换算为体积模量和剪切模量后再进行赋值，公式如下：

$$K=\frac{E}{3(1-2v)} \tag{8-53}$$

$$G=\frac{E}{2(1+v)} \tag{8-54}$$

式中 E——弹性模量（MPa）；

v——泊松比。

施加围压边界。如图8-49所示，根据目标围压值，采用face apply stress-normal命令对圆柱体试件施加均匀的垂直法向应力，施加目标围压后计算至试件不平衡力小于10^{-6}。

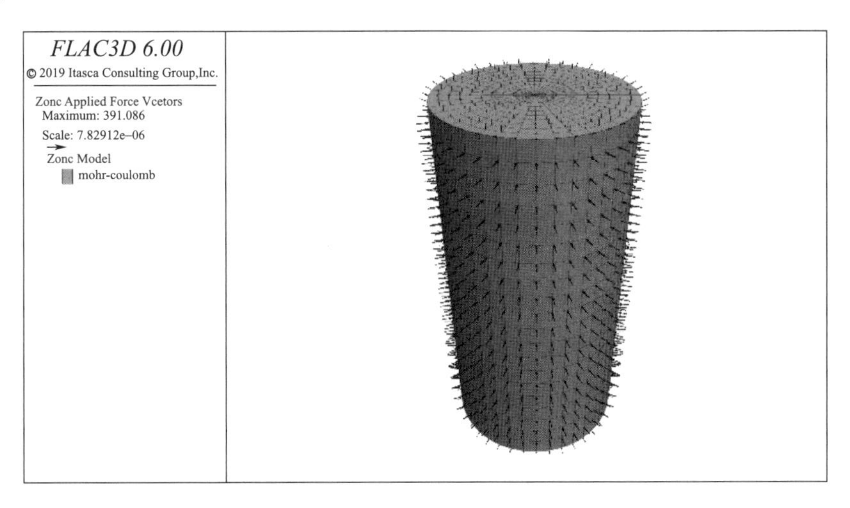

图8-49 试件围压施加效果图

施加加载速度边界。如图8-50所示，应用face apply velocity命令对试件两端同时施加向内法线方向的速度，速率设置为每个计算步4.0e-10m。

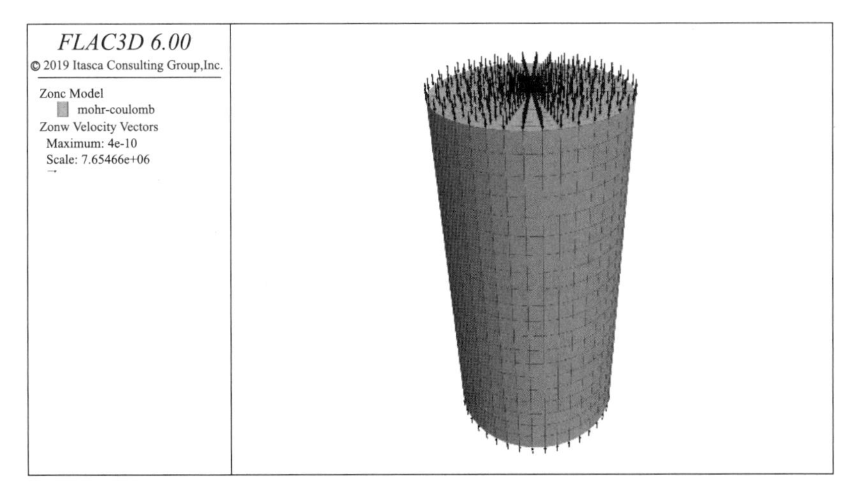

图8-50 试件端面加载速度施加效果图

FISH 是“FLAC-ISH”的缩写，是一种内置脚本语言，亦属一种半编译语言，它对变量使用动态类型——语法和用法与 Python 相似。FISH 的创建较为简单，在满足小型需求方面具有优势，且同时提供了必要时支持大型和复杂程序所需的结构和数据类型。

首先将黏聚力、内摩擦角和剪胀角模型编译成函数（fish define），围压平衡结束后，轴向加载开始，依据 M-C 模型的初始模型参数进行计算，每 10 个计算步（step）结束后遍历单元，判断当前屈服状态（if 条件），进入剪切屈服后（若为拉伸屈服，设置抗拉强度为 0MPa，表征单元失效），调用黏聚力、内摩擦角和剪胀角函数（@函数名），依据单元当前计算得到的塑性剪切应变修改黏聚力和内摩擦角，循环上述过程（loop 循环），直至计算结束。

8.3.3.2 模型验证结果

图 8-51 以粉砂岩 16MPa 数据为例，展示了传统 CWFS 模型和本节基于循环加卸载试验参数定量优化且考虑剪胀的 CWFS 模型对比情况。可以发现，由于传统 CWFS 模型的黏聚力和内摩擦角采用了图 8-37 所示的简化形式，未准确反映黏聚力和内摩擦角的演化过程，因此不能对岩石的峰前弹模弱化行为和峰后应力跌落过程有较好的描述，尤其在接近残余应力段，传统模型内摩擦角达到其峰值后持续稳定在峰值而忽略了下降过程，这导致模型残余应力值远大于实际值。优化后的 CWFS 模型根据参数特点可以被称为 CWFSW 模型（Cohesion Weakening Friction Strengthening and then Weakening），黏聚力弱化过程同时伴随着内摩擦角先强化而后弱化，得以较为理想地描述岩石的峰前弹模弱化行为和峰后完整的应力跌落过程。

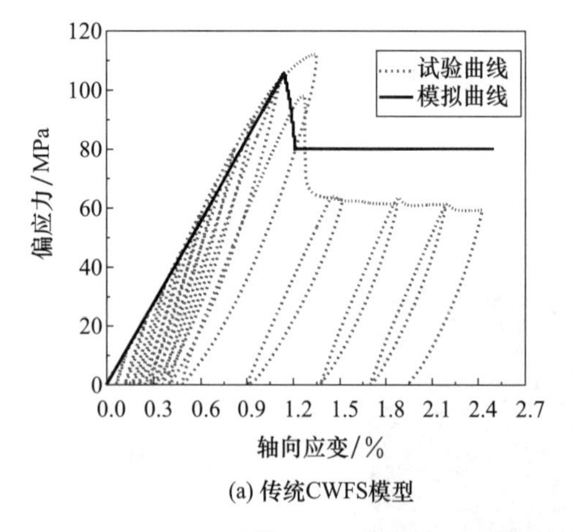

(a) 传统CWFS模型

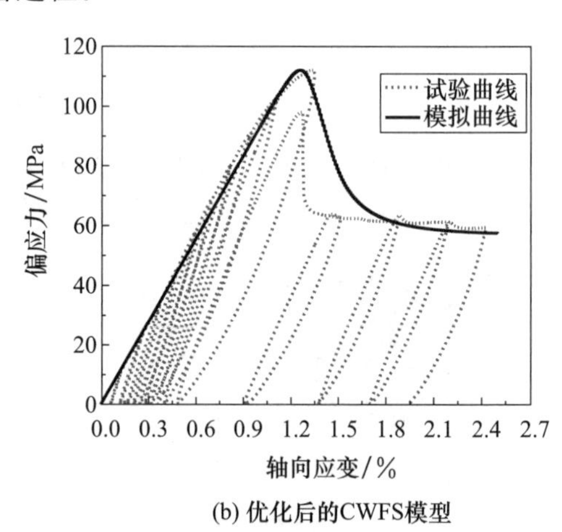

(b) 优化后的CWFS模型

图 8-51 传统 CWFS 模型与优化后的 CWFS 模型对比效果

采用塑性剪切应变作为塑性参数时，剪胀角是不可忽视的重要参数。图 8-52 以粉砂岩 16MPa 数据为例，展示了参数定量优化后的 CWFS 模型考虑剪胀与否的对比效果。岩石峰后塑性变形和剪胀均较为明显，因此，当不考虑剪切时，峰后曲线会与实际出现较大偏差，难以对峰后的应力跌落过程进行合理描述。相比较，考虑剪胀角的模型曲线与实际更为相符。

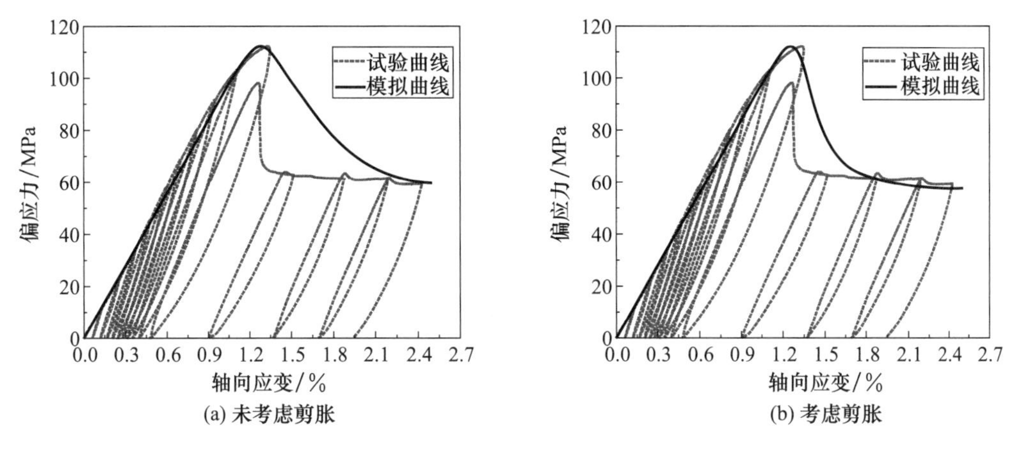

图 8-52　未考虑剪胀模型与考虑剪胀模型对比效果

图 8-53 展示了花岗岩优化后的 CWFS 模型模拟曲线与室内试验曲线的对比效果。整体表明，优化后的 CWFS 模型曲线与室内试验曲线较为接近，包络线形态基本一致，对花岗岩峰前的弹模弱化行为和峰后应力跌落过程均有较为合理的描述。

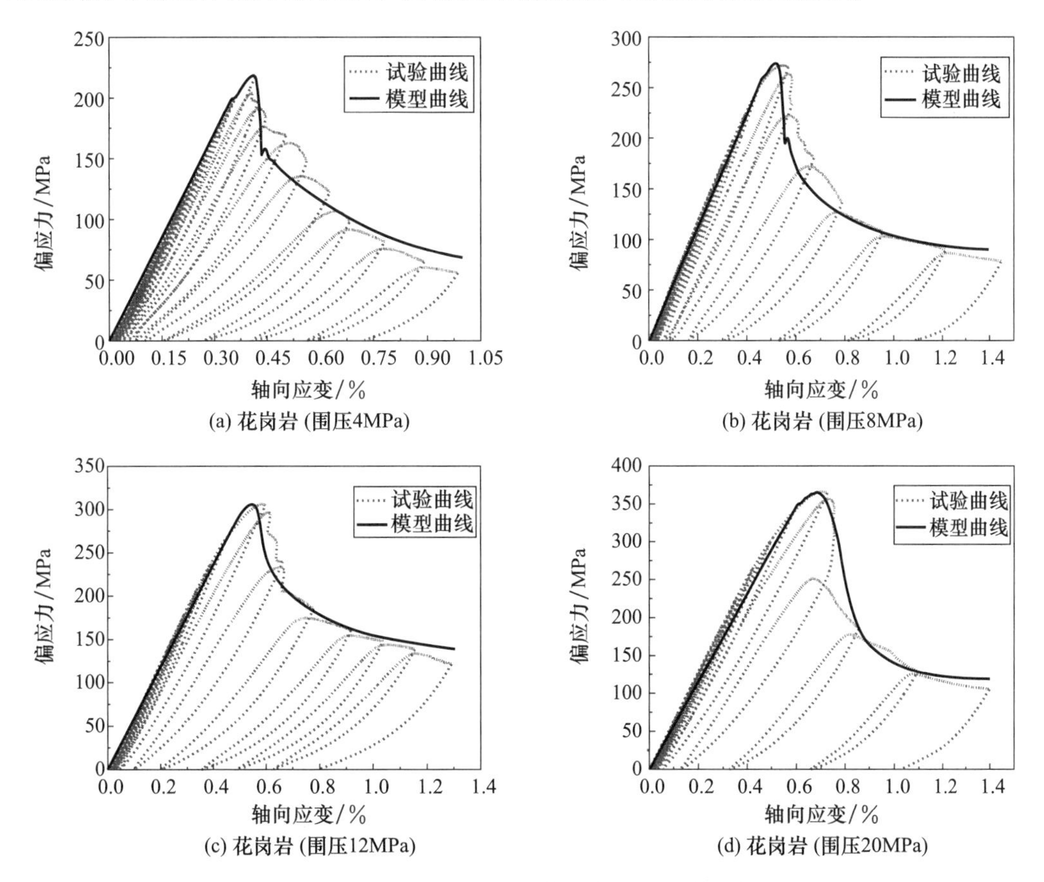

图 8-53　花岗岩优化后 CWFS 模型曲线与试验曲线对比图

一般而言，传统 CWFS 模型在多孔弱胶结岩石的应用中较少有好的表现。图 8-54 展示了粉砂岩优化后的 CWFS 模型模拟全应力-应变曲线与室内试验全应力-应变曲线的对比效果。结果表明，优化后的 CWFS 模型针对粉砂岩全应力-应变过程模拟效果较为理想。

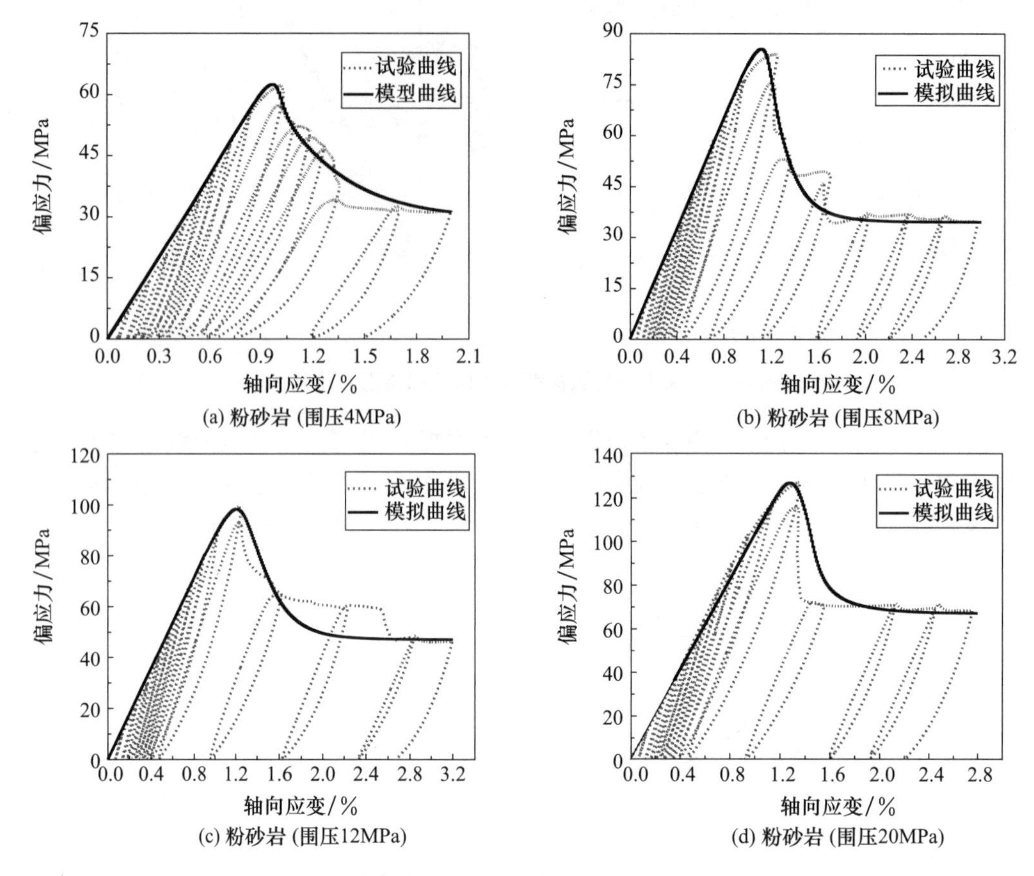

图 8-54　粉砂岩优化后 CWFS 模型曲线与试验曲线对比图

本节验证结果证明，优化后的 CWFS 模型可同时适用于致密结晶岩（花岗岩）和多孔弱胶结岩（粉砂岩），取得了预期的研究成果。

8.4　本章小结

（1）通过常用的四种强度准则对粉砂岩试件在升轴压卸围压路径下的峰值强度结果进行拟合分析，发现 Hoek-Brown 强度准则偏差最小。基于一定的假设，将粉砂岩试件在升轴压卸围压的过程分为加载弹性段、卸围压弹性段、卸围压屈服段、脆性跌落段以及理想塑性段，基于弹塑性力学，结合 Hoek-Brown 强度准则和 Griffith 强度准则，推导出基于试验结果的粉砂岩卸围压本构模型。将推导的粉砂岩试件卸围压本构模型与试验所得应力-应变曲线进行对比分析，两者较为吻合，本章所提本构模型能较好地描述粉砂岩在卸围压路径下的变形特征。

（2）对应依据应力-应变和耗能比演化情况划分的岩石初始压密与弹性段、岩石裂纹稳定发展段、岩石裂纹不稳定发展段、岩石峰后不稳定破裂段和岩石残余强度段 5 个阶段，声发射振铃计数、能量计数、峰频、b值和k值（AF/RA）各参数均一定程度表现出了对应的阶段性特征。

（3）声发射振铃计数与声发射能量计数整体演化特征较为相似。在岩石初始压密与弹性段和裂纹稳定发展段声发射活动处于“平静期”，进入裂纹不稳定发展段后，声发射活动开始进入“活跃期”。裂纹不稳定发展段至残余强度段内声发射振铃和能量计数出现的簇状分布情况说明，裂纹发展主要的应力区间与塑性能和损伤能分离方法确定的塑性应变等效应力区间基本一致，该结果辅助证明了塑性能和损伤能分离方法的合理性。

（4）两类岩石的岩石峰频的主要分布区间可划分为低（0kHz～125kHz）、中低（125kHz～225kHz）、中（225kHz～275kHz）、中高（275kHz～425kHz）、高（425kHz～500kHz）五个频带，其中，中低频带和中高频带的声发射信号最为集中。中频事件的明显汇集预示着峰值破坏的临近。相比较，砂岩峰频的整体分布较花岗岩更为离散，声发射事件密度有更多星点状分布，粉砂岩在高频带的声发射事件分布比例明显大于花岗岩。在峰后不稳定破裂段，两类岩石峰频在中低频带、中频带和中高频带汇集明显，同时，粉砂岩峰频在高频带和低频带的分布密度明显增大，花岗岩峰频则在低频带的分布密度明显增大。

（5）b值演化情况表明，花岗岩在各循环上限应力前，大事件的比例增加，大尺度破裂占比增多，而在上限应力后，则表现为小尺度破裂占比增多，粉砂岩在各循环上限应力前，小事件的比例增加，小尺度微破裂占比增多，而在上限应力后，则表现为大尺度破裂占比增多。

（6）花岗岩细观断口的结构完整性相对较好，晶间嵌合紧密，结构较为致密，但界面裂纹发展处起伏相对较大；粉砂细观断口结构较为疏松，主要以粒晶体构成骨架，可见较多胶结颗粒物和孔隙，界面整体起伏相对较小。

（7）花岗岩断口以脆性断口为主，延性断口较小，脆性断口中穿晶断裂与沿晶断裂形式同时存在。主要是由于全晶质嵌晶结构的花岗岩晶体强度和晶间强度均较高，细观晶体破坏时脆性特征显著。粉砂岩同时存在较多的脆性断口和延性断口，其中脆性断口以沿晶破坏为主，主要是由于粉砂岩内部细小孔隙较多，晶体附近存在大量胶结物，细观表现为晶体强度高于晶间强度和晶间胶结强度。

（8）在经典CWFS模型的框架基础上，开展了基于循环加卸载试验参数定量结果的模型优化研究。首先根据花岗岩和粉砂岩力学特性和能量演化特征研究内容，优化模型应力水平的定量表征点，确定塑性剪切应变为模型塑性参数，而后以损伤应力为切入点，获取塑性参数、黏聚力和内摩擦角定量结果，建立了同时适用于花岗岩和粉砂岩全应力-应变过程演化的黏聚力和内摩擦角函数模型。优化后的CWFS模型根据参数特点可以被称为CWFSW模型（Cohesion Weakening Friction Strengthening and then Weakening）。

（9）应用Flac 3D数值模拟软件，实现了黏聚力、内摩擦角和剪胀角函数模型的引入。主要流程包括：模型建立及初始化；黏聚力、内摩擦角和剪胀角模型的函数编写和嵌入；施加围压和轴向加载速度后启动加载。模型验证结果表明，优化后的CWFS模型与室内试验结果较为相符，可同时适用于花岗岩（致密结晶岩）和粉砂岩（多孔弱胶结岩），较传统CWFS模型准确度和适用性均得到了大幅提高。

9

基于多种判据的北山花岗岩岩爆倾向性研究

深地质处置方法所需的高放射性废物地下处置库具有特殊的工程建设条件和特殊的功能要求，处置库的具体选址、评估、建造过程极其复杂，难度颇大。经过初步勘测，甘肃北山地下主要由大规模花岗岩构成，具有完整性好、强度高、渗透率低等优点，是一种非常理想的可以用于处置高放射性废物的岩体，得到了国内外专家组的一致认可。

岩爆倾向性研究一直是深部地下工程设计与施工中的热点问题。高放射性废物地质处置库建设过程中，岩爆灾害不仅会造成工程材料设备损失，工期延误，更严重威胁工程施工人员人身安全。高放射性废物地下处置库岩爆倾向性的研究和预测，对地下处置库的建设和运营具有重要的理论意义和工程价值。岩爆灾害形成机理复杂，影响因素众多，在实际工程中岩爆倾向性问题的研究需要综合考虑力学特征、应力场环境、工程变量影响等多方面因素。本章选择北山 500m～600m 深度范围内花岗岩为研究对象，基于第 3 章中获得的花岗岩基础力学特性，应用冲击倾向性理论和应力-强度理论进行岩爆倾向性分析，在两种理论的分析基础上，应用灰色系统理论进行多指标岩爆倾向性分析和预测，并在最后提出了一种新的基于聚类评估和关联度筛选的预测方法。此外，综合运用数值模拟、理论分析等手段，在 500m～600m 深度下设置硐室深度和最大水平主应力与洞轴线夹角作为主要研究变量，根据数值模拟得到的应力场分布，应用应力-强度理论中经典的 Barton 岩爆指标进行岩爆倾向性研究。

9.1 基于冲击倾向性理论的岩爆倾向性分析

9.1.1 脆性指标

脆性指标采用岩石的抗压强度 σ_c 与抗拉强度 σ_t 之比反映岩石脆性的大小，认为岩石脆性越大岩爆倾向性越强，其详细判别标准如下：

$B<10.0$，无岩爆；

$10\leqslant B<14.0$，弱岩爆；

$14.0\leqslant B\leqslant 18.0$，中岩爆；

$B>18.0$，强岩爆。

根据单轴压缩和巴西劈裂试验得到的岩石单轴抗压强度和抗拉强度进行脆性指标计算得到 $B=19.1$。根据脆性指标判别结果，预选区 500m～600m 深度花岗岩属于强岩爆岩石。

9.1.2 弹性能量指标

弹性应变能指标判别方法利用岩石加载过程中积聚的弹性应变能和塑性变形过程中的耗散能之比作为岩爆倾向性评价指标，是国内外较为常用的岩爆倾向性指标，其详细判别标准如下：

$$W_{et} \geqslant 5.0, \quad 强岩爆；$$
$$2.0 \leqslant W_{et} < 5.0, \quad 中岩爆；$$
$$W_{et} < 2.0, \quad 弱岩爆。$$

根据 3.1 节叙述的一次循环加卸载试验得到的两个试验试件的应力-应变曲线，应用数值处理软件分别计算卸载曲线与横坐标围成的弹性能密度和加卸载曲线之间围成的耗散能密度，对两组试验取平均值得到预选区花岗岩的弹性能量指标，见表 9-1。

表 9-1 单轴循环加卸载弹性能量指标

试验编号	耗散能（kJ/m³）	弹性能（kJ/m³）	弹性能量指标 W_{et}	W_{et}均值
1	15.135	85.966	5.68	5.23
2	23.745	113.505	4.78	

根据弹性能量指标判别结果，预选区 500m～600m 深度花岗岩属于强岩爆岩石。

9.1.3 冲击能指标

冲击能指标是冲击倾向性理论中非常具有代表性的指标，主要根据岩石全应力-应变曲线计算峰前区面积和峰后区面积的比值，进行岩爆倾向性判断，其具体判别指标如下：

$$W_{cf} > 3.0, \quad 强岩爆；$$
$$2.0 < W_{cf} \leqslant 3.0, \quad 中岩爆；$$
$$1.0 < W_{cf} \leqslant 2.0, \quad 弱岩爆；$$
$$W_{cf} \leqslant 1.0, \quad 无岩爆。$$

根据单轴压缩试验得到的应力-应变曲线，应用数据处理软件进行冲击能指标计算。单轴压缩试验中试件均表现为明显脆性破坏，峰后区面积与峰前区面积相差悬殊，为节约篇幅，选取冲击能指标最大值和最小值（图 9-1）进行计算，计算结果如下：

$$W_{cf,max} = F_1/F_2 = 18.789/1.967 = 9.55$$
$$W_{cf,min} = F_1/F_2 = 20.626/6.692 = 3.08$$

根据冲击能指标判别结果，预选区 500m～600m 深度花岗岩属于强岩爆岩石。

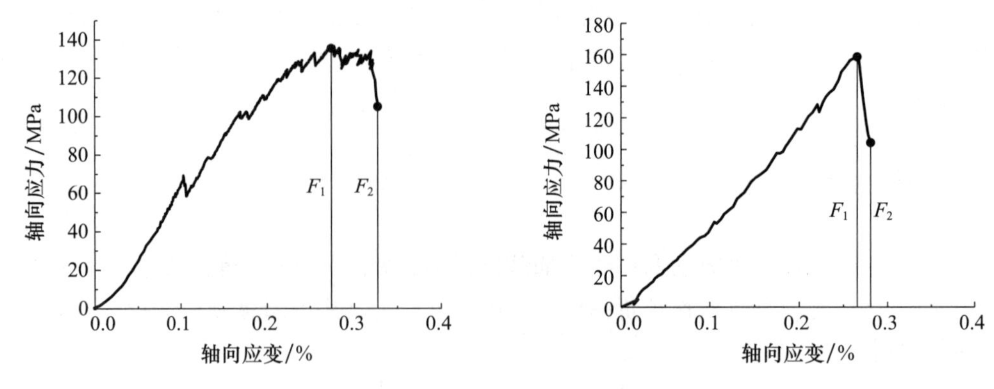

图 9-1　冲击能指标计算示意图

9.1.4　RQD 指标

岩体的完整性与岩体储能特性和岩体强度等力学参数密切相关，已有的研究也表明岩体完整性与岩爆的发生有着直接联系。RQD 值通过钻孔每次进尺中大于或等于 10cm 的柱状岩芯的累计长度与每个钻进回次进尺之比进行定义，是工程中判断岩体完整性的常用指标。在冲击倾向性理论中，RQD 指标判别一般将 RQD 值大于 60%作为岩爆判别的界限值（图 9-2）。

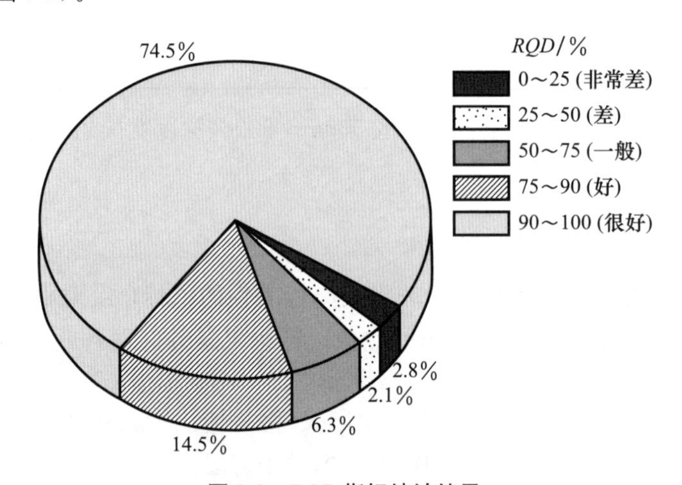

图 9-2　RQD 指标统计结果

通过对预选区已完成的 4 个深钻孔（孔号：BS06，BS17，BS18 和 BS19）的钻孔岩芯编录结果和相关地质文献进行整理，进行基于 RQD 指标的岩爆倾向性判别。在深度为 500m～600m 范围内，岩石质量指标 RQD 各级所占比例如图 9-2 所示，RQD>90%的岩芯占 74.3%，RQD>75%的岩芯占 88.8%，根据 RQD 指标判据可以认为该地区 500m～600m 深度范围内岩体具有较强的岩爆倾向性。

综合以上基于冲击倾向性理论不同判据指标的岩爆倾向性分析结果，预选区 500m～600m 深度范围内花岗岩属于强岩爆岩石。

9.2 基于应力-强度理论的岩爆倾向性分析

应力-强度理论既考虑岩体所处的地应力条件，也考虑岩体本身的强度性质。预选区地应力的测量和研究是应用应力-强度理论进行岩爆倾向性研究最基础和关键的一步。使用水压致裂法对预选区 4 个钻孔不同深度的地应力进行测试，在 400～670m 深度范围内共计进行了 81 个测试段的压裂试验，在所有测点中有 80%的测点最大水平应力大于垂直应力，分析认为应力场受构造应力影响明显。对地应力测试结果进行整理分析，通过线性拟合得到预选区主应力随深度的变化规律：

$$\begin{cases}\sigma_H=0.022H+4.142\\ \sigma_h=0.016H+2.574\\ \sigma_v=0.0268H\end{cases} \tag{9-1}$$

式中　σ_H——最大水平主应力（MPa）；

　　σ_h——最小水平主应力（MPa）；

　　σ_v——垂直主应力（MPa）。

9.2.1 Russense 判据指标

经典的 Russense 判据主要通过岩石的单轴抗压强度 σ_c 和硐室开挖后的硐壁最大切向正应力 σ_θ 对岩爆进行了分级和预测，其具体判别指标如下：

$\sigma_\theta/\sigma_c>0.55$，　强岩爆；

$0.30<\sigma_\theta/\sigma_c\leqslant 0.55$，　中岩爆；

$0.20<\sigma_\theta/\sigma_c\leqslant 0.30$，　弱岩爆；

$\sigma_\theta/\sigma_c\leqslant 0.20$，　无岩爆。

假设巷道为正圆形巷道，竖向荷载与横向荷载呈轴对称分布；竖向应力为 p_0，横向应力为 λp_0，应用弹性力学理论计算圆形巷道弹性应力状态。在应用中主要考虑硐轴沿最大水平主应力和最小水平主应力两种情况。

硐室轴线沿最大水平主应力方向时，$\lambda=\dfrac{0.016H+2.574}{0.0268H}$，在深度 500m～600m 范围内，$\lambda<1$。

将荷载分解为：

$$\begin{cases}p_0=p+p'\\ \lambda p_0=p-p'\end{cases} \tag{9-2}$$

求解得：

$$\begin{cases}p=\dfrac{1}{2}(1+\lambda)p_0\\ p'=\dfrac{1}{2}(1-\lambda)p_0\end{cases} \tag{9-3}$$

如图 9-3 所示，将圆巷的弹性应力状态进行分解，分别计算情况Ⅰ和情况Ⅱ的应力解，叠加得到总应力解。

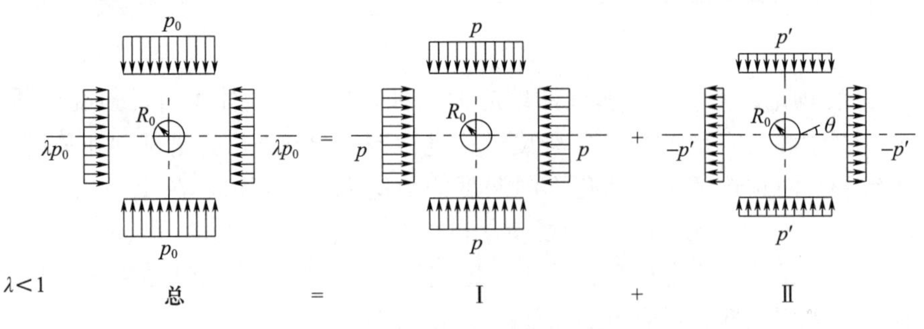

图 9-3　弹性应力状态荷载分解示意图

情况Ⅰ的解：

$$\left.\begin{matrix}\sigma_\theta\\ \sigma_r\end{matrix}\right\}=p\left(1\pm\frac{R_0^2}{r^2}\right)=\frac{1}{2}(1+\lambda)\,p_0\left(1\pm\frac{R_0^2}{r^2}\right) \tag{9-4}$$

情况Ⅱ的解：

$$\begin{aligned}\sigma_r&=p'\left(1-4\frac{R_0^2}{r^2}+3\frac{R_0^4}{r^4}\right)\cos2\theta\\ \sigma_\theta&=p'\left(1+3\frac{R_0^4}{r^4}\right)\cos2\theta\\ \tau_{r\theta}&=p'\left(1+2\frac{R_0^2}{r^2}-3\frac{R_0^4}{r^4}\right)\sin2\theta\end{aligned} \tag{9-5}$$

从而叠加得到总应力解：

$$\begin{aligned}\sigma_r&=\frac{1}{2}(1+\lambda)\,p_0\left(1-\frac{R_0^2}{r^2}\right)-\frac{1}{2}(1-\lambda)\,p_0\left(1-4\frac{R_0^2}{r^2}+3\frac{R_0^4}{r^4}\right)\cos2\theta\\ \sigma_\theta&=\frac{1}{2}(1+\lambda)\,p_0\left(1+\frac{R_0^2}{r^2}\right)+\frac{1}{2}(1-\lambda)\,p_0\left(1+3\frac{R_0^4}{r^4}\right)\cos2\theta\\ \tau_{r\theta}&=\frac{1}{2}(1-\lambda)\,p_0\left(1+2\frac{R_0^2}{r^2}-3\frac{R_0^4}{r^4}\right)\sin2\theta\end{aligned} \tag{9-6}$$

将 $\lambda=\frac{0.016H+2.574}{0.0268H}$ 代入，可求得：

$$\sigma_{\theta\max}=\frac{0.0268H}{2}\left[\left(1+\frac{0.016H+2.574}{0.0268H}\right)\times2+\left(1-\frac{0.016H+2.574}{0.0268H}\right)\times4\right] \tag{9-7}$$

硐室轴线沿最大水平主应力情况下，$H=500\text{m}$ 时，$\sigma_\theta/\sigma_c=0.211$，属弱岩爆；$H=600\text{m}$ 时，$\sigma_\theta/\sigma_c=0.257$，属弱岩爆。

硐室轴线沿最小水平主应力方向时，$\lambda=\frac{0.022H+4.142}{0.0268H}$，在深度 500m～600m 范围内，$\lambda>1$。

首先将荷载分解为：

$$\begin{cases}p_0=p-p'\\ \lambda p_0=p+p'\end{cases} \tag{9-8}$$

求解得：

$$\begin{cases} p=\frac{1}{2}（1+\lambda）p_0 \\ p'=\frac{1}{2}（\lambda-1）p_0 \end{cases} \tag{9-9}$$

与硐轴沿最大水平主应力方向时计算内容类似，将圆巷的弹性应力状态进行分解，分别计算情况Ⅰ和情况Ⅱ的应力解，而后叠加得到总应力解，为便于计算求解，将 θ 角改为由纵轴起算，如图 9-4 所示。

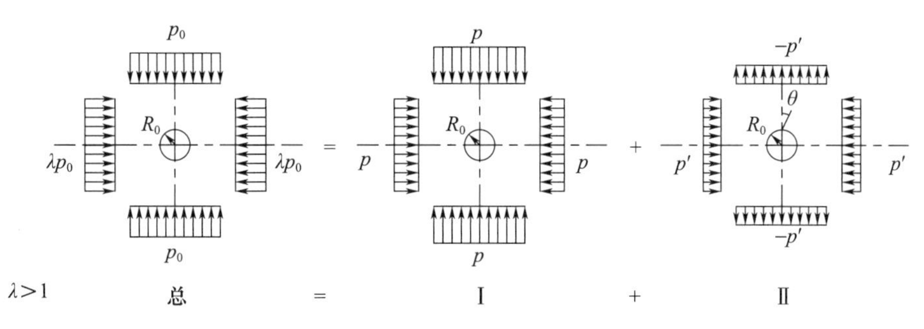

图 9-4　弹性应力状态荷载分解示意图

情况Ⅰ的解：

$$\left.\begin{matrix}\sigma_\theta \\ \sigma_r\end{matrix}\right\}=p\left(1\pm\frac{R_0^2}{r^2}\right)=\frac{1}{2}（1+\lambda）p_0\left(1\pm\frac{R_0^2}{r^2}\right) \tag{9-10}$$

情况Ⅱ的解：

$$\begin{aligned} \sigma_r&=p'\left(1-4\frac{R_0^2}{r^2}+3\frac{R_0^4}{r^4}\right)\cos2\theta \\ \sigma_\theta&=p'\left(1+3\frac{R_0^4}{r^4}\right)\cos2\theta \\ \tau_{r\theta}&=p'\left(1+2\frac{R_0^2}{r^2}-3\frac{R_0^4}{r^4}\right)\sin2\theta \end{aligned} \tag{9-11}$$

从而叠加得到总应力解：

$$\begin{aligned} \sigma_r&=\frac{1}{2}（1+\lambda）p_0\left(1-\frac{R_0^2}{r^2}\right)-\frac{1}{2}（\lambda-1）p_0\left(1-4\frac{R_0^2}{r^2}+3\frac{R_0^4}{r^4}\right)\cos2\theta \\ \sigma_\theta&=\frac{1}{2}（1+\lambda）p_0\left(1+\frac{R_0^2}{r^2}\right)+\frac{1}{2}（\lambda-1）p_0\left(1+3\frac{R_0^4}{r^4}\right)\cos2\theta \\ \tau_{r\theta}&=\frac{1}{2}（\lambda-1）p_0\left(1+2\frac{R_0^2}{r^2}-3\frac{R_0^4}{r^4}\right)\sin2\theta \end{aligned} \tag{9-12}$$

将 $\lambda=\frac{0.022H+4.142}{0.0268H}$ 代入，可求得：

$$\sigma_{\theta\max}=\frac{0.0268H}{2}\left[\left(1+\frac{0.022H+4.142}{0.0268H}\right)\times2+\left(\frac{0.022H+4.142}{0.0268H}-1\right)\times4\right] \tag{9-13}$$

硐轴沿最小水平主应力情况下，$H=500$m 时，$\sigma_\theta/\sigma_c=0.228$，属弱岩爆；$H=600$m 时，$\sigma_\theta/\sigma_c=0.256$，属弱岩爆。

综上所述，根据 Russense 判据指标进行岩爆倾向性分析，在预选区深度 500m～600m 范围内，巷道花岗岩呈弱岩爆倾向性。

9.2.2 Turchaninov 判据指标

在经典的 Russense 判据基础上，Turchaninov 采用巷道最大切向正应力 σ_θ、巷道走向正应力 σ_L 和岩石的单轴抗压强度 σ_c 三项数据给出了三维条件下的岩爆分级和评价标准，其具体判据指标如下：

$(\sigma_\theta+\sigma_L)/\sigma_c \geqslant 0.80$，　　强岩爆；

$0.50<(\sigma_\theta+\sigma_L)/\sigma_c<0.80$，　中岩爆；

$0.30\leqslant(\sigma_\theta+\sigma_L)/\sigma_c\leqslant 0.50$，　弱岩爆；

$(\sigma_\theta+\sigma_L)/\sigma_c<0.30$，　　无岩爆。

基于弹性力学理论的圆形巷道弹性应力状态计算过程与 9.2.1 节相同，当硐轴沿最大水平主应力方向时：

$$\sigma_{\theta\max}=\frac{0.0268H}{2}\left[\left(1+\frac{0.016H+2.574}{0.0268H}\right)\times 2+\left(1-\frac{0.016H+2.574}{0.0268H}\right)\times 4\right] \tag{9-14}$$

$$\sigma_L=0.022H+4.142 \tag{9-15}$$

$H=500\text{m}$，$\sigma_\theta=29.626$，$\sigma_L=15.142$，$(\sigma_\theta+\sigma_L)/\sigma_c=0.32$，属弱岩爆；

$H=600\text{m}$，$\sigma_\theta=36.067$，$\sigma_L=17.342$，$(\sigma_\theta+\sigma_L)/\sigma_c=0.38$，属弱岩爆。

当硐轴沿最小水平主应力方向时：

$$\sigma_{\theta\max}=\frac{0.0268H}{2}\left[\left(1+\frac{0.022H+4.142}{0.0268H}\right)\times 2+\left(\frac{0.022H+4.142}{0.0268H}-1\right)\times 4\right] \tag{9-16}$$

$$\sigma_L=0.016H+2.574 \tag{9-17}$$

$H=500\text{m}$，$\sigma_\theta=32.026$，$\sigma_L=10.574$，$(\sigma_\theta+\sigma_L)/\sigma_c=0.30$，属弱岩爆；

$H=600\text{m}$，$\sigma_\theta=36.019$，$\sigma_L=12.174$，$(\sigma_\theta+\sigma_L)/\sigma_c=0.34$，属弱岩爆。

综上所述，根据 Turchaninov 判据指标进行岩爆倾向性分析，在预选区深度 500m～600m 范围内，巷道花岗岩可能发生弱岩爆。

9.2.3 Barton 判据指标

Barton 根据岩石单轴抗压强度 σ_c 和第一主应力 σ_1 提出了岩爆分级和评价标准，其具体判据指标如下：

$\sigma_c/\sigma_1\geqslant 5.0$，　　无岩爆；

$2.5<\sigma_c/\sigma_1<5.0$，　弱岩爆；

$\sigma_c/\sigma_1\leqslant 2.5$，　　强岩爆；

$H=500\text{m}$ 时，$\sigma_c/\sigma_1=9.3$；$H=600\text{m}$ 时，$\sigma_c/\sigma_1=8.1$。

综上所述，根据 Barton 判据指标进行岩爆倾向性分析，在预选区深度 500m～600m 范围内，巷道花岗岩发生岩爆可能性较小。

9.2.4 陶振宇判据指标

在 Barton 判据的基础上，陶振宇对国内实际岩爆发生情况进行调研和分析后，对原有 Barton 判据修正后的判据指标如下：

$$\sigma_c/\sigma_1>14.5,\quad 无岩爆；$$
$$5.5<\sigma_c/\sigma_1\leqslant 14.5,\quad 弱岩爆；$$
$$2.5<\sigma_c/\sigma_1\leqslant 5.5,\quad 中岩爆；$$
$$\sigma_c/\sigma_1\leqslant 2.5,\quad 强岩爆。$$

H=500m 时，$\sigma_c/\sigma_1=9.3$；H=600m 时，$\sigma_c/\sigma_1=8.1$。

综上所述，根据陶振宇判据指标进行岩爆倾向性分析，在预选区深度 500m～600m 范围内，巷道花岗岩有可能发生弱岩爆。

9.2.5 二郎山判据指标

徐林生等对四川二郎山公路隧道发生的岩爆进行实地跟踪调查，在经典 Russense 判据的基础上，经过进一步修正后的二郎山判据指标如下：

$$\sigma_\theta/\sigma_c>0.70,\quad 强烈岩爆；$$
$$0.50<\sigma_\theta/\sigma_c\leqslant 0.70,\quad 需重型支护；$$
$$0.30<\sigma_\theta/\sigma_c\leqslant 0.50,\quad 严重片帮；$$
$$\sigma_\theta/\sigma_c\leqslant 0.30,\quad 少量片帮。$$

参考 Russense 指标中 σ_θ/σ_c 计算结果综合分析可知，在预选区深度 500m～600m 范围内，巷道花岗岩有可能少量片帮。

综合应力-强度理论中不同指标判据的判别结果，预选区 500m～600m 深度范围内呈弱岩爆倾向性。这一分析结果与冲击倾向性理论分析结果存在一定分歧。分析认为，冲击倾向性理论是综合岩石本身的性质得到的判别结果，岩石具有较强的脆性和优越的储能能力，属于强岩爆岩石，但由于预选区花岗岩岩体完整少节理裂隙承载能力强，应力条件相对岩石单轴抗压强度处于较低水平，所以应力-强度理论得到的判别结果整体趋于弱岩爆倾向性。总体来说，两种理论中冲击倾向性理论对岩石本身力学储能特性分析较为全面，应力-强度理论优势在于除岩体本身力学特性外，考虑了岩体所处的地应力条件，但两种理论对岩爆因素的考虑都不够全面，判据侧重点的不同导致判别结果呈现差异性，针对这一情况，在下一节中引入灰色系统理论进一步研究预选区岩爆倾向性。

9.3 基于灰色系统理论的岩爆倾向性研究

实际工程中，影响岩爆的因素是复杂多样的。单指标倾向性判据虽然应用广泛，但岩爆因素考虑不够全面，使得工程应用中存在较大的不确定性。综合多因素的岩爆倾向性判别结果会更加准确，但是目前多指标判据的研究中存在的问题是随着岩爆考虑因素的增加，岩爆判据的应用难度随之增加，且多因素判据的综合应用更容易掩盖主要影响因素，对岩爆问题的认识造成困扰。如刘树新[81]等针对某深部矿区分别应用冲击倾向性理论中的脆性指标、弹性变形能指标、冲击能指标以及应力-强度理论中的 Barton 判据指标共计四种岩爆判据进行了岩爆判别和分析，但是其最终分析结果为基本结果的综合定性，无法解决多重判据指标结果不一致的矛盾。因此，岩爆多指标倾向性的研究中选择科学合理的系统研究方法是极为重要的。

灰色系统理论主要通过小数据序列算子和系列缓冲算子对事物的现实规律进行探索，目前研究领域的应用集中体现在小数据贫信息的不确定性问题。灰色系统理论这一优势非常适应地下工程研究对象内部信息不明确、数据小的特点。

9.3.1 基于灰色关联度的多指标岩爆倾向性分析

灰色关联分析方法采用关联度大小来描述事物之间、因素之间关联程度，主要以系统的定性分析为前提，定量分析为依据，进行系统因素之间相似性的关联分析。

通过基于冲击倾向性理论的岩爆倾向性分析和基于应力-强度理论的岩爆倾向性分析对比研究可以发现：冲击倾向性理论对岩石力学特性和储能特性考虑较为全面，着重从岩石本身出发进行岩爆倾向性分析，但是未能全面地考虑地应力这一重要的岩爆影响因素；应力-强度理论虽然考虑了地应力和岩石本身力学参数两类因素的影响，但是仅仅以单轴抗压强度作为岩爆倾向性判据考虑内容显然是不够全面的。

灰色关联分析在实际应用中可以根据实际情况选用邓式关联度、绝对关联度等不同形式。本节结合岩爆倾向性问题分析特点选择了经典的邓氏关联度进行具体应用，选取代表了岩石脆性特征的脆性系数 B、代表了岩石储能性质的 W_{et}，以及代表了工程地应力影响的 Russense 指标进行灰色关联度分析。岩爆等级的样本数据主要来自于参考文献［82］中的国内外典型的岩爆案例，岩爆案例样本中岩爆等级划分为 1 级、2 级、3 级、4 级，分别对应冲击倾向性理论和应力-强度理论中的无岩爆、弱岩爆、中岩爆、强岩爆。详细样本数据见表 9-2。

表 9-2　岩爆样本数据

序号	判别因子			岩爆等级
	σ_c/σ_t	σ_θ/σ_c	W_{et}	
1	11.109	0.471	3.97	3
2	14.108	0.526	5.76	3
3	9.764	0.478	7.27	3
4	13.982	0.425	7.44	3
5	14.740	0.405	7.08	3
6	14.722	0.547	6.43	3
7	21.687	0.271	5.00	3
8	24.138	0.357	5.00	3
9	21.687	0.417	5.00	3
10	21.687	0.317	5.00	3
11	28.434	0.377	5.00	3
12	21.667	0.385	5.00	3
13	17.500	0.771	5.50	4

续表

序号	判别因子			岩爆等级
	σ_c/σ_t	σ_θ/σ_c	W_{et}	
14	31.228	0.106	7.40	1
15	23.000	0.096	5.70	1
16	24.110	0.315	9.30	3
17	80.000	0.400	5.80	3
18	76.667	0.548	5.70	3
19	73.333	0.450	5.70	3
20	12.702	0.374	3.20	2
21	9.742	0.692	4.90	4
22	13.426	0.052	6.90	1
23	13.571	0.217	9.10	3
24	13.116	0.405	7.30	4
25	7.588	0.356	7.50	2
26	4.479	0.630	3.17	2
27	17.974	0.783	1.90	4
28	8.839	0.353	4.68	2
29	7.580	0.613	7.27	4
30	13.429	0.443	6.38	4
31	14.556	0.345	10.57	4
32	21.767	0.470	3.17	2
33	13.396	0.490	6.53	3
34	30.769	0.136	2.22	1
35	30.769	0.131	2.22	1
36	30.769	0.076	2.22	1
37	15.044	0.441	9.00	3
38	20.500	0.353	5.00	3
39	17.553	0.379	9.00	3
40	23.973	0.338	6.60	3
41	9.893	0.816	5.76	4
42	33.333	0.345	5.76	3
43	22.056	0.342	6.38	4
44	14.054	0.144	1.30	1
45	20.771	0.250	3.80	1
46	20.771	0.150	3.80	1

根据本章上文中倾向性研究结果，进行硐轴沿最小水平主应力方向和硐轴沿最大水平主应力方向两种情况下的灰色关联分析。

（1）当硐轴沿最大水平主应力方向时 $H=500\mathrm{m}$，取 Russense 指标判据值为 0.211，花岗岩脆性指标判据值为 19.1，弹性能量指标为 5.23；$H=600\mathrm{m}$，取 Russense 指标判据值为 0.257，花岗岩脆性指标判据值为 19.1，弹性能量指标为 5.23。

（2）当硐轴沿最小水平主应力方向时 $H=500\mathrm{m}$，取 Russense 指标判据值为 0.228，花岗岩脆性指标判据值为 19.1，弹性能量指标为 5.23；$H=600\mathrm{m}$，取 Russense 指标判据值为 0.256，花岗岩脆性指标判据值为 19.1，弹性能量指标为 5.23。

硐轴沿最大水平主应力方向和硐轴沿最小水平主应力方向两种情况下，分别将 46 组样本数据与 $H=500\mathrm{m}$、$H=600\mathrm{m}$ 判据指标结果进行灰色关联度计算，为节省篇幅，本节只详细展示硐轴沿最大水平主应力方向情况下 $H=500\mathrm{m}$ 判据指标灰色关联度计算过程。

1）无量纲化处理

由 $\boldsymbol{X}'_i=\frac{\boldsymbol{X}_i}{x_i(1)}=[x'_i(1),x'_i(2),x'_i(3)]$，$i=1,2,\cdots,47$，无量纲化处理

$\boldsymbol{X}'_1=(1.0000, 90.5213, 24.7867)$　　$\boldsymbol{X}'_2=(1.0000, 23.5860, 8.4289)$

……　$\boldsymbol{X}'_{47}=(1.0000, 138.4733, 25.3333)$

得到初值象矩阵如下：

$$\begin{bmatrix}
1.0000 & 90.5213 & 24.7867\\
1.0000 & 23.5860 & 8.4289\\
1.0000 & 26.8213 & 10.9506\\
1.0000 & 20.4268 & 15.2092\\
1.0000 & 32.8988 & 17.5059\\
1.0000 & 36.3951 & 17.4815\\
1.0000 & 26.9141 & 11.7550\\
1.0000 & 80.0258 & 18.4502\\
1.0000 & 67.6134 & 14.0056\\
1.0000 & 52.0072 & 11.9904\\
1.0000 & 68.4132 & 15.7729\\
1.0000 & 75.4218 & 13.2626\\
1.0000 & 56.2779 & 12.9870\\
1.0000 & 22.6978 & 7.1336\\
1.0000 & 294.6038 & 69.8113\\
1.0000 & 239.5833 & 59.3750\\
1.0000 & 76.5397 & 29.5238\\
1.0000 & 200.0000 & 14.5000\\
1.0000 & 139.9033 & 10.4015\\
1.0000 & 162.9622 & 12.6667\\
1.0000 & 33.9626 & 8.5561\\
1.0000 & 14.0780 & 7.0809\\
1.0000 & 258.1923 & 132.6923
\end{bmatrix}
\quad
\begin{bmatrix}
1.0000 & 62.5392 & 41.9355\\
1.0000 & 32.3852 & 18.0247\\
1.0000 & 21.3146 & 21.0674\\
1.0000 & 7.1095 & 5.0317\\
1.0000 & 22.9553 & 2.4266\\
1.0000 & 25.0397 & 13.2578\\
1.0000 & 12.3654 & 11.8597\\
1.0000 & 30.3138 & 14.4018\\
1.0000 & 42.1913 & 30.6377\\
1.0000 & 46.3128 & 6.7447\\
1.0000 & 27.3388 & 13.3265\\
1.0000 & 226.2426 & 16.3235\\
1.0000 & 234.8779 & 16.9466\\
1.0000 & 404.8553 & 29.2105\\
1.0000 & 34.1134 & 20.4082\\
1.0000 & 58.0737 & 14.1643\\
1.0000 & 46.3140 & 23.7467\\
1.0000 & 70.9260 & 19.5266\\
1.0000 & 12.1238 & 7.0588\\
1.0000 & 96.6174 & 16.6957\\
1.0000 & 64.4912 & 18.6550\\
1.0000 & 97.5972 & 9.0278\\
1.0000 & 83.0840 & 15.2000\\
1.0000 & 138.4733 & 25.3333
\end{bmatrix}$$

……

2）灰色关联系数计算

参考数列与因素数列之间的关联系数：

$$\gamma_{1i}(k)=\frac{m+\delta M}{\Delta_i(k)+\delta M'}\ (i=2,3,\cdots,47;\ k=1,2,3) \tag{9-18}$$

$$\Delta_i(k)=|x'_1(k)-x'_i(k)|,\ (i=2,3,\cdots,47) \tag{9-19}$$

式中 $M=\max_i\max_k\Delta_i(k)=321.8118$；

$m=\min_i\min_k\Delta_i(k)=0$；

δ 称为分辨系数。

计算得到关联系数矩阵：

$$\begin{bmatrix} 1.0000 & 0.7013 & 0.9057 \\ 1.0000 & 0.7116 & 0.9191 \\ 1.0000 & 0.6916 & 0.9426 \\ 1.0000 & 0.7317 & 0.9557 \\ 1.0000 & 0.7438 & 0.9556 \\ 1.0000 & 0.7119 & 0.9234 \\ 1.0000 & 0.9374 & 0.9612 \\ 1.0000 & 0.8728 & 0.9358 \\ 1.0000 & 0.8032 & 0.9247 \\ 1.0000 & 0.8767 & 0.9458 \\ 1.0000 & 0.9123 & 0.9317 \\ 1.0000 & 0.8211 & 0.9302 \\ 1.0000 & 0.6985 & 0.8990 \\ 1.0000 & 0.4351 & 0.7773 \\ 1.0000 & 0.5132 & 0.8196 \\ 1.0000 & 0.9183 & 0.9707 \\ 1.0000 & 0.5894 & 0.9386 \\ 1.0000 & 0.7609 & 0.9161 \\ 1.0000 & 0.6845 & 0.9284 \\ 1.0000 & 0.7354 & 0.9064 \\ 1.0000 & 0.6728 & 0.8988 \\ 1.0000 & 0.4838 & 0.5929 \\ 1.0000 & 0.8489 & 0.9016 \end{bmatrix} \quad \begin{bmatrix} 1.0000 & 0.7300 & 0.9588 \\ 1.0000 & 0.6943 & 0.9769 \\ 1.0000 & 0.6533 & 0.8883 \\ 1.0000 & 0.6993 & 0.8754 \\ 1.0000 & 0.7059 & 0.9317 \\ 1.0000 & 0.6679 & 0.9240 \\ 1.0000 & 0.7230 & 0.9380 \\ 1.0000 & 0.7648 & 0.9641 \\ 1.0000 & 0.7805 & 0.8970 \\ 1.0000 & 0.7133 & 0.9320 \\ 1.0000 & 0.5366 & 0.9489 \\ 1.0000 & 0.5212 & 0.9525 \\ 1.0000 & 0.3333 & 0.9726 \\ 1.0000 & 0.7359 & 0.9729 \\ 1.0000 & 0.8289 & 0.9367 \\ 1.0000 & 0.7805 & 0.9934 \\ 1.0000 & 0.8891 & 0.9676 \\ 1.0000 & 0.6672 & 0.8986 \\ 1.0000 & 0.9627 & 0.9510 \\ 1.0000 & 0.8579 & 0.9625 \\ 1.0000 & 0.9569 & 0.9089 \\ 1.0000 & 0.9548 & 0.9425 \\ 1.0000 & 0.7662 & 0.9965 \end{bmatrix}$$

……

3）灰色关联度计算

根据关联系数计算结果，进行灰色关联度计算：

$$\gamma_{1i}=\frac{1}{3}\sum_{k=1}^{3}\gamma_{1i}(k),(i=2,3,\cdots,47) \tag{9-20}$$

当硐轴沿最大主应力方向时，灰色关联度计算结果见表 9-3 和表 9-4。

表 9-3　硐轴沿最大主应力 H=500m 灰色关联度计算结果

序号	σ_θ/σ_c	σ_c/σ_t	W_{et}	岩爆等级	灰色关联度
	0.211	19.100	5.23		
1	0.471	11.109	3.97	3	0.8690
2	0.526	14.108	5.76	3	0.8769
3	0.478	9.764	7.27	3	0.8780

续表

序号	σ_θ/σ_c	σ_c/σ_t	W_{et}	岩爆等级	灰色关联度
	0.211	19.100	5.23		
4	0.425	13.982	7.44	3	0.8958
5	0.405	14.740	7.08	3	0.8998
6	0.547	14.722	6.43	3	0.8784
7	0.271	21.687	5.00	3	0.9662
8	0.357	24.138	5.00	3	0.9362
9	0.417	21.687	5.00	3	0.9093
10	0.317	21.687	5.00	3	0.9408
11	0.377	28.434	5.00	3	0.9480
12	0.385	21.667	5.00	3	0.9171
13	0.771	17.500	5.50	4	0.8659
14	0.106	31.228	7.40	1	0.7375
15	0.096	23.000	5.70	1	0.7776
16	0.315	24.110	9.30	3	0.9630
17	0.400	80.000	5.80	3	0.8427
18	0.548	76.667	5.70	3	0.8924
19	0.450	73.333	5.70	3	0.8710
20	0.374	12.702	3.20	2	0.8806
21	0.692	9.742	4.90	4	0.8572
22	0.052	13.426	6.90	1	0.6923
23	0.217	13.571	9.10	3	0.9168
24	0.405	13.116	7.30	4	0.8962
25	0.356	7.588	7.50	2	0.8904
26	0.630	4.479	3.17	2	0.8472
27	0.783	17.974	1.90	4	0.8583
28	0.353	8.839	4.68	2	0.8792
29	0.613	7.580	7.27	4	0.8640
30	0.443	13.429	6.38	4	0.8870
31	0.345	14.556	10.57	4	0.9096
32	0.470	21.767	3.17	2	0.8925
33	0.490	13.396	6.53	3	0.8818
34	0.136	30.769	2.22	1	0.8285
35	0.131	30.769	2.22	1	0.8246
36	0.076	30.769	2.22	1	0.7687
37	0.441	15.044	9.00	3	0.9029
38	0.353	20.500	5.00	3	0.9219

续表

序号	σ_θ/σ_c	σ_c/σ_t	W_{et}	岩爆等级	灰色关联度
	0.211	19.100	5.23		
39	0.379	17.553	9.00	3	0.9246
40	0.338	23.973	6.60	3	0.9523
41	0.816	9.893	5.76	4	0.8553
42	0.345	33.333	5.76	3	0.9712
43	0.342	22.056	6.38	4	0.9401
44	0.144	14.054	1.30	1	0.9553
45	0.250	20.771	3.80	1	0.9658
46	0.150	20.771	3.80	1	0.9209

表 9-4　硐轴沿最大主应力 H=600m 灰色关联度计算结果

序号	σ_θ/σ_c	σ_c/σ_t	W_{et}	岩爆等级	灰色关联度
	0.257	19.100	5.23		
1	0.471	11.109	3.97	3	0.8993
2	0.526	14.108	5.76	3	0.9076
3	0.478	9.764	7.27	3	0.9080
4	0.425	13.982	7.44	3	0.9276
5	0.405	14.740	7.08	3	0.9321
6	0.547	14.722	6.43	3	0.9092
7	0.271	21.687	5.00	3	0.9851
8	0.357	24.138	5.00	3	0.9747
9	0.417	21.687	5.00	3	0.9443
10	0.317	21.687	5.00	3	0.9795
11	0.377	28.434	5.00	3	0.9841
12	0.385	21.667	5.00	3	0.9530
13	0.771	17.500	5.50	4	0.8960
14	0.106	31.228	7.40	1	0.7328
15	0.096	23.000	5.70	1	0.7697
16	0.315	24.110	9.30	3	0.9781
17	0.400	80.000	5.80	3	0.8446
18	0.548	76.667	5.70	3	0.8864
19	0.450	73.333	5.70	3	0.8688
20	0.374	12.702	3.20	2	0.9124
21	0.692	9.742	4.90	4	0.8862
22	0.052	13.426	6.90	1	0.6896
23	0.217	13.571	9.10	3	0.9393
24	0.405	13.116	7.30	4	0.9279

续表

序号	σ_θ/σ_c	σ_c/σ_t	W_{et}	岩爆等级	灰色关联度
	0.257	19.100	5.23		
25	0.356	7.588	7.50	2	0.9176
26	0.630	4.479	3.17	2	0.8754
27	0.783	17.974	1.90	4	0.8884
28	0.353	8.839	4.68	2	0.9097
29	0.613	7.580	7.27	4	0.8928
30	0.443	13.429	6.38	4	0.9183
31	0.345	14.556	10.57	4	0.9262
32	0.470	21.767	3.17	2	0.9263
33	0.490	13.396	6.53	3	0.9126
34	0.136	30.769	2.22	1	0.8324
35	0.131	30.769	2.22	1	0.8290
36	0.076	30.769	2.22	1	0.7608
37	0.441	15.044	9.00	3	0.9347
38	0.353	20.500	5.00	3	0.9581
39	0.379	17.553	9.00	3	0.9450
40	0.338	23.973	6.60	3	0.9916
41	0.816	9.893	5.76	4	0.8840
42	0.345	33.333	5.76	3	0.9532
43	0.342	22.056	6.38	4	0.9779
44	0.144	14.054	1.30	1	0.9375
45	0.250	20.771	3.80	1	0.9731
46	0.150	20.771	3.80	1	0.8970

当硐轴沿最小主应力方向时，灰色关联度计算结果见表 9-5 和表 9-6。

表 9-5　硐轴沿最小主应力 H=500m 灰色关联度计算结果

序号	σ_θ/σ_c	σ_c/σ_t	W_{et}	岩爆等级	灰色关联度
	0.228	19.100	5.23		
1	0.471	11.109	3.97	3	0.8815
2	0.526	14.108	5.76	3	0.8896
3	0.478	9.764	7.27	3	0.8904
4	0.425	13.982	7.44	3	0.9089
5	0.405	14.740	7.08	3	0.9131
6	0.547	14.722	6.43	3	0.8911
7	0.271	21.687	5.00	3	0.9833
8	0.357	24.138	5.00	3	0.9519
9	0.417	21.687	5.00	3	0.9237

续表

序号	σ_θ/σ_c	σ_c/σ_t	W_{et}	岩爆等级	灰色关联度
	0.228	19.100	5.23		
10	0.317	21.687	5.00	3	0.9567
11	0.377	28.434	5.00	3	0.9646
12	0.385	21.667	5.00	3	0.9318
13	0.771	17.500	5.50	4	0.8783
14	0.106	31.228	7.40	1	0.7354
15	0.096	23.000	5.70	1	0.7742
16	0.315	24.110	9.30	3	0.9725
17	0.400	80.000	5.80	3	0.8434
18	0.548	76.667	5.70	3	0.8895
19	0.450	73.333	5.70	3	0.8698
20	0.374	12.702	3.20	2	0.8937
21	0.692	9.742	4.90	4	0.8691
22	0.052	13.426	6.90	1	0.6911
23	0.217	13.571	9.10	3	0.9258
24	0.405	13.116	7.30	4	0.9093
25	0.356	7.588	7.50	2	0.9028
26	0.630	4.479	3.17	2	0.8588
27	0.783	17.974	1.90	4	0.8707
28	0.353	8.839	4.68	2	0.8918
29	0.613	7.580	7.27	4	0.8759
30	0.443	13.429	6.38	4	0.8999
31	0.345	14.556	10.57	4	0.9162
32	0.470	21.767	3.17	2	0.9064
33	0.490	13.396	6.53	3	0.8945
34	0.136	30.769	2.22	1	0.8301
35	0.131	30.769	2.22	1	0.8264
36	0.076	30.769	2.22	1	0.7652
37	0.441	15.044	9.00	3	0.9161
38	0.353	20.500	5.00	3	0.9367
39	0.379	17.553	9.00	3	0.9353
40	0.338	23.973	6.60	3	0.9684
41	0.816	9.893	5.76	4	0.8671
42	0.345	33.333	5.76	3	0.9628
43	0.342	22.056	6.38	4	0.9556
44	0.144	14.054	1.30	1	0.9470
45	0.250	20.771	3.80	1	0.9832
46	0.150	20.771	3.80	1	0.9104

表 9-6　硐轴沿最小主应力 $H=600$m 灰色关联度计算结果

序号	σ_θ/σ_c	σ_c/σ_t	W_{et}	岩爆等级	灰色关联度
	0.256	19.100	5.23		
1	0.471	11.109	3.97	3	0.8987
2	0.526	14.108	5.76	3	0.9071
3	0.478	9.764	7.27	3	0.9074
4	0.425	13.982	7.44	3	0.9270
5	0.405	14.740	7.08	3	0.9315
6	0.547	14.722	6.43	3	0.9087
7	0.271	21.687	5.00	3	0.9855
8	0.357	24.138	5.00	3	0.9740
9	0.417	21.687	5.00	3	0.9437
10	0.317	21.687	5.00	3	0.9788
11	0.377	28.434	5.00	3	0.9845
12	0.385	21.667	5.00	3	0.9523
13	0.771	17.500	5.50	4	0.8954
14	0.106	31.228	7.40	1	0.7328
15	0.096	23.000	5.70	1	0.7698
16	0.315	24.110	9.30	3	0.9787
17	0.400	80.000	5.80	3	0.8446
18	0.548	76.667	5.70	3	0.8865
19	0.450	73.333	5.70	3	0.8688
20	0.374	12.702	3.20	2	0.9118
21	0.692	9.742	4.90	4	0.8857
22	0.052	13.426	6.90	1	0.6896
23	0.217	13.571	9.10	3	0.9389
24	0.405	13.116	7.30	4	0.9273
25	0.356	7.588	7.50	2	0.9174
26	0.630	4.479	3.17	2	0.8748
27	0.783	17.974	1.90	4	0.8878
28	0.353	8.839	4.68	2	0.9092
29	0.613	7.580	7.27	4	0.8923
30	0.443	13.429	6.38	4	0.9178
31	0.345	14.556	10.57	4	0.9259
32	0.470	21.767	3.17	2	0.9257
33	0.490	13.396	6.53	3	0.9121
34	0.136	30.769	2.22	1	0.8323
35	0.131	30.769	2.22	1	0.8289
36	0.076	30.769	2.22	1	0.7609
37	0.441	15.044	9.00	3	0.9343
38	0.353	20.500	5.00	3	0.9575
39	0.379	17.553	9.00	3	0.9447

续表

序号	σ_θ/σ_c	σ_c/σ_t	W_{et}	岩爆等级	灰色关联度
	0.256	19.100	5.23		
40	0.338	23.973	6.60	3	0.9909
41	0.816	9.893	5.76	4	0.8835
42	0.345	33.333	5.76	3	0.9534
43	0.342	22.056	6.38	4	0.9772
44	0.144	14.054	1.30	1	0.9377
45	0.250	20.771	3.80	1	0.9735
46	0.150	20.771	3.80	1	0.8974

根据灰色关联度计算结果可以得到：

当硐轴沿最大水平主应力方向时，深度 H=500m，样本 1～46 中关联度最大值为 0.9712，对应样本 42，岩爆等级为 3，即岩爆倾向性分析结果为中岩爆；深度 H=600m，样本 1～46 中关联度最大值为 0.9916，对应样本 40，岩爆等级为 3，即岩爆倾向性分析结果为中岩爆。

当硐轴沿最小水平主应力方向时，深度 H=500m，样本 1～46 中关联度最大值为 0.9833，对应样本 7，岩爆等级为 3，即岩爆倾向性分析结果为中岩爆；深度 H=600m，样本 1～46 中关联度最大值为 0.9909，对应样本 40，岩爆等级为 3，即岩爆倾向性分析结果为中岩爆。

综上所述，根据灰色关联度分析结果，在预选区 500m～600m 深度范围内，岩爆倾向性分析结果为中岩爆。

9.3.2 GM（0，N）模型预测

GM（0，N）模型是灰色系统理论中 GM 系列预测模型中的一种，GM（0，N）模型的建模基础是原始数据的 1-AGO 序列，属于多元离散模型。

GM（0，N）模型在应用中可以考虑多个相关因素对预测序列的影响，充分体现了灰色系统理论应用需求样本数据量小的优势，在预测决策领域得到了较为广泛的应用。

设 GM（0，N）分析模型原始序列如下：

$X_1^{(0)}=[x_1^{(0)}(1), x_1^{(0)}(2), \cdots, x_1^{(0)}(n)]$

$X_2^{(0)}=[x_2^{(0)}(1), x_2^{(0)}(2), \cdots, x_2^{(0)}(n)]$

$X_3^{(0)}=[x_3^{(0)}(1), x_3^{(0)}(2), \cdots, x_3^{(0)}(n)]$

……

$X_n^{(0)}=[x_n^{(0)}(1), x_n^{(0)}(2), \cdots, x_n^{(0)}(n)]$

$X_i^{(1)}$ 为 $X_i^{(0)}$ 的 1-AGO 序列，则称 $x_1^{(1)}(k)=b_2x_2^{(1)}(k)+b_3x_3^{(1)}(k)+\cdots+b_Nx_N^{(1)}(k)+a$ 为 GM（0，N）模型。

本节选取的 GM（0，N）模型样本数据与上节相同，选取代表岩石力学特征的脆性系数 B、代表岩石储能性质的 W_{et}，以及代表工程地应力影响的 Russense 指标作为相关因素序列，样本岩爆等级作为系统特征序列。

参数列 $\hat{a}=[a, b_1, b_2, \cdots, b_N]^{\mathrm{T}}$ 的最小二乘估计为：

$$\hat{a}=(B^{\mathrm{T}}\boldsymbol{B})\ -1B^{\mathrm{T}}\boldsymbol{Y} \tag{9-21}$$

$$\boldsymbol{B}=\begin{bmatrix}
1.00 & 1.00 & 25.22 & 9.73 \\
1.00 & 1.48 & 34.98 & 17.00 \\
1.00 & 1.90 & 48.96 & 24.44 \\
1.00 & 2.31 & 63.70 & 31.52 \\
1.00 & 2.85 & 78.43 & 37.95 \\
1.00 & 3.12 & 100.11 & 42.95 \\
1.00 & 3.48 & 124.25 & 47.95 \\
1.00 & 3.90 & 145.94 & 52.95 \\
1.00 & 4.21 & 167.62 & 57.95 \\
1.00 & 4.59 & 196.06 & 62.95 \\
1.00 & 4.98 & 217.73 & 67.95 \\
1.00 & 5.75 & 235.23 & 73.45 \\
1.00 & 5.85 & 266.45 & 80.85 \\
1.00 & 5.95 & 289.45 & 86.55 \\
1.00 & 6.26 & 313.56 & 95.85 \\
1.00 & 6.66 & 393.56 & 101.65 \\
1.00 & 7.21 & 470.23 & 107.35 \\
1.00 & 7.66 & 543.56 & 113.05 \\
1.00 & 8.04 & 556.27 & 116.25 \\
1.00 & 8.73 & 566.01 & 121.15 \\
1.00 & 8.78 & 579.43 & 128.05 \\
1.00 & 9.00 & 593.00 & 137.15 \\
 & & \cdots\cdots &
\end{bmatrix}
\begin{bmatrix}
1.00 & 9.40 & 606.12 & 144.45 \\
1.00 & 9.76 & 613.71 & 151.95 \\
1.00 & 10.39 & 618.19 & 155.12 \\
1.00 & 11.17 & 636.16 & 157.02 \\
1.00 & 11.52 & 645.00 & 161.70 \\
1.00 & 12.14 & 652.58 & 168.97 \\
1.00 & 12.58 & 666.01 & 175.35 \\
1.00 & 12.93 & 680.57 & 185.92 \\
1.00 & 13.40 & 702.33 & 189.09 \\
1.00 & 13.89 & 715.73 & 195.62 \\
1.00 & 14.02 & 746.50 & 197.84 \\
1.00 & 14.15 & 777.27 & 200.06 \\
1.00 & 14.23 & 808.04 & 202.28 \\
1.00 & 14.67 & 823.08 & 211.28 \\
1.00 & 15.02 & 843.58 & 216.28 \\
1.00 & 15.40 & 861.13 & 225.28 \\
1.00 & 15.74 & 885.11 & 231.88 \\
1.00 & 16.56 & 895.00 & 237.64 \\
1.00 & 16.90 & 928.33 & 243.40 \\
1.00 & 17.24 & 950.39 & 249.78 \\
1.00 & 17.39 & 964.44 & 251.08 \\
1.00 & 17.64 & 985.21 & 254.88 \\
1.00 & 17.79 & 1005.98 & 258.68
\end{bmatrix}$$

$$\boldsymbol{Y}=\begin{bmatrix}
6.00 \\ 9.00 \\ 12.00 \\ 15.00 \\ 18.00 \\ 21.00 \\ 24.00 \\ 27.00 \\ 30.00 \\ 33.00 \\ 36.00 \\ \cdots\cdots
\end{bmatrix}
\begin{bmatrix}
40.00 \\ 41.00 \\ 42.00 \\ 45.00 \\ 48.00 \\ 51.00 \\ 54.00 \\ 56.00 \\ 60.00 \\ 61.00 \\ 64.00 \\ \cdots\cdots
\end{bmatrix}
\begin{bmatrix}
68.00 \\ 70.00 \\ 72.00 \\ 76.00 \\ 78.00 \\ 82.00 \\ 86.00 \\ 90.00 \\ 92.00 \\ 95.00 \\ 96.00 \\ \cdots\cdots
\end{bmatrix}
\begin{bmatrix}
97.00 \\ 98.00 \\ 101.00 \\ 104.00 \\ 107.00 \\ 110.00 \\ 114.00 \\ 117.00 \\ 121.00 \\ 122.00 \\ 123.00 \\ 124.00
\end{bmatrix}$$

根据最小二乘法计算结果得到：

$a=0.3647$；

$b_2=3.8391$；

$b_3=-0.0021$；

$b_4=0.2212$。

当硐轴沿最大水平主应力方向时，深度 $H=500$m，GM（0，N）模型计算得到岩爆等级对应预测值为 1.9275；深度 $H=600$m，GM（0，N）模型计算得到岩爆等级对应预测值为 2.1041。

当硐轴沿最小水平主应力方向时，深度 $H=500\mathrm{m}$，GM（0，N）模型计算得到岩爆等级对应预测值为 1.9927；深度 $H=600\mathrm{m}$，GM（0，N）模型计算得到岩爆等级对应预测值为 2.1002。

综上所述，在预选区 500m～600m 深度范围内，根据 GM（0，N）模型岩爆预测结果为弱岩爆。

9.3.3　基于聚类评估和关联度筛选的预测方法

岩爆倾向性相关内容的研究中，如何从与岩爆众多的影响因素中挖掘有价值的信息对岩爆进行系统性研究和预测评价一直是学者们积极研究的重要课题。神经网络、模糊数学等综合预测方法在岩爆倾向性内容的研究中均有体现，并取得了一系列的成果，但是上述研究方法中考虑的岩爆影响因素普遍较少，且无法消除判据各因素之间的相互关系对预测结果的影响。

基于较少岩爆影响因素的岩爆预测评价方法虽然具有较为广泛的应用，也取得了一定的应用，然而岩爆预测的可靠度方面却无法保证，往往需要结合实际工程进行检验，预测结果的实用性不高。全面考虑各类岩爆影响因素在岩爆预测的可靠度方面确有优势，然而实际工程中，科研工作者受条件限制，往往很难完整地获取岩爆信息。

本节在关于岩爆的理论研究基础上，提出一个基于灰色系统理论的完整的岩爆判别方法，使其在全面考虑各类岩爆影响因素的基础上拥有较为广泛的适用性。

首先，应用灰色聚类评估模型对众多的指标因素进行灰色聚类评估，根据样本数据量对应设置 n 个观测对象，每个观测对象设有 m 个岩爆因素特征数据，得到序列：

$$X_1=(x_1(1),x_1(2),\cdots,x_1(n))$$
$$X_2=(x_2(1),x_2(2),\cdots,x_2(n))$$
$$\cdots$$
$$X_m=(x_m(1),x_m(2),\cdots,x_m(n))$$

应用灰色绝对关联度计算方法，得上三角特征变量关联矩阵，取临界值 $r\in[0,1]$，进行特征归类，同一灰类中的岩爆判别指标可认为其对岩爆结果的判别中存在着较大程度的相互影响。在灰色聚类评估归类完成后，应用邓氏经典灰色关联模型，进行灰色关联度计算，分别计算同一灰类中不同岩爆判别指标与岩爆判别结果的灰色关联度，进行关联度排序和记录。在预测中尽可能应用全部灰类中尽可能多的岩爆判别指标进行 GM 模型预测，得到可靠度较高的岩爆判别结果。

这一综合岩爆判别方法相较于本节中提到的其他综合方法的优势异常明显。在具体工程的岩爆预测和评价中，实际工程情况很难获得全部灰类中全部判别指标所需要的数据，具体应用中，首先选择较高的 r 值，得到较多的判别灰类，尽可能地根据灰色关联结果选择所有灰类中关联度最高的代表指标进行 GM 模型预测，当关联度最高指标无法获取时，可灵活地在同一灰类中选择关联度次之的指标，对于信息较为匮乏的案例，缺失当前某一灰类的全部指标时，可缩小 r 值，适当减少指标灰类进行后续 GM 模型预测。概括来说，拥有一个较完备统计样本的前提下，首先应用灰色聚类评估模型，将诸多的岩爆影响因素做聚类评估，根据聚类评估结果，进行岩石特征因素的关联度计算，根据聚类评估和关联度计算结果选取预测模型特征数据因子，选取灰色 GM 模型进行岩爆倾向性预测和评价。此方法在应用上相较于具有其他综合评价方法具有较强的灵活性，对数据信息较全面或信息较匮乏的工程岩爆性问题都可以得到便捷的应用，且非常适用于计算机程序化计算，在未来工程岩爆评价和预测中拥有广阔的应用前景。

9.4 三向应力下岩爆倾向性指标研究

9.4.1 不同围压下岩爆倾向性指标研究

岩爆倾向性指标的研究一直是地下工程岩爆研究的热点内容，直接关系到岩爆倾向性的预测结果和岩爆监测手段的选择。在第 2 章岩爆倾向性相关研究中主要应用的冲击倾向性理论和应力-强度理论在岩爆倾向性问题分析中具有较为广泛的应用，然而在实际的应力场环境中，岩体处于三向应力状态，国内外学者通过室内试验研究发现：三向应力状态对岩石压缩特性、脆性、强度及破坏形态等具有明显的影响。目前学术界常用的冲击倾向性理论等常用岩爆倾向性理论判据中岩石指标因素均由单轴试验得到，三向应力状态下对岩石脆性、强度及破坏形态等方面的影响无疑会大大干扰岩爆判据指标分析结果的准确性。

本节在三轴试验中花岗岩特征应力和能量转化过程的研究基础上，进行三向应力下岩爆倾向性研究。冲击倾向性理论中弹性能量指标 W_{et} 在破坏前能量研究中清晰明确，实用性强，能够清晰地反映岩石存储弹性能的能力，但是没有考虑三向应力状态对岩石性质的影响。基于以上观点，结合上节中对岩石能量转化过程的相关研究结果，提出在三向应力下新的岩爆倾向性指标 K_{et} 如下：

$$K_{\mathrm{et}}=\frac{U_{\mathrm{e}}}{U-U_{\mathrm{e}}} \tag{9-22}$$

式中 U_{e}——峰值应力点试件集聚的弹性能；

U——峰值应力点试件吸收的总能量。

根据式（4-1）和式（4-2）可得峰值时弹性能和峰值时总能量的计算式：

$$\begin{aligned} U &= \int_0^{\varepsilon_1}\sigma_1\,\mathrm{d}\varepsilon_1 + 2\int_0^{\varepsilon_3}\sigma_3\,\mathrm{d}\varepsilon_3 \\ U_e &= \frac{1}{2E}[\sigma_1^2 + 2\sigma_3^2 - 2\mu(2\sigma_1\sigma_3 + \sigma_3^2)] \end{aligned} \tag{9-23}$$

式中 σ_1——轴向应力；

σ_3——环向应力；

ε_1——轴向应变；

ε_3——环向应变。

传统的弹性能量指标的主要核心在于利用加载过程中岩石中储存的弹性应变能与加载过程中耗散能之比来对岩石储能能力进行评价，弹性能量指标判别值越大，认为岩石储能能力越强，破坏时发生岩爆的可能性越大。传统弹性能量指标是一种没有考虑地应力影响的，从岩石本身性质出发的岩爆倾向性判据指标。实际应用时无法在峰值点处卸载得到单次循环应力-应变曲线，且接近峰值点塑性滞回环面积一般较小，应用时忽略无法加载到峰值的影响。

K_{et}在吸收了传统弹性能量指标优势的同时得到了进一步优化，$U_e/(U-U_e)$的实际意义是岩石达到峰值应力时内部存储的弹性能与加载至峰值过程中耗散能的比值，区别于传统弹性能量指标，K_{et}可以代表三向应力状态下岩石储存弹性能的能力，在不同围压条件下，这一指标值是在不断变化的。在实际应用中，可以根据地应力条件选择不同大小的围压，得到不同围压条件下岩石的储能性质，根据岩石储能性质判断岩石的岩爆倾向性。

3.1.3 节中不同围压条件下峰值应力对应的弹性能和总能量计算结果整理见表 9-7。根据式（9-22）计算不同围压条件下的 K_{et}，见表 9-8。

表 9-7　峰值应力对应的弹性能和总能量

围压（MPa）	2	5	10	15	30
U	0.179	0.239	0.393	0.547	0.841
U_e	0.151	0.208	0.347	0.494	0.790

表 9-8　不同围压条件下 K_{et}

围压（MPa）	2	5	10	15	30
K_{et}	5.49	6.65	7.53	9.25	15.47

根据表 9-8 计算结果，通过数据拟合软件进行数据拟合，得到 K_{et}随围压变化趋势如图 4-5 所示。分析拟合曲线可知 K_{et}与围压近似呈线性关系，随着围压由 2MPa 上升到 30MPa，K_{et}由 5.49 上升到 15.47。分析 K_{et}与围压的线性关系可以得到，随着围压的增加，试件储能能力大幅增加，岩石在峰值应力点储存了更多的弹性能，在峰值应力附近更容易失去平衡状态发生破坏并释放大量能量，岩石岩爆倾向性随之增加。

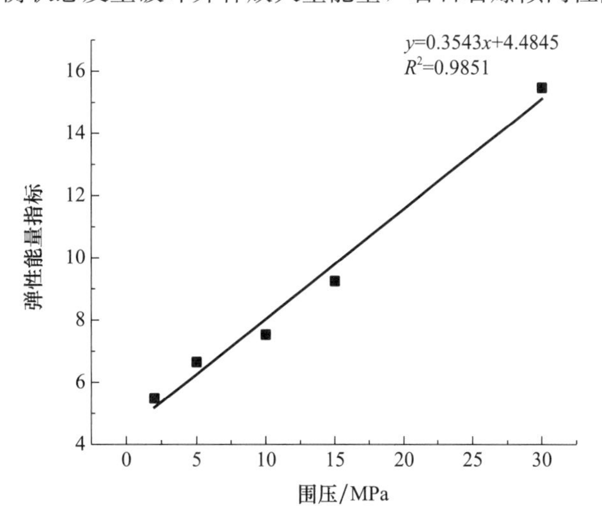

图 9-5　K_{et}随围压变化

K_{et}这一“三向应力状态下的弹性能量指标”与传统弹性能量指标相比具有更强的理论指导意义，同一种岩石的岩爆倾向性不再是一成不变的，而是随着应力条件的变化而变化。在试验中单轴一次循环加卸载得到的弱岩爆倾向性或中岩爆倾向性的岩石，在深部较大的地应力条件下，随着储能能力的上升，也可以发展成强岩爆倾向性的岩石。

应用传统弹性能量指标判别值进行岩爆倾向性判断，判别指标如下：

$$W_{et} \geqslant 5.0, \quad 强岩爆;$$
$$2.0 \leqslant W_{et} < 5.0, \quad 中岩爆;$$
$$W_{et} < 2.0, \quad 弱岩爆。$$

综合判别结果可以得到，三向应力状态下，试件围压分别为 2MPa、5MPa、10MPa、15MPa、30MPa 时对应的均为强岩爆倾向性岩石。因应力状态不同，直接应用传统弹性能量指标判别值进行岩爆倾向性判别在结果上可能存在一定偏差，在今后工程实践中尚需一定程度上的修正。

9.4.2 加轴压卸围压条件下岩爆倾向性指标研究

岩爆倾向性的研究一直是地下工程灾害研究的热点问题，近年来国内外学者采用理论分析、数值模拟等多种研究手段，在岩爆相关理论研究成果的基础上，从岩石力学变形特性、能量特征以及应力场环境等多角度出发，或单一或综合地应用岩爆倾向性指标对岩爆问题进行倾向性分析和预测，取得了一系列的研究成果。目前可以概括地将岩爆的影响因素归为三类：①岩石自身的力学特征和能量特征；②岩石所处的地应力环境；③开挖等形式引起的扰动和卸载。

目前岩爆问题的研究中，已有的相关岩爆理论对岩爆判据指标的考虑内容均是主要从岩石自身性质和岩石所处地应力环境出发的。尽管国内外学者们在具体实践中采取了包括模糊数学、灰色理论等不同的系统性研究方法，引进了分叉理论、耗散结构理论、混沌理论等较为新颖的研究理论，不断地在原有岩爆问题研究基础上提出新的岩爆判别方法和改进内容，但目前已有的岩爆判据中几乎没有涉及扰动和卸载对岩石应力状态影响的内容。岩爆指标研究中对岩爆影响因素考虑的缺失对岩爆问题的综合分析、预测和防治是十分不利的。

本节在卸围压试验的相关研究基础上，提出一个针对三向应力下岩石应力状态变化过程的岩爆倾向性指标。根据 3.2.2 节和 3.2.3 节中的研究内容，可以得到，加轴压卸围压试验岩石破坏均表现明显的脆性跌落特征，围压对花岗岩强度和变形特征的影响明显大于卸载速率。根据 3.2.2 节中数据统计结果，初始围压分别为 5MPa、10MPa、15MPa、20MPa、30MPa 条件下，

试件破坏时围压分别对应初始围压的 25%～30%、46%～52%、57%～67%、62%～64%、66%～71%，随围压升高呈明显上升趋势。

综合上述试验结果的整理内容可以发现，初始围压越高，达到峰值应力破坏时对应的卸载比越低。基于这样的试验结果，结合对卸围压条件下花岗岩破坏特征的研究内容，定义新的岩爆倾向性判据卸载比 H：

$$H=\frac{\sigma_3^0-\sigma_3^T}{\sigma_3^0} \tag{9-24}$$

式中 σ_3^T——破坏围压；

σ_3^0——初始围压。

卸载比在实际应用中作为岩爆倾向性判据需要加轴压卸围压试验的具体规划，研究内容所限，本节卸载比岩爆判据规划内容目前主要针对花岗岩。在不考虑岩石内部缺陷损伤的前提下，加轴压卸围压试验以稳定速率施加围压至预定值，预定值可直接对应实际工程某深度下的最小主应力值，稳定初始围压后以稳定速率施加轴压，当体应变出现回转即达到损伤应力时开始卸围压，将岩石发生破坏时刻的卸载比作为岩爆倾向性判据。

卸载比判据可以直接反映出不同围压条件下岩石在切向应力增加径向应力减小的应变状态改变过程中对应力变化的承受能力，卸载比越小，说明岩石在对应的应力条件下承受切向应力增加径向应力减小这一应力变化的能力越差，即岩石应力变化过程中破坏并释放能量的倾向性越高。

根据本节围压对破坏时卸载比影响的研究内容，围压越高，卸载比越小，破坏时能量释放越剧烈，可以说明围压越高，岩石在切向应力增加径向应力减小的这一应力变化的过程中发生岩爆的倾向性越高。

卸载比这一岩爆判据可以反映出岩石在对应围压条件下，切向应力增加径向应力减小的这一应力变化的过程中发生岩爆的倾向性。在具体实例的应用中，可以单独作为岩爆倾向性的判据指标，也可以与其他判据指标进行岩爆倾向性综合分析，具有很强的实用意义。

9.5 基于数值模拟的预选区某硐室岩爆倾向性研究

本节选取高放射性废物处置预选区某处置硐室作为研究对象，综合运用数值模拟、理论分析等手段，主要进行硐室岩爆倾向性相关研究。在第 2 章岩爆倾向性的理论基础上，在 500m～600m 深度下设置硐室深度和最大水平主应力与洞轴线夹角作为主要研究变量，根据数值模拟得到的应力场分布，应用应力-强度理论中经典的 Barton 岩爆指标进行岩爆倾向性研究。

9.5.1 数值模拟建立

本节整体计算模型如图 9-6 所示。根据地下岩石工程数值模拟研究的相关经验，受工程开挖扰动影响后，硐室周边的应力重分布范围大概为硐室直径的 3～5 倍。硐室模型的最大宽度为 7.0m，最大高度为 8.5m，原点建立在硐室开挖中心正下方位于模型底部，数值模型计算区域为 $XYZ=80\text{m}\times40\text{m}\times80\text{m}$。为保证数值模拟的计算精度，硐室部分及硐室周边方形区域，进行了网格的细化处理，模型共计生成 91440 个单元以及 97212 个节点。

对模型边界 X，Y 和底面 Z 方向进行位移约束，根据预选区主应力随深度变化规律进行铅直方向（Z 方向）均布应力和侧向（X 方向，Y 方向）梯度应力（grad 命令）的施加，主应力数值与 9.2 节中叙述相同。

$$\begin{cases}\sigma_H=0.022H+4.142\\ \sigma_h=0.016H+2.574\\ \sigma_v=0.0268H\end{cases} \tag{9-25}$$

式中 σ_H——预选区最大水平主应力（MPa）；

σ_h——预选区最小水平主应力（MPa）；

σ_v——预选区竖直主应力（MPa）。

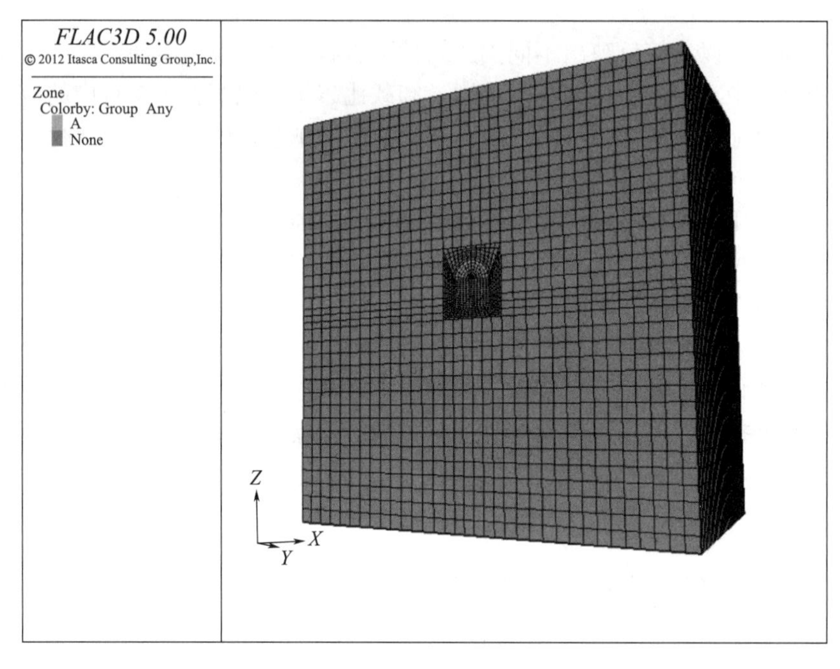

图 9-6 模型示意图

选择合理恰当的本构模型对数值模拟研究具有十分重要的意义。预选区地下主要构成为大规模的花岗岩，根据工程的实际情况，本节选用的本构模型是莫尔-库仑模型，该模型在地下工程非弹性数值模拟中比较适合模拟岩石、混凝土等材料，适用于本节预选区硐室所在的岩质场地。

数值模拟软件赋值主要参数包括：体积模量 K（MPa）、剪切模量 G（MPa）、黏聚力 C（kPa）、内摩擦角 φ（°）、密度（g/cm³）等，围岩岩体具体参数赋值参考室内试验的试验结果，室内试验过程不再赘述，岩石赋值详细参数整理结果见表 9-9。

表 9-9 岩体物理力学参数

名称	密度 (g/cm³)	弹性模量 E（MPa）	体积模量 K（MPa）	剪切模量 G（MPa）	黏聚力 C（kPa）	内摩擦角 φ（°）	泊松比 v
花岗岩	2.649	50	36.67	22	10	45	0.25

9.5.2 硐轴线与最大水平主应力不同夹角情况下岩爆倾向性分析

高放射性废物处置硐室的地下结构设计中，硐室轴线方位布置是其中重要的设计内容。高地应力硐室相关规范及设计手册对此都有明确的原则性指示和规定，认为“宜使轴线与最大水平地应力方向一致，或使其夹角尽量减小”。本节采用三维有限元差分方法，应用 Flac3D 数值分析软件（Flac3D 软件中默认拉为正、压为负，与岩土工程中常用的压为正、拉为负相反，故 Flac3D 后续计算云图中最大、最小主应力示意图相互调换顺序），如图 9-7 所示，选取同一深度相同开挖方式下最大水平主应力与硐轴线成不同夹角的三种情况（90°、45°、0°），分别研究每种情况下的应力分布特征，并根据应力分布情况引入冲击倾向性理论中的经典 Barton 岩爆指标进行岩爆倾向性分析。

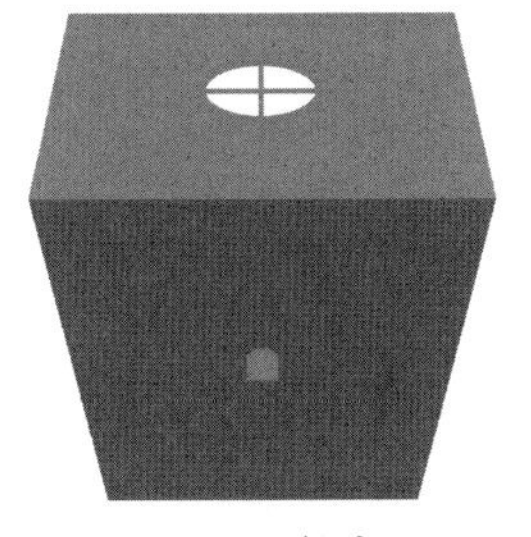

(a) σ_H与硐轴成90°　　(b) σ_H与硐轴成45°　　(c) σ_H与硐轴成0°

图 9-7　计算模型示意图

9.5.2.1　硐轴线与最大水平主应力成 β=90°角时

当最大水平主应力与硐轴线成 90°角时，硐室围岩最小主应力分布如图 9-8 所示。从图中可以观察得到，围岩开挖后，底板两侧底角部位最小主应力量值较大，量值为 14.00MPa～15.29MPa，硐室顶部最小主应力分布较为均匀，量值为 2.00MPa～4.00MPa，硐室的左帮、右帮和底板中部均有较弱拉应力出现，量值为 0MPa～0.39MPa，数量级不足 1MPa。

硐室围岩最大主应力分布如图 9-9 所示。从图中可以观察得到，围岩开挖后，最大主应力底板两侧底角部位量值较大，量值为 42.50MPa～51.91MPa，硐室顶部存在一定程度的应力集中，量值为 37.50MPa～42.50MPa，硐室左帮、右帮和底板中部最大主应力值较小，量值为 14.78MPa～17.50MPa。

硐室围岩切应力分布情况如图 9-10 所示。从图中可以观察得到，硐室围岩切应力在底板两侧底角部和顶板中部较大，应力量值为 16.00MPa～18.31MPa，其中，底角部位切应力最大，应力量值达到 18.31MPa。硐室左、右帮及底板中部切应力较小，应力值在 7MPa 左右。

综合硐轴线与最大水平主应夹角呈 90°情况下的最大、最小主应力分布图和切应力分布图可以发现，硐室开挖后，底板两侧和顶板中部应力集中现象较为显著，硐室底板中部和左、右帮有微弱拉应力出现。硐室周边应力受开挖扰动较为明显的范围大致在以硐室中心为圆点、12m 为半径的圆形区域内，在其他区域，开挖对岩体应力状态的影响并不大，岩体基本能够保持在初始应力状态。

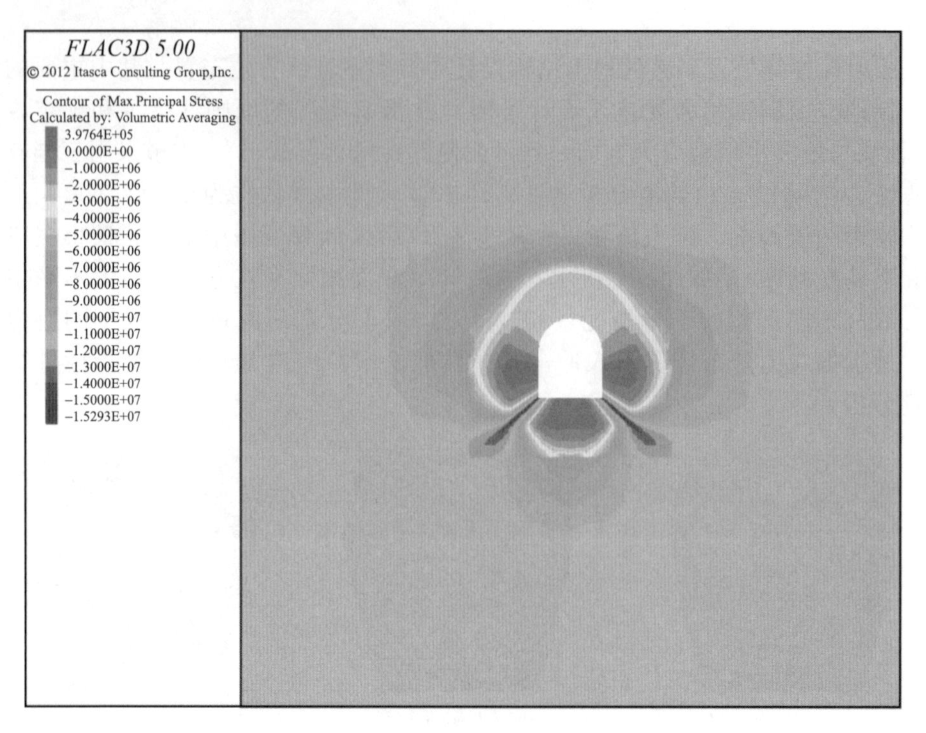

图 9-8　最小主应力分布（90°）

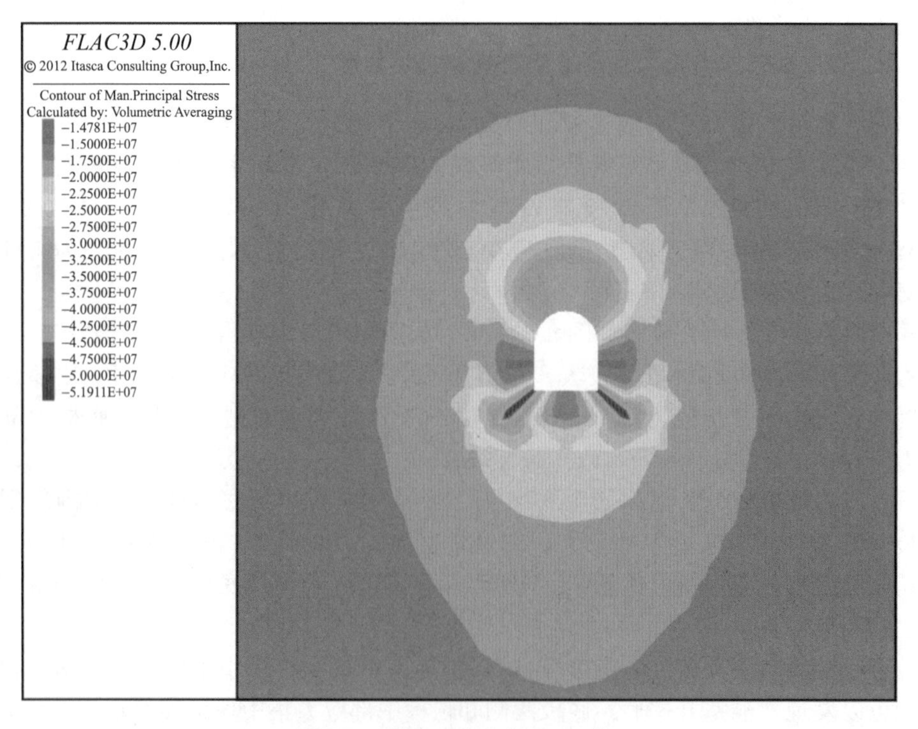

图 9-9　最大主应力分布（90°）

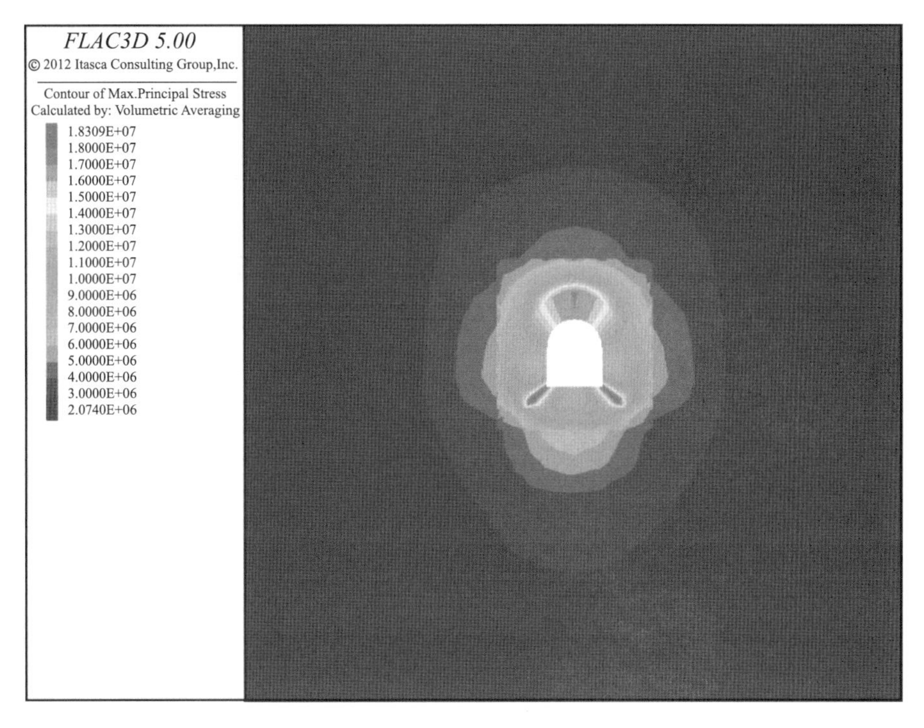

图 9-10　切应力分布（90°）

根据数值模拟得到的硐室周边最大主应力值，选取 Barton 判据指标进行岩爆倾向性分析，根据 3.1 节中单轴压缩试验结果整理得到的 σ_1 取值为 140.36MPa，代入 Barton 判别式计算，$\sigma_c/\sigma_1=140.36/51.91=2.70$，根据 Barton 指标分析结果属弱岩爆。

9.5.2.2　硐轴线与最大水平主应力成 β=45°角时

当最大水平主应力与硐轴线成 45°角时，硐室围岩最小主应力分布如图 9-11 所示。从图中可以观察得到，围岩开挖后，底板两侧底角部位最小主应力量值较大，量值为 13.00MPa～14.72MPa，硐室顶部最小主应力分布较为均匀，量值为 1.00MPa～4.00MPa，硐室的左帮、右帮和底板中部均有较弱拉应力出现，量值为 0MPa～0.34MPa，数量级不足 1MPa。

硐室围岩最大主应力分布如图 9-12 所示。从图中可以观察得到，围岩开挖后，底板两侧底角部位最大主应力量值较大，量值为 42.50MPa～47.35MPa，硐室顶部应力分布较为均匀，量值为 25.00MPa～30.00MPa，左帮、右帮和底板中部最大主应力量值较小，量值为 11.97MPa～17.50MPa。

硐室围岩切应力分布情况如图 9-13 所示。从图中可以观察得到，切应力在底板两侧底角部最为集中，应力量值为 15.00MPa～16.98MPa，相对于左、右帮部位，硐室顶部的切应力明显较大，量值为 12.00MPa～14.00MPa，其中，底角部位切应力最大，应力量值达到 16.98MPa。

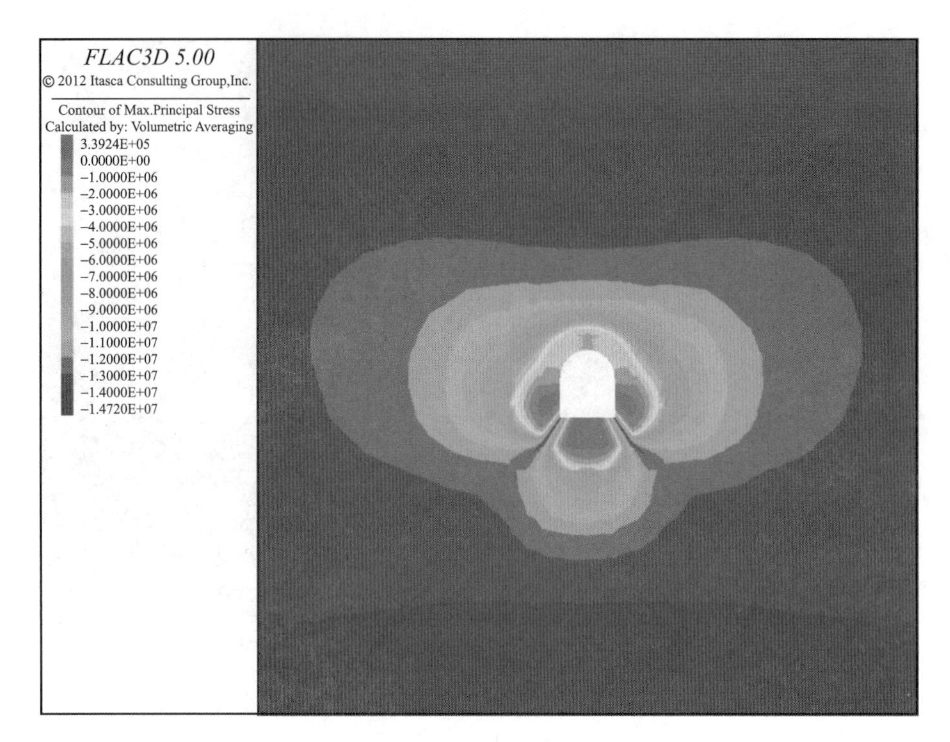

图 9-11　最小主应力分布（45°）

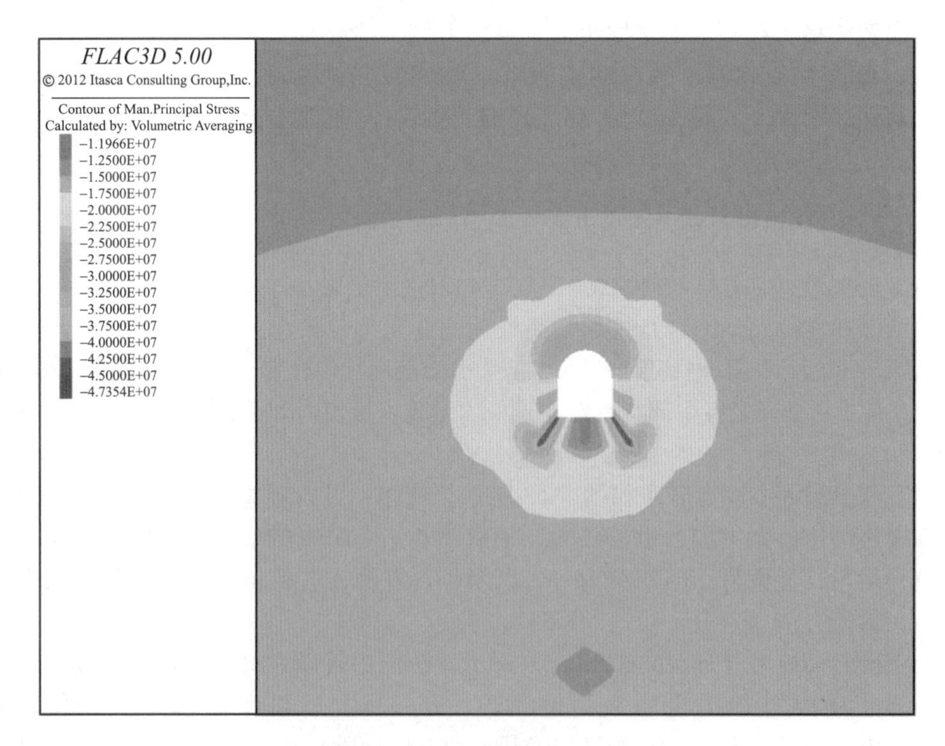

图 9-12　最大主应力分布（45°）

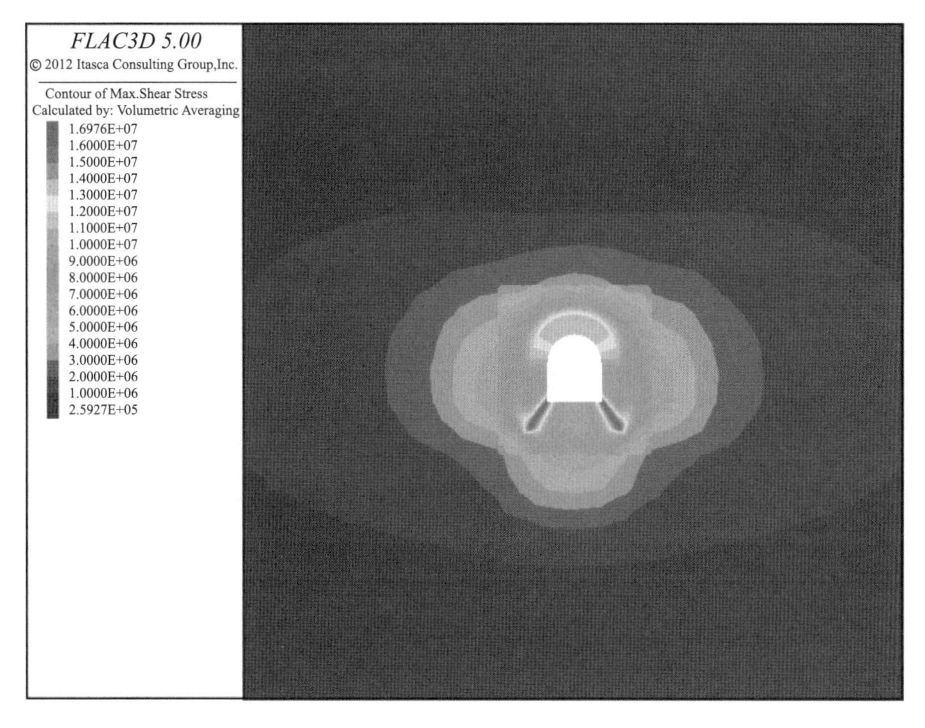

图 9-13　切应力分布（45°）

综合硐轴线与最大水平主应夹角呈 45°情况下的最大、最小主应力分布图和切应力分布图可以发现，硐室开挖后，底板两侧和顶板中部应力集中现象较为显著，硐室周边应力状态受开挖扰动较明显的岩体大致分布在以硐室中心为圆点、12m 为半径的圆形区域内，在其他区域，开挖对岩体应力状态的影响并不大，岩体基本能够保持在初始应力状态。相较于最大水平主应力和硐室轴线 90°情况，主应力切应力水平都有明显的下降。

根据数值模拟得到的硐室周边最大主应力选取 Barton 判据指标进行岩爆倾向性分析，σ_c/σ_1＝140.36/47.35＝2.96，根据 Barton 指标分析结果属弱岩爆。

9.5.2.3　硐轴线与最大水平主应力成 β=0°角时

当最大水平主应力与硐轴线成 0°角时，硐室围岩最小主应力分布如图 9-14 所示。从图中可以观察得到，围岩开挖后，底板两侧底角部位最小主应力量值较大，量值为 10.00MPa～12.62MPa，硐室顶部应力分布较为均匀，量值为 1.00MPa～3.00MPa，硐室的左帮、右帮和底板中部均有较弱拉应力出现，量值为 0MPa～0.38MPa，不足 1MPa。

硐室围岩最大主应力分布如图 9-15 所示。从图中可以观察得到，围岩开挖后，底板两侧底角部位最大主应力量值较大，量值为 37.50MPa～43.02MPa，硐室顶部应力分布较为均匀，左帮、右帮最大主应力较小，量值为 17.50MPa～22.50MPa。最大主应力的最小值出现在硐室底板中部，为 10.14MPa。

硐室围岩切应力分布情况如图 9-16 所示。从图中可以观察得到，切应力在底板两侧底角和顶板两侧较大，应力量值为 14.00MPa～16.50MPa，其中，底角部位切应力最大，应力量值达到 16.50MPa。

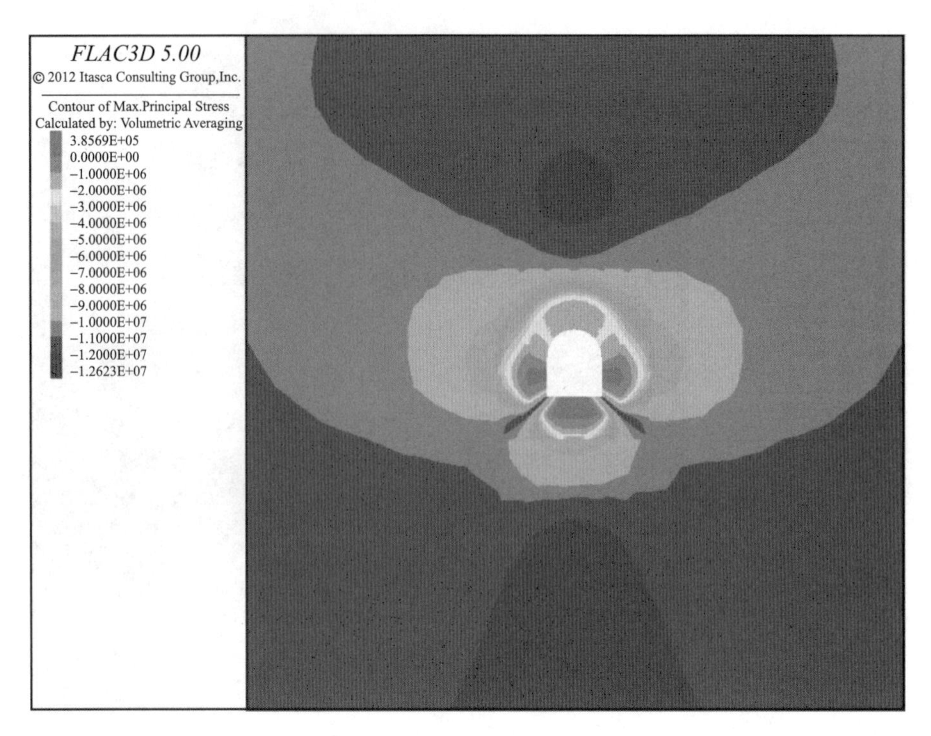

图 9-14　最小主应力分布（0°）

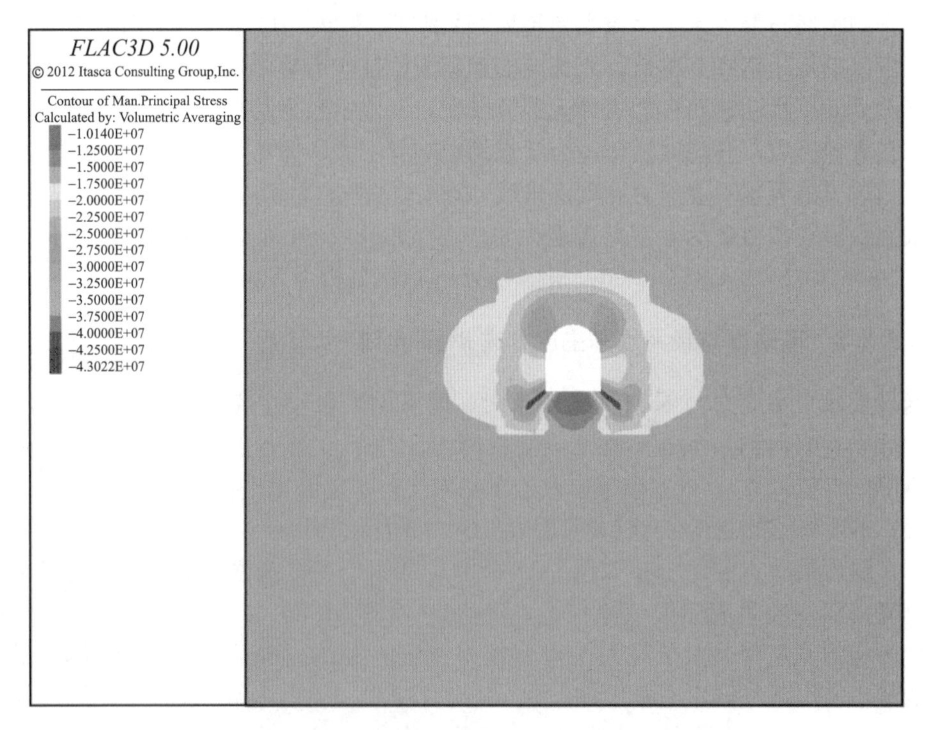

图 9-15　最大主应力分布（0°）

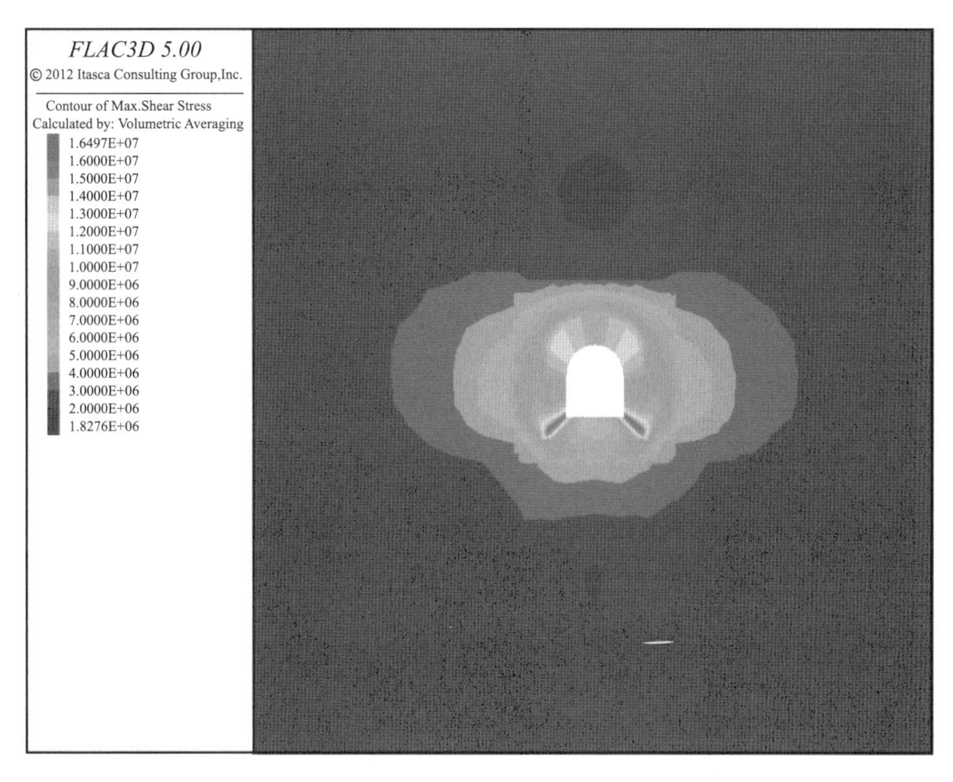

图 9-16　切应力分布（0°）

综合硐轴线与最大水平主应夹角呈 0°情况下的最大、最小主应力分布图和切应力分布图可以发现，硐室开挖后，底板两侧和顶板中部应力集中现象较为显著，硐室周边应力状态受开挖扰动较明显的岩体大致分布在以硐室中心为圆点、12m 为半径的圆形区域内，在其他区域，开挖对岩体应力状态的影响并不大，岩体基本能够保持在初始应力状态。相较于最大水平主应力和硐室轴线 45°情况，主应力切应力水平都有明显的下降。

根据数值模拟得到的硐室周边最大主应力选取 Barton 判据指标进行岩爆倾向性分析，$\sigma_c/\sigma_1=140.36/43.02=3.26$，根据 Barton 指标分析结果属弱岩爆。

总结同一深度最大水平主应力和硐室轴线不同夹角情况下的应力分布情况可以得到，硐室围岩最大、最小主应力极值及最大切应力都随着夹角下降而下降。总结最大水平主应力和硐室轴线不同夹角情况下的岩爆倾向性分析结果，根据图 9-17 可以发现，随着最大水平主应力与硐室轴线的夹角下降，Barton 岩爆倾向判据指标代表值有明显上升，Barton 判据代表值越高，岩爆倾向性小。可以认为，岩爆倾向性随着最大水平主应力与硐室轴线的夹角下降而下降，从硐室岩爆倾向性研究结果来看，“宜使轴线与最大水平地应力方向一致，或使其夹角尽量减小”这一原则性指示和规定是必要的。

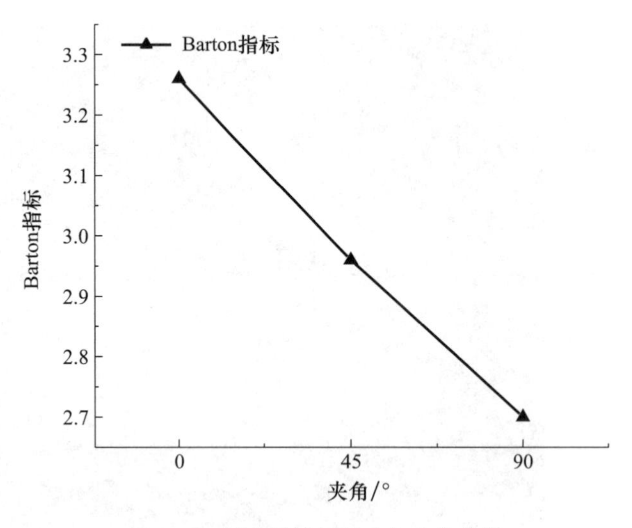

图 9-17 倾向性指标随夹角变化趋势

9.5.3 不同深度情况下的岩爆倾向性分析

根据相关地质工程资料结合实际硐室功能性要求，高放射性废物处置硐室预定深度范围为500m～600m。在上一节中，主要对最大水平主应力和硐室轴线不同夹角情况下的岩爆倾向性进行了分析，研究了硐室轴线对岩爆分析结果的影响。本节在最不利的硐轴线与最大水平主应力夹角的情况下（90°），研究三种深度情况下（500m、550m和600m）应力分布特征及应力变化趋势，探究深度这一研究变量对硐室应力状态的影响，并根据应力分布情况引入冲击倾向性理论中的经典Barton岩爆指标进行岩爆倾向性分析，进一步从岩爆倾向性角度对500m～600m这一深度范围内的硐室安全性进行评估。

9.5.3.1 硐室深度500m

应用Flac3D数值分析软件分析不同深度最不利硐室轴线与最大水平主应力夹角情况下硐室周边应力分布情况。硐室深度500m时，硐室围岩最大主应力分布如图9-18所示。

从图中可以观察得到，围岩开挖后，底板两侧底角部位最大主应力量值较大，量值为40.00MPa～47.98MPa，硐室顶部应力分布较为均匀，量值为25.00MPa～30.00MPa，明显小于底角两侧，硐室的左帮、右帮和底板中部最大主应力量值相对较小，量值为13.19MPa～17.50MPa。

硐室深度500m的情况下，硐室围岩最小主应力分布如图9-19所示。从图中可以观察得到，围岩开挖后，底板两侧底角部位最小主应力量值较大，量值为13.00MPa～14.05MPa，硐室顶部应力分布较为均匀，量值在3.00MPa左右，明显小于底角两侧，硐室的左帮、右帮和底板中部有较弱拉应力出现，量值为0MPa～0.36MPa，数量级不足1MPa。

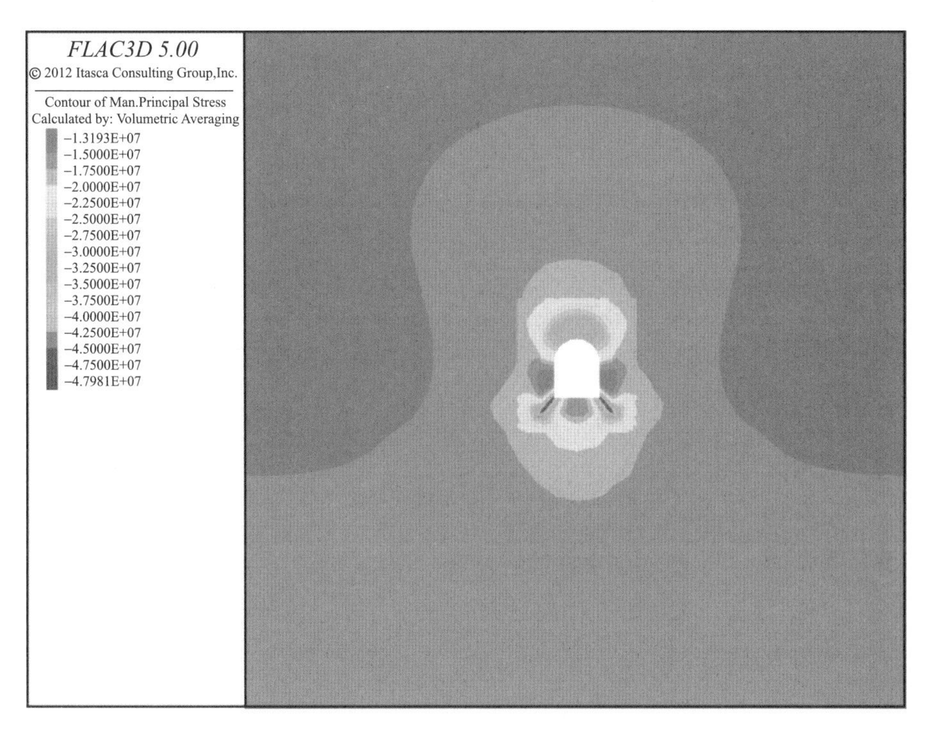

图 9-18　最大主应力分布（500m）

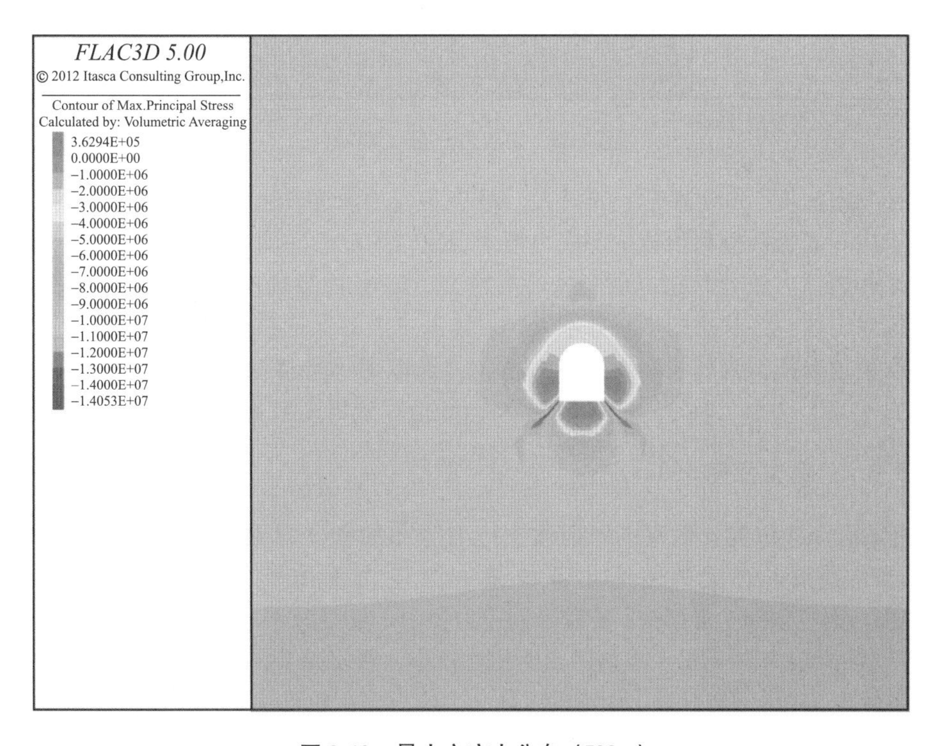

图 9-19　最小主应力分布（500m）

硐室深度 500m 的情况下，硐室围岩切应力分布情况如图 9-20 所示。从图中可以观察得到，切应力在底板两侧底角部和顶板中部较大，应力量值为 14.00MPa～16.96MPa，其中，底角部位切应力最大，应力量值达到 16.96MPa。硐室底板中部和左、右帮中部切应力较小，应力值在 7MPa 左右。

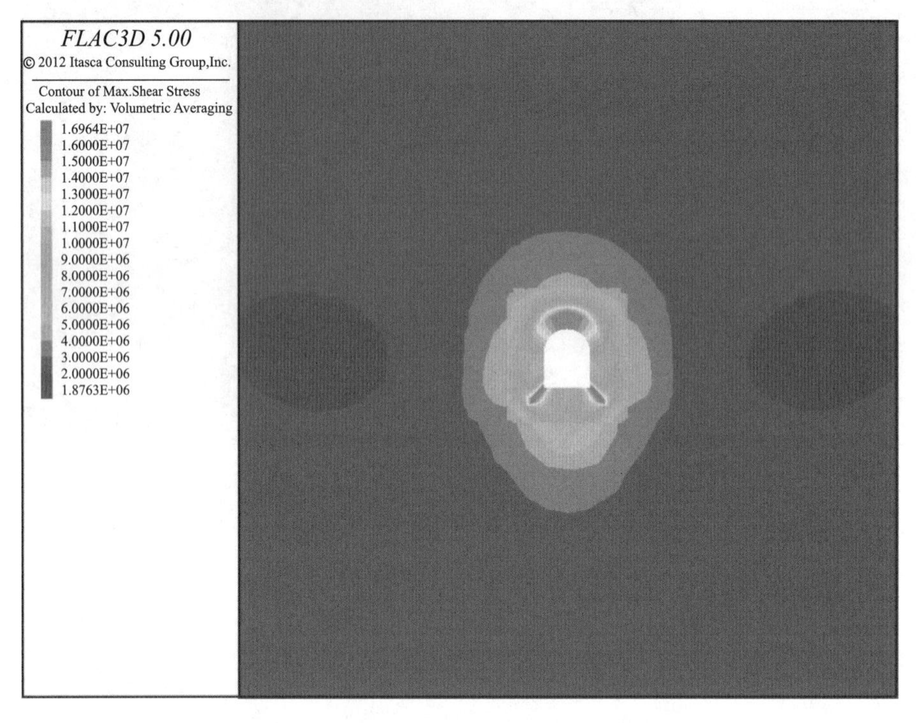

图 9-20　切应力分布（500m）

综合硐室深度 500m 情况下的最大、最小主应力分布图和切应力分布图可以发现，硐室开挖后，底板两侧和顶板中部应力集中现象较为显著。硐室周边应力状态受开挖扰动较明显的岩体大致分布在以硐室中心为圆点、12m 为半径的圆形区域内，在其他区域，开挖对岩体应力状态的影响并不大，岩体基本能够保持在初始应力状态。

根据数值模拟得到的硐室周边最大主应力选取 Barton 判据指标进行岩爆倾向性分析，$\sigma_c/\sigma_1=140.36/47.98=2.93$，根据 Barton 指标分析结果属弱岩爆。

9.5.3.2　硐室深度 550m

硐室深度 550m 时，硐室围岩最大主应力分布如图 9-21 所示。从图中可以观察得到，围岩开挖后，底板两侧底角部位最大主应力量值较大，量值为 40.00MPa～51.91MPa，硐室顶部中部存在一定程度的应力集中，量值为 35.00MPa～40.00MPa，硐室的左帮、右帮和底板中部最大主应力量值相对较小，量值为 14.78MPa～17.50MPa。

硐室深度 550m 的情况下，硐室围岩最小主应力分布如图 9-22 所示。从图中可以观察得到，围岩开挖后，底板两侧底角部位最小主应力量值较大，量值为 14.00MPa～15.29MPa，硐室顶部最小主应力分布较为均匀，量值为 1.00MPa～3.00MPa，明显小于底角两侧，左帮、右帮和底板中部有较弱拉应力出现，量值为 0MPa～0.39MPa，不足 1MPa。

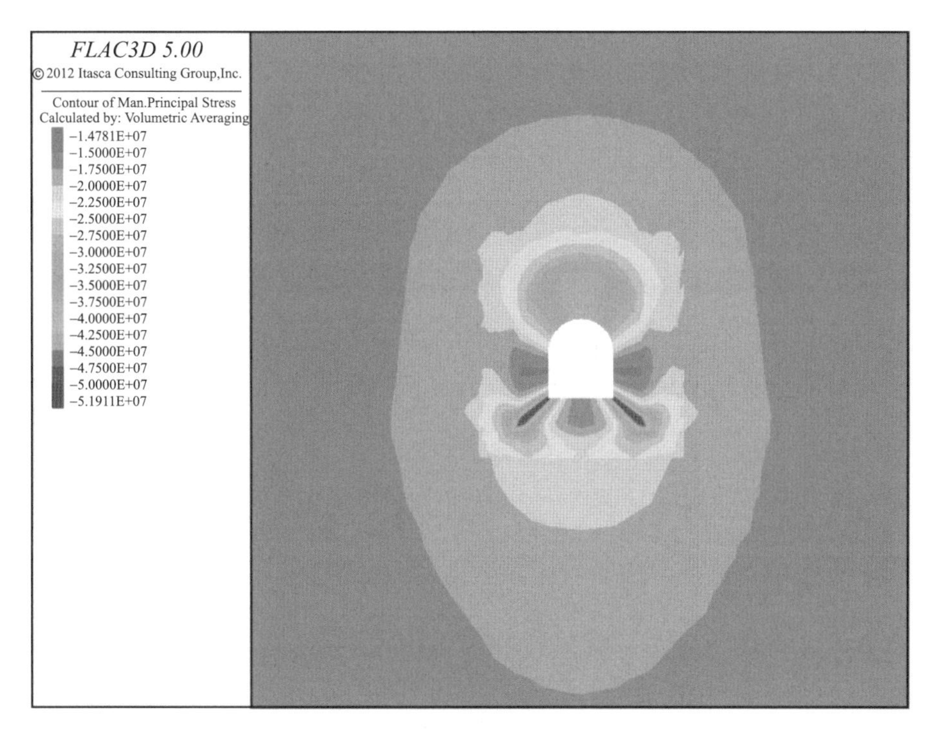

图 9-21　最大主应力分布（550m）

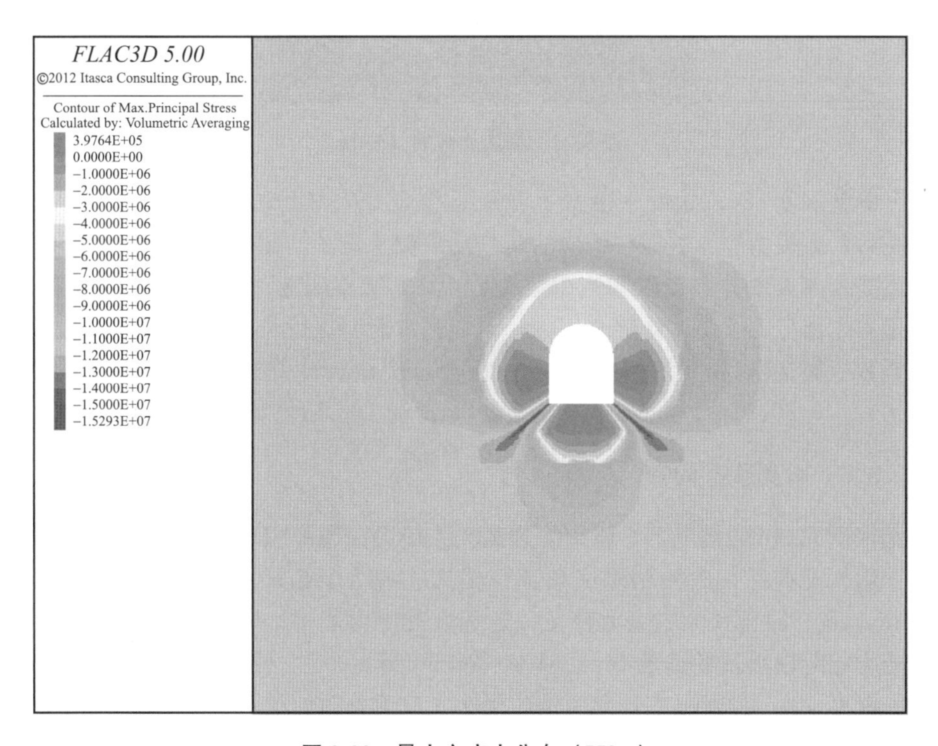

图 9-22　最小主应力分布（550m）

硐室深度550m的情况下，硐室围岩切应力分布情况如图9-23所示。从图中可以观察得到，切应力在底板两侧底角部和顶板中部相对较大，应力量值为16.00MPa～18.31MPa，其中，底角部位切应力最大，应力量值达到18.31MPa。硐室底板和左、右帮中部切应力较小，应力值在7MPa左右。

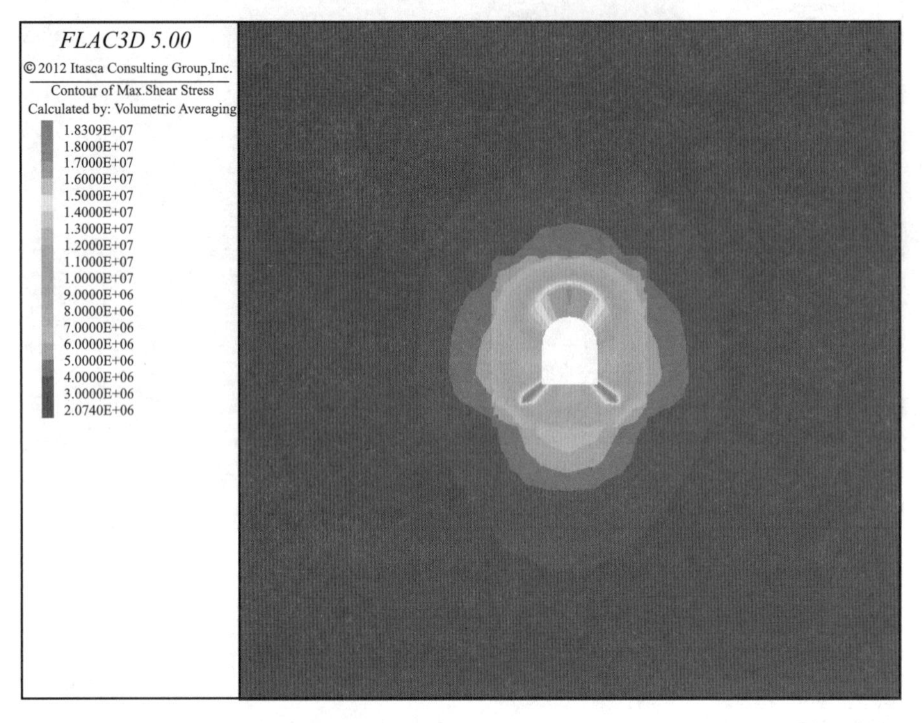

图9-23　切应力分布（550m）

综合硐室深度550m情况下的最大、最小主应力分布图和切应力分布图可以发现，围岩开挖后，底板两侧和顶板中部应力集中现象较为显著。硐室周边应力状态受开挖扰动较明显的岩体大致分布在以硐室中心为圆点、12m为半径的圆形区域内，在其他区域，开挖对岩体应力状态的影响并不大，岩体基本能够保持在初始应力状态。

根据数值模拟得到的硐室周边最大主应力选取Barton判据指标进行岩爆倾向性分析，$\sigma_c/\sigma_1=140.36/51.91=2.70$，根据Barton指标分析结果属弱岩爆。

9.5.3.3　硐室深度600m

硐室深度600m的情况下，硐室围岩最大主应力分布如图9-24所示。从图中可以观察得到，围岩开挖后，底板两侧底角部位最大主应力量值较大，量值为45.00MPa～55.84MPa，硐室顶部最大主应力存在一定程度的应力集中，底板和左帮、右帮中部的最大主应力相对较小，量值为16.32MPa～22.50MPa。

硐室深度600m的情况下，硐室围岩最小主应力分布如图9-25所示。从图中可以观察得到，围岩开挖后，底板两侧底角部位最小主应力量值较大，量值为13.00MPa～16.53MPa，硐室顶部应力分布较为均匀，量值为1.00MPa～3.00MPa左右，硐室的左帮、右帮和底板中部有较弱拉应力出现，量值为0MPa～0.43MPa，不足1MPa。

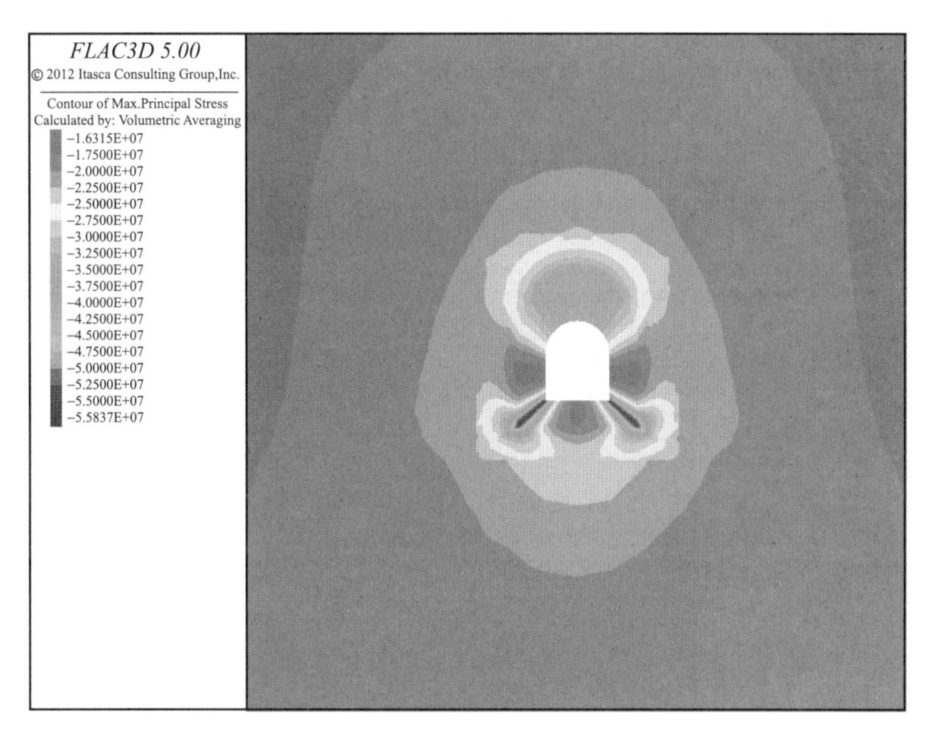

图 9-24　最大主应力分布（600m）

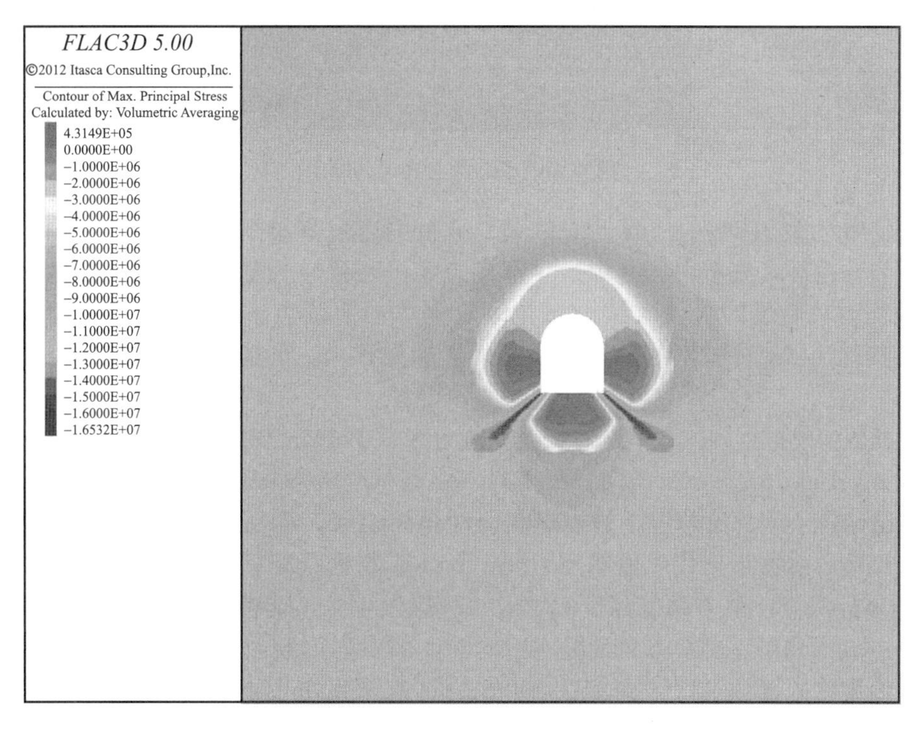

图 9-25　最小主应力分布（600m）

硐室深度 600m 的情况下，硐室围岩切应力分布情况如图 9-26 所示。从图中可以观察得到，切应力在底板两侧底角部和顶板中部较大，应力量值为 16.00MPa～19.65MPa，其中，底角部位切应力最大，应力量值达到 19.65MPa。硐室底板和左、右帮中部切应力较小，应力值在 7MPa 左右。

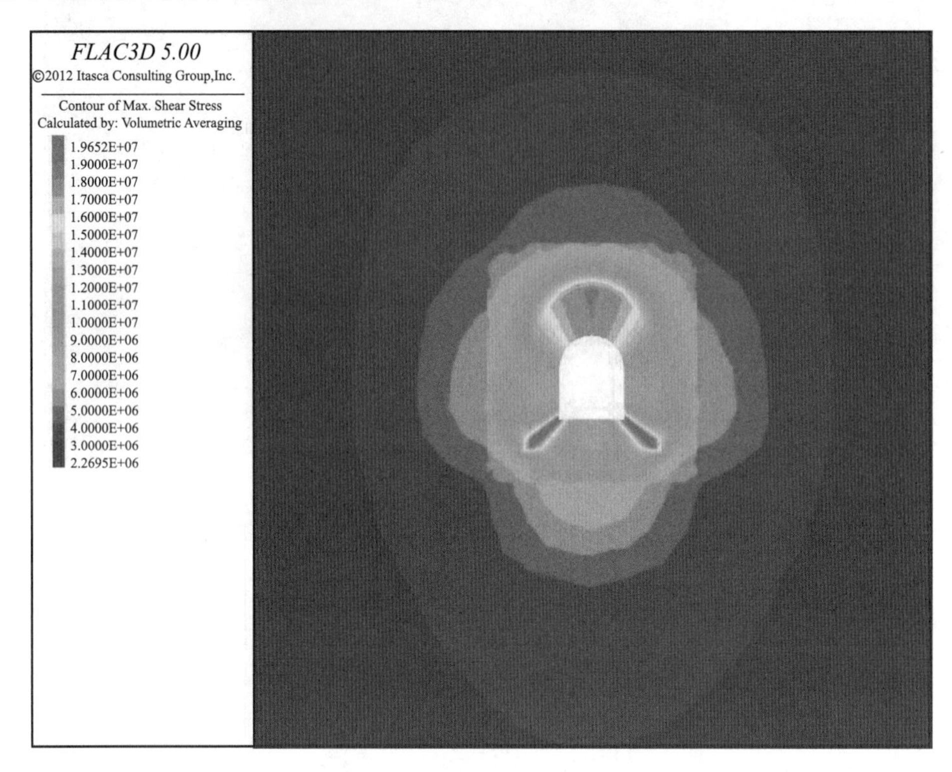

图 9-26 切应力分布（600m）

综合硐室深度 600m 情况下的最大、最小主应力分布图和切应力分布图可以发现，围岩开挖后，底板两侧和顶板中部应力集中现象较为显著。硐室周边应力状态受开挖扰动较明显的岩体大致分布在以硐室中心为圆点、12m 为半径的圆形区域内，在其他区域，开挖对岩体应力状态的影响并不大，岩体基本能够保持在初始应力状态。

根据数值模拟得到的硐室周边最大主应力选取 Barton 判据指标进行岩爆倾向性分析，$\sigma_c/\sigma_1=140.36/55.84=2.51$，根据 Barton 指标分析结果属弱岩爆。

总结硐室不同深度情况下的岩爆倾向性分析结果，如图 9-27 所示，随着深度的增大，Barton 判据指标代表值明显下降。Barton 判据指标代表值越低，岩爆倾向性越高。分析认为，随着硐室深度的增大，岩爆发生的可能性也增大。综合最不利最大水平主应力和硐室轴线夹角情况下不同深度硐室岩爆倾向性分析结果，可以认为：高放射性废物处置预选区该硐室在 500m～600m 深度范围内发生岩爆灾害的可能性较小。

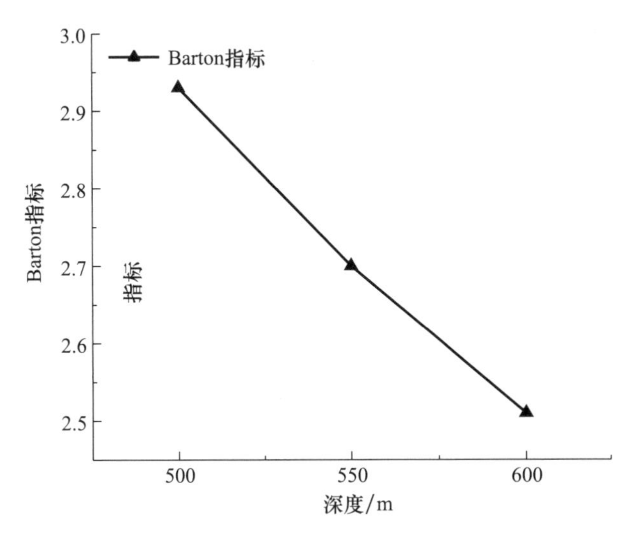

图 9-27 倾向性指标随深度变化趋势

9.6 本章小结

本章选择预选区深度范围 500m～600m 岩爆倾向性为主要研究内容，应用冲击倾向性理论和应力-强度理论两种岩爆理论进行岩爆倾向性分析。提出了破坏卸载比这一新的岩爆倾向性判据，用于反映不同围压条件下岩石应力状态在切向应力增加、径向应力减小的改变过程中对应力变化的承受能力。为综合各岩爆判据因素的影响进一步研究预选区岩爆倾向性，应用灰色系统理论进行了多指标岩爆倾向性分析和预测，提出了一种新的基于聚类评估和关联度筛选的预测方法。并在 500m～600m 深度范围内设置硐室深度和最大水平主应力与洞轴线夹角作为主要研究变量，通过对不同变量条件下应力情况和 Barton 岩爆指标岩爆倾向性判别结果，取得主要结论如下：

（1）基于单轴压缩、巴西劈裂、单轴一次循环加卸载基础岩石力学试验结果，应用冲击倾向性理论进行岩爆倾向性分析，脆性指标为 19.1，弹性能量指标为 5.23，岩石冲击能指标为 5.31，RQD＞75％的岩芯占 88.8％，预选区花岗岩各项指标判别结果均为强岩爆岩石。

（2）基于预选区应力场环境和岩石单轴抗压强度应用应力——强度理论进行岩爆倾向性分析，综合 Russense 判据、Turchaninov 判据、Barton 判据等共计五项判据指标判别结果，预选区 500m～600m 深度范围呈弱岩爆倾向性。

（3）冲击倾向性理论对岩石本身力学储能特性分析较为全面，应力——强度理论除岩体本身力学特性外，考虑了岩体所处的地应力环境，两种理论研究中岩爆影响因素选择的不同导致了判别结果的差异性。

（4）新的“三向应力状态下的弹性能量指标”同一种岩石的岩爆倾向性判别结果随着应力条件的变化而变化，充分考虑到了应力对岩石储能性质的影响。在试验室中传统单轴一次循环加卸载得到的弱岩爆倾向性或中岩爆倾向性的岩石，在深部较大的地应力条件下，随着储能能力的上升，也可以发展成强岩爆倾向性的岩石。

（5）基于灰色系统理论进行综合多倾向性指标的岩爆倾向性分析，根据灰色关联度分析结果，预选区 500m～600m 深度范围内，岩爆倾向性为中岩爆，根据 GM（0，N）模型预测结果预选区 500m～600m 深度范围内，岩爆倾向性分析结果为弱岩爆。综合灰色系统理论分析内容可以得到，预选区 500m～600m 深度范围内，整体倾向性在弱岩爆到中岩爆范围内，发生强烈岩爆灾害的可能性较小。

（6）在 500m～600m 深度范围内，以硐室中心为圆点、12m 为半径的区域内围岩应力受开挖扰动较明显。硐室最大水平主应力与硐室轴线呈不同夹角时，应力集中现象主要均出现在底板两侧和顶板中部，左、右帮中部会出现较弱的拉应力，数量级不足 1MPa。随着最大水平主应力与硐室轴线夹角的减小，Barton 岩爆指标判别值呈明显下降趋势，可以认为："宜使硐室轴线与最大水平主应力方向一致，或使其夹角尽量减小"有利于降低岩爆发生的可能。

（7）硐室轴线与最大水平主应力夹角相同时，根据 Barton 判据指标分析不同深度下的岩爆倾向性，得到发生岩爆的可能性随着硐室深度的增大而增大；综合最大水平主应力和硐室轴线最不利夹角情况下不同深度硐室岩爆倾向性分析结果，可以认为：高放射性废物处置预选区该硐室在 500m～600m 深度范围内发生岩爆灾害的可能性较小。

10

玉磨铁路曼木树软岩隧道开挖大变形研究

软岩指岩石本身强度较低的天然形成的复杂地质介质，而深埋软岩隧道围岩在开挖过程中则表现出显著的塑性软化与剪胀特性。软岩隧道岩体在高地应力作用下开挖后常常发生较大的施工变形，对于复杂的工程地质条件，如果没有合适的设计与施工方案，极易产生支护结构变形破坏、初衬混凝土开裂脱落、隧道变形量过大等现象，甚至发生坍塌。因此，对于复杂工程条件的软岩隧道，研究其施工过程中围岩变形特征及机制十分必要。

玉磨铁路是泛亚铁路中线昆明至曼谷的重要组成部分，是国内连接老挝、泰国的连接线，铁路建成后，将完善西南铁路网布局，促进中国-东盟自由贸易区建设，对带动沿线地区经济社会发展具有重要意义。然而，玉磨铁路沿线地形复杂，隧道施工过程中围岩易产生大变形，施工难度大，严重威胁施工安全。铁路建设过程中经过曼么隧道、曼木树隧道等 93 座隧道，其中，曼木树隧道位于云南省西双版纳州，穿越云南省西双版纳州复杂山岭地区，全长约 11.6km，隧道进口连接梭罗河三线道岔大桥，出口连接关累 1 号双线大桥。除隧道进口和出口局部区域设计为双线隧道外，其余隧道均为单线隧道。隧道最大埋深约为 650m，进口里程 DK419＋937，出口里程 DK431＋574。曼木树隧道围岩以软弱岩体为主，地质条件差、围岩强度低、地应力高，是深埋高地应力隧道的典型代表（图 10-1、图 10-2）。

图 10-1　曼木树隧道卫星图

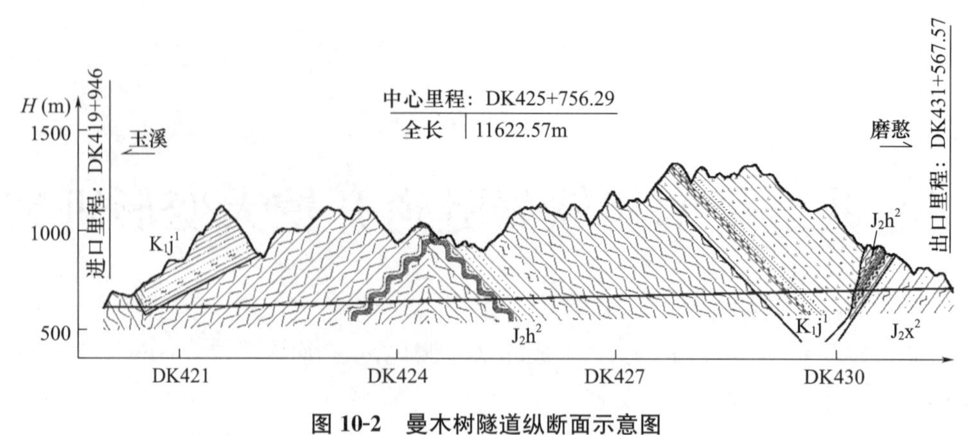

图 10-2 曼木树隧道纵断面示意图

10.1 曼木树隧道地应力测量

在深埋隧道工程中，初始地应力场的大小和方向分布一直都是铁路隧道工程设计和施工的关键因素之一，它和隧道在开挖过程中的稳定性直接相关，是分析隧道围岩稳定性的一个重要参数，也是当前该领域中的一个难点。在复杂的地应力场条件下，隧道施工过程中会产生硬岩岩爆和软岩大变形等各种具有较大风险的工程问题。为避免工程出现事故，提高工作效率，加快工作进度，需要结合地应力场的时空分布规律进行隧道工程设计并提出施工措施。

10.1.1 测点布置及现场情况

10.1.1.1 主要测量仪器及测量步骤

地应力测量的关键是测试仪器与设备，现场测试的部分主要设备如图 10-3 所示，包括钻具、钻杆、钻头、钻孔摄像头和空心包体应变计等。

(a) 空心包体应变计

(b) 尼龙套筒

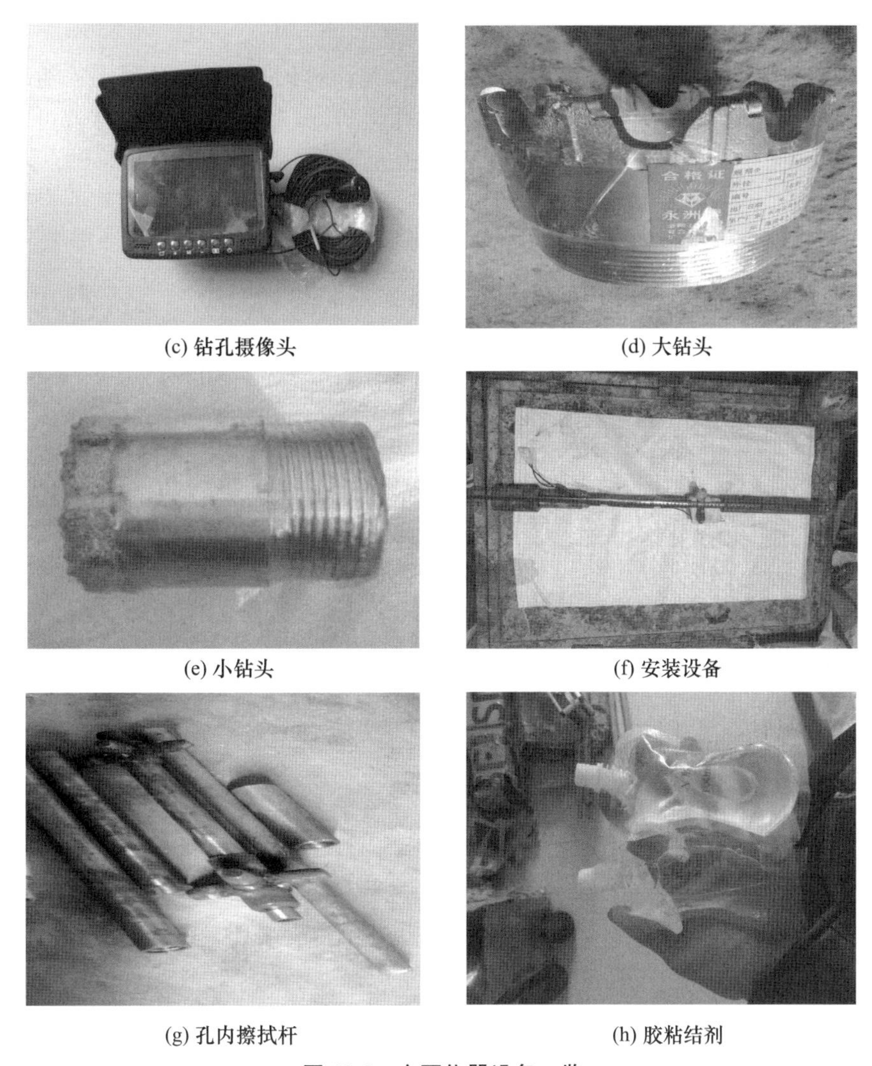

(c) 钻孔摄像头　(d) 大钻头

(e) 小钻头　(f) 安装设备

(g) 孔内擦拭杆　(h) 胶粘结剂

图 10-3　主要仪器设备一览

空心包体应变计现场测量步骤如下。

1）开凿大孔

依据圣维南原理可知，岩体开挖围岩应力释放，导致新开挖巷道壁及其附近应力重新分布，但其影响范围通常在巷道 2.5～5 倍范围内，对较远距离的影响很小，所以大孔开凿深度要达到巷道直径的 2.5 倍。如图 10-4 所示，选用直径 130mm 的金刚石钻头开孔钻进，为方便孔内废水流出并易于清洗，要求钻孔向上倾斜 1°～3°。

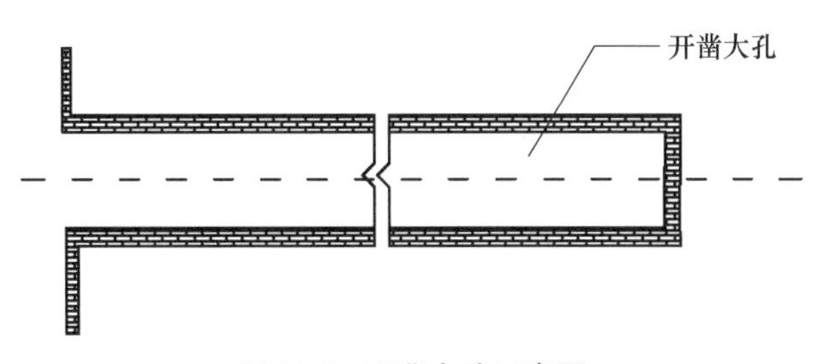

图 10-4　开凿大孔示意图

2）开凿锥形孔

如图 10-5 所示，大孔开凿达到相应深度后，折断岩芯并将孔底磨平，随后采用锥形钻头打出锥形孔。锥形孔可以使得小孔和大孔之间有一个过渡面，这样就可以使空心包体更容易地插入小孔中，因此需要确保锥形孔的质量。

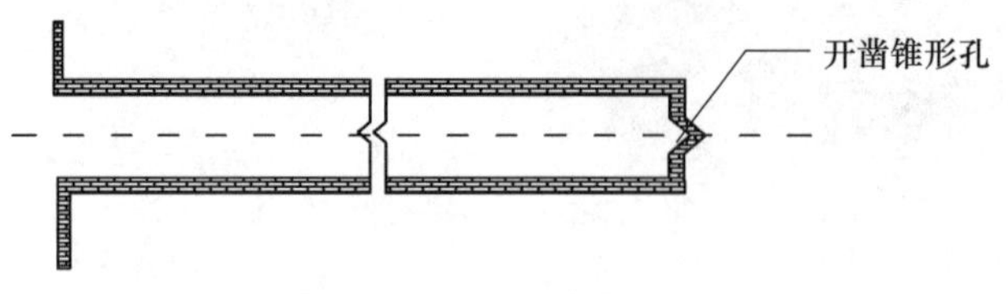

图 10-5　开凿锥形孔示意图

3）开凿小孔

如图 10-6 所示，采用直径为 42mm 的钻头在锥形孔底转取小孔，小孔深度在 40cm 左右，为确保小孔孔壁光滑，尽量降低凿岩机转速。小孔转取完成后检查岩芯完整度，确保孔壁没有较大节理裂隙，然后对孔壁进行清洗，首先用清水冲洗小孔中的泥沙和其他杂物，随后用酒精彻底清洗岩壁并烘干。

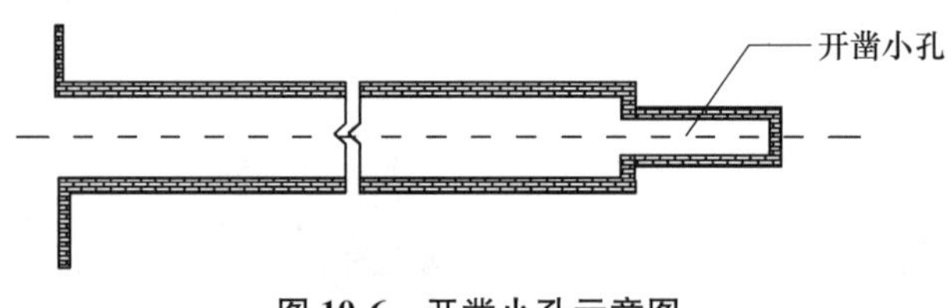

图 10-6　开凿小孔示意图

4）装探头

探头黏结剂需要现场配置，将环氧树脂与固化剂混合搅拌，注入空心包体孔应变计的盛胶室中，用插销固定，随后通过有定向器的安装杆将组装完成后的探头装入小孔。如图 10-7 所示，安装完成后拔掉插销，让环氧树脂填充入小孔和探头孔隙中。

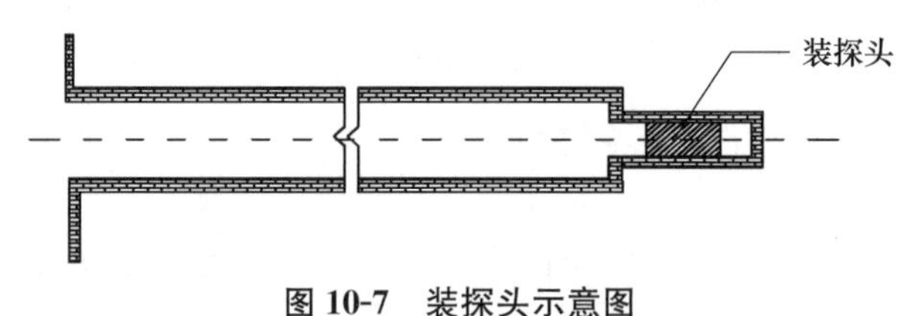

图 10-7　装探头示意图

5）应力解除

如图 10-8 所示，等待胶水固化，一般为 16～24h 左右，记录钻孔方位角和倾角及安装偏斜角。随后继续用直径 130mm 的钻头钻进，将小孔与周边岩石分离，释放岩芯的应力，并记录相应的应变过程。

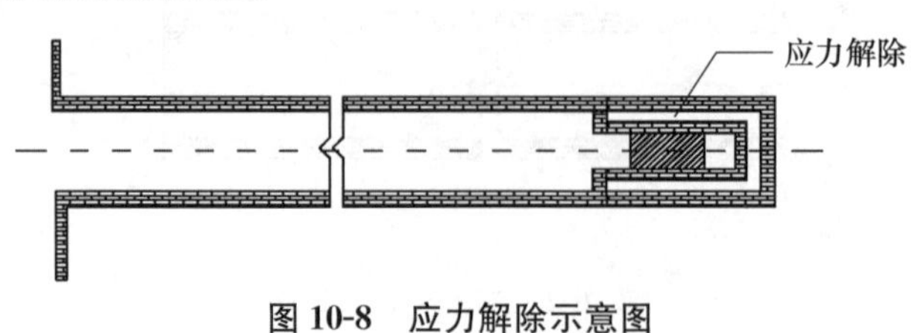

图 10-8　应力解除示意图

10.1.1.2 现场测量情况

根据上述测点布置原则，并结合现场的施工记录和围岩裸露情况，与现场技术人员充分沟通后，确定各测点的布置位置。表10-1为测点具体位置和钻孔情况。

表10-1 地应力各测点位置及试验孔参数

测点编号	测点位置	里程方位	孔深(m)	钻孔倾角	埋深(m)	围岩等级	围岩类型
1#	曼木树隧道2#斜井	DK428+009	18.1	3.1°	450	Ⅲ	泥岩、页岩夹砂岩
2#	曼木树隧道出口	DK430+985	20.5	3°	120	Ⅳ	泥岩夹砂岩
3#	曼木树隧道出口	DK430+560	18.6	3.6°	220	Ⅳ	页岩夹泥岩、砂岩、板岩、泥灰岩
4#	曼木树隧道3#斜井	DK429+480	19.6	2.6°	540	Ⅳ	石英砂岩夹砂岩、泥岩

注：钻孔倾角上斜为正。

地应力测量组成员在曼木树隧道共计完成4个测点的测试工作。由于其中2个测点初次解除结果数据欠佳，地应力测量课题组于原钻孔进行了追加测量，因此实测点数为6个，使得最终采集的解除数据比较理想，为后期数据的处理及最终应力结果的形成提供可靠保障。现场测量过程如图10-9所示。

图10-9 地应力测量现场

图10-10为现场钻孔及所取得岩芯的照片。钻孔笔直且平整度比较好，这就有利于应变计探头的安装，从而确保整个解除过程顺利、有序开展。

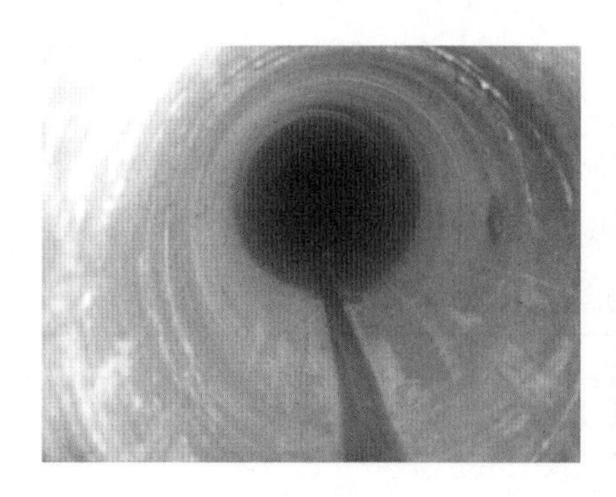

图 10-10　现场钻孔及取得的岩芯

在现场地应力测试过程中，钻孔质量的好坏直接影响地应力测试的最终结果。地应力测量组采取了岗前人员培训、科学选用钻具、钻孔施工现场进隧道跟班等一系列措施，确保钻孔的质量满足应力解除法现场测量的要求。应力解除后获得的岩芯能完全包住空心包体应变计，各测点应力解除后安装有应变计的岩芯如图 10-11 所示。

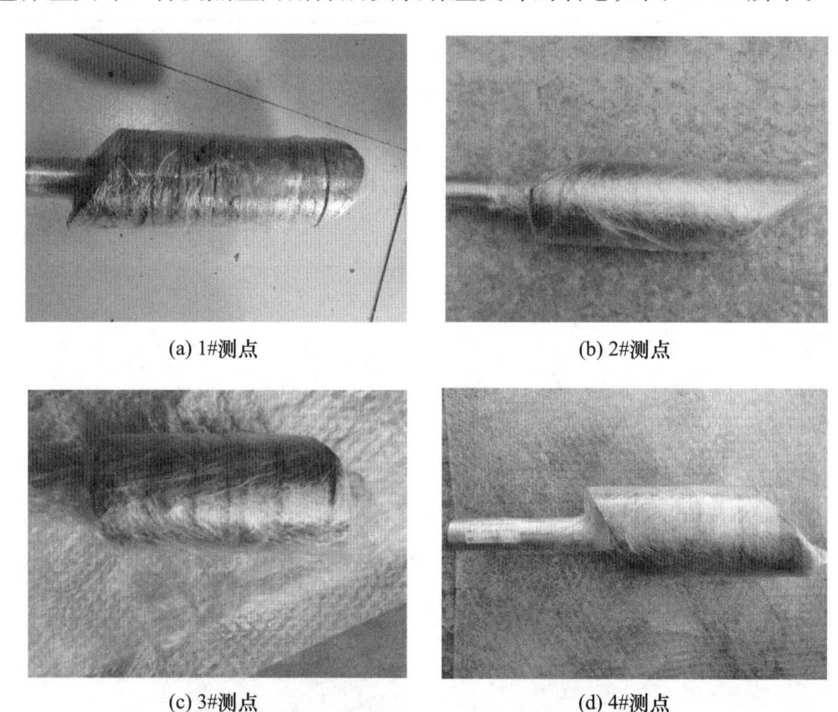

(a) 1#测点　(b) 2#测点　(c) 3#测点　(d) 4#测点

图 10-11　解除后安装有空心包体的岩芯

10.1.1.3　曼木树隧道地应力测量结果

在对曼木树隧道 4 个测点地应力进行现场测试之后，获得应力解除曲线如图 10-12 所示，结果显示在对岩芯进行应力解除时，岩芯应变与钻芯进度的变化是同步的。套孔距离应变片测量断面较远时，测点的应力还未被解除，所以此时测量的应变值较小，几乎为 0；随着套孔接近应变片位置，由于开挖效应导致测点位置产生一定程度的变形，此时具有明显的应变；当套孔经过测点位置时，由于应力释放剧烈并且套孔会对岩芯应变造成一定程度干扰，此时应变值达到顶峰，在套孔通过测点一定距离时，围岩应变逐渐趋于稳定，最后的稳定值将作为原始应变数据，用于计算地应力。

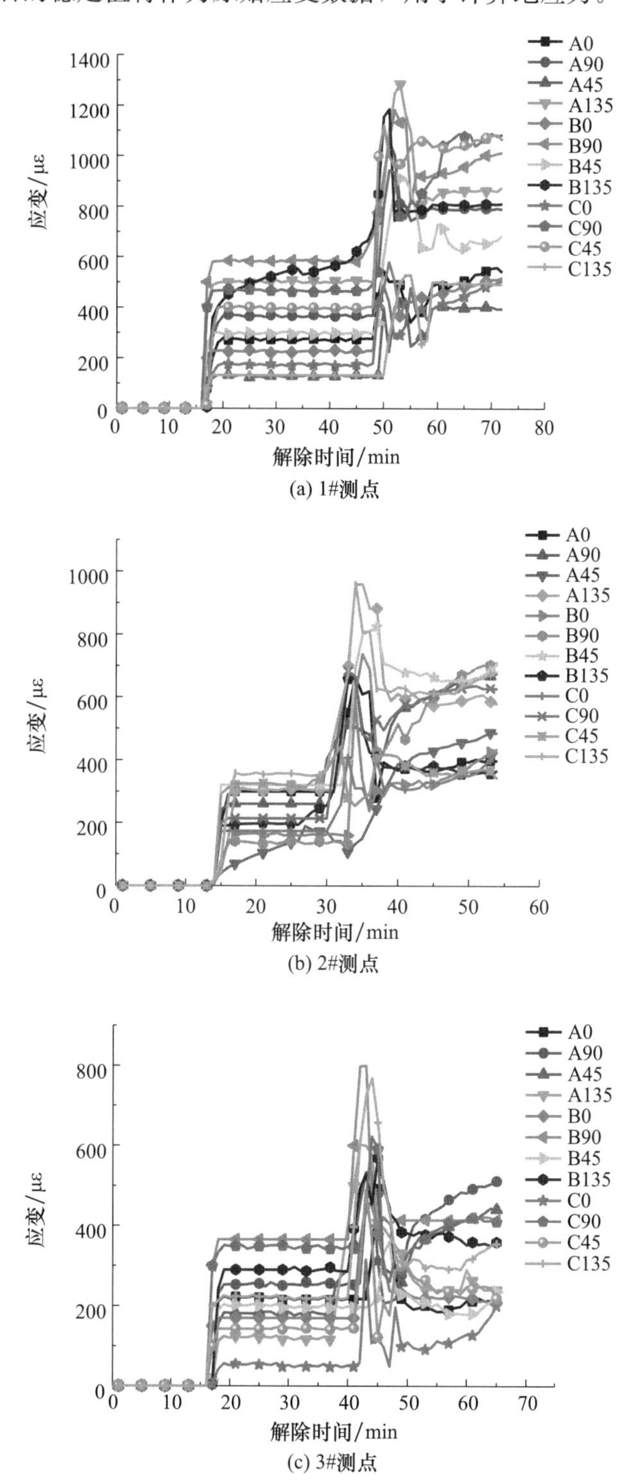

(a) 1#测点

(b) 2#测点

(c) 3#测点

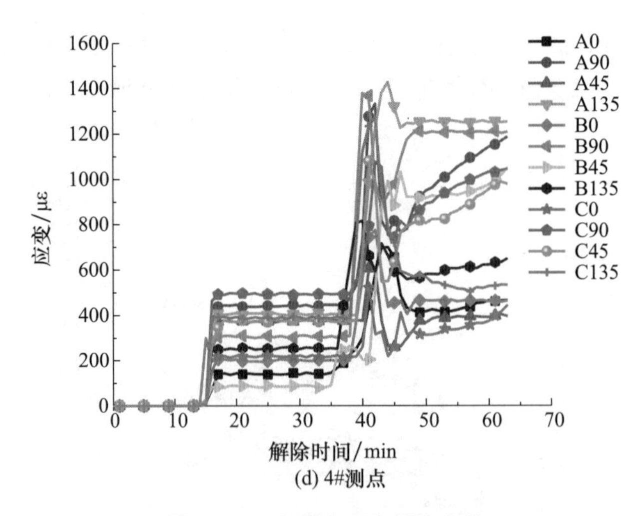

(d) 4#测点

图 10-12　各测点应力解除曲线

对曼木树隧道 4 个测点进行测量后获得其应变数据。每个空心包体应变计共有 12 个应变片，分别对应 12 个方向的应变值，A_{90}、A_0、A_{45}、A_{135}、B_{90}、B_0、B_{45}、B_{135}、C_{90}、C_0、C_{45}、C_{135}为 12 个应变片编号，A、B、C 代表一个空心包体应变计的三组应变花，下标数字（90、0、45、135）指测量角度。各应变片测量结果见表 10-2。

表 10-2　各测点各应变片测得的最终稳定应变值

测点号	应变值/με											
	A_{90}	A_0	A_{45}	A_{135}	B_{90}	B_0	B_{45}	B_{135}	C_{90}	C_0	C_{45}	C_{135}
1#	790	540	394	877	1013	518	686	811	1085	506	1062	492
2#	512	213	442	240	415	209	237	359	410	200	220	355
3#	677	398	485	577	712	434	708	368	626	426	342	680
4#	1187	465	396	1253	1208	465	1052	650	1046	445	980	534

10.1.2　套孔岩芯围压率定试验

10.1.2.1　试验原理和步骤

为准确获得测点的原岩应力数据，在采用空心包体应变计进行应力解除测试后，为避免不同位置的岩石物理性质发生改变，导致结果出现较大误差，采用套孔岩芯围压率定试验测量钻孔岩体的弹性模量和泊松比。由于空心包体应变计与岩芯是通过胶水黏结在一起的，套孔岩芯围压率定试验可以在试验过程中继续使用空心包体应变计测量和记录岩芯的应变曲线，结合厚管理论和围压-应变曲线即可求出各个岩芯的弹性模量和泊松比。该结果为进行应力解除试验岩石的物理力学参数，保障了地应力计算结果的准确性。

试验所用围压率定仪如图 10-13 所示，主要组成部分为一个圆筒式液压缸和一个液压泵。

图 10-13　围压率定仪示意图

具体试验步骤为：

（1）将带有空心包体应变计的套孔岩芯放入圆筒式液压缸内，使得应变片居于液压缸中间位置；连接应变仪与数据显示器，并对应变仪的初始读数进行调零。

（2）采用液压泵对套孔岩芯加压，并通过数据采集系统自动采集和记录空心包体应变计中各应变片应变曲线。最大压力设置为 16MPa，每 2MPa 记录一次读数，当达到最大压力时进行卸压并记录读数。

（3）为提高测量结果的准确性，避免偶然误差，在试验完成后需要再重复进行一次。由于岩芯应变是在应力释放过程中获得的，所以岩芯的弹性模量和泊松比值采用卸压曲线计算。

在围压率定试验中，假设岩石性质是连续、均匀并且各向同性的，那么试验测量出来的结果则具有以下规律：相同角度方向的应变值大小一致或者非常接近，岩芯轴向为拉伸应变，环向和斜向为压缩应变，并且斜向应变值较小。

10.1.2.2　计算过程及结果

利用套孔岩芯围压率定试验测量获得岩体的弹性模量和泊松比，当应变片与钻孔孔壁直接连接时，由厚壁筒公式和测得的应变可以计算岩芯的弹模和泊松比：

$$E=\left(\frac{P_0}{\varepsilon_\theta}\right)\frac{R^2}{(R^2-r^2)} \tag{10-1}$$

$$\upsilon=\frac{\varepsilon_\theta}{\varepsilon_z} \tag{10-2}$$

式中　P_0——围压值；

ε_θ——平均环向应变；

ε_z——平均轴向应变；

r——套孔岩芯的内径；

R——套孔岩芯的外径。

实际上空心包体应变计的应变片与环氧树脂相连接，并没有直接黏结在孔壁上，所以对公式进行修正：

$$E=k_1\frac{P_0}{\varepsilon_\theta}\frac{R^2}{(R^2-r^2)} \tag{10-3}$$

式（10-3）中的 k_1 就是前文中的 k_1。由式（10-3）可以得知，在计算系数 k 的时候需要获知 E 的数值，而计算弹性模量 E 的时候，则需要系数 k 的数值，两者不能同时求出，所以需要采用迭代法求解。

岩石的弹性模量通常具有非线性特点，在不同的应力方式和应力路径下具有不同的结果，为了获得准确的结果，降低非线性的影响，尽量采用应力解除试验时的应力水平所计算出来的弹性模量值。采用其他应力状态下弹性模量进行计算，则会造成较大的误差。在地应力计算过程中，弹性模量值采用从 0 到测点应力水平的割线模量，但是由于测点地应力也是未知量，同样需要迭代法求解，所以该计算需要用到双重迭代法求解。

通过计算获得各测点的岩芯弹性模量 E、泊松比 ν 及系数 k 的结果见表 10-3。

表 10-3　各测点弹性模量（E）、泊松比（ν）和系数 k 值

测点号	E（GPa）	ν	k_1	k_2	k_3	k_4
1#	21.2	0.22	1.131	1.129	1.064	0.905
2#	22.5	0.20	1.122	1.109	1.055	0.886
3#	22.7	0.21	1.128	1.061	1.030	0.978
4#	24.6	0.25	1.135	1.124	1.085	0.915

10.1.3　三维地应力实测结果及分析

10.1.3.1　地应力计算过程

利用最小二乘法，结合空心包体应变结果和三维应力分量之间的关系式，推导了地应力分量的计算公式：

$$\begin{cases}\sigma_x=\dfrac{B(c_1+c_2)-2Ac_3}{4(BX-A^2)}+\dfrac{c_1-c_2}{4Y}\\ \sigma_y=\dfrac{B(c_1+c_2)-2Ac_3}{4(BX-A^2)}-\dfrac{c_1-c_2}{4Y}\\ \sigma_z=\dfrac{-2A(c_1+c_2)+4Xc_3}{4(BX-A^2)}\\ \tau_{xy}=\dfrac{\sqrt{3}E(2\varepsilon_5+\varepsilon_7+\varepsilon_8-2\varepsilon_9-\varepsilon_{11}-\varepsilon_{12})}{36k_2(1-\nu^2)}\\ \tau_{yz}=\dfrac{\sqrt{3}E(\varepsilon_7-\varepsilon_8-\varepsilon_{11}+\varepsilon_{12})}{12k_2(1+\nu)}\\ \tau_{zx}=\dfrac{E(2\varepsilon_3-2\varepsilon_4-\varepsilon_7+\varepsilon_8-\varepsilon_{11}+\varepsilon_{12})}{12k_2(1+\nu)}\end{cases} \tag{10-4}$$

其中：

$$\begin{cases} X=3k_1^2+3\nu^2+\dfrac{3}{2}(k_1-\nu) \\ Y=9k_2^2(1-\nu^2)^2 \\ A=-3\nu(k_1k_4+1)+\dfrac{3}{2}(k_1-\nu)(1-\nu k_4) \\ B=3(\nu^2k_4{}^2+1)+\dfrac{3}{2}(1-\nu k_4)^2 \end{cases} \tag{10-5}$$

$$\begin{cases} c_1-c_2=Ek_2(1-\nu^2)\times(4\varepsilon_1+2\varepsilon_3+2\varepsilon_4-2\varepsilon_5-\varepsilon_7-\varepsilon_8-2\varepsilon_9-\varepsilon_{11}-\varepsilon_{12}) \\ c_1+c_2=E\begin{bmatrix}2k_1(\varepsilon_1+\varepsilon_5+\varepsilon_9)-2\nu(\varepsilon_3+\varepsilon_6+\varepsilon_{10}) \\ +(k_1-\nu)(\varepsilon_3+\varepsilon_4+\varepsilon_7+\varepsilon_8+\varepsilon_{11}+\varepsilon_{12})\end{bmatrix} \\ c_3=-E\begin{bmatrix}\nu k_4(\varepsilon_1+\varepsilon_5+\varepsilon_9)-(\varepsilon_2+\varepsilon_6+\varepsilon_{10}) \\ -\dfrac{1-\nu k_4}{2}(\varepsilon_3+\varepsilon_4+\varepsilon_7+\varepsilon_8+\varepsilon_{11}+\varepsilon_{12})\end{bmatrix} \end{cases} \tag{10-6}$$

式中 σ_x、σ_y、σ_z、τ_{xy}、τ_{yz}、τ_{zx}——测点处的三维应力分量；

$\varepsilon_1 \sim \varepsilon_{12}$——12 支应变片的实测应变值；

E——测点岩石的弹性模量；

ν——测点岩石的泊松比；

k_1、k_2、k_3、k_4——Worotnicki 和 Walton 给出的修正系数。

结合盛金公式可得主应力大小和方向的计算公式：

$$\begin{cases} \sigma_1=\dfrac{I_1-2\sqrt{J_1}\cos\dfrac{T}{3}}{3} \\ \sigma_{2、3}=\dfrac{I_1+\sqrt{J_1}\left(\cos\dfrac{T}{3}\pm\sqrt{3}\sin\dfrac{T}{3}\right)}{3} \end{cases} \tag{10-7}$$

$$\theta=90-\beta$$

$$\varphi_\sigma=\varphi_z-\varphi$$

其中：

$$T=\arcsin\left(\frac{-2J_1I_1-3J_2}{2\sqrt{J_1^3}}\right)$$

$$J_1=I_1^2-3I_2$$

$$J_2=9I_3-I_1I_2$$

$$I_1=\sigma_x+\sigma_y+\sigma_z$$

$$I_2=\sigma_x\sigma_y+\sigma_y\sigma_z+\sigma_x\sigma_z-\tau_{xy}^2-\tau_{xz}^2-\tau_{zy}^2$$

$$I_3=\begin{bmatrix}\sigma_x & \tau_{xy} & \tau_{xz} \\ \tau_{xy} & \sigma_y & \tau_{zy} \\ \tau_{xz} & \tau_{zy} & \sigma_z\end{bmatrix}$$

式中 σ_1、σ_2、σ_3——测点处的三个主应力；

θ——主应力的倾角；

β——主应力与 y 轴的夹角；

φ_σ——主应力的方位角；

φ_z——z 轴的方位角；

φ——z 轴正方向逆时针旋转至主应力投影正方向所形成的夹角，其计算公式与主应力所在的象限相关，见表 10-4。

表 10-4　φ 的计算公式

主应力所在象限	Ⅰ	Ⅱ	Ⅲ	Ⅳ	Ⅴ	Ⅵ	Ⅶ	Ⅷ
坐标轴	(+,+,+)	(−,+,+)	(−,−,+)	(+,−,+)	(+,+,−)	(−,+,−)	(−,−,−)	(+,−,−)
(l,m,n)	(+,+,+)	(−,+,+)	(−,−,+)	(+,−,+)	(+,+,−)	(−,+,−)	(−,−,−)	(+,−,−)
φ	$\arctan \frac{l}{n}$				$\pi+\arctan \frac{l}{n}$			

依据地应力三维分量的计算公式，建立地应力计算相关程序，可快速获得地应力计算结果，程序操作界面如图 10-14 所示。

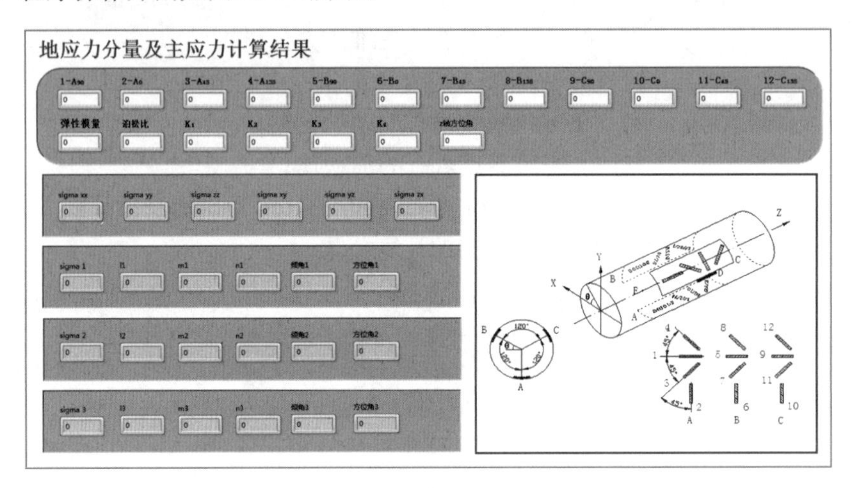

图 10-14　地应力计算操作界面

10.1.3.2　地应力计算结果

根据上述模型，各测点主应力计算结果见表 10-5。根据表 10-5 所示的 4 个测点的地应力测试数据，可以发现曼木树隧道应力场分布存在以下规律：

（1）每个测点均有两个接近水平方向的主应力；另一主应力接近垂直方向。

（2）4 个测点的最大主应力大小分别为 17.23MPa、6.44MPa、12.02MPa、19.74MPa，方向位于 309°到 347°之间，除测点 3＃位于 309°之外，另外三个测点均在 340°左右，最大主应力平均方向为 334°，可知最大主应力方向为 NW-NNW 向，与地质勘测结果基本一致。

（3）4 个测点的最大主应力倾角位于－9°到 19°之间，平均倾角约为 8°，可见最大主应力方向均保持水平方向，说明水平构造作用在曼木树隧道隧址区的应力场分布当中占据主要地位；除最大主应力保持水平方向以外，另有一个主应力也保持水平方向，其倾角位于－10°到 13°之间。

（4）根据测点地应力计算结果，测点 1＃和 4＃中间主应力接近垂直方向，测点 2＃

和 3＃最小主应力接近垂直方向，相比于测点 1＃和 4＃，测点 2＃和 3＃埋深较浅，分别为 120m 和 220m，可知位于地表浅层的测点地应力受地形变化和地表剥蚀影响更为严重，水平构造作用表现明显。

表 10-5　各测点主应力计算结果

测点号	埋深（m）	最大主应力 σ_1			中间主应力 σ_2			最小主应力 σ_3		
		数值 /MPa	方向（°）	倾角（°）	数值（MPa）	方向（°）	倾角（°）	数值（MPa）	方向（°）	倾角（°）
1＃	450	17.23	334	14	11.12	291	71	9.09	241	13
2＃	120	6.44	344	7	4.32	73	−10	4.11	287	−77
3＃	220	12.02	309	19	7.13	41	6	6.44	328	−70
4＃	540	19.74	347	−9	13.48	298	76	11.22	255	−10

为更好地分析地应力场三维分量之间的关系，分别将最大水平主应力、垂直主应力和最小水平主应力进行比较，得出如下结果：

（1）最大水平主应力（$\sigma_{h,\max}$）与垂直主应力（σ_v）的比值见表 10-6，可知 4 个测点比值均大于 1，最大值为 1.81，最小值为 1.46，平均值为 1.60。由此可见，曼木树隧道隧址区最大水平主应力量值远大于垂直主应力量值，水平构造作用对隧址区地应力的影响更为明显，曼木树隧道应力场以水平构造应力为主。

表 10-6　最大水平主应力与垂直主应力的比值

测点号	1＃	2＃	3＃	4＃	平均值
$\sigma_{h,\max}/\sigma_v$	1.55	1.57	1.81	1.46	1.60

（2）分别计算 4 个测点的最大水平主应力 $\sigma_{h,\max}$ 与最小水平主应力 $\sigma_{h,\min}$ 之比，计算结果见表 10-7。结果显示两者比值的平均值为 1.71，最大值为 1.92，最小值为 1.49。可见水平应力受方向影响很大。由 Mohr-Coulomb 强度理论可知，两者存在差异时会在岩石内部产生剪应力，从而导致岩石易发生剪切破坏，当水平面内剪应力较大时，需要在隧道设计中予以考虑。

表 10-7　最大水平主应力与最小水平主应力比值

测点号	1＃	2＃	3＃	4＃	平均值
$\sigma_{h,\max}/\sigma_{h,\min}$	1.90	1.49	1.69	1.76	1.71

10.1.3.3　地应力随埋深分布规律

本研究基于前文所述曼木树隧道 4 个钻孔实测地应力资料，为深入探究隧址区内地应力场的时空演化规律，通过线性拟合手段，探究了地应力三维分量随埋深的变化关系，具体结果如下：

1）垂直应力随埋深变化规律

通过线性回归手段对垂直应力进行拟合，获得垂直应力随埋深变化关系如式（10-8）所示，随埋深变化规律如图 10-15 所示：

$$\begin{cases}\sigma_v = 0.0244H + 2.101 \\ R^2 = 0.991\end{cases} \tag{10-8}$$

式中　σ_v——垂直主应力；

　　H——测点埋深。

由式（10-8）和图 10-15 可以看出，垂直主应力 σ_v 总体随深度的增加而呈线性变化，相关性系数 R^2 为 0.991，接近于 1，离散性较小，拟合方程能够很好地表示隧道地应力场模型。通过查阅隧址区地质资料可知，该地区岩石平均重度约为 23.3kN/m³，与垂直主应力拟合结果 24.4kN/m³ 相比略小，因此对于深埋地区的岩体垂直应力变化梯度是要略大于岩体自重的。该结论与大多数地应力测量结果一致，说明拟合结果可信度较高。

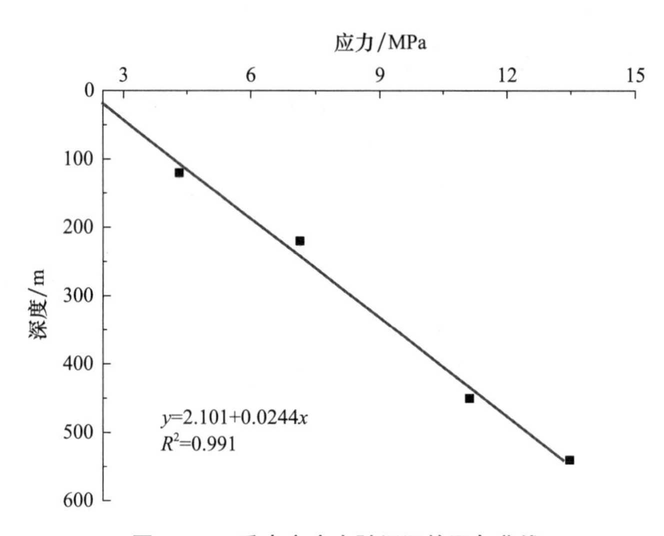

图 10-15　垂直主应力随埋深的回归曲线

2）最大水平主应力随埋深变化规律

通过线性回归手段对最大水平主应力进行拟合，获得最大水平主应力随埋深变化关系如式（10-9）所示，随埋深变化规律如图 10-16 所示：

$$\begin{cases}\sigma_{h,\max} = 0.0297H + 4.000 \\ R^2 = 0.966\end{cases} \tag{10-9}$$

式中　$\sigma_{h,\max}$——最大水平主应力。

由式（10-9）和图 10-16 可以看出，最大水平主应力 $\sigma_{h,\max}$ 随深度的增加而呈线性变化，相关性系数 R^2 为 0.966，接近于 1，但小于垂直应力的相关性系数，说明受地理环境影响，不同位置水平构造作用存在一定差异性。

3）最小水平主应力随埋深变化规律

通过线性回归手段对最小水平主应力进行拟合，获得最小水平主应力随埋深变化关系如式（10-10）所示，随埋深变化规律如图 10-17 所示：

$$\begin{cases}\sigma_{h,\min} = 0.0157H + 2.501 \\ R^2 = 0.979\end{cases} \tag{10-10}$$

式中　$\sigma_{h,\min}$——最小水平主应力。

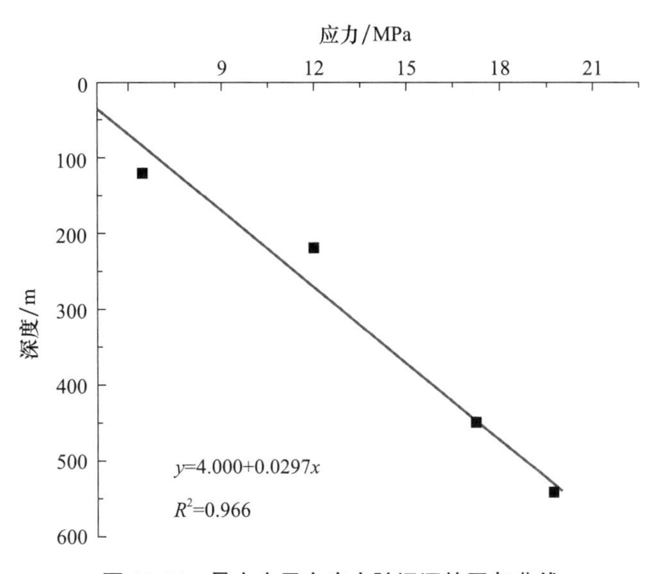

图 10-16　最大水平主应力随埋深的回归曲线

由式（10-10）和图 10-17 可以看出，最小水平主应力 $\sigma_{h,\min}$ 随深度的增加而呈线性变化，相关性系数 R^2 为 0.979，接近于 1，离散性较小。式（10-9）和式（10-10）中常数项的存在说明构造作用在浅层地表变化较大，导致地表处水平应力偏高。这与前文在地层浅表位置垂直主应力小于最小水平主应力相对应，随着埋深的增加，垂直主应力将逐渐大于最小水平主应力。

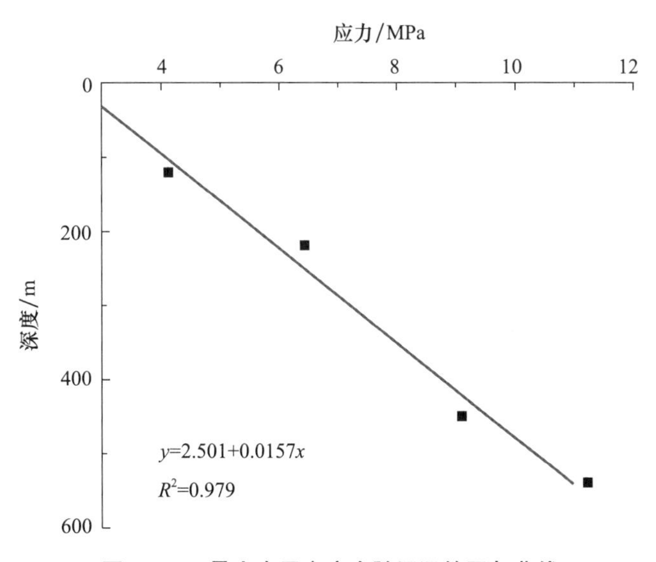

图 10-17　最小水平主应力随埋深的回归曲线

4 个测点岩体最大主应力方向均保持水平状态，说明深埋岩体的地应力场形成除了受到岩体自重影响外，水平构造应力对岩体具有更大的影响，另外，岩体结构、岩体性质、地形地貌、水文地质等因素均会影响地应力场空间演化规律，每个地应力测点仅能够代表局部范围的地应力场分布规律。

10.2 曼木树隧址区地应力场三维反演分析

随着科技的进步，地应力测试理论、方法和设备飞速发展，现场测量的结果也愈加准确，场地应力场实测是目前获取地应力场数据的最精确方法，但地应力测试通常需要大型钻孔设备，由于隧址区通常在多山地区，交通条件差，施工环境恶劣，资金预算高，导致测量难度比较高，所以很多线路长、隧道多的铁路项目中，只能测量部分区域的地应力分布规律，而无法做到全面测试。为了获得更准确的隧址区地应力场空间演化规律，就需要根据已有的实测地应力数据，通过建立三维模型，反演分析获得隧址区的地应力场分布特征。为更好地探究曼木树隧道隧址区的地应力分布规律，需要对隧址区的地应力场进行分析，为隧道选线和设计提供理论依据。

10.2.1 初始地应力场多元回归数值计算方法

为获得准确的地应力场时空演化规律，学者们进行了大量的研究，并提出了许多计算方法，其中，多元回归数值计算方法以其便捷、高效、准确的特性，被广泛运用于隧道工程的反演分析中。这种方法将多元回归分析和数值计算相结合，充分考虑了初始地应力场的自重应力和构造应力的综合效果，在实际隧道工程中具有良好的表现。本节对地应力场时空演化规律的反演便是采用多元回归数值计算方法，首先以最小二乘法为基础，建立多元回归模型，然后利用数值模拟对初始地应力场的影响因素进行反演。由于数值计算效率高、使用方便，可最大程度地减小计算量，并在有限个实测数据的情况下尽可能地计算得到隧址区真实地应力场的分布规律。

数值模拟结果的准确性对地应力场反演的可靠性具有不可忽视的影响，为了获取更加可靠的结果，本节数值分析部分采用有限元软件 ABAQUS 进行模拟，该软件能够建立尽可能准确的模型边界条件，从而得到较为精确的反演结果。首先以现场地应力实测数据为依据，通过 ABAQUS 对影响地应力场的不同因素划分工况进行建模，获得模拟结果后进行数据处理，计算获得各工况下的等效应力场。随后采用多元回归数值计算方法结合模拟获得的等效应力场进行反演分析，计算各工况对应的系数关系。初始地应力场基本计算过程如下：

$$\sigma=f(x, y, z, E, \mu, \gamma, \Delta, U, V, W, T\cdots) \tag{10-11}$$

式中 σ——初始地应力值，三维问题中是以六个应力分量的形式存在的；

x、y、z——坐标位置，可由勘察资料获取；

E——岩体的弹性模量；

μ——岩体的泊松比；

γ——岩体的容重；

Δ——岩体自重作用；

U、V、W——地质构造作用；

T——温度因素。

通过现场地质勘测可知，在隧道埋深范围内，隧道开挖前岩石基本处于弹性工作状态，因此假设岩石处于线弹性状态，各影响因素可以线性叠加，可得初始地应力值：

$$\sigma=L_1\sigma_{\Delta}+L_2\sigma_U+L_3\sigma_V+L_4\sigma_W+L_s\sigma_{\tau}+\cdots+\varepsilon_k \tag{10-12}$$

式中 L_i——回归系数；

ε_k——观测误差。

ε_k 是随机变量，当样本数量足够大时，ε_k 的数学期望值为 0，即：

$$E(\varepsilon_k)=0\ (K=1,\ 2,\ \cdots,\ n) \tag{10-13}$$

结合地应力实测数据和隧址区地质条件及地形地貌，对该区域地应力场分布进行反演，具体分为以下 5 个步骤：

(1) 结合隧址区地质情况和现场实测数据，建立相应的三维地质模型。

(2) 为使计算更加便捷，建立适用于数值模拟的新坐标系，将实测地应力的大小、方位和倾角等数据转换到新坐标系统中，并对其进行初步分析。

(3) 根据地质勘探结果及统计资料选取影响地应力场分布的几个主要因素，主要包括自重应力及不同方向上的构造应力，其他次要因素忽略不计，将不同影响因素通过建立不同边界条件赋予到数值模型上，计算获得各因素对模型的影响。

(4) 对模拟结果进行多元线性回归分析，采用最小二乘法计算各影响因素的回归系数，获得与实测数据误差最小的回归方程，并对各影响因素的显著性进行分析。

(5) 利用分析获得的回归系数，对各影响因素的权重进行修正。将修正后的边界条件重新附加到模型上进行计算，最后得到隧址区的初始地应力场分布和各测点的应力值。

多元线性回归分析模型为：

$$y=\beta_0+\beta_1x_1+\beta_2x_2+\cdots+\beta_px_p+\varepsilon \tag{10-14}$$

式中 y——因变量；

x_1、x_2、$\cdots$、x_p——p 个自变量；

ε——随机变量；

β_0、β_1、β_2、$\cdots$、β_p——回归系数。

在多次独立观测后，可得：

$$y_i;\ x_{i1},\ x_{i2},\ \cdots,\ x_{ip}\quad (i=1,\ 2,\ \cdots,\ n) \tag{10-15}$$

则有：

$$\begin{cases} y_1=\beta_0+\beta_1x_{11}+\beta_2x_{12}+\cdots+\beta_px_{1p}+\varepsilon_1 \\ y_2=\beta_0+\beta_1x_{21}+\beta_2x_{22}+\cdots+\beta_px_{2p}+\varepsilon_2 \\ \vdots \\ y_3=\beta_0+\beta_1x_{n1}+\beta_2x_{n2}+\cdots+\beta_px_{np}+\varepsilon_n \end{cases} \tag{10-16}$$

定义如下矩阵：

$$\boldsymbol{Y}=\begin{pmatrix} y_1 \\ y_2 \\ \vdots \\ y_n \end{pmatrix} \boldsymbol{X}=\begin{pmatrix} 1 & x_{11} & x_{21} & \cdots & x_{1p} \\ 1 & x_{21} & x_{22} & \cdots & x_{2p} \\ \vdots & \vdots & \vdots & \vdots & \vdots \\ 1 & x_{n1} & x_{n2} & \cdots & x_{np} \end{pmatrix}$$

$$\boldsymbol{\beta}=\begin{pmatrix}\beta_0\\\beta_1\\\beta_2\\\vdots\\\beta_p\end{pmatrix}\boldsymbol{\varepsilon}=\begin{pmatrix}\varepsilon_1\\\varepsilon_2\\\varepsilon_3\\\vdots\\\varepsilon_n\end{pmatrix} \tag{10-17}$$

那么，上式的矩阵形式可表示为：

$$\boldsymbol{Y}=\boldsymbol{X}\boldsymbol{\beta}+\boldsymbol{\varepsilon} \tag{10-18}$$

式中 $\boldsymbol{Y}$——因变量的向量；

$\boldsymbol{X}$——所有自变量组成的向量；

$\boldsymbol{\beta}$——回归系数的向量；

$\boldsymbol{\varepsilon}$——随机误差的向量。

利用最小二乘法可求解回归系数 β 的值。设 b_0，b_1，b_2，…，b_p 分别为 β_0，β_1，β_2，…，β_p 的最小二乘估计，则有：

$$\hat{y}_i=b_0+b_1x_{i1}+b_2x_{i2}+\cdots+b_px_{ip} \tag{10-19}$$

10.2.2 三维地质模型的建立

为探究曼木树隧道隧址区的初始地应力场时空演化规律，利用有限元分析软件ABAQUS建立隧址区的三维地质模型，然后将不同的地应力影响因素分别转化为数值模型的边界条件，模拟分析获得对应边界条件下的岩体应力状态。结合地应力实测结果采用多元线性回归分析方法即可获得曼木树隧道隧址区的初始地应力场回归方程。

10.2.2.1 计算范围的确定

为准确获知隧址区的地应力场时空演化规律，需要合理控制模型的尺寸，模型过大会降低计算精度，过小则无法充分反映地质构造的影响。模型大小设计通常遵循以下两个原则：

（1）计算模型要尽可能包括隧址区大部分区域，并延伸一定范围，避免模型边界条件影响模拟结果。

（2）模型边界面结构尽量简洁，方便施加各工况下的边界条件，避免复杂结构导致应力集中现象。

数值模型要综合考虑地质资料、现场情况和研究方法等多方面影响，客观反映地应力场的时空演化规律。

依据隧址区的地形地貌、地质资料、隧道走向及地应力实测数据的分布情况，以曼木树隧道出口位置为模型新坐标系的原点，x 轴与隧道轴线平行，正方向为 N20°W，长度取 6000m，y 轴与隧道轴线垂直，正方向为 N70°E，宽度取 2000m，z 轴表示高程，最大高度为 1500m。该模型包含曼木树隧道 50％以上区域，并且包含隧址区的全部地应力测量点（图 10-18）。

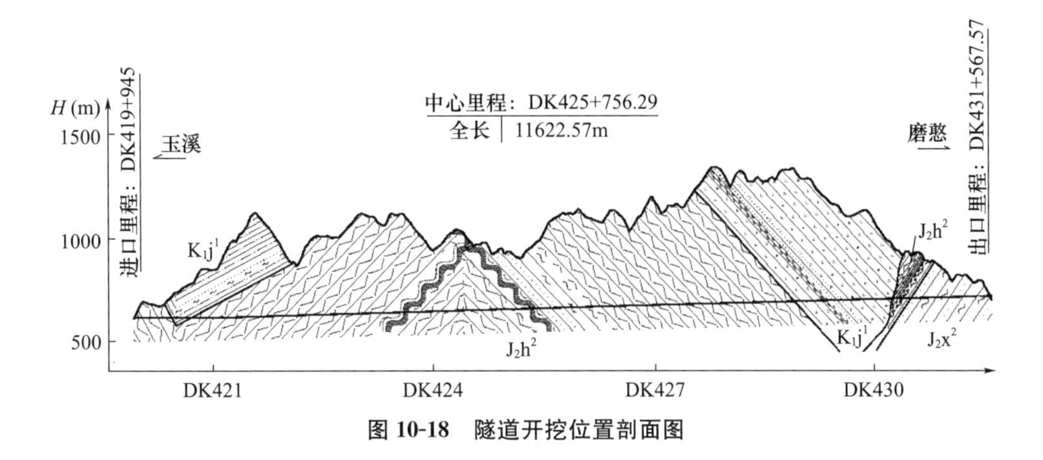

图 10-18　隧道开挖位置剖面图

10. 2. 2. 2　建立计算模型

数值模拟中采用三维实体单元建立地层模型。并且划分六面体网格 113190 个，计算模型及网格如图 10-19 和图 10-20 所示。

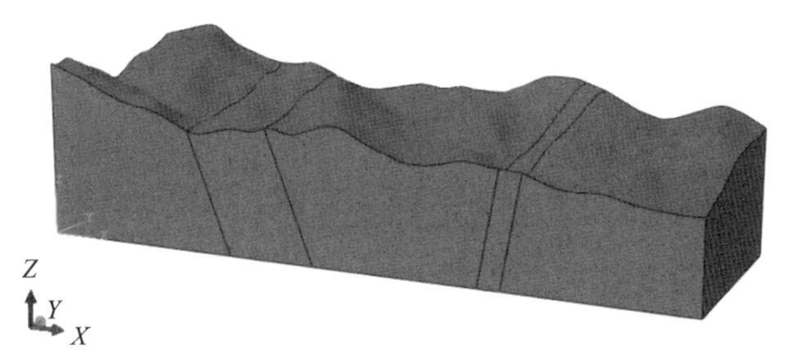

图 10-19　计算模型图

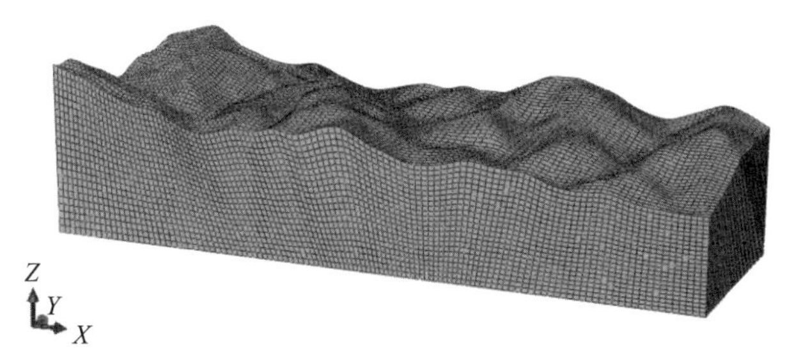

图 10-20　计算网格图

岩体物理力学性质参数根据曼木树隧道地质勘查资料选取，具体参数见表 10-8。

表 10-8　岩体物理力学性质参数表

围岩级别	岩体类型	弹性模量（GPa）	泊松比	密度（g/cm³）
Ⅲ	石英砂岩	12.5	0.28	2.5
Ⅳ	泥质砂岩	21.2	0.31	2.2
Ⅳ	页岩加砂岩	18.7	0.33	2.2
Ⅴ	泥岩加砂岩	15.4	0.25	2.4

10.2.2.3 初始地应力反演影响因素的确定

岩体初始地应力场受多种外界环境条件影响，其中最主要的影响因素为岩体自重应力和水平构造应力，可将之分为 6 个影响因素以设置模型边界条件：岩体自重应力，x、y 向水平挤压构造应力，水平面内的均匀剪切变形构造应力，x、y 向垂直平面内的垂直剪切变形构造应力，不同构造运动模型示意图如图 10-21 所示。

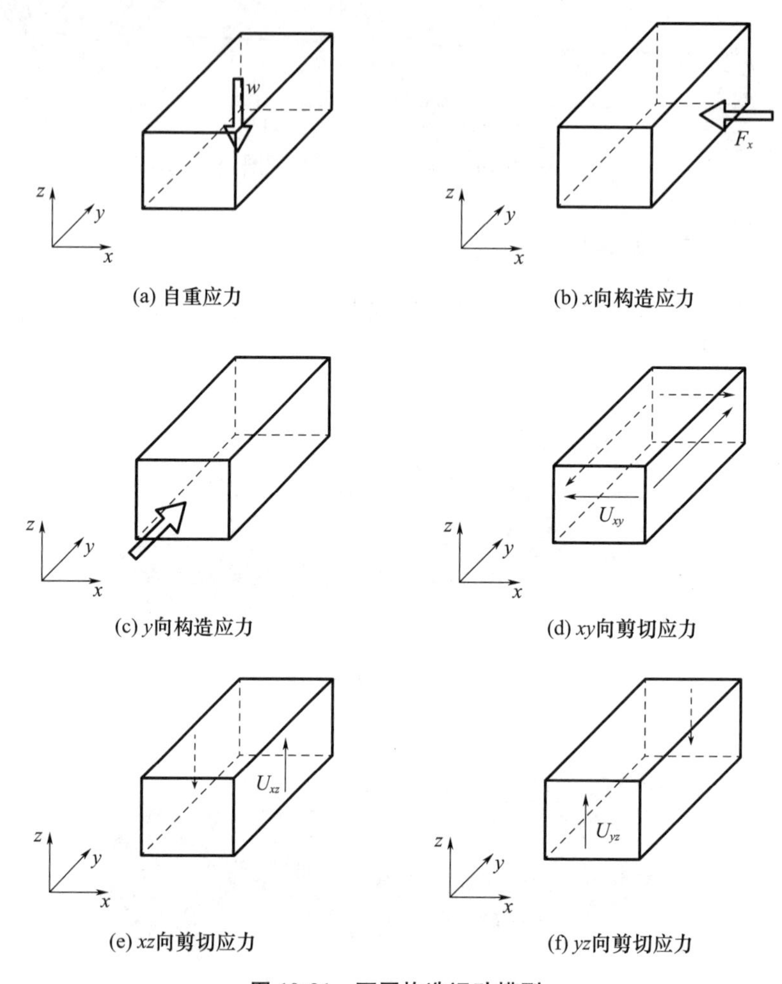

图 10-21 不同构造运动模型

依据曼木树隧道空心包体应变测量法实测地应力数据及该区域内地应力统计结果可知，垂直平面内的竖向均匀剪切变形构造运动对曼木树隧道影响较小，相对于自重应力和其他构造应力的影响程度，可以忽略不计。所以在进行数值模拟时只选取其中 4 种基本因素来设计模型边界条件：岩体自重应力、沿 x 轴方向水平压应力、沿 y 轴方向水平压应力和水平面内剪应力。

模型边界条件具体设置如下。

1）岩体自重应力

通过在模型中施加自重应力场来实现。除地表以外，其他边界设置位移约束。

2）沿 x 轴方向水平压应力

通过在 yz 平面上施加三角形应力边界条件实现，其余面设置位移约束。

3）沿 y 轴方向水平压应力

通过在 xz 平面上施加三角形应力边界条件实现，其余面设置位移约束。

4）水平面内剪应力

通过在 xz、yz 平面设置单位长度的切向位移实现，底面设置位移约束。

10.2.2.4　地应力场反演模拟结果

不同边界条件下的地应力场分布如图 10-22 所示。可知，在自重应力和单独挤压构造应力作用下，地应力场都随着埋深的增加呈现层状分布，并且最大主应力的方向与工况提供的外力方向一致，大小基本与测点上方覆盖岩层自重相同，由于不同位置岩石性质的改变，在断层位置模型应力会出现一定程度突变。而剪切构造作用则是对模型整体施加单位位移，所以模型应力基本保持一致，不会出现层状分布。

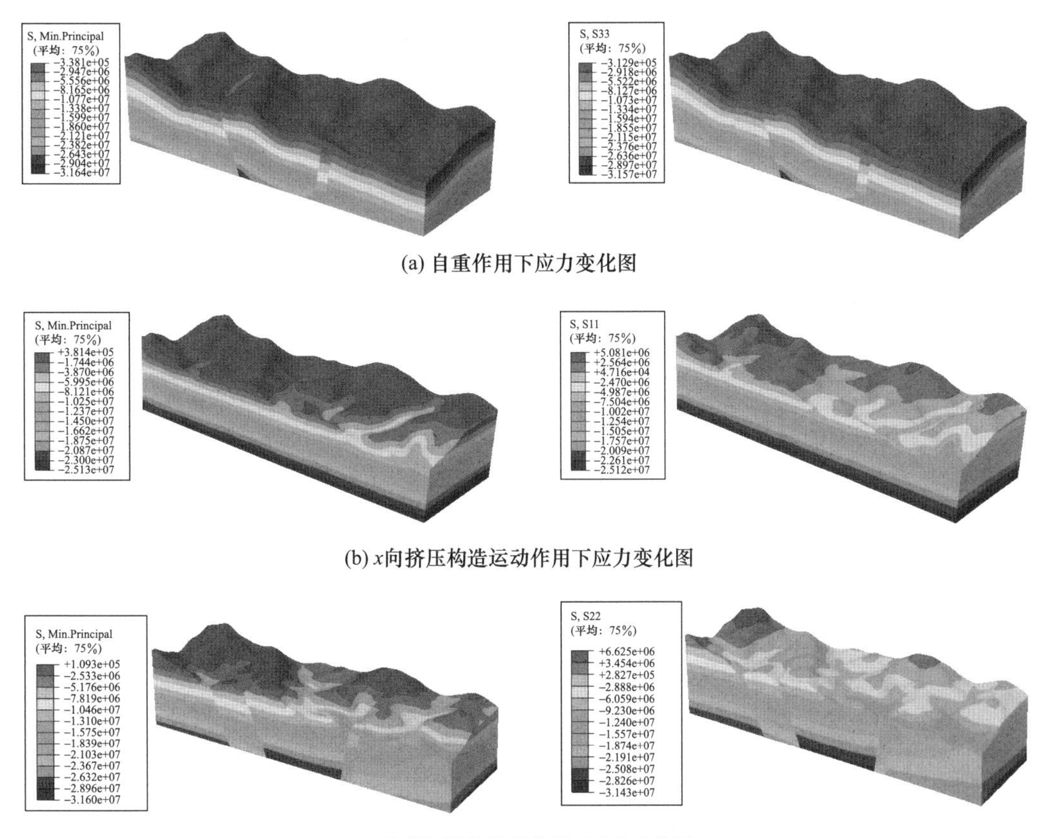

(a) 自重作用下应力变化图

(b) x向挤压构造运动作用下应力变化图

(c) y向挤压构造运动作用下应力变化图

图 10-22　各工况下的应力变化云图

通过对不同工况下测点位置的应力分量进行提取，然后利用线性叠加原理可以计算获得实际模拟地应力场大小，采用回归分析方法汇总计算，即可获得反演地应力场计算结果。

10.2.3 地应力场反演结果计算

10.2.3.1 地应力实测成果转换

为获得隧址区的地应力场空间演化规律，需要依据地应力实测数据进行反演。首先将测点的应力大小和方向通过坐标转换获得数值模型对应坐标系下的各方向应力值，坐标转换示意图如图 10-23 所示。

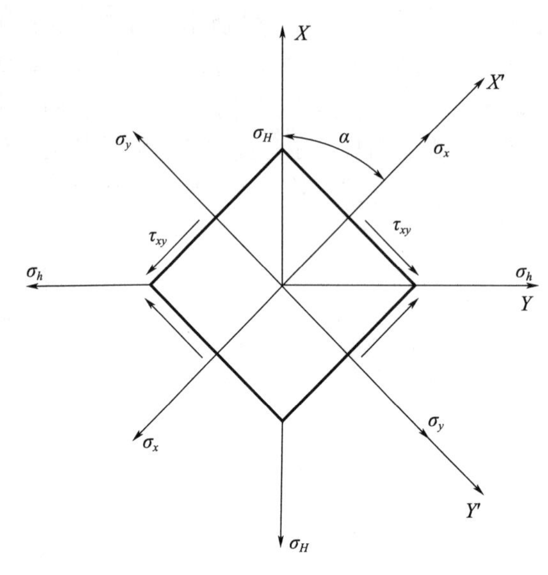

图 10-23 主应力与应力分量计算关系

根据数值模型的建立过程可知，新坐标系 x 轴正方向为 N20°E，y 轴正方向为 N70°W，z 轴竖直向上。由地应力实测数据可知各测点的主应力方位角 β 和倾角 α 的值，通过式（10-20）可计算实测地应力各主应力与新坐标系的方向余弦 L_i、M_i、N_i。

$$\begin{cases} L_i = \cos\beta_i \cos\alpha_i \\ M_i = \sin\beta_i \cos\alpha_i \\ N_i = \sin\beta_i \end{cases} \tag{10-20}$$

式中 α——实测主应力倾角，仰角为+，俯角为－；

β——主应力实测值的方位角，将 N 视为 0°；

L_i、M_i、N_i——分别是 σ_i 对 x、y、z 轴的方向余弦。

由弹性力学知识可知，测点主应力与新坐标系下的应力分量计算公式。

$$\begin{cases} \sigma_x = L_1^2\sigma_1 + L_2^2\sigma_2 + L_3^2\sigma_3 \\ \sigma_y = M_1^2\sigma_1 + M_2^2\sigma_2 + M_3^2\sigma_3 \\ \sigma_z = N_1^2\sigma_1 + N_2^2\sigma_2 + N_3^2\sigma_3 \\ \tau_{xy} = L_1M_1\sigma_1 + L_2M_2\sigma_2 + L_3M_3\sigma_3 \end{cases} \tag{10-21}$$

计算结果见表 10-9～表 10-11。

表 10-9 最大主应力

最大主应力			L_1	M_1	N_1
测点号	与水平面之间的夹角 β°	与 x 轴正向的夹角 α°	$\cos\beta\cos\alpha$	$\cos\beta\sin\alpha$	$\sin\beta$
1	14	−6	0.965	−0.101	0.242
2	7	4	0.990	0.069	0.122
3	19	−31	0.810	−0.487	0.326
4	−9	7	0.980	0.120	−0.156

表 10-10 最小主应力

最小主应力			L_2	M_2	N_2
测点号	与水平面之间的夹角 β°	与 x 轴正向的夹角 α°	$\cos\beta\cos\alpha$	$\cos\beta\sin\alpha$	$\sin\beta$
1	71	−49	0.214	−0.246	0.946
2	−10	93	−0.052	0.983	−0.174
3	6	61	0.482	0.870	0.105
4	76	−42	0.180	−0.162	0.970

表 10-11 中间主应力

中间主应力			L_3	M_3	N_3
测点号	与水平面之间的夹角 β°	与 x 轴正向的夹角 α°	$\cos\beta\cos\alpha$	$\cos\beta\sin\alpha$	$\sin\beta$
1	13	−99	−0.152	−0.962	0.225
2	−77	−53	0.135	−0.180	−0.974
3	−70	−12	0.335	−0.071	−0.940
4	−10	−85	0.086	−0.981	−0.174

转化结果见表 10-12。

表 10-12 实测点主应力转换应力分量值

测点号	σ_x（MPa）	σ_y（MPa）	σ_z（MPa）	τ_{xy}（MPa）
1	15.28	10.75	11.42	−3.13
2	6.24	4.51	4.13	−0.57
3	8.82	9.73	7.04	−2.10
4	19.17	11.74	13.50	−1.83

10.2.3.2 模拟结果统计汇总

提取数值模型中 4 个测点在不同边界条件下的应力分量，结果见表 10-13。

表 10-13　各工况计算条件下各测点应力分量值

测点编号	应力分量	自重应力	x轴向挤压	y轴向挤压	xy平面剪切
1#	σ_x	5.39	1.40	7.44	−0.29
	σ_y	7.81	6.24	1.87	−0.07
	σ_z	13.54	1.01	0.28	−0.15
	τ_{xy}	−2.01	−1.21	−1.35	−2.37
2#	σ_x	1.86	0.96	3.93	−0.33
	σ_y	3.16	3.62	1.57	−0.05
	σ_z	5.50	0.70	0.43	−0.14
	τ_{xy}	−0.28	−0.34	−0.25	−0.79
3#	σ_x	2.83	1.10	4.97	−0.33
	σ_y	6.59	6.77	2.34	−0.07
	σ_z	7.30	0.55	0.41	−0.16
	τ_{xy}	1.66	−1.60	−1.17	−1.82
4#	σ_x	5.57	1.23	8.76	−0.19
	σ_y	7.02	7.02	1.46	−0.05
	σ_z	15.07	0.89	0.18	−0.11
	τ_{xy}	−1.56	−1.14	−0.57	−2.01

10.2.3.3　系数回归

通常认为不同边界条件不会产生相互干扰，所以将每个测点在不同边界条件下的应力进行线性叠加，即可得到任意一点在各个边界条件耦合作用下的地应力场大小，然后通过多元线性回归分析方法进行拟合即可获得各边界条件对应的系数：

$$\hat{\sigma}=A\sigma_g+B\sigma_x+C\sigma_y+D\tau_{xy}+e \tag{10-22}$$

式中　$\hat{\sigma}$——初始地应力场的回归计算值；

σ_g——岩体自重引起的应力场；

σ_x——x 向水平挤压构造运动产生的应力场；

σ_y——y 向水平挤压构造运动产生的应力场；

τ_{xy}——xy 平面内均匀剪切变形产生的应力场；

A、B、C、D——待定的回归系数。

利用多元线性回归方法可计算得到各回归系数：$A=1.009$，$B=1.563$，$C=1.191$，$D=0.263$，$e=3.235$MPa，即曼木树隧道隧址区初始地应力场回归方程：

$$\hat{\sigma}=1.009\sigma_g+1.563\sigma_x+1.191\sigma_y+0.263\tau_{xy}+3.235$$

复相关系数 $R^2=0.932$，其值较接近于 1，可知实际地应力场与各边界条件的相关程度较高，回归效果良好。

10.2.4　地应力反演结果分析

10.2.4.1　地应力场反演结果与实测值对比分析

利用已经获得的多元线性回归方程及求得的结果，可以采用两种方法获得曼木树周围任意一点的地应力场分布：一是采用回归方程通过带入地质资料参数求解计算，二是采用回归系数修正数值模拟的边界条件，然后通过模拟分析获得各点的地应力场。两种方法各有优劣，采用第一种方法可以方便快捷地获取计算区域任意一点的地应力场数据，但该方法只能获得某一点的数据，无法直观地观察整体的地应力场分布，第二种方法则可以清晰直观地获取该区域的地应力场分布规律，但模拟结果受到地质参数和模型建立边界条件的影响较大，改变模型后可能会产生较大误差。

本节分别采用两种计算方法对曼木树隧道隧址区地应力场进行反演计算，并与实测地应力场进行对比，探究反演结果的准确性。

根据上述计算公式，带入 4 个测点参数资料，可计算获得各测点处地应力量值，为验证回归结果的可靠性，将计算获得的地应力数据转化为三个主应力，并与实测地应力结果进行对比，计算结果见表 10-14。可知两者数据误差均小于 15%，说明通过多元线性回归分析所得地应力场的分布规律与实际结果较为一致，表明了该方法的准确性和可靠性。

表 10-14　地应力实测值与预测值结果对比

测点号	最大主应力 σ_1			中间主应力 σ_2			最小主应力 σ_3		
	实测值（MPa）	预测值（MPa）	误差	实测值（MPa）	预测值（MPa）	误差	实测值（MPa）	预测值（MPa）	误差
1#	17.23	15.84	−8.07%	11.12	12.39	11.42%	9.09	9.24	1.65%
2#	6.44	6.92	7.45%	4.32	4.62	6.94%	4.11	4.56	10.95%
3#	12.02	13.57	12.90%	7.13	7.68	7.71%	6.44	5.94	−7.76%
4#	19.74	19.23	−2.58%	13.48	11.85	−12.09%	11.22	10.58	−5.70%

采用回归系数修正数值模拟边界条件时，首先要依据修正值对各个边界条件进行计算修改调整，调整后的边界条件如下：自重应力修正系数为 1.009，调整自重 $G=9.8882\text{m/s}^2$，x 向构造应力和 y 向构造应力在三角形应力的基础上分别乘以系数 1.563 和 1.191，xy 向剪切构造作用为单位位移乘以系数 0.263，施加大小为 26cm 的位移边界条件。模拟结果如图 10-24 所示。

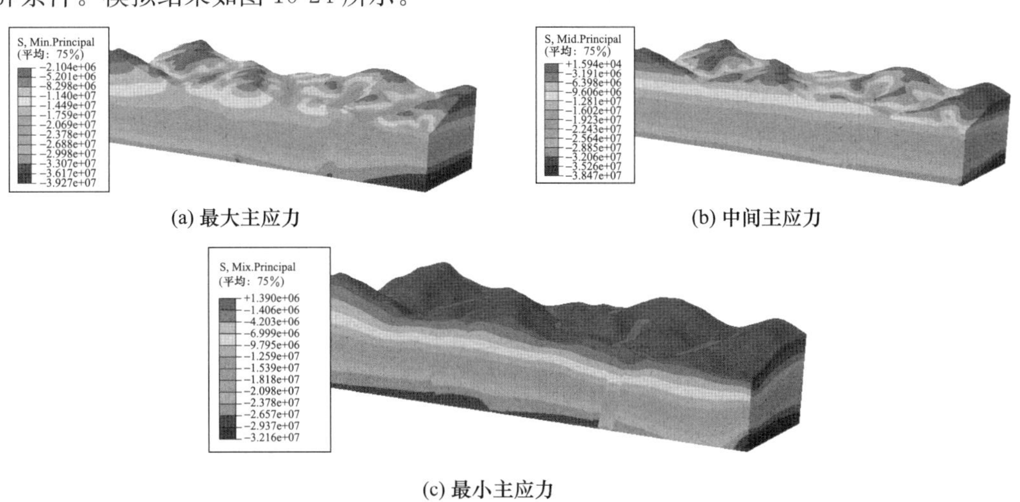

(a) 最大主应力　　(b) 中间主应力

(c) 最小主应力

图 10-24　曼木树隧道隧址区主应力分布云图

由图 10-24 可知，曼木树隧道隧址区处于群山地区，地形地貌和地质构造对隧址区初始地应力场的分布影响较大，山峰位置地表地应力数值较小，山谷位置则受到山峰和地质构造作用影响，出现应力集中现象，存在较大地应力；由于地表剥蚀作用，山体浅层附近出现较为明显的应力释放现象，并且受地形影响，局部位置存在拉应力；山体以下部位初始地应力值随着埋深的增加而增加；受岩体物理力学性质影响，在断层与结构带位置则会出现较为明显的应力突变，断层周边应力略小于其他位置。

通过对最大和最小主应力分析可知，除去山峰表面部分位置，岩体在自重和构造共同作用下都处于三维压应力状态，与地应力测量统计资料和现场实测结果保持一致。数值模拟模型边界存在一定程度的应力集中现象，这是由于在为模型赋予边界条件时会对边界产生一定程度的约束，与实际情况并不完全一致，但不影响模型内部区域。为更清晰地了解数值模拟的结果与实际情况的误差，提取不同测量部位的地应力场数据，结果见表 10-15。

表 10-15　地应力实测值与模拟值结果对比

测点号	最大主应力 σ_1			中间主应力 σ_2			最小主应力 σ_3		
	实测值（MPa）	模拟值（MPa）	误差	实测值（MPa）	模拟值（MPa）	误差	实测值（MPa）	模拟值（MPa）	误差
1#	17.23	15.66	−9.11%	11.12	11.74	5.58%	9.09	7.96	−12.43%
2#	6.44	6.85	6.37%	4.32	4.75	9.95%	4.11	4.39	6.81%
3#	12.02	12.46	3.66%	7.13	7.93	11.22%	6.44	6.31	−2.02%
4#	19.74	18.23	−7.65%	13.48	12.24	−9.20%	11.22	10.45	−6.86%

由表 10-15 可知，曼木树隧道 4 个测点的地应力实测结果与模拟结果比较接近，最大主应力误差范围为−9.11%～6.37%，中间主应力误差范围为−9.20%～11.22%，最小主应力误差范围为−12.43%～6.81%，整体来说，实测值与模拟值相差控制在15%范围以内。从地应力测量结果和模拟结果之间的对比分析结果可以看出，初始地应力场模拟结果良好，数据吻合度较高，误差在可控范围内。数值模拟是对实际工况的近似模拟，无法完全获得隧址区的地应力场分布规律，并且由于褶皱、断裂等岩体结构的复杂性和岩体的各向异性等原因，在建模时无法完全还原，只能通过一些假设尽可能地符合真实情况。根据数值模拟可以看出地应力反演与实测结果吻合度较高，能够很好地用来探究曼木树高地应力深埋隧道开挖时围岩变化规律。

为进一步验证多元线性回归方法在地应力反演中的可靠性，选取地质勘测过程中的三个测点与本次反演结果进行对比分析，对比结果见表 10-16。

表 10-16　地应力实测值与模拟值结果对比

测点号	最大水平主应力 σ_1			最小水平主应力 σ_2			垂直主应力 σ_3		
	实测值（MPa）	模拟值（MPa）	误差	实测值（MPa）	模拟值（MPa）	误差	实测值（MPa）	模拟值（MPa）	误差
1	10.72	9.63	−11.32%	6.2	5.71	−8.58%	5.35	4.72	−13.35%
2	16.87	13.37	−26.18%	10.11	8.84	−14.37%	9.51	8.04	−18.28%
3	19.87	18.76	−5.92%	12.33	12.82	3.82%	10.44	10.58	1.32%

由表10-16可知，相比于现场实测地应力数据，地质勘测数据与反演模拟结果之间误差更大一些，最大水平主应力误差范围为－26.18％～－5.92％，最小水平主应力误差范围为－14.37％～3.82％，垂直主应力误差范围为－18.28％～1.32％；最大水平主应力的误差要大于另外两个应力分量，但整体来说除测点2最大主应力误差为－26.18％，大于20％以外，其他应力分量的误差均在20％以内，说明反演结果较为准确。

通过统计计算地应力三维分量现场实测与地质勘测的平均误差可以发现，现场实测值的平均误差为－0.31％，地质勘测值的平均误差为－10.32％，该结果表明现场实测结果要比地质勘测结果地应力值偏低，产生该结果的原因有很多，其中最主要的两个原因为测试方法的不同和地应力测点选择位置不同。通过对比实测结果与反演结果可以认为，反演结果具有良好的拟合度，能够很好地用来探究曼木树高地应力深埋隧道开挖时围岩变化规律。

10.2.4.2　地应力场分布影响因素分析

依据反演结果，隧址区内不同位置初始应力场差异较大，造成该结果的因素有很多。地应力测点数量及位置、回归分析模型的可靠性、地应力测试方法、地质环境及构造、模型边界条件的设置等因素均对地应力场分布有较大影响。

1）套孔应力解除法的影响

受空心包体应变计使用方法的限制，需要在既有隧道中开展现场实测，隧道开挖过程中不可避免地会对围岩初始应力造成影响，虽然测试过程尽量深入隧道岩体深部，但无法完全避免该影响。另外套孔应力解除法解算原理未考虑岩石的黏塑性特征，测量结果存在一定误差。

2）测点个数及位置的影响

在进行隧址区地应力现场实测过程中，为尽可能使测点接近隧道实际开挖区域，通常测点分布是线性的。另外需要开凿隧道的工程通常位于群山之间，受测试成本和交通状况限制，地应力测点通常不会很多，因此能够用于进行地应力反演的实测数据数量较少，很难保证反演结果的准确性。

3）回归分析模型的可靠性

在利用回归分析模型进行地应力反演时，仅考虑了岩体自重、水平构造应力，忽略了地下水、地温、垂直剪切构造应力和地表剥蚀作用的影响，会对反演结果造成一定误差。

4）地形和地质构造的影响

地层浅表位置受地形及地表剥蚀作用影响，其地应力分布规律与地层深部有较大区别，地层浅表位置应力变化更为剧烈，地应力分布不均匀。岩体岩性对地应力场分布有重要影响，不同岩层地应力分布规律区别较大，而实际分析过程中对岩层进行了简化处理，并没有完全模拟出地层的实际变化。

5）模型边界条件的影响

在进行地应力反演过程中，模型采用三角形应力边界条件来模拟水平构造应力，但该边界条件并不能完全与实际构造应力相等同，因此模拟结果也不能完全表示地应力实际分布状态。

10.2.4.3 曼木树隧道地应力场分布规律

获得曼木树隧道隧址区地应力反演结果后，截取模型隧道轴线区域纵剖面，对隧道所处位置初始地应力场进行分析。可以发现隧址区三维地应力分量均随深度增加呈增长趋势，在断层和破碎带位置地应力数值出现明显的下降趋势，远离断层后逐渐恢复。结合模型剖面应力图 10-25～图 10-27 总结如下：

（1）由图 10-25 可知，隧道轴线区域最大主应力取值范围为 3.1MPa～21.5MPa，不同位置最大主应力大小随埋深的增加呈增长趋势；在地表浅层位置最大主应力变化波动较大，在地下深层位置最大主应力变化波动逐渐减小，并且逐渐趋向于地形起伏分布。

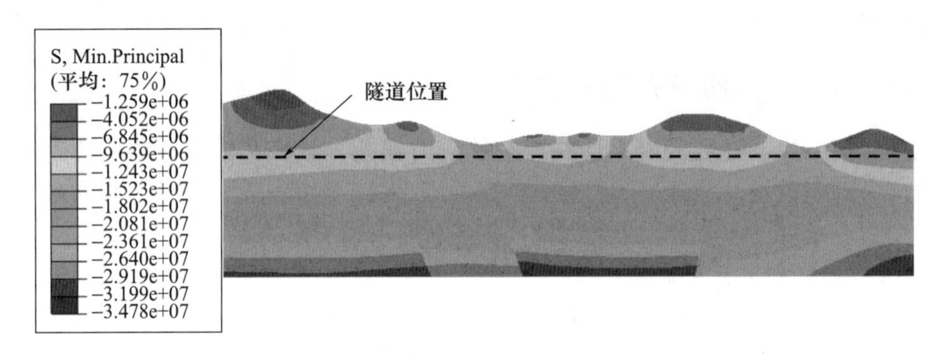

图 10-25 隧道轴线区域纵剖面最大主应力云图

（2）由图 10-26 可知，隧道轴线区域中间主应力取值范围为 1.2MPa～15.3MPa，其变化趋势基本与最大主应力变化趋势相似；另外，在断层位置出现了较为明显的应力突变现象，应力降低幅度约为 3MPa，在远离断层位置处应力逐渐恢复至正常水平。

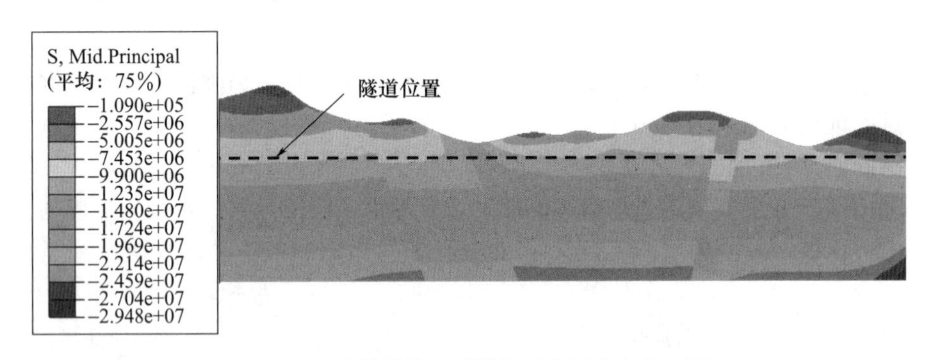

图 10-26 隧道轴线区域纵剖面中间主应力云图

（3）由图 10-27 可知，隧道轴线区域最小主应力取值范围为 0.8MPa～12.9MPa，相较于最大主应力，最小主应力随埋深分布更趋向于地形表面起伏，说明最小主应力受地形影响偏大。

为更清晰地观察初始地应力场随隧道走势变化特征，从而为隧道设计施工提供地应力数据支撑，在完成曼木树隧道隧址区地应力反演分析后，提取隧道轴线位置的初始地应力场三维分量进行分析。

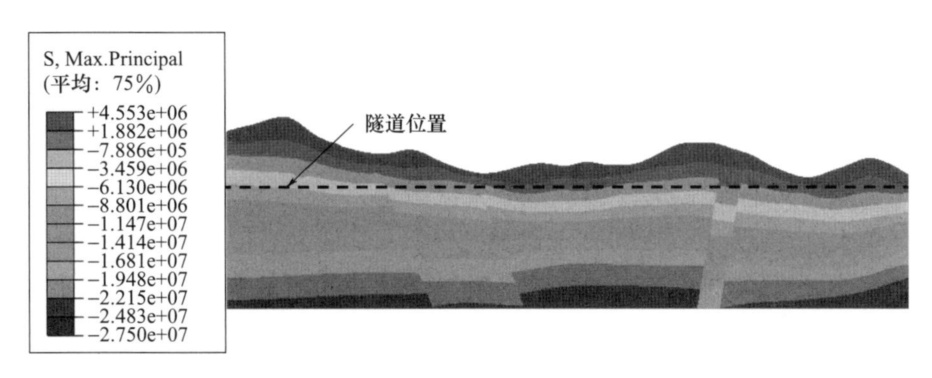

图 10-27 隧道轴线区域纵剖面最小主应力云图

在数值模型中提取隧道位置处的应力数据，绘制最大主应力、中间主应力、最小主应力随隧道位置变化曲线，结果如图 10-28 所示。

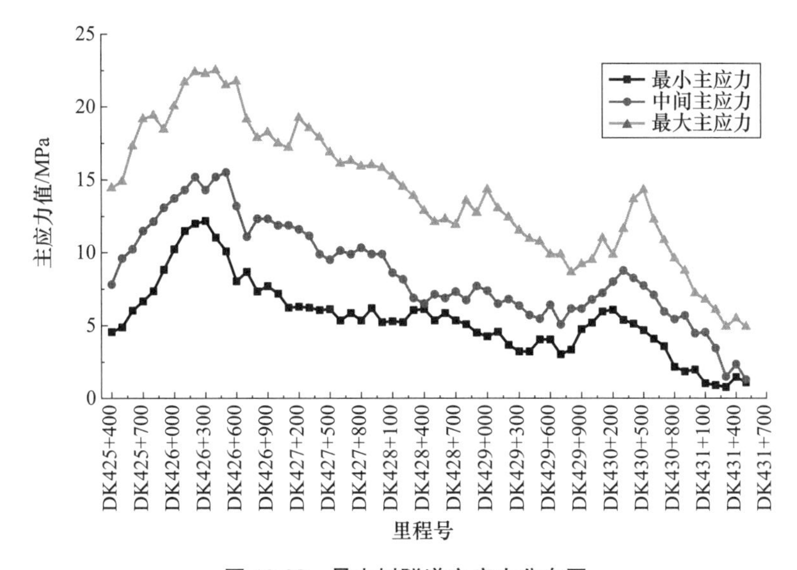

图 10-28 曼木树隧道主应力分布图

由图 10-28 可知，曼木树隧道地应力分布具有较强的空间效应，不同位置地应力量值差别较大，总体来看，在山谷位置和隧道距地表较浅位置隧道地应力三维分量均较小，而在山峰位置，由于隧道埋深较大，地应力三维分量较大，初始地应力量值随埋深的增加出现明显的增大趋势，在隧道埋深最大处，初始地应力三维分量大小分别为 21.8MPa、15.2MPa 和 12.1MPa；在断层附近，初始地应力三维分量均出现了明显波动，并具有一定程度的降低趋势。另外，从隧道不同位置主应力分布图中还可以看出地应力波动并不完全与地形一致，存在一定的差异性，这是由于初始地应力受多种因素综合影响。

10.3 隧道开挖理论计算

深埋高地应力隧道施工过程中围岩整体变形量较大，变形速率快，并且伴随洞顶坍塌，局部混凝土开裂、剥落，初支侵限等破坏现象，隧道整体稳定性较差，施工风险高，施工进度缓慢。因此，基于曼木树隧道地应力场分布规律，对围岩大变形特征进行深入研究是非常必要的。

10.3.1 大变形的定义与分级

到目前为止，学者们进行了大量有关隧道开挖时围岩大变形的研究，分析了其变形机理，但对大变形的定义还没有统一的定论。对于不同的工程条件，受地质环境、围岩性质、岩石损伤程度、隧道埋深、开挖方式等因素的影响，隧道开挖时产生的变形程度也不尽相同。整体来说，大变形具有以下几个特点：

（1）在深埋区域高地应力环境下施工时，软岩更容易发生大变形，而硬岩则以岩爆为主。由于学者对大变形的定义不同，可将其分为指标化、描述性和工程性 3 种类型。

（2）依据隧道开挖时围岩变形机理的不同，可将大变形分为两类：其一为由于开挖导致应力重分配，隧道周边围岩发生失稳破坏，出现较大的蠕变变形；其二为岩体中某些矿物产生化学反应，体积膨胀导致围岩变形。通常围岩大变形是由两种因素共同作用而产生。

（3）在进行深埋高地应力软岩隧道开挖时，需要通过合理的支护结构和科学的施工方法来控制围岩变形量，并实时监测围岩变形程度和变形速率，既要保证隧道有一定的变形量以卸载围岩压力，又要避免隧道发生过大变形导致坍塌等工程灾害发生。

（4）根据大量统计资料显示，在高地应力软岩区域修建隧道有时会出现围岩长期不收敛现象，甚至在施作二衬后也无法完全控制隧道围岩变形，从而导致衬砌结构发生破坏，出现工程事故。因此对高地应力软岩隧道的大变形控制尤为重要。

通过以上几个特点，可以从隧道工程上对大变形进行定义：

（1）开挖隧道埋深较大，具有较高的初始地应力场，并且处于软弱岩层区域，岩体硬度极小；

（2）隧道施工环境地下水含量丰富，膨胀性矿物较多；

（3）隧道支护结构不能有效控制围岩变形，导致岩体发生塑性破坏，隧道持续变形；

（4）在完成二衬较长时间以后隧道依然在不断变形，不能得到有效控制。

依据《铁路隧道设计规范》（TB 10003－2016）可将大变形的危害情况分为轻微、中等、严重 3 个等级，分级标准见表 10-17。

表 10-17　软岩大变形分级

大变形等级	无	轻微	中等	严重
围岩强度应力比（$R_b/\sigma_{\max}$）	>0.5	$0.25\sim0.5$	$0.15\sim0.25$	<0.15
相对变形量（%）	$U_a/A<3$	$3\leqslant U_a/A<5$	$5\leqslant U_a/A<8$	$U_a/A\geqslant 8$

10.3.2 软弱围岩的软化理论

为探究在高地应力软弱围岩进行隧道开挖时岩体的时空演化规律，本节引入了何满潮院士与陈志敏教授在软岩领域提出的岩体应变软化相关理论模型。

研究模型的基本假定如下：

（1）围岩介质连续、并简化为圆形坑道断面；

（2）当上覆岩层重力较大时，不考虑隧道周围岩体自重影响；

（3）符合 Mohr-Coulomb 准则；

（4）假设为平面应变问题；

（5）软化模型为“直-曲-直”模型。

经过大量研究可知，隧道开挖时，软弱围岩的物理力学参数会随着围岩的变形而出现弱化现象。由于开挖导致围岩应力重分布，隧道周围从内到外可以划分为塑性流动区、塑性软化区、塑性硬化区、弹性区 4 个区域，如图 10-29 所示。并且不同区域岩体的力学参数也不相同，分别对应岩体全应力-应变曲线的不同阶段。

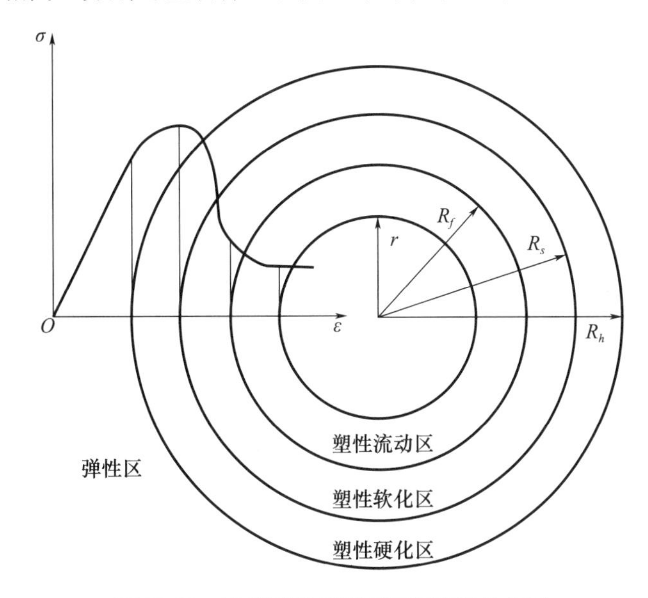

图 10-29 软岩隧道开挖后围岩弹塑性分区

由图 10-29 可知，隧道开挖会导致附近岩体应力重新调整分布。隧道附近围岩径向应力降低，环向应力升高，当环向应力大于岩体抗压强度时，隧道围岩由于强度不足发生破坏，进一步扩大环向应力的影响范围，造成更大的破坏范围。如果想要保证隧道的稳定性，需要着重研究其塑性硬化区、塑性软化区、塑性流动区三个位置。

通常，隧道开挖后其弹性区和塑性硬化区处于稳定状态，无需额外支护作用。而塑性软化区和塑性流动区则会出现较大变形或处于蠕变状态，需要额外的支护来稳定其结构，避免结构发生破坏。对于深埋高地应力隧道，通常具有以下几种情况：

（1）岩石强度极高，隧道只存在弹性区，此时岩体处于稳定状态并且满足弹性理论。可以不用考虑支护作用。

（2）岩石强度较高，隧道同时存在弹性区与塑性硬化区，此时围岩虽然产生了一定程度的塑性变形，但尚未发生破坏，并且可以在无外力扰动的情况下保持稳定。

（3）岩石强度较低，隧道开挖后出现了塑性软化区，此时隧道不能自稳，需要在开挖完成后及时进行支护，从而保证围岩稳定。

（4）岩石强度极低，隧道开挖后不仅出现塑性软化区，并且存在塑性流动区，此时隧道极不稳定，若支护不合理围岩会处于蠕变状态，隧道变形较难控制。

10.3.3 围岩应变软化模型

关于岩体塑性软化阶段的应力应变关系曲线有较多的研究，最初由于试验条件难以满足，人们认为其变化规律也是直线状态。随着试验条件的提升，学者们逐渐观察到其变化关系并不是简单的直线关系，而是与岩石的力学状态有关。以此为基础，提出了更适合于实际情况的“直-曲-直”模型，如图 10-30 所示。

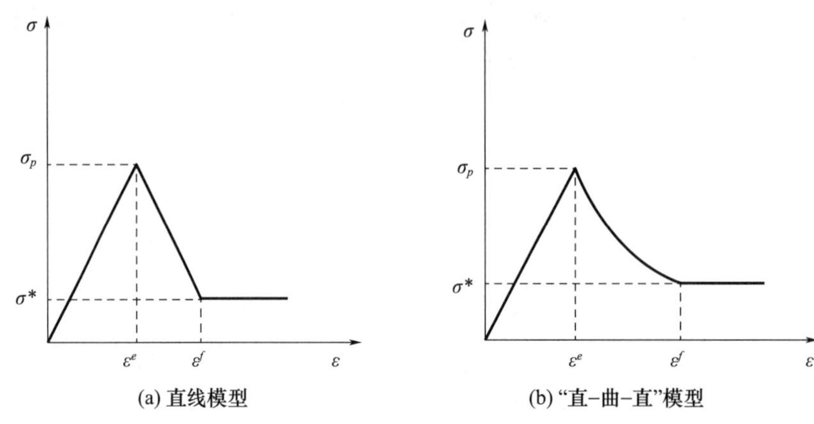

图 10-30　岩体软化的模型

岩体的抗剪强度同样受岩体应力状态影响，在塑性应变阶段，其 c、φ 值会随着应变的增加呈现下降趋势，并最终趋于稳定。抗剪强度参数变化规律如图 10-31 所示。

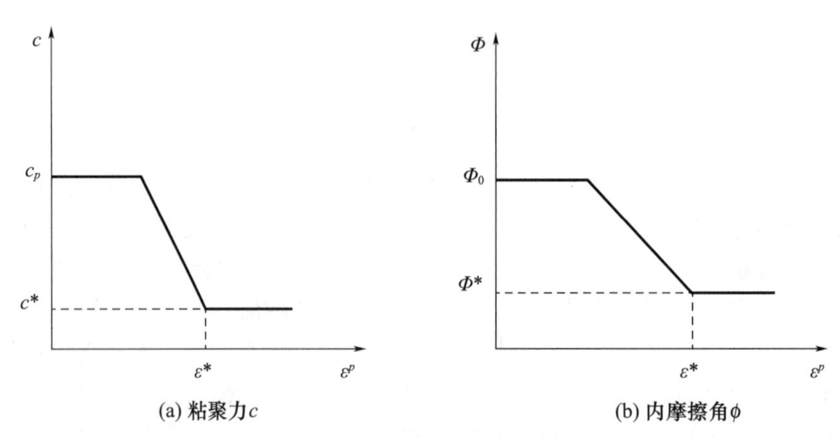

图 10-31　岩体软化条件下的抗剪强度参数

10.3.4 隧道开挖后二次应力及位移状态

围岩二次应力状态指隧道开挖完成围岩应力重分布后的状态，对隧道围岩二次应力状态的研究进行如下假定：

(1) 将隧道岩体看作均质、各向同性的连续介质材料；
(2) 符合 Mohr-Coulomb 准则；
(3) 隧道断面形状按圆形考虑；
(4) 简化为无限体中的孔洞问题。
弹性二次应力与位移状态：
对隧道进行开挖后，围岩应力重分布状态可由吉尔西解表示：

$$\begin{cases}\sigma_r=\frac{\sigma_y}{2}\left[(1-\alpha^2)(1+\lambda)+(1-4\alpha^2+3\alpha^4)(1-\lambda)\cos2\theta\right]\\ \sigma_\theta=\frac{\sigma_y}{2}\left[(1+\alpha^2)(1+\lambda)-(1+3\alpha^4)(1-\lambda)\cos2\theta\right]\end{cases} \tag{10-23}$$

其中：

$$\alpha=\frac{a}{r},\ \lambda=\frac{\sigma_x}{\sigma_y} \tag{10-24}$$

式中 σ_r——径向应力；
σ_θ——切向应力；
a——坑道开挖半径；
σ_y——围岩初始垂直应力；
σ_x——围岩初始水平应力；
λ——围岩侧压力系数；
r——隧道中心至待求点的径向距离；
θ——隧道中心垂直轴与待求点的方向夹角。

$\lambda=1$ 时，可得围岩的二次应力为：

$$\begin{cases}\sigma_r=\sigma_y(1-\alpha^2)\\ \sigma_\theta=\sigma_y(1+\alpha^2)\end{cases} \tag{10-25}$$

由平面应变理论结合式（10-25），可求得围岩应力-应变方程为：

$$\begin{aligned}\varepsilon_r&=\frac{1-\mu^2}{E}\left[\sigma_r-\frac{\mu}{1-\mu}\sigma_\theta\right]\\ &=\frac{1+\mu}{E}\left[\sigma_r(1-\mu)-\mu\sigma_\theta\right]\end{aligned} \tag{10-26}$$

由前述知，$\lambda=1$ 时，有

$$\sigma_r=\sigma_y(1-\alpha^2),\ \sigma_\theta=\sigma_y(1+\alpha^2) \tag{10-27}$$

当 $r=a$ 时，则隧道岩壁的径向释放位移 u_a 为：

$$u_a=\frac{1+\mu}{E}a\sigma_y \tag{10-28}$$

塑性二次应力与位移状态：
首先确定出现塑性变形的判据，依据摩尔库仑理论：形成塑性条件的应力圆包络线是一条直线，如图 10-32 所示，取值大小与岩石的单轴抗压强度 R_b 和内摩擦角 φ 相关。
由摩尔库仑理论可知：

$$\sin\varphi=\frac{\sigma_{\theta_p}-\sigma_{rp}}{2x+\sigma_{\theta p}+\sigma_{rp}} \tag{10-29}$$

式中 σ_{rp}——塑性区内径向应力；

σ_{θ_p}——塑性区内切向应力。

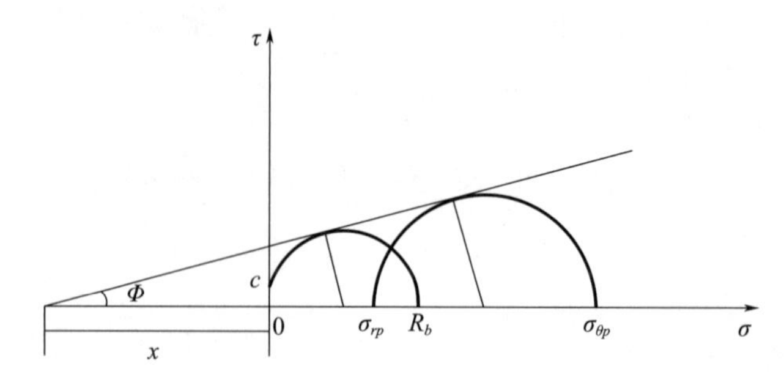

图 10-32 围岩的应力圆包络线关系

塑性区判别公式：

$$\sigma_{\theta_p}(1-\sin\varphi)-\sigma_{rp}(1+\sin\varphi)-2\cos\varphi=0 \tag{10-30}$$

式（10-30）经常被用于判定隧道周围是否出现塑性区，在确定围岩发生塑性变化后，依据弹塑性力学确定塑性区内的应力及位移状态。

首先研究塑性区内的应力状态变化，塑性区应力平衡微分方程为：

$$\frac{\mathrm{d}\sigma_{rp}}{\mathrm{d}r}+\frac{\sigma_{rp}-\sigma_{\theta p}}{r}=0 \tag{10-31}$$

整理后引进边界条件：$r=a$，$\sigma_{rp}=0$。

则有：

$$\begin{cases}\sigma_{rp}=\dfrac{R_b}{\xi-1}\left[\left(\dfrac{r}{a}\right)^{\xi-1}-1\right]\\ \sigma_{\theta_p}=\dfrac{R_b}{\xi-1}\left[\left(\dfrac{r}{a}\right)^{\xi-1}\xi-1\right]\end{cases} \tag{10-32}$$

在隧道岩壁上的应力（$r=a$ 处）：$\sigma_{rp}=0$，$\sigma_{\theta p}=R_b$，与弹性状态时应力 $\sigma_{re}=0$，$\sigma_{\theta e}=2\sigma_y$ 相比，可以看出，$\sigma_{\theta_p}\ll\sigma_{\theta e}$。结果说明塑性区围岩由于应变软化，其承载力具有较大程度降低，导致隧道岩壁处环向应力由 $2\sigma_y$ 下降到 R_b。同时环向应力转移至较深层岩体，最大应力出现在弹塑性交界面位置。

在获取围岩应力状态后，利用应力应变关系可求得塑性区内的围岩位移状态。

$\gamma=1$ 时，根据式（10-32）可得弹塑性交界面的径向位移：

$$u_{r0}=\frac{1+\mu}{E}(\sigma_y-\sigma_{r0})r_0 \tag{10-33}$$

式中 r_0——塑性区半径；

σ_{r0}——弹塑性交界面上的径向应力。

假设塑性围岩体积不变，则隧道岩壁塑性径向位移为：

$$u_a=\frac{1+\mu}{E}(\sigma_y-\sigma_{r0})\frac{r_0^2}{a} \tag{10-34}$$

由式（10-34）可知，隧道岩壁位移与塑性区半径的平方成正比，围岩位移变化速率比塑性区半径扩展速率更快。

确定塑性区半径：

$$\begin{cases}\sigma_{rc}=\sigma_y\left(1-\dfrac{r_0^2}{r^2}\right)+\sigma_{r0}\dfrac{r_0^2}{r^2}\\ \sigma_{\theta_c}=\sigma_y\left(1+\dfrac{r_0^2}{r^2}\right)-\sigma_{r0}\dfrac{r_0^2}{r^2}\end{cases} \tag{10-35}$$

在弹塑性交界面 $r=r_0$ 上有：

$$r_0=a\left[\frac{2}{\xi+1}\cdot\frac{\sigma_y\ (\xi-1)\ +R_b}{R_b}\right]^{\frac{1}{\xi-1}} \tag{10-36}$$

式中

$$\xi=\frac{1+\sin\varphi}{1-\sin\varphi} \tag{10-37}$$

式（10-36）为隧道开挖围岩塑性区半径计算结果，由式（10-36）可知，塑性区半径 r_0 受隧道开挖半径（a）、岩体初始地应力状态（σ_y）和自身物理力学性质（R_b，c）等因素影响。塑性区半径与隧道半径及初始应力值成正相关，和岩体物理力学性质成负相关。

10.4 曼木树隧道开挖支护稳定性数值模拟分析

10.4.1 隧道开挖模型概况

隧道开挖过程中由于开挖卸载作用和岩体应力释放，隧道围岩会产生相应的变形。为有效控制岩体变形，防止发生工程事故，合理的支护措施必不可少。但如果不深入了解隧道开挖变形机制，盲目设计支护不仅耗费大量的人力、物力、财力，而且还很难有效控制围岩变形。为探究开挖深埋高地应力软岩隧道时围岩的大变形机理，深入了解隧道围岩变形规律及破坏特征，总结分析影响隧道变形破坏的因素。本节通过曼木树隧道工程实例，利用理论分析结合数值模拟的手段，进一步研究受高地应力影响的深埋软岩隧道开挖过程中的围岩时空演化规律。

为定量分析在深埋高地应力软岩环境下进行隧道开挖工程时围岩的应力和位移状态变化，采用有限元分析软件 ABAQUS 建立数值模型，将通过地应力反演获得的围岩应力状态以合适的边界条件附加到模型上，实现隧道开挖前围岩应力与实际地应力状态相似，然后通过恰当的开挖步序模拟隧道实际开挖过程，具体过程如下：

（1）建立适当大小的隧道开挖计算模型；

（2）确定岩体和支护结构的各项物理力学参数，并赋值到模型中；

（3）结合地应力反演结果，采用反演回归方程为模型施加边界条件及力场，使模型开挖条件接近于现场开挖状态；

（4）对模型进行地应力平衡处理，保证在开挖前模型整体应力平衡并与实际地应力场相似；

（5）进行隧道开挖，获得模型应力和位移的变化规律。

10.4.1.1 隧道计算模型的建立

对曼木树隧道计算模型进行如下假设：

(1) 岩体性质均匀、连续且各向同性；

(2) 不考虑地下水的影响；

(3) 不考虑隧道开挖爆破震动的影响；

(4) 不考虑岩体体积的膨胀；

(5) 岩体采用第 8 章中优化的 CWFS 模型，隧道支护设置为弹性材料。

隧道开挖可看作半无限空间问题，依据圣维南原理，隧道开挖引起的应力重分布主要集中在隧道半径的 3～5 倍范围内，对更远位置的影响则较为轻微，可以忽略不计。因此，在建立数值模型时，可认为隧道开挖对边界无影响，即边界位移为零。

数值模型以隧道走向为 Z 轴方向，隧道切面为 X 轴方向，Y 轴垂直向上。曼木树隧道实际断面尺寸为宽 8.16m，高 10.05m，设置模型大小为 90m×90m×30m。计算模型网格如图 10-33 所示，共划分 251610 个单元网格、265608 个节点，初衬、二衬与锚杆在模拟中的实现方式如图 10-34～图 10-37 所示。

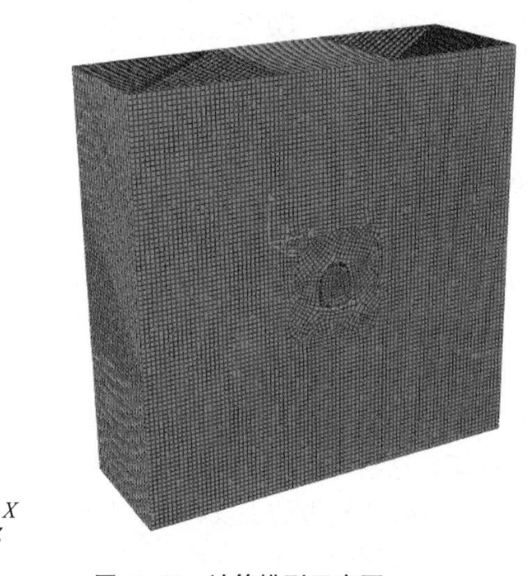

图 10-33 计算模型示意图

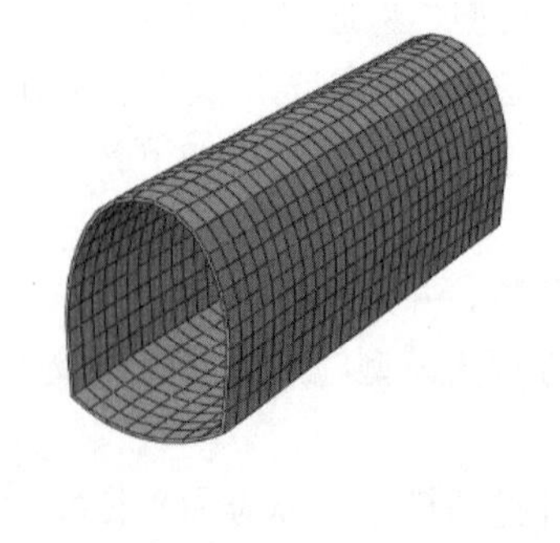

图 10-34 初衬示意图

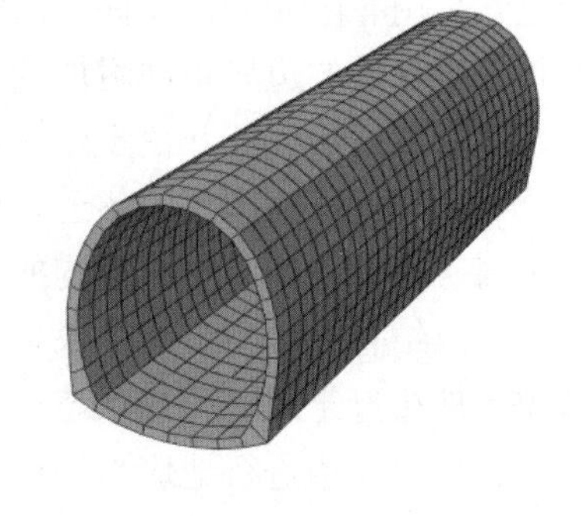

图 10-35 二衬示意图

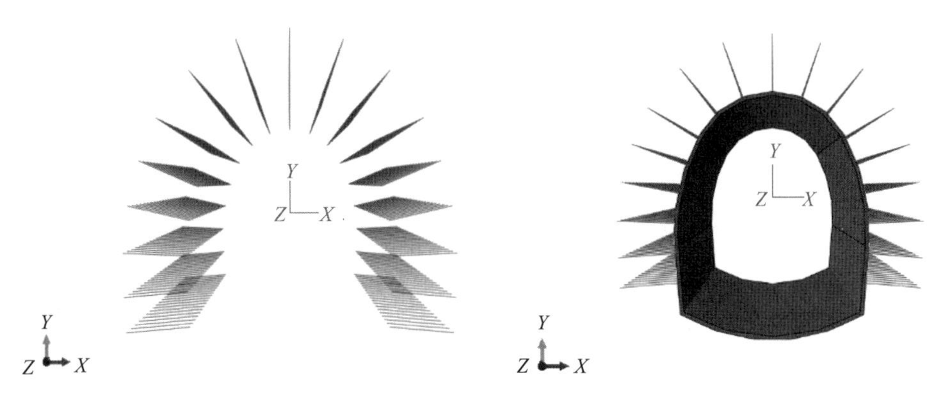

图 10-36 锚杆示意图　　　　图 10-37 初衬加锚杆示意图

本节对曼木树隧道的模拟主要以隧道里程 DK428＋770～DK429＋120 处Ⅳ级较软岩隧道段为对象，围岩以页岩夹砂岩为主，平均埋深在 600m 以下，最大埋深可达 650m。依据曼木树隧道地质勘察报告与隧道设计资料选取岩体与支护参数。

10.4.1.2 材料力学参数选取

1）设计参数（表 10-18）

表 10-18 隧道设计参数

支护	支护方式	选用材料
初期支护	喷混凝土	C25 喷混凝土
	型钢钢架	I18 型钢
	锚杆	Φ42 无缝钢管 L=2.5m
二次衬砌	拱墙	C35 钢筋混凝土
	仰拱	C35 钢筋混凝土
	仰拱填充	C25 混凝土

2）材料力学参数（表 10-19）

锚杆弹性模量由钢管混凝土抗弯刚度等效原理计算：$E=(E_pI_p+E_gI_g)/I=98.99\text{GPa}$。

表 10-19 材料力学参数

名称	弹性模量（GPa）	泊松比	容重（kN/m³）	黏聚力（kPa）	内摩擦角（°）
围岩	21.2	0.31	22	18	40
喷混	23	0.25	24	—	—
二次衬砌	32	0.2	25	—	—
锚管	98.99	0.25	78	—	—
钢架	210	0.3	78	—	—

3）模拟工况（表 10-20）

隧道开挖计算荷载结合前文地应力场反演分析结果进行赋值，采用上下台阶法进行开挖。

表 10-20　模拟工况

工况	台阶高度（m）	开挖进尺（m）	台阶长度（m）
上下台阶法	上台阶：5.39	2	4
	下台阶：4.66	2	4

10.4.1.3　初始地应力场结果

ABAQUS 可以实现自动平衡岩土初始应力场，对施加应力后的模型进行应力平衡，平衡后的结果如图 10-38 和图 10-39 所示，模型初始位移最大值为 5.13×10^{-14}m，相对隧道开挖位移量级来说，可以忽略不计，认为地应力平衡位移为 0，模型应力变化基本处于稳定状态，初始应力场最大应力为 20.1MPa，与该埋深下的地应力场数据基本吻合。

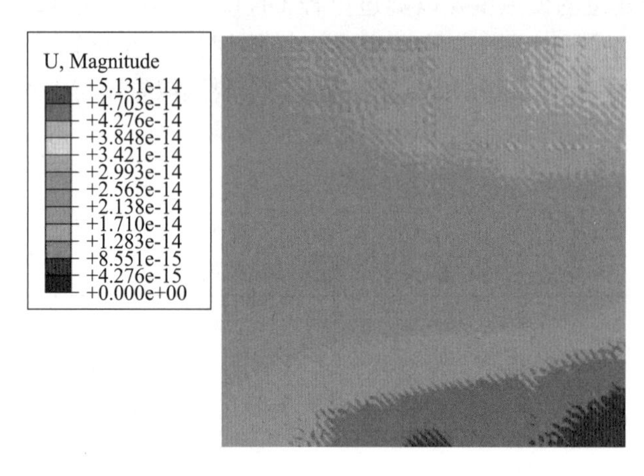

图 10-38　地应力平衡位移图

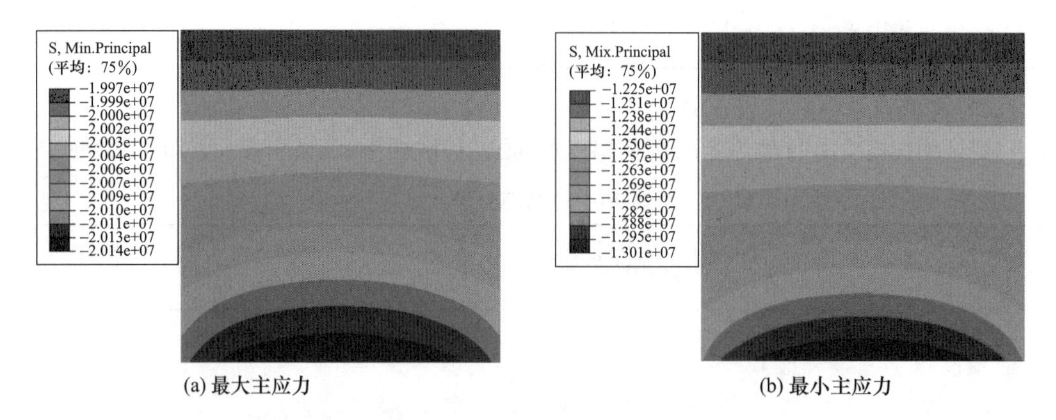

(a) 最大主应力　　(b) 最小主应力

图 10-39　地应力平衡应力图

10.4.2　隧道围岩位移分析

提取隧道开挖围岩位移变化图如图 10-40 所示，结果表明开挖过程中隧道围岩整体表现为向隧道内部收敛，即拱顶下沉、拱底隆起、拱腰向内挤压。随着隧道逐渐变形，隧道所受应力重新分布，在围岩应力自适应调整与衬砌的支护作用下逐渐趋于稳定，维持隧道应力平衡。但由于深埋隧道水平构造应力要大于上覆岩层的自重应力，并且隧道开挖为拱形结构，导致隧道拱腰处位移最大。

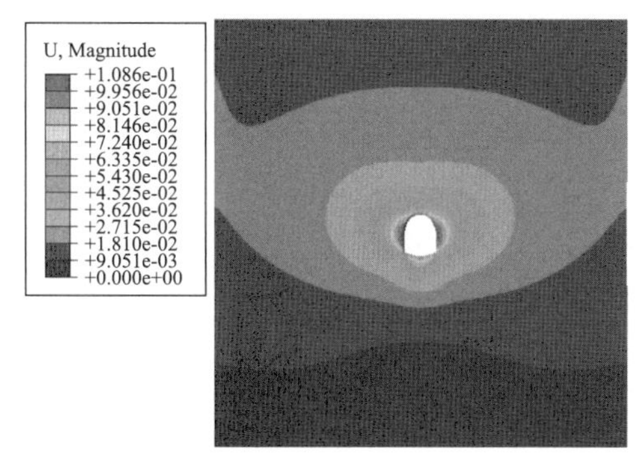

(a) 隧道开挖总位移

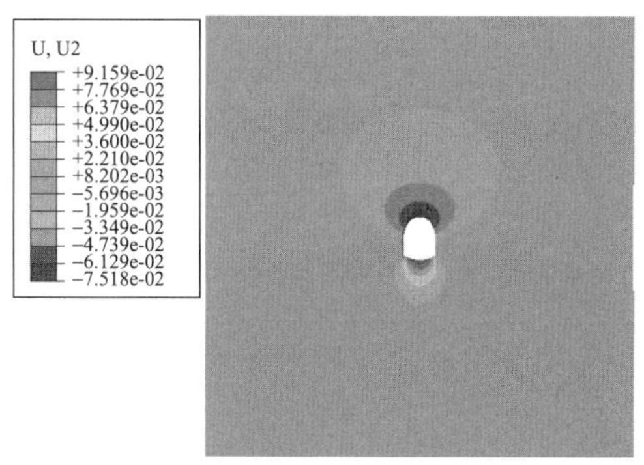

(b) 隧道开挖竖向位移

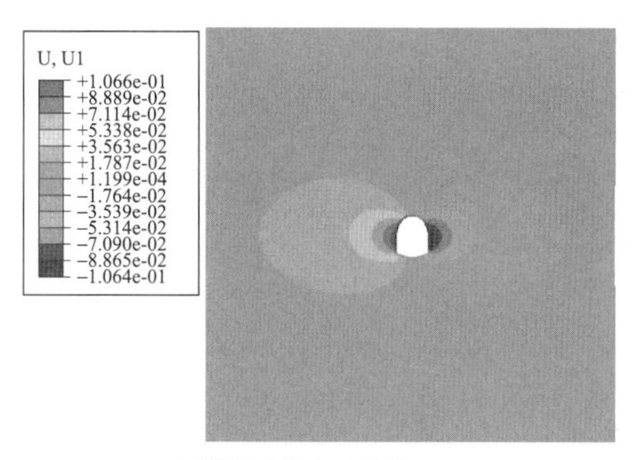

(c) 隧道开挖水平位移

图 10-40　隧道开挖围岩位移图

由图 10-40（b）可知，隧道开挖完成后，竖向位移主要发生在隧道拱顶和拱底位置，这是由于隧道开挖后拱顶和拱底的竖向应力得以释放，并产生与之相对应的竖向位移，而拱腰在竖直方向上继续受到周围岩体的约束，无法产生位移。拱顶最大沉降量为 75.2mm，拱底最大隆起值为 91.6mm，拱底隆起大于拱顶沉降，这是由于拱顶拱形结构效果明显，阻止拱顶产生较大的沉降，而拱底结构接近水平，拱形结构不明显，所以导致隧道拱底隆起大于拱顶下沉。另外，受到岩体自重作用的影响，拱顶竖向位移的影响范围要大于拱底。

由图 10-40（c）可知，隧道开挖完成后，水平位移主要发生在拱腰位置，两侧拱腰位移量基本相同，最大位移量为 106.6mm。在拱顶和拱底位置由于水平方向受到周围岩体约束，所以水平位移基本为零。

对隧道开挖过程中的围岩随时间变形规律数据进行了提取分析，并总结相关规律，如图 10-41 和图 10-42 所示。

对围岩在开挖过程中的变形进行分析，通过图 10-41 可以看出，随着开挖过程的进行，隧道拱顶下降呈倒“S”形分布规律，在未开挖到测点位置时，随着开挖的进行，虽然测点有所下降，但是沉降速率缓慢，当开挖到测点位置时，拱顶沉降速率急速增加，呈现跳跃式下跌，继续开挖隧道拱顶沉降逐渐减缓，最终稳定在75mm左右，变形不再增加。

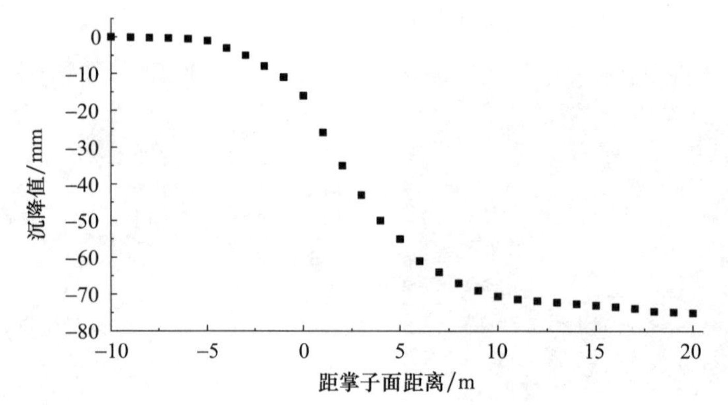

图 10-41　拱顶随隧道开挖沉降图

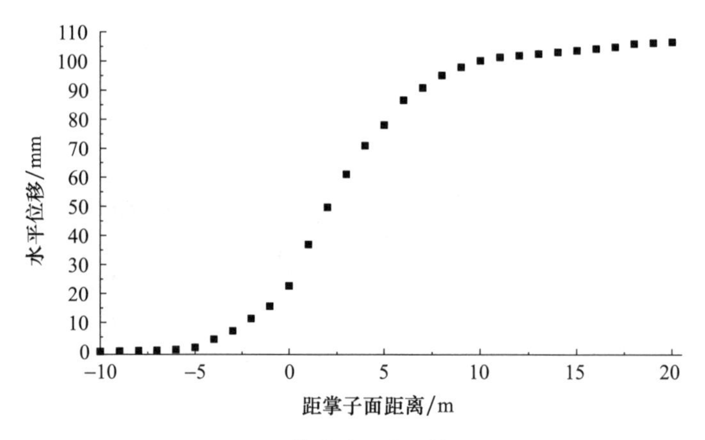

图 10-42　拱腰随隧道开挖位移图

隧道水平位移规律与拱顶沉降规律基本一致，都是在未到达开挖位置时变形较小，随着开挖进尺的推进，达到开挖位置时出现极大变形，继续开挖变形速率逐渐降低，最终趋于稳定。拱腰最大变形为106.6mm，拱腰变形大于拱顶沉降。

隧道开挖时，掌子面后方围岩被挖掉，围岩应力重新分布，掌子面会产生与之对应的形变，通常表现为岩体纵向水平鼓出，而当重分布应力大于岩体的极限强度时，掌子面会表现出强烈的蠕变效应，若不及时采取适当的措施进行控制，掌子面前方则容易出现岩体松弛、破裂，严重时将导致工程灾害的发生。因此，需要探究掌子面在开挖过程中的时空演化规律，从而为合理的支护方式提供相关意见。

隧道开挖时掌子面挤出变形状态如图10-43所示，可知在采用上下台阶法开挖时，掌子面变形最大位移值为75.38mm，最大变形位置在上台阶开挖完成后表露出来的下台阶边沿；开挖后上台阶变形量为43.97mm。掌子面过大挤出变形将导致岩石的松弛和破裂问题，为保证掌子面稳定性，避免出现施工事故，需采取一定措施控制掌子面变形。

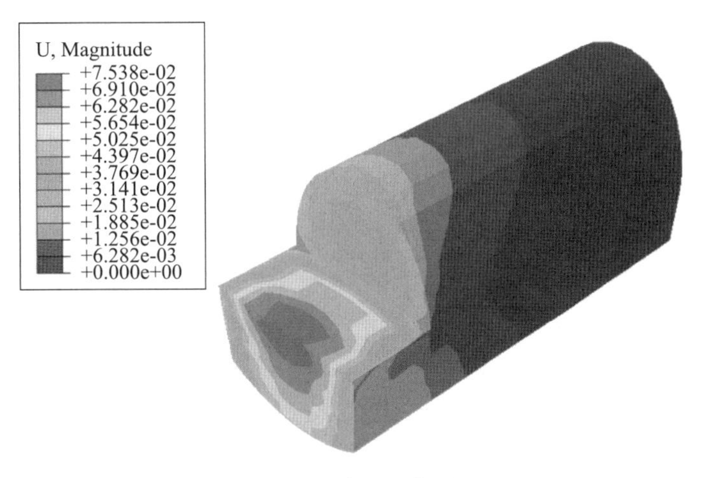

图 10-43　掌子面变形图

10.4.3　隧道围岩应力分析

隧道开挖完成后，为维持岩体稳定，围岩应力重新分布，开挖面附近出现较大的应力变化。隧道开挖后围岩应力云图如图 10-44 所示。

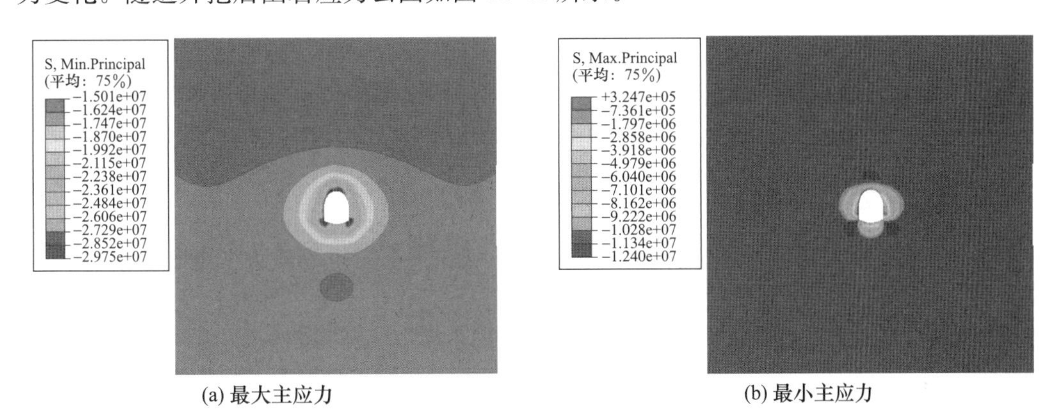

(a) 最大主应力　　(b) 最小主应力

图 10-44　最大最小主应力云图

由图 10-44 可知，在隧道开挖过程中，隧道围岩应力得以释放，并且应力场在一定范围内受到扰动，在洞室周围应力呈近似环形分布。由图 10-44（a）可知，隧道开挖导致周围岩体最大主应力升高，并且由于拱顶和拱脚位置变形比较突兀，出现了较大程度的应力集中现象，最大主应力达到 29.75MPa。

由图 10-44（b）可知，除拱腰局部位置产生了较小的拉应力以外，隧道围岩大部分位置处于三向受压状态，最大拉应力值仅为 0.32MPa，尚在岩石抗拉强度范围以内；隧道开挖导致附近围岩应力释放，开挖影响范围内大部分区域最小主应力均出现了不同程度的减小，越靠近隧道岩壁位置应力释放率越高。

模拟结果可以看出，当隧道埋深较大，围岩处于高地应力环境时，隧道开挖完成后围岩应力大多以压应力存在，拉应力只存在与隧道表面部分区域，并且数值较小。

图 10-45 为隧道开挖完成后 X 与 Y 方向上的应力变化图，可知隧道开挖完成后主要影响隧道附近应力变化，远离隧道位置应力变化较小，由于隧道开挖应力释放，导致拱顶和拱底位置主要承受水平方向上的压应力，应力最大值位于拱顶位置，为 28.23MPa，而竖直方向上的压应力则得以释放，应力值为 2.56MPa；拱腰主要承受竖向压应力，最大值为 25.09MPa，水平方向上的压应力则得以释放，应力值仅为 0.37MPa。

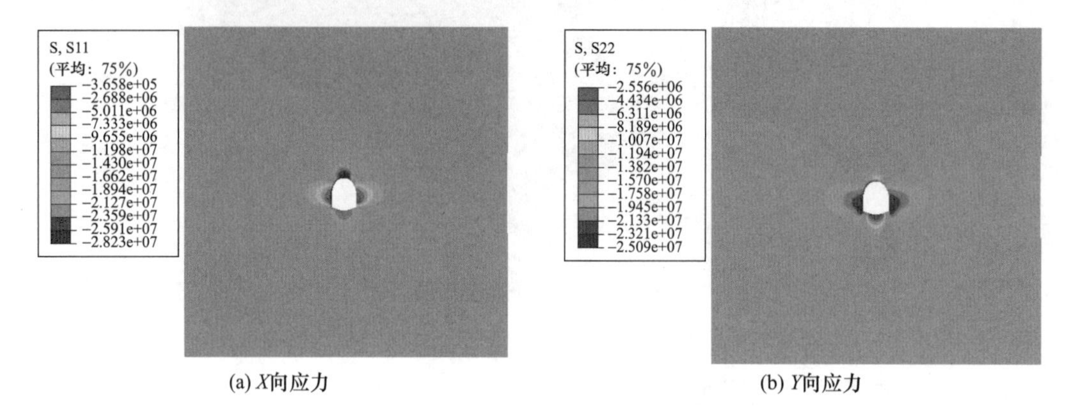

(a) X向应力　　(b) Y向应力

图 10-45　隧道开挖 X、Y 向应力变化图

10.4.4　初期支护安全性分析

在隧道建设过程中，支护结构对于维持围岩长期稳定具有不可替代的作用，因此支护结构的安全性需要着重考虑。本节通过从变形和应力两个方面分析了支护结构的支撑效果及其安全性。

1）变形分析

隧道开挖后初衬变形云图如图 10-46 所示，可知开挖后衬砌最大变形量为 99.5mm，并且最大位移分布在拱腰位置，这与隧道开挖围岩变形规律是一致的；从图 10-46（b）中可以看出衬砌最大水平位移为 97.7mm，从图 10-46（c）中可以看出衬砌最大垂直位移为 83.1mm，位于拱底位置，拱顶位置位移只有 72.8mm，小于拱底和拱腰位移量，这是由于拱顶的拱形作用更加明显，降低了拱顶的围岩变形量。由于隧道开挖完成到初衬支护完成中间存在一段时间间隔，围岩会在没有衬砌的时候会产生一定程度的位移，导致衬砌整体位移略小于隧道围岩变形。

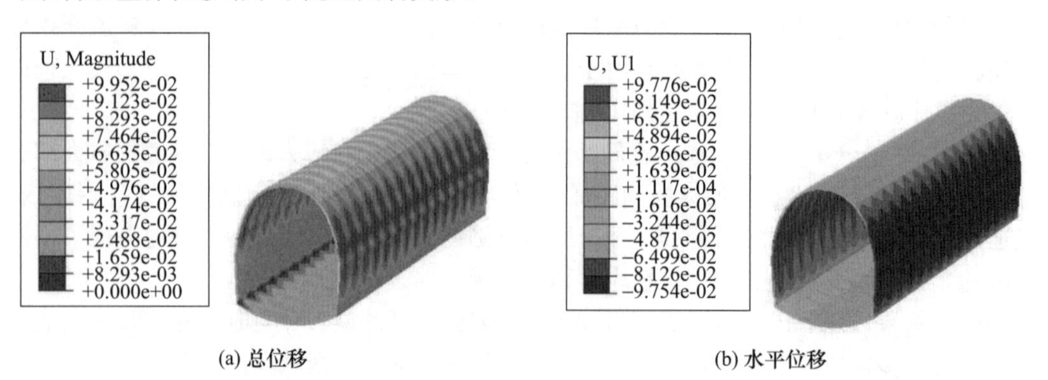

(a) 总位移　　(b) 水平位移

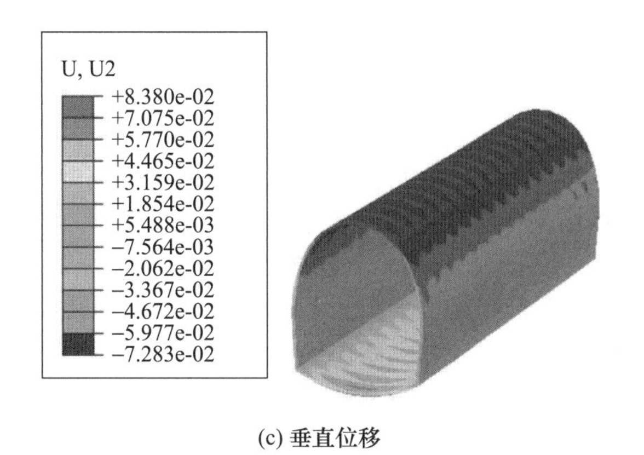

(c) 垂直位移

图 10-46 隧道开挖后衬砌位移变化图

2）应力分析

图 10-47 是隧道开挖后衬砌应力变化图，可知隧道开挖后初衬处于受压状态，最大压应力值为 55.6MPa，明显大于围岩所受应力；拱脚处开挖为近似 90°直角转折，同时承受垂直方向与水平方向的围岩压迫，出现应力集中现象，拱顶则由于拱形结构明显，对外界应力具有良好的支撑和传导作用，承受了更大的应力。衬砌压力尚处在支护结构承受范围内，初衬对隧道围岩具有较强的支撑作用，有效抑制了高地应力下隧道围岩发生过大变形。

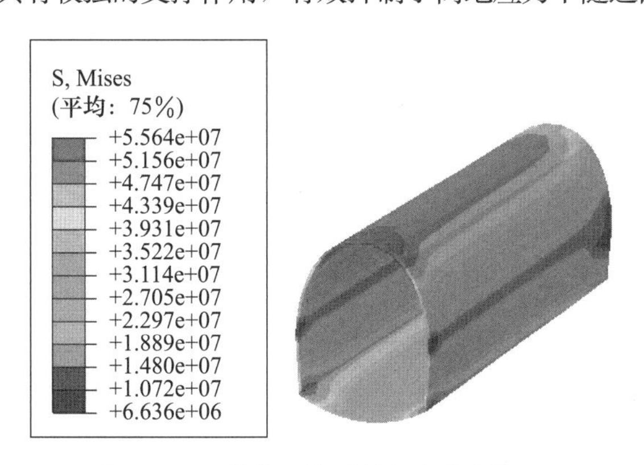

图 10-47 隧道开挖后衬砌应力变化图

10.5 不同因素对隧道稳定性影响分析

隧道开挖工程具有极强的时间效应和空间效应，对于隧道不同开挖位置，受地质环境、岩体应力状态、围岩力学性质和时间因素等因素的影响，其开挖状态也不完全相同，针对不同施工环境，要采取合适的施工方法进行建设，若不考虑外界环境影响，仅仅按既定方案去完成整个工程，在工程条件较好区域则会造成资源浪费，产生较大的经济负担，而在工程条件较差区域则会因为防护力度不足而出现工程事故，严重时甚至会造成人员伤亡。因此需要探究不同影响因素下隧道开挖时围岩应力和位移变化规律，为各种工程条件下隧道开挖及支护设计方法提供理论支撑，使得开挖及支护方案能够在不同条件下的隧道工程中灵活运用。本节采用有限元分析软件 ABAQUS 分别对不同开挖进尺、侧压力系数、开挖方式和埋设深度 4 个因素进行模拟分析，探究其围岩应力和位移的变化规律。

10.5.1 侧压力系数影响效应分析

侧压力系数是指隧道围岩初始水平应力与垂直应力之比，由现场地应力实测数据及地应力反演回归结果可知，不同位置的侧压力系数有较大变化。本节通过设计侧压力系数 λ 分别为 0.5、1.0、1.5 和 2.0 四种工况进行模拟，探究侧压力系数对隧道围岩应力和位移空间分布特征的影响及不同侧压力系数下围岩的应力位移变化规律，为不同侧压力系数的隧道设计施工提供理论指导。

10.5.1.1 不同侧压力系数下围岩变形分析

不同侧压力系数下隧道围岩位移变化如图 10-48 所示。可知侧压力系数对隧道围岩位移分布规律具有较大影响，侧压力系数较小时，即水平应力较低，隧道位移主要沿隧道垂直分布，并且以拱顶和拱底位移最大；当侧压力系数较大时，即水平应力较高，此时隧道受水平应力影响更加明显，围岩整体位移沿隧道水平分布。随着侧压力系数的增大，隧道围岩位移逐渐由竖直方向转变为水平方向。另外，隧道围岩整体位移也随着侧压力系数的增大呈现上升趋势，可见侧压力系数对隧道位移有巨大影响。

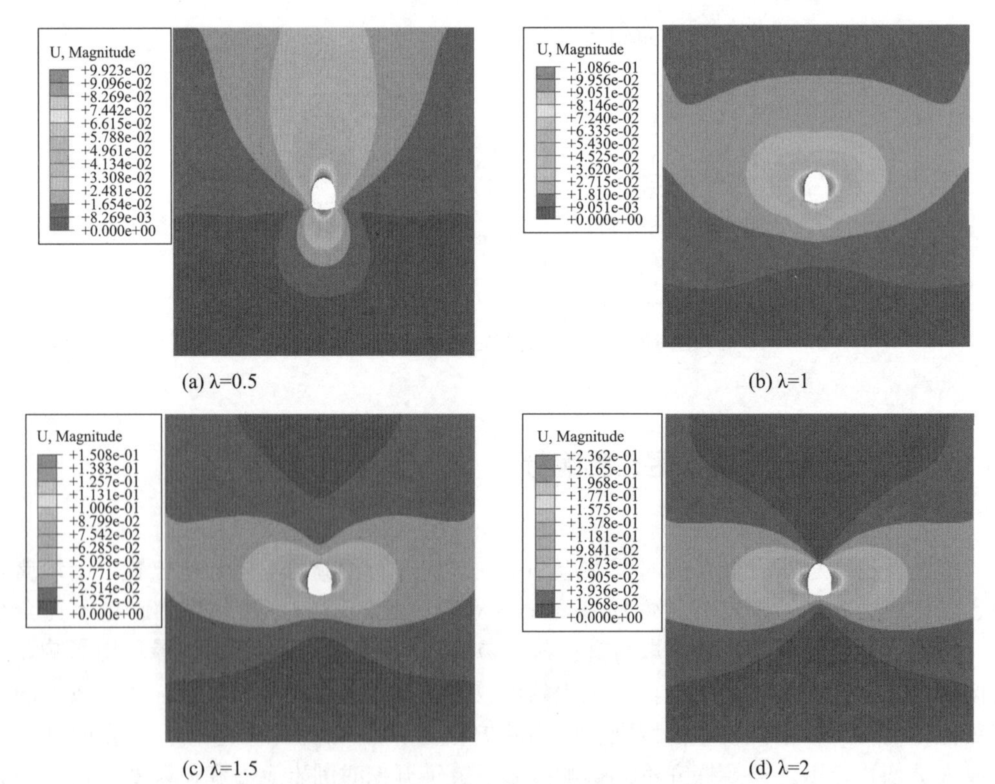

(a) λ=0.5　(b) λ=1

(c) λ=1.5　(d) λ=2

图 10-48　不同侧压力系数下隧道位移

对比不同侧压力水平下隧道位移变化可以看出，当侧压力系数λ=0.5时，隧道主要承受竖向岩体自重应力影响，最大位移出现在隧道拱顶和拱底位置，拱腰位置变形较小；侧压力系数增加，水平构造应力增大，隧道最大变形位置由拱顶向拱腰逐步转移。λ=1时，拱腰最大变形量为108.6mm，超过拱顶变形量，侧压力系数继续增加时，拱腰变形急速增大，而拱顶变形量较小。

分别提取不同侧压力系数下隧道围岩最大位移、垂直位移和水平位移，结果见表10-21，并绘制围岩变形曲线如图10-49所示。结果显示当λ=0.5时，隧道最大位移为垂直位移，水平位移相对较小，随着侧压力系数的增大，水平位移和最大位移都快速增大，而垂直位移则出现减小趋势；当侧压力系数λ=2时，水平位移达到236mm，垂直位移只有79mm。由此可见，侧压力系数的变化对水平位移的影响程度更大，在开挖侧压力系数较大的软弱围岩隧道时，隧道水平位移也需要重点考虑。

表10-21　不同侧压力系数下应力变化值

侧压力系数λ	0.5	1	1.5	2
最大位移（mm）	99.2	108.6	150.8	236.2
垂直位移（mm）	42.1	106.6	149.7	235.7
水平位移（mm）	99.2	91.6	86.5	76.3

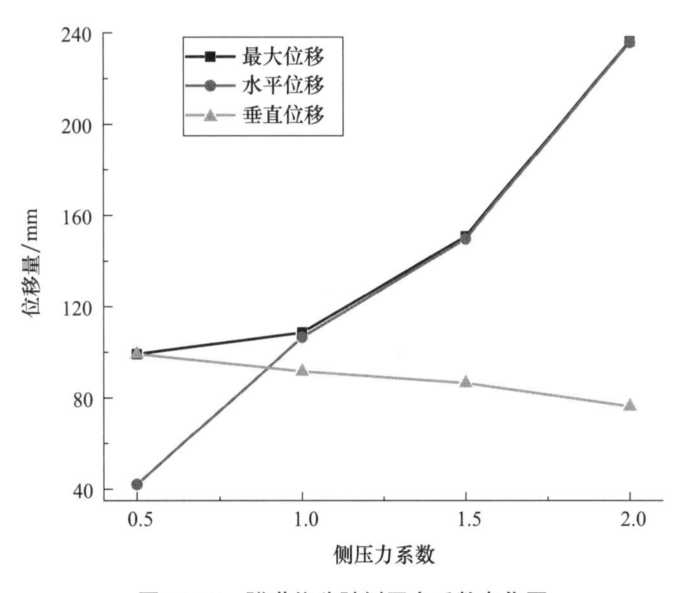

图10-49　隧道位移随侧压力系数变化图

10.5.1.2　不同侧压力系数下围岩应力分析

图10-50为不同侧压力系数下隧道应力图，可知隧道围岩最大主应力随侧压力系数的增大而逐渐增加；当λ=0.5时，隧道开挖后最大主应力主要在拱腰位置，应力分布呈现垂直条状，这是由于垂直应力大于水平应力，开挖卸载后垂直应力对隧道的影响大于水平应力，导致拱腰处出现应力集中现象；随着侧压力系数的增大，水平应力对隧道

围岩的影响逐渐增加；当侧压力系数 $\lambda=1$ 时，围岩应力测呈环形分布，最大应力集中在拱脚位置；当侧压力系数 $\lambda>1$ 时，水平应力对隧道的影响逐渐大于垂直应力，最大应力位置向拱顶和拱底集中，应力分布呈现水平条状。

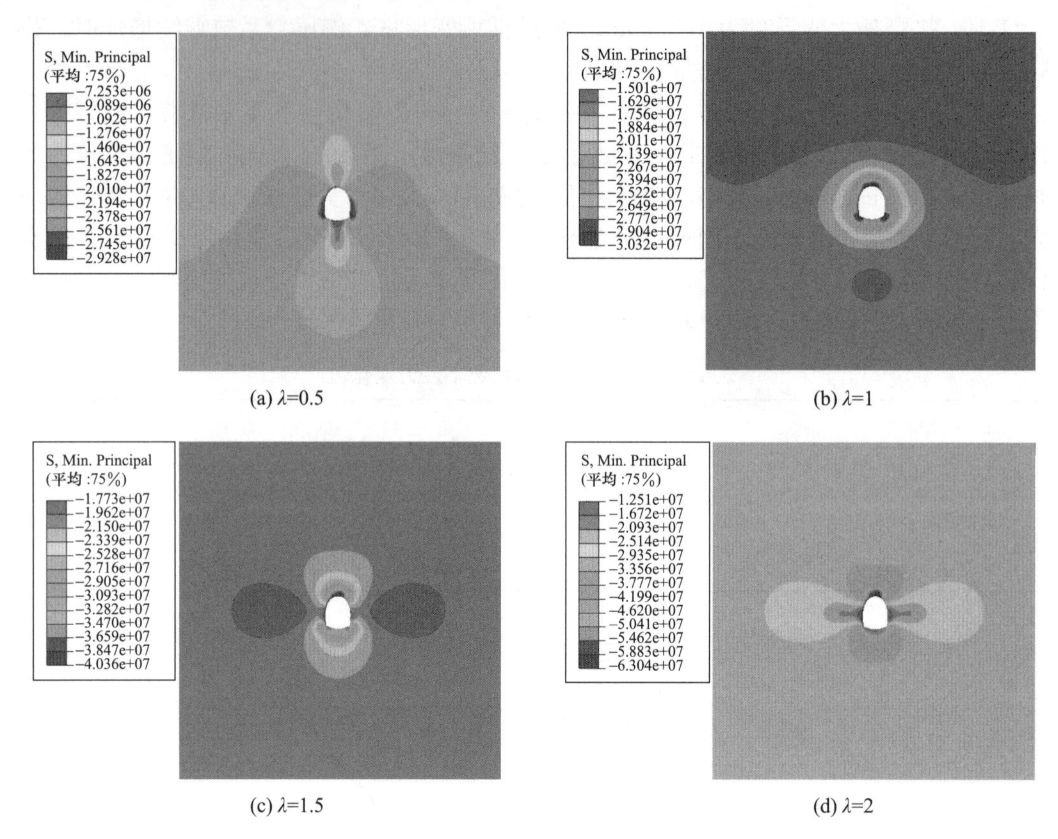

(a) λ=0.5　　(b) λ=1

(c) λ=1.5　　(d) λ=2

图 10-50　不同侧压力系数下隧道应力

选取不同侧压力下的最大主应力、水平应力和垂直应力绘制曲线图如图 10-51 所示，结果显示随着侧压力系数的增大，最大主应力和水平应力呈现增大规律，而垂直应力则变化较小，并且在一定程度上有所减小。当侧压力系数 $\lambda=0.5$ 时，垂直应力与最大主应力较为接近，而水平应力远小于最大主应力，但水平应力随侧压力系数的增加而快速增大；当侧压力系数 $\lambda=1$ 时，水平应力超过垂直应力，并且接近于最大主应力；当侧压力系数 $\lambda>1$ 时，水平应力随最大主应力同步上升，垂直应力则基本稳定不变（表 10-22）。

表 10-22　不同侧压力系数下应力变化值

侧压力系数 λ	0.5	1	1.5	2
最大主应力值（MPa）	29.3	30.3	40.3	63
垂直应力（MPa）	12	29	39.5	62
水平应力（MPa）	27.3	25.7	23.7	25.4

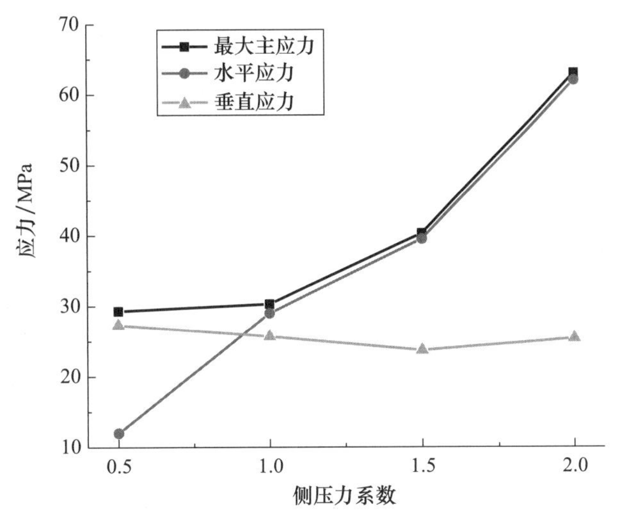

图 10-51　隧道应力随侧压力系数变化图

10.5.2　埋深影响效应分析

随着铁路运输网络建设的不断完善，越来越多的路线需要翻山越岭，铁路隧道的建设也逐渐增多，建设过程中会遇到各种困难，深埋高地应力软岩隧道的建设就是其中一大难点。根据大量研究可知，不同深度下岩体地应力差距极大，隧道建设过程要破坏岩体原有平衡状态，当地应力较大时，应力重分布时会超出岩体自身强度，导致围岩破坏，隧道发生灾害。隧道建设的埋深具有较强的空间效应，不同位置埋深差距较大，为探究不同埋深下隧道开挖围岩应力位移变化规律，分别对隧道埋深在 350m、450m、550m、650m 位置应力环境下进行数值计算。

10.5.2.1　不同埋深围岩变形分析

图 10-52 为埋深分别为 350m、450m、550m、650m 时，曼木树隧道围岩的变形情况。可知不同埋深下的隧道位移基本保持相似的变形规律，最大位移集中在隧道拱腰位置；随着埋深的增加，隧道周边位移逐渐增大，埋深为 350m 时，最大位移约为 47.0mm，埋深为 650m 时，最大位移约为 108.6mm。

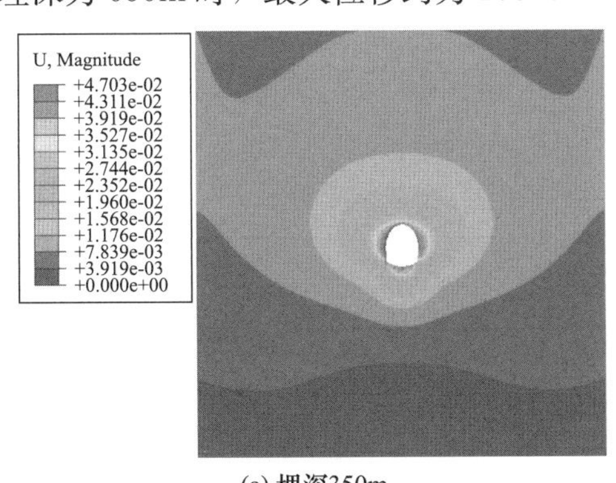

(a) 埋深350m

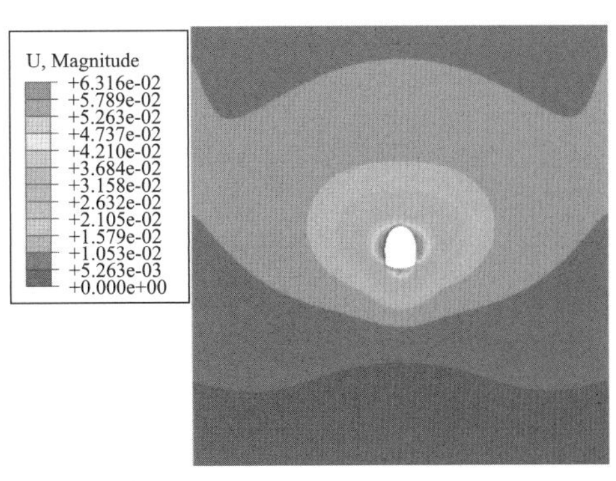

(b) 埋深450m

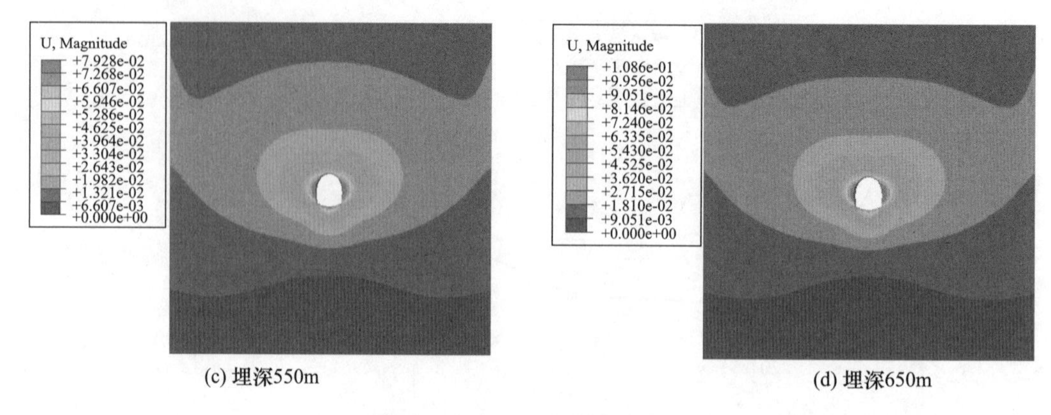

(c) 埋深550m　　(d) 埋深650m

图 10-52　不同埋深围岩变形图

分别提取不同埋深下隧道围岩拱顶沉降和拱腰水平位移，结果见表 10-23，并绘制不同埋深下围岩变形曲线，如图 10-53 所示。可知隧道围岩的拱腰水平位移和拱顶沉降均随着隧道埋深的增加呈现上升趋势，且水平位移随埋深增加的速率更快，可见埋深对水平位移的影响程度更大；在隧道开挖埋深范围内，围岩变形在预留变形量范围内，并未超过设计要求；当隧道开挖深度较大时，拱腰变形的影响更需要特别注意，以防止隧道发生过大变形而导致破坏。

表 10-23　不同埋深的拱顶沉降和拱腰水平位移

埋深（m）	350	450	550	650
水平位移（mm）	46.1	61.9	77.8	106.6
拱顶沉降（mm）	36.7	46.8	56.9	71.2

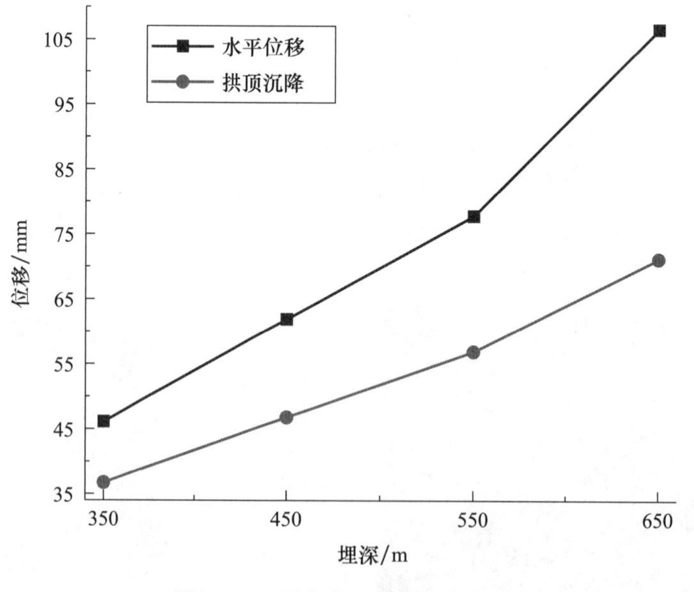

图 10-53　围岩变形随埋深变化图

10.5.2.2 不同埋深围岩应力分析

不同埋深下隧道围岩最大主应力分布如图 10-54 所示。可知不同埋深下隧道围岩应力分布规律基本相似，隧道开挖导致应力释放，围岩应力重分布，导致隧道周围应力增大，甚至出现局部应力集中现象，应力集中位置主要位于拱脚和拱顶；隧道围岩应力随埋深的增加而逐渐增大，埋深对隧道的影响也逐渐增大。

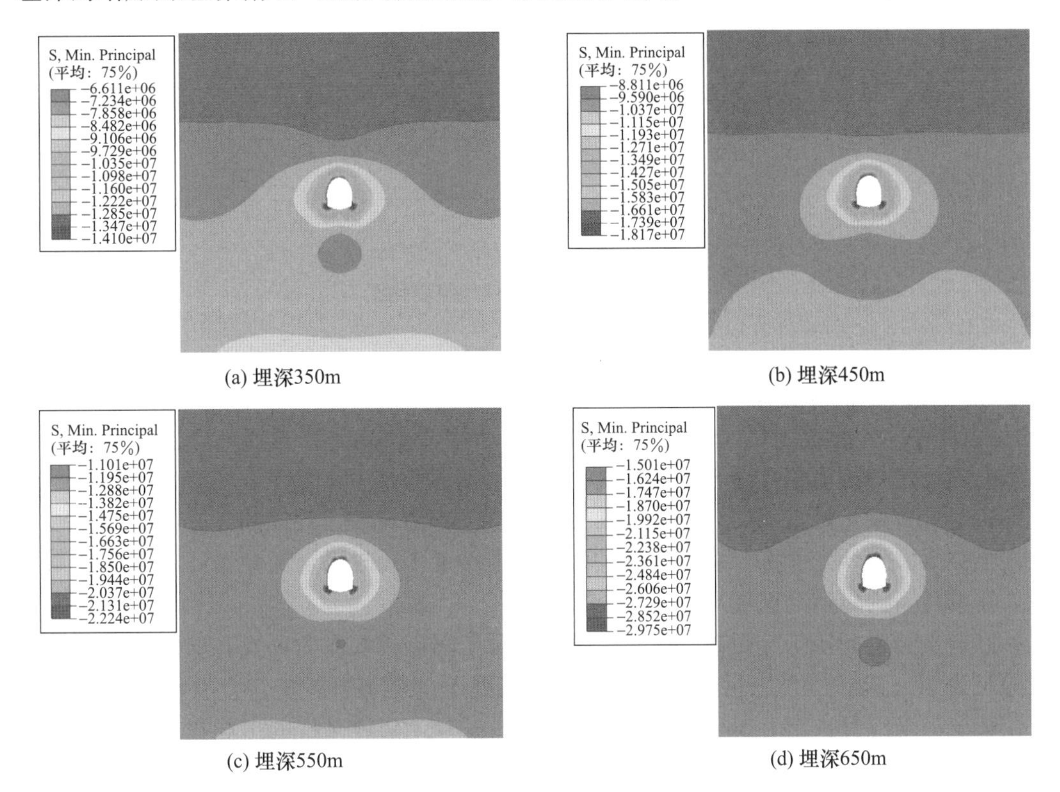

(a) 埋深350m (b) 埋深450m

(c) 埋深550m (d) 埋深650m

图 10-54 不同埋深下隧道最大主应力图

为更加清晰地观察不同埋深下应力变化规律，选取不同埋深下的最大主应力、水平应力和垂直应力绘制曲线图如图 10-55 所示，可知隧道围岩应力随隧道埋深的增大呈现增大趋势，围岩应力与埋深基本成正比关系，埋深从 350m 增加到 650m 时，最大主应力从 14.1MPa 增加到了 30.3MPa；水平应力随埋深的变化要更加明显，随埋深增大，水平应力会逐渐接近最大主应力，这是由于深埋岩体的水平构造应力对隧道的影响显著（表 10-24）。

表 10-24 不同埋深的应力变化值

埋深（m）	350	450	550	650
最大主应力（MPa）	14.1	18.2	22.2	30.3
垂直应力（MPa）	12.1	15.5	18.9	25.7
水平应力（MPa）	12.2	16.4	20.6	29.1

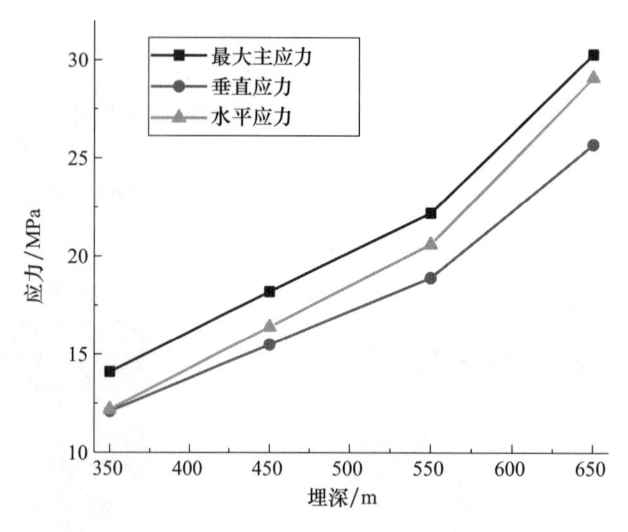

图 10-55　围岩应力随埋深变化图

10.5.3　开挖进尺影响效应分析

开挖进尺指隧道单次爆破开挖深度。在隧道施工过程中，开挖进尺的长短是工程进度的决定性因素，但过大的开挖进尺则会对隧道围岩造成较大的扰动，使得隧道变形过大，不利于隧道开挖稳定。隧道建设过程中既要保证工程进度，又要保证施工安全，因此，需重点考虑隧道开挖进尺。

以前文隧道开挖工况为基础，结合隧道实际工程条件及应力环境，分别设计隧道开挖进尺为 1m、2m、3m 三种情况。模拟不同工况下的隧道开挖施工，获得隧道围岩应力位移变化情况并进行对比分析，探究不同开挖进尺对隧道开挖的影响程度，为高地应力软岩隧道开挖进尺控制提供理论依据和设计指导。

10.5.3.1　不同开挖进尺下围岩变形分析

依据不同开挖进尺工况模拟了隧道开挖施工过程，获得各开挖进尺下隧道围岩变化云图如图 10-56 所示。可知开挖进尺对隧道围岩变形规律影响不大，整体变形呈椭圆形分布，越远离隧道位置变形越小，但随着开挖进尺的增加，隧道围岩变形量明显增大。

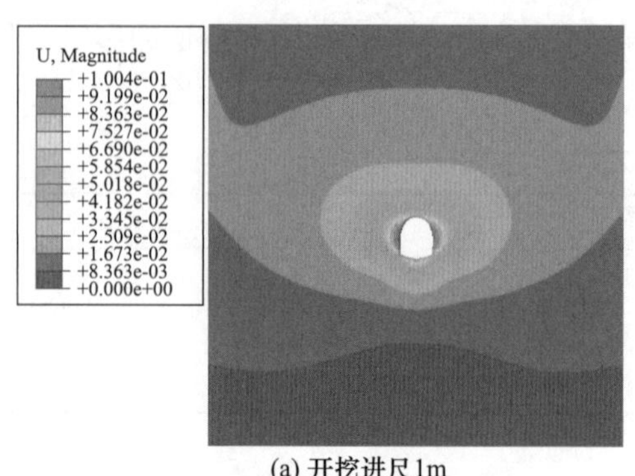

(a) 开挖进尺1m

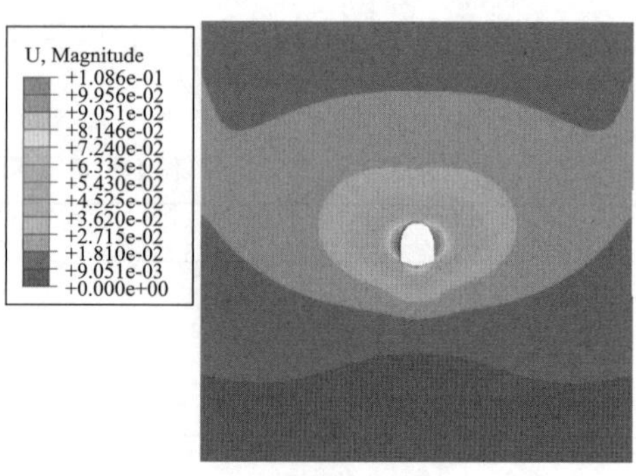

(b) 开挖进尺2m

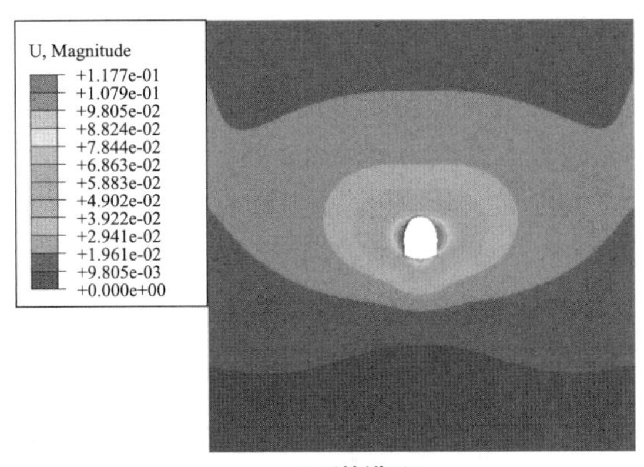

(c) 开挖进尺3m

图 10-56　不同开挖进尺沉降云图

不同开挖进尺下隧道最大位移、拱顶沉降和拱腰水平位移结果见表 10-25，绘制围岩变形曲线如图 10-57 所示。结果显示不同开挖进尺对隧道变形有较大影响，拱顶沉降和拱腰水平位移均随隧道开挖进尺的增加而不断增大，拱顶沉降从 70.5mm 增至 78.6mm，水平位移从 95.2mm 增至 115.5mm，其增长速率呈上升趋势；整体而言，开挖进尺的大小对隧道位移有一定程度影响，为了在保持工程进度下控制围岩变形，需合理控制隧道开挖进尺。

表 10-25　不同开挖进尺下的隧道位移

开挖进尺（m）	1	2	3
最大位移（mm）	100.4	108.6	117.7
拱顶沉降（mm）	70.5	75.2	78.6
水平位移（mm）	95.2	104.6	115.5

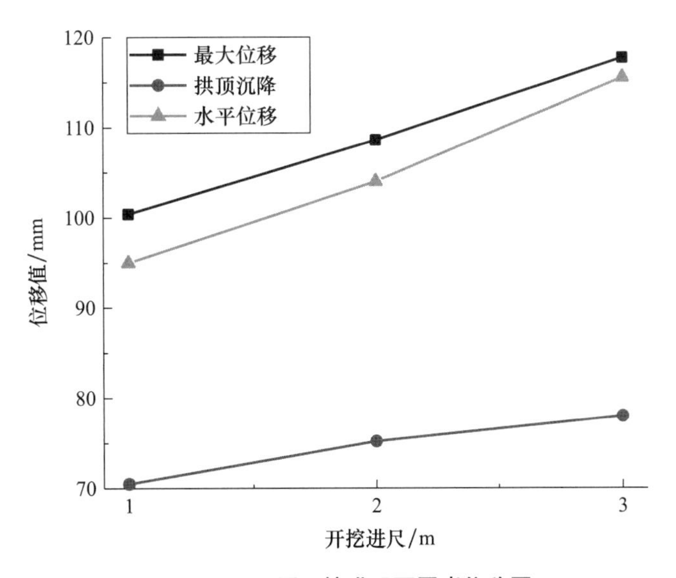

图 10-57　不同开挖进尺下围岩位移图

10.5.3.2 不同开挖进尺下围岩应力分析

不同开挖进尺下隧道应力变化云图如图 10-58 所示。可知开挖进尺不影响隧道围岩应力分布规律，而是对围岩最大主应力有较大影响，随着开挖进尺的增加，隧道围岩最大主应力也出现一定程度的增加，开挖进尺为 1m 时，隧道最大主应力为 28.9MPa，当开挖进尺为 3m 时，隧道最大主应力达到 30.6MPa。

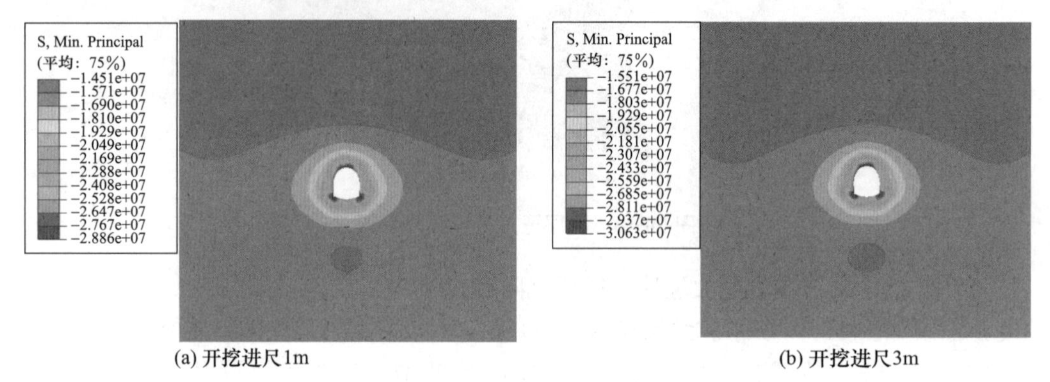

(a) 开挖进尺1m　　(b) 开挖进尺3m

图 10-58　不同开挖进尺最大应力云图

提取不同开挖进尺下隧道围岩最大主应力、水平应力和垂直应力见表 10-26，并绘制不同开挖进尺下围岩应力变化曲线，如图 10-59 所示。可知隧道围岩最大主应力、垂直应力和水平应力均随着开挖进尺的增加出现一定程度升高，其中最大主应力从 28.5MPa 增至约 30.6MPa，垂直应力从 24.4MPa 增至约 25.8MPa，水平应力从 27.4MPa 增至约 29.8MPa，且大致呈线性增加。

表 10-26　不同开挖进尺下应力变化值

开挖进尺（m）	1	2	3
最大主应力值（MPa）	28.5	29.8	30.6
垂直应力值（MPa）	24.4	25.1	25.8
水平应力值（MPa）	27.4	28.2	29.1

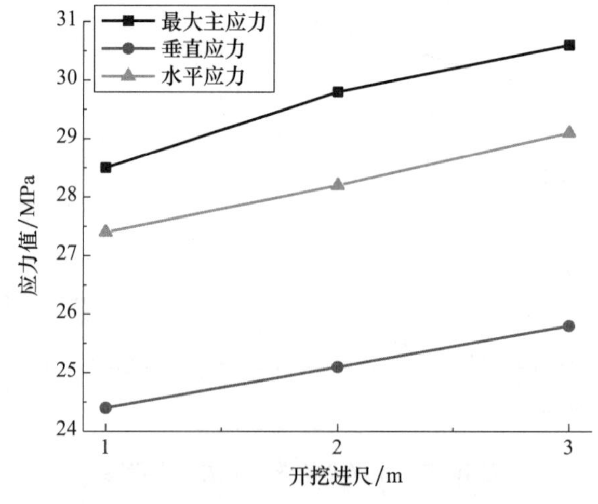

图 10-59　不同开挖进尺下围岩应力图

10.5.4 开挖方式影响效应分析

依据研究资料和工程实践，不同开挖方式会对隧道产生显著影响，为防止隧道失稳，人们针对围岩类别、断面大小和隧道埋深等因素设计了不同的开挖方式，并且在工程实践中验证其可靠性。在曼木树高地应力软岩隧道开挖过程中，针对不同地质条件设计了大断面法开挖、上下台阶法开挖和三台阶法开挖三种方式，为了探究不同方式对高地应力场软岩隧道开挖变形和应力的影响规律，采用数值模拟的方法分别分析了大断面法、上下台阶法和三台阶法开挖时的隧道围岩稳定性，为隧道工程选取开挖方法提供了依据。

10.5.4.1 不同开挖方式围岩变形分析

分别对大断面法、上下台阶法和三台阶法开挖进行数值模拟，并获得了不同开挖方法下的隧道位移场变化云图如图 10-60 所示。可知当其他条件都相同时，大断面法开挖隧道位移最大，最大位移值达到 124.6mm，上下台阶法较小，位移值为 108.6mm，三台阶法最小，位移值为 101.8mm；随着开挖步骤的增加，单次开挖隧道面的面积不断减小，对隧道的扰动也会逐渐减小，导致隧道变形量减小。

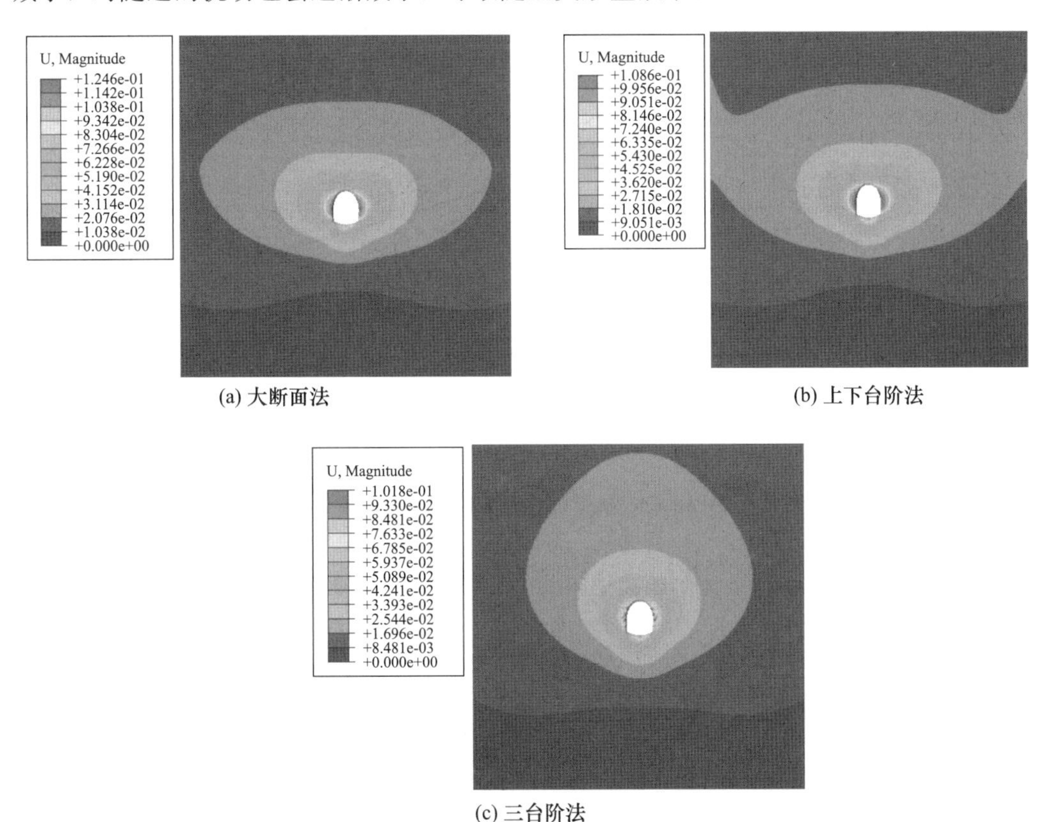

(a) 大断面法　(b) 上下台阶法　(c) 三台阶法

图 10-60　不同开挖方法下隧道位移云图

分别选取最大位移、水平位移和垂直位移绘制不同开挖方法下隧道位移变化如图10-61所示，可知当开挖方式从大断面法向三台阶法转换时，隧道变形是逐渐减小的，最大位移减小了22.8mm，减小程度为18.3%，水平位移减小了24.4mm，减小程度为20.0%，垂直位移减小了10.0mm，减小程度为10.2%。由此可见，三种开挖方式对隧道水平位移的影响更大，这是由于隧道采用大断面开挖时，开挖后拱顶和拱腰共同参与变形，无额外支撑作用，而采用台阶法开挖，当完成上台阶开挖，下台阶还未开挖时，下台阶部位的岩体会对拱腰产生一定的支撑作用，导致拱腰水平位移变小，而下台阶部位岩体对垂直位移的支撑作用则较小，垂直位移值变化主要是由于不同开挖方法对围岩扰动程度不同，台阶法开挖减小了工作面，降低了对隧道围岩的扰动，所以垂直位移也随之减小（表10-27）。

表10-27　不同开挖方式的拱顶沉降和水平收敛

开挖方式	大断面法	上下台阶法	三台阶法
最大位移（mm）	124.6	108.6	101.8
水平位移（mm）	122.3	106.6	97.9
拱顶沉降（mm）	98.4	91.6	88.4

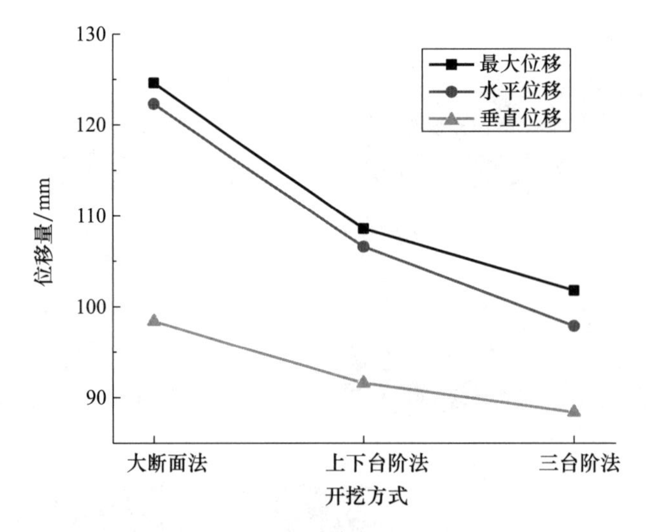

图10-61　隧道位移随开挖方式变化图

10.5.4.2　不同开挖方式围岩应力分析

图10-62为不同开挖方式下隧道应力图，可知不同开挖方式下隧道最大围岩应力大小基本保持一致，大约为30MPa，但由于开挖方式的不同，应力释放与重分布结果也不同，导致应力集中位置出现了变化，当采用大断面法施工时，最大应力位置位于拱顶和拱脚位置，而采用三台阶法施工时，由于台阶的支撑作用，最大应力位置位于开挖台阶处，并且应力变化较小，更有利于围岩稳定。

不同开挖方式下隧道围岩最大主应力、水平应力和垂直应力见表10-28，绘制不同开挖方式下隧道围岩应力变化曲线，如图10-63所示。结果显示开挖方式对隧道应力变化影响较小，从大断面法到三台阶法，围岩最大主应力和水平应力出现一定程度升高，而垂直应力则表现出轻微下降趋势。可见，隧道围岩应力变化受岩石力学性质和地应力环境影响更大。

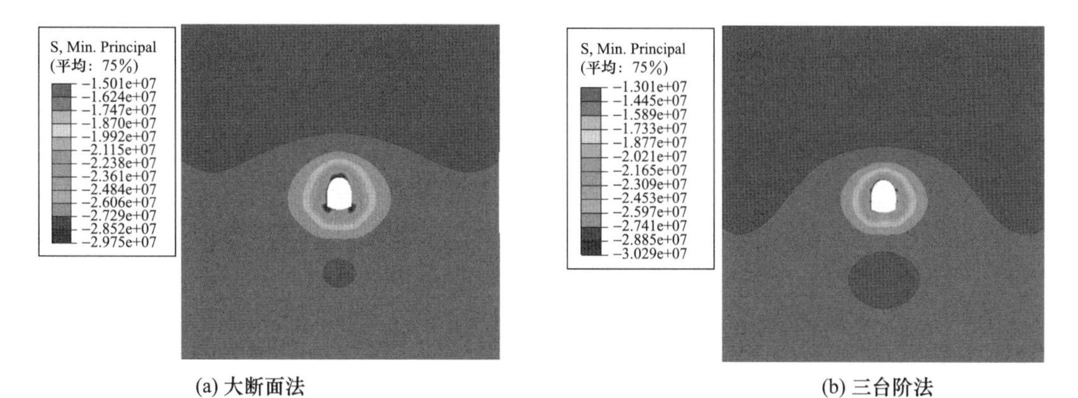

图 10-62　不同开挖方式下隧道应力云图

表 10-28　不同开挖上式下应力变化值

开挖方式	大断面法	上下台阶法	三台阶法
最大主应力值（MPa）	29.7	29.9	30.3
垂直应力（MPa）	25.1	25.0	24.6
水平应力（MPa）	28.2	28.3	28.5

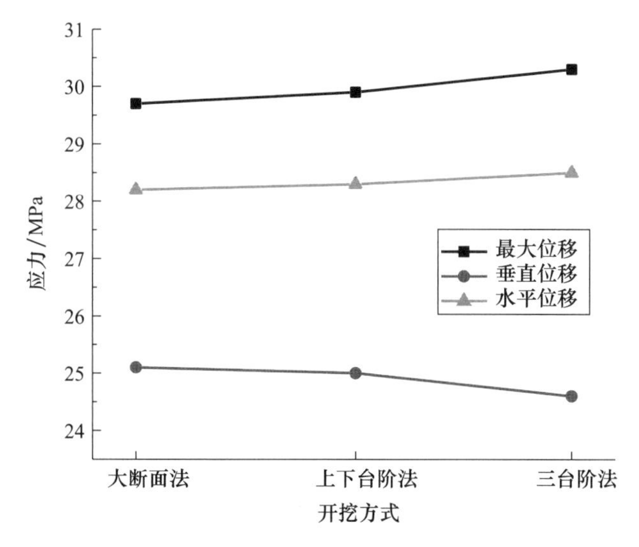

图 10-63　不同开挖方式下围岩应力图

10.6　本章小结

本章主要利用空心包体应变计对曼木树隧道隧址区内地应力场进行了测试，采用套孔岩芯围压率定试验测量了测点岩芯的物理力学参数并通过双重迭代法求得结果，通过多元线性回归分析方法结合数值模拟手段对曼木树隧道隧址区进行了地应力反演分析，探究了隧址区地应力场空间分布规律，利用岩体应变软化理论计算了隧道开挖后的应力及位移分布状态，并利用 ABAQUS 软件对隧道开挖过程进行了模拟，揭示了隧道开挖时围岩应力和位移的变化规律，探讨了侧压力系数、埋设深度、开挖进尺、开挖方式四种影响因素对隧道开挖时围岩应力和位移的空间分布特征影响及变化规律，得出以下结论：

（1）对 4 个测点的地应力数值进行了计算分析，结果显示曼木树隧道 4 个测点最大主应力平均方向为 334°，平均倾角约为 8°，岩体最大主应力方向均保持水平状态，方向为 NW 向，说明深埋岩体的地应力场形成除了受到岩体自重影响外，水平构造作用对隧址区的地应力场影响更大。通过线性拟合手段，获得了地应力三维分量随埋深的变化关系，结果显示地应力三个主应力均随埋深增加呈线性增长趋势，并且测区岩体垂直应力变化梯度略大于岩体自重。

（2）利用 ABAQUS 软件建立了隧址区的全地形三维地质模型，并根据不同初始地应力场影响因素设置了 4 种模型边界条件，分别探究各因素对初始地应力场的影响程度。通过坐标转换获得实测地应力数据在模型坐标下的各个应力分量的数值，并将数值模拟结果通过多元线性回归计算拟合得到各影响因素的回归系数及最终回归方程，通过相关性验证可知复相关系数 $R^2=0.932$，拟合结果良好。

（3）利用直接计算和数值模拟两种方法验证了反演结果的准确性，两种方法得出的地应力量值和实测结果误差均小于 15%，并且通过数值模拟可以直观地获取隧址区的地应力场分布规律。由地应力反演结果可知，曼木树隧道隧址区除地表部分位置由于剥蚀作用和地形影响存在拉应力外，其余岩体在自重和构造共同作用下都处于三维压应力状态，山体以下部位初始地应力值则随着埋深的增加而增加。对曼木树隧道轴线位置地应力场分布特征进行了研究，结果显示隧道区域最大主应力为 21.8MPa，曼木树隧道地应力分布具有较强的空间效应，不同位置地应力量值差别较大。

（4）由岩体应变软化理论对隧道开挖后二次应力状态进行计算，可发现存在塑性区的隧道围岩的环向应力要远小于处于弹性状态的围岩环向应力，说明塑性区围岩由于应变软化，其承载力发生较大程度降低。同时环向应力转移至较深层岩体，最大应力出现在弹塑性交界面位置。对隧道开挖后位移状态进行计算，可发现隧道岩壁位移变化速率大于塑性区半径扩张速率。围岩位移变化程度受隧道开挖半径、岩体初始地应力状态、岩体自身物理力学性质等因素影响。

（5）采用 ABAQUS 软件建立了隧道开挖模型，并结合地应力场反演结果为模型赋予了边界条件。从初始地应力平衡结果可以看出，模型主应力大小与地应力反演结果较为接近，说明隧道开挖模拟能够较好地模拟现场开挖工况。分别对隧道开挖时围岩位移、应力、掌子面变形、初衬安全性进行了分析，在合理的支护条件下，各项结果均在控制范围内，能够保证隧道结构的安全性和稳定性。

（6）侧压力系数对隧道围岩应力和位移分布规律具有较大影响，侧压力系数较小时，即水平应力较低，此时隧道应力和位移变化均沿隧道轴线垂直分布；当侧压力系数较大时，即水平应力较高，此时隧道受水平应力影响更加明显，围岩整体应力和位移变化沿隧道水平分布，可见，随着侧压力系数的增大，隧道围岩应力和位移变化均由竖直方向转变为水平方向；另外，隧道围岩整体应力和位移大小也随着侧压力系数的增大呈现上升趋势。

（7）不同埋深下的隧道应力和位移分布规律基本保持相似；最大位移集中在隧道拱腰位置，最大应力集中在拱脚位置；但随着埋深的增加，隧道围岩应力和位移变化均急剧增加，可见埋深对围岩应力和位移变化总量有巨大影响。开挖进尺对隧道整体应力和位移分布规律影响不大，整体状态呈环形分布，远离隧道位置时，应力变化和围岩变形均呈减小趋势，但随着开挖进尺的增加，隧道围岩的最大主应力和变形量都有明显增大趋势。不同开挖方式对隧道应力和位移分布规律具有一定程度的影响，其主要影响位置为隧道岩壁附近，单次隧道开挖面越小，岩壁附近的应力和位移变化规律越复杂，但其应力和位移变化总量则越小。在稍微远离岩壁位置，其应力和位移分布基本保持不变。

参考文献

［1］刘新锋，赵英群，王晓睿，等．岩石疲劳损伤及破坏前兆研究现状与展望［J］．地球科学，2022，47（6）：2190-2198.

［2］李天斌，王兰生．卸载应力状态下玄武岩变形破坏特征的试验研究［J］．岩石力学与工程学报，1993，12（4）：321-327.

［3］吴刚．岩体在加卸载条件下破坏效应的对比分析［J］．岩土力学，1997，18（2）：13-17.

［4］Lau Jose S. O，Chandler N. A. Innovative laboratory testing［J］．International Journal of Rock Mechanics and Mining Science，2004，41（8）：1427-1445.

［5］高春玉，徐进，何鹏，等．大理岩加卸载力学特性的研究［J］．岩石力学与工程学报，2005，24（3）：456-460.

［6］黄润秋，黄达．卸载条件下花岗岩力学特性试验研究［J］．岩石力学与工程学报，2008，27（11）：2205-2214.

［7］张成良，杨绪祥，余贤斌．加卸载条件下辉绿岩岩体力学参数特性研究［J］．地下空间与工程学报，2012，8（4）：280-286.

［8］侯志强，王宇，刘冬桥，等．三轴疲劳-卸围压条件下大理岩力学特性试验研究［J］．岩土力学，2020，41（05）：1510-1520.

［9］李冰洋，刘建，刘振平，等．不同饱水系数页岩卸载力学特性试验研究［J/OL］．岩土力学，2020（S2）：1-11.

［10］Duan Kang，Ji Yinlin，Wu Wei，et al. Unloading-induced failure of brittle rock and implications for excavation-induced strain burst［J］．Tunnelling and Underground Space Technology，2019，84：495-506.

［11］Chen Yan，Zuo Jianping，Li Zhenhua，et al. Experimental investigation on the crack propagation behaviors of sandstone under different loading and unloading conditions［J］．International Journal of Rock Mechanics and Mining Sciences，2020，130，104310.

［12］Chen Weichang，Li Shouding，Li Li，et al. Strengthening effects of cyclic load on rock and concrete based on experimental study［J］．International Journal of Rock Mechanics and Mining Sciences，2020，135，104479.

［13］许东俊，耿乃光．岩体变形和破坏的各种应力路径［J］．岩土力学，1986，7（2）：17-25.

［14］韩铁林，陈蕴生，宋永军．不同应力路径下砂岩力学特性的试验研究［J］．岩石力学与工程学报，2012，31（增2）：3959-3967.

[15] 张宏博，宋修广，黄茂松．不同卸载应力路径下岩体卸载破坏特征试验研究［J］．山东大学学报（工学版），2007，37（6）：83-87.
[16] 李涛．不同应力路径下粉砂岩力学特性及卸载本构模型研究［D］．徐州：中国矿业大学，2015.
[17] Brown E T，Hudson J A. Fatigue failure characteristics of some models of jointed rock［J］．Earthquake Engineering and Structural Dynamics，1973，2（4）：379-386.
[18] 葛修润，蒋宇，卢允德，等．周期荷载作用下岩石疲劳变形特性试验研究［J］．岩石力学与工程学报，2003，22（10）：1581-1585.
[19] Scholz C H，Koczynski T A. Dilatancy anisotropy and the response of rock to large cyclic loads［J］．Journal of Geophysical Research Solid Earth，1979，84（B10）：5525-5534.
[20] 于永江，刘峰，岳宏亮，等．不同倾角岩体结构面在循环动力扰动下的力学特性［J］．煤炭学报，2020，45（11）：3748-3758.
[21] Wang Z C，Li S，Qiao L，et al. Finite element analysis of the hydro-mechanical behavior of an underground crude oil storage facility in granite subject to cyclic loading during operation［J］．International Journal of Rock Mechanics and Mining Sciences，2015，73：70-81.
[22] 李江腾，肖峰，马钰沛．单轴循环加卸载作用下红砂岩变形损伤及能量演化［J］．湖南大学学报（自然科学版），2020，1（47）：139-146.
[23] Tien Y，Lee D，Juang C. Strain，pore pressure and fatigue characteristics of sandstone under various load conditions［J］．International Journal of Rock Mechanics and Mining Science & Geomechanics Abstracts，1990，27（4）：283-289.
[24] 蔡燕燕，唐欣，林立华，等．疲劳荷载下大理岩累积损伤过程的应变速率响应［J］．岩土工程学报，2020，42（5）：827-836.
[25] 山下秀，杉木文男，今井忠南，等．岩石蠕变及疲劳破坏过程和破坏极限研究［J］．辽宁工程技术大学学报（自然科学版），1999，18（5）：452-455.
[26] Eberhardt E，Stead D，Stimpson B. Quantifying progressive pre-peak brittle fracture damage in rock during uniaxial compression［J］．International Journal of Rock Mechanics and Mining Sciences，1999，36（3）：361-380.
[27] Erarslan N，Williams D J. The damage mechanism of rock fatigue and its relationship to the fracture toughness of rocks［J］．International Journal of Rock Mechanics and Mining Sciences，2012，56（56）：15-26.
[28] 李旭，张鹏超．循环加卸载下黄砂岩力学特性和能量演化规律探究［J］．长江科学院院报，2021，38（4）：124-131.
[29] 汪泓，杨天鸿，刘洪磊，等．循环荷载下干燥与饱和砂岩力学特性及能量演化［J］．岩土力学，2017，38（6）：1600-1608.
[30] 杨龙，史小勇，陈钱，等．循环荷载作用下片麻岩劣化损伤机理与规律试验研究［J］．地质科技情报，2020，39（5）：55-60.

[31] Heap M J，Vinciguerra S，Meredith P G. The evolution of elastic moduli with increasing crack damage during cyclic stressing of a basalt from Mt. Etna volcano [J]. Tectonophysics，2009，471 (1)：153-160.

[32] 杨永杰，宋扬，楚俊．循环荷载作用下煤岩强度及变形特征试验研究 [J]. 岩石力学与工程学报，2007，26 (1)：201-205.

[33] Chen W，Li S，Li L，et al. Strengthening effects of cyclic load on rock and concrete based on experimental study [J]. International Journal of Rock Mechanics and Mining Sciences，2020，135 (2)：104479-104489.

[34] 尤明庆，苏承东．大理岩试样循环加载强化作用的试验研究 [J]. 固体力学学报，2008，29 (1)：66-72.

[35] 藕明江，周宗红，王友新，等．单轴循环加卸载条件下大理岩力学以及声发射特征研究 [J]. 中国钨业，2017，32 (6)：34-39.

[36] 苗胜军，王辉，杨鹏锦，等．近疲劳强度循环荷载对泥质石英粉砂岩力学特性影响研究 [J]. 岩土力学，2021，42 (8)：2109-2119.

[37] 苗胜军，王辉，黄正均，等．不同循环上限荷载下泥质石英粉砂岩力学特性试验研究 [J]. 工程力学，2021，38 (7)：75-85.

[38] 何明明，陈蕴生，李宁，等．单轴循环荷载作用下砂岩变形特性与能量特征 [J]. 煤炭学报，2015，40 (8)：1805-1812.

[39] Wang Y，Zhao L，Han D H，et al. Micro-mechanical analysis of the effects of stress cycles on the dynamic and static mechanical properties of sandstone [J]. International Journal of Rock Mechanics and Mining Sciences，2020，134：104431-104445.

[40] 赵军，郭广涛，徐鼎平，等．三轴及循环加卸载应力路径下深埋硬岩变形破坏特征试验研究 [J]. 岩土力学，2020，41 (5)：1521-1530.

[41] 周家文，杨兴国，符文熹，等．脆性岩石单轴循环加卸载试验及断裂损伤力学特性研究 [J]. 岩石力学与工程学报，2010，29 (6)：1172-1183.

[42] 徐速超，冯夏庭，陈炳瑞．矽卡岩单轴循环加卸载试验及声发射特性研究 [J]. 岩土力学，2009，30 (10)：2926-2934.

[43] Kawakata H，Cho A，Kiyama T，et al. Three-dimensional observations of faulting process in Westerly granite under uniaxial and triaxial conditions byX-ray CT scan [J]. Tectonophysics，1999，313 (3)：293-305.

[44] 彭瑞东，杨彦从，鞠杨，等．基于灰度 CT 图像的岩石孔隙分形维数计算 [J]. 科学通报，2011，56 (26)：2256-2266.

[45] 张艳博，徐跃东，刘祥鑫，等．基于 CT 的岩石三维裂隙定量表征及扩展演化细观研究 [J]. 岩土力学，2021，42 (10)：2659-2671.

[46] 王本鑫，金爱兵，赵怡晴，等．基于 CT 扫描的含非贯通节理 3D 打印试件破裂规律试验研究 [J]. 岩土力学，2019 (10)：3920-3927.

[47] Wang Y，Li C H，Hu Y Z. Experimental investigation on the fracture behaviour of black shale by acoustic emission monitoring and CT image analysis during uniaxial compression [J]. Geophysical Journal International，2018 (1)：1-26.

[48] 葛修润，任建喜，蒲毅彬，等．煤岩三轴细观损伤演化规律的 CT 动态试验 [J]. 岩石力学与工程学报，1999，18 (5)：497-502.

[49] 王巍，刘京红，史攀飞．基于 CT 处理技术的岩石细观破裂过程的分形分析 [J]. 河北农业大学学报，2015，38 (3)：124-127.

[50] Wang Y，Li C，Han J，et al. Mechanical behaviours of granite containing two flaws under uniaxial increasing-amplitude fatigue loading conditions：An insight into fracture evolution analyses [J]. Fatigue & Fracture of Engineering Materials & Structures，2020，43 (9)：2055-2070.

[51] 任松，白月明 姜德义，等．周期荷载作用下盐岩声发射特征试验研究 [J]. 岩土力学，2012，33 (6)：1613-1618.

[52] 赵星光，李鹏飞，马利科，等．循环加、卸载条件下北山深部花岗岩损伤与扩容特性 [J]. 岩石力学与工程学报，2014，33 (9)：1740-1748.

[53] Wang K，Li X，Huang Z，et al. Experimental study on acoustic emission and resistivity response of sandstone under constant amplitude cyclic loading [J]. Advances in Materials Science and Engineering，2021，2021：1-13.

[54] 王宇，高少华，孟华君，等．不同频率增幅疲劳荷载下双裂隙花岗岩破裂演化声发射特性与裂纹形态研究 [J]. 岩石力学与工程学报，2021，40 (7)：1-14.

[55] 张艳博，梁鹏，田宝柱，等．花岗岩灾变声发射信号多参量耦合分析及主破裂前兆特征试验研究 [J]. 岩石力学与工程学报，2016，35 (11)：2248-2258.

[56] Zhang M，Dou L M，Konietzky H，et al. Cyclic fatigue characteristics of strong burst-prone coal：Experimental insights from energy dissipation，hysteresis and micro-seismicity [J]. InternationalJournal of Fatigue，2020，133：105429-105472.

[57] Lockner D. The role of acoustic emission in the study of rock fracture [J]. International Journal of Rock Mechanics and Mining Science & Geomechanics Abstracts，1993，30 (7)：883-899.

[58] Ren F Q，Zhu C，He M C. Moment tensor analysis of acoustic emissions for cracking mechanisms during schist strain burst [J]. Rock Mechanics and Rock Engineering，2020，53 (1)：153-170.

[59] 许江，唐晓军，李树春，等．循环载荷作用下岩石声发射时空演化规律 [J]. 重庆大学学报，2008，31 (6)：672-676.

[60] 杜修力，黄景琦，金浏，等．岩石三维弹塑性损伤本构模型研究 [J]. 岩土工程学报，2017，39 (06)：978-985.

[61] 胡学龙，璩世杰，李克庆．基于统一强度理论的岩石弹塑性损伤模型研究 [J]. 中国矿业大学学报，2019，48 (02)：305-312.

[62] 李震，周辉，杨凡杰，等．弹塑性耦合应变定义与本构方程 [J]. 岩土力学，2018，39 (03)：917-925.

[63] 郝宪杰，袁亮，卢志国，等．考虑煤体非线性弹性力学行为的弹塑性本构模型 [J]. 煤炭学报，2017，42 (04)：896-901.

[64] 周辉，张凯，冯夏庭，等．脆性大理岩弹塑性耦合力学模型研究 [J]. 岩石力学

与工程学报，2010，29（12）：2398-2409.
[65] Hajiabadi M R，Nick H M. A modified strain rate dependent constitutive model for chalk and porous rock [J]. International Journal of Rock Mechanics and Mining Sciences，2020，134：e104406.
[66] Forero J H，Gomes G J，Vargas E A，et al. A cross-anisotropic elastoplastic model applied to sedimentary rocks [J]. International Journal of Rock Mechanics and Mining Sciences，2020，132：e104419.
[67] 肖建清．循环荷载作用下岩石疲劳特性的理论与试验研究 [D]．长沙：中南大学，2009.
[68] Xiao J Q，Feng X T，Ding D X，et al. Investigation and modeling on fatigue damage evolution of rock as a function of logarithmic cycle [J]. International Journal for Numerical and Analytical Methods in Geomechanics，2011，35：1127-1140.
[69] 许宏发，王武，方秦，等．循环荷载下岩石塑性应变演化模型 [J]．解放军理工大学学报（自然科学版），2012，13（3）：282-286.
[70] 王者超，赵建纲，李术才，等．循环荷载作用下花岗岩疲劳力学性质及其本构模型 [J]．岩石力学与工程学报，2012，31（9）：1888-1900.
[71] Zhou S W，Xia C C，Zhao H B，et al. Statistical damage constitutive model for rocks subjected to cyclic stress and cyclic temperature [J]. Acta Geophysica，2017，65（5）：893-906.
[72] Liu Y，Dai F. A damage constitutive model for intermittent jointed rocks under cyclic uniaxial compression [J]. International Journal of Rock Mechanics and Mining Sciences，2018，103：289-301.
[73] Lin Q B，Cao P，Mao S Y，et al. Fatigue behaviour and constitutive model of yellow sandstone containing pre-existing surface crack under the uniaxial cyclic loading [J]. Theoretical and Applied Fracture Mechanics，2020，109：102776-102788.
[74] Ren C H，Jin Y，Liu X Y et al. Cyclic constitutive equations of rock with coupled damage induced by compaction and cracking [J]. International Journal of Mining Science and Technology，2022，32（05）：1153-1165.
[75] 刘晓辉，郝齐钧，胡安奎，等．准静态应变率下单轴煤岩特征应力确定方法研究 [J]．岩石力学与工程学报，2020，39（10）：2038-2046.
[76] Nicksiar M，Martin C D. Evaluation of methods for determining crack initiation in compression tests on low-porosity rocks [J]. Rock Mechanics and Rock Engineering，2012，45（4）：607-617.
[77] Fu B，Hu L H，Tang C A. Experimental and numerical investigations on crack development and mechanical behavior of marble under uniaxial cyclic loading compression [J]. International Journal of Rock Mechanics and Mining Sciences，2020，130：104289.
[78] Zhou H W，Wang C P，Mishnaevsky L J，et al. A fractional derivative approach to full creep regions in salt rock [J]. Mechanics of Time-dependent Materials，2013，17（3）：413-425.

［79］Owen D R J，Hinton E. Finite Elements in plasticity：theory and practice［M］. Swansea：Pineridge Press Limited，1980.
［80］Martin C D，Chandler N A. The progressive fracture of Lac du Bonnet granite［J］. International Journal of Rock Mechanics and Mining Sciences and Geomechanics Abstracts，1994，31（6）：643-659.
［81］刘树新，鲁思佐，陈阳．基于多重判据的某深部矿区岩爆倾向性研究［J］. 矿业研究与开发，2017，37（02）：9-12.
［82］王超圣．北山花岗岩岩爆特征试验研究及现场综合监测分析［D］. 徐州：中国矿业大学（北京），2018.